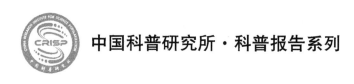 中国科普研究所·科普报告系列

中国公民科学素质报告

（第四辑）

张 超 何 薇 任 磊 黄乐乐 编著

中国科学技术出版社

·北 京·

图书在版编目（CIP）数据

中国公民科学素质报告. 第四辑 / 张超等编著. —北京：
中国科学技术出版社，2018.12
ISBN 978-7-5046-8205-5

Ⅰ.①中⋯　Ⅱ.①张⋯　Ⅲ.①公民—科学—素质教育—研
究报告—中国　Ⅳ.① G322

中国版本图书馆 CIP 数据核字（2018）第 298151 号

策划编辑	孙卫华
责任编辑	孙卫华　周　玉
装帧设计	中文天地
责任校对	杨京华
责任印制	徐　飞

出　　版	中国科学技术出版社
发　　行	中国科学技术出版社发行部
地　　址	北京市海淀区中关村南大街16号
邮　　编	100081
发行电话	010-62173865
传　　真	010-62179148
网　　址	http://www.cspbooks.com.cn

开　　本	889mm×1194mm　1/16
字　　数	1010千字
印　　张	42.75
版　　次	2018年12月第1版
印　　次	2018年12月第1次印刷
印　　刷	北京虎彩文化传播有限公司
书　　号	ISBN 978-7-5046-8205-5 / G·797
定　　价	260.00元

序

习近平总书记在全国科技创新大会、两院院士大会、中国科协第九次全国代表大会上的讲话中指出，"没有全民科学素质普遍提高，就难以建立起宏大的高素质创新大军，难以实现科技成果快速转化"。公民科学素质的水平决定着建成创新型国家、建设世界科技强国的人力资源基础。定期开展公民科学素质调查，是加强公民科学素质监测评估和服务公民科学素质建设的重要手段。始于1992年的九次中国公民科学素质抽样调查，不仅有力地推动了公民科学素质建设工作，而且调查的指标和数据结果均以独立一章的形式纳入《中国科学技术指标（黄皮书）》，进而参与到国际科学技术指标的比较评价中，为我国科技发展和科技决策提供了持续稳定的基础数据和量化依据。

在2006年国务院颁布实施《全民科学素质行动计划纲要（2006—2010—2020年）》（简称《全民科学素质纲要》）后，从2007年开始，中国公民科学素质调查被正式纳入国家统计局的部门统计制度序列，并给予"国统制"的批准文号，使这项调查的核心指标承载着《全民科学素质纲要》实施中，对全国和各地区公民科学素质发展状况和发展水平监测评估的任务。2010年开展的第八次中国公民科学素质调查，样本量扩大至69360份，首次实现了对"十一五"时期中国大陆全部32个省级行政区域的公民科学素质监测评估。

2012年中共中央、国务院在《关于深化科技体制改革　加快国家创新体系建设的意见》中，将公民科学素质指标纳入"十二五"发展目标，提出了"十二五"时期"提高全民科学素质，我国公民具备基本科学素质的比例超过5%"的目标任务。为了实现这个目标，配合《全民科学素质行动计划纲要实施方案（2011—2015年）》重点任务的落实，全民科学素质纲要实施工作办公室与全国28个省、自治区、直辖市政府签署了《全民科学素质实施共建协议》，有力地推动了各地区公民科学素质的建设及各地区目标任务的有效落实。

为了及时跟踪检查我国和各地区"十二五"公民科学素质建设目标任务的完成情况，经国家统计局批准，中国科协委托中国科普研究所于2015年3月至8月，组织开展了第九次中国公民科学素质抽样调查。本次调查依托自主研发的"公民科学素质数据采集与管理系统"和专业调查团队，使用平板电脑进行入户面访，采用互联网信息技术，通过实时上传数据、远程定位监控、电话复核等多种质量控制手段，确保调查结果真实可信。2015 年调查获得了我国及各地区公民的科学素质水平发展状况、公民获取科技信息和参与相关活动的情况、公民对科学技术的态度等方面的翔实数据。

现将 2015 年调查取得的全部调查分析结果、调查数据总表和调查技术报告，编于《中国公民科学素质报告（第四辑）》中，正式公开出版发行，以飨读者。作为国际性的研究领域，公民科学素质研究历来是科学教育、科技传播及科普领域的专家学者普遍关注的研究热点，随着互联网技术的普遍应用和科技社会的不断进步，以及《科学素质纲要》监测评估需求的提高，中国公民科学素质调查的方式方法以及综合评价体系亦在不断发展和完善中。

《国民经济和社会发展第十三个五年规划纲要》中写进了"公民具备科学素质的比例超过 10%"的目标，这个发展目标在给予我们巨大鼓舞和鞭策的同时，也对公民科学素质建设及公民科学素质监测评估提出了新的、更高的要求。我们将继续遵守调查研究规范，不断完善公民科学素质调查评价体系，为相关领域的研究提供更高质量的数据，为党和政府科学决策提供有力的依据和支撑。

课题组

2017 年 11 月 16 日

前　言

　　2015 年是《全民科学素质纲要》"十二五"实施的终期评估之年，公民科学素质调查是反映《全民科学素质纲要》监测评估工作的重要调研工作，2015 年全国调查为《全民科学素质纲要》实施及"十三五"规划提供重要的、可靠的决策依据。经国家统计局批准（国统制〔2015〕4 号），中国科学技术协会开展了 2015 年中国公民科学素质抽样调查（以下简称 2015 年全国调查），中国科普研究所组织实施，委托国家统计局社情民意调查中心执行入户面访调查。2015 年全国调查依托自主研发的"公民科学素质数据采集与管理系统"进行过程质量控制，采用平板电脑进行入户面访、实时上传数据、远程定位监控等现代信息技术手段，获得了全国 31 个省、自治区、直辖市和新疆生产建设兵团的公民科学素质发展状况，为《全民科学素质纲要》"十二五"监测评估提供基础数据，是面向"十三五"开展的一次具有重要意义的全国公民科学素质调查。

一、调查背景

　　公民科学素质发展目标纳入国家和地区发展规划，公民科学素质建设进入快速发展阶段。2011 年国务院发布的《全民科学素质行动计划纲要实施方案（2011—2015 年）》（国办发〔2011〕29 号）明确了"我国公民具备基本科学素质的比例超过 5%"的发展目标；2012 年中共中央、国务院发布的《关于深化科技体制改革　加快国家创新体系建设的意见》（中发〔2012〕6 号）中提出"全民科学素质普遍提高，科技支撑引领经济社会发展的能力大幅提升；提高全民科学素质，我国公民具备基本科学素质的比例超过 5%"，公民科学素质发展目标首次纳入国家科技发展文件。2012 年，全民科学素质纲要办公室启动建立公民科学素质建设共建机制，推动《落实全民科学素质行动计划纲要共建协议》的签订工作，先后与福建省等 28 个省、自治区、直辖市签署共建协议，将全民科学素质工作纳入当地党委和政府部门绩效考核体系，把公民科学素质发展目标的达标情况列为重要的考核指标之一。随着这一系列政策措施的落实，公民科学素质建设进入了快速发展阶段，国家和各地区对公民科学素质监测评估工作的时效性、可比性和客观性也都提出了更高的决策支持需求。

兼顾国际比较研究，公民科学素质测评理论不断发展。自 2006 年《全民科学素质纲要》颁布后，中国公民科学素质调查指标体系围绕公民科学素质"四科两能力"的界定开展了一系列的研究与调查测试。在指标体系设计方面，借鉴国际研究对科学知识维度进行学科分类。同时引入生活情境题目，尝试对公民的科学决策能力进行持续测试，通过测试积累了大量本土化测试题目。调查结果表征方面，继续发展研究公民科学素质指数，深入分析公民科学素质调查数据，细化公民科学素质发展地区分类，为公民科学素质建设工作提供决策依据。

信息技术的持续发展为创新调查方式提供了基础。据中国互联网络信息中心（2015 年 7 月）发布的第 36 次《中国互联网络发展状况统计报告》显示，我国网民规模达 6.68 亿人，互联网普及率为 48.8%。互联网的普及为改变以往的调查方式和方法，减少调查数据收集环节和时间，提高调查效率，控制调查质量提供了可能。

二、调查概况

面对公民科学素质建设工作的新形势，为了更好地反映中国公民科学素质的变化趋势，2015 年全国调查在对以往调查数据分析和最新国际相关调查研究梳理的基础上，在调查指标体系、问卷系统和抽样方案上都进行了发展和完善。利用互联网信息技术手段，在调查实施和过程控制上与以往历次调查相比有了新的突破和创新。

指标体系 2015 年中国公民科学素质调查与以往历次调查一样，包括公民对科学的理解程度、公民对科学技术的态度和公民的科技信息来源三个部分的内容。在保持调查指标稳定的基础上，以公民关心的转基因、全球气候变化和核能利用等科技话题为情境，进行指标体系的结构化、系统化调整。

问卷系统 对于调查问卷，在保证核心测试题目不变的基础上，有针对性地设计了公民参与科学决策的题目和增加了适合民族语言地区、农民、社区居民的题目。

抽样方案 2015 年全国调查采用分层三阶段不等概率抽样，调查设计总样本量为 70040 份，兼顾全国总体和各省子总体的目标量估计要求。在 2010 年全国调查的基础上，以第六次全国人口普查的常住人口数据为抽样框，在保证基本抽样精度和估计误差要求的基础上，对常住非户籍人口占常住户籍人口比例高于 20% 的省市城乡样本比例进行调整，并保证抽样设计的城乡样本比例为 6∶4。抽样方式继续采用先把 32 个省级单位分类，再把各省内部分层，在不同层中进行三阶段不等概率 PPS 抽样。抽样原则以各省级单位为子总体，全国的数据为 32 个省级单位数据的人口加权拟合。

调查实施 由国家专业调查队伍开展调查实施。2015 年全国调查通过政府采购公开招标方式选择国家统计局社情民意调查中心承担调查入户工作。国家统计局社情民意调查中心是国家统计局直属司级事业单位，作为目前国家机关中唯一从事社情民意调查的专业机构，具有社情民意调查的独特优势、规范制度、抽样数据资源和成功经验，该中心既保持了国家机关工作认真负责的态度和传统，也拥有了统计系统丰富数据资源的便利和支撑；并且本身已形成完备的调查系统，目前指导和联系的省（自治区、直辖市）统计局社情民意调查中心已达 32 个（包括新疆生产建设兵团），为调查质量提供了保障。

过程控制 定制专门调查工具和开发调查管理平台。2015 年全国调查全面引入信息技术手段开展调查过程控制管理。根据调查对于数据采集的实效性、真实性需求，定制开发了电子问卷，通过平板电脑收集调查过程中的答题音频、图片及被访者位置信息，调查完毕后调查数据即时被封装，传送到调查管理平台，保证了调查数据质量。

三、中国公民科学素质调查的思考与展望

公民科学素质价值属性引导测评的标准取向。至今，世界公民科学素质概念还在不断探讨中，科学素质在不同层面的表达均受到关注。科学素质概念在形成过程中主要集中在个体视角，强调个人具备科学素质所应包含的知识、技能和能力等要求。对于国家或社会层面的科学素质，可以分成两方面：一方面，从集体或群体角度定义，即聚合个人数据的经验性研究，通常通过研究群体样本来收集公众观点，并且分析公众整体或者部分的特征。在公共话语领域和社会层次的学术调查，大部分集中于聚合视角，多体现在公民科学素质调查的国际比较中。另一方面，从结构或过程角度定义，社会结构包括政策和社会语境特征，即公众参与的程度、不同经济和社会发展阶段的分层以及不同语境下公众的科学价值观的呈现。面对多视角的讨论，利用社会学方法，坚持从试验实践中测试符合本地的价值趋势的表达方式是值得坚持的。中国公民科学素质调查也应该继续秉持完善公民科学素质测评体系、测评方法和测试题目，用中国调查的数据回答中国公民科学素质状况。

中国公民科学素质指标体系逐渐形成。1992 年至 2005 年，我们引入和吸收了米勒公民科学素质测评体系，在 1992、1994、1996、2001、2003 和 2005 年六次中国公民科学素质调查进行应用，包括了解科学知识、理解科学方法、理解科技对个人和社会的影响三个方面，以国际通用的科学素质测评题目为主。这一阶段对调查方法、测试题目进行了大量的译介、吸收和修订工作，在保持国际比较的前提下，结合我国国情对公民科学素质状况进行解读。

2006 年《全民科学素质纲要》的颁布实施，使这项调查肩负了评估全国和各地公民科学素质发展状况的历史使命，特别是 2010 年的全国调查，把公民科学素质测评从国家层面推向了省级层面，有力地配合了公民科学素质建设工作。公民科学素质测评以《全民科学素质纲要》对科学素质界定的"四科两能力"为导向，开发了一系列中国本土化题目并与国际通用题目相结合，在地区公民科学素质调查中开展了大量的实验测试工作，积累了大量的有价值的过程数

据和结果数据，为公民科学素质指标体系的中国化奠定了坚实基础。

公民科学素质调查的展望。从2015年调查开始，公民科学素质调查课题组在进行了大量论证和实验的基础上，开始尝试发展公民科学素质指数的研究，开启公民科学素质测评体系和计算方法创新的新篇章。继续完善中国公民科学素质测评体系。经过20多年的连续调查测试，中国公民科学素质测评体系在理论和实践两层面进行了不断探索和发展，基本形成了符合中国的指标体系和测评方法。调查结果为公民科学素质决策提供了重要参考，指导了全国及各地的公民科学素质建设工作。

四、本书简介

本书是全面了解2015年中国公民科学素质抽样调查的总报告，是调查数据结果的真实反映，涵盖了调查数据统计分析、调查抽样设计解析、调查工作过程控制等内容，附录附有全部调查统计数据。

本书共有五章，第一至四章为调查所获得数据的统计分析和事实描述，介绍了我国公民科学素质状况、公民获取科技信息和参与科普活动的状况、公民对科学技术的态度和公民对具体科技议题的态度，这四部分内容以背景变量及特征变量为分类基础，对我国公民科学素质水平及相关影响因素进行了交叉和特征分析，均以图表的形式进行表述，增加了易读性。第五章为2015年中国公民科学素质调查技术报告，详细介绍了2015年调查抽样过程和调查质量控制过程。附表包括频数分布表、交叉分析表和区域分布表，是2015年全国调查的数据总表。

从本书内容来看，它既可作为公民科学素质调查的调查员培训手册，又可作为统计资料供相关研究人员参考引用。本书也是中国科普研究所总结历次公民科学素质调查经验编写而成，既可作为未来公民科学素质调查工作的指导手册，亦可作为相关调查工作的参考用书。由于公民科学素质研究的不断深入、社会调查方法的不断发展，书中难免存在缺陷或不足，欢迎广大读者批评指正。

目 录

第一章 中国公民科学素质发展状况

摘要

- 2015 年中国具备科学素质公民的比例达到 6.20%，比 2010 年的 3.27% 提高了 2.93 个百分点，圆满完成了"十二五"我国公民科学素质水平超过 5% 的目标任务。

- 我国各地区的公民科学素质水平均有较大幅度的提升，且不同区域的公民科学素质发展呈现出与其经济社会发展相匹配的特征。其中，上海、北京、天津具备科学素质公民的比例均超过了 10%，达到了创新型国家对公民科学素质的要求。

- 从区域发展来看，东部沿海发达地区与西部欠发达地区的差距进一步增大。长三角、珠三角、京津冀三大区域的公民科学素质水平发展处于区域发展的领先地位。

- 我国公民的科学素质水平存在明显的性别差异，男性公民具备科学素质的比例明显高于女性公民。与 2010 年相比，男性公民科学素质提升幅度较大。

- 不同年龄段公民具备科学素质的比例呈现随年龄段的增加而逐渐降低的趋势，中青年群体的科学素质水平最高。与 2010 年相比，中青年群体的科学素质水平有较大幅度提升。

- 受教育水平是公民科学素质水平的决定性因素，高中及以上文化程度是具备科学素质公民产生的基础。随着受教育水平的提升，具备科学素质公民的比例明显提升。

- 我国城乡居民的科学素质水平存在明显差异，不同地区公民的科学素质水平存在不同程度的差异。城镇居民的科学素质水平明显高于农村居民；东部地区公民的科学素质水平高于中部地区，中部地区公民的科学素质水平高于西部地区。

- 我国公民的科学知识水平存在较大的学科差异和群体差异，公民对与生活有关，以及一些被大规模宣传和普及的科学知识和常识的题目回答情况较好，对具体和抽象的知识点的理解和掌握情况相对较差。

- 公民的科学知识状况主要由受教育程度决定，高中文化程度是公民具备科学素质的主要条件。

- 男性、城镇居民的科学知识水平明显高于女性和农村居民；公民科学知识水平随年龄段的增加而逐渐降低，较大年龄段（50—69 岁）公民的科学知识水平显著低于其他年龄段，显示出较强的代际特征。

2015 年中国公民科学素质抽样调查的核心指标就是公民科学素质指标，包括公民了解基本科学知识、理解基本科学方法、理解科学对个人和社会的影响三个方面，在每次访问时通过平板电脑随机抽取公民科学素质测试题库的 25 个科学素质测试题目（其中有 13 个国际比较测试题），采用国际通行的测算方法，测算出每位受访者的科学素质得分，超过 70 分者算作具备科学素质的公民，通过加权测算得出目标群体具备科学素质的比例值。因此，具备科学素质是对公民的较高要求。鉴于此，我们将以前"具备基本科学素质"的提法修改为"具备科学素质"。由于本次调查直接测算出受访者的科学素质总体得分，不再划分科学术语、科学观点、科学方法以及对科学与社会之间的关系各个部分的具体情况，故本章以对科学素质的分析为主，比较我国及各地区公民科学素质的发展情况。

一、公民科学素质整体发展状况

我国公民的科学素质总体水平快速提升。2015 年我国具备科学素质的公民比例达到了 6.20%，比 2010 年的 3.27% 提高了 2.93 个百分点，比 2005 年的 1.60% 提高了 4.60 个百分点，表明我国公民科学素质发展已经从缓慢增长阶段进入快速增长阶段，如图 1-1 所示。

国际比较表明，2015 年我国公民科学素质的总体水平相当于美国 1991 年（6.9%）、欧盟 1992 年（5%）和日本 2001 年（5%）等的水平，进一步缩小了与世界主要发达国家和地区的差距。

图 1-1　中国公民科学素质水平发展状况

二、各地区公民科学素质水平发展状况

我国各地区的公民科学素质水平均有较大幅度的提升，且不同区域的公民科学素质发展呈现出与其经济社会发展相匹配的特征。

2015 年上海、北京和天津的公民科学素质水平分别为 18.71%、17.56% 和 12.00%，位居全国前三位。国际可比数据显示，上海和北京的公民科学素质水平已达到了美国 1999 年的水平（17.3%）并超过了欧盟 2005 年的水平（13.8%），天津达到了美国 1995 年的水平（12.0%）。

江苏（8.25%）、浙江（8.21%）、广东（6.91%）和山东（6.76%）4 省的公民科学素质水平均超过全国总体水平，位居引领我国区域公民科学素质发展的第二梯队。

福建（6.10%）、吉林（5.97%）、安徽（5.94%）等 13 个省、自治区的公民科学素质水平也均超过了 5%，是我国公民科学素质发展的重要基础。

重庆（4.74%）、四川（4.68%）、广西（4.25%）等西部地区 12 个省、自治区、直辖市和新疆生产建设兵团（4.42%）的公民科学素质水平均低于 5%。其中，海南、青海和西藏仍低于 2010 年全国的总体水平（3.27%）。

与 2010 年相比，北京和上海的公民科学素质水平增长幅度较大，分别增长了 7.53 和 4.97 个百分点；安徽和河南的公民科学素质水平排名进步较快，安徽从第 19 位进步到第 10 位，河南从第 22 位进步到第 12 位；海南和新疆的公民科学素质水平的增长率较高，如图 1-2 所示。

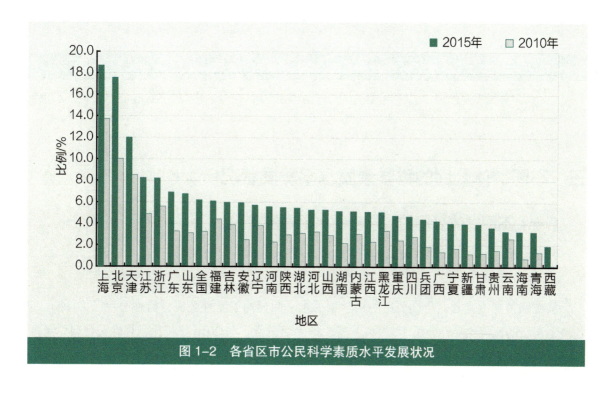

图 1-2　各省区市公民科学素质水平发展状况

从区域发展来看，东部沿海发达地区与西部欠发达地区的差距进一步拉大。其中，长三角、珠三角、京津冀三大区域的公民科学素质水平发展处于区域发展领先地位，公民具备科学素质的比例：长三角地区为9.11%、珠三角地区为8.95%、京津冀地区为8.78%。东部、中部和西部地区的公民科学素质水平均有明显提升，分别从2010年的4.59%、2.60%和2.33%提升到2015年的8.01%、5.45%和4.33%，如图1-3所示。

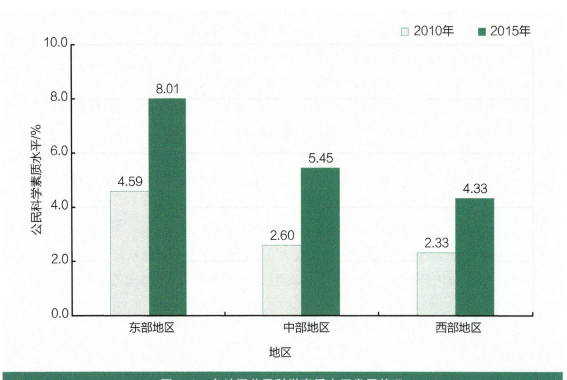

图1-3　各地区公民科学素质水平发展状况

三、不同群体公民的科学素质水平发展状况

（一）不同群体公民的科学素质水平发展状况

调查显示，不同分类群体公民的科学素质水平存在不同程度的差异。

1. 性别差异

从性别差异上来看，男性公民的科学素质水平明显高于女性公民，男性公民（9.04%）具备科学素质的比例比女性公民（3.38%）高5.66个百分点。与2010年相比，男性公民科学素质在过去五年提升幅度较大，如图1-4所示。

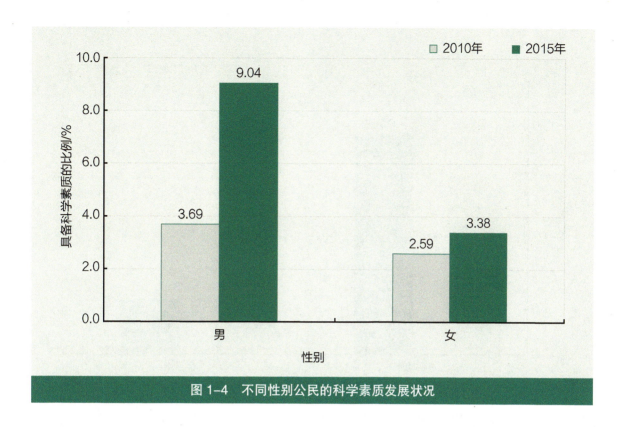

图 1-4　不同性别公民的科学素质发展状况

2. 城乡差异

从城乡分类来看，城镇居民的科学素质水平明显高于农村居民。与 2010 年相比，城镇居民的科学素质水平提升幅度更大，从 2010 年的 4.86% 提升到 2015 年的 9.72%。同期相比，农村居民仅从 1.83% 提升到了 2.43%，如图 1-5 所示。

3. 年龄差异

从年龄分类来看，我国公民随着年龄段的增加而科学素质水平逐渐降低，中青年群体的科学素质水平最高。18—29 岁和 30—39 岁年龄段公民的科学素质水平较高，分别达到 11.59% 和 7.16%。与 2010 年相比，中青年群体的科学素质水平有较大幅度增长，如图 1-6 所示。

4. 文化程度差异

受教育程度是公民科学素质水平的决定性因素，高中及以上文化程度是具备科学素质公民产生的基础。随着受教育程度的提升，具备科学素质公民的比例明显提升。大学本科及以上文化程度公民的科学素质水平达到了 40.47%，大学专科和高中（中专、技校）依次为 20.83% 和 10.40%，而初中及以下仅为 1.33%，如图 1-7 所示。

5. 职业差异

不同职业公民具备科学素质的比例存在不同程度的差异，如图 1-8 所示。专业技术人员具备科学素质的比例最高，达到 17.93%；国家机关、党群组织负责人，办事人员与有关人员，

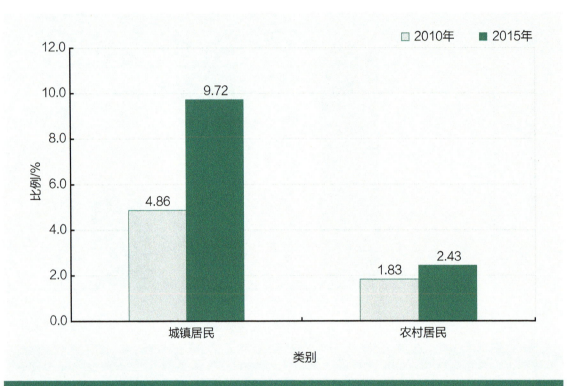

图 1-5　城乡居民的科学素质发展状况

图 1-6　不同年龄段公民的科学素质发展状况

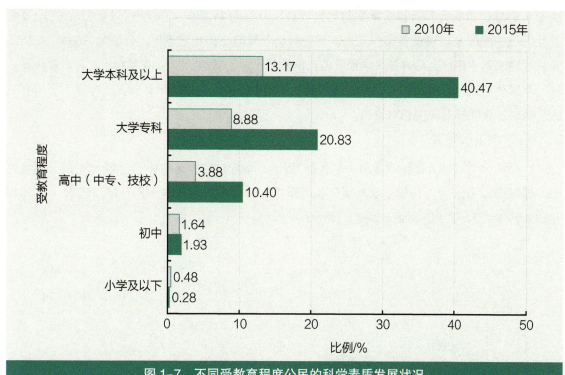

图1-7　不同受教育程度公民的科学素质发展状况

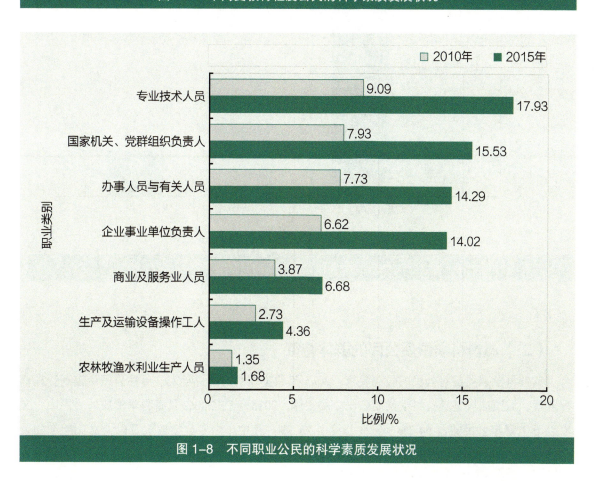

图1-8　不同职业公民的科学素质发展状况

企业事业单位负责人具备科学素质的比例较高，分别为 15.53%、14.29%、14.02%；商业及服务业人员、生产及运输设备操作工人，具备科学素质的比例相对较低，分别为 6.68%、4.36%；农林牧渔水利业生产人员具备科学素质的比例最低，为 1.68%。与 2010 年相比，各职业具备公民科学素质的比例均有所提升，专业技术人员、国家机关、党群组织负责人、办事人员与有关人员的科学素质提升幅度相对较高。

6. 重点人群差异

在不同分类群体公民科学素质水平普遍提升的同时，相关人群的科学素质水平提升幅度更大。城镇劳动者这个《科学素质纲要》实施重点人群的科学素质水平提升幅度较大，从 2010 年的 4.79% 提升到 2015 年的 8.24%，如图 1-9 所示。

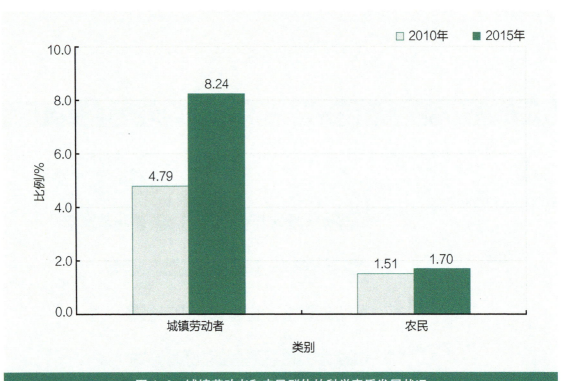

图 1-9　城镇劳动者和农民群体的科学素质发展状况

（二）具备科学素质公民的群体特征

具备科学素质是对公民的较高要求。2015 年调查表明，中青年人、男性公民、较高受教育程度者、城镇居民是具备科学素质公民中的主体。2015 年在 6.20% 具备科学素质的公民中：50岁以下中青年公民共占 94.2%、男性公民占 73.3%；高中（中专、技校）及以上文化程度的公民共占 84.9%；城镇居民占 81.5% 如图 1-10 所示。

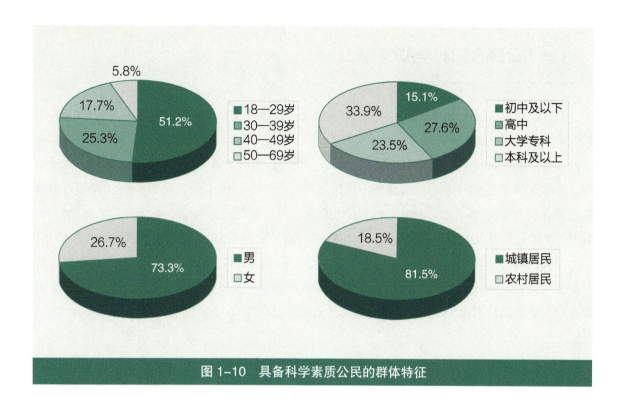

图 1-10 具备科学素质公民的群体特征

四、公民对科学知识的理解程度

2015 年中国公民科学素质抽样调查在公民对科学的理解部分，依然延续了与历次调查相同的内容结构，主要划分为公民了解基本科学知识、理解基本科学方法、理解科学对个人和社会的影响三个部分。其中，科学知识由 18 个科学观点题和 4 道科学术语题组成，科学方法由 3 道题目组成，科学对个人和社会的影响由 2 道题目组成。

在每次访问时通过平板电脑将随机排列这 25 个科学素质测试题目（其中有 13 个国际比较测试题），采用国际通行的测算方法，测算出每位受访者的科学素质得分，超过 70 分者算作具备科学素质的公民，通过加权测算得出目标群体具备科学素质的比例值。因此具备科学素质是对公民的较高要求。目前，各国的公民对科学的理解（科学素质）调查中均使用了 1989 年米勒与杜兰特开发的公民科学素质测评量表中的大部分题目，这些题目逐渐发展成国际通行的科学素质测评题目（国际可比题）。《美国科学与工程指标》曾将这些题目划分物理学、地球环境和生物学，之后又调整为物理学和生物学。2015 年调查时，我们根据《公民科学素质学习大纲》（以下简称《学习大纲》）中学科部类的界定，将科学知识的题目（18 道，包含 13 个国际可比题）划分为生命与健康、地球与环境、物质与能量三个部分，尝试以学科部类作为分析维度，深层次了解我国公民科学素质的发展特点和原因，逐步实现公民科学素质测评理念的开拓和创新。

（一）公民的总体科学知识状况

1. 科学知识答对题目数分布

统计学通常使用正态曲线反映事物的分布情况。2015年中国公民科学素质调查的18个科学知识题按答对题目数表征公民的科学知识水平，将受访者答对题目数作为横轴，各个答对题目数所占全体公民的比例作为纵轴，如图1-11所示，我国公民的科学知识水平呈典型的正态曲线分布。能够正确回答10个题目的公民所占比例最高，为9.6%；能正确回答9个和11个题目的公民比例分别为9.4%和8.3%。该正态曲线的均值为7.94，标准差为4.128，根据正态曲线的定义，有68.2%的公民分布在能够答对约4个（7.94 − 4.128）和12个题目数之间（7.94 ＋ 4.128）。

另外，将各个答对题目数的公民进行累加可以看出：能够正确回答半数（9个）及以上题目的公民比例为48.1%，即近一半的公民能够正确回答9个及以上题目；能够正确回答10个及以上题目的公民比例为38.7%，近四成的公民能够正确回答10个及以上的题目。

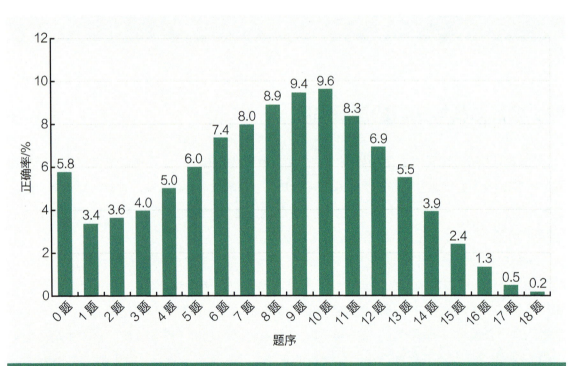

图 1-11　公民科学知识题目回答正确率分布

2. 科学知识的不同学科部类理解情况

为促进我国公民科学素质的有效提升，为各地科学素质建设工作提供有力指导，中国科协2015年组织研究并编制了《全民科学素质学习大纲》。《学习大纲》以"四科两能力"为指导，参考国内外相关的公民科学素质基准，吸收借鉴科学教育纲领与相关课程标准，以实现符合我国国情和特点的公民科学素质能力提升、满足公民生产生活需求为目标，完成了研究和编写工作，为中国公民科学素质调查提供了权威的参考依据。

2015年调查，公民对科学的理解中科学知识部分有18个评测题目（含10个国际比较题），按《学习大纲》的内容体系将这18个题目划分为生命与健康、地球与环境和物质与能量三个学科部类。其中，生命与健康7个题目，地球与环境5个题目，物质与能量6个题目，见表1-1。

调查结果显示，我国公民不同的科学知识题目回答正确率相差很大，每个学科部类的题目正确率为20%—70%；不同学科部类的题目平均正确率有明显差别，我国公民的生命与健康和地球与环境的知识水平明显高于物质与能量相关的知识。

表 1-1　2015 年调查科学知识测评题目

测评题目	正确率 /%
全部题目	44.1
生命与健康	47.6
a1　抗生素能够杀死病毒	24.3
a2　接种疫苗可以治疗多种传染病	26.9
a3　植物开什么颜色的花是由基因决定的	46.3
a4　父亲的基因决定孩子的性别	48.5
a5　乙肝病毒不会通过空气传播	51.3
a6　我们呼吸的氧气来源于植物	67.8
a7　就目前所知，人类是从较早期的动物进化而来的	68.2
地球与环境	45.2
b1　地球围绕太阳转一圈的时间为一天	27.4
b2　最早期的人类与恐龙生活在同一个年代	41.0
b3　地心的温度非常高	46.8
b4　数百万年来，我们生活的大陆一直在缓慢地漂移，并将继续漂移	50.8
b5　地球的板块运动会造成地震	60.0
物质与能量	39.1
c1　激光是由汇聚声波而产生的	19.0
c2　电子比原子小	22.4
c3　声音只能在空气中传播	36.3
c4　所有的放射性现象都是人为造成的	40.8
c5　含有放射性物质的牛奶经过煮沸后可以安全饮用	45.6
c6　光速比声速快	70.6

3. 不同人群学科部类知识水平差异

各分类人群的学科部类知识存在较大群体差异。

各学科部类的科学知识水平均存在明显的城乡差异，城镇居民的科学知识题目平均答对率为49.9%，比农村居民的37.5%高出了12.4个百分点；城镇居民解答生命与健康、地球与环境和物质与能量题目的平均正确率为52.2%、52.4%和45.0%，分别比农村居民的42.5%、37.3%和32.7%高出了9.8、15.1和12.3个百分点。

各学科部类的科学知识水平均存在明显的性别差异，男性公民的科学知识题目平均答对率为48.4%，比农村居民的39.4%高出了9.0个百分点；男性公民对于生命与健康、地球与环境和物质与能量的平均正确率为49.4%、52.3%和43.6%，分别比女性公民的45.8%、37.9%和34.5%高出了3.6、14.4和9.1个百分点。

不同年龄段公民的科学知识水平呈现出随年龄升高而下降的趋势，如图1-12所示。18—29岁年龄段公民的科学知识总体水平和各学科部类的题目正确率均在所有年龄段中最高，科学知识总体正确率达到了51.9%，生命与健康、地球与环境和物质与能量的平均正确率为51.9%、56.1%和47.6%；随年龄的升高，我国公民的科学知识总体水平和各学科部类的题目正确率逐渐下降，60—69岁公民的科学知识总体正确率降至32.3%，生命与健康、地球与环境和物质与能量的平均正确率为39.8%、32.0%和25.0%。从图中可以看出，对于不同的科学部类，生命与健康的题目正确率随年龄段的增加下降得最为缓慢，地球与环境和物质与能量这两个学科部类的题目正确率随年龄段增加下降趋势比较一致。这种现象表明，公民对于生命与健康这类与

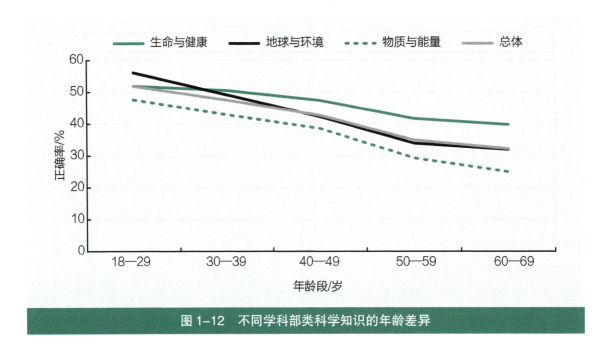

图1-12　不同学科部类科学知识的年龄差异

日常生活联系比较紧密、与自身息息相关的知识具有较强的留存度，与之对应的物质与能量的题目正确率在各个年龄段都较低，且随着年龄段的增加正确率下降得更快，这也间接证明了成人科学素质在于"实用"这一主要特点。

不同文化程度公民的科学知识水平呈现出随受教育程度的提升而升高的趋势，如图1-13所示。小学及以下公民的科学知识总体水平和各学科部类的题目正确率均最低，科学知识总体正确率为26.8%，生命与健康、地球与环境、物质与能量的平均正确率为33.6%、25.6%和21.3%；随着文化程度的提升，我国公民的科学知识总体水平和各学科部类的题目正确率逐渐上升，大学本科及以上公民的科学知识总体正确率达到了70.7%，生命与健康、地球与环境和物质与能量的平均正确率为66.1%、78.1%和67.9%。从下图可以看出，地球与环境和物质与能量这两个学科部类的题目正确率随受教育程度的提升而呈现出较为迅速的增加，生命与健康的题目正确率随受教育程度的提升而增长的相对缓慢。此外，高中及以上受教育程度公民的地球与环境题目正确率开始显著高于生命与健康和物质与能量这两个学科部类，大学本科及以上学历对地球与环境和物质与能量这两个学科部类的题目正确率均高于生命与健康。这种现象表明，随着受教育程度的提升，特别是高中及以上阶段的教育，使公民能够更深入和全面的了解各个学科的知识，形成完整的知识体系和结构，从而能够更好地认识和理解科学。此外，各学科部类正确率的上升斜率可大致分为两个阶段，小学到高中这个阶段各学科的正确率的提升快于从高中到大学本科及以上的阶段。这种现象表明，高中是形成科学知识整体结构的主要时期，是公民科学素质养成的基础。因此，全民普及十二年义务教育，进一步提升基础教育的质量是提升公民科学素质的关键环节。

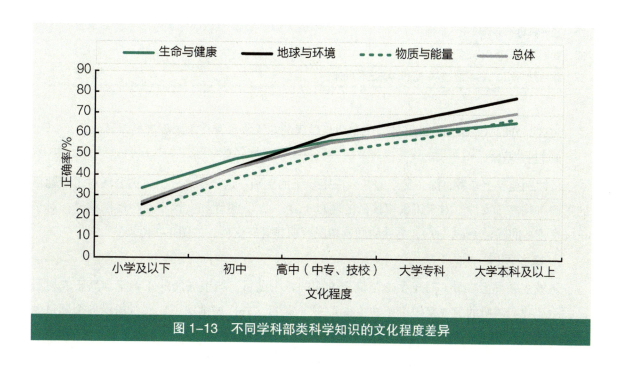

图1-13　不同学科部类科学知识的文化程度差异

（二）公民的生命与健康知识状况

生命与健康这部分知识主要涉及生物的结构、功能、类型及其与环境的关系，并在此基础上与生理健康的相关知识，与公民生活联系紧密。2015年调查在具体的题目设置上，主要选取了疾病防控与健康、遗传与进化、分子与细胞等方面有代表性的知识点和题目，考察公民对这部分内容的理解程度。

调查显示，我国公民对于表1-2中的七个生命与健康方面题目的平均正确率达到了47.6%，即接近半数的公民能够正确回答有关生命与健康方面的知识。从具体题目回答情况来看，我国公民对于抗生素的功能、接种疫苗的作用这些基础的疾病与健康方面的知识了解和掌握的仍然不够充分，仅有1/4左右的公民能够正确回答上述两个题目；我国公民对进化论的回答正确率最高，达到了68.2%。主要是因为一直以来我国对于进化论的宣传，特别是近代中国西学东渐的影响下，"物竞天择，适者生存"的进化论思想深入人心，已被大家充分的接受和吸收，而且我国基本不存在宗教"创世论"的影响，这个题目成为生命与健康中最高的正确率，有一定的文化背景。

表1-2 生命与健康测评题目	
测评题目	正确率/%
生命与健康	47.6
a1 抗生素能够杀死病毒	24.3
a2 接种疫苗可以治疗多种传染病	26.9
a3 植物开什么颜色的花是由基因决定的	46.3
a4 父亲的基因决定孩子的性别	48.5
a5 乙肝病毒不会通过空气传播	51.3
a6 我们呼吸的氧气来源于植物	67.8
a7 就目前所知，人类是从较早期的动物进化而来的	68.2

对这部分题目，不同分类群体公民生命与健康的知识水平存在不同程度的差异。

1. 性别差异

从性别差异上来看，除"父亲的基因决定孩子的性别"这个题之外，男性公民对于各题目的正确率均高于女性。对于正确率较低的题目（a1，a2），男性和女性不存在性别差异；对于正确率较高的题目（a6，a7），男性的回答情况要明显好于女性。如图1-14所示。

2. 城乡差异

从城乡差异上来看，对于生命与健康方面的各个题目，城镇居民的正确率均高于农村居民，除"我们呼吸的氧气来源于植物（a6）"这个题目之外，城镇居民比农村居民各个题目的正确率的差值也基本一致。如图1-15所示。

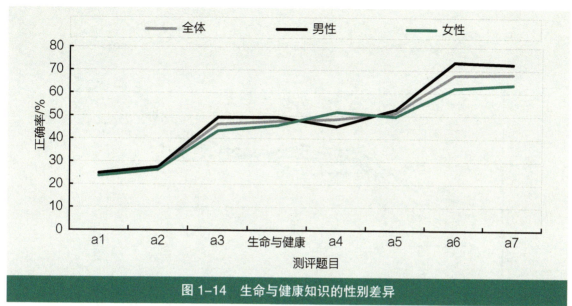

图 1–14　生命与健康知识的性别差异

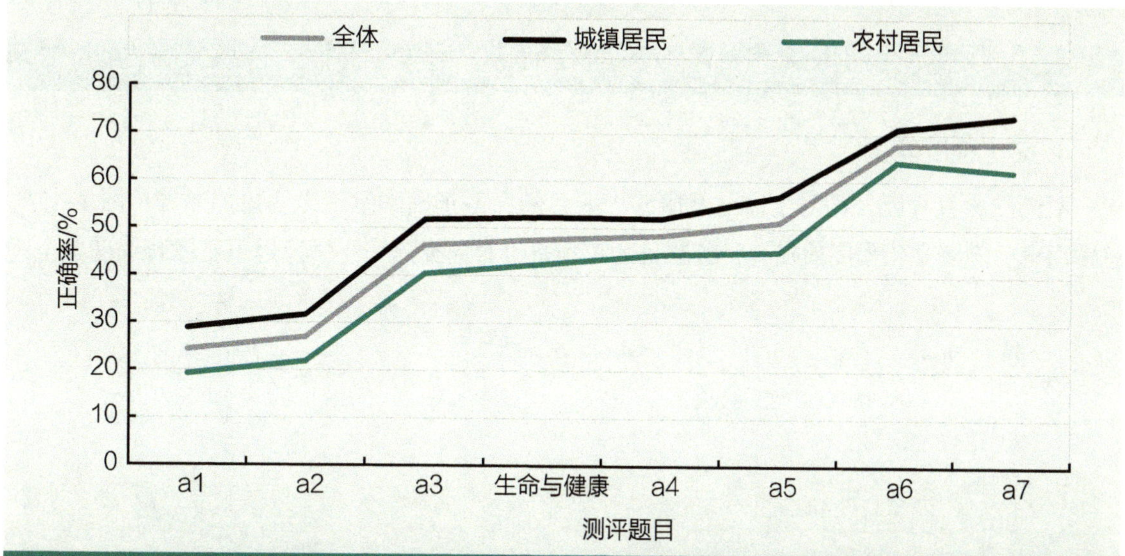

图 1–15　生命与健康知识的城乡差异

3. 年龄差异

不同年龄段公民对生命与健康各个题目的回答正确率呈现出明显的年龄差异。从图 1–16 能够看出，50—59 岁和 60—69 岁两个年龄段公民的题目正确率变化趋势基本一致，且与其他年龄段呈现明显差别；50—69 岁年龄段公民对抗生素的功能和疫苗的作用这两个基础的疾病与健康方面的知识了解程度明显低于其他年龄段，对于正确率较高题目（a5、a6、a7）的回答正确率也明显低于其他年龄段公民；但对于"父亲的基因决定孩子的性别"这个题目，50—69 岁年龄段公民的正确率高于其他年龄段，这与该年龄段当年处在计划生育政策的执行期（1982 年计划生育写入宪法，确定为国策），接受了大量这方面宣传和普及的知识有关。

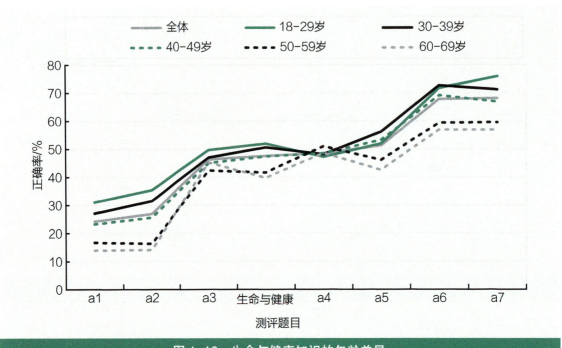

图 1-16　生命与健康知识的年龄差异

4. 文化程度差异

不同受教育程度公民对生命与健康各个题目的回答正确率呈现出明显的差异（图 1-17）。总体而言，随着文化程度的提升，各题目的正确率也对应提高，小学及以下受教育程度各个题

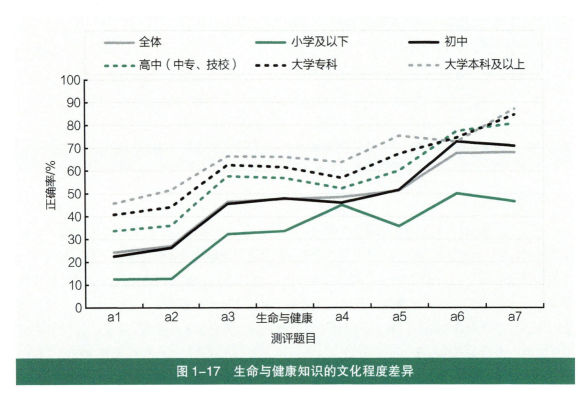

图 1-17　生命与健康知识的文化程度差异

目的正确率最低，且平均正确率仅为 33.6%，远低于其他文化程度的公民；大学本科及以上、大学专科与高中文化程度的公民解答生命与健康题目的平均正确率差异基本一致；除小学及以下学历之外，其他文化程度公民对于"我们呼吸的氧气来源于植物"的回答正确率相差不大，主要原因在于这个说法作为一种基本的科学常识已被各类人群所知晓。我国全体公民对于生命与健康知识的平均正确率与初中受教育程度群体基本一致，如图 1-17 所示。

（三）公民的地球与环境知识状况

地球与环境这部分知识主要涉及宇宙中的地球、地球系统、地球和人类活动三部分知识，这部分内容主要涉及天文、地理与气候学，是与人类生活联系最紧密的，与人类赖以生存的环境直接相关。2015 年调查在具体的题目设置上，主要选取了宇宙中的地球与太阳系、地球的演化，地球系统中的地球的圈层结构、地质运动与地貌演化等方面有代表性的知识点和题目，考察公民对这部分内容的理解程度。

调查显示，我国公民对于表 1-3 中 5 个地球与环境方面题目解答的平均正确率达到了 45.2%，即接近半数的公民能够正确回答有关地球与环境方面的知识。从具体题目回答情况来看，我国公民对于"地球围绕太阳转一圈的时间为一天"这个复合了太阳系和地月关系两个知识点的综合题的正确率较低，仅为 27.4%，侧面说明了大多数公民对于知识点的认知处于比较直观和模糊的状态，一旦需要对某些知识点进行深度思考和分析时不能做出正确的判断和反馈。除 b5 之外，其他题目的正确率相对集中，b5 题的板块运动论经常出现在有关地震等信息的科普宣传上，能够被公众所熟悉，因此正确率也相对高一些。

表 1-3　地球与环境测评题目

测评题目	正确率 /%
地球与环境	**45.2**
b1　地球围绕太阳转一圈的时间为一天	27.4
b2　最早期的人类与恐龙生活在同一个年代	41.0
b3　地心的温度非常高	46.8
b4　数百万年来，我们生活的大陆一直在缓慢地漂移，并将继续漂移	50.8
b5　地球的板块运动会造成地震	60.0

1. 性别差异

从性别差异上来看，除"地球围绕太阳转一圈的时间为一天"这个题目之外，男性公民对于地球与环境各题目的正确率均大幅高于女性，男性在地球与环境这个学科部类的平均正确率为 52.3%，高出女性（37.9%）14.4 个百分点，如图 1-18 所示。

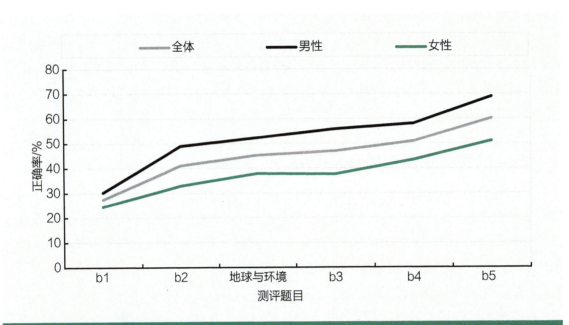

图 1-18　地球与环境知识的性别差异

2. 城乡差异

从城乡差异上来看，对于地球与环境方面的各个题目，城镇居民的正确率均高于农村居民，除"地球围绕太阳转一圈的时间为一天"这个题目之外，城镇居民比农村居民各个题目的正确率的差值也基本一致，城镇居民在地球与环境这个学科部类的平均正确率为52.4%，高出农村居民（37.3%）15.1 个百分点，如图 1-19 所示。

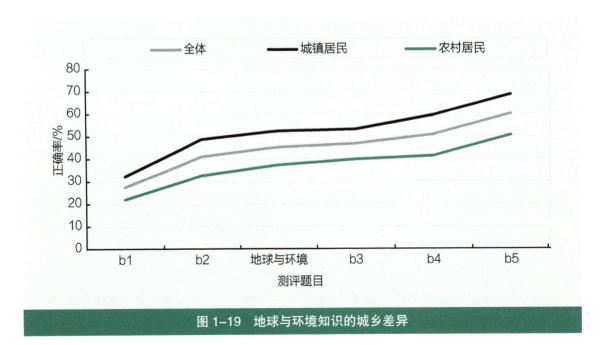

图 1-19　地球与环境知识的城乡差异

3. 年龄差异

不同年龄段公民对地球与环境各个题目的正确率呈现出明显的年龄差异。从图 1-20 能够看出，50—59 岁和 60—69 岁两个年龄段公民的题目正确率变化趋势基本一致，且与其他年龄段呈现明显差别，除"地心的温度非常高"之外，各个题目正确率均大幅低于其他年龄段；18—29 岁年龄段公民各个题目的正确率均大幅高于其他年龄段；30—39 岁年龄段公民除在"最早期的人类与恐龙生活在同一个年代"这个题目的正确率呈现与 18—29 岁年龄段一致的特征之外，其他题目正确率变化趋势更接近于 40—49 岁年龄段。

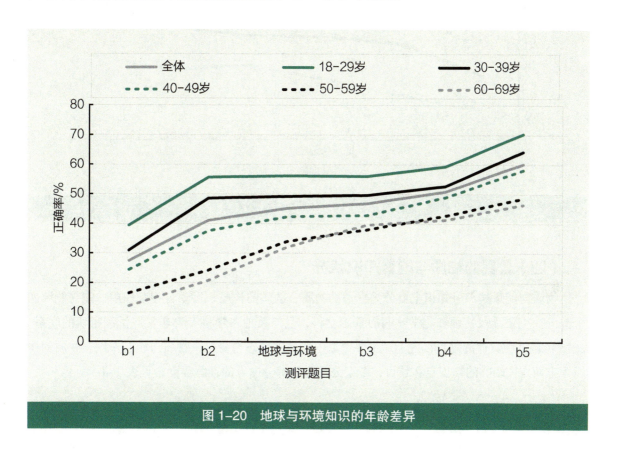

图 1-20　地球与环境知识的年龄差异

4. 文化程度差异

不同受教育程度公民对地球与环境各个题目的回答正确率呈现出明显的差异。总体而言，受教育程度较高的群体各个题目的正确率也对应较高。不同受教育程度公民对地球与环境知识的正确率大致呈现出三类梯度，即大学本科及以上（78.1%）比大学专科（68.5%）的平均正确率高 9.6 个百分点、大学专科（68.5%）比高中（59.6%）的平均正确率高 8.9 个百分点；高中（59.6%）比初中（43.7%）受教育程度的平均正确率高 15.9 个百分点；初中（43.7%）比小学及以下（25.6%）受教育程度的平均正确率高 18.1 个百分点。我国全体公民对于地球与环境知识的平均正确率与初中受教育程度群体基本一致，如图 1-21 所示。

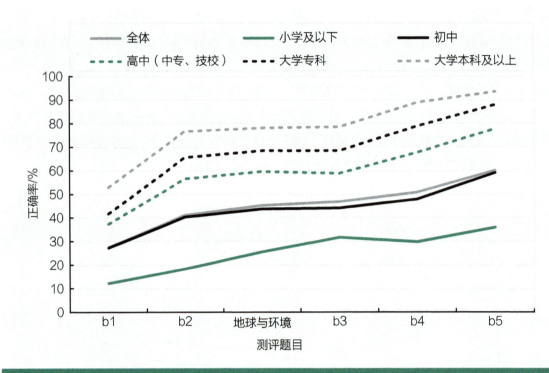

图 1-21　地球与环境知识的文化程度差异

（四）公民的物质与能量知识状况

物质与能量这部分知识主要分为身边的物质、物质的构成、运动与相互作用、能与能源四个部分。主要涉及物理和化学这两门基础学科，且与其他各学科有着非常广泛和密切的联系。2015 年调查在具体的题目设置上，主要选取了物质的形态与变化、物质与相互作用、物质的构成等方面有代表性的知识点和题目，考察公民对这部分内容的理解程度，见表 1-4。

表 1-4　物质与能量测评题目

测评题目	平均正确率 /%
物质与能量	39.1
c1　激光是由汇聚声波而产生的	19.0
c2　电子比原子小	22.4
c3　声音只能在空气中传播	36.3
c4　所有的放射性现象都是人为造成的	40.8
c5　含有放射性物质的牛奶经过煮沸后可以安全饮用	45.6
c6　光速比声速快	70.6

调查显示，我国公民对于物质与能量方面题目的平均正确率达到39.1%，即接近四成的公民能够正确回答有关物质与能量方面的知识。从具体题目回答情况来看，我国公民对于"激光是由汇聚声波而产生的"和"电子比原子小"这两个题目的正确率较低，分别仅为19.0%和22.4%，表明了我国公民对于微观和抽象的概念和知识点理解和掌握的程度较低，从侧面反映了我国基础教育中对于物质和能量的教学质量需要进一步提升。c3、c4和c5题主要从现象或对知识点应用来进行判断，不直接考查知识点，公民的正确率相对集中的分布在36.3%—45.6%；c6题知识点与生活常识有较大的相关性，因此回答率也远高于其他题目，达到了70.6%。

调查显示，不同分类群体公民的科学素质水平存在不同程度的差异。

1. 性别差异

从性别差异上来看，男性公民对于物质与能量各题目的正确率均高于女性，男性在物质与能量这个学科部类的平均正确率为43.6%，高出女性（34.5%）9.1个百分点，如图1-22所示。

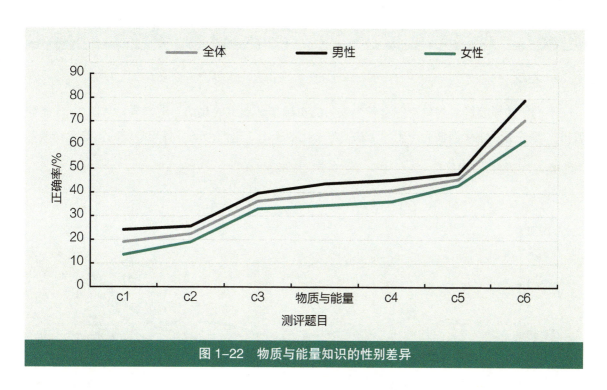

图1-22 物质与能量知识的性别差异

2. 城乡差异

从城乡差异上来看，对于物质与能量方面的各个题目，城镇居民的正确率均高于农村居民。城乡居民对于"所有的放射性现象都是人为造成的"和"含有放射性物质的牛奶经过煮沸后可以安全饮用"两个题目正确率呈现出较大差异，以上两个题目城镇居民的正确率分别高出农村居民16.5和18.2个百分点，而这两个题目均与放射性有关，可能的原因是农村居民在日常生活中较少关注这类话题和信息，如图1-23所示。

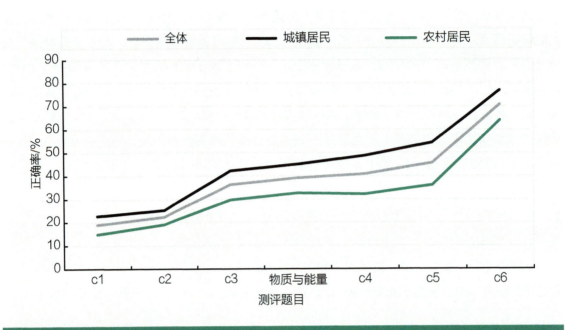

图 1-23　物质与能量知识的城乡差异

3. 年龄差异

不同年龄段公民对物质与能量各个题目的正确率呈现出明显的年龄差异。从图 1-24 能够看出，"激光是由汇聚声波而产生的"和"电子比原子小"这两个题目各年龄段的正确率相差不

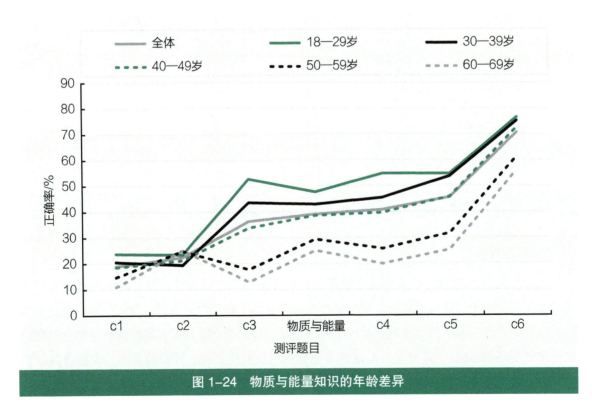

图 1-24　物质与能量知识的年龄差异

大，除这两个题目之外：50—59 岁和 60—69 岁两个年龄段公民的题目正确率变化趋势基本一致，且题目正确率明显低于其他年龄段；18—29 岁、30—39 岁和 40—49 岁对于"声音只能在空气中传播"和"所有的放射性现象都是人为造成的"的题目正确率呈现出较大差异，对于"含有放射性物质的牛奶经过煮沸后可以安全饮用"和"光速比声速快"的题目正确率开始逐步收敛。

4. 文化程度差异

不同受教育程度公民对物质与能量各个题目的回答正确率呈现出明显的差异。总体而言，受教育程度较高的群体各个题目的正确率也对应较高。不同受教育程度公民对物质与能量知识的正确率大致呈现出三类梯度，即大学本科及以上（67.9%）比大学专科（58.5%）的平均正确率高 9.4 个百分点，大学专科（58.5%）比高中（51.4%）的平均正确率高 7.1 个百分点；高中（51.4%）比初中（38.4%）受教育程度的平均正确率高 13.0 个百分点；初中（38.4%）比小学及以下（21.3%）受教育程度的平均正确率高 17.1 个百分点。我国全体公民对物质与能量知识的平均正确率与初中受教育程度群体基本一致，如图 1-25 所示。

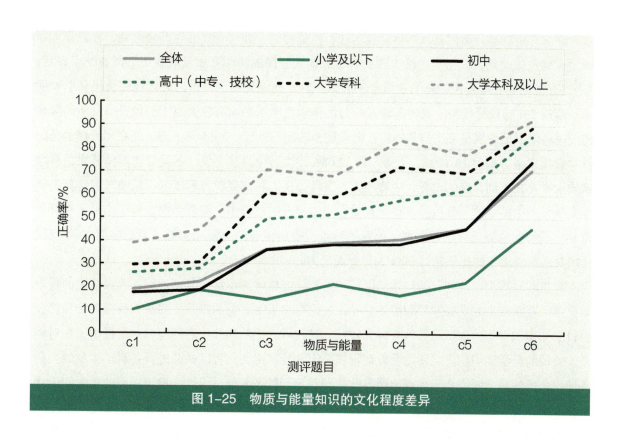

图 1-25　物质与能量知识的文化程度差异

以上分析表明：我国公民的科学知识水平存在较大的学科差异和群体差异，公民对生命与健康和地球与环境的知识水平明显高于物质与能量相关的知识；从具体题目的分析能够看出，公民对基本的生活现象和常识和与生活相关的日常知识、被大规模宣传和普及的知识和内容的回答正确率较高，对微观的物质构成和抽象的概念的理解和掌握有所欠缺。我国公民科学知识的状况和特征充分体现了成年人在完成正规教育之后，偏重于知识的应用以及对各类生活和宏观现象的解释这类实用的知识。从公民科学知识的群体差异分析能够看出，我国公民在各个学科部类中均存在相同的群体差异，具体表现为男性高于女性，城镇居民高于农村居民；在年龄差异上，能够直观地看出50—69岁年龄段的科学知识水平明显低于其他年龄段；在不同受教育程度对于科学知识的差异上，高中及以上学历群体的科学知识水平明显高于其他的受教育程度群体，而我国公民的科学知识水平与初中学历群体基本一致。通过对我国公民的科学知识水平进行详细的分析，能够看出，我国公民总体科学知识水平不高，且呈现出明显的代际差异，新一代年轻人的科学知识水平较高且高于世界主要国家的总体水平，而较大年龄段公民的科学知识水平较低，是提升我国公民科学素质需要重点关注的对象。

五、小结

2015年中国公民科学素质抽样调查按照社会学和统计学研究规范，采用国际通用的指标体系和综合评价标准，运用互联网信息技术进行质量控制，在"十三五"开局之初，在建设创新型国家的关键时期，获得了中国大陆及各省级地区公民的科学素质发展状况。调查结果显示，"十二五"期间我国公民的科学素质水平大幅提升，圆满完成了"十二五"我国公民科学素质水平超过5%的目标任务。我国各地区的公民科学素质水平均有较大幅度的提升，且不同区域的公民科学素质发展呈现出与其经济社会发展相匹配的特征，2015年上海、北京和天津的公民科学素质水平分别为18.71%、17.56%和12.00%，位居全国前三位。不同分类群体公民的科学素质水平存在不同程度的差异，中青年人、男性公民、较高受教育程度者、城镇居民是具备科学素质公民中的主体。我国公民科学素质在稳步提升的过程中，需要考虑如何缩小地区和群体差异，了解和掌握低科学素质群体的发展特点，提出相应的对策和建议，为实现2020年我国公民具备科学素质的比例超过10%的目标而努力。

对以学科部类归纳划分的科学知识，我国公民的科学知识水平分析表明：我国公民的科学知识水平存在较大的学科差异和群体差异，公民对与生活有关的以及一些被大规模宣传和普及的科学知识和常识的知识题目回答情况较好，对具体和抽象的知识点的理解和掌握情况相对较差。公民的科学知识状况主要由受教育程度决定，且高中文化程度是公民具备科学素质的主要条件；公民的科学知识水平呈现出明显的性别差异和城乡差异，男性、城镇居民的科学知识水平高于女性和农村居民；公民科学知识水平随年龄段的增加而逐渐降低，较大年龄段（50—69岁）公民的科学知识水平显著低于其他年龄段，显示出较强的代际特征。通过分析，我们认为公民科学素质提升的关键在于普及十二年义务教育，并进一步提升基础教育特别是基础科学教育的质量。

第二章　中国公民获取科技信息和
　　　　参与相关活动的情况

摘要

- 电视和报纸仍然是中国公民获取科技信息最主要的渠道，互联网已成为公民获取科技信息的主渠道。公民利用互联网获取科技信息的比例明显提高，2015 年通过互联网获取科技信息的公民比例达 53.4%，比 2010 年的 26.6% 提高了一倍多。

- 公民对科学新发现、新发明和新技术、医学新进展等科技新闻话题的感兴趣程度较高，感兴趣的比例分别为 77.6%、74.9% 和 69.8%。

- 公民最感兴趣的科技发展信息是环境污染及治理，感兴趣的公民比例达到 83.3%。

- 2015 年调查显示公民知晓并积极参加各种科普活动，科技展览是 2015 年调查显示中公民参加最多的科普活动，比例为 14.6%；有半数和以上的公民在 2015 年调查显示中听说过和参加过各类科普活动。

- 2015 年调查显示公民利用过各种科普场馆和科普设施的主要原因是"自己感兴趣"。

- 2015 年调查显示在公民没有利用各种科普场馆和科普设施的原因中，由于"本地没有"而未能参观和利用科技馆等科技类场馆的比例比 2010 年明显缩小。

- 公民关注公共科技事务的意识较强，但参与公共科技事务的程度还不高。

- 具备科学素质公民与全体公民相比，在获取科技信息和参与科普方面呈现出较强的群体特征。

影响公民对科学的理解及科学素质水平的因素很多，而对科技信息感兴趣的程度和获取科技信息的渠道则是其中尤为重要的影响因素。对公民科学素质影响因素的了解和分析是公民科学素质调查的重要组成部分。2015 年中国公民科学素质调查的这部分内容主要包括：公民对科技信息的感兴趣程度、公民获得科技发展信息的主要渠道、公民参与科普活动和利用科普设施的情况以及公民参与公共科技事务的程度等内容。

一、公民对科技信息的感兴趣程度

（一）对科技新闻话题的感兴趣程度

1.公民对各类新闻话题的感兴趣程度

调查显示，在日常生活和工作中，如图 2-1 所示，公民最感兴趣的新闻话题是生活与健康、学校与教育和国家经济发展，感兴趣公民的比例分别为 92.6%、86.7% 和 78.6%；对体育和娱乐、农业发展、科学新发现、文化与艺术以及新发明和新技术等新闻话题感兴趣的公民比例也都在 70% 以上；对医学新进展、军事与国防和国际与外交政策新闻话题感兴趣的公民分别占 69.8%、66.5% 和 57.9%。可以看出，中国公民对科学新发现、新发明和新技术、医学新进展等与科技有关的新闻话题感兴趣的程度较高，感兴趣的比例均在 70% 左右。

图 2-1 公民对各类新闻话题的感兴趣程度

2.公民对科技新闻话题的感兴趣情况

调查显示，公民对科学新发现、医学新进展、新发明和新技术等科技新闻话题的感兴趣程度比较高，但不同群体对不同科技新闻话题的感兴趣情况存在一定的差异，详见表 2-1。分析表明，男性公民、汉族公民、重点人群中的领导干部和公务员群体、大学及以上文化程度公民、城镇居民和职业为国家机关、从事与科学技术相关职业、党群组织负责人的群体，对科技新闻话题的感兴趣比例均排在各相应分类群体的前列。

类　别	科学新发现	新发明和新技术	医学新进展
总体	77.6	74.8	69.8
按性别分			
男性	83.2	81.3	69.9
女性	71.8	68.0	69.7
按民族分			
汉族	77.7	75.0	70.2
其他民族	74.8	70.6	64.0
按户籍分			
本省户籍	77.6	74.8	69.8
非本省户籍	77.7	74.3	70.0
按年龄分			
18—29岁	80.9	79.2	68.4
30—39岁	79.9	76.8	72.4
40—49岁	77.6	74.1	71.2
50—59岁	73.0	69.6	67.6
60—69岁	70.9	67.9	68.2
按文化程度分			
小学及以下	60.9	56.9	56.2
初中	79.0	75.9	70.5
高中（中专、技校）	88.0	86.2	78.4
大学专科	92.5	91.3	83.3
大学本科及以上	93.8	94.0	86.1
按文理科分			
偏文科	88.9	87.5	81.9
偏理科	91.7	90.6	80.0
按城乡分			
城镇居民	81.2	78.3	73.8
农村居民	73.6	70.9	65.4
按就业状况分			
有固定工作	84.6	82.5	74.9
有兼职工作	84.1	81.5	74.5

表2-1　公民对科技新闻话题的感兴趣情况　　单位：%

类　别	科学新发现	新发明和新技术	医学新进展
工作不固定，打工	77.0	73.6	66.3
目前没有工作，待业	71.9	71.4	64.6
家庭主妇且没有工作	65.9	62.0	64.1
学生及待升学人员	88.5	86.1	68.7
离退休人员	80.9	74.9	78.4
无工作能力	65.2	61.4	63.3
按与科学技术的相关性分			
有相关性	89.4	86.8	76.4
无相关性	79.3	76.7	70.3
按科学技术的相关部门分			
生产或制造业	88.4	85.8	75.1
教育部门	93.4	88.7	83.2
科研部门	91.9	89.9	81.7
其他	89.9	87.6	76.3
按职业分			
国家机关、党群组织负责人	91.9	90.8	83.8
企业事业单位负责人	89.9	87.6	79.7
专业技术人员	87.2	84.7	75
办事人员与有关人员	90.0	87.9	81.9
农林牧渔水利业生产人员	76.6	74.5	67.2
商业及服务业人员	81.0	77.9	72.2
生产及运输设备操作工人	79.1	76.6	66.8
按重点人群分			
领导干部和公务员	92.3	92.5	84.4
城镇劳动者	80.8	78.2	72.7
农民	71.6	69.1	63.8
其他	78.1	73.4	71.0
按地区分			
东部地区	80.5	77.9	73.5
中部地区	77.8	75.6	69.9
西部地区	72.4	68.4	63.9

3. 不同群体公民对科学新发现感兴趣的程度

调查显示，不同分类群体公民对科学新发现信息的感兴趣程度呈现不同程度的差异。

（1）性别差异和民族差异

对科学新发现信息感兴趣的性别差异和民族差异明显，如图 2-2 所示。对科学新发现感兴趣的公民比例，男性公民（83.2%）比女性公民（71.8%）高 11.4 个百分点，汉族公民（77.7%）略高于其他民族公民（74.8%）；对科学新发现信息不感兴趣的公民比例，女性公民高于男性公民，汉族公民高于其他民族公民；不知道对科学新发现信息是否感兴趣的公民比例，女性公民高于男性公民，其他民族公民高于汉族公民。

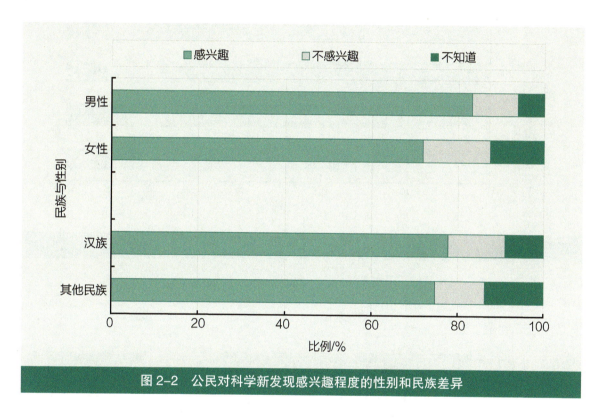

图 2-2　公民对科学新发现感兴趣程度的性别和民族差异

（2）年龄差异

不同年龄段公民中，对科学新发现感兴趣公民的比例随年龄升高而略呈下降趋势，如图 2-3 所示。其中，18—29 岁公民的感兴趣比例最高为 80.9%，60—69 岁公民的感兴趣比例最低为 70.9%；同时，不知道是否对科学新发现信息感兴趣的公民比例随着年龄的升高而增大。

（3）文化程度差异

不同文化程度的公民中，对科学新发现信息感兴趣公民的比例随文化程度的升高而呈明显的增加趋势，如图 2-4 所示。大学专科和大学本科及以上文化程度公民的感兴趣比例达到 90% 以上，小学以下文化程度公民的感兴趣比例则为 60.9%；对科学新发现信息不感兴趣的公民，在小学文化程度公民中所占比例最高，在大学本科及以上文化程度公民中所占比例最低；

不知道是否对科学新发现信息感兴趣的公民比例随着文化程度的提高而明显降低，从小学及以下文化程度公民的21.9%、初中文化程度公民的6.7%，降至高中及以上文化程度公民的3%以下。

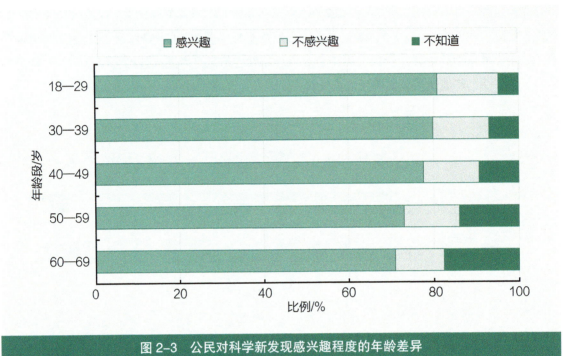

图 2-3　公民对科学新发现感兴趣程度的年龄差异

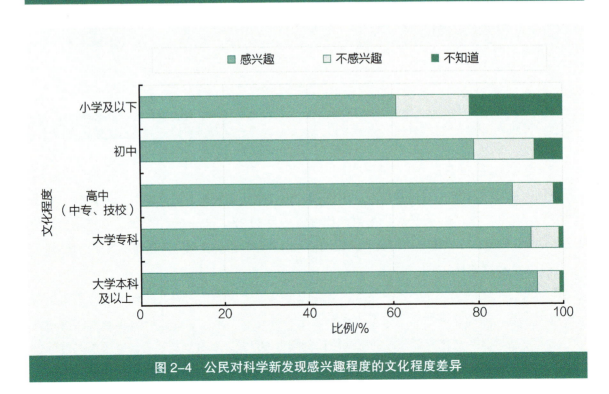

图 2-4　公民对科学新发现感兴趣程度的文化程度差异

（4）职业差异

对不同职业人群对科学新发现的感兴趣程度对比分析，如图 2-5 所示，国家机关、党群组织负责人对科学新发现感兴趣的比例最高为 91.9%，办事人员与有关人员、企业事业单位负责人、学生及待升学人员、专业技术人员对科学新发现的感兴趣比例也很高均在 87.0% 以上，商业及服务业人员、离退休人员、生产及运输设备操作工人、农林牧渔水利业生产人员对科学新发现感兴趣的比例相对较低一些，分别为 81.0%、80.9%、79.1% 和 76.6%；商业及服务业人员、离退休人员、生产及运输设备操作工人和农林牧渔水利业生产人员中，不知道是否对科学新发现感兴趣的比例较高，均超过 5%。总的来说，对于科学新发现是否感兴趣，不同职业人群大致分为两个梯度，一个梯度是以领导干部和公务员以及学生等为代表的群体，另一个梯度是以城镇劳动者和离退休人员为代表的群体。

按工作内容是否与科学技术有相关性来分析，有相关性的群体对科学新发现感兴趣的程度高于无相关性群体，分别为 89.4% 和 79.3%，其中教育部门和科研部门的比例最高，分别为 93.4% 和 91.9%，均超过 90%。

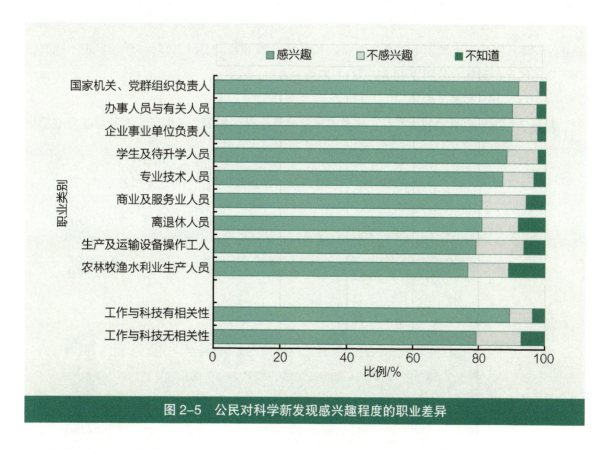

图 2-5　公民对科学新发现感兴趣程度的职业差异

（5）重点人群差异

对按《全民科学素质纲要》实施的重点人群的分类分析，领导干部和公务员对科学新发现信息的感兴趣程度最高，如图 2-6 所示。领导干部和公务员群体中对科学新发现感兴趣的比例

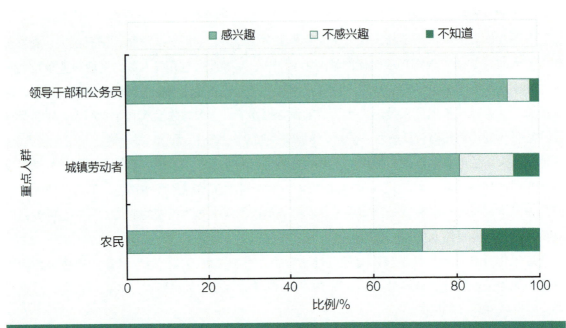

图 2-6　公民对科学新发现感兴趣程度的重点人群差异

高达 92.3%，明显高于城镇劳动者的 80.8% 和农民的 71.6%；农民群体对科学新发现不感兴趣和不知道的比例最高，分别为 14.3% 和 14.0%。

（6）城乡差异和地区差异

对科学新发现感兴趣的程度存在城乡差异和地区差异，如图 2-7 所示。对科学新发现感兴

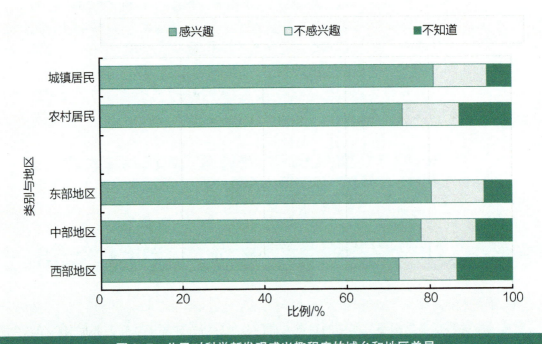

图 2-7　公民对科学新发现感兴趣程度的城乡和地区差异

趣的公民比例，城镇居民高于农村居民，分别为 81.2% 和 73.6%；东部地区高于中部地区、中部地区高于西部地区，分别为 80.5%、77.8% 和 72.4%；对科学新发现不感兴趣的公民比例，未出现明显的城乡差异和地区差异；不知道是否对科学新发现感兴趣的公民比例，农村居民高于城镇居民，西部地区高于中部地区、中部地区高于东部地区。

4. 不同群体公民对新发明和新技术感兴趣的程度

调查显示，不同分类群体公民对新发明和新技术信息感兴趣的程度也呈现不同程度的差异。

（1）性别差异和民族差异

对新发明和新技术信息感兴趣程度的性别差异明显，而民族差异相对较小，如图 2-8 所示。对新发明和新技术感兴趣的比例，男性公民的 81.3% 明显高于女性公民的 68.0%，汉族公民和其他民族公民对新发明和新技术感兴趣的比例分别为 75.0% 和 70.6%；对新发明和新技术不感兴趣的比例，女性公民高于男性公民，比例分别为 17.1% 和 11.6%，汉族公民和其他民族公民差别不大；不知道是否对新发明和新技术感兴趣的比例，女性公民高于男性公民，其他民族公民高于汉族公民。

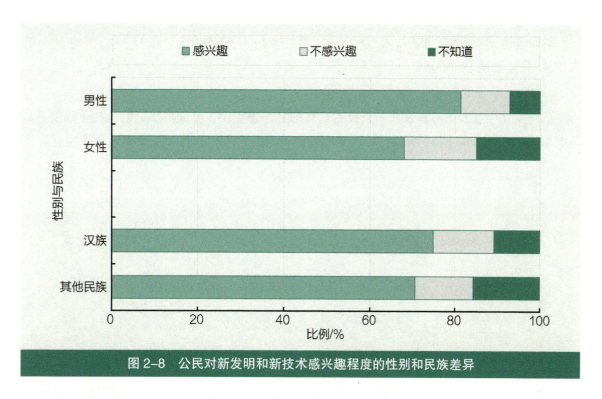

图 2-8　公民对新发明和新技术感兴趣程度的性别和民族差异

（2）年龄差异

不同年龄段公民对新发明和新技术信息的感兴趣程度呈现出随年龄升高而下降的趋势，如图 2-9 所示。对新发明和新技术感兴趣的比例，18—29 岁公民的比例较高为 79.2%，随年龄的升高逐渐下降至 60—69 岁公民的 67.9%；对新发明和新技术不感兴趣公民的年龄差异不明

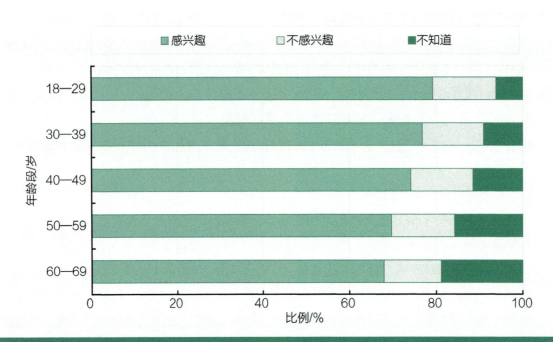

图 2-9 公民对新发明和新技术感兴趣程度的年龄差异

显；不知道是否对新发明和新技术感兴趣的比例随年龄的升高而升高，从 18—29 岁的 6.2% 升高至 60—69 岁的 18.9%。

（3）文化程度差异

不同文化程度公民对新发明和新技术信息的感兴趣程度，呈现出明显的随文化程度升高而增加的趋势，如图 2-10 所示。对新发明和新技术感兴趣的比例，从小学及以下文化程度

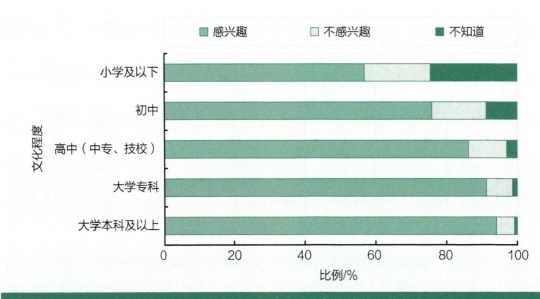

图 2-10 公民对新发明和新技术感兴趣程度的文化程度差异

公民的 56.9% 增加到大学本科及以上文化程度公民的 94.0%；超过 10% 的高中及以下文化程度公民对新发明和新技术信息不感兴趣；不知道是否对新发明和新技术感兴趣的比例，随文化程度的提高而明显降低，从小学及以下公民的接近 24.5%，降至大学本科及以上公民的 0.8%。

（4）职业差异

在按职业分类的分析中，不同职业公民对新发明和新技术信息感兴趣的程度呈现不同程度差异，如图 2-11 所示，对新发明和新技术信息感兴趣程度较高的人群依次是国家机关党群组织负责人、办事人员与有关人员、企业事业单位负责人、学生及待升学人员和专业技术人员，其感兴趣的比例很高，均超过了 80%，不感兴趣和不知道的比例均较低；商业及服务业人员、生产及运输设备操作工人、离退休人员和农林牧渔水利业生产人员对新发明和新技术信息的感兴趣程度相对较低，对新发明和新技术不感兴趣的比例相对较高，不知道的比例也相对较高。

按工作内容是否与科学技术有相关性来分析，有相关性的群体对新发明和新技术感兴趣的程度高于无相关性群体，分别为 86.8% 和 76.7%，其中科研部门和教育部门的比例最高，分别为 89.9% 和 88.7%。相较于科学新发现，科研部门对新发明和新技术感兴趣的比例上升。

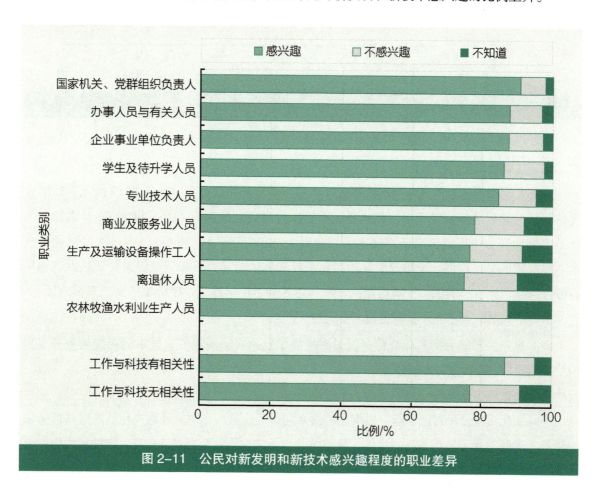

图 2-11　公民对新发明和新技术感兴趣程度的职业差异

（5）重点人群差异

重点人群中，领导干部和公务员对新发明和新技术信息的感兴趣程度明显高于城镇劳动者和农民，如图2-12所示。其中，对新发明和新技术感兴趣的比例，领导干部和公务员为92.5%，明显高于城镇劳动者的78.2%和农民的69.1%；对新发明和新技术不感兴趣和不知道的比例，均是领导干部和公务员明显低于城镇劳动者和农民；同时，农民对新发明和新技术不感兴趣和不知道的比例相对较高。

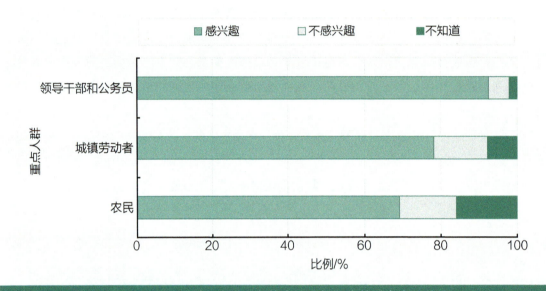

图 2-12　公民对新发明和新技术感兴趣程度的重点人群差异

（6）城乡差异和地区差异

对新发明和新技术信息感兴趣的程度存在城乡差异和地区差异，如图2-13所示。对新发明和新技术感兴趣的公民比例，城镇居民高于农村居民，分别为78.3%和70.9%；东部地区高于中部地区、中部地区高于西部地区，分别为77.9%、75.6%和68.4%；对新发明和新技术不感兴趣的公民比例，未出现明显的城乡差异和地区差异；不知道是否对科学新发现感兴趣的公民比例，农村居民高于城镇居民，西部地区高于中部地区、中部地区高于东部地区。

5. 不同群体公民对医学新进展感兴趣的程度

调查显示，不同分类群体公民对医学新进展信息感兴趣的程度呈现不同程度的差异，其中，性别差异、年龄差异不明显。

（1）文化程度差异

不同文化程度公民对医学新进展信息的感兴趣程度，呈现出明显地随文化程度升高而增加的趋势。对医学新进展感兴趣的比例，从小学及以下文化程度公民的56.2%，增加到大学专科及以上文化程度公民的80.0%以上；不知道是否对医学新进展感兴趣的比例，随文化程度的提高而明显降低，从小学及以下文化程度公民的25.0%，下降至大学本科以上公民的2.0%以下，见图2-14。

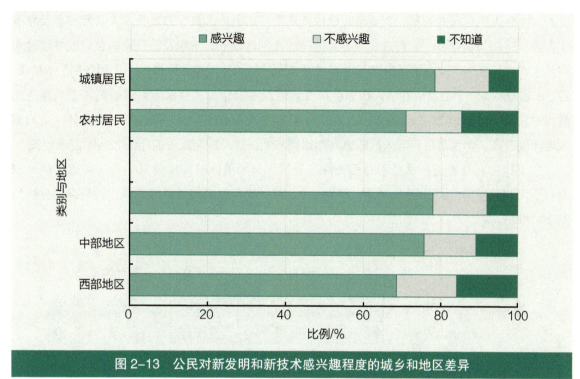

图 2-13 公民对新发明和新技术感兴趣程度的城乡和地区差异

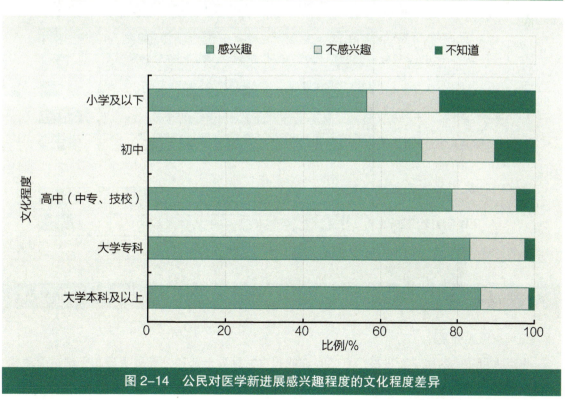

图 2-14 公民对医学新进展感兴趣程度的文化程度差异

中国公民科学素质报告 **37**

（2）职业差异

对不同职业的分类分析显示，不同职业公民对医学新进展信息感兴趣的程度呈现不同程度差异，如图2-15所示。对医学新进展信息感兴趣程度较高的人群依次是国家机关党群组织负责人、办事人员与有关人员、企业事业单位负责人、离退休人员、专业技术人员和商业及服务业人员，比例均超过70%，且选择"不知道"的比例均较低；学生及待升学人员、农林牧渔水利业生产人员和生产及运输设备操作工人对医学新进展的感兴趣程度稍低，比例分别为68.7%、67.2%和66.8%；学生及待升学人员和生产及运输设备操作工人对医学新进展的不感兴趣的比例相对较高，分别为25.7%和22.1%。相较于科学新发现及新发明和新技术，离退休人员的感兴趣比例升高，学生及待升学人员的感兴趣比例将低，这可能与二者的年龄和实际需求相关。

按工作内容是否与科学技术有相关性来分析，有相关性的群体对医学新进展感兴趣的程度高于无相关性群体，分别为76.4%和70.3%，其中教育部门和科研部门的比例最高，分别为83.2%和81.7%。

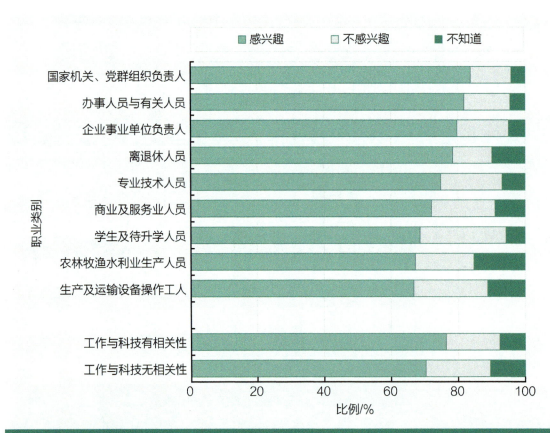

图2-15　公民对医学新进展感兴趣程度的职业差异

（3）重点人群差异

重点人群中，对医学新进展信息感兴趣的程度，领导干部和公务员明显高于城镇劳动者、城镇劳动者明显高于农民，如图2-16所示。其中，对医学新进展感兴趣的比例，领导干部和

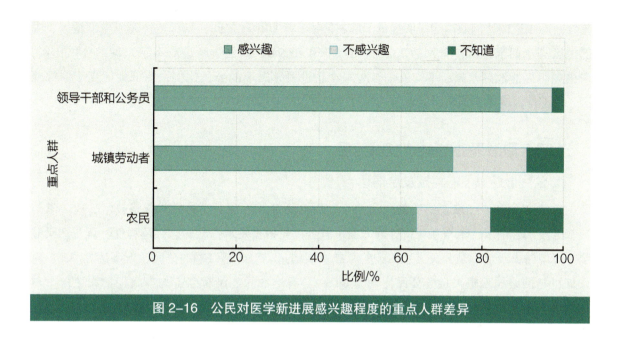

图 2-16 公民对医学新进展感兴趣程度的重点人群差异

公务员为 84.4%，城镇劳动者为 72.7%，农民为 63.8%；对医学新进展不感兴趣和不知道的公民比例，均为领导干部和公务员低于城镇劳动者、城镇劳动者低于农民。

（4）城乡差异和地区差异

对医学新进展信息的感兴趣程度，存在城乡差异和地区差异，如图 2-17 所示。对医学新进展感兴趣的比例，城镇居民（73.8%）高于农村居民（65.4%），不感兴趣的比例未出现明显

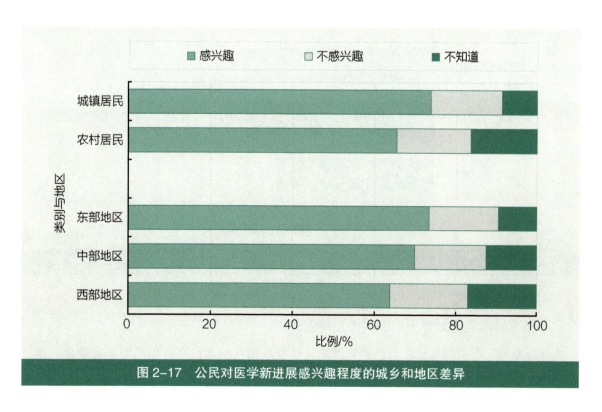

图 2-17 公民对医学新进展感兴趣程度的城乡和地区差异

差异，不知道的比例城镇居民明显低于农村居民。不同地区之间，东部地区高于中部地区、中部地区高于西部地区，分别为73.5%、69.9%和63.9%；对医学新进展不感兴趣的公民比例，未出现明显的地区差异；不知道是否对医学新进展感兴趣的公民比例，西部地区高于中部地区、中部地区高于东部地区。

（二）最感兴趣的科技发展信息

1. 公民最感兴趣的科技发展信息

2015年调查，选取了宇宙与空间探索、环境污染及治理、计算机与网络技术、遗传学与转基因技术、纳米技术与新材料这五方面了解公民对科技发展信息的感兴趣程度。调查结果显示，环境污染及治理是公民最感兴趣的科技发展信息，对此感兴趣的公民比例高达83.3%；对计算机与网络技术感兴趣的公民比例为63.6%，有半数的公民对宇宙与空间探索和遗传学与转基因技术感兴趣；公民对纳米技术与新材料感兴趣的比例相对较低，为41.3%，如图2-18所示。

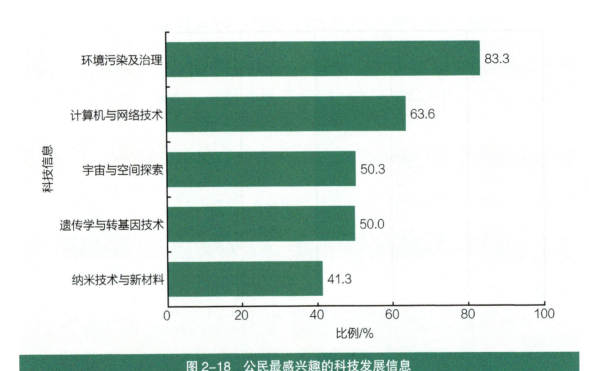

图2-18　公民最感兴趣的科技发展信息

2. 不同群体公民最感兴趣的科技发展信息

分析表明，不同群体公民对最感兴趣的科技发展信息的选择存在不同程度的差异，详见表2-2。

类 别	宇宙与空间探索	环境污染及治理	计算机与网络技术	遗传学与转基因技术	纳米技术与新材料
总体	50.4	83.3	63.5	50.0	41.3
按性别分					
男性	58.4	85.3	68.3	50.5	46.1
女性	42.0	81.2	58.8	49.4	36.3
按民族分					
汉族	50.6	83.6	64.0	50.4	41.6
其他民族	46.0	78.3	58.1	42.7	35.4
按户籍分					
本省户籍	50.0	83.2	62.9	49.5	40.9
非本省户籍	54.0	84.7	72.8	56.3	46.6
按年龄分					
18—29 岁	57.3	84.9	82.2	57.9	48.9
30—39 岁	50.0	86.0	72.2	54.2	45.0
40—49 岁	45.3	84.0	58.0	47.8	38.4
50—59 岁	46.6	79.5	45.4	41.8	34.0
60—69 岁	49.4	77.6	36.8	38.0	31.1
按文化程度分					
小学及以下	35.6	69.9	35.8	30.6	24.2
初中	47.8	85.9	66.1	49.8	39.1
高中（中专、技校）	62.9	89.9	81.1	63.6	55.0
大学专科	71.2	92.3	89.5	70.9	63.9
大学本科及以上	77.2	93.2	89.1	76.2	70.8
按文理科分					
偏文科	64.9	90.9	83.0	66.9	58.1
偏理科	70.9	91.2	86.7	68.7	62.4
按城乡分					
城镇居民	56.5	86.3	70.3	56.4	47.8
农村居民	43.6	79.9	56.2	43.0	34.0

表 2-2 公民最感兴趣的科技发展信息　　单位：%

类　别	宇宙与空间探索	环境污染及治理	计算机与网络技术	遗传学与转基因技术	纳米技术与新材料
按就业状况分					
有固定工作	57.8	87.6	73.5	57.3	49.8
有兼职工作	58.3	88.9	75.6	58.1	50.3
工作不固定，打工	47.5	82.9	61.9	45.9	38.0
目前没有工作，待业	45.8	78.5	58.8	44.0	35.5
家庭主妇且没有工作	34.5	77.2	51.4	41.8	28.7
学生及待升学人员	75.0	85.0	87.6	64.2	60.0
离退休人员	56.7	88.2	50.9	50.9	41.5
无工作能力	44.6	71.7	37.6	35.0	28.3
按与科学技术的相关性分					
有相关性	61.6	89.7	75.3	59.6	53.2
无相关性	51.7	84.7	67.7	51.4	43.3
按科学技术的相关部门分					
生产或制造业	58.4	88.9	72.1	56.8	51.1
教育部门	75.2	93.5	87.2	74.4	65.2
科研部门	67.2	92.7	76.7	65.0	57.7
其他	63.1	89.7	78.8	60.7	53.6
按职业分					
国家机关、党群组织负责人	71.3	89.7	82.7	71.9	63.5
企业事业单位负责人	64.7	90.1	82.6	64.7	58.1
专业技术人员	62.9	88.6	80.5	62.3	56.6
办事人员与有关人员	67.7	91.8	83.5	66.7	58.6
农林牧渔水利业生产人员	43.8	80.7	52.1	41.6	34.8
商业及服务业人员	53.6	86.4	72.5	55.0	45.6
生产及运输设备操作工人	50.4	85.5	65.6	47.3	40.1
按重点人群分					
领导干部和公务员	71.8	92.6	85.8	70.7	64.3
城镇劳动者	54.3	86.3	71.5	55.6	46.7

类　别	宇宙与空间探索	环境污染及治理	计算机与网络技术	遗传学与转基因技术	纳米技术与新材料
农民	41.0	78.3	52.8	40.6	31.7
其他	55.4	82.5	60.5	50.1	41.6
按地区分					
东部地区	55.5	85.8	68.5	55.2	46.7
中部地区	48.7	82.7	62.9	49.4	40.5
西部地区	43.7	79.8	56.3	42.1	33.4

对环境污染及治理感兴趣的年龄、是否本省户籍的差异不明显。不同群体的感兴趣程度差异体现在，男性感兴趣的比例高于女性 4.1 个百分点；农村居民、小学及以下、西部地区公民在各自的分类中，对此感兴趣的比例均明显低于其他人群；而城镇居民、高中及以上人群、东部地区公民对此感兴趣的比例相对较高。

公民对计算机与网络技术信息感兴趣的程度存在明显的群体差异。其中，年龄差异和文化程度差异都非常显著，表现为随年龄增加的负相关关系和随文化程度升高的正相关关系，感兴趣的比例从 18—29 岁公民的 82.2% 下降为 60—69 岁公民的 36.8%，从小学及以下文化程度的 35.8% 提高到大学及以上文化程度的 89.1%。

公民对宇宙与空间探索感兴趣的程度存在明显的群体差异。其中，性别、城乡、地区和文化程度差异非常显著，男性对宇宙与空间探索感兴趣的比例比女性高 16.4 个百分点，城镇居民比农村居民高 12.9 个百分点，东部地区公民比中部地区高 6.8 个百分点，中部地区比西部地区高 5.0 个百分点，公民对宇宙与空间探索感兴趣的比例从小学及以下文化程度的 35.6% 提高到大学及以上文化程度的 77.2%。

除性别外，公民对遗传学与转基因技术的感兴趣比例存在明显的群体差异。其中，城乡、年龄和文化程度差异非常显著，城镇居民对此感兴趣的比例比农村居民高 13.4 个百分点，年龄和文化程度的差异表现为随年龄增加的负相关关系和随文化程度升高的正相关关系，感兴趣的比例从 18—29 岁公民的 57.9% 下降为 60—69 岁公民的 38.0%，从小学及以下文化程度的 30.6% 提高到大学及以上文化程度的 76.2%。

公民对纳米技术与新材料感兴趣的程度存在着明显性别、民族、城乡、年龄、文化程度和地区差异。其中，男性的感兴趣比例比女性高 9.8 个百分点，汉族的感兴趣比例比其他民族高 6.2 个百分点，城镇居民比农村居民的比例高 13.8 个百分点，年龄和文化程度的差异表现为随年龄增加的负相关关系和随文化程度升高的正相关关系，感兴趣的比例从 18—29 岁公民的 48.9% 下降为 60—69 岁公民的 31.1%，从小学及以下文化程度的 24.2% 提高到大学及以上文化程度的 70.8%，地区之间差异，东部地区公民比中部地区高6.2个百分点，中部地区比西部地区高7.1个百分点。

（1）性别差异

对性别差异的分析，如图2-19所示，男性公民比女性公民对环境污染及治理、计算机与网络技术、宇宙与空间探索、遗传学与转基因技术和纳米技术与新材料等科技发展信息更加感兴趣；就兴趣度的性别差异而言，不同性别公民对宇宙与空间探索的差异最大，对遗传学与转基因技术的差异最小。

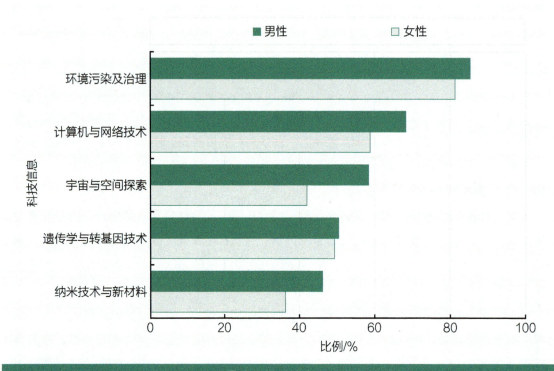

图2-19　公民最感兴趣科技发展信息的性别差异

（2）年龄差异

不同年龄公民对各类科技发展信息均存在差异且均呈现出随着年龄的增长而明显较少的趋势，如图2-20所示。其中，不同年龄段公民对计算机与网络技术的兴趣度差异最大，对环境污染及治理的兴趣度差异最小。

（3）文化程度差异

不同文化程度公民对各类科技发展信息均存在差异且均呈现出感兴趣的比例随着文化程度的提高而逐渐降低的趋势，如图2-21所示。其中，除对环境污染及治理感兴趣程度的差异较小之外，公民对计算机与网络技术、宇宙与空间探索、遗传学与转基因技术和纳米技术与新材料的感兴趣程度差异均较大，均呈现出随文化程度的升高而增加的趋势。

（4）职业差异

对于宇宙与空间探索这一科技发展信息，学生及待升学人员的感兴趣比例（75.0%）最高，

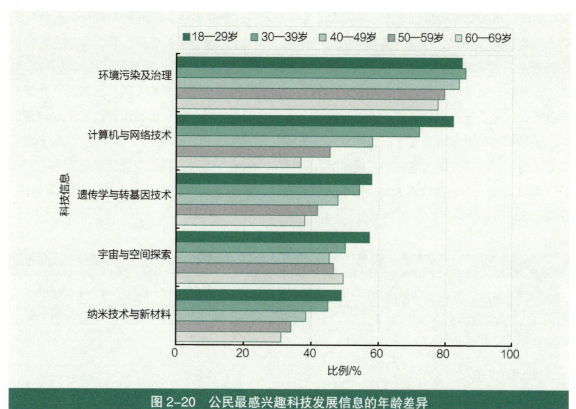

图 2-20　公民最感兴趣科技发展信息的年龄差异

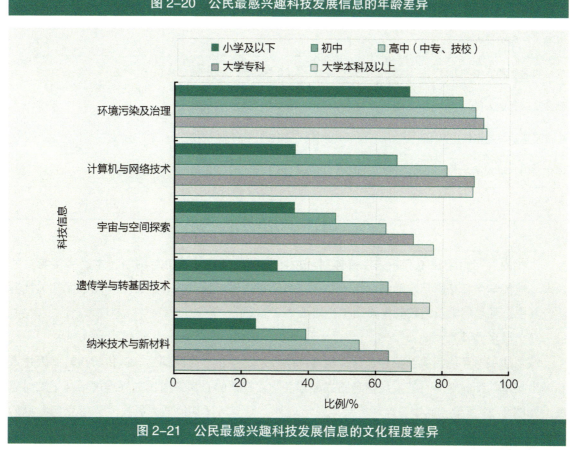

图 2-21　公民最感兴趣科技发展信息的文化程度差异

其次为国家机关党群组织负责人、办事人员与有关人员、企业事业单位负责人和专业技术人员；对于环境污染及治理，办事人员与有关人员的感兴趣比例（91.8%）最高，其次为企业事业单位负责人、国家机关党群组织负责人、专业技术人员和离退休人员；对于计算机与网络技术，学生及待升学人员感兴趣比例（87.6%）最高，其次为办事人员与有关人员、国家机关党群组织负责人、企业事业单位负责人和专业技术人员；对于遗传学与转基因技术和纳米技术与新材料，最感兴趣的群体均为国家机关党群组织负责人，分别为71.9%和63.5%。可见，由于职业差异，对不同科技发展信息的感兴趣程度有所差异，但始终是国家机关党群组织负责人、企业事业单位负责人、专业技术人员、办事人员与有关人员和学生及待升学人员感兴趣程度较高，见表2-3。

职　业	宇宙与空间探索	环境污染及治理	计算机与网络技术	遗传学与转基因技术	纳米技术与新材料
国家机关、党群组织负责人	71.3	89.7	82.7	71.9	63.5
企业事业单位负责人	64.7	90.1	82.6	64.7	58.1
专业技术人员	62.9	88.6	80.5	62.3	56.6
办事人员与有关人员	67.7	91.8	83.5	66.7	58.6
农林牧渔水利业生产人员	43.8	80.7	52.1	41.6	34.8
商业及服务业人员	53.6	86.4	72.5	55.0	45.6
生产及运输设备操作工人	50.4	85.5	65.6	47.3	40.1
学生及待升学人员	75.0	85.0	87.6	64.2	60.0
离退休人员	56.7	88.2	50.9	50.9	41.5

表2-3　公民最感兴趣科技发展信息的职业差异　　单位：%

工作内容与科学技术有相关性群体对环境污染及治理、计算机与网络技术、宇宙与空间探索、遗传学与转基因技术和纳米技术与新材料等科技发展信息感兴趣程度均高于无相关性群体，其中，环境污染及治理的差异最小，如图2-22。

（5）城乡差异

城乡居民对环境污染及治理、计算机与网络技术、宇宙与空间探索、遗传学与转基因技术和纳米技术与新材料等科技发展信息感兴趣程度均存在差异且城镇居民的兴趣度均高于农村居民，如图2-23所示。其中，除环境污染及治理外，城乡居民其他各类科技发展信息的差异均较大。

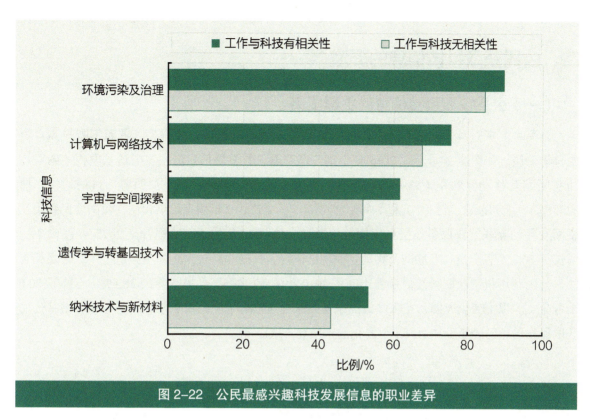

图 2-22 公民最感兴趣科技发展信息的职业差异

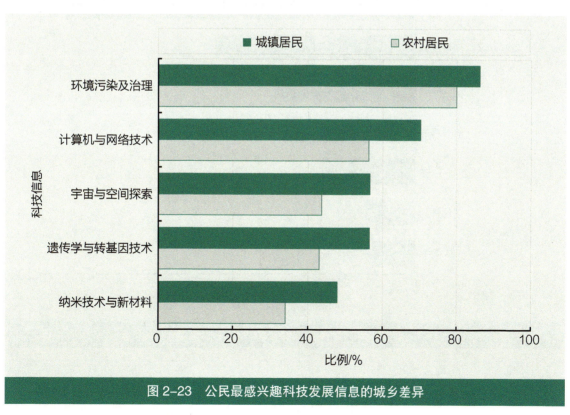

图 2-23 公民最感兴趣科技发展信息的城乡差异

二、公民获取科技信息的渠道

（一）公民获取科技信息的主要渠道

公民主要通过科学技术教育、传播与普及等途径获取科技发展信息，进而不断提高自身的科学素质。如图 2-24 所示，2015 年中国公民获取科技发展信息的主要渠道是电视（93.4%）和互联网及移动互联网（53.4%），其余依次为：报纸（38.5%）、亲友同事（34.9%）、广播（25.0%）、期刊杂志（13.3%）和图书（11.4%）等。与 2010 年调查结果相比，我国公民利用互联网及移动互联网获取科技信息比例大幅增加，从 2010 年的 26.6% 提升至 2015 年的 53.4%，增长了 26.8 个百分点，互联网及移动互联网已成为公民获取科技信息的主渠道之一；与之相对的，公民利用报纸获取科技信息的比例从 2010 年的 59.1% 降至 2015 年的 38.5%，下降了 20.6 个百分点。以上变化表明，互联网的快速发展深刻地影响了公民获取信息的行为和习惯，公民获取科技信息已经接受和适应了信息化的手段和方式。

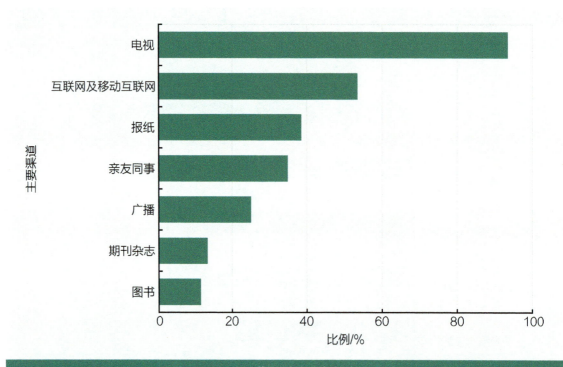

图 2-24　公民获取科技信息的主要渠道

（二）不同群体公民获取科技信息的主要渠道

分析表明，不同群体公民获取科技发展信息的主要渠道存在不同程度的差异。

1. 性别差异

从性别的差异来看，不同性别公民获取科技信息的方式呈现出明显的性别特征。男性公民比女性公民更多地利用互联网及移动互联网、报纸获取科技信息，比例比女性公民分别高出8.8 和 7.5 个百分点；女性公民比男性公民更多地利用亲友同事和电视的渠道获取科技信息，比例分别高出 13.5 和 1.4 个百分点，如图 2-25 所示。

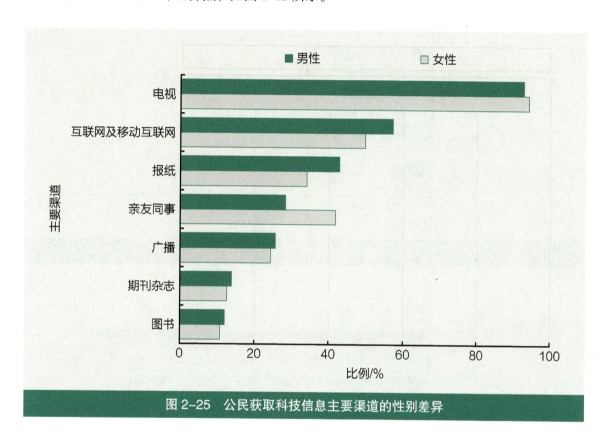

图 2-25　公民获取科技信息主要渠道的性别差异

2. 民族差异

对民族差异的对比，如图 2-26 所示，汉族公民比其他民族公民更多地利用互联网及移动互联网获取科技信息，比例比其他民族高出 7.6 个百分点；而其他民族公民比汉族公民更多地通过广播和与图书的方式获取科技信息，比例分别高出 6.0 和 3.4 个百分点。

3. 年龄差异

对不同年龄段的分析，如图 2-27 所示，电视是所有年龄段公民获取科技信息的最主要渠道，各年龄段的比例均超过 90% 且差异不大；公民获取科技信息随年龄增大而比例逐渐减低的渠道是互联网及移动互联网、期刊杂志和图书，其中公民利用互联网及移动互联网获取科技信息的年龄差异最为明显，从 18—29 岁的 80.6% 下降至 60—69 岁的 10.8%；公民获取科技信息随年龄段的增加而比例逐渐提升的渠道是广播和亲友同事；40—49 岁年龄段公民通过报纸获取科技信息的比例最高，且 40—69 岁年龄段公民通过报纸获取科技信息的比例均超过 40%。

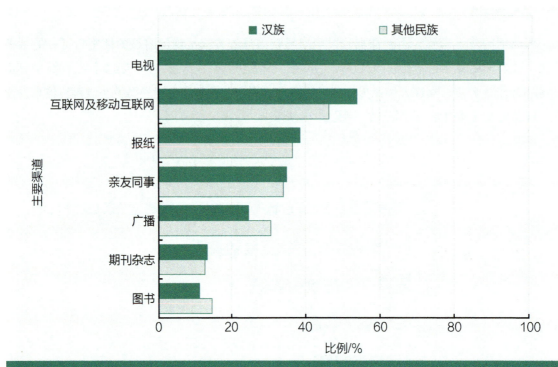

图 2-26　公民获取科技信息主要渠道的民族差异

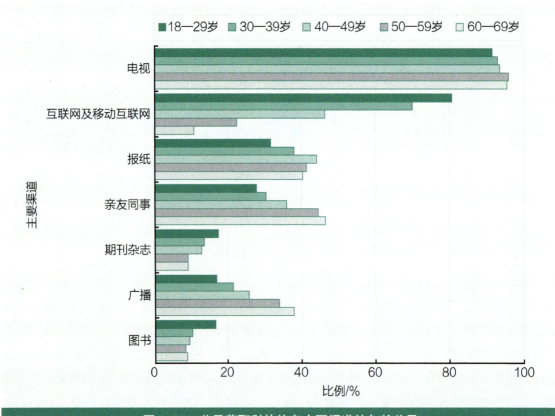

图 2-27　公民获取科技信息主要渠道的年龄差异

4. 文化程度差异

对不同文化程度公民获取科技信息的渠道分析如图 2-28 所示，除电视外，不同文化程度的公民对各类科技信息渠道均呈现明显差异。公民通过互联网及移动互联网、亲友同事和广播获取科技信息呈现出较大的文化程度差异，大学本科及以上学历通过互联网及移动互联网获取科技信息的比例高达 92.4%，而小学及以下学历通过互联网及移动互联网获取科技信息的比例仅为 20.6%；相较而言，文化程度较低的公民更愿意通过亲友同事和广播获取科技信息，文化程度较高的公民更喜欢通过互联网及移动互联网、报纸、期刊杂志和图书获取科技信息。电视、报纸作为传统大众媒体的代表，不同文化程度公民都具有良好的接受度。

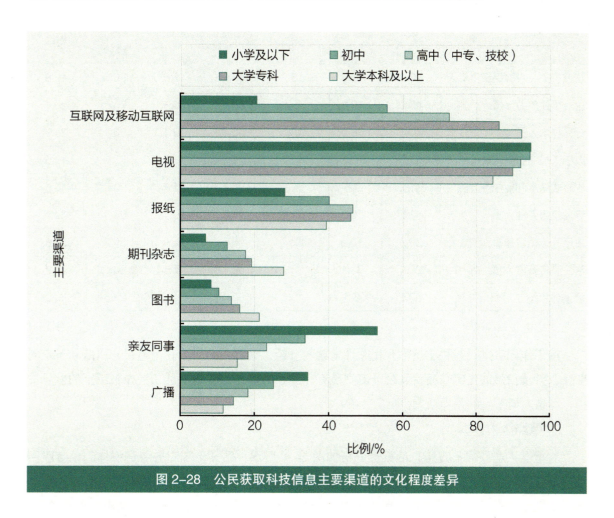

图 2-28　公民获取科技信息主要渠道的文化程度差异

5. 职业差异

对不同职业公民获取科技信息的渠道分析详见表 2-4。离退休人员、国家机关党群组织负责人、办事人员与有关人员、企业事业单位负责人利用报纸的比例最高，均接近或超过 50%；学生及待升学人员、国家机关党群组织负责人和专业技术人员通过图书获取科技信息的比例最高，比例分别为 34.1%、19.8% 和 16.0%；学生及待升学人员通过期刊杂志获取科技信息的比例最高，超过 25.0%；离退休人员、农林牧渔水利业生产人员、生产及运输设备操作工人和商业及服务业人员通过电视和广播获取科技信息的比例均最高，分别超过 90% 和 25%；学生及待升学人员、企业事业单位负责人和专业技术人员利用互联网及移动互联网的比例最高，均超过 75%；农林牧渔水利业生产人员、离退休人员和生产及运输设备操作工人利用与人交谈方式的比例最高，均超过了 30%。不同职业人群在获取科技信息的渠道上各有差异，城镇劳动者为代表的群体更倾向于使用电视、广播等传统渠道。

表 2-4 公民获取科技信息主要渠道的职业差异 单位：%							
职 业	报纸	图书	期刊杂志	电视	广播	互联网及移动互联网	亲友同事
国家机关、党群组织负责人	56.4	19.8	16.9	88.9	17.6	68.6	19.8
企业事业单位负责人	49.2	13.3	18.0	88.0	20.3	76.6	20.4
专业技术人员	40.6	16.0	18.0	90.1	19.1	75.1	23.3
办事人员与有关人员	54.5	12.8	17.2	91.1	18.6	73.9	19.5
农林牧渔水利业生产人员	31.8	9.0	9.3	96.3	31.3	32.8	45.5
商业及服务业人员	42.5	10.0	14.8	91.9	20.1	68.9	29.1
生产及运输设备操作工人	39.7	10.9	12.4	93.6	26.4	59.2	31.8
学生及待升学人员	25.1	34.1	26.2	88.1	8.5	86.6	21.2
离退休人员	57.5	8.6	13.3	95.4	34.6	23.6	33.9

按工作内容是否与科学技术有相关性来比较分析，无相关性群体利用电视、报纸和亲友同事获取科技信息的比例较高，其余渠道则是有相关性群体比例较高，且二者在报纸上的差异最小，在亲友同事上的差异最大，见图 2-29。

6. 重点人群差异

对重点人群获取科技信息的渠道分析如图 2-30 所示，领导干部和公务员群体利用互联网及移动互联网、报纸、期刊杂志和图书获取科技信息的比例都明显高于城镇劳动者和农民群体，特别是在利用互联网及移动互联网方面高出城镇劳动者 11.2 个百分点、高出农民近 40 个百分点；而农民利用电视、广播和亲友同事获取科技信息的比例最高，其中通过亲友同事获取科技信息的比例超过了 40.0%。

7. 城乡差异

对城乡居民获取科技信息渠道的分析如图 2-31 所示，城镇居民比农村公民更多地利用互联网及移动互联网、报纸、期刊杂志和图书获取科技信息，其中利用互联网及移动互联网的比

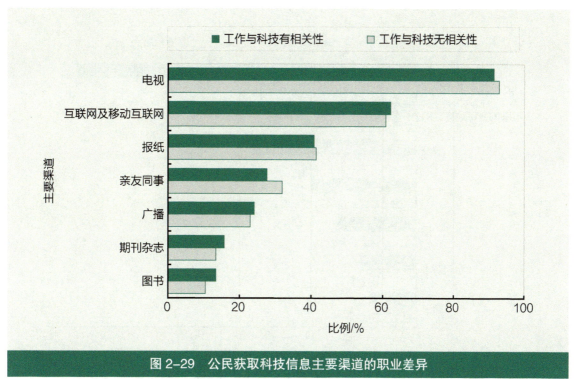

图 2-29　公民获取科技信息主要渠道的职业差异

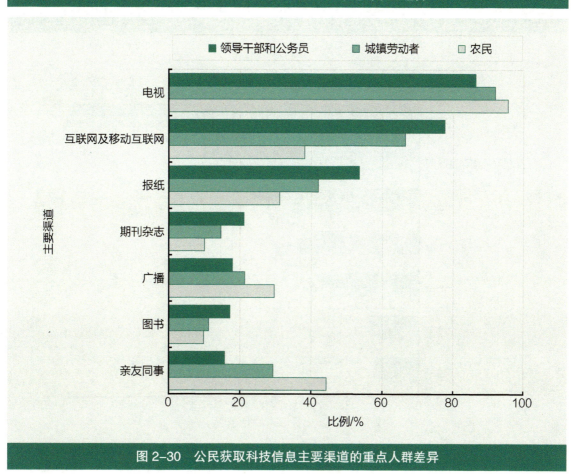

图 2-30　公民获取科技信息主要渠道的重点人群差异

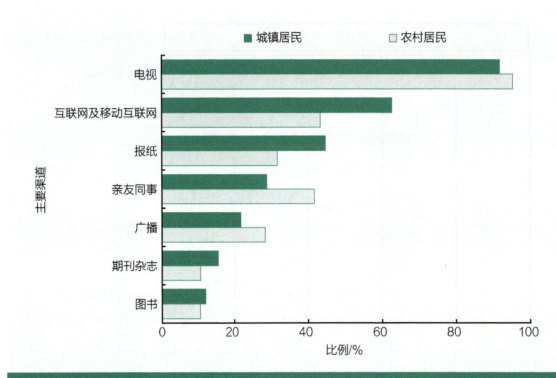

图 2-31　公民获取科技信息主要渠道的城乡差异

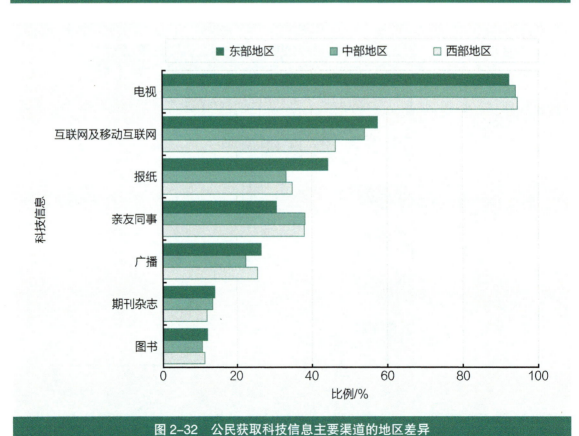

图 2-32　公民获取科技信息主要渠道的地区差异

例高出 19.3 个百分点、利用报纸的比例高出 12.9 个百分点；农村居民比城镇居民更多地利用亲友同事、广播和与电视方式获取科技信息，其中利用与人交谈方式的比例比城镇居民高出 12.9 个百分点。

8. 地区差异

不同地区公民获取科技信息的渠道对比如图 2-32 所示，东部地区利用互联网及移动互联网比例明显高于中部地区，中部地区高于西部地区；利用电视获取科技信息的比例呈现从东部、中部到西部升高趋势；公民利用报纸获取科技信息比例东部地区明显高于中部和西部地区，通过亲友同事获取科技信息的比例中部和西部地区明显高于东部地区；利用图书、期刊杂志获取信息的地区差异不明显。

三、公民参与科普活动的情况

（一）公民参加科普活动的情况

公民了解和参加科普活动是获取科技知识和科技信息的重要手段。2015 年调查显示，公民"在过去一年中"参加过科技周、科技节、科普日等大型群众性科普活动的比例为 7.8%；参加过的各类经常性科普活动，按比例排列依次为：科技展览（14.6%）、科技讲座（12.4%）、科普培训（11.0%）、科技咨询（8.1%）等，如图 2-33 所示。同时，对于上述科普活动"没参加

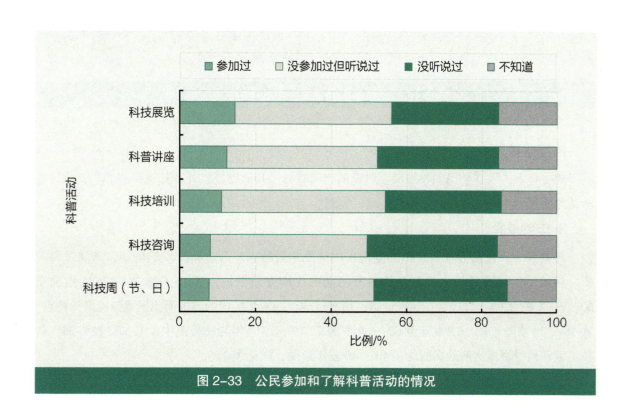

图 2-33　公民参加和了解科普活动的情况

过但听说过"的比例均接近或高于40%。总体而言,我国有半数公民参加过或没参加过但听说过上述科普活动。

(二)不同群体公民参加科普活动的情况

1. 性别差异

调查显示,男性公民对于各种科普活动的参与情况和知晓程度均高于女性公民,如图2-34。

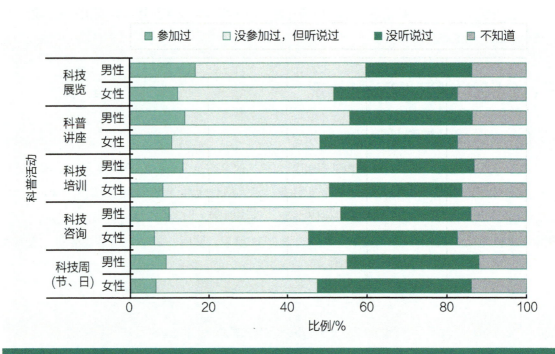

图 2-34　公民参加和了解科普活动的性别差异

2. 民族差异

调查显示,汉族公民除参加科技展览的比例略高于其他民族以外,其他民族参与其他科普活动的比例均不同程度地高于汉族公民,如图2-35。

3. 年龄差异

调查显示,公民参加科普活动呈现出明显的年龄特点。随着年龄段的增加,参加过科技周、科技节、科普日等大型群众性科普活动的比例逐渐增加,从18—29岁的7.2%增加至60—69岁的8.3%;公民参加科技展览的情况呈现出随着年龄段的增加而比例逐渐减低的特点,从18—29岁参加的16.5%降至60—69岁的12.7%;不同年龄段公民中,参加科技咨询、科技培训和科普讲座比例最高的均在40—49岁年龄段,详见表2-5。

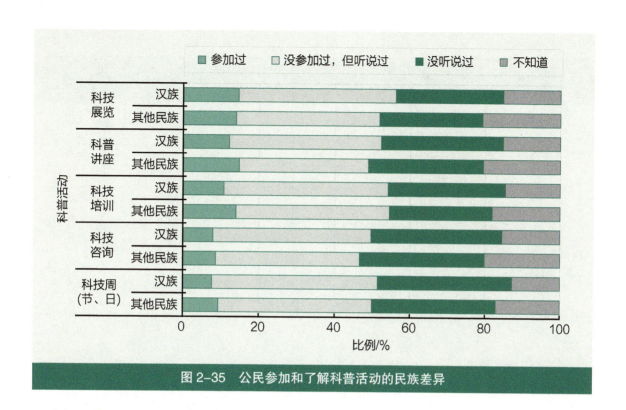

图 2-35　公民参加和了解科普活动的民族差异

科普活动	年龄段	参加过	没参加过但听说过	没听说过	不知道
			表 2-5　公民参加和了解科普活动的年龄差异		单位：%

科普活动	年龄段	参加过	没参加过 但听说过	没听说过	不知道
科技展览	18—29 岁	16.5	43.1	25.9	14.5
	30—39 岁	15.1	43.8	25.7	15.4
	40—49 岁	14.5	42.2	28.4	15.0
	50—59 岁	11.9	38.0	34.2	15.9
	60—69 岁	12.7	34.0	34.6	18.8
科普讲座	18—29 岁	11.9	41.4	31.2	15.5
	30—39 岁	11.0	42.2	30.8	16.0
	40—49 岁	14.4	40.5	30.8	14.2
	50—59 岁	12.7	35.8	36.9	14.6
	60—69 岁	11.6	32.9	37.3	18.2
科技培训	18—29 岁	8.8	45.1	31.4	14.7
	30—39 岁	11.1	44.8	29.2	14.9
	40—49 岁	14.1	43.6	28.7	13.5
	50—59 岁	11.5	40.7	34.2	13.6
	60—69 岁	8.4	37.2	35.8	18.6

科普活动	年龄段	参加过	没参加过但听说过	没听说过	不知道
科技咨询	18—29岁	5.9	42.1	36.2	15.8
	30—39岁	7.5	43.4	33.2	15.9
	40—49岁	10.3	43.3	32.0	14.5
	50—59岁	9.7	38.2	37.1	14.9
	60—69岁	7.3	35.5	38.7	18.5
科技周、科技节、科普日	18—29岁	7.2	45.3	34.8	12.8
	30—39岁	6.9	45.8	33.7	13.6
	40—49岁	8.5	44.5	34.8	12.2
	50—59岁	8.8	39.5	39.4	12.2
	60—69岁	8.3	37.0	40.0	14.8

4. 文化程度差异

对不同文化程度公民参与科普活动的情况分析显示，文化程度越高的公民参加和知晓各种科普活动的程度也越高，如表2-6所示。以参与科技周、科技节和科普日这种大型群众性科普活动为例，大学及以上文化程度公民参加过的比例为21.6%，明显高于小学及以下公民的4.3%；而小学及以下文化程度公民不知道和没听说过的比例分别为17.4%和48.4%，明显高于大学及以上文化程度公民的5.1%和15.7%。

表 2-6 公民参加和了解科普活动的文化程度差异				单位：%	
科普活动	按文化程度分	参加过	没参加过但听说过	没听说过	不知道
科技展览	小学及以下	6.3	29.7	40.8	23.2
	初中	10.5	44.5	29.3	15.7
	高中（中专、技校）	22.3	47.8	20.0	9.9
	大学专科	32.7	46.7	13.8	6.8
	大学本科及以上	41.9	42.2	10.9	5.0
科普讲座	小学及以下	7.0	27.4	43.6	22.0
	初中	9.6	41.0	33.6	15.8
	高中（中专、技校）	16.6	48.2	24.7	10.6
	大学专科	23.8	49.5	18.6	8.1
	大学本科及以上	34.2	46.9	13.7	5.3

续表

科普活动	按文化程度分	参加过	没参加过但听说过	没听说过	不知道
科技培训	小学及以下	7.2	32.8	39.8	20.2
	初中	10.2	44.2	31.0	14.6
	高中（中专、技校）	13.6	49.6	25.8	11.0
	大学专科	17.5	51.3	21.8	9.4
	大学本科及以上	19.4	53.8	19.8	7.0
科技咨询	小学及以下	4.9	29.2	44.6	21.3
	初中	7.2	42.5	34.6	15.7
	高中（中专、技校）	11.1	48.4	28.8	11.7
	大学专科	14.4	51.2	24.9	9.6
	大学本科及以上	13.8	55.4	23.3	7.5
科技周、科技节、科普日	小学及以下	4.3	29.9	48.4	17.4
	初中	5.7	43.5	37.3	13.5
	高中（中专、技校）	11.1	53.6	25.8	9.6
	大学专科	16.0	57.9	19.2	7.0
	大学本科及以上	21.6	57.6	15.7	5.1

5. 职业差异

对不同职业公民参与科普活动的对比详见表 2-7，国家机关党群组织负责人参与各类科普活动的比例均最高，办事人员与有关人员参加科技展览、科普讲座、科技培训和科技周、科技节、科普日的比例较高，专业技术人员参加科技展览的比例较高，农林牧渔水利业生产人员参加科技咨询和科技培训的比例较高，学生及待升学人员参加科技展览和科普讲座的比例较高，生产及运输设备操作人员参加各项科普活动的比例相对较低。

表 2-7　公民参加和了解科普活动的职业差异				单位：%	
科普活动	职业	参加过	没参加过但听说过	没听说过	不知道
科技展览	国家机关、党群组织负责人	38.6	39.5	13.0	8.9
	企业事业单位负责人	28.6	44.4	17.9	9.1
	专业技术人员	22.7	45.5	20.8	11.0

科普活动	职业	参加过	没参加过但听说过	没听说过	不知道
科技展览	办事人员与有关人员	34.4	42.8	14.1	8.6
	农林牧渔水利业生产人员	9.4	42.0	32.4	16.1
科技展览	商业及服务业人员	14.8	43.9	27.1	14.2
	生产及运输设备操作工人	9.8	45.4	29.9	14.9
	学生及待升学人员	29.9	42.4	19.0	8.7
	离退休人员	19.1	42.4	26.5	12.0
科普讲座	国家机关、党群组织负责人	38.5	38.0	16.3	7.2
	企业事业单位负责人	20.8	48.2	20.5	10.5
	专业技术人员	16.5	44.6	26.4	12.4
	办事人员与有关人员	30.2	43.7	17.8	8.3
	农林牧渔水利业生产人员	14.7	37.3	33.8	14.2
	商业及服务业人员	8.9	43.8	32.1	15.2
	生产及运输设备操作工人	7.8	41.2	35.8	15.2
	学生及待升学人员	25.4	45.1	21.6	7.9
	离退休人员	14.3	42.5	30.5	12.6
科技培训	国家机关、党群组织负责人	28.7	44.9	19.1	7.4
	企业事业单位负责人	17.6	50.4	21.4	10.7
	专业技术人员	16.8	45.0	26.4	11.8
	办事人员与有关人员	22.7	48.9	19.7	8.7
	农林牧渔水利业生产人员	16.5	41.1	29.5	12.9
	商业及服务业人员	7.7	45.0	32.6	14.6
	生产及运输设备操作工人	9.2	44.2	32.1	14.6
	学生及待升学人员	8.9	52.3	27.4	11.5
	离退休人员	7.2	47.8	31.4	13.6
科技咨询	国家机关、党群组织负责人	28.5	43.7	19.7	8.0
	企业事业单位负责人	14.2	50.2	25.3	10.2
	专业技术人员	9.9	48.6	28.6	12.9
	办事人员与有关人员	17.6	50.4	22.7	9.3
	农林牧渔水利业生产人员	11.7	39.2	34.8	14.3
	商业及服务业人员	5.9	43.5	35.5	15.1

续表

科普活动	职业	参加过	没参加过但听说过	没听说过	不知道
科技咨询	生产及运输设备操作工人	5.9	41.3	37.2	15.6
	学生及待升学人员	7.7	45.7	35.1	11.5
	离退休人员	8.5	46.2	31.7	13.6
科技周、科技节、科普日	国家机关、党群组织负责人	29.4	44.6	20.1	5.9
	企业事业单位负责人	13.9	54.3	24.4	7.5
	专业技术人员	10.7	50.7	28.7	9.9
	办事人员与有关人员	22.2	52.3	18.2	7.3
	农林牧渔水利业生产人员	8.0	39.6	40.1	12.3
	商业及服务业人员	5.8	47.0	34.1	13.0
	生产及运输设备操作工人	4.9	43.8	38.2	13.1
	学生及待升学人员	14.4	51.7	25.7	8.3
	离退休人员	10.2	47.3	32.5	10.1

按照工作内容是否与科学技术有相关性比较分析显示，有相关性群体参与各类科普活动的比例均高于无相关性群体，没听说过和不知道的比例均低于无相关性群体，其中，有相关性群

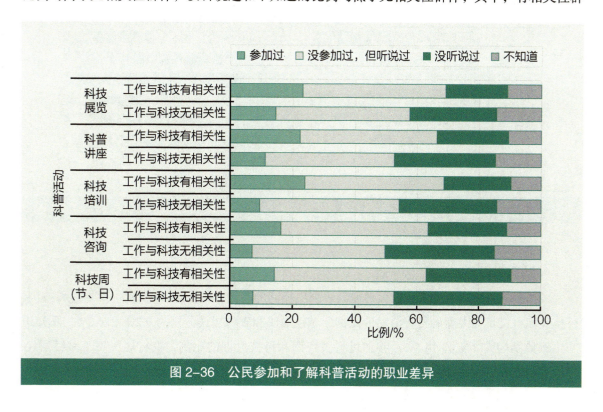

图 2-36　公民参加和了解科普活动的职业差异

体参与科普活动比例最高的是科技培训，其次为科技展览和科普讲座，无相关性群体参与比例最高的为科技展览，再次为科普讲座和科技培训。可见，工作有相关性群体由于兴趣或者工作需要更多地参与各类科普活动，尤其是科技培训。

6. 重点人群差异

重点人群了解和参加科普活动的情况存在明显差异，如图 2-37 所示。参加科技周、科技节和科普日等大型的科普活动的比例，领导干部和公务员、城镇劳动者和农民参加的比例依次降低，分别为 25.2%、7.8% 和 6.0%，而不知道和没听说过的比例则依次升高。领导干部和公务员参加各类科普活动的比例均远远高于城镇劳动者和农民。除科技培训和科技咨询外，城镇劳动者参加科普活动的程度均高于农民。

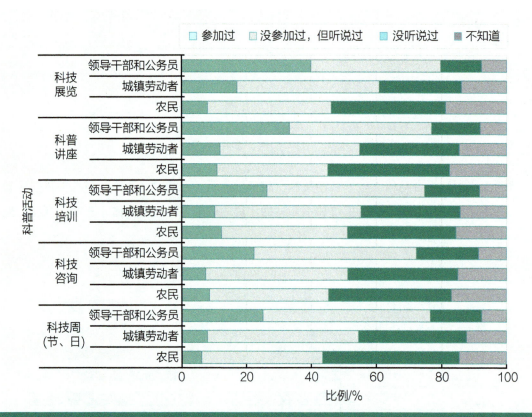

图 2-37　公民参加和了解科普活动的重点人群差异

7. 城乡差异

城乡差异与城镇劳动者和农民的差异表现出相同的趋势，如图 2-38 所示。参加过科技周、科技节和科普日等大型的科普活动的比例，城镇居民和农村居民分别为 9.2% 和 6.2%，不知道的比例分别为 11.6% 和 14.4%；参加过科技咨询和科技培训的比例，农村居民高于城镇居民；参加过科技展览和科普讲座的比例，城镇居民高于农村居民。

图 2-38 公民参加和了解科普活动的城乡差异

8. 地区差异

调查显示,东部地区和西部地区公民参加各类科普活动的比例均高于中部地区,东部地区公民参加科技展览、科普讲座和科技周、科技节、科普日的比例高于西部地区,参加科技培训

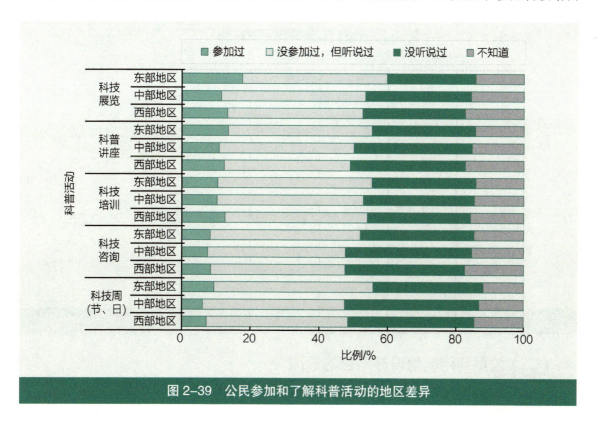

图 2-39 公民参加和了解科普活动的地区差异

和科技咨询的比例低于西部地区；对于没参加过但听说过比例，均是东部地区高于中部地区、中部地区高于西部地区；对于没听说过比例，均是西部地区最高；对于不知道比例，均是西部地区高于中部地区、中部地区高于东部地区。见图2-39。

四、公民利用科普设施的情况

（一）公民利用科普设施的情况

2015年调查显示，公民利用科普设施提高自身科学素质的机会较多，如图2-40所示。公民参观过的各类科普场馆按比例依次为：动物园、水族馆、植物园（53.7%），科技馆等科技类场馆（22.7%），自然博物馆（22.1%）。参观过的人文艺术类场馆按比例依次为：公共图书馆（40.4%），美术馆或展览馆（20.5%）。参观过身边的科普场所按比例依次为：图书阅览室（34.3%），科普画廊或宣传栏（20.7%），科普宣传车（17.7%）。参观过各种专业科技场所按比例依次为：工农业生产园区（27.5%），科技示范点或科普活动站（13.5%），高校和科研院所实验室（9.7%）。与2010年相比，动物园、水族馆、植物园，公共图书馆和图书阅览室依然是我国公民利用率最高的科普设施；工农业生产园区、科技馆等科技类场馆、自然博物馆代替科普画廊或宣传栏、科技示范点或科普活动站、工农业生产园区成为我国公民经常利用的科普基础设施。

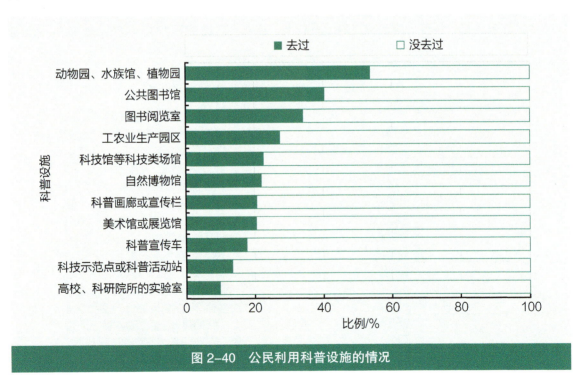

图2-40 公民利用科普设施的情况

（二）公民利用科普设施与否的原因

2015年调查中，对公民利用各种科普场所和设施的情况及原因进行了调查，详见表2-8。

表2-8 公民利用科普设施的情况 单位：%

科普设施	去过及原因				没去过及原因						
	a	b	c	d	e	f	g	h	i	j	k
动物园、水族馆、植物园	18.5	26.6	7.0	1.7	13.2	3.0	0.2	2.2	4.6	18.6	4.5
科技馆等科技类场馆	6.9	8.7	5.5	1.5	22.6	2.9	0.6	8.3	10.1	25.0	7.8
自然博物馆	7.7	7.8	4.8	1.8	24.2	2.4	0.5	9.4	9.2	24.1	8.2
公共图书馆	19.1	10.2	8.6	2.5	13.4	1.0	0.5	5.4	10.6	21.4	7.2
美术馆或展览馆	7.3	6.0	5.4	1.8	21.7	1.5	0.6	8.8	14.8	23.3	8.8
科普画廊或宣传栏	7.1	3.6	7.7	2.3	20.3	1.2	0.9	11.0	14.4	21.7	9.9
科普宣传车	4.2	2.0	8.6	2.9	21.2	1.0	0.9	13.5	13.6	19.9	12.2
图书阅览室	16.9	6.8	7.8	2.8	15.2	0.8	0.6	7.7	11.1	21.7	8.5
科技示范点或科普活动站	4.7	2.5	4.3	1.9	22.2	1.1	0.7	16.2	12.3	22.3	11.6
工农业生产园区	10.9	5.2	7.8	3.7	17.2	0.8	0.6	13.1	10.8	19.7	10.2
高校和科研院所实验室	3.4	1.6	3.0	1.6	24.9	0.9	0.6	16.7	11.8	19.2	16.2

说明：去过及原因：a. 自己感兴趣；b. 陪亲友去；c. 偶然的机会；d. 其他。

没去过及原因：e. 本地没有；f. 门票太贵；g. 缺乏展品；h. 不知道在哪里；i. 不感兴趣；j. 没有时间；k. 其他。

结果显示，在去过的原因中，"自己感兴趣"去过公共图书馆和图书阅览室的比例明显高于"陪亲友去""偶然的机会"和"其他"，而公民参观动物园、水族馆、植物园的原因中"自己感兴趣"和"陪亲友去"的比例均较高，如图2-41所示。对于各类科技馆或科普设施，公民因"自己感兴趣"而参观或利用自然博物馆、科普画廊或宣传栏、科技馆等科技类场馆的比例相近，分别为7.7%、7.1%和6.9%；公民因"陪亲友去"而参观或利用科技馆等科技类场馆、自然博物馆的比例相近，分别为8.7%和7.8%。通过比较可以看出，我国公民参观动物园、水族馆、植物园，科技馆等科技类场馆，自然博物馆，美术馆或展览馆的原因中，"自己感兴趣"和"陪亲友去"的比例相差不大，表明我国公民对于上述各类场馆的参观和利用主要存在个人和家庭两个主要因素。

在没有去过的原因中，"本地没有"和"没有时间"是我国公民未能参观或利用科普基础设施的主要原因，相较而言，由于"没有时间"参观各类科普基础设施的比例绝大部分在10%左右，呈现出一定的稳定性，表明一部分公民对参观和利用科普基础设施的认识不足；《全民科学素质纲要》实施的十余年来，我国开展了成效显著的公民科学素质建设，绝大部分地区都建设了科技馆等科技类场馆，由于"本地没有"而未能参观和利用科技馆等科技类场馆的比例比2010年明显减小。此外，"门票太贵""缺乏展品"和"不知在哪里"都不是导致公民没能利用科普设施的主要原因，如图2-42所示。

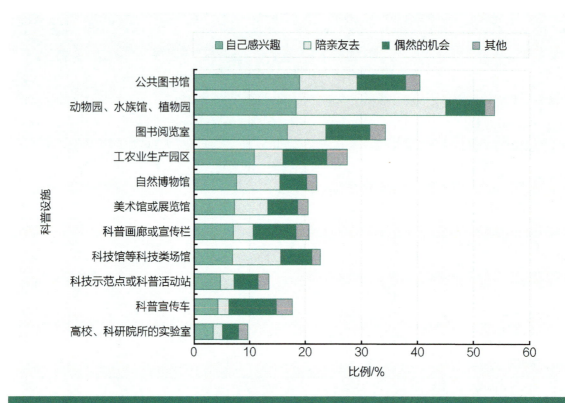

图 2-41 公民利用科普设施的原因

图 2-42 公民未利用科普设施的原因

（三）不同群体公民利用典型科普设施的情况

科技馆等科技类场馆、自然博物馆和公共图书馆是公民常用的典型科普基础设施，下文将着重分析这三类科普场馆的群体差异。

1. 性别差异

调查显示，男性公民对于各类科普基础设施的利用情况均高于女性公民，如图 2-43。从各类原因来看，"自己感兴趣"参观科技馆等科技类场馆的性别差异最大；女性公民"陪亲友去"公共图书馆的比例明显高于男性。

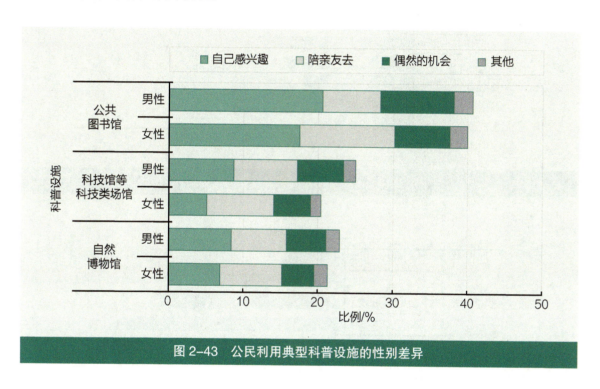

图 2-43　公民利用典型科普设施的性别差异

2. 年龄差异

调查显示，公民对于各类科普基础设施的利用情况存在明显的年龄差异，随着年龄段的升高公民参观和利用科普设施的比例明显降低，如图 2-44。从参观原因来看，"自己感兴趣"利用公共图书馆和参观科技馆等科技类场馆的年龄差异较大；30—39 岁、40—49 岁年龄段公民由于"陪亲友去"而利用各类科普设施的比例相对较高。

3. 文化程度差异

调查显示，公民对于各类科普基础设施的利用情况存在明显的文化程度差异，随着受教育程度的提升，公民参观和利用科普设施的比例明显增加，如图 2-45。从参观原因来看，"自己感兴趣"利用公共图书馆、参观科技馆等科技类场馆和自然博物馆均存在较大的文化程度差异，受教育程度越高的公民比例越高；随着教育程度的提升，由于"陪亲友去"而参观科技馆

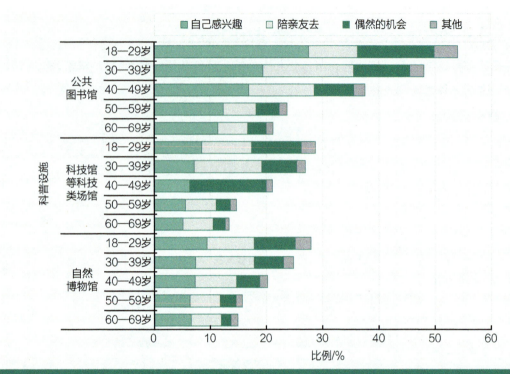

图 2-44　公民利用典型科普设施的年龄差异

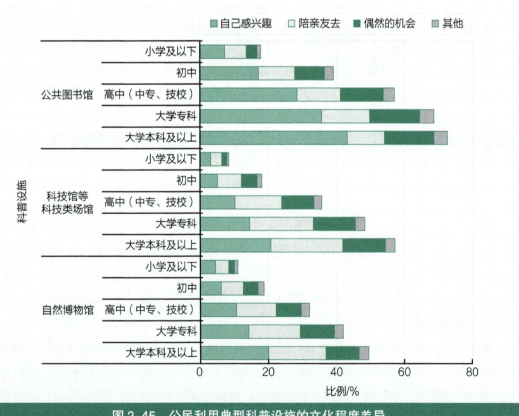

图 2-45　公民利用典型科普设施的文化程度差异

等科技类场馆和自然博物馆的比例逐渐提高。

4. 职业差异

调查显示，公民对于各类科普基础设施的利用情况存在较明显的职业差异，学生及待升学人员、国家机关党群组织负责人和企业事业单位负责人参观利用各类科普设施的比例较高，并且因为"自己感兴趣"而去参观的比例较高；企业事业单位负责人因为"陪亲友去"而去参观的比例较高；学生及待升学人员、办事人员与有关人员因为"偶然的机会"而去的比例较高。三类场馆相比，农林牧渔水利业生产人员、商业及服务业人员和生产及运输设备操作工人因为"自己感兴趣"而去公共图书馆的比例较高，因为"陪亲友去"而去科技馆等科技类场馆和自然博物馆的比例较高，见表2-9。

科普设施	职业	自己感兴趣	陪亲友去	偶然的机会	其他
	表2-9 公民利用科普场馆的职业差异			单位：%	
公共图书馆	国家机关、党群组织负责人	37.4	11.6	14.6	3.0
	企业事业单位负责人	31.9	14.8	12.3	3.5
	专业技术人员	26.9	10.8	13.4	3.2
	办事人员与有关人员	33.4	15.6	13.0	3.9
	农林牧渔水利业生产人员	13.4	4.9	4.8	1.5
	商业及服务业人员	21.4	12.8	10.8	3.2
	生产及运输设备操作工人	15.4	9.7	9.9	2.6
	学生及待升学人员	49.3	9.0	14.6	4.2
	离退休人员	16.9	9.4	5.0	1.8
科技馆等科技类场馆	国家机关、党群组织负责人	17.8	15.6	9.6	2.7
	企业事业单位负责人	15.9	17.4	9.9	2.1
	专业技术人员	11.3	12.3	8.1	2.0
	办事人员与有关人员	13.6	17.6	11.6	3.0
	农林牧渔水利业生产人员	4.8	3.3	2.8	0.7
	商业及服务业人员	7.1	11.1	6.7	1.8
	生产及运输设备操作工人	5.7	7.5	5.9	1.1
	学生及待升学人员	15.0	10.6	12.8	4.5
	离退休人员	8.1	11.2	4.2	1.4
自然博物馆	国家机关、党群组织负责人	17.6	14.1	7.8	2.6
	企业事业单位负责人	16.6	16.3	9.6	2.4

科普设施	职业	自己感兴趣	陪亲友去	偶然的机会	其他
自然博物馆	专业技术人员	12.6	10.6	7.3	2.2
	办事人员与有关人员	13.1	14.1	10.2	3.1
	农林牧渔水利业生产人员	5.0	2.8	2.3	1.0
	商业及服务业人员	7.9	10.3	6.0	1.8
	生产及运输设备操作工人	6.1	6.9	4.4	1.6
	学生及待升学人员	13.2	8.5	9.5	4.4
	离退休人员	9.7	9.7	3.6	1.7

工作与科技有相关性的群体明显高于无相关性群体，主要差异体现在"自己感兴趣"这一选项上，有工作相关性群体更多地因为自身兴趣需要而利用各类科普设施，如图2-46。其中，教育部门相关的工作者因为"自己感兴趣"而利用科普基础设施的比例最高，分别为公共图书馆39.0%，科技馆等科技类场馆19.3%，自然博物馆18.4%。可见，职业的要求是最大的科普需求。

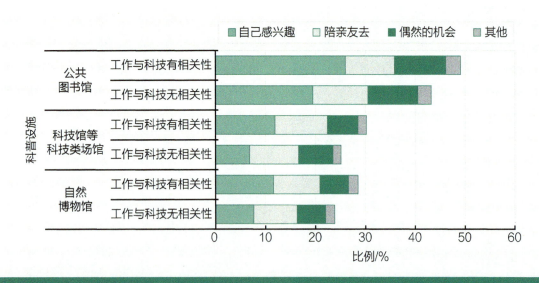

图2-46 公民利用典型科普设施的职业差异

5. 重点人群差异

调查显示，重点人群对于各类科普基础设施的利用情况存在明显差异，领导干部和公务员参观或利用各类科普基础设施的比例高于城镇劳动者，城镇劳动者的比例高于农民，如图2-47。从参观原因来看，"自己感兴趣"和"陪亲友去"的比例均是领导干部和公务员高于城镇

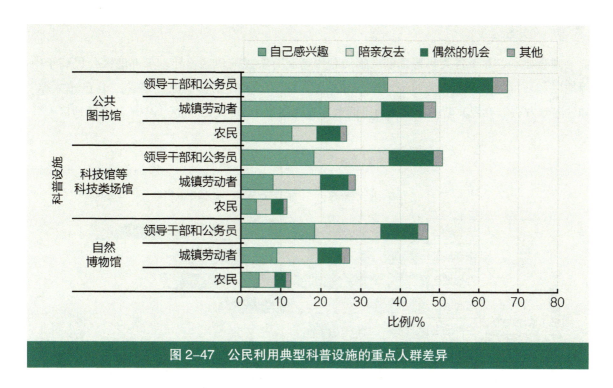

图 2-47　公民利用典型科普设施的重点人群差异

劳动者，城镇劳动者高于农民。

6.城乡差异

调查显示，对于各类科普基础设施的利用情况有明显的城乡差异，如图 2-48。从参观原因来看，"自己感兴趣"和"陪亲友去"参观典型科普设施的比例均是城镇居民高于农村居民。

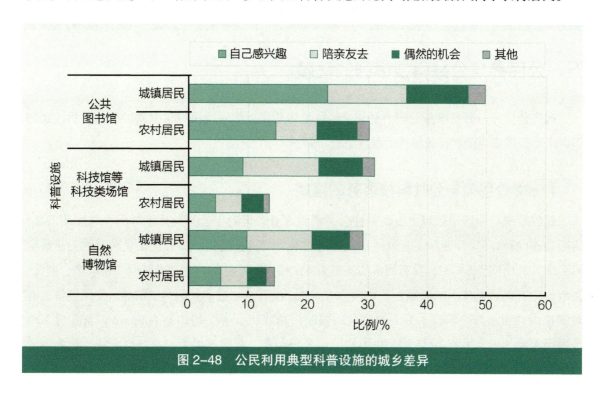

图 2-48　公民利用典型科普设施的城乡差异

7. 地区差异

调查显示，对于各类科普基础设施的利用情况有明显的地区差异，东部地区公民高于中部地区和西部地区，中部和西部地区差异不大，如图 2-49。从参观原因来看，"自己感兴趣"和"陪亲友去"参观典型科普设施的比例东部地区高于中部和西部地区，中部和西部地区差异不大。

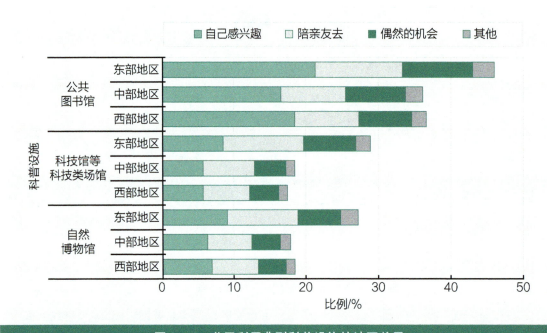

图 2-49　公民利用典型科普设施的地区差异

五、公民参与公共科技事务的程度

提高公民参与公共事务的能力是《全民科学素质纲要》对公民科学素质的较高要求。2015年再次对公民参与公共科技事务的程度进行了调查。

（一）公民参与公共科技事务的程度

总的来说，中国半数以上公民关注公共科技事务，但对于公共科技事务的参与度还不高，如图 2-50 所示。统计显示，公民经常、有时或很少"阅读报刊、图书或互联网上的关于科学的文章"的比例为 54.1%，没有阅读的比例为 41.0%；公民经常、有时或很少"和亲戚、朋友、同事谈论有关科学技术的话题"的比例为 62.8%，没有谈论过的比例为 33.7%；公民经常、有时或很少"参加与科学技术有关的公共问题的讨论或听证会"的比例为 23.6%，有接近 70% 公民没有参加过，另有 7.6% 的公民不知道；公民经常、有时或很少"参与原子能、生物技术或环境等方面的建议和宣传活动"的比例只有 15.6%，有超过 70% 的公民没有参与过，另有

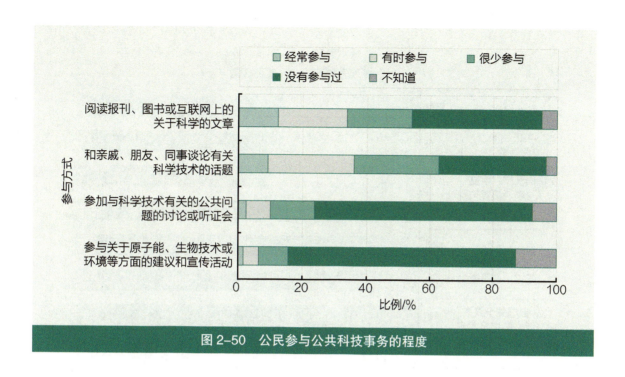

图 2-50　公民参与公共科技事务的程度

12.8% 的公民不知道。

（二）不同群体公民参与公共科技事务的情况

对不同群体参与公共科技事务的分析显示，男性比女性公民、城镇居民比农村居民更多关心和参与公共科技事务，领导干部和公务员群体、18—29 岁年龄段公民、高文化程度人群、单位负责人以及东部地区公民更多地关注、和亲友谈论、热心参加或主动参与公共科技事务。

1. 性别差异

对于"阅读报刊、图书或互联网上的关于科学的文章"这类个人关注科技事务的选择比例，"经常参与"和"有时参与"的男性公民比女性公民分别高 6.2 和 5.0 个百分点；"经常参与"和"有时参与""和亲戚、朋友、同事谈论有关科学技术的话题"的比例，男性公民比女性公民分别高 6.6 和 8.1 个百分点，如图 2-51 所示。

2. 年龄差异

对于"阅读报刊、图书或互联网上的关于科学的文章"这类个人关注科技事务的选择比例，不同年龄段公民"经常参与"和"有时参与"的比例呈现出随年龄增加而下降的趋势，18—29 岁年龄段公民关注的比例最高分别为 16.5% 和 28.6%，60—69 岁年龄公民关注的比例最低为 9.9% 和 11.4%；对于"和亲戚、朋友、同事谈论有关科学技术的话题"的比例，"经常参与"年龄差异不明显，"有时参与"的比例随年龄段增加而逐渐降低。详见表 2-10。

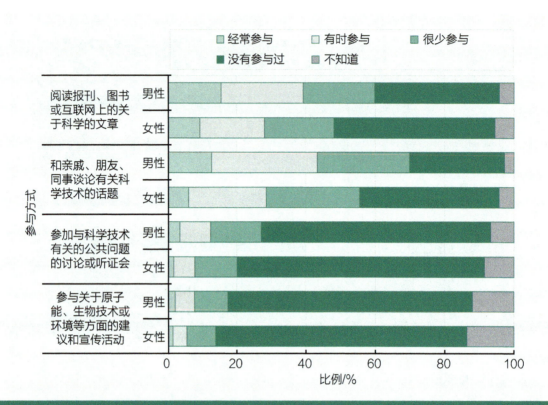

图 2-51　公民参与公共科技事务的性别差异

表 2-10　公民参与公共科技事务的年龄差异　　　　单位：%

参与方式	年龄段	经常参与	有时参与	很少参与	没有参与过	不知道
阅读报刊、图书或互联网上的关于科学的文章	18—29 岁	16.5	28.6	24.7	26.6	3.6
	30—39 岁	12.5	24.1	23.6	36.1	3.7
	40—49 岁	10.9	19.5	20.2	44.7	4.6
	50—59 岁	8.6	14.9	13.4	56.0	7.1
	60—69 岁	9.9	11.4	13.0	58.0	7.7
和亲戚、朋友、同事谈论有关科学技术的话题	18—29 岁	8.5	29.2	33.6	25.8	2.9
	30—39 岁	8.7	28.9	29.5	29.9	3.1
	40—49 岁	10.0	27.9	25.4	33.5	3.3
	50—59 岁	9.8	22.3	19.7	43.7	4.5
	60—69 岁	9.7	20.1	17.5	48.1	4.6
参加与科学技术有关的公共问题的讨论或听证会	18—29 岁	2.3	9.1	18.9	61.9	7.7
	30—39 岁	2.2	7.1	15.3	67.6	7.7
	40—49 岁	2.9	7.0	12.1	70.8	7.2
	50—59 岁	2.9	6.9	8.4	74.8	7.1
	60—69 岁	2.5	5.9	7.9	75.0	8.7

续表

参与方式	年龄段	经常参与	有时参与	很少参与	没有参与过	不知道
参与关于原子能、生物技术或环境等方面的建议和宣传活动	18—29岁	1.6	6.6	13.5	65.4	13.0
	30—39岁	1.5	4.4	9.7	70.5	13.8
	40—49岁	1.7	4.5	7.4	73.0	13.4
	50—59岁	1.8	4.3	6.1	77.1	10.7
	60—69岁	1.7	2.7	5.1	78.4	12.2

3. 文化程度差异

对于"阅读报刊、图书或互联网上的关于科学的文章"这类个人关注科技事务的选择比例，不同文化程度公民关注的比例呈现出非常明显的随文化程度降低而下降的趋势，公民"经常参与"的比例从大学本科及以上、大学专科、高中（中专、技校）的37.9%、26.7%和19.7%，下降至初中的9.6%，更大幅下降到小学及以下的3.5%；对于"和亲戚、朋友、同事谈论有关科学技术的话题"的"经常参与"的比例，文化程度差异显示出明显的随文化程度升高而升高的趋势，从小学及以下的5.7%，上升到大学本科及以上的17.1%；对于"参加与科学技术有关的公共问题的讨论或听证会"这种热心参加公共事务的行为，文化程度的差异仍然显示出随文化程度升高而升高的趋势，"经常参与"和"有时参与"的比例分别从小学及以下的1.9%和4.4%，上升到大学本科及以上的5.3%和15.8%；对于"参与关于原子能、生物技术或环境等方面的建议和宣传活动"这种主动参与公共科技事务的行为，"经常参与"和"有时参与"的比例分别从小学及以下的1.6%和2.9%，升高至大学本科及以上的3.4%和10.5%。详见表2–11。

表2–11　公民参与公共科技事务的文化程度差异　　　　单位：%

主要渠道	文化程度	经常参与	有时参与	很少参与	没有参与过	不知道
阅读报刊、图书或互联网上的关于科学的文章	小学及以下	3.5	7.8	12.4	65.9	10.5
	初中	9.6	21.0	23.7	41.9	3.9
	高中（中专、技校）	19.7	31.5	23.9	23.2	1.7
	大学专科	26.7	37.8	22.6	12.0	1.0
	大学本科及以上	37.9	38.7	16.5	6.2	0.8
和亲戚、朋友、同事谈论有关科学技术的话题	小学及以下	5.7	14.6	18.7	53.9	7.2
	初中	8.6	26.2	28.9	33.4	2.8
	高中（中专、技校）	12.4	35.4	30.5	20.2	1.5
	大学专科	12.9	41.5	32.2	12.8	0.7
	大学本科及以上	17.1	44.4	29.9	7.9	0.7

主要渠道	文化程度	经常参与	有时参与	很少参与	没有参与过	不知道
参加与科学技术有关的公共问题的讨论或听证会	小学及以下	1.9	4.4	6.5	75.6	11.5
	初中	2.2	6.4	12.5	71.4	7.6
	高中（中专、技校）	3.0	10.1	18.7	63.3	4.9
	大学专科	3.8	13.5	24.2	55.1	3.4
	大学本科及以上	5.3	15.8	29.1	47.1	2.6
参与关于原子能、生物技术或环境等方面的建议和宣传活动	小学及以下	1.6	2.9	4.6	75.0	15.9
	初中	1.3	4.1	8.0	73.3	13.4
	高中（中专、技校）	1.8	6.6	12.9	68.3	10.4
	大学专科	2.6	8.1	16.1	64.6	8.5
	大学本科及以上	3.4	10.5	19.9	59.9	6.3

4. 职业差异

对于"阅读报刊、图书或互联网上的关于科学的文章"这类个人关注科技事务的选择比例，从不同职业的对比来看，国家机关党群组织负责人、企业事业单位负责人、专业技术人员、办事人员与有关人员和学生及待升学人员"经常参与"和"有时参与"的比例较高，均分别达到20%和30%以上；农林牧渔水利业生产人员和生产运输设备操作人员的"经常参与"和"有时参与"的比例较低，分别低于10%和20%；对于"和亲戚、朋友、同事谈论有关科学技术的话题""经常参与"和"有时参与"的比例，职业的趋势表现为国家机关党群组织负责人最高为63.3%，以下依次为企业事业单位负责人、专业技术人员、办事人员与有关人员，其比例均在50%以上，商业及服务业人员、农林牧渔水利业生产人员和生产运输设备操作人员依然较低，不足40%；对于"参加与科学技术有关的公共问题的讨论或听证会""经常参与"和"有时参与"的比例，不同职业的对比中，国家机关党群组织负责人和企业事业单位负责人热心参加的比例较高，分别为25.8%和20.9%，商业及服务业人员和生产及运输设备操作工人的比例较低分别为8.8%和8.2%；对于"参与关于原子能、生物技术或环境等方面的建议和宣传活动""经常参与"和"有时参与"的比例，国家机关党群组织负责人主动参与的比例最高达18.8%，生产及运输设备操作工人和离退休人员最低均为5.7%。

表2-12 公民参与公共科技事务的职业差异 单位：%						
主要渠道	职业	经常参与	有时参与	很少参与	没有参与过	不知道
阅读报刊、图书或互联网上的关于科学的文章	国家机关、党群组织负责人	32.5	32.4	19.0	13.9	2.3
	企业事业单位负责人	24.3	33.2	21.8	19.4	1.4
	专业技术人员	22.5	29.2	22.2	23.0	3.1

续表

主要渠道	职业	经常参与	有时参与	很少参与	没有参与过	不知道
阅读报刊、图书或互联网上的关于科学的文章	办事人员与有关人员	26.3	34.9	21.3	16.2	1.3
	农林牧渔水利业生产人员	6.9	16.2	17.7	53.8	5.4
	商业及服务业人员	13.3	25.2	24.0	33.6	3.9
	生产及运输设备操作工人	9.5	21.9	24.0	40.5	4.0
	学生及待升学人员	28.4	37.3	21.0	11.1	2.2
	离退休人员	15.4	18.7	17.3	44.9	3.7
和亲戚、朋友、同事谈论有关科学技术的话题	国家机关、党群组织负责人	20.0	43.3	22.0	12.4	2.2
	企业事业单位负责人	16.8	37.6	27.5	17.2	0.9
	专业技术人员	15.6	36.7	27.1	18.6	1.9
	办事人员与有关人员	12.8	39.9	30.9	15.3	1.0
	农林牧渔水利业生产人员	9.6	24.9	23.9	38.1	3.4
	商业及服务业人员	8.7	28.8	29.6	30.0	2.9
	生产及运输设备操作工人	8.5	27.0	29.9	32.0	2.6
	学生及待升学人员	12.1	37.2	36.1	13.2	1.5
	离退休人员	11.4	28.3	21.1	36.4	2.8
参加与科学技术有关的公共问题的讨论或听证会	国家机关、党群组织负责人	7.9	17.9	21.7	47.1	5.5
	企业事业单位负责人	6.2	14.7	21.4	53.6	4.1
	专业技术人员	5.0	11.2	19.6	58.7	5.6
	办事人员与有关人员	3.6	12.7	23.2	56.3	4.2
	农林牧渔水利业生产人员	3.0	7.7	9.7	71.9	7.7
	商业及服务业人员	2.0	6.8	15.9	68.2	7.1
	生产及运输设备操作工人	2.0	6.2	14.0	70.5	7.2
	学生及待升学人员	4.1	13.2	29.2	49.0	4.5
	离退休人员	2.7	6.7	9.9	75.3	5.4
参与关于原子能、生物技术或环境等方面的建议和宣传活动	国家机关、党群组织负责人	5.6	13.2	13.7	55.9	11.6
	企业事业单位负责人	3.3	10.8	15.8	60.8	9.2
	专业技术人员	3.0	7.4	13.8	65.3	10.5
	办事人员与有关人员	3.1	8.9	15.1	62.7	10.2
	农林牧渔水利业生产人员	1.7	3.7	5.4	76.0	13.1
	商业及服务业人员	1.2	4.9	10.6	70.6	12.8
	生产及运输设备操作工人	1.1	4.6	8.6	72.7	13.0
	学生及待升学人员	3.1	10.0	20.1	57.4	9.4
	离退休人员	1.7	4.0	7.3	78.5	8.5

如图 2-52 可知，工作与科技有相关性的群体"经常参与"和"有时参与"公共科技事务的比例均高于无相关性群体，有相关性群体更愿意参与到相关公共科技事务中，并随着公共科技事务的专业性加深，其参与比例逐渐较少。

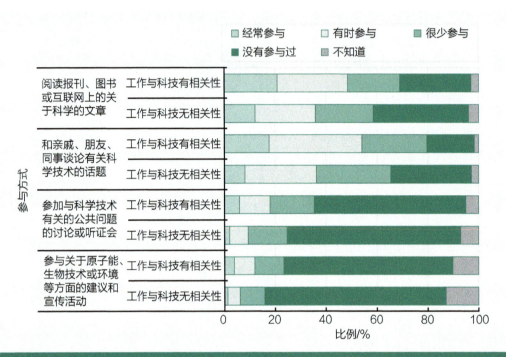

图 2-52　公民参与公共科技事务的职业差异

5. 重点人群差异

对于"阅读报刊、图书或互联网上的关于科学的文章"这类个人关注科技事务选择"经常参与"和"有时参与"的比例，领导干部和公务员关注的比例为 67.0%、城镇劳动者关注的比例为 39.8%、农民关注的比例为 22.4%；对于"和亲戚、朋友、同事谈论有关科学技术的话题"，领导干部和公务员、城镇劳动者和农民的选择"经常参与"和"有时参与"的比例分别为 59.8%、39.2% 和 29.8%；对于"参加与科学技术有关的公共问题的讨论或听证会"这种热心参加公共事务的行为，领导干部和公务员、城镇劳动者和农民选择"经常参与"和"有时参与"的比例分别为 22.8%、10.3% 和 8.6%；对于"参与关于原子能、生物技术或环境等方面的建议和宣传活动"这种主动参与公共科技事务的行为，领导干部和公务员、城镇劳动者和农民选择"经常参与"和"有时参与"的比例分别为 14.7%、7.1% 和 5.1%。如图 2-53 所示。

6. 城乡差异

对于"阅读报刊、图书或互联网上的关于科学的文章"这类个人关注科技事务，选择"经常参与"和"有时参与"的比例，城镇居民比农村居民高 16.1 个百分点；对于"和亲戚、朋友、同事谈论有关科学技术的话题"的比例，选择"经常参与"和"有时参与"的比例，城镇居民比农村居民高 8.7 个百分点，如图 2-54 所示。

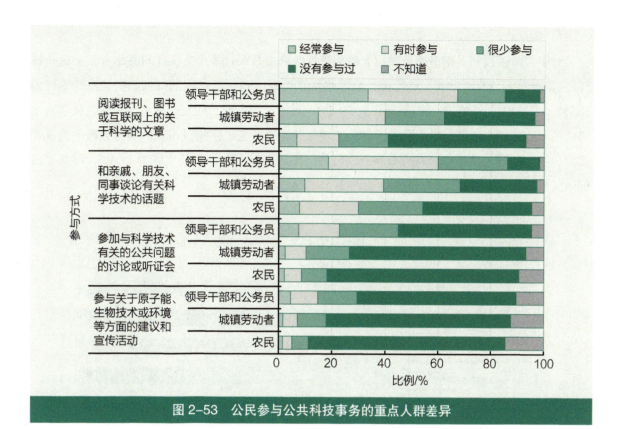

图 2-53　公民参与公共科技事务的重点人群差异

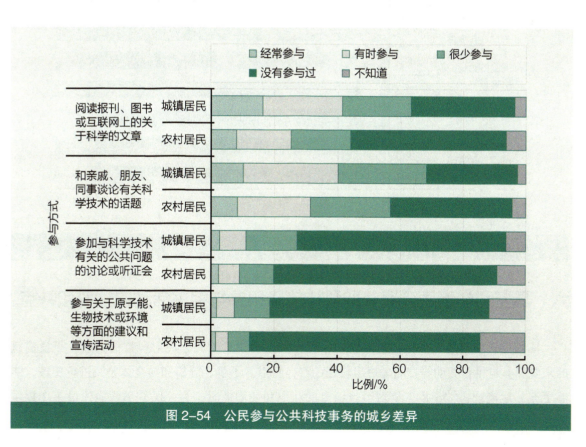

图 2-54　公民参与公共科技事务的城乡差异

7. 地区差异

对于"阅读报刊、图书或互联网上的关于科学的文章"这类个人关注科技事务，公民选择"经常参与"和"有时参与"的比例，呈现出从东部地区到西部地区的降低趋势，东部地区为38.7%、中部地区为30.7%、西部地区为29.5%；对于"和亲戚、朋友、同事谈论有关科学技术的话题"的比例，地区差异不明显；对于"参与关于原子能、生物技术或环境等方面的建议和宣传活动"这种主动参与公共科技事务的行为，地区差异不大，东部地区为11.4%，略高于西部地区的6.2%和中部地区的8.8%，如图2-55所示。

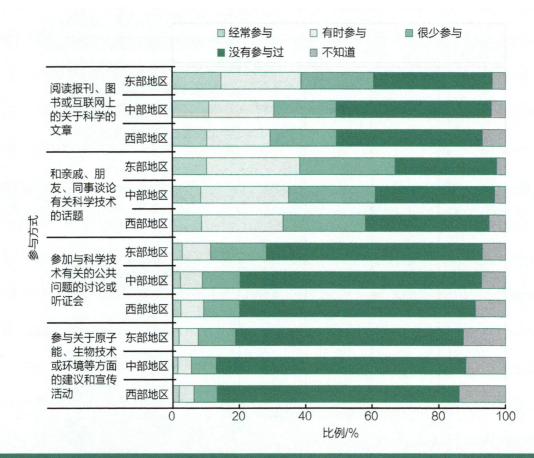

图2-55　公民参与公共科技事务的地区差异

六、具备科学素质公民获取科技信息和参与相关活动的情况和特点

具备科学素质是对公民的较高要求，我国具备科学素质的公民对科技的兴趣、科技信息的来源和参与科普活动等方面呈现出较强的群体特点。了解、分析和与全体公民进行比较，能够更充分地展现科学素质人群对科技信息的获取和使用情况，为公民科学素质建设工作提供参考。

（一）具备科学素质公民对科技信息的感兴趣程度

调查显示，具备科学素质公民对日常生活和工作中各类新闻话题的感兴趣程度均高于全体公民，与全体公民相比，具备科学素质公民对各类新闻话题的兴趣更为全面且最关心与科技相关的新闻话题。如图 2-56 所示，具备科学素质公民的雷达图基本覆盖了全体公民的雷达图，表明具备科学素质的公民对各类新闻话题的兴趣度均高于全体公民；将具备科学素质公民对各类话题的感兴趣程度按顺时针从高到低进行排列，可以看出科学新发现与新发明和新技术这两个与科技相关的新闻话题是具备科学素质公民最感兴趣的两个话题；从具备科学素质公民与全体公民的兴趣度差异来看，国际与外交政策、军事与国防、新发明与新技术、科学新发现和医学新进展的兴趣度差异较大，分别为 21.3%、20.6%、19.7%、17.6% 和 12.1%，对学校与教育、生活与健康和农业发展的兴趣度差异较小，分别为 3.5%、1.8% 和 1.9%。

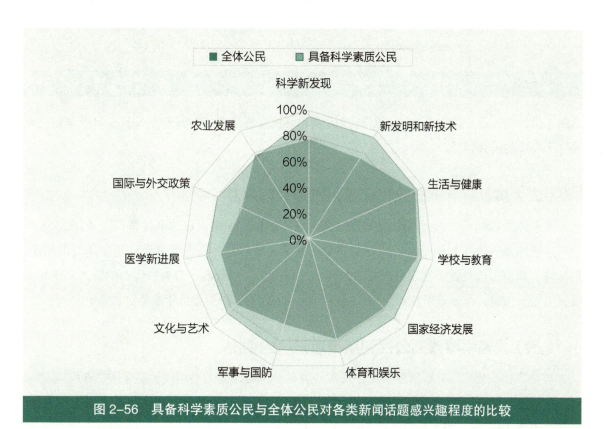

图 2-56　具备科学素质公民与全体公民对各类新闻话题感兴趣程度的比较

对科技发展信息的感兴趣程度，除环境污染及治理这一项外，具备科学素质公民对宇宙与空间探索、纳米技术与新材料、计算机与网络技术、遗传学与转基因技术的感兴趣程度均远高于全体公民，比例分别高于 30.8%、28.3%、26.3% 和 24.5%，如图 2-57。

可以看出，具备科学素质公民与全体公民对科技发展信息兴趣度的总体差异大于对各类新闻话题的兴趣度差异，具备科学素质的公民对科技的兴趣度，尤其是对各类科技发展的兴趣度

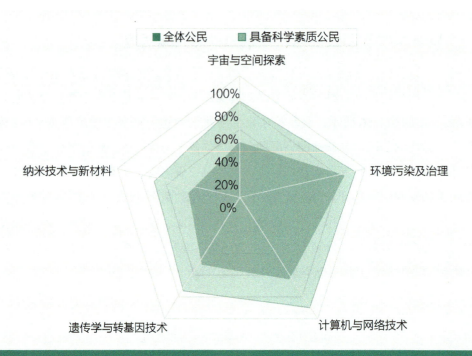

图 2-57　具备科学素质公民与全体公民对科技发展信息感兴趣程度的比较

远高于全体公民。上述分析表明，对科技话题和科技发展信息的高兴趣度是具备科学素质公民的一个突出的群体特征。

（二）具备科学素质公民获取科技信息的渠道

与全体公民相比，具备科学素质公民获取科技信息呈现出明显的群体特征。如图 2-58 所示，互联网及移动互联网是具备科学素质公民获取科技信息的最主要渠道。与全体公民相比，具备科学素质公民更善于利用以互联网及移动互联网、期刊杂志、图书为代表的新兴媒体和纸媒获取科技信息，而通过亲友同事和广播获取科技信息的比例明显低于全体公民。

（三）具备科学素质公民利用科普设施的情况

与全体公民相比，具备科学素质公民对各类科普基础设施的利用度更高见图 2-59。具体来看，具备科学素质公民中超过六成在过去一年中参观或使用过动物园、水族馆、植物园（72.9%）、公共图书馆（66.0%）和图书阅览室（64.5%），比全体公民分别高出 19.1、25.6 和 30.2 个百分点；在各类科普基础设施的使用上，具备科学素质公民对图书阅览室、公共图书馆和科技馆等科技类场馆这三类科普基础设施的使用与全体公民差异最大，分别高出了 30.2、25.6 和 24.2 个百分点。

（四）具备科学素质公民参与公共科技事务的程度

总体而言，我国公民对公共科技事务的参与度仍然较低。尽管如此，具备科学素质群

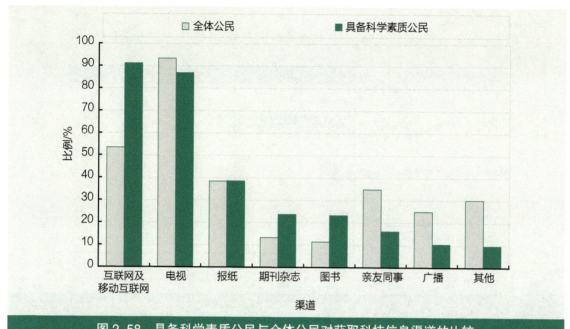

图 2-58　具备科学素质公民与全体公民对获取科技信息渠道的比较

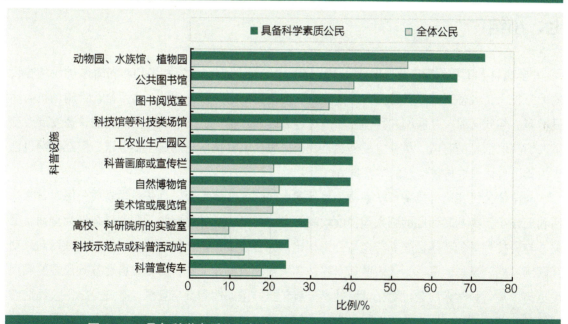

图 2-59　具备科学素质公民与全体公民对科普基础设施利用度的比较

体经常"阅读报刊、图书或互联网上的关于科学的文章"的比例达到 38.1%，比全体公民的 12.3% 高出了 25.7 个百分点，经常"和亲戚、朋友、同事谈论有关科学技术的话题"的比例为 18.3%，比全体公民的 9.2% 高出了 9.1 个百分点图 2-60。以上两个选项的调查结果表明，我国具备科学素质公民对公共科技事务比较关注，对公共科技事务有较强的主动性和参与意愿；与此同时，他们中有五分之一能够经常"和亲戚、朋友、同事谈论有关科学技术的话题"，这些人是公众参与科学的典型代表，他们为科学的传播和普及起到了十分积极和重要的作用。

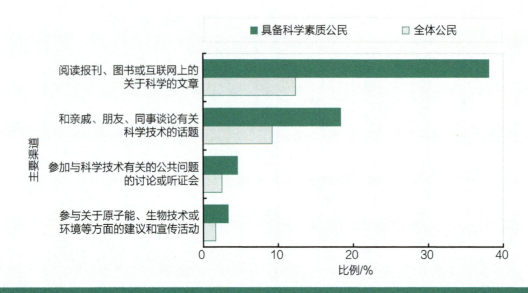

图例：■ 具备科学素质公民 □ 全体公民

主要渠道
- 阅读报刊、图书或互联网上的关于科学的文章
- 和亲戚、朋友、同事谈论有关科学技术的话题
- 参加与科学技术有关的公共问题的讨论或听证会
- 参与关于原子能、生物技术或环境等方面的建议和宣传活动

比例/%

图 2-60　具备科学素质公民与全体公民对参与公共科技事务的比较

七、小结

《全民科学素质纲要》实施以来，特别是"十二五"期间国家和各地对科普基础设施建设的大力投入，大幅提升了科普公共服务能力，使得公民参与科普活动、利用科普设施的机会明显增多。与此同时，互联网和移动互联网在过去的几年得到迅速普及，信息化的快速发展改变了人们获取信息的习惯。尽管电视仍然是我国公民获取科技信息的最主要渠道，但互联网也已成为我国公民获取科技信息的主要渠道。

与全体公民相比，具备科学素质公民呈现出较强的群体特征。具备科学素质公民对日常生活和工作中各类新闻话题的感兴趣程度均高于全体公民，对各类新闻话题的兴趣更为全面且最关心与科技相关的新闻话题。与全体公民相比，具备科学素质公民更善于利用以互联网和移动互联网、期刊杂志、图书为代表的新兴媒体和纸媒获取科技信息，对各类科普基础设施的利用度更高。具备科学素质公民对公共科技事务有较强的主动性和参与意愿，有五分之一公民能够经常和亲戚、朋友、同事谈论有关科学技术的话题，这些人是公众参与科学的典型代表，他们为科学的传播和普及起到了十分积极和重要的作用。

值得注意的是，由于我国巨大的人口基数和不同群体存在的较大差异，无论各类科普活动，还是各种科普基础设施，无论传统大众媒体，还是新兴的信息化渠道，各类活动、设施和渠道均有其对应的目标人群，这就意味着我们仍然要坚持目前的科普工作格局，充分利用好不同渠道的特点，通过分析目标人群的属性特征和科普需求，充分发挥好不同渠道的科普效能，有针对性地开展科普工作，不断提高公民有效获取科技信息和参与科技相关活动的能力和水平，是加速提高全民科学素质水平的有效途径。

第三章　中国公民对科学技术的态度

摘要

- 公民对科学技术的总体看法是积极和肯定的。
- 公民对科学技术的发展持积极理性的态度，支持科技事业发展并对科学技术的应用充满期望。
- 公民对科技发展和自然资源的关系的态度较理性。
- 公民了解科学研究进展的需求和参与科技决策的意识较强。
- 近 70% 的公民理解和支持科技创新，并对科技创新充满期待。
- 公民理解并支持科学家的工作；科学技术职业声望较高，教师、医生和科学家排在职业声望的前三位；最期望子女从事的职业前三为医生、教师、科学家。
- 与全体公民相比，具备科学素质公民对科学技术持更加积极理性的态度，更加支持科技事业发展并对科学技术的应用充满期望，理解和支持科技创新，并对科技创新充满期待，在对科技发展与自然资源的关系上，态度更趋理性。
- 在具备科学素质公民中，科学家的职业声望最高，但科学家的职业期望低于全体、排到第五位。

公民对科学技术的理解和支持是国家科学技术事业发展的重要基础，了解公民的科技态度、评价科学的社会效应、如何认识和看待科学研究和科学技术的作用已经成为我国公民科学素质监测评估的一项重要内容和主要指标。与以往相同，2015 年中国公民科学素质抽样调查仍然将公民对科学技术的态度调查作为重要内容之一，包括：公民对科学技术的看法、公民对科学技术发展的看法、公民对科技创新的看法以及公民对科学技术职业声望和期望的看法等。结果表明，中国公民对科技技术持乐观肯定态度，同时不乏理性，支持科技事业发展并对科学技术的应用充满期望，崇尚科学技术职业，有较强的科技参与意愿。

一、公民对科学技术的看法

（一）公民对科学技术的看法

调查显示，中国公民对科学技术的看法是积极肯定的，如图 3-1 所示。

从对科技的总体认识来看，有超过八成的公民赞成"科学技术使我们的生活更健康、更便捷、更舒适"；72.5% 的公民赞成"科学技术既给我们带来好处也带来坏处，但是好处多于坏处"；近半数的公民反对"即使没有科学技术，人们也可以生活得很好"；充分肯定科学技术的正面作用。

此外，38.5% 赞成、24.8% 中立、19.0% 反对"我们过于依靠科学，而忽视了信仰"；30.8% 赞成、38.2% 反对"科学技术不能解决我们面临的任何问题"；表明公民对科学技术持乐观态度时不乏理性。

相较于 2010 年调查，正向题项的赞成比例均有下降，反向题项的赞成比例有所上升，反对比例有所下降，公民对待科学技术的态度更趋理性。

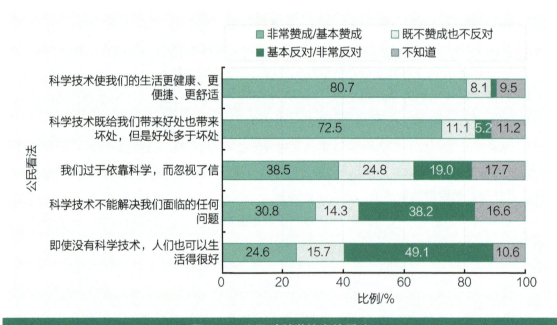

图 3-1　公民对科学技术的看法

（二）不同群体公民对科学技术的看法

1. 性别差异

在对科学技术的看法上，对于"科学技术使我们的生活更健康、更便捷、更舒适"和"科学技术既给我们带来好处也带来坏处，但是好处多于坏处"，男性公民的赞成比例（84.0%，

75.7%）均高于女性公民（77.3%，69.2%），对科学技术的态度更加积极；对于"我们过于依靠科学，而忽视了信仰""科学技术不能解决我们面临的任何问题"和"即使没有科学技术，人们也可以生活得很好"这三道反向题项，男性的赞成比例（42.3%，34.0%，25.2%）、反对比例（20.1%，40.5%，51.9%）均高于女性，中立比例低于女性，态度比较明显，对科学技术的态度更加理性。见图3-2。

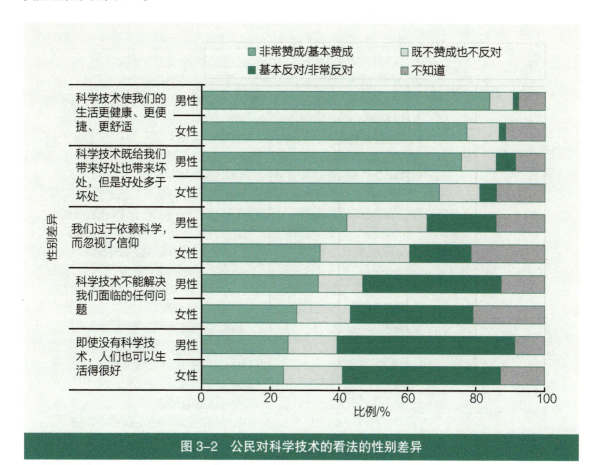

图 3-2　公民对科学技术的看法的性别差异

2. 年龄差异

总体来看，公民对科学技术的态度在年龄上没有明显差异。对于"科学技术使我们的生活更健康、更便捷、更舒适"，18—49 岁段的赞成比例均在 80% 以上，50—59 岁和 60—69 岁年龄段分别为 77.2% 和 77.4%；对于"科学技术既给我们带来好处也带来坏处，但是好处多于坏处"，赞成比例分别为 18—29 岁年龄段 70.9%，30—39 岁年龄段 73.2%，40—49 岁年龄段 73.9%，50—59 岁年龄段 71.5%，60—69 岁年龄段 73.6%；对于"我们过于依靠科学，而忽视了信仰"，60—69 岁年龄段的赞成比例 42.5% 最高，其他年龄段均在 38.0% 左右；对于"科学技术不能解决我们面临的任何问题"，赞成比例缓慢上升，从 18—29 岁年龄段 28.7% 上升到 60—69 岁年龄段 32.4%，反对比例则逐步下降（19.4%，14.0%，12.0%，11.7%，10.6%）；对于"即使没有科学技术，人们也可以生活得很好"，50—69 岁年龄段的赞成比例高于 18—49

岁年龄段，但反对比例低于18—49岁年龄段，中立的比例随着年龄段的升高而减少，选择不知道的比例随着年龄段的升高而增加，较于年轻人，年龄较大群体由于并未充分享受科技带来的好处，因此在对待科技态度上较为保守。如图3-3。

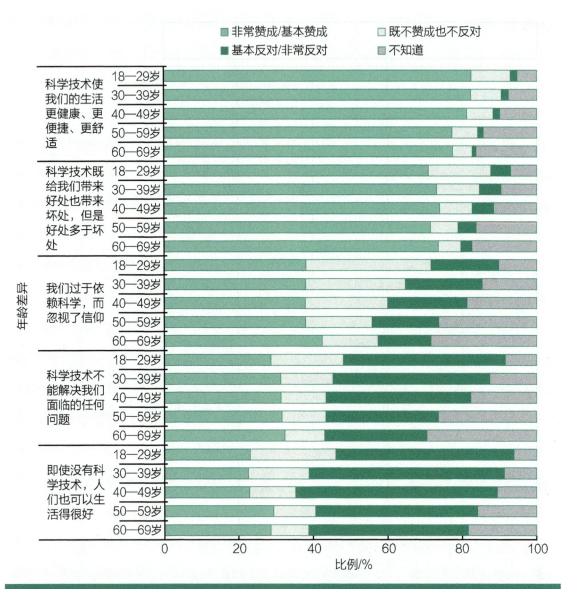

图3-3　公民对科学技术的看法的年龄差异

3. 文化程度差异

文化程度的差异在对科学技术的看法上体现得比较明显。对于"科学技术使我们的生活更健康、更便捷、更舒适"，赞成比例随着文化程度的提升而增大，分别为小学及以下67.8%，初中81.9%，高中（中专、技校）88.1%，大学专科92.1%，大学本科及以上94.5%，小学及以下到初中提升最多；对于"科学技术既给我们带来好处也带来坏处，但是好处多于坏处"，赞成比例随着文化程度的提升而增大，分别为小学及以下62.2%，初中73.5%，高中（中专、技校）78.2%，大学专科81.4%，大学本科及以上84.6%，小学及以下到初中仍然提升最多；对于"我们过于依靠科学，而忽视了信仰"，赞成比例随着文化程度的提升而增加（34.7%，36.6%，41.1%，47.4%，53.3%），反对比例分别为13.6%、22.1%、21.1%、17.1%和15.3%，文化程度高的公民看待科学技术更加理性；对于"科学技术不能解决我们面临的任何问题"，赞成比例随着文化程度的提升而增加（27.1%，31.2%，32.6%，33.0%，37.6%），反对比例随着文化程度的提升而增加（24.4%，39.9%，46.3%，50.1%，51.5%）；对于"即使没有科学技术，人们也可以

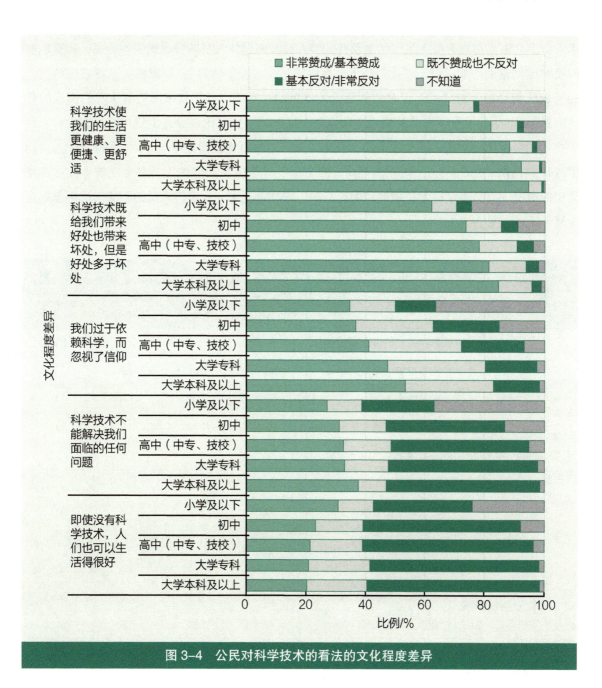

图3-4 公民对科学技术的看法的文化程度差异

生活得很好"，赞成比例随着文化程度的提升而减小（30.9%，23.2%，21.4%，20.9%，20.3%），反对比例随着文化程度的提升而增加（33.3%，52.9%，57.4%，56.8%，58.0%）；所有题项，随着文化程度的提升，不知道的比例显著下降，文化程度高的公民对科学技术有更多认知，且态度更加明确。文化程度越高，对待科学技术的态度更理性、更积极，此外，小学及以下到初中的赞成比例提升最大，说明初中是塑造公民对科学技术支持态度的一个主要阶段。如图3-4。

4. 职业差异

对于"科学技术使我们的生活更健康、更便捷、更舒适"和"科学技术既给我们带来好处也带来坏处，但是好处多于坏处"，国家机关党群组织负责人、企业事业单位负责人、专业技术人员、办事人员与有关人员、学生及待升学人员和离退休人员的赞成比例均较高，所有职业的反对比例差别不大；对于"我们过于依靠科学，而忽视了信仰"，国家机关党群组织负责人的赞成比例最高（53.8%），反对比例最低（15.9%）；对于"科学技术不能解决我们面临的任何问题"，学生及待升学人员的赞成比例最低（27.7%），反对比例最高（53.0%），非常肯定科学技术积极作用；对于"即使没有科学技术，人们也可以生活得很好"，学生及待升学人员的赞成比例最低（16.5%），反对比例很高（55.1%），办事人员与有关人员和专业技术人员都是类似的情况，充分肯定科学技术的作用；其中，农林牧渔水利业生产人员的不知道比例都远高于其他职业。见表3-1。

看 法	职 业	非常赞成 / 基本赞成	既不赞成也 不反对	基本反对 / 非常反对	不知道
表 3-1 公民对科学技术的看法的职业差异 单位：%					
科学技术使我们的生活更健康、更便捷、更舒适	国家机关、党群组织负责人	89.8	3.7	2.6	3.8
	企业事业单位负责人	88.0	7.4	1.9	2.7
	专业技术人员	86.1	7.4	1.8	4.8
	办事人员与有关人员	92.1	5.0	0.9	2.0
	农林牧渔水利业生产人员	78.3	6.9	1.5	13.2
	商业及服务业人员	82.8	9.2	1.8	6.2
	生产及运输设备操作工人	81.3	8.9	1.8	8.0
	学生及待升学人员	89.1	7.6	1.6	1.7
	离退休人员	84.0	6.0	1.6	8.4
科学技术既给我们带来好处也带来坏处，但是好处多于坏处	国家机关、党群组织负责人	78.0	12.2	6.5	3.3
	企业事业单位负责人	77.3	12.2	5.3	5.1
	专业技术人员	77.7	11.2	5.9	5.2

看　法	职　业	非常赞成/ 基本赞成	既不赞成也 不反对	基本反对/ 非常反对	不知道
科学技术既给我们带来好处也带来坏处，但是好处多于坏处	办事人员与有关人员	78.6	12.2	5.4	3.9
	农林牧渔水利业生产人员	70.9	8.2	5.4	15.7
	商业及服务业人员	74.6	12.9	5.2	7.3
	生产及运输设备操作工人	72.9	11.4	6.2	9.5
	学生及待升学人员	75.4	17.4	5.6	1.5
	离退休人员	80.0	7.0	4.1	8.9
我们过于依赖科学，而忽视了信仰	国家机关、党群组织负责人	53.8	22.0	15.9	8.3
	企业事业单位负责人	50.1	25.2	19.3	5.4
	专业技术人员	44.8	25.3	20.8	9.1
	办事人员与有关人员	45.5	29.7	18.9	5.8
	农林牧渔水利业生产人员	35.8	20.2	19.6	24.4
	商业及服务业人员	39.5	29.3	18.9	12.5
	生产及运输设备操作工人	39.4	24.7	21.0	14.9
	学生及待升学人员	41.4	36.2	19.2	3.2
	离退休人员	42.2	21.1	20.2	16.4
科学技术不能解决我们面临的任何问题	国家机关、党群组织负责人	39.4	10.1	45.1	5.5
	企业事业单位负责人	37.0	13.3	43.4	6.4
	专业技术人员	33.4	13.9	45.6	7.0
	办事人员与有关人员	33.3	14.3	47.2	5.2
	农林牧渔水利业生产人员	29.0	10.9	36.6	23.5
	商业及服务业人员	32.0	16.1	41.1	10.8
	生产及运输设备操作工人	32.4	16.0	38.4	13.2
	学生及待升学人员	27.7	16.3	53.0	2.9
	离退休人员	37.7	12.2	34.3	15.8
即使没有科学技术，人们也可以生活得很好	国家机关、党群组织负责人	27.0	14.7	53.5	4.8
	企业事业单位负责人	28.1	16.5	51.4	4.0
	专业技术人员	23.6	16.3	54.9	5.1

看 法	职 业	非常赞成 /基本赞成	既不赞成也不反对	基本反对 /非常反对	不知道
即使没有科学技术，人们也可以生活得很好	办事人员与有关人员	22.2	19.0	55.6	3.3
	农林牧渔水利业生产人员	24.0	10.7	50.3	15.1
	商业及服务业人员	24.0	18.2	51.1	6.9
	生产及运输设备操作工人	27.4	15.4	48.6	8.6
	学生及待升学人员	16.5	26.6	55.1	1.7
	离退休人员	27.5	11.4	51.7	9.3

在对科学技术的看法上，工作内容与科学技术有相关性的群体对科学技术有更多认知，态度更积极，见图3-5。对于"科学技术使我们的生活更健康、更便捷、更舒适"和"科学技术既给我们带来好处也带来坏处，但是好处多于坏处"，与科学技术有相关性的群体的赞成比例（88.7%，80.0%）均高了无相关性群体7个百分点左右；对于"科学技术不能解决我们面临的任何问题"和"即使没有科学技术，人们也可以生活得很好"，赞成比例差别不大，但有相关性群体的反对比例（46.4%，58.4%）大于无相关性群体（39.1%，48.8%），更加认可肯定科学

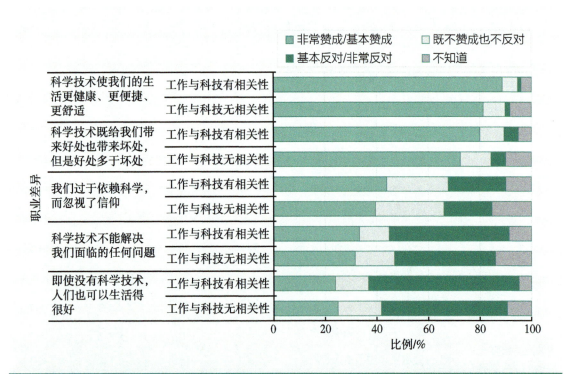

图 3-5　公民对科学技术的看法的职业差异

技术对人类的积极作用。

5.重点人群差异

在对科学技术的看法上，重点人群的赞成比例由高到低依次为：领导干部和公务员，城镇劳动者，农民。对于"科学技术使我们的生活更健康、更便捷、更舒适""科学技术既给我们带来好处也带来坏处，但是好处多于坏处"和"我们过于依靠科学，而忽视了信仰"，领导干部和公务员的赞成比例与城镇劳动者的差距均在 10 个百分点左右，与农民的差距均在 12 个百分点以上，反对比例则差别不大；对于"科学技术不能解决我们面临的任何问题"，领导干部和公务员、城镇劳动者和农民的赞成比例逐渐下降（38.1%，32.1%，28.0%），反对比例逐渐下降（48.0%，40.7%，35.0%）；对于"即使没有科学技术，人们也可以生活得很好"，领导干部和公务员、城镇劳动者和农民赞成比例差别不大，均在 24%～25% 之间，反对比例则逐渐下降（57.9%，49.9%，48.1%）；不知道比例由领导干部和公务员到城镇劳动者，再到农民显著增加。可见领导干部和公务员对科学技术有更多认知，态度更积极更理性。见图 3-6。

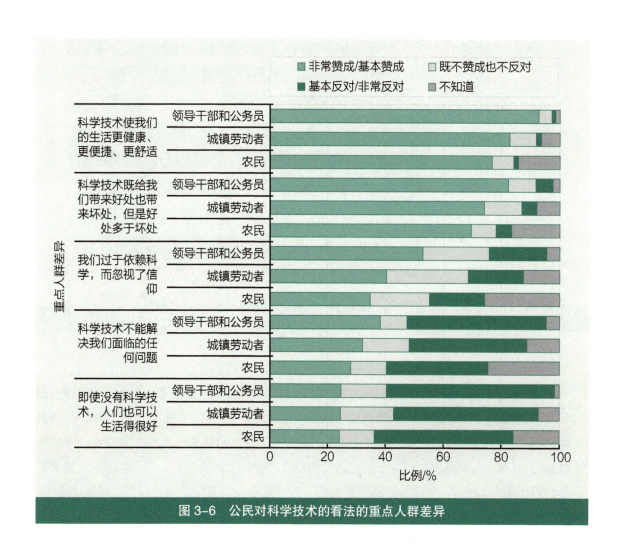

图 3-6 公民对科学技术的看法的重点人群差异

6. 城乡差异

城乡差异在对科学技术的看法上体现较为明显，对于"科学技术使我们的生活更健康、更便捷、更舒适"和"科学技术既给我们带来好处也带来坏处，但是好处多于坏处"，城镇居民的赞成比例（83.3%，75.2%）均高于农村居民（77.7%，69.5%），对科学技术的态度更加积极；对于"我们过于依靠科学，而忽视了信仰""科学技术不能解决我们面临的任何问题"和"即使没有科学技术，人们也可以生活得很好"这三道反向题项，城镇居民的赞成比例（41.0%，33.4%，25.5%）均高于农村居民（35.7%，27.9%，23.6%），中立比例高于农村居民，反对比例差别不大。城镇居民对科学技术的态度更加积极，也更加理性。见图3-7。

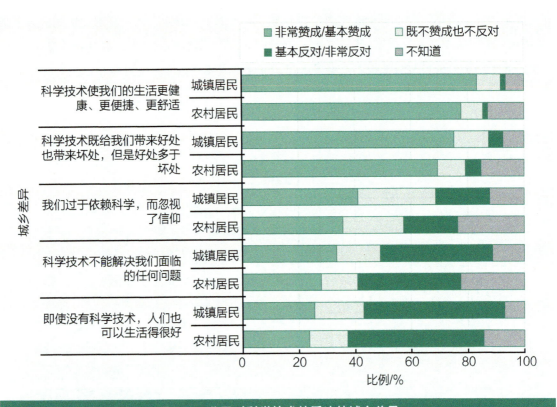

图 3-7　公民对科学技术的看法的城乡差异

7. 地区差异

在对科学技术的看法上，除了题项"科学技术既给我们带来好处也带来坏处，但是好处多于坏处"的赞成比例比较一致外，其他题项的赞成比例均为东、中、西部地区依次降低；"科学技术使我们的生活更健康、更便捷、更舒适"，东、中、西部的赞成比例分别为82.6%、80.5%和77.8%，反对比例差别不大；对于后三道反向题项，赞成比例均是东、中、西部地区逐次降低，反对比例中部最高，东部和西部各有高低，但差距不大；不知道的比例东中西依次增大。可见东部地区较于中西部，对科学技术有更多认知，态度更积极。见图3-8。

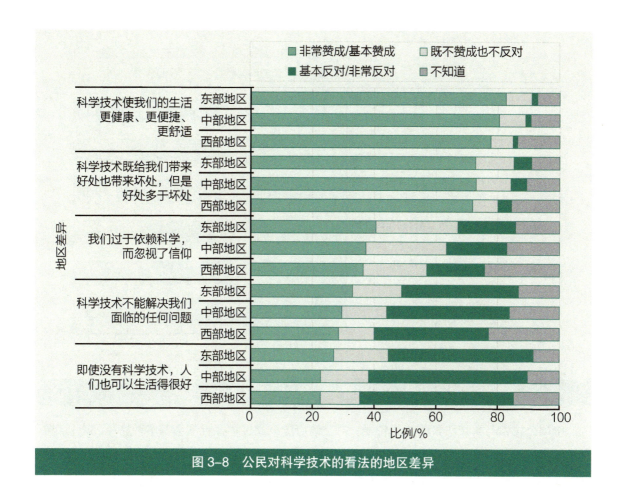

图 3-8　公民对科学技术的看法的地区差异

二、公民对科学技术发展的看法

（一）公民对科学技术发展的看法

调查表明，中国公民对科学技术的发展持积极理性的态度，如图 3-9 所示。中国公民支持科技事业发展并对科学技术的应用充满期望。有 83.7% 的公民赞成"现代科学技术将给我们的后代提供更多的发展机会"；77.3% 的公民赞成"尽管不能马上产生效益，但是基础科学的研究是必要的，政府应该支持"；68.7% 的公民赞成"科学技术的发展会使一些职业消失，但同时也会提供更多的就业机会"。与2010年调查比较，公民态度的比例分配比较一致，变化不大。

中国公民对科技发展与自然资源的关系，态度比较分散。31.6% 的公民赞成、17.4% 中立、25.6% 反对"持续不断的技术应用，最终会毁掉我们赖以生存的地球"，与2010年调查比较，赞成比例上升了近 10 个百分点，反对比例下降了近 10 个百分点，中立比例变化不大；30.1% 的公民赞成、11.8% 中立、33.3% 反对"由于科学技术的进步，地球的自然资源将会用之不竭"，与2010年的赞成（28.2%）、反对（36.4%）比较，略有变化。公民看待科技发展与自然资源的关系更加理性。

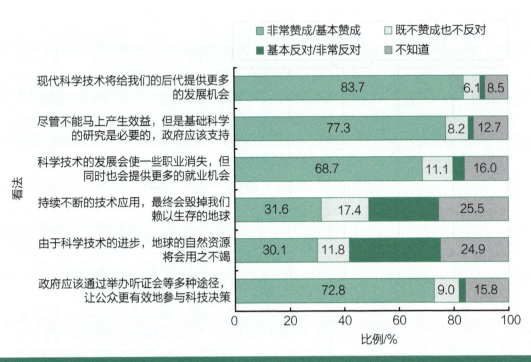

图 3-9　公民对科学技术发展的看法

中国公民参与科技决策的意识较强。对"政府应该通过举办听证会等多种途径，让公众更有效地参与科技决策"的观点，有 72.8% 的公民赞成，9.0% 的公民中立，对此持反对意见的仅占 2.3%，另有 15.8% 的公民不置可否。与 2010 年的赞成（72.5%）、中立（10.5%）、反对（2.8%）比例几乎一致。

（二）不同群体公民对科学技术发展的看法

1. 性别差异

在对科学技术的发展的看法上，性别差异主要体现在男性公民比女性公民持更加积极的态度。对于"现代科学技术将给我们的后代提供更多的发展机会""尽管不能马上产生效益，但是基础科学的研究是必要的，政府应该支持"和"科学技术的发展会使一些职业消失，但同时也会提供更多的就业机会"，男性公民的赞成比例（86.0%，81.8%，73.3%）均高于女性公民（81.3%，72.5%，63.9%）；对于"持续不断的技术应用，最终会毁掉我们赖以生存的地球"和"由于科学技术的进步，地球的自然资源将会用之不竭"，男性公民的赞成比例（35.1%，32.1%）均高于女性（27.9%，28.0%），反对比例（27.2%，38.1%）也均高于女性（23.9%，28.4%），中立比例差别不大；对于"政府应该通过举办听证会等多种途径，让公众更有效地参与科技决策"，男性的赞成比例（78.0%）高于女性（67.5%）。总的来说，男性对科学技术的应用更加充满期望，参与科技决策的意识更强，同时也更理性看待科技发展与自然资源的关系。如图 3-10。

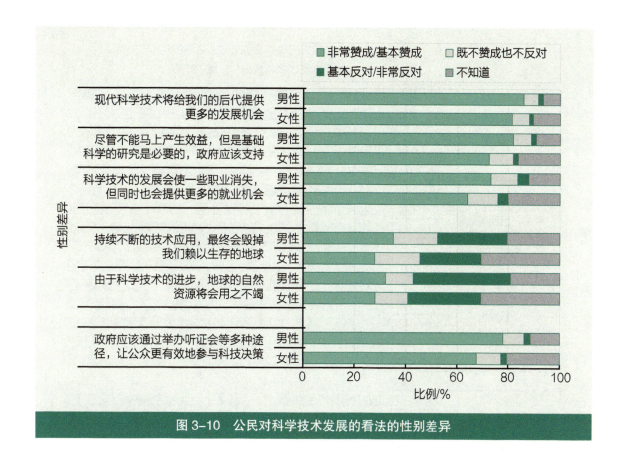

图 3-10　公民对科学技术发展的看法的性别差异

2. 年龄差异

在对科学技术发展的看法上，年龄差异体现不太明显。对于"现代科学技术将给我们的后代提供更多的发展机会""尽管不能马上产生效益，但是基础科学的研究是必要的，政府应该支持"和"科学技术的发展会使一些职业消失，但同时也会提供更多的就业机会"，18—49 岁段的赞成比例更高，低年龄段人群的态度较积极；随着年龄增长，"持续不断的技术应用，最终会毁掉我们赖以生存的地球"的赞成比例逐步下降，反对比例先上升后下降，"由于科学技术的进步，地球的自然资源将会用之不竭"的赞成比例逐步上升，反对比例显著下降；对于"政府应该通过举办听证会等多种途径，让公众更有效地参与科技决策"，18—49 岁年龄段的赞成比例高于 59—69 岁年龄段；中立的比例大致随年龄增加而减少，不知道的比例随年龄增加而增加，公民年纪越小，对科学技术的发展有越多认知。总体来说，18—49 岁年龄段的公民对科学技术的发展持更加积极的态度，参与科技决策的意识更强，更加理性看待科技与自然的关系。如图 3-11。

3. 文化程度差异

文化程度的差异在对科学技术发展的看法上体现得比较明显。随着文化程度的提升，对于"现代科学技术将给我们的后代提供更多的发展机会""尽管不能马上产生效益，但是基础科学的研究是必要的，政府应该支持"和"科学技术的发展会使一些职业消失，但同时也会提供更多的就业机会"，赞成比例稳步提升，对科学技术的发展及其应用更加积极肯定，其中小学及

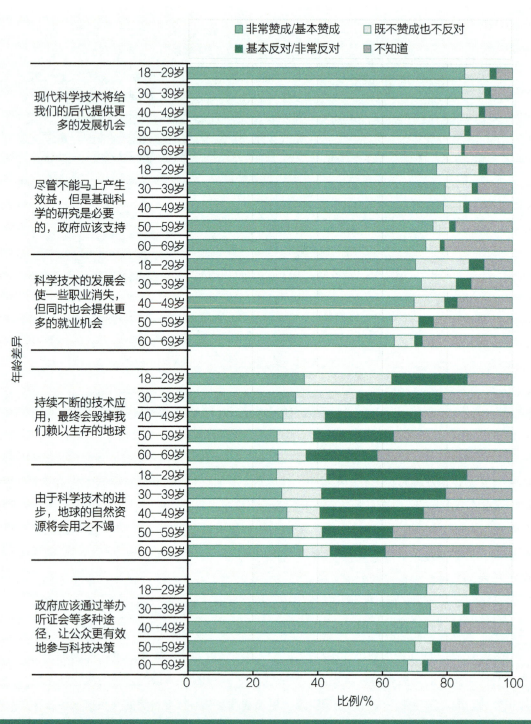

图 3-11　公民对科学技术发展的看法的年龄差异

以下到初中的差异最为显著；对于科技发展与自然资源的关系，中立的比例随着文化程度的提升而增大，反对比例也逐步增大；对"政府应该通过举办听证会等多种途径，让公众更有效地参与科技决策"的观点，随着文化程度的提升，赞成比例由 56.7% 提升到 88.0%，拥有更强的参与科技决策意识；随着文化程度的提升，不知道的比例显著下降。受教育程度高的公民对科学技术发展拥有更多的认知，且更加支持科学技术的发展，参与科技决策的意识更强，更加理性看待科技与自然的关系。如图 3–12。

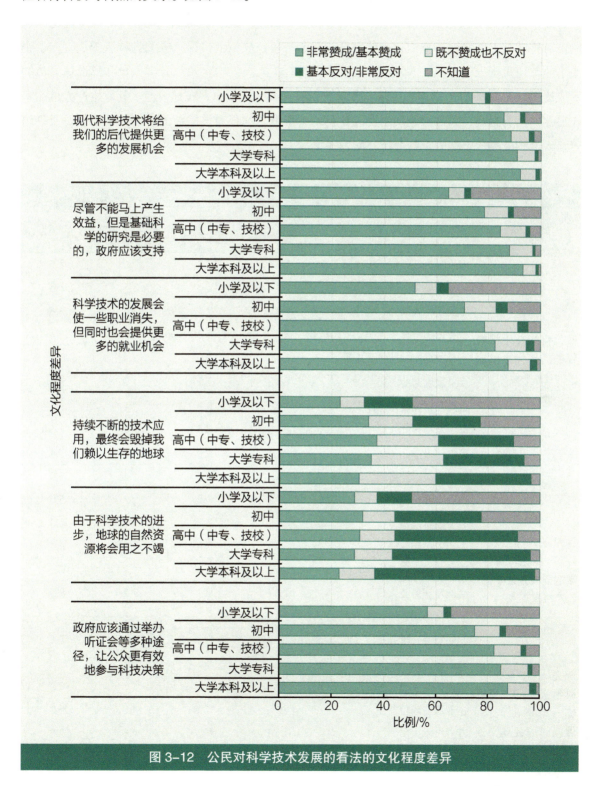

图 3–12 公民对科学技术发展的看法的文化程度差异

4. 职业差异

在对科学技术发展及应用的看法上，相较于农林牧渔水利业生产人员、商业及服务业人员和生产及运输设备操作工人，国家机关党群组织负责人、企业事业单位负责人、专业技术人员、办事人员与有关人员、学生及待升学人员和离退休人员的赞成比例较高，不知道比例较低，对科学技术的发展持更加积极的态度；在参与科技决策上，国家机关党群组织负责人、企业事业单位负责人、专业技术人员、办事人员与有关人员、学生及待升学人员和离退休人员的赞成比例均在90%以上，拥有更强的参与意识；在所有题项中，农林牧渔水利业生产人员的不知道比例均为最高，大部分题项的赞成比例均为最低，加强对该职业人群的科学知识普及是培养该人群积极科学态度的重要途径。见表3-2。

表 3-2　公民对科学技术发展的看法的职业差异　　　　单位：%

看 法	职 业	非常赞成 基本赞成	既不赞成 也不反对	基本反对 非常反对	不知道
现代科学技术将给我们的后代提供更多的发展机会	国家机关、党群组织负责人	89.0	5.6	2.9	2.5
	企业事业单位负责人	88.4	5.6	3.1	3.0
	专业技术人员	88.0	6.4	1.8	3.8
	办事人员与有关人员	89.9	6.2	1.4	2.4
	农林牧渔水利业生产人员	81.5	5.0	1.4	11.9
	商业及服务业人员	85.3	7.3	1.9	5.6
	生产及运输设备操作工人	84.6	6.8	1.7	7.0
	学生及待升学人员	89.8	6.5	2.1	1.6
	离退休人员	86.1	5.0	1.5	7.4
尽管不能马上产生效益，但是基础科学的研究是必要的，政府应该支持	国家机关、党群组织负责人	88.2	5.7	1.1	5.0
	企业事业单位负责人	84.2	8.6	2.2	5.0
	专业技术人员	86.0	7.3	1.5	5.3
	办事人员与有关人员	85.6	8.8	1.2	4.4
	农林牧渔水利业生产人员	74.9	6.4	1.7	17.1
	商业及服务业人员	79.7	9.1	2.2	8.9
	生产及运输设备操作工人	78.9	9.1	1.9	10.1
	学生及待升学人员	84.0	11.6	2.3	2.2
	离退休人员	83.2	5.3	1.3	10.2
科学技术的发展会使一些职业消失，但同时也会提供更多的就业机会	国家机关、党群组织负责人	78.5	10.7	4.6	6.2
	企业事业单位负责人	79.4	10.9	4.5	5.2
	专业技术人员	78.1	10.7	4.6	6.6
	办事人员与有关人员	80.2	11.5	3.2	5.1

看　法	职　业	非常赞成 基本赞成	既不赞成 也不反对	基本反对 非常反对	不知道
科学技术的发展会使一些职业消失，但同时也会提供更多的就业机会	农林牧渔水利业生产人员	64.3	8.4	4.1	23.3
	商业及服务业人员	71.6	13.5	4.2	10.6
	生产及运输设备操作工人	71.2	11.6	4.7	12.5
	学生及待升学人员	74.6	16.8	5.8	2.8
	离退休人员	76.8	7.0	3.3	12.8
持续不断的技术应用，最终会毁掉我们赖以生存的地球	国家机关、党群组织负责人	37.0	17.8	35.1	10.1
	企业事业单位负责人	39.6	20.4	28.6	11.4
	专业技术人员	36.2	20.7	29.8	13.2
	办事人员与有关人员	32.3	24.1	32.5	11.1
	农林牧渔水利业生产人员	27.5	11.3	25.8	35.5
	商业及服务业人员	34.6	21.5	26.0	18.0
	生产及运输设备操作工人	35.6	18.0	24.7	21.7
	学生及待升学人员	36.1	32.2	28.0	3.7
	离退休人员	35.2	11.9	27.7	25.3
由于科学技术的进步，地球的自然资源将会用之不竭	国家机关、党群组织负责人	36.3	10.5	42.8	10.4
	企业事业单位负责人	35.1	14.3	42.5	8.0
	专业技术人员	28.8	12.0	46.9	12.4
	办事人员与有关人员	30.4	13.8	46.1	9.7
	农林牧渔水利业生产人员	31.2	9.0	24.8	35.1
	商业及服务业人员	30.3	13.7	38.9	17.1
	生产及运输设备操作工人	30.7	12.0	36.5	20.8
	学生及待升学人员	20.8	11.9	65.0	2.2
	离退休人员	37.7	10.1	27.3	24.9
政府应该通过举办听证会等多种途径，让公众更有效地参与科技决策	国家机关、党群组织负责人	84.7	8.5	1.4	5.3
	企业事业单位负责人	82.0	9.6	2.2	6.3
	专业技术人员	80.5	9.2	2.7	7.5
	办事人员与有关人员	83.4	9.4	2.5	4.7
	农林牧渔水利业生产人员	69.8	6.9	2.2	21.1
	商业及服务业人员	75.3	11.1	2.5	11.2
	生产及运输设备操作工人	74.8	9.5	2.5	13.1
	学生及待升学人员	84.0	10.8	2.3	2.9
	离退休人员	80.9	5.2	2.1	11.7

在对科学技术发展及应用的看法上，工作内容与科学技术有相关性的群体的赞成比例高于无相关性群体，反对比例差异不大，更加支持科学技术的发展；在科学技术发展和自然资源关系的题项上，对于"持续不断的技术应用，最终会毁掉我们赖以生存的地球"和"由于科学技术的进步，地球的自然资源将会用之不竭"，有相关性群体的赞成、反对比例均高于无相关性群体，对科学技术发展认知更多，态度更加明确；在参与科技决策上，有相关性的群体（82.5%）拥有更强的参与意识，赞成比例高了无相关性群体（73.5%）9个百分点。见图3-13。

就与科学技术相关各部门进行比较，教育部门和科研部门更加支持科学技术的发展；对于"持续不断的技术应用，最终会毁掉我们赖以生存的地球"，各部门态度比较一致，对于"由于科学技术的进步，地球的自然资源将会用之不竭"，教育部门和科研部门出现较明显差异，教育部门赞成比例最低（31.8%），反对比例最高（49.3%），科研部门赞成比例最高（39.5%），反对比例最低（36.3%），科研部门在看待科技与自然问题上显然态度较教育部门

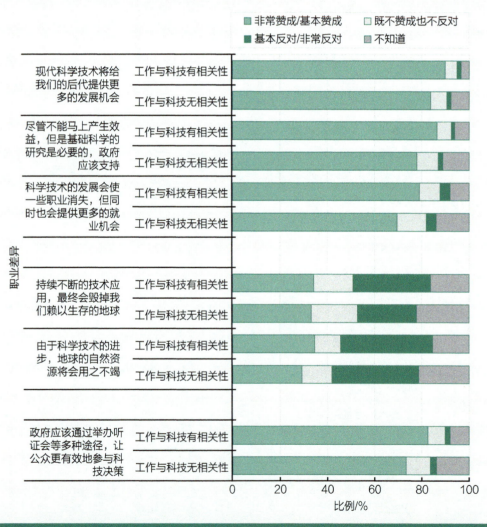

图3-13　公民对科学技术发展的看法的职业差异

更积极，对科技更抱有信心；此外，科研部门（85.9%）比生产或制造业部门（82.1%）、教育部门（82.5%）和其他部门（82.4%）拥有更强的参与科技决策意识。详见附表。

5. 重点人群差异

在对科学技术发展及应用的看法上，重点人群的赞成比例由高到低依次为领导干部和公务员、城镇劳动者、农民，领导干部和公务员对科学技术的发展的态度更积极（图3-14）。在科学技术发展和自然资源关系的题项上，对于"持续不断的技术应用，最终会毁掉我们赖以生存的地球"，赞成比例依次为领导干部和公务员（35.8%）、城镇劳动者（34.5%）、农民（26.9%），领导干部和公务员的反对比例（35.2%）最高，对于"由于科学技术的进步，地球的自然资源将会用

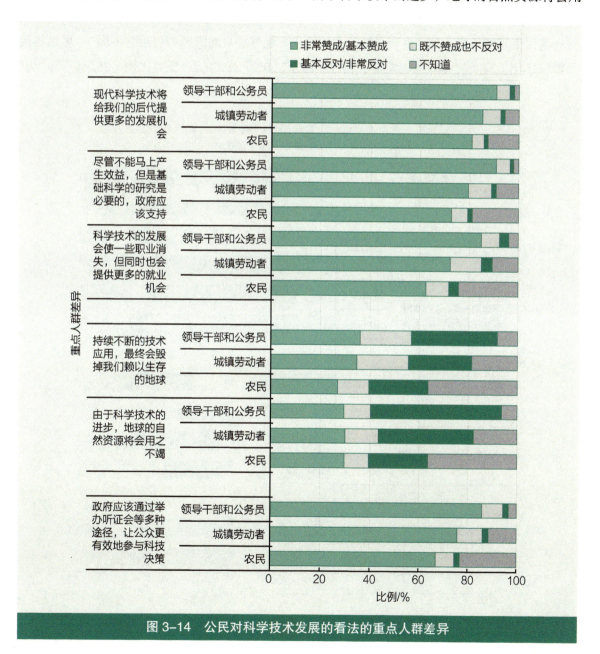

图3-14 公民对科学技术发展的看法的重点人群差异

之不竭", 各重点人群间赞成比例差异不大, 均在 29.0%—30.0%, 反对比例由高到低依次为领导干部和公务员 (53.5%)、城镇劳动者 (38.9%)、农民 (24.3%), 领导干部和公务员群体较于其他群体更注重科技与自然的关系, 在看到科技所带来的好处时, 同时也在意其所带来的风险; 在参与科技决策上, 领导干部和公务员 (86.0%)、城镇劳动者 (75.8%) 意识更强。

6. 城乡差异

由图 3-15 可见, 对于"现代科学技术将给我们的后代提供更多的发展机会""尽管不能马上产生效益, 但是基础科学的研究是必要的, 政府应该支持"和"科学技术的发展会使一些职业消失, 但同时也会提供更多的就业机会", 城镇居民的赞成比例 (85.2%, 80.6%, 73.2%) 均高于农村居民 (82.0%, 73.6%, 63.8%); 对于"持续不断的技术应用, 最终会毁掉我们赖以生存的地球"和"由于科学技术的进步, 地球的自然资源将会用之不竭", 城镇居民的赞成比例 (34.8%, 30.5%) 均高于农村居民 (28.0%, 29.6%), 反对比例 (26.3%, 39.3%)

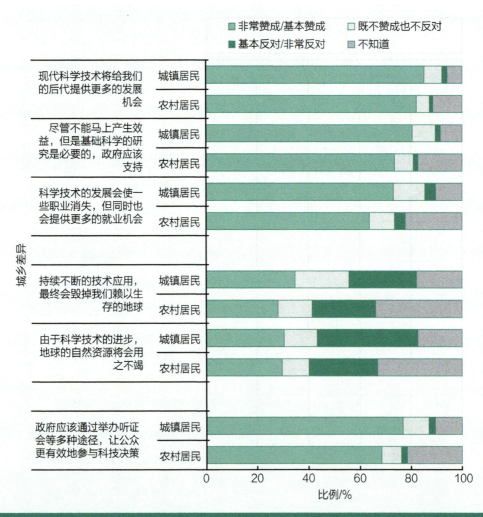

图 3-15　公民对科学技术发展的看法的城乡差异

也均高于农村居民（24.7%，26.7%）；对于"政府应该通过举办听证会等多种途径，让公众更有效地参与科技决策"，城镇居民的赞成比例（76.8%）高于农村居民（68.5%）；所有题项，农村居民的不知道比例均高于城镇居民。由于工作生活环境及自身需求，城镇居民拥有更多比农村居民接触科学技术的机会，对科技发展态度更肯定积极，加强农村居民的科学知识普及，畅通各类科普渠道，促进科学技术在农业发展方面的利用，能有效提高农村居民对科学技术的认可度。

7. 地区差异

在对科学技术发展及应用的看法上，赞成比例东中西依次降低，反对比例差异不大；在科学技术发展和自然资源关系的题项上，对于"持续不断的技术应用，最终会毁掉我们赖以生存的地球"，赞成比例东中西依次降低（33.2%，31.2%，29.2%），反对比例西部略低（24.0%），对于"由于科学技术的进步，地球的自然资源将会用之不竭"，赞成比例东部略高（31.4%），反对比例东中西依次降低（35.7%，33.7%，29.0%）；在参与科技决策上，东部地区（74.2%）

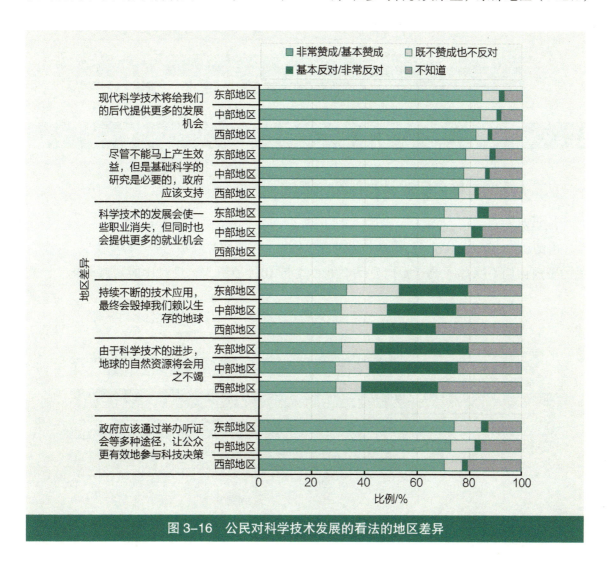

图 3-16　公民对科学技术发展的看法的地区差异

拥有更强的参与意识。总的来说，东部地区公民更加支持科学技术的发展，参与科技决策的意识更强，更加理性看待科技与自然的关系。见图 3-16。

三、公民对科技创新的看法

（一）公民对科技创新的看法

调查显示，中国公民对科技创新充满期望，如图 3-17 所示。有 75.3% 的公民赞成"科学和技术的进步将有助于治疗艾滋病和癌症等疾病"；有 68.8% 的公民赞成"公众对科技创新的理解和支持，是促进我国创新型国家建设的基础"。

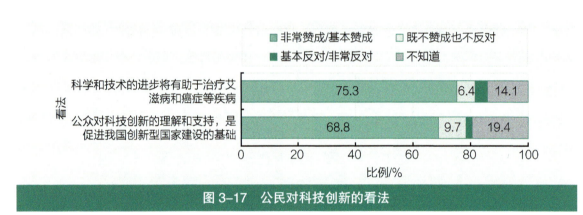

图 3-17 公民对科技创新的看法

（二）不同群体公民对科技创新的看法

1. 性别差异

由图 3-18 可知，对于"科学和技术的进步将有助于治疗艾滋病和癌症等疾病"，男性公民的赞成比例（79.4%）高于女性公民（70.9%）近 10 个百分点，反对比例差别不大；对于

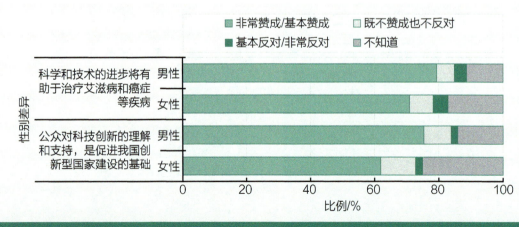

图 3-18 公民对科技创新的看法的性别差异

"公众对科技创新的理解和支持，是促进我国创新型国家建设的基础"，男性公民的赞成比例（75.4%）高于女性公民（61.9）13.5个百分点，反对比例差别不大。男性公民更加支持科技创新，并对科技创新充满期望。

2. 年龄差异

在对科技创新的看法上，总体来说18—49岁年龄段公民赞成比例高于50—69岁年龄段，对科技创新持更加积极肯定的态度；各年龄段反对比例比较一致；随着年龄增长，中立比例缩小，不知道比例增加。如图3–19。

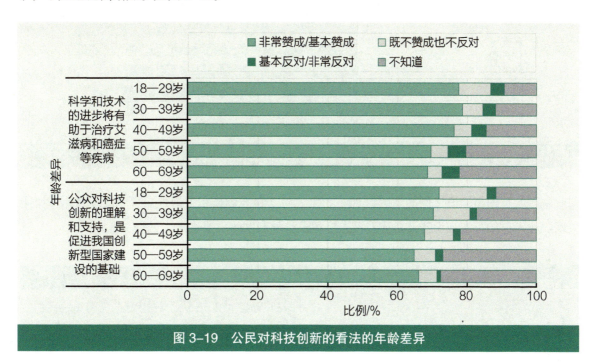

图 3–19　公民对科技创新的看法的年龄差异

3. 文化程度差异

文化程度的差异在对科技创新的看法上体现得比较明显。随着文化程度的提升，对于"科学和技术的进步将有助于治疗艾滋病和癌症等疾病"和"公众对科技创新的理解和支持，是促进我国创新型国家建设的基础"，赞成比例提升明显，小学及以下到初中段提升最为明显，均达到18个百分点左右，大学本科及以上与小学及以下最高相差近40个百分点；中立、反对比例稳步下降，不知道比例下降明显。文化程度高的公民对科技创新更充满期望，且初中阶段是提升公民对科技创新积极态度的主要阶段，如图3–20。

4. 职业差异

在对科技创新的看法上，国家机关党群组织负责人、企业事业单位负责人、专业技术人员、办事人员与有关人员和学生及待升学人员的赞成比例均在80.0%以上，不知道比例较低，更加支持科技创新，关注国家科技事业发展；相比之下，农林牧渔水利业生产人员、商业及服务业人员和生产及运输设备操作工人的赞成比例均在80%以下，不知道比例较高，农林牧渔水

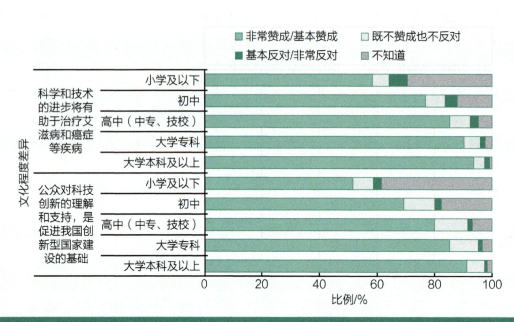

图 3-20　公民对科技创新的看法的文化程度差异

利业生产人员的不知道比例甚至达到 20% 以上，对于科技创新相关信息知晓度低，因此，加强对该职业人群的科学知识普及是培养该人群积极科学态度的重要途径。见表 3-3。

看　法	职　业	非常赞成 /基本赞成	既不赞成也不反对	基本反对 /非常反对	不知道
科学和技术的进步将有助于治疗艾滋病和癌症等疾病	国家机关、党群组织负责人	85.4	6.2	3.6	4.8
	企业事业单位负责人	82.9	6.5	4.3	6.3
	专业技术人员	83.6	5.4	3.7	7.3
	办事人员与有关人员	87.0	5.7	2.2	5.0
	农林牧渔水利业生产人员	70.6	4.8	4.6	20.0
	商业及服务业人员	78.7	7.0	4.1	10.1
	生产及运输设备操作工人	77.2	7.2	4.3	11.4
	学生及待升学人员	84.9	8.7	3.2	3.2
	离退休人员	80.7	4.2	3.6	11.4
公众对科技创新的理解和支持，是促进我国创新型国家建设的基础	国家机关、党群组织负责人	86.0	7.1	2.3	4.6
	企业事业单位负责人	80.1	9.9	2.4	7.6
	专业技术人员	80.5	8.8	1.8	8.9
	办事人员与有关人员	81.9	10.0	2.1	6.0

表 3-3　公民对科技创新的看法的职业差异　　　　单位：%

续表

看　法	职　业	非常赞成/ 基本赞成	既不赞成也 不反对	基本反对/ 非常反对	不知道
公众对科技创新的 理解和支持，是促 进我国创新型国家 建设的基础	农林牧渔水利业生产人员	63.8	7.6	2.1	26.6
	商业及服务业人员	71.9	11.7	2.1	14.3
	生产及运输设备操作工人	70.6	11.1	2.3	16.0
	学生及待升学人员	82.4	12.0	2.7	2.9
	离退休人员	76.2	6.6	1.5	15.7

　　在对科技创新的看法上，工作内容与科学技术有相关性的群体更支持科技创新，其赞成比例均高于无相关性群体，且不知道的比例均小于无相关性群体，对科技创新有更多认知。见图3-21。

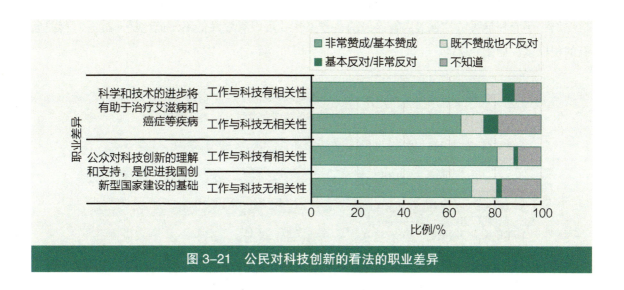

图 3-21　公民对科技创新的看法的职业差异

5. 重点人群差异

　　重点人群差异在对科技创新的看法上体现得较为明显，对于"科学和技术的进步将有助于治疗艾滋病和癌症等疾病"和"公众对科技创新的理解和支持，是促进我国创新型国家建设的基础"，重点人群的赞成比例由高到低依次为：领导干部和公务员、城镇劳动者、农民，三种人群大致以 10 个百分点的差距递减；中立比例由高到低依次为：城镇劳动者、领导干部和公务员，农民；不知道比例由高到低依次为：农民、城镇劳动者、领导干部和公务员；反对比例差别不大。见图 3-22。

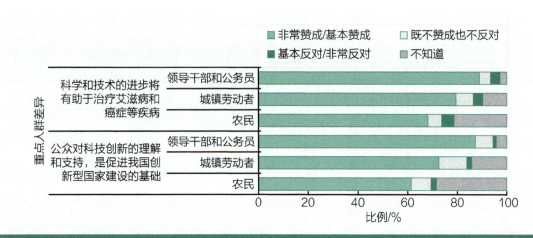

图 3-22 公民对科技创新的看法的重点人群差异

6. 城乡差异

城乡差异在对科技创新的看法上体现得较为明显，对于"科学和技术的进步将有助于治疗艾滋病和癌症等疾病"和"公众对科技创新的理解和支持，是促进我国创新型国家建设的基础"，城镇居民的赞成比例均大于农村居民，达到 10 个百分点左右，反对比例差别不大，不知道比例小于农村居民。加强对农村居民的科普工作，可以有效降低不知道比例，提升对科技创新的积极度。如图 3-23。

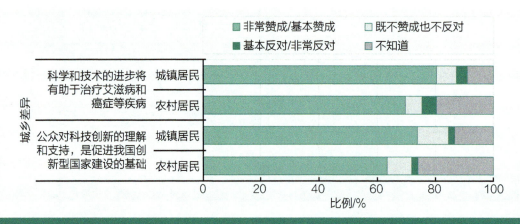

图 3-23 公民对科技创新的看法的城乡差异

7. 地区差异

地区差异在对科技创新的看法上体现得较为明显，对于"科学和技术的进步将有助于治疗艾滋病和癌症等疾病"和"公众对科技创新的理解和支持，是促进我国创新型国家建设的基础"，东中西地区赞成比例、中立比例均依次递减，反对比例差别不大，不知道比例逐渐增加，东部地区比中西部地区更支持科技创新，对科技创新更有期望，也进一步印证了地区的科学态度与科学素质水平与当地的经济社会发展相适应。见图 3-24。

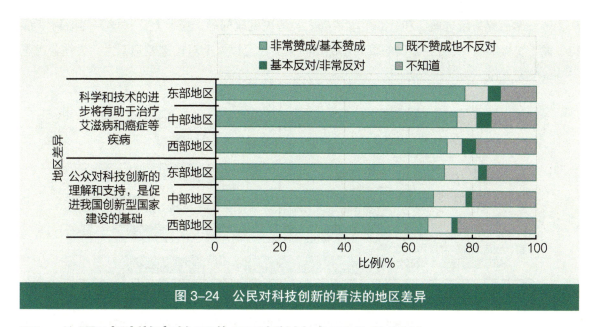

图 3-24 公民对科技创新的看法的地区差异

四、公民对科学家的工作和科学技术职业的看法

（一）公民对科学家工作的看法

1. 对科学家的工作持支持态度

从对科学家工作的认识上看，如图 3-25 所示，有 70.8% 的公民赞成"科学家要参与科学传播，让公众了解科学研究的新进展"，与 2010 年的 70.9% 基本一致；公民有 45.1% 赞成、14.6% 中立、24.7% 反对"如果能帮助人类解决健康问题，应该允许科学家用动物（如：狗、猴子）做实验"的观点，与 2010 年的赞成（62.8%）、中立（16.7%）、反对（10.3%）比例，差异较大，更加重视科学研究中的科学伦理问题。见图 3-25。

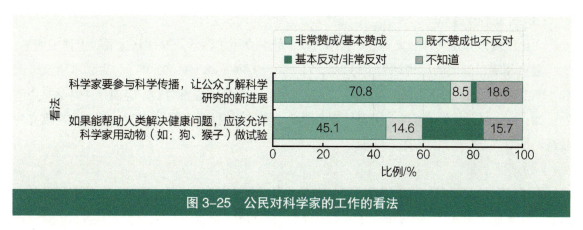

图 3-25 公民对科学家的工作的看法

2. 不同群体公民对科学家工作的看法

（1）性别差异

性别差异在对科学家工作的看法上体现得较为明显，对于"科学家要参与科学传播，让公

众了解科学研究的新进展"和"如果能帮助人类解决健康问题，应该允许科学家用动物（如：狗、猴子）做实验"，男性公民的赞成比例均高于女性公民，反对比例差别不大，男性公民更支持科学家工作，见图3-26。

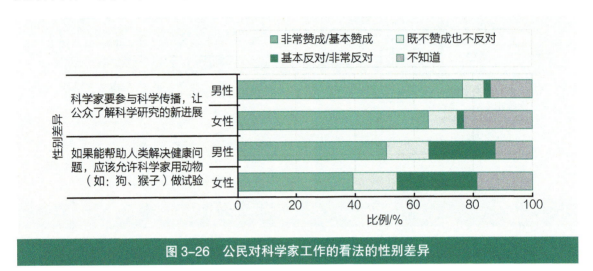

图 3-26　公民对科学家工作的看法的性别差异

（2）年龄差异

对于"科学家要参与科学传播，让公众了解科学研究的新进展"，18—49岁年龄段公民的赞成比例高于59—69年龄段，分别为18—29岁年龄段74.4%，30—39岁年龄段73.0%，40—49岁年龄段69.7%，50—59岁年龄段65.6%，60—69岁年龄段66.8%，反对比例差别不大；对于"如果能帮助人类解决健康问题，应该允许科学家用动物（如：狗、猴子）做试验"，年龄差异明显，随着年龄增大，赞成比例明显增大（28.1%，41.3%，52.0%，58.2%，61.8%），18—29岁与60—69岁年龄段差异超过30个百分点，年龄越小反对的比例越大，年龄段小的公民在科学研究中更重视科学伦理问题。见图3-27。

（3）文化程度差异

文化程度差异在"科学家要参与科学传播，让公众了解科学研究的新进展"上体现明显，文化程度越高，赞成的比例越大（53.8%，71.2%，82.3%，88.1%，92.3%），大学本科及以上和小学及以下相差近40个百分点；在"如果能帮助人类解决健康问题，应该允许科学家用动物（如：狗、猴子）做试验"上差异体现不明显，赞成比例差别不大，反对比例文化程度高的较高。见图3-28。

（4）职业差异

对于"科学家要参与科学传播，让公众了解科学研究的新进展"，国家机关党群组织负责人、企业事业单位负责人、专业技术人员、办事人员与有关人员和学生及待升学人员的赞成比例较高，均在80.0%以上，更加关注科学研究新进展，而农林牧渔水利业生产人员、商业及服务业人员、生产及运输设备操作工人和离退休人员的赞成比例较低，其不知道比例较高，均在10.0%以上，农林牧渔水利业生产人员达到24.3%。对于"如果能帮助人类解决健康问题，

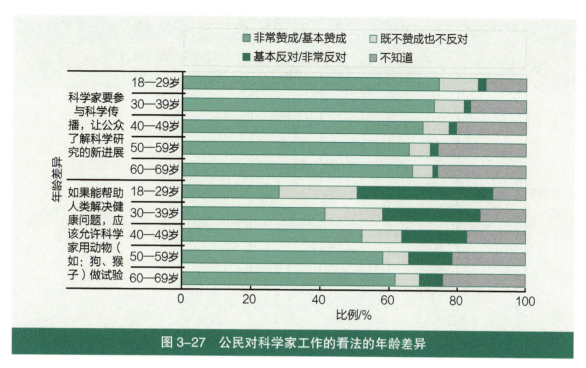

图 3-27　公民对科学家工作的看法的年龄差异

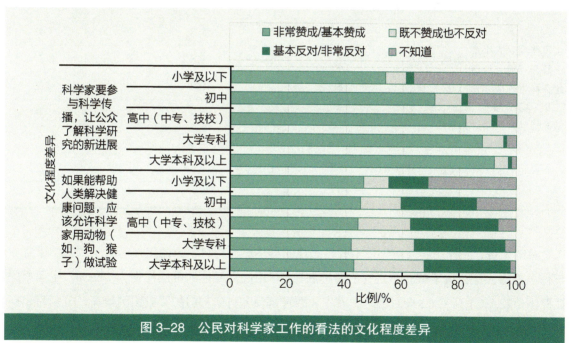

图 3-28　公民对科学家工作的看法的文化程度差异

应该允许科学家用动物（如：狗、猴子）做试验"，离退休人员的赞成比例最高（66.9%），反对比例最低（11.8%），国家机关党群组织负责人和农林牧渔水利业生产人员的赞成比例也在50.0%以上，反对比例较低（22.2%，17.2%），而学生及待升学人员的赞成比例最低（21.6%），反对比例最高（51.1%），其余职业态度差异不大。离退休人员与学生及待升学人员的差异可能需要考虑进年龄因素。见表 3-4。

看 法	职 业	非常赞成/基本赞成	既不赞成也不反对	基本反对/非常反对	不知道
科学家要参与科学传播，让公众了解科学研究的新进展	国家机关、党群组织负责人	85.6	6.3	1.3	6.7
	企业事业单位负责人	81.6	8.2	2.7	7.5
	专业技术人员	81.7	7.0	2.3	9.0
	办事人员与有关人员	84.2	7.3	2.0	6.5
	农林牧渔水利业生产人员	66.3	7.3	2.1	24.3
	商业及服务业人员	74.9	9.6	1.6	13.9
	生产及运输设备操作工人	72.6	9.0	2.5	16.0
	学生及待升学人员	84.5	9.9	2.3	3.3
	离退休人员	75.5	5.8	2.1	16.6
如果能帮助人类解决健康问题，应该允许科学家用动物（如：狗、猴子）做试验	国家机关、党群组织负责人	57.3	14.0	22.2	6.5
	企业事业单位负责人	47.2	15.9	29.3	7.6
	专业技术人员	46.7	17.3	28.4	7.6
	办事人员与有关人员	44.5	19.3	30.2	5.9
	农林牧渔水利业生产人员	50.1	10.3	17.2	22.3
	商业及服务业人员	42.7	17.3	29.4	10.6
	生产及运输设备操作工人	44.9	15.2	26.7	13.1
	学生及待升学人员	21.6	24.5	51.1	2.7
	离退休人员	66.9	8.8	11.8	12.6

表3-4 公民对科学家工作的看法的职业差异 单位：%

总的来说，工作内容与科学技术有相关性的群体更支持科学家的工作。对于"科学家要参与科学传播，让公众了解科学研究的新进展"，有相关性群体的赞成比例为81.3%，比无相关性群体（72.5%）高了8.8个百分点，其中，教育部门和科研部门的赞成比例最高，分别为87%和85.6%；对于"如果能帮助人类解决健康问题，应该允许科学家用动物（如：狗、猴子）做试验"，有相关性群体赞成比例为52.8%，无相关性群体为43.1%，其中科研部门的赞成比例最高，达到了62.1%，可见在涉及科学伦理问题时，是否从事相关行业对其认知态度有较大影响。见图3-29。

（5）重点人群差异

在对科学家工作的看法上，对于"科学家要参与科学传播，让公众了解科学研究的新进展"，领导干部和公务员的赞成比例最高（87.1%），城镇劳动者其次（74.7%），农村居民最低

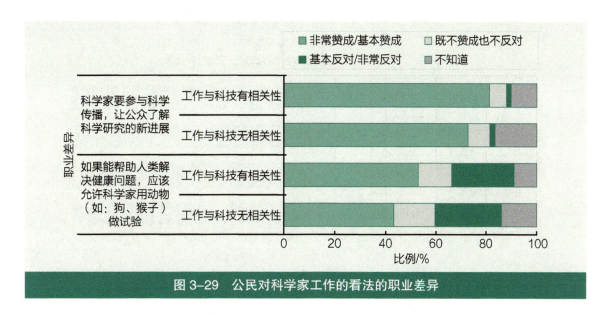

图 3-29 公民对科学家工作的看法的职业差异

（63.3%），反对比例比较一致；对于"如果能帮助人类解决健康问题，应该允许科学家用动物（如：狗、猴子）做试验"，领导干部和公务员的赞成比例最高（52.7%），农民其次（46.1%），城镇劳动者最低（42.8%），反对比例农民最低（19.8%）。见图 3-30。

（6）城乡差异

在对科学家工作的看法上，对于"科学家要参与科学传播，让公众了解科学研究的新进展"，城镇居民的赞成比例（75.5%）高于农村居民（65.6%），反对比例比较一致；对于"如果能帮助人类解决健康问题，应该允许科学家用动物（如：狗、猴子）做试验"，赞成比例差别不大，分别为 45.6% 和 44.5%，中立、反对比例城镇居民均高于农村居民。见图 3-31。

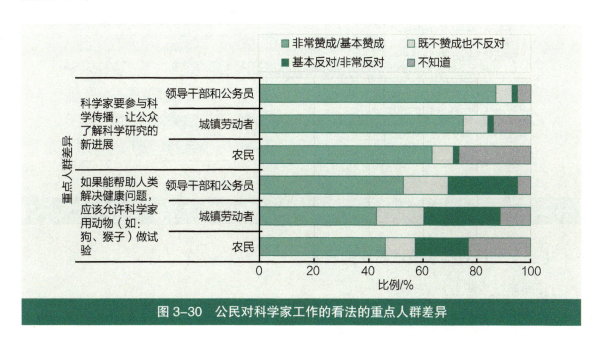

图 3-30 公民对科学家工作的看法的重点人群差异

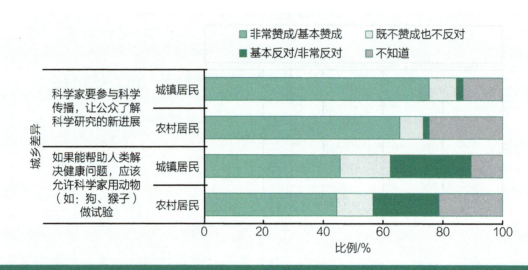

图 3-31　公民对科学家工作的看法的城乡差异

（7）地区差异

在对科学家工作的看法上，对于"科学家要参与科学传播，让公众了解科学研究的新进展"，东部地区的赞成比例最高（74.4%），中部地区其次（69.2%），西部地区最低（66.8%），反对比例比较一致，东部地区有更强烈的了解科学研究进展的需求；对于"如果能帮助人类解决健康问题，应该允许科学家用动物（如：狗、猴子）做试验"，赞成比例东中西差别不大，中立、反对比例东中地区均略高于西部地区。见图 3-32。

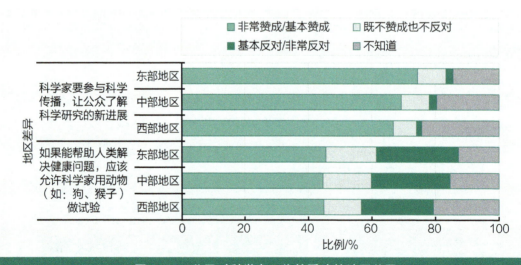

图 3-32　公民对科学家工作的看法的地区差异

（二）公民对科学技术职业的看法

1. 科学技术职业声望较高

对于公民对科学技术职业声望和最期望子女从事的职业的调查显示，科学技术职业声望较高，如图 3-33 所示。其中，教师、医生、科学家均排在职业声望和职业期望的前三位，工程师分别排在第四位和第五位。声望由高至低的职业依次为：教师（55.7%）、医生（53.0%）、科学家（40.6%）、工程师（23.4%）、企业家（21.9%）、律师（19.4%）、法官（18.7%）、政府官员（18.4%）、运动员（12.8%）、艺术家（11.8%）、记者（9.7%）等；公民最期望子女从事的职业依次为：医生（53.9%）、教师（49.3%）、科学家（30.6%）、企业家（29.9%）、工程师（27.3%）、律师（24.5%）、政府官员（18.7%）、法官（15.0%）、艺术家（14.8%）、运动员（10.5%）、记者（7.5%）等。另外，科学家和教师的职业声望明显高于其职业期望，而企业家、律师的职业期望明显高于职业声望。

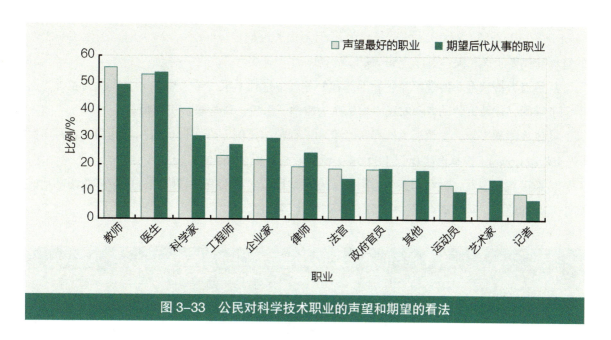

图 3-33　公民对科学技术职业的声望和期望的看法

2. 不同群体公民对科学技术职业的看法

（1）不同群体公民对科学技术职业声望的看法

不同群体公民对科学技术职业声望的看法在性别、年龄、文化程度、职业、重点人群、城乡和地区方面均存在差异。

从性别差异来看，男性认为声望最高的前三为教师、科学家、医生，工程师排第四，女性前三为医生、教师、科学家，工程师排第六，选择科学家（44.9%）和工程师（26.9%）的男性比例均高于女性（36.1%，19.8%），选择医生的男性比例（44.9%）低于女性（61.4%）。科学家、医生和工程师同样作为科学技术职业，但其职业声望在男性女性中存在差异。

从年龄差异来看，医生、教师、科学家在各年龄段依然排前三。随着年龄的增长，选择科学家职业声望高的比例上升，除了 18—29 岁年龄段，医生在其他年龄段声望差别不大，工程师的比例在各年龄段相差不大。总的来说，科学职业声望在年龄上差异较小。

从文化程度差异来看，教师、医生、科学家在各文化程度水平上依然排前三。随着文化程度的提升，选择科学家的比例稳步提升，从小学及以下 36.4% 上升到大学本科及以上 55.5%，选择工程师的比例稳步上升，从小学及以下 20.8% 上升到大学本科及以上 33.9%，选择医生的比例下降，从小学及以下 57.8% 下降到大学本科及以上 38.9%，选择教师的比例也从小学及以下 58.3% 下降到大学本科及以上 48.2%。

从职业差异来看，科学技术职业在有工作群体中声望较高，其中，科学家和工程师在国家机关党群组织负责人、企业事业单位负责人、专业技术人员和办事人员与有关人员中声望较高，而医生在农林牧渔水利业生产人员、商业及服务业人员、生产及运输设备操作工人中声望较高，这与教育水平、工作环境与性质等都是有关系的。此外，工作是否与科学技术有关的差异主要体现在科学家、医生、工程师三个职业上，在工作与科技有相关性群体中，科学家（47.8%）和工程师（28.0%）的选择比例高于无相关性群体（40.1%，23.9%），医生（47.3%）的选择比例低于无相关性群体（50.2%）。

从重点人群来看，科学家在领导干部和公务员中排到了第一位（53.5%），其次为教师、医生、工程师，在城镇劳动者和农民中均依次为教师、医生、科学家、工程师。

从城乡差异来看，城镇居民选择科学家和工程师的比例（41.6%，25.0%）均高于农村居民（39.4%，21.6%），选择医生比例（50.0%）低于农村居民（56.4%）。

从地区差异来看，教师、医生、科学家在各地区依然排前三，教师和医生声望在西部地区高于东中部地区，科学家声望在中部地区高于东西部地区。

表 3-5　不同群体公民对科学技术职业声望的看法　　单位：%

类　别	声望最好的职业											
	法官	教师	企业家	政府官员	运动员	科学家	医生	记者	工程师	艺术家	律师	其他
男性	17.6	50.3	25.0	20.7	15.7	44.9	44.9	11.0	26.9	12.1	16.0	14.9
女性	19.9	61.3	18.7	16.0	9.8	36.1	61.4	8.5	19.8	11.5	22.9	13.9
18—29岁	18.4	49.1	24.5	19.6	17.5	36.4	49.2	9.9	23.5	16.3	22.7	12.9
30—39岁	16.9	56.6	22.1	17.3	13.0	39.1	53.8	11.1	23.7	11.3	21.8	13.4
40—49岁	17.0	60.0	20.8	17.9	11.0	41.8	55.5	9.6	23.1	9.7	18.9	14.7
50—59岁	21.0	57.7	21.8	18.5	9.5	44.3	54.3	8.8	23.6	9.6	15.4	15.4
60—69岁	23.9	58.6	17.2	18.6	8.9	46.5	54.0	8.2	22.8	9.4	13.3	18.7
小学及以下	21.2	58.3	19.7	19.7	9.7	36.4	57.8	9.1	20.8	9.8	17.8	19.8
初中	17.4	57.7	22.8	18.2	13.0	39.5	55.1	9.8	22.2	10.6	20.0	13.7
高中（中专、技校）	18.1	51.5	22.4	17.8	15.6	42.6	48.9	11.0	25.1	14.2	21.2	11.6
大学专科	19.1	49.0	22.4	17.9	15.8	47.2	42.5	9.9	29.1	17.2	19.6	10.2

续表

类　别	声望最好的职业											
	法官	教师	企业家	政府官员	运动员	科学家	医生	记者	工程师	艺术家	律师	其他
大学本科及以上	19.0	48.2	21.9	16.4	13.1	55.5	38.9	8.8	33.9	18.0	17.1	9.1
国家机关、党群组织负责人	23.1	50.7	21.7	23.3	14.4	49.0	42.3	10.7	25.8	13.4	16.6	9.1
企业事业单位负责人	18.8	48.5	28.0	18.8	17.1	43.1	42.7	8.7	28.0	15.2	20.3	10.8
专业技术人员	16.8	48.9	23.3	18.6	15.2	45.7	45.0	9.6	32.9	15.0	16.6	12.4
办事人员与有关人员	19.2	53.3	20.9	18.1	14.3	47.6	44.8	9.0	27.5	13.8	20.2	11.2
农林牧渔水利业生产人员	20.4	58.4	19.8	19.7	10.4	41.9	54.3	9.3	23.0	8.8	18.0	15.9
商业及服务业人员	17.7	52.9	25.6	18.0	15.3	40.2	50.3	10.8	22.6	12.9	20.5	13.1
生产及运输设备操作工人	17.5	55.2	22.5	21.1	14.6	39.6	50.5	12.2	23.6	10.3	19.2	13.6
学生及待升学人员	20.9	45.0	24.9	18.7	20.5	38.5	46.4	9.6	19.6	22.0	23.7	10.3
离退休人员	20.5	57.8	18.3	17.3	10.7	48.3	54.6	8.4	26.1	10.1	14.8	13.0
工作与科技有相关性	17.8	54.4	23.1	18.9	12.9	47.8	47.3	9.9	28.0	11.9	16.2	11.8
工作与科技无相关性	18.7	53.5	23.0	19.3	14.6	40.1	50.2	10.5	23.9	12.1	20.3	14.0
领导干部和公务员	17.5	50.2	23.6	18.7	14.6	53.5	41.8	8.2	30.9	14.7	17.0	9.3
城镇劳动者	18.3	53.6	23.0	18.2	14.3	40.7	50.3	10.2	24.7	13.1	20.5	13.0
农民	18.6	59.5	20.5	18.8	10.3	38.8	57.8	9.6	21.5	9.3	18.7	16.8
城镇居民	19.1	53.2	22.8	18.0	14.4	41.6	50.0	9.9	25.0	13.3	19.7	12.9
农村居民	18.3	58.5	20.8	18.9	10.9	39.4	56.4	9.6	21.6	10.2	19.1	16.1
东部地区	20.2	55.3	23.0	19.3	13.7	40.8	51.0	9.6	24.0	11.9	20.1	11.1
中部地区	17.0	54.9	21.5	16.4	12.6	41.3	52.6	10.8	23.4	12.8	20.5	16.3
西部地区	18.2	57.5	20.5	19.4	11.4	39.5	56.9	8.8	22.3	10.6	17.2	17.8

（2）不同群体公民对科学技术职业期望的看法

不同群体公民对科学技术职业期望的看法在性别、年龄、文化程度、职业、重点人群和地区方面均存在差异。

从性别差异来看，男性公民最期望后代从事的职业前三为医生、教师、企业家，科学家和工程师分别排在第四和第五，女性则为医生、教师、律师，科学家和工程师分别排在第四和第六，男性选择科学家（33.7%）和工程师（29.9%）的比例均高于女性（27.4%，24.7%），选择医生的比例低于女性。

从年龄差异来看，随着年龄的增长，选择科学家是最期望后代从事的职业的比例升高，科学家职业期望比例由19—29岁段的25.4%上升到60—69岁段的40.0%，选择医生的比例18—49岁年龄段大于50—69岁年龄段，选择工程师的在各年龄段差别不大。

从文化程度差异来看，除了小学及以下，其他文化程度段医生都排在第一，随着文化程度的提升，选择工程师是最期望后代从事职业的比例稳步上升，从小学及以下的25.4%逐步上升到大学本科及以上的36.5%，而选择科学家的比例缓慢下降，从小学及以下的33.1%下降到大学专科的27.7%，在大学本科及以上有所回升（31.4%）。

从职业差异来看，选择科学家的比例在国家机关党群组织负责人、专业技术人员和农林牧渔水利业生产人员中较高，选择工程师的比例在国家机关党群组织负责人、企业事业单位负责人、专业技术人员和办事人员与有关人员中较高，而选择医生比例在办事人员与有关人员、农林牧渔水利业生产人员、商业及服务业人员、生产及运输设备操作工人中较高。此外，工作是否与科学技术有相关性对科学技术职业期望的影响主要体现在科学家、医生、工程师三个职业上，其他职业差别不大，在工作与科技有相关性群体中，科学家（35.3%）和工程师（30.9%）的选择比例高于无相关性群体（27.7%，27.3%），医生（49.4%）的选择比例低于无相关性群体（53.8%）。

从重点人群来看，医生在各重点人群中均排第一位，领导干部和公务员选择医生的比例（47.7%）低于城镇劳动者（53.9%）和农民（54.8%），选择科学家（34.7%）和工程师（32.2%）的比例均高于城镇劳动者（28.3%，27.5%）和农民（32.4%，26.4%）。

从城乡差异来看，最期望后代从事医生（53.3%）和科学家（29.1%）的城镇居民比例均略低于农村居民（54.5%，32.2%），工程师的比例（28.1%）略高于农村居民（26.5%），城乡差异不明显。

从地区差异来看，各地区最期望后代从事的职业均为医生排第一，教师排第二，科学家在东部地区排第四，在中、西部地区排第三，中部地区选择科学家的比例（32.5%）高于东、西部地区（29.7%，29.7%），选择医生和教师的比例均低于东、西部地区。

类 别	最期望后代从事的职业											
	法官	教师	企业家	政府官员	运动员	科学家	医生	记者	工程师	艺术家	律师	其他
男性	13.2	45.0	33.9	21.0	12.6	33.7	49.3	8.1	29.9	14.3	21.3	17.7
女性	16.8	53.7	25.8	16.4	8.3	27.4	58.5	6.8	24.7	15.3	27.8	18.6
18—29岁	12.9	42.2	33.4	20.4	14.6	25.4	53.8	7.3	26.3	19.8	28.5	15.2
30—39岁	14.5	50.5	29.0	18.4	10.1	28.6	58.6	7.5	25.7	14.2	27.6	15.4

表3-6　不同群体公民对科学技术职业期望的看法　　　　单位：%

续表

类别	最期望后代从事的职业											
	法官	教师	企业家	政府官员	运动员	科学家	医生	记者	工程师	艺术家	律师	其他
40—49岁	14.3	53.8	29.2	17.4	8.8	29.6	54.2	8.0	28.4	12.4	24.4	19.4
50—59岁	17.3	50.8	29.0	18.6	7.9	37.4	49.5	7.1	28.9	12.6	19.7	21.1
60—69岁	19.4	52.9	25.1	18.1	8.1	40.0	49.9	7.1	28.7	11.3	15.2	24.0
小学及以下	18.0	54.0	24.6	18.3	9.4	33.1	52.4	7.6	25.4	12.5	20.4	24.3
初中	13.7	50.8	30.4	18.7	11.3	29.9	56.2	7.4	26.0	13.8	25.2	16.6
高中（中专、技校）	13.6	44.9	33.2	18.7	11.0	29.4	53.7	7.3	29.8	16.3	27.2	15.0
大学专科	14.8	41.6	33.6	20.2	9.7	27.7	51.5	8.5	30.4	19.2	27.7	15.1
大学本科及以上	15.7	37.6	35.9	19.3	8.5	31.4	43.9	6.5	36.5	23.9	26.4	14.3
国家机关、党群组织负责人	20.5	39.3	34.4	24.6	9.8	32.5	47.6	8.4	30.0	16.8	23.2	12.9
企业事业单位负责人	14.3	40.9	38.7	22.7	11.0	27.9	48.6	5.3	30.3	18.4	27.8	14.1
专业技术人员	13.3	42.7	32.8	18.8	11.0	32.3	49.7	7.1	34.8	17.3	23.9	16.4
办事人员与有关人员	14.2	47.0	30.2	20.0	10.9	29.0	51.2	7.8	29.6	17.6	27.2	15.3
农林牧渔水利业生产人员	17.1	52.0	27.4	19.4	9.8	34.2	52.4	8.1	28.3	10.8	21.1	19.3
商业及服务业人员	13.8	47.6	35.4	19.1	11.2	27.4	53.9	7.5	25.9	15.7	27.3	15.1
生产及运输设备操作工人	13.2	50.2	29.7	20.8	12.7	27.9	55.0	8.3	26.3	13.5	25.8	16.4
学生及待升学人员	12.6	35.7	35.7	18.7	19.1	28.1	48.4	8.4	26.4	26.7	27.1	13.2
离退休人员	17.0	53.4	26.6	18.0	6.9	37.8	53.8	7.0	30.8	12.7	17.7	18.2
工作与科技有相关性	13.8	46.6	33.3	19.4	10.5	35.3	49.4	7.1	30.9	15.0	22.8	15.9
工作与科技无相关性	14.8	48.2	31.4	20.0	11.3	27.7	53.8	7.9	27.3	14.8	26.2	16.5
领导干部和公务员	15.3	40.5	34.9	23.1	8.1	34.7	47.7	6.7	32.2	18.2	24.5	14.3
城镇劳动者	14.4	47.1	31.8	19.3	11.0	28.3	53.9	7.4	27.5	16.0	27.0	16.1
农民	15.2	53.2	27.3	17.6	9.7	32.4	54.8	7.5	26.4	12.4	22.4	21.0
城镇居民	14.8	46.8	31.4	19.5	10.9	29.1	53.3	7.6	28.1	16.3	25.6	16.6
农村居民	15.2	52.1	28.2	17.9	10.0	32.2	54.5	7.4	26.5	13.1	23.3	19.8
东部地区	16.2	49.2	31.0	19.7	11.1	29.7	53.3	7.1	27.3	14.9	25.7	14.8
中部地区	13.8	47.2	31.0	16.9	9.6	32.5	52.7	8.1	28.3	14.9	25.9	18.9
西部地区	14.3	51.9	26.7	19.4	10.5	29.7	56.1	7.2	26.3	14.4	20.9	22.5

五、具备科学素质公民对科学技术的态度

（一）具备科学素质公民对科学技术的看法

调查显示，具备科学素质公民对科学技术的赞成程度均高于全体公民，如图3-34所示。对于"科学技术使我们的生活更健康、更便捷、更舒适"和"科学技术既给我们带来好处也带来坏处，但是好处多于坏处"，具备科学素质公民的赞成比例（95.4%，84.8%）均高于全体公民（80.7%，72.5%），差距较大，对科学技术的态度更加积极；对于"科学技术不能解决我们面临的任何问题"和"即使没有科学技术，人们也可以生活得很好"这两道反向题项，具备科学素质公民和全体公民的态度差异主要体现在反对比例上，具备科学素质公民的反对比例分别高于全体公民17个百分点和12.2个百分点，更加肯定科学技术，而具备科学素质的公民的赞成比例和反对比例差值均大于全体公民，可见具备科学素质的公民对科学技术的态度更分明。值得注意的是，具备科学素质公民的不知道比例大幅下降，几乎保持在1.0%及以下，相比于全体公民的9.5%至17.7%的不知道比例，说明具备科学素质公民对科学技术更有了解和认知，并态度明确。

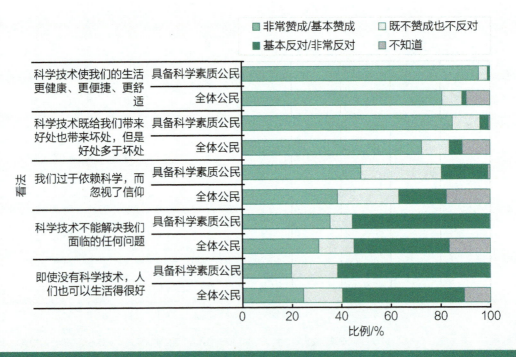

图3-34 具备科学素质公民与全体公民对科学技术的看法的比较

（二）具备科学素质公民对科学技术发展的看法

调查表明，具备科学素质公民对科学技术的发展持更加积极理性的态度，如图3-35所示。

　　具备科学素质的公民更加支持科技事业发展并对科学技术的应用充满期望。对于"现代科学技术将给我们的后代提供更多的发展机会""尽管不能马上产生效益，但是基础科学的研究是必要的，政府应该支持"和"科学技术的发展会使一些职业消失，但同时也会提供更多的就业机会"，具备科学素质公民与全体公民的中立和反对比例差别不大，其差别主要在于赞成比例和不知道比例上，赞成比例分别为91.2%、95.2%和87.8%，对应的全体公民比例为83.7%、77.3%和68.7%，而不知道比例远远低于全体公民。

　　具备科学素质公民对科技发展与自然资源的关系，态度更趋理性。对于"持续不断的技术应用，最终会毁掉我们赖以生存的地球"和"由于科学技术的进步，地球的自然资源将会用之不竭"，具备科学素质公民的赞成比例（29.0%，16.4%）均低于全体公民（31.6%，30.1%），

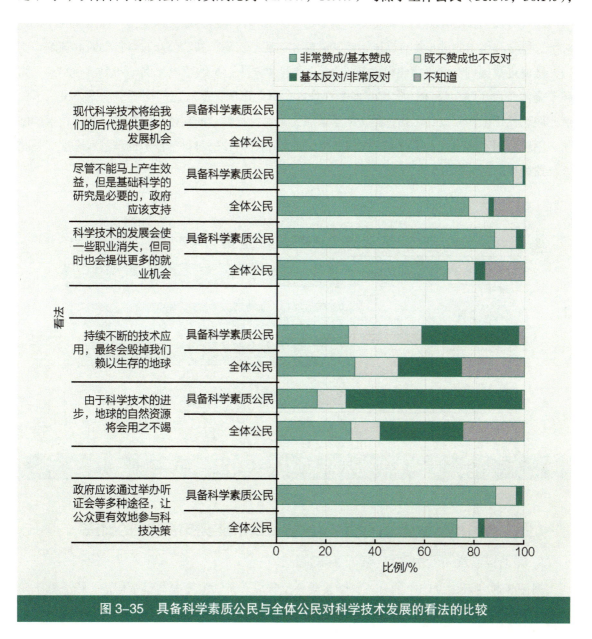

图3-35　具备科学素质公民与全体公民对科学技术发展的看法的比较

反对比例（39.1%，70.9%）均远高于全体公民（25.6%，33.3%），具备科学素质公民在肯定科学技术发展的好处时，也不乏理性，充分认识到对环境与资源的保护。

具备科学素质公民参与科技决策的意识较强。对于"政府应该通过举办听证会等多种途径，让公众更有效地参与科技决策"的观点，二者中立、反对比例几乎一致，但具备科学素质公民的赞成比例88.7%高于全体公民近16个百分点，不知道比例低于全体公民15.1个百分点。可见，提高公民科学素质是增强公民参与科技决策意识的重要基础，同时，参与科技决策意识增强和参与机会增多也会进一步促进公民科学素质的提升。

（三）具备科学素质公民对科技创新的看法

在对科技创新的看法上，具备科学素质的公民对科技创新更加充满期望，如图3-36所示。对于"科学和技术的进步将有助于治疗艾滋病和癌症等疾病"和"公众对科技创新的理解和支持，是促进我国创新型国家建设的基础"，具备科学素质公民的赞成比例（95.1%，92.7%）均高于全体公民（75.3%，68.8%）20多个百分点，中立比例、反对比例均低于全体公民，不知道比例远低于全体公民。可知，具备科学素质公民对科技创新的支持程度很高，科学技术的创新、创新型国家的建设，都有赖于公民科学素质的提升，公民对科学技术的理解和态度，是国家科技进步的强大助力。

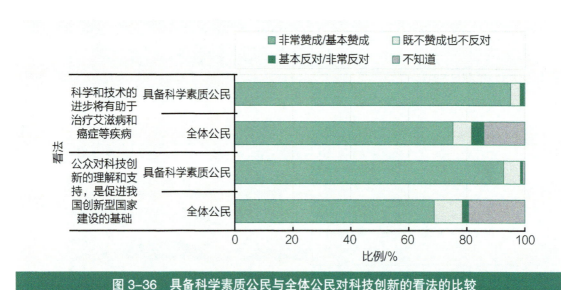

图3-36　具备科学素质公民与全体公民对科技创新的看法的比较

（四）具备科学素质公民对科学家的工作和科学技术职业的看法

1.具备科学素质公民对科学家工作的看法

如图3-37所示，93.5%的具备科学素质公民赞成"科学家要参与科学传播，让公众了解科学研究的新进展"，而这一比例在全体公民中只占了75.3%，具备科学素质的公民更有了解科学进展的需求，科学家不仅要做好基础研究，同时也应该打通与公民沟通交流的渠道，使科技发展更贴近于大众。对于"如果能帮助人类解决健康问题，应该允许科学家用动物（如：狗、猴子）做实验"，具备科学素质公民与全体公民的赞成、反对比例差别不大，具备科学素质公民的中立比例高于全体公民约10.4个百分点，不知道比例低于总体公民近15个百分点，可看出，在是否允许将动物运用于科学研究上，二者没有明显的差别，科学素质水平对科学技术态度的作用会受科学伦理的影响。

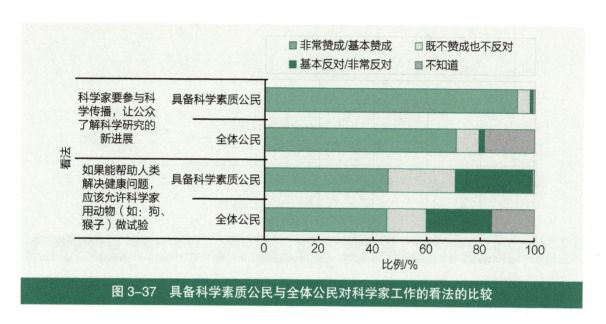

图 3-37　具备科学素质公民与全体公民对科学家工作的看法的比较

2.具备科学素质公民对科学技术职业的看法

调查显示，各职业声望在具备科学素质公民和总体公民中排列趋势较为一致，其中，排名前三的职业均为科学家、教师、医生，工程师均排在第四，科学技术职业声望高。不同的是，科学家在具备科学素质公民中比例（57.4%）最高，超过医生、教师，排在了第一位，高全体公民约16.8个百分点，教师（48.3%）和医生（38.4%）的比例下降，低于全体公民（55.7%，53.0%），选择工程师的比例（34.0%）高于全体公民（23.4%）。大致来看，相较于全体公民，具备科学素质公民中选择科学家、工程师、运动员、艺术家、记者的比例更高，选择教师、医生、企业家、律师、法官、政府官员等社会性更强的职业的比例较低，科学技术职业在具备科学素质公民中声望更高，见图3-38。

调查显示，各职业期望在具备科学素质公民和总体公民中排列趋势较为一致，但略有波动。在全体公民中排名前三分别为医生（53.9%）、教师（49.3%）和科学家（30.6%），但在具备科学素质公民中，科学家降为第五（33.5%），前三依次为医生（45.5%）、教师（37.8%）和工程师（36.8%）。相较于全体公民，具备科学素质公民选择科学家、企业家、工程师、律师、艺术家的比例较高，选择医生、教师、政府官员、法官、运动员、记者的比例较低，见图3-39。在具备科学素质公民中，选择医生、科学家、工程师职业的比例差距缩小，职业期望特征没有全体公民强烈，其中，科学家虽然是声望最高的职业，但在职业期望选择时有所下降，而实用性社会性更强的工程师、企业家等则比例上升，一定程度上反映了当前社会科技行业的发展状况。

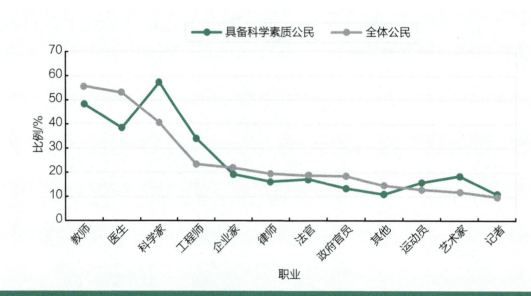

图 3–38　具备科学素质公民与全体公民对科学技术职业声望的看法的比较

图 3–39　具备科学素质公民与全体公民对科学技术职业期望的看法的比较

六、小结

公民对科技的理解与支持程度对一个国家科技事业的发展具有重要作用，各国决策部门在公共和科技政策的决策中越来越重视公民的意见，在科技发展日益渗透的今天，了解我国公民对科学技术的态度、评价科学的社会效应、对科学家工作和科学技术职业的看法已经成为国家科技创新的一项重要内容。

长期以来，中国公民一直崇尚科学技术职业，支持科学家的工作，对科技创新充满期待，积极支持科技事业发展并对科学技术的应用充满期望，科学技术职业声望和期望较高。同时，中国公民有较强的参与科技决策的意识和了解科学研究进展的需求，对科技发展和自然资源的关系的态度也更趋于理性。另外，从不同群体来分析，男性、受教育程度较高群体、城镇居民、东部地区公民、领导干部和公务员、工作内容和科学技术有相关性群体和具备科学素质公民对科学技术持更加积极的态度，对科技的发展、科技与自然的关系的态度更趋理性。

公民对科技的态度隐含着时代和社会语境属性，不同时代的公民对科技的态度和看法会有明显差异，不同国家、地域、群体、身份的公民对科技的态度也有其自身特征。理清不同类型公民对科学技术的态度，找准其特征和需求，进行不同形式的科学传播与普及，以态度促行动，在全社会营造讲科学、爱科学、学科学、用学科、崇尚科学的积极氛围。而公众对科学技术的理解、支持和参与，必将成为国家科技发展的强大动力。

第四章　中国公民对具体科技议题的态度

摘要

全球气候变化议题

- 公民对全球气候变化的知晓度高；公民主要通过电视、互联网等渠道获取全球气候变化相关信息；公民最信任科学家关于全球气候变化的言论。

- 公民对全球气候变化的了解不充分，具有程度浅、不确定性强的特点。

- 公民对全球气候变化的态度是积极、主动、理性的，大多数公民能正确理性地看待其严重性和争议性，认识到环境保护的重要性，并愿意为减缓全球气候变化做出努力。

- 大多数公民在日常生活中有意识地调整生活方式，积极地参与到环境保护中，78.8% 的公民支持低碳技术应用。

- 公民关于全球气候变化的知识、态度、行为三者间虽然有正相关关系，但关系不强烈。

核能利用议题

- 公民对核能利用有一定的关注度，但知晓度不高；公民主要通过电视、互联网等渠道获取核能利用相关信息；公民最信任科学家的关于核能利用的言论。

- 公民对核能利用的了解程度浅，存在错误认识。

- 公民对核能利用的态度是积极肯定的，且对核能利用的未来充满信心：67.8% 的公民认为发展核电利大于弊，70.3% 的公民支持核能技术应用。

- 公民关于核能利用的了解程度和认可程度二者间虽然有正相关关系，但关系不强烈。

转基因议题

- 转基因是我国近年来的热点科技议题，有超过六成的公民听说过转基因。

- 公民获取有关转基因信息的渠道与其他科技信息的渠道较为一致，均主要通过电视和互联网，但公民获取转基因信息的渠道高度集中，通过上述两种渠道获取相关信息的比例达 86.7%。

- 公民的转基因知识水平较为有限，对转基因相关知识的认知和理解并不充分，总体知识水平与欧盟 2003 年相当，但低于美国 2003 年水平。

- 公民较为认同转基因带来的好处和收益，但对于转基因食品的潜在风险表现出较为谨慎的态度，对于转基因作物对自然环境的影响的态度比较分散，认为对自然环境无害的比例相对较高。
- 公民对转基因技术的支持呈现出较为分散的状况。
- 公民关于转基因的知识、态度、行为三者间虽然有正相关关系，但均为弱相关和无相关。

　　2015 年中国公民科学素质调查在对我国公民科学素质监测评估的基础上，正式加入"全球气候变化"、"核能利用"和"转基因"三个公共科技议题模块，在指标体系的构建上以经典的 KAP（知识—态度—行为）模型为基础，分别测量我国公民对三个科技议题的了解程度、认知态度和相应的行为模式，并且考虑到三个科技议题的公共科技政策属性，添加了信息来源、信任度和支持度三个指标。在题目的选取上，参考了国内外成熟的相关知识评测量表并结合我国国情设计出相应题项，充分保证议题模块能够有效反映我国公民对"全球气候变化"、"核能利用"和"转基因"的认知和态度，同时具备良好的信度、效度和国际可比性。

一、全球气候变化议题

　　"全球气候变化"的广泛性、长期性、国际性、严重性以及争议性使其成为一项影响深远、颇具争议的社会热点话题。1992 年联合国环境与发展大会通过《联合国气候变化框架公约》（UNFCCC），是世界上第一个就气候变化问题达成的公约，公约第一款将"气候变化"定义为"经过相当一段时间的观察，在自然气候变化之外由人类活动直接或间接地改变全球大气组成所导致的气候改变"。2009 年 12 月 9 日召开的丹麦哥本哈根全球气候大会，以及 2010 年 11 月 29 日召开的墨西哥坎昆气候大会，向国际社会发出积极信号，也首次在中国范围内引起广泛关注，逐渐引起民众对气候变化问题的重视。2015 年 11 月 30 日至 12 月 11 日的巴黎气候大会，中国进一步展示了应对气候变化的主动姿态。

　　尽管气候变化已经成为确定的事实，但科学界对气候变化的原因及后果还存在许多不确定认识，再加上国际政治因素，气候变化充满了争议和冲突，其复杂性决定它已不仅仅是一个科学议题，更多的是一项社会议题。中国作为发展中国家，在应对全球气候变化议题上，抉择更加艰难，一方面既要注重经济发展，保障民生，另一方面也要保护环境，履行共同责任。结合国情，我国对全球气候变化的重视和国内的科学传播策略，使得我国公民对全球气候变化的认知和态度具有强烈的语境特征。

　　将"全球气候变化"作为一项具体科技议题进行调查，在指标设计时采用了 KAP（知识—态度—行为）模型，同时参考国际上的综合社会调查（GSS）、国际社会调查（ISSP）、盖洛普关于气候的调查、欧洲晴雨表等，力图在全面地描述我国公民对全球气候变化的整体认知和态度基础上，保证国际可比性。

（一）公民对全球气候变化的知晓度、信息来源和信任情况

1.公民对全球气候变化的知晓程度

调查显示，约 63.0% 的公民听说过"全球气候变化"，23.6% 没听说过，13.4% 不知道，相较于"核能利用"的 49.9% 和"转基因"的 60.7%，数值较高。在三大具体科技议题中，全球气候变化普及度高，公民知晓度高。见图 4-1。

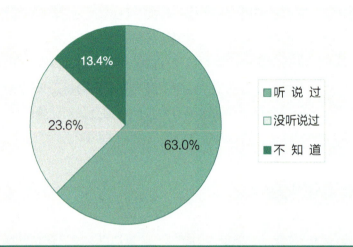

图 4-1　公民对全球气候变化的知晓程度

2.不同群体公民对全球气候变化的知晓程度

调查显示，不同分类群体公民对全球气候变化的知晓程度呈现不同程度的差异。

（1）性别差异和城乡差异

在对全球气候变化知晓度上，性别差异和城乡差异体现较为明显。听说过全球气候变化的男性公民（71.2%）比女性公民（54.5%）高了 16.7 个百分点，城镇居民（72.5%）比农村居民（52.4%）高了 20.1 个百分点；没听说过全球气候变化的公民，男性（18.5%）比女性（28.8%）低了超过 10 个百分点，城镇居民（17.6%）比农村居民（30.2%）低了 12.6 个百分点；不知道的比例，女性高于男性，农村居民高于城镇居民。见图 4-2。

（2）年龄差异

不同年龄段公民中，对全球气候变化的知晓度随着年龄升高而呈下降趋势。其中，18—29 岁公民的知晓程度最高为 73.2%，30—39 岁为 68.0%，49—49 岁为 62.3%，50—59 岁为 50.5%，60—69 岁为 46.3%；没听说过和不知道的比例随着年龄的增大而增大。见图 4-3。

（3）文化程度差异

公民对全球气候变化的知晓程度随着文化程度的提升而上升。其中，大学本科及以上的知晓度最高为 95.1%，大学专科为 90.4%，高中（中专、技校）为 82.8%，初中为 64.2%，小学及以下

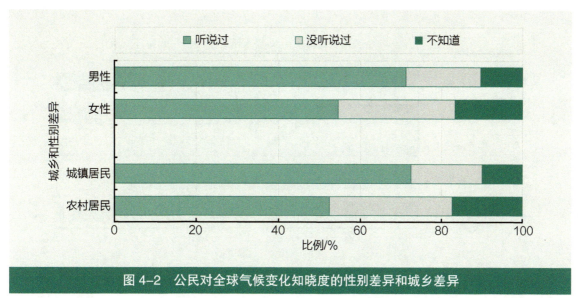

图 4-2　公民对全球气候变化知晓度的性别差异和城乡差异

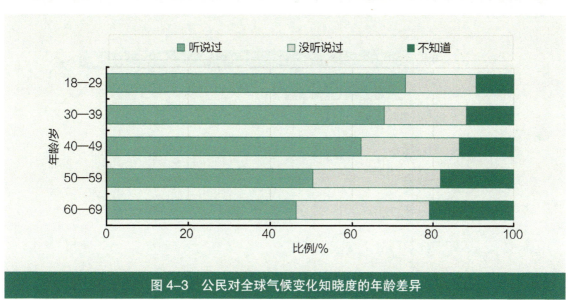

图 4-3　公民对全球气候变化知晓度的年龄差异

为 34.1%，大学本科及以上高了小学及以下 61 个百分点，且随着文化水平的下降，相邻文化程度的差异越来越大；同时，没听说过和不知道的比例随着文化程度的提升而呈下降趋势。见图 4-4。

3. 公民获取全球气候变化信息的渠道

在获知"全球气候变化"相关信息的渠道上，电视居首，占了 64.6%，远远高于其他渠道；互联网等新媒体逐渐崛起，仅次于电视，占了 27.2%；报纸、广播、图书、期刊杂志等传统媒体所占比例很低。见图 4-5。

4. 不同群体公民获取全球气候变化信息的渠道

（1）性别差异和城乡差异

公民获取全球气候变化信息的渠道在性别差异上体现不明显，总的来说，男性女性在

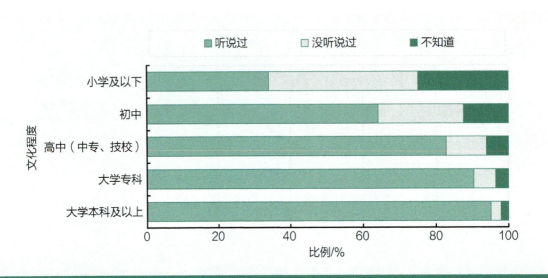

图 4-4 公民对全球气候变化知晓度的文化程度差异

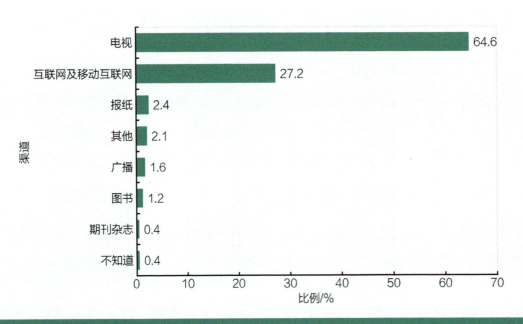

图 4-5 公民获取全球气候变化信息的渠道

各个渠道上比例差异较小。其中，男性通过电视获取相关信息的比例（63.8%）略低于女性（65.6%），而通过互联网及移动互联网获取相关信息的比例（28.1%）略高于女性（26.0%）；男性在报纸（2.7%）、广播（1.7%）、期刊杂志（0.5%）渠道上略高于女性（2.0%，1.6%，0.4%），在图书（0.9%）渠道上低于女性（1.5%）。见图 4-6。

公民获取全球气候变化信息的渠道在城乡上存在差异，如图 4-6 所示。城镇居民通过电视获取全球气候变化相关信息的比例（59.8%）低于农村居民（71.8%）12 个百分点；城镇居民通过互联网及移动互联网获取相关信息的比例（31.5%）高于农村居民（20.7%）10.8 个百分点；城镇居民

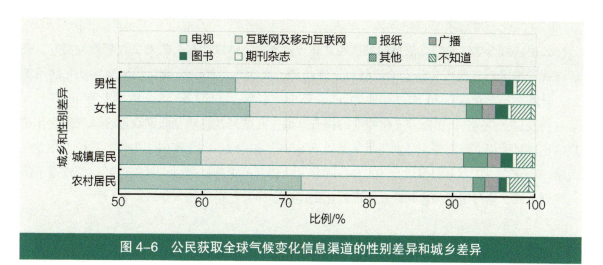

图 4-6　公民获取全球气候变化信息渠道的性别差异和城乡差异

在报纸（3.0%）、图书（1.4%）、期刊杂志（0.5%）上的比例略高于农村居民（1.5%，0.9%，0.4%）。

（2）年龄差异

公民获取全球气候变化信息的渠道在年龄差异上体现明显。随着年龄段的增长，通过电视获取全球气候变化信息的比例呈上升趋势，在60—69岁年龄段有所下降，但仍高于18—49岁年龄段，分别为18—29岁年龄段46.3%，30—39岁年龄段62.3%，40—49岁年龄段75.9%，50—59岁年龄段83.3%，60—69岁年龄段81.6%；而随着年龄段的增长，通过互联网及移动互联网获取全球气候变化信息的比例呈下降趋势，分别为18—29岁年龄段45.9%，30—39岁年龄段32.3%，40—49岁年龄段16.8%，50—59岁年龄段5.5%，60—69岁年龄段2.3%；在各年龄段，电视仍然是获取相关信息的主要渠道，在18—29岁年龄段，电视和互联网及移动互联网的差异仅0.4个百分比，在60—69岁年龄段，其差异最大，达到79.3个百分点；在60—69岁年龄段，报纸（6.3%）、广播（3.4%）渠道的比例超过互联网及移动互联网（2.3%）。见图4-7。

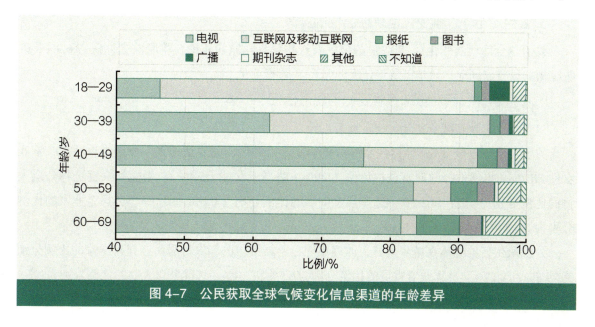

图 4-7　公民获取全球气候变化信息渠道的年龄差异

（3）文化程度差异

公民获取全球气候变化信息的渠道在文化程度差异上体现明显。随着文化程度的提升，通过电视获取全球气候变化信息的比例呈下降趋势，在大学专科阶段被互联网及移动互联网超过，分别为小学及以下 80.8%，初中 71.4%，高中（中专、技校）58.4%，大学专科 46.3%，大学本科及以上 36.4%；而随着文化程度的提升，通过互联网及移动互联网获取全球气候变化信息的比例呈大幅上升趋势，分别为小学及以下 6.5%，初中 21.4%，高中（中专、技校）33.2%，大学专科 47%，大学本科及以上 56.1%；随着文化程度的提升，通过广播渠道的比例逐渐下降但差别不大，通过图书和期刊杂志渠道的比例逐渐上升但差别不大。见图 4-8。

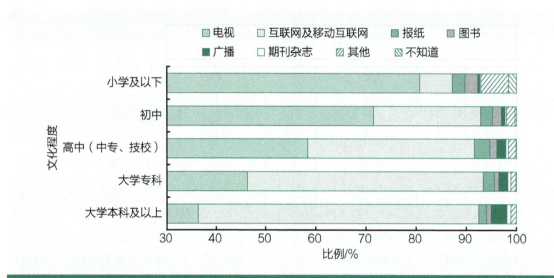

图 4-8　公民获取全球气候变化信息渠道的文化程度差异

5. 公民对全球气候变化信息最信任的群体

关于"全球气候变化"，80.2% 的公民首选相信科学家的言论，政府次之，仅占 6.9%，说明在相关科技议题上，科学家的信任度非常高。见图 4-9。

6. 不同群体公民对全球气候变化信息最信任的群体

（1）性别差异和城乡差异

关于"全球气候变化"，男性女性对科学家言论的信任度差别不大，分别为男性 79.7% 和女性 80.7%，男性选择政府官员的比例（8.0%）略高于女性（5.4%），男性和女性选择公众人物的比例分别为 2.2% 和 2.1%，选择亲友同事的比例分别为 0.6% 和 1.0%，选择企业家的比例分别为 0.3% 和 0.4%。见图 4-10。

公民最信任的群体在城乡差异上体现不明显，城镇居民和农村居民选择科学家的比例分别为 79.8% 和 80.7%，选择政府官员的比例分别为 6.5% 和 7.4%，选择公众人物的比例分别为 2.3% 和 2.0%，选择亲友同事比例分别为 0.7% 和 0.8%，选择企业家的比例均为 0.3%。见图 4-10。

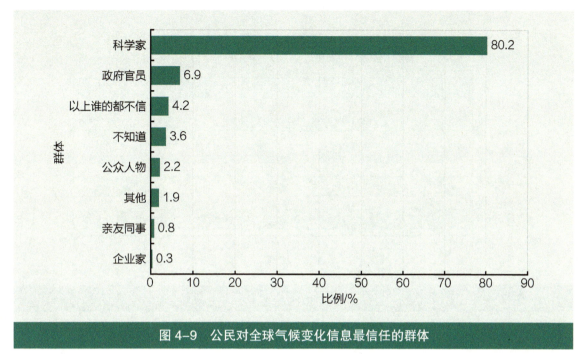

图 4-9　公民对全球气候变化信息最信任的群体

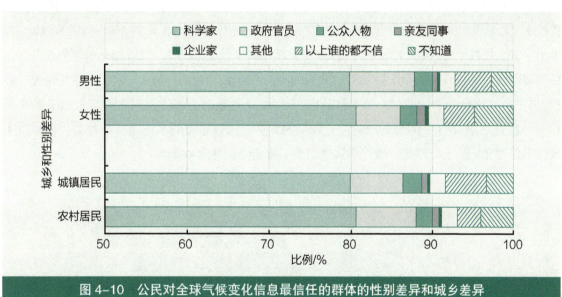

图 4-10　公民对全球气候变化信息最信任的群体的性别差异和城乡差异

（2）年龄差异

公民对信息来源的信任度在年龄差异上体现较为明显。对科学家的信任比例先上升后下降，在 40—49 岁年龄段达到峰值，分别为 18—29 岁年龄段 78.6%，30—39 岁年龄段 80.8%，40—49 岁年龄段 83.6%，50—59 岁年龄段 79.2%，60—69 岁年龄段 75.9%；随着年龄段的增长，信任政府官员的比例呈上升趋势，分别为 18—29 岁年龄段 4.2%，30—39 岁年龄段 5.4%，40—49 岁年龄段 7.0%，50—59 岁年龄段 11.3%，60—69 岁年龄段 14.6%；随着年龄段的增长，选择以上谁都不信的比例呈下降趋势。见图 4-11。

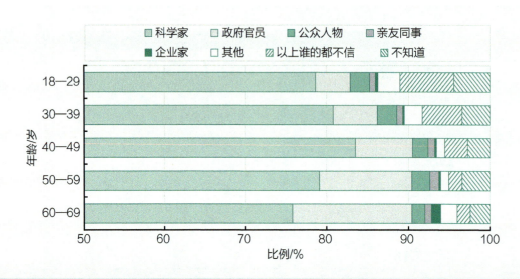

图 4-11　公民对全球气候变化信息最信任的群体的年龄差异

（3）文化程度差异

由图可见，从小学及以下到初中公民对科学家的信任有明显提升，在初中、高中（中专、技校）、大学专科、大学本科及以上则变化不大，分别为小学及以下 73.2%，初中 80.5%，高中（中专、技校）82.3%，大学专科 81.8%，大学本科及以上 82.5%；随着文化程度的提升，公民对政府官员的信任比例呈下降趋势，分别为小学及以下 10.3%，初中 7.3%，高中（中专、技校）6.1%，大学专科 4.4%，大学本科及以上 3.4%；选择企业家的比例在小学及以下较高为 1.1%，在其他阶段均为 0.2%；随着文化程度的提升，选择亲友同事的呈下降趋势，选择以上谁都不信的比例呈上升趋势，选择不知道的呈下降趋势。见图 4-12。

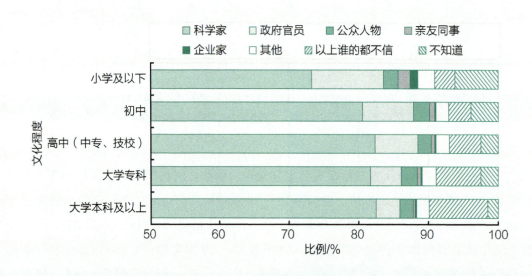

图 4-12　公民对全球气候变化信息最信任的群体的文化程度差异

（二）公民对全球气候变化的了解程度

1. 公民对全球气候变化的了解程度

由图 4-13 可知，"全球气候变化会导致冰川消融，海平面上升"的正确率为 82.0%，"全球气候变化使得极端天气频发"的正确率为 76.8%，"煤炭和石油的大量使用造成了全球气候变化"的正确率为 76.7%，"全球气候变化会产生致命病毒"的正确率为 22.0%，"全球气候变化会产生雾霾天气"的正确率为 11.8%，"全球气候变化导致了臭氧层空洞的产生"的正确率为 10.2%。前三题说法正确，正确率高，后三题说法错误，正确率低，说明我国公民对全球气候变化有一定认识，但了解程度不够，认知不够准确，具有程度浅、缺乏准确性的特点。

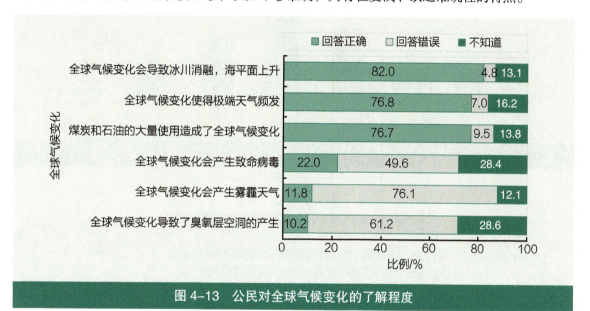

图 4-13 公民对全球气候变化的了解程度

从图 4-14 可知，对于所测试的关于全球气候变化的 6 道题，公民能够全部答对的比例为 1.0%，而答对 0 道的比例为 6.2%，答对 3 道的比例最高为 49.3%，答对 1 道、2 道、4 道和 5 道的比例分别为 6.5%、16.8%、15.2% 和 5.0%。公民对全球气候变化的了解程度处于较低水平。

2. 不同群体公民对全球气候变化的了解程度

通过对 6 道题赋值，计算出公民的知识水平得分，总分为 10。从总体看，我国公民关于全球气候变化的平均得分为 4.7 分，尚未达到中间值 5 分，对于全球气候变化的了解并不高。在性别方面，男性（4.9 分）高于女性（4.3 分）0.6 分；在城乡方面，城镇居民（4.9 分）高于农村居民（4.4 分）0.5 分；随着年龄段的增大，公民的得分呈下降趋势，分别为 18—29 岁年龄段 5.0 分，30—39 岁年龄段 4.7 分，40—49 岁年龄段 4.5 分，50—59 岁年龄段 4.3 分，60—69 岁年龄段 4.2 分，18—29 岁年龄段得分最高，达到中间值 5 分；随着文化程度的提升，公民的得分呈上升趋势，分别为小学及以下 3.7 分，初中 4.4 分，高中（中专、技校）5.1 分，大学专科 5.4 分，大学本科及以上 5.9 分，其中大学本科及以上的得分超过了中间值 5 分。总的来说，我国男性、城镇居民、年龄段偏低和受教育水平较高群体对全球气候变化相关知识拥有更深更准确的了解，见图 4-15。

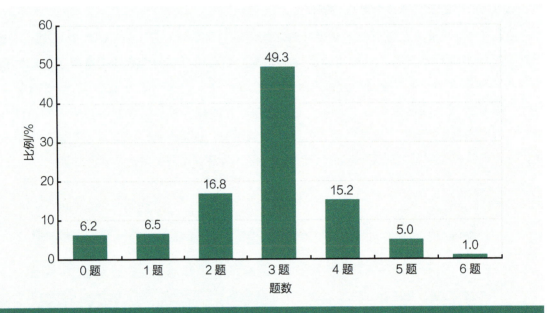

图 4-14　公民关于全球气候变化的答对题目数

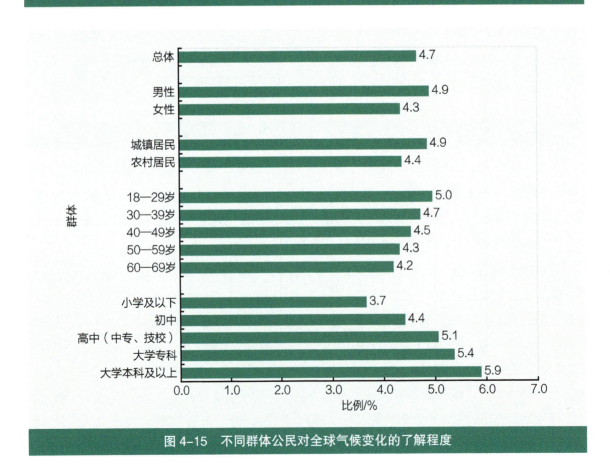

图 4-15　不同群体公民对全球气候变化的了解程度

（三）公民对全球气候变化的态度

1. 公民对全球气候变化的态度

调查显示，中国公民对全球气候变化的态度是积极、主动、理性的，如图4-16所示。

从对全球气候变化是否可改善方面来看，86.3%的公民赞成"我们每个人都能为减缓全球气候变化做出贡献"，73.0%的公民赞成"科学技术的进步有助于解决全球气候变化问题"，超过一半的公民反对"全球气候变化是不可阻止的过程，人类为减缓气候变化所做的努力都没有用"。我国公民认为可以通过努力来改善现状，而科技进步是其中一个重要手段。

从全球气候变化的严重性问题上看，38.0%的公民反对"全球气候变化的严重性被夸大了"，27.7%赞成这种说法，未出现一边倒的情况，我国公民意识到全球气候变化的严重性，但仍然比较理性。

从经济发展和环境保护问题上看，41.9%的公民反对，30.9%的公民赞成"在我国，促进经济发展比减缓全球气候变化更重要"，越来越多的人认识到环境保护的重要性。

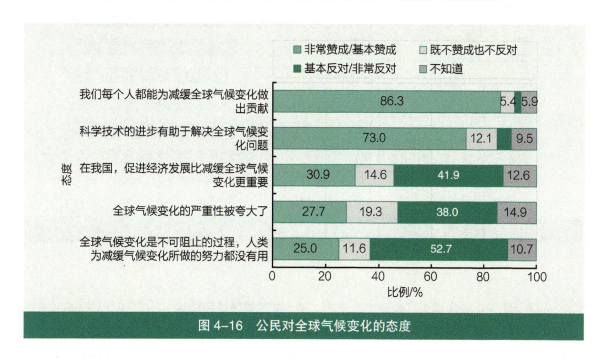

图4-16　公民对全球气候变化的态度

2. 不同群体公民对全球气候变化的态度

（1）性别差异

从对全球气候变化是否可改善方面来看，87.7%的男性公民赞成"我们每个人都能为减缓全球气候变化做出贡献"，76.9%的男性公民赞成"科学技术的进步有助于解决全球气候变化问题"，均高于女性（84.5%，67.7%），54.9%的男性公民反对"全球气候变化是不可阻止的过程，人类为减缓气候变化所做的努力都没有用"，高于女性49.7%；从全球气候变化的严重性问题上看，男性公民有 28.6% 的赞成、40.7% 反对"全球气候变化的严重性被夸大了"，女性公民 26.5% 赞成、34.5% 反对；从经济发展和环境保护问题上看，男性公民有 32.7% 赞成、41.7% 反对"在我国，促进经济发展比减缓全球气候变化更重要"，女性公民 28.5% 赞成、42.2% 反对，女性公民更注重对环境的保护。总的来说，男性公民对全球气候变化的态度更积极、乐观。见图 4-17。

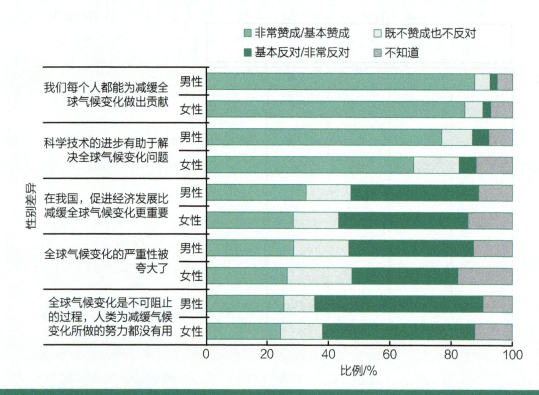

图 4-17　公民对全球气候变化的态度的性别差异

（2）城乡差异

从对全球气候变化是否可改善方面来看，87.1% 的城镇居民赞成"我们每个人都能为减缓全球气候变化做出贡献"，74.2% 的城镇居民赞成"科学技术的进步有助于解决全球气候变化问题"，均高于农村居民（84.9%，71.1%），54.8% 的城镇居民反对"全球气候变化是不可阻止的过程，人类为减缓气候变化所做的努力都没有用"，高于农村居民 49.5%；从全球气候变化的严重性问题上看，城镇居民有 27.5% 的赞成、39.6% 反对"全球气候变化的严重性被夸大了"，农村居民 28.3% 赞成、35.8% 反对；从经济发展和环境保护问题上看，城镇居民有 29.8% 赞成、44.8% 反对"在我国，促进经济发展比减缓全球气候变化更重要"，农村居民 32.6% 赞成、37.3% 反对，城镇居民更注重对环境的保护。总的来说，城镇居民更重视全球气候变化，更强调为减缓全球气候变化做出努力。见图 4-18。

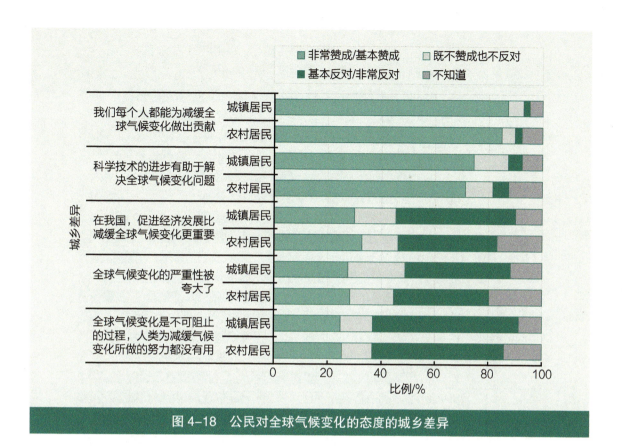

图 4-18　公民对全球气候变化的态度的城乡差异

（3）年龄差异

对于"我们每个人都能为减缓全球气候变化做出贡献"，五个年龄段的公民赞成比例差别不大，分别为 18—29 岁年龄段 86.5%，30—39 岁年龄段 87.0%，40—49 岁年龄段 86.2%，50—59 岁年龄段 84.5%，60—69 岁年龄段 86.0%，各个年龄段对减缓全球气候变化有同等意愿；对于"科学技术的进步有助于解决全球气候变化问题"，赞成比例随着年龄段的增大而增大，分别为 18—29 岁年龄段 69.0%，30—39 岁年龄段 72.6%，40—49 岁年龄段 75.7%，50—59 岁年龄段 75.6%，60—69 岁年龄段 77.8%，年龄段越大，越相信科学技术对全球气候变化的作用；对于"在我国，促进经济发展比减缓全球气候变化更重要"，赞成比例随着年龄段的增大而增加（22.9%，27.4%，32.8%，43.8%，48.3%），反对比例随着年龄段的增加而减少（51.9%，46.6%，38.6%，25.3%，23.8%），年龄段越大，越重视经济的发展；对于"全球气候变化的严重性被夸大了"，50—59 岁和 60—69 岁年龄段的赞成比例最大，分别为 36.5% 和 35.0%，18—29 岁最低为 23.1%，18—29 岁和 30—39 岁年龄段的反对比例最高，分别为 40.9% 和 41.0%，50—59 岁和 60—69 岁年龄段较低，分别为 29.3% 和 30.7%；关于"全球气候变化是不可阻止的过程，人类为减缓气候变化所做的努力都没有用"，赞成比例随着年龄段的增大而增加（20.9%，22.5%，26.1%，32.7%，33.8%），反对比例随着年龄段的增加而减少（58.2%，55.9%，52.2%，41.1%，40.6%）。总的来说，年龄段小的公民更重视全球气候变化和环境保护，态度更积极，更强调为减缓全球气候变化做出努力。见图 4-19。

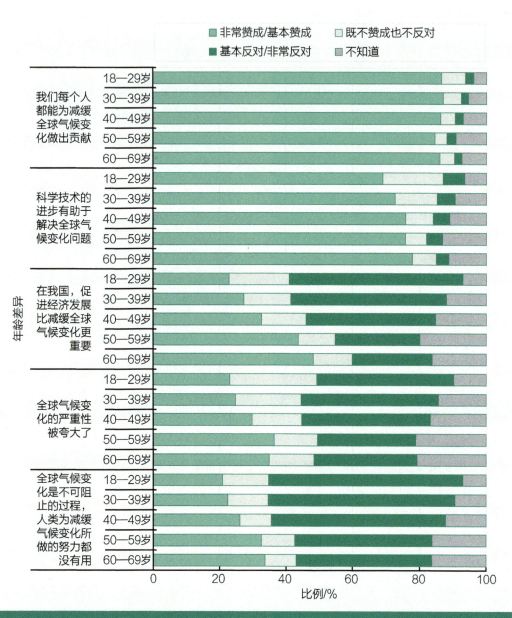

图例：
- 非常赞成/基本赞成
- 既不赞成也不反对
- 基本反对/非常反对
- 不知道

年龄差异

我们每个人都能为减缓全球气候变化做出贡献
- 18—29岁
- 30—39岁
- 40—49岁
- 50—59岁
- 60—69岁

科学技术的进步有助于解决全球气候变化问题
- 18—29岁
- 30—39岁
- 40—49岁
- 50—59岁
- 60—69岁

在我国，促进经济发展比减缓全球气候变化更重要
- 18—29岁
- 30—39岁
- 40—49岁
- 50—59岁
- 60—69岁

全球气候变化的严重性被夸大了
- 18—29岁
- 30—39岁
- 40—49岁
- 50—59岁
- 60—69岁

全球气候变化是不可阻止的过程，人类为减缓气候变化所做的努力都没有用
- 18—29岁
- 30—39岁
- 40—49岁
- 50—59岁
- 60—69岁

比例/%

图 4-19　公民对全球气候变化的态度的年龄差异

（4）文化程度差异

公民对全球气候变化的态度差异在文化程度上体现较为明显。

从全球气候变化是否可改善方面来看，对于"我们每个人都能为减缓全球气候变化做出贡献"，赞成比例随着文化程度的提升而增大，分别为小学及以下 76.7%，初中 85.3%，高中（中专、技校）89.2%，大学专科 91.7%，大学本科及以上 93.9%；对于"科学技术的进步有助于解决全球气候变化问题"，赞成比例随着文化程度的提升而增大，分别为小学及以下 63.6%，初中 70.9%，高中（中专、技校）76.4%，大学专科 79.1%，大学本科及以上 84.7%；关于"全球气候变化是不可阻止的过程，人类为减缓气候变化所做的努力都没有用"，赞成比例随着文化程度的提升而减小（33.3%，25.7%，24.0%，19.4%，16.0%），反对比例随着文化程度的提升而增加（30.0%，49.7%，59.1%，67.4%，74.0%）；受教育程度高的公民对改善全球气候变化更有信心和意愿。

从全球气候变化的严重性问题上看，对于"全球气候变化的严重性被夸大了"，赞成比例随着文化程度的提升而减小（32.6%，28.5%，26.8%，24.3%，22.1%），反对比例随着文化程度的提升而增加（25.0%，35.9%，42.3%，46.1%，51.3%），受教育程度高的公民意识到全球气候变化的严重性，但仍比较积极乐观。

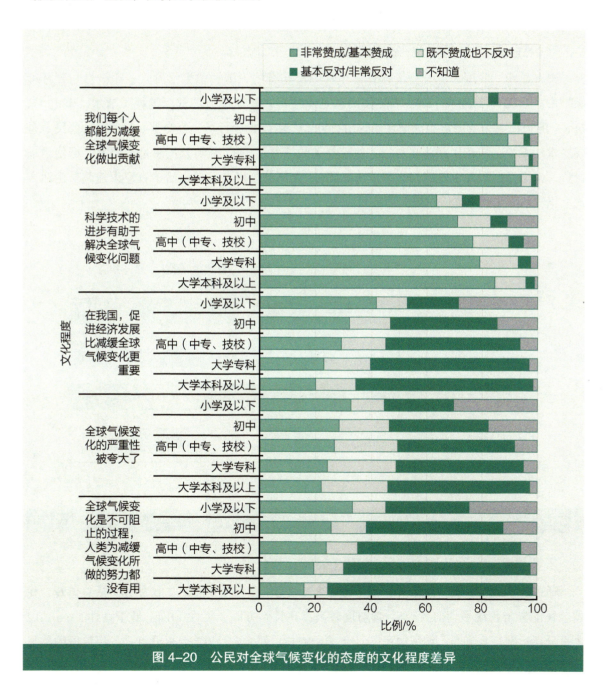

图 4-20　公民对全球气候变化的态度的文化程度差异

从经济发展和环境保护问题上看，对于"在我国，促进经济发展比减缓全球气候变化更重要"，赞成比例随着文化程度的提升而减小（41.7%，32.1%，29.2%，23.0%，19.9%），反对比例随着文化程度的提升而增加（18.5%，38.7%，48.5%，57.4%，63.9%），受教育程度高的公民更重视环境保护。

总的来说，文化程度越高，越重视全球气候变化和环境保护，态度更积极，更强调为减缓全球气候变化做出努力。见图4-20。

（四）公民应对全球气候变化采取的做法

1. 公民应对全球气候变化采取的做法

调查显示，我国大部分公民在日常生活中都在有意识地调整生活方式，积极参与到环境保护中。由图4-21可知，77.5%的公民总是或经常"减少身边的资源消耗（节水、节电）"，71.8%的公民总是或经常"选择环保的出行方式（步行、自行车、公交）"，61.0%的公民总是或经常"减少一次性用品（塑料袋、包装盒）的消费"，38.4%的公民总是或经常"即使增加花费，也愿意使用再生能源来代替传统能源"。大部分公民在日常生活中有意识地调整生活方式，积极地参与到环境保护中。

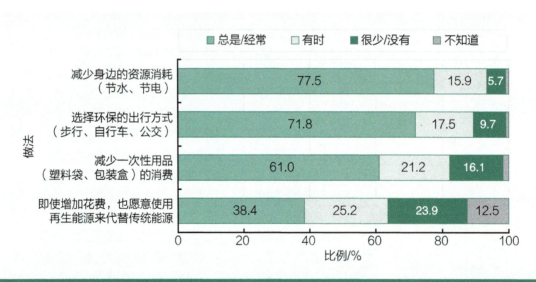

图4-21　公民应对全球气候变化采取的做法

2. 不同群体公民应对全球气候变化的参与程度

通过对4道题赋值，计算出公民应对全球气候变化参与程度值，总值为10。从总体看，我国公民的参与程度平均值为6.5，参与度较高。在性别方面，男性（6.4）低于女性（6.6）0.2个百分点；在城乡方面，城镇居民（6.7）高于农村居民（6.2）0.5个百分点；各年龄段的参与程度值差别不大，18—29岁、30—39岁、40—49岁、50—59岁年龄段均为6.5，60—69岁年龄段为6.6，增加保留小数位数，大致可见年龄大的公民的参与程度值高于年龄小的；随着文化程度的提升，公民的参与程度值上升明显，分别为小学及以下5.9，初中6.3，高中（中专、技校）6.8，大学专科7.0，大学本科及以上7.2。公民应对全球气候变化参与程度的性别、城乡、文化程度差异明显，公民的总体平均值较高。见图4-22。

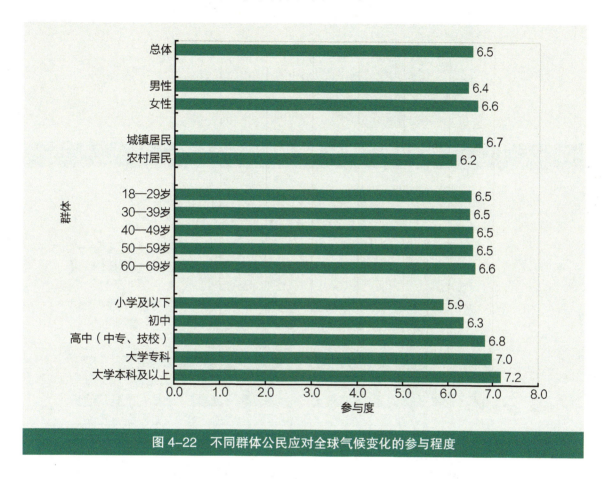

图 4-22　不同群体公民应对全球气候变化的参与程度

（五）公民对低碳技术应用的支持情况

1. 公民对低碳技术应用的支持情况

调查显示，我国公民对低碳技术的应用态度比较一致，对低碳技术应用持支持肯定态度。有78.8%的公民非常支持/比较支持，8.9%的公民既不支持也不反对，仅有1.2%的公民比较反对/非常反对，11.0%的公民不知道。见图4-23。

2. 不同群体公民对低碳技术应用的支持情况

调查显示，不同群体公民对低碳技术应用的支持情况存在不同程度的差异。见图4-24。

从性别差异来看，男性公民的非常支持/比较支持比例为80.7%，既不支持也不反对比例为7.7%，比较反对/非常反对比例为1.1%；女性公民的非常支持/比较支持比例为76.3%，既不支持也不反对比例为10.6%，比较反对/非常反对比例为1.4%。男性比女性更支持低碳技术应用。

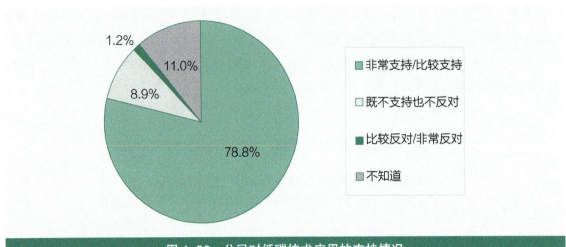

图 4-23 公民对低碳技术应用的支持情况

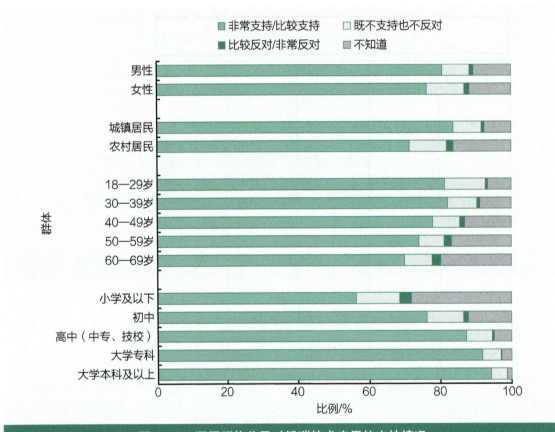

图 4-24 不同群体公民对低碳技术应用的支持情况

从城乡差异来看，城镇居民的非常支持/比较支持比例为83.6%，比农村居民（71.4%）高了12.2个百分点，既不支持也不反对比例为7.9%，比较反对/非常反对比例为0.8%；农村居民的既不支持也不反对比例为10.5%，比较反对/非常反对比例为1.8%。城镇居民更支持低碳技术应用。

从年龄差异来看，30—39 岁年龄段拥有最高的非常支持 / 比较支持比例为 82.1%，其次为 18—29 岁年龄段为 81.2%，之后依次为 40—49 岁年龄段（77.8%）、50—59 岁年龄段（73.9%）和 60—69 岁年龄段（69.9%）；比较反对 / 非常反对比例随着年龄段的增长逐渐增大，分别为 18—29 岁年龄段 0.6%，30—39 岁年龄段 0.8%，40—49 岁年龄段 1.4%，50—59 岁年龄段 2.1% 和 60—69 岁年龄段 2.4%；随着年龄段的增长，不知道的比例逐渐上升。总的来说，年龄段小的公民更支持低碳技术应用。

从文化程度差异来看，随着文化程度的提升，公民的非常支持 / 比较支持比例上升明显，分别为小学及以下 56.3%，初中 76.2%，高中（中专、技校）87.2%，大学专科 91.8%，大学本科及以上 94.3%，其中小学及以下到初中提升最为明显；随着文化程度的提升，公民的比较反对 / 非常反对比例呈下降趋势，分别为小学及以下 3.3%，初中 1.3%，高中（中专、技校）0.5%，大学专科 0.2%，大学本科及以上 0.1%；随着文化程度的提升，既不支持也不反对比例和不知道比例逐渐减少。总的来说，文化程度越高，越支持低碳技术应用。

（六）基于知识 – 态度 – 行为（KAP）模型的一致性分析

公民对相关全球气候变化观点的态度既是建立在相关知识的基础上，体现了在此领域的价值观，同时也会影响公民在日常生活中的行为及生活方式。通过分别对知识、行为、态度三个模块进行赋值，采用加总取均值的方法，并保持题目量纲一致，计算出公民关于气候变化的知识正确度、参与意愿及信心和环保参与度三个指标。具体赋值情况见表 4-1。

表 4-1　公民关于全球气候变化的知识正确度、参与意愿及信心和环保行为参与度的赋值			
知识正确度的赋值	对	错	不知道
（1）全球气候变化导致了臭氧层空洞的产生（×）	0	1	0
（2）煤炭和石油的大量使用造成了全球气候变化（√）	1	0	0
（3）全球气候变化会导致冰川消融，海平面上升（√）	1	0	0
（4）全球气候变化使得极端天气频发（√）	1	0	0
（5）全球气候变化会产生致命病毒（×）	0	1	0
（6）全球气候变化会产生雾霾天气（×）	0	1	0

参与意愿及信心的赋值	非常赞成	基本赞成	既不赞成也不反对	基本反对	非常反对
（1）全球气候变化是不可阻止的过程，人类为减缓气候变化所做的努力都没有用	1	2	3	4	5
（2）科学技术的进步有助于解决全球气候变化问题	5	4	3	2	1
（3）全球气候变化的严重性被夸大了	1	2	3	4	5
（4）在我国，促进经济发展比减缓全球气候变化更重要	1	2	3	4	5

参与意愿及信心的赋值	非常赞成	基本赞成	既不赞成也不反对	基本反对	非常反对
（5）我们每个人都能为减缓全球气候变化做出贡献	5	4	3	2	1
（6）您对低碳技术的应用支持或反对的程度如何	（非常支持）5	（比较支持）4	（既不支持也不反对）3	（比较反对）2	（非常反对）1
环保行为参与度的赋值	总是	经常	有时	很少	没有
（1）选择环保的出行方式（步行、自行车、公交）	5	4	3	2	1
（2）减少身边的资源消耗（节水、节电）	5	4	3	2	1
（3）即使增加花费，也愿意使用再生能源来代替传统能源	5	4	3	2	1
（4）减少一次性用品（塑料袋、包装盒）的消费	5	4	3	2	1

从整体来看，我国公民的知识正确度得分平均值为 2.33，对于全球气候变化的知识正确度并不高，了解程度不深，还需要继续进行相关知识的普及；公民参与意愿与信心的得分平均值为 3.84，对改善气候变化的意愿和信心是比较强烈的；环保参与度的平均值为 3.71，说明我国公民具有较高的环保参与度，主要是在日常生活中，愿意通过自觉行为参与环保。进行三者间的相关分析，结果显示，知识、态度、行为三者两两间均显著（$P<0.001$），但相关系数分别为 0.175（知识正确度＊参与意愿及信心），0.099（知识正确度＊环保参与度）和 0.108（参与意愿及信心＊环保参与度），三者间虽然有正相关关系，但关系不强烈，甚至很弱，这也能够解释为什么参与意愿高及信心高的人却行为参与度不高等疑问。因此在"全球气候变化"议题上，应正确认识及恰当运用知识、态度、行为三者间的关系。

（七）小结

全球气候变化一直以来都是热点科技议题。通过调查可知，全球气候变化的知晓度高，具有较高社会关注度，公民主要通过电视和互联网获取有关信息，互联网等新媒体逐渐崛起，最相信科学家，其次是政府。我国公民对全球气候变化了解不充分，具有程度浅、缺乏准确性的特点，但对全球气候变化的态度是积极、主动的，能够正确理性地看待其严重性和争议性，充分肯定环境保护的重要性，支持低碳技术的应用，并在日常生活中有意识地调整生活方式，积极参与到环境保护中。

公民对气候变化的认知和态度不可能自我形成，如前所述，相关知识的来源主要是电视等媒体，科学界、政府、环保主义者、环保组织等利益相关方都通过媒体传播，构建了我国公民认识全球气候变化的全部图景。然而关于气候变化的媒体报道通常脱离科学专家和科研院所，对相关知识的报道缺乏准确性和深度，这也导致公民的气候变化知识较表面且存在错误。近年来，结合国家整体战略及发展阶段，我国政府采取了适当的气候变化应对策略，值得肯定的是，新闻媒体长期以来的导向与政策导向较为一致，中国应对气候变化的立场和采取的措施都通过媒体广泛地传达给中国公民，这也使气候变化报道能够形成合力，争取更大共识。国家通过媒体在气候变化知识传播方面的领导作用，使中国公民对气候变化的认识具有更强的一致性，但同时也要防止公民将环境问题完全扔给国家，缺少对自我日常生活的审视。因此，由政府制定适合的政策，加强专家和科研院所的参与，促进媒体的报道客观性和持续性，才能提升我国公民对全球气候变化的认知质量和行动积极性。

二、核能利用议题

核能作为世界能源供应的三大支柱之一，在给人类带来巨大效益的同时也存在一定的安全风险。作为一项新能源，核能对我国以煤炭为主的能源结构有很大的调整压力和改善前景，其发展不仅依赖于技术、经济、政治等多方面，同时也受公民接受度的影响。将核能利用作为一项具体科技议题，在指标设计时参考了美国的综合社会调查（GSS）、国际社会调查（ISSP）、欧洲晴雨表、盖洛普关于核能利用的调查等，力图在全面地描述我国公民对核能利用的整体认知和态度基础上，具有一定的国际可比性。

（一）公民对核能利用的知晓度、信息来源和信任情况

1. 公民对核能利用的知晓程度

调查显示，约 40.9% 的公民听说过"核能利用"，35.8% 没听说过，23.4% 不知道，相较于"核能利用"的 63% 和"转基因"的 60.7%，数值较低。在三大具体科技议题中，核能利用有一定普及度和关注度，但知晓度不高。见图 4-25。

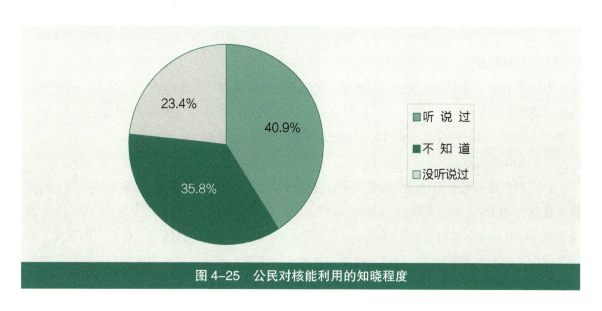

图 4-25　公民对核能利用的知晓程度

2. 不同群体公民对核能利用的知晓程度

调查显示，不同分类群体公民对核能利用的知晓程度呈现不同程度的差异。

（1）性别差异和城乡差异

在对核能利用知晓度上，性别差异和城乡差异体现较为明显。听说过核能利用的男性公民（51.6%）比女性公民（29.9%）高了21.7个百分点，城镇居民（49.3%）比农村居民（31.6%）高了17.7个百分点；没听说过核能利用的公民，男性（29.7%）比女性（42.0%）低了超过10个百分点，城镇居民（31.5%）比农村居民（40.5%）低了9个百分点；不知道的比例，女性高于男性，农村居民高于城镇居民。男性和城镇居民对核能利用的知晓度分别高于女性和农村居民。见图4-26。

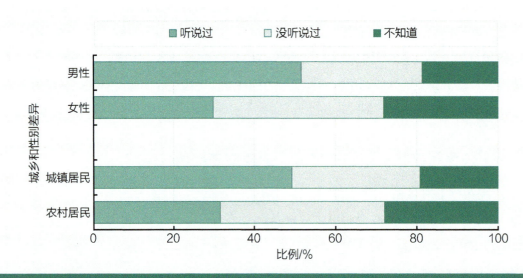

图 4-26　公民对核能利用知晓度的性别差异和城乡差异

（2）年龄差异

不同年龄段公民中，对核能利用的知晓度随着年龄升高而呈下降趋势。其中，18—29岁公民的知晓程度最高为50.4%，30—39岁为45.6%，49—49岁为39.4%，50—59岁为29.6%，60—69岁为26.6%；没听说过和不知道的比例随着年龄的增大而增大。见图4-27。

（3）文化程度差异

公民对核能利用的知晓程度随着文化程度的提升而显著提高。其中，大学本科及以上的知晓度最高为81.0%，大学专科为71.8%，高中（中专、技校）为60.7%，初中为39.3%，小学及以下为14.4%，大学本科及以上高了小学及以下近66.6个百分点，且随着文化水平的下降，相邻文化程度的差异越来越大；同时，没听说过和不知道的比例随着文化程度的提升而呈下降趋势。见图4-28。

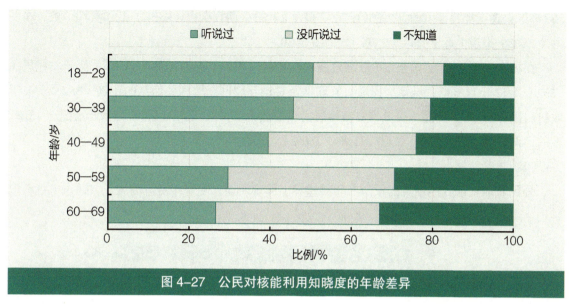

图 4-27　公民对核能利用知晓度的年龄差异

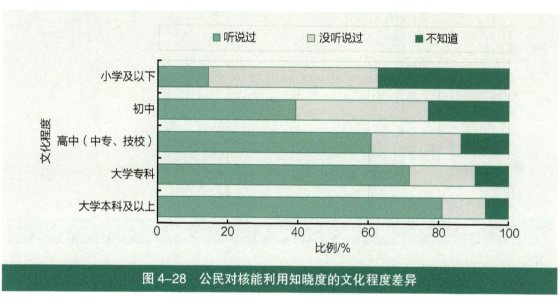

图 4-28　公民对核能利用知晓度的文化程度差异

3. 公民获取核能利用信息的渠道

在获知"核能利用"相关信息的渠道上，电视居首，占了 58.3%，远远高于其他渠道；互联网及移动互联网等新媒体逐渐崛起，仅次于电视，占了 31.6%；报纸、图书、广播、期刊杂志等传统媒体所占比例很低。见图 4-29。

4. 不同群体公民获取核能利用信息的渠道

（1）性别差异和城乡差异

公民获取核能利用信息的渠道在性别差异上体现不明显，总的来说，男性女性在各个渠道上比例差异较小。其中，男性通过电视获取相关信息的比例（58.2%）略低于女性（58.5%），而通过互联网及移动互联网获取相关信息的比例（32.2%）略高于女性（30.6%）；男性在报纸

（3.6%）渠道上略高于女性（2.6%），在广播（1.4%）、期刊杂志（0.8%）上和女性一致，在图书（1.9%）渠道上低于女性（2.7%）。见图4-30。

在城乡差异上，城镇居民通过电视获取核能利用相关信息的比例（53.9%）低于农村居民（65.9%）12个百分点；城镇居民通过互联网及移动互联网获取相关信息的比例（35.6%）高于农村居民（24.8%）10.8个百分点；城镇居民在报纸（3.7%）、图书（2.4%）、期刊杂志（1.0%）上的比例略高于农村居民（2.4%，1.9%，0.6%）。见图4-30。

（2）年龄差异

公民获取核能利用信息的渠道在年龄差异上体现明显。随着年龄段的增长，通过电视获取

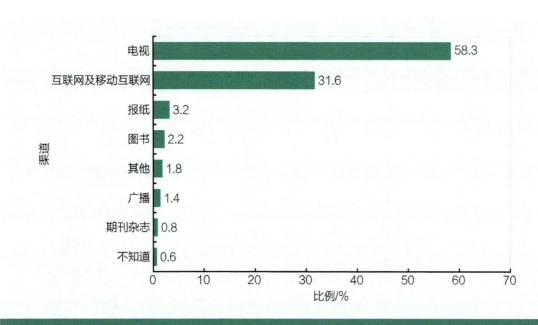

图4-29　公民获取核能利用信息的渠道

图4-30　公民获取核能利用信息渠道的性别差异和城乡差异

核能利用信息的比例呈上升趋势，在 60—69 岁年龄段有所下降，但仍高于 18—49 岁年龄段，分别为 18—29 岁年龄段 40.5%，30—39 岁年龄段 56.0%，40—49 岁年龄段 69.0%，50—59 岁年龄段 81.5%，60—69 岁年龄段 79.6%；而随着年龄段的增长，通过互联网及移动互联网获取核能利用信息的比例呈下降趋势，分别为 18—29 岁年龄段 48.1%，30—39 岁年龄段 36.9%，40—49 岁年龄段 21.9%，50—59 岁年龄段 8.1%，60—69 岁年龄段 3.4%；在各年龄段，电视仍然是获取相关信息的主要渠道，仅在 18—29 岁年龄段，互联网及移动互联网比例超过电视，其差异为 7.6 个百分比，在 60—69 岁年龄段，其差异最大，电视超过互联网及移动互联网达到 76.2 个百分点；随着年龄段的增长，选择图书的比例呈下降趋势（4.5%，1.1%，1.1%，0.8%，0.9%），报纸呈上升趋势（1.7%，2.3%，4.1%，4.9%，8.4%），广播也大致呈上升趋势（1.1%，0.9%，1.2%，2.3%，3.0%），但在 30—39 岁年龄段略微下降；在 60—69 岁年龄段，报纸（8.4%）渠道的比例超过互联网及移动互联网（3.4%），成为仅次于电视的第二大渠道。见图 4-31。

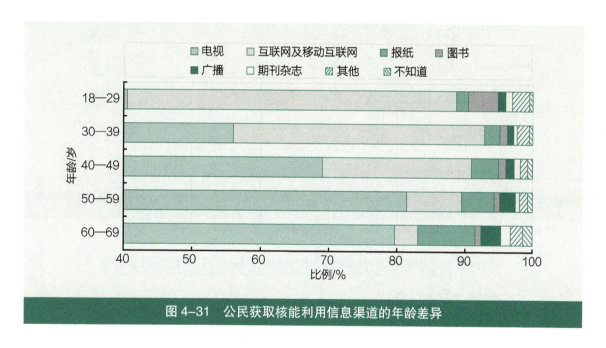

图 4-31 公民获取核能利用信息渠道的年龄差异

（3）文化程度差异

公民获取核能利用信息的渠道在文化程度差异上体现明显。随着文化程度的提升，通过电视获取核能利用信息的比例呈下降趋势，在大学专科阶段被互联网及移动互联网超过，分别为小学及以下 79.1%，初中 66.8%，高中（中专、技校）54.2%，大学专科 44.0%，大学本科及以上 31.2%；而随着文化程度的提升，通过互联网及移动互联网获取核能利用信息的比例呈大幅上升趋势，分别为小学及以下 8.2%，初中 24.6%，高中（中专、技校）34.5%，大学专科 46.5%，大学本科及以上 57.1%；随着文化程度的提升，通过广播渠道的比例逐渐下降（3.1%，1.5%，1.0%，0.8%，0.6%），通过图书（0.8%，1.2%，3.2%，3.0%，4.7%）和期刊杂志（0.4%，0.4%，1.2%，1.0%，2.1%）渠道的比例略有波动的逐渐上升，通过报纸渠道的比例在高中（中专、技校）阶段达到最大值3.7%。见图4-32。

5. 公民对核能利用信息最信任的群体

关于"核能利用"，82.0%的公民最相信科学家的言论，政府官员次之，仅占8.1%，说明在相关科技议题上，科学家的信任度非常高。见图4-33。

6. 不同群体公民对核能利用信息最信任的群体

（1）性别差异和城乡差异

关于"核能利用"，男性女性对科学家言论的信任度差别不大，分别为男性81.9%和女性

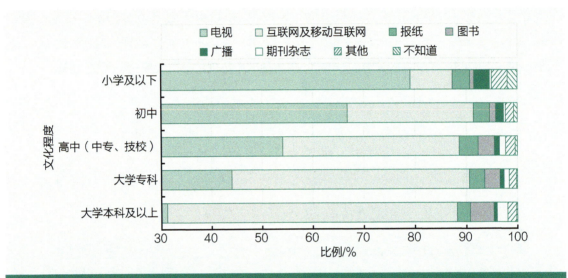

图4-32 公民获取核能利用信息渠道的文化程度差异

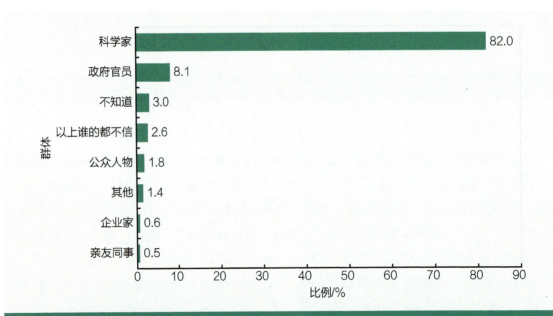

图4-33 公民对核能利用信息最信任的群体

82.0%，男性选择政府官员的比例（9.1%）略高于女性（6.3%），男性和女性选择公众人物的比例分别为 1.5% 和 2.2%，选择亲友同事的比例分别为 0.5% 和 0.6%，选择企业家的比例分别为 0.5% 和 0.8%。见图 4-34。

公民最信任的群体的差异在城乡上体现不明显，城镇居民和农村居民选择科学家的比例分别为 82.2% 和 81.6%，信任政府官员的比例分别为 7.6% 和 8.9%，信任公众人物的比例分别为 1.9% 和 1.6%，信任亲友同事的比例分别为 0.4% 和 0.6%，信任企业家的比例分别为 0.5% 和 0.8%。见图 4-34。

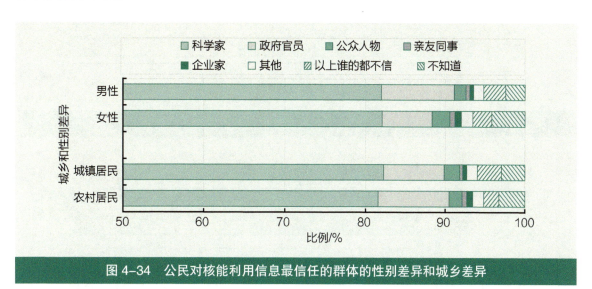

图 4-34　公民对核能利用信息最信任的群体的性别差异和城乡差异

（2）年龄差异

公民最信任的群体的差异在年龄上体现较为明显。信任科学家的比例先上升后下降，在 40—49 岁年龄段达到峰值，分别为 18—29 岁年龄段 80.2%，30—39 岁年龄段 82.5%，40—49 岁年龄段 85.3%，50—59 岁年龄段 81.2%，60—69 岁年龄段 79.3%；随着年龄段的增长，信任政府官员的比例呈上升趋势，分别为 18—29 岁年龄段 5.6%，30—39 岁年龄段 7.0%，40—49 岁年龄段 8.3%，50—59 岁年龄段 12.7%，60—69 岁年龄段 16.0%；随着年龄段的增长，选择以上谁都不信的比例呈下降趋势。见图 4-35。

（3）文化程度差异

由图可见，从小学及以下到初中公民对科学家的信任有明显提升，在初中、高中（中专、技校）、大学专科、大学本科及以上则变化不大，分别为小学及以下 75.7%，初中 81.5%，高中（中专、技校）83.5%，大学专科 84.2%，大学本科及以上 83.1%；随着文化程度的提升，公民对政府官员的信任度呈下降趋势，分别为小学及以下 13.8%，初中 8.9%，高中（中专、技校）7.3%，大学专科 5.2%，大学本科及以上 5.3%；选择亲友同事的呈下降趋势（0.9%，0.7%，0.3%，0.3%，0.2%），选择公众人物的在各文化程度阶段差别不大；随着文化程度的提升，选择以上谁都不信的比例呈上升趋势，选择不知道的呈下降趋势。见图 4-36。

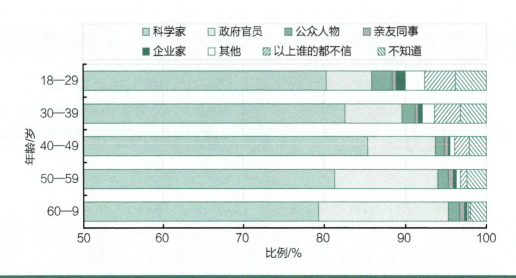

图 4-35　公民对核能利用信息最信任的群体的年龄差异

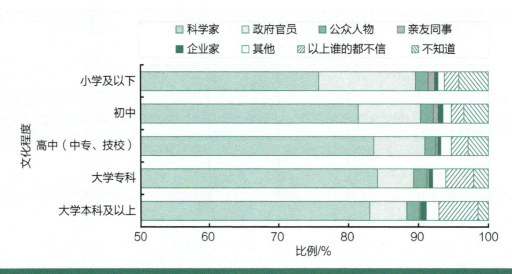

图 4-36　公民对核能利用信息最信任的群体的文化程度差异

（二）公民对核能利用的了解程度

1. 公民对核能利用的了解程度

由图 4-37 可知，"X 光透视检查利用了核物质的放射性"的正确率为 58.7%，"微量的核辐射照射不会危害人体的健康"的正确率为 47.3%，"核辐射都是人为产生的"的正确率为 46.5%，"碘盐可以预防核辐射"的正确率为 34.8%，"B 超检查利用了核物质的放射性"的正确率为 27.1%。正确率只有第一道题超过 50%，我国公民对核能利用认识程度浅，存在错误认识。

从图 4-38 可知，对于所测试的关于核能利用的 5 道题，公民能够全部答对的比例为 4.1%，

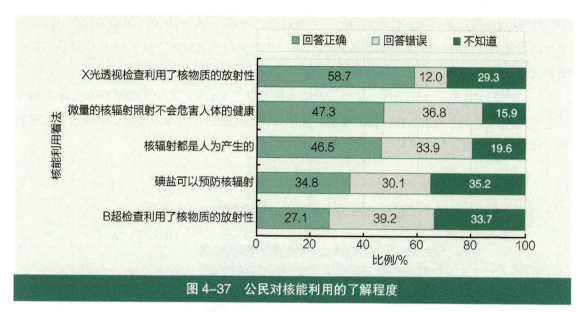

图 4-37　公民对核能利用的了解程度

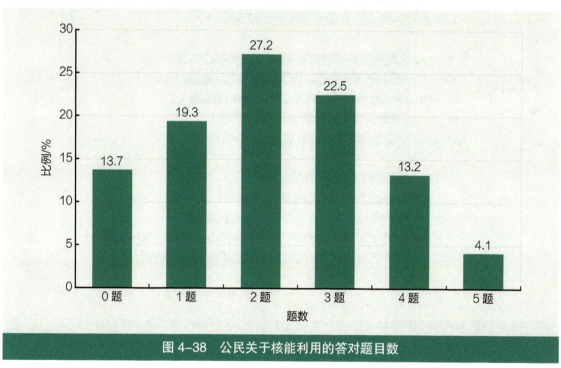

图 4-38　公民关于核能利用的答对题目数

而答对 0 道的比例为 13.7%，答对 2 道的比例最高为 27.2%，答对 1 道、3 道、4 道的比例分别为 19.3%、22.5% 和 13.2%。公民对核能利用的了解程度处于较低水平。

2. 不同群体公民对核能利用的了解程度

通过对 5 道题赋值，计算出公民的得分，总分为 10。从总体看，我国公民关于核能利用的平均得分为 4.3 分，尚未达到中间值 5 分，对于核能利用的了解并不高。在性别方面，男性（4.3 分）高于女性（4.2 分）0.1 分；在城乡方面，城镇居民（4.6 分）高于农村居民（3.7 分）

0.9 分；随着年龄段的增大，公民的得分呈下降趋势，分别为 18—29 岁年龄段 4.5 分，30—39 岁年龄段 4.4 分，40—49 岁年龄段 4.3 分，50—59 岁年龄段 3.8 分，60—69 岁年龄段 3.7 分；随着文化程度的提升，公民的得分呈上升趋势，分别为小学及以下 2.9 分，初中 3.7 分，高中（中专、技校）4.6 分，大学专科 5.2 分，大学本科及以上 6.1 分，其中大学专科和大学本科及以上的得分超过了中间值 5 分。总的来说，我国男性、城镇居民、年龄段偏低和受教育水平较高群体对核能利用相关知识拥有更深更准确的了解，见图 4-39。

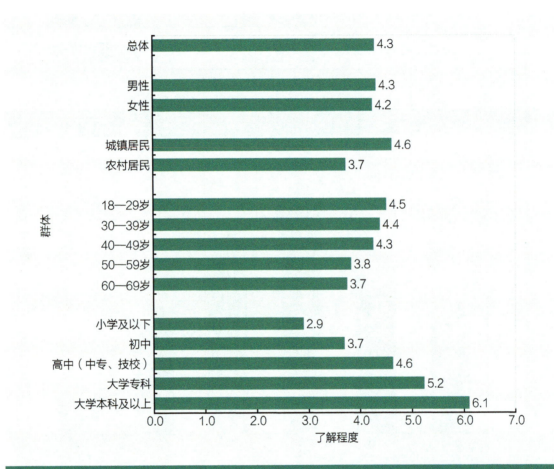

图 4-39　不同群体公民对核能利用的了解程度

（三）公民对核能利用的态度

1. 公民对核能利用的态度

调查显示，中国公民对核能利用的态度是积极肯定的，如图 4-40 所示。

87.3% 的公民赞成"政府应该采取多种形式让公众了解核能利用的相关信息"，84.8% 赞成"科学技术的进步能够使人类更加安全地利用核能"，82.6% 赞成"我国需要发展核电和可再生能源，保证电力供应充足，促进能源结构调整"，68.0% 赞成"核电站的建设有助于缓解火力

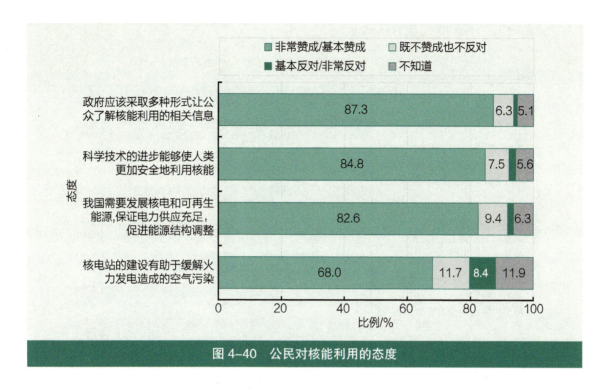

图 4-40　公民对核能利用的态度

发电造成的空气污染"。可见，我国公众对核能利用充分肯定，且对核能的未来充满信心。

2. 不同群体公民对核能利用的态度

（1）性别差异

公民对核能利用的态度在性别差异上有所体现。88.2% 的男性公民赞成"政府应该采取多种形式让公众了解核能利用的相关信息"，高于女性（85.7%）；87.5% 的男性公民赞成"科学技术的进步能够使人类更加安全地利用核能"，高于女性（80.1%）；85.3% 的男性公民赞成"我国需要发展核电和可再生能源，保证电力供应充足，促进能源结构调整"，高于女性（77.7%）；75.0% 的男性公民赞成"核电站的建设有助于缓解火力发电造成的空气污染"，高于女性（55.6%）近 20 个百分点；每道题的反对比例男女差别不大，男性的中立比例均低于女性。总的来说，男性公民对核能利用的态度更加积极、肯定。见图 4-41。

（2）城乡差异

公民对核能利用的态度在城乡差异上有所体现，但差别不大。88.0% 的城镇居民赞成"政府应该采取多种形式让公众了解核能利用的相关信息"，高于农村居民（85.9%）；85.5% 的城镇居民赞成"科学技术的进步能够使人类更加安全地利用核能"，高于农村居民（83.7%）；82.9% 的城镇居民赞成"我国需要发展核电和可再生能源，保证电力供应充足，促进能源结构调整"，高于农村居民（81.9%）；70.2% 的城镇居民赞成"核电站的建设有助于缓解火力发电造成的空气污染"，高于农村居民（64.2%）；每道题的中立比例和反对比例差别不大。总的来说，城镇居民更关注核能利用，对核能利用的态度更加积极、肯定。见图 4-42。

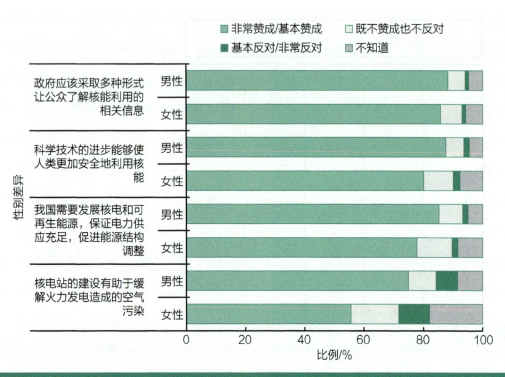

图4-41　公民对核能利用态度的性别差异

图4-42　公民对核能利用态度的城乡差异

（3）年龄差异

对于"政府应该采取多种形式让公众了解核能利用的相关信息"，各个年龄段的赞成比例分别为18—29岁年龄段86.4%，30—39岁年龄段86.6%，40—49岁年龄段88.7%，50—59

岁年龄段 87.3%，60—69 岁年龄段 89.7%；对于"科学技术的进步能够使人类更加安全地利用核能"，各个年龄段的赞成比例分别为 18—29 岁年龄段 83.0%，30—39 岁年龄段 84.0%，40—49 岁年龄段 86.5%，50—59 岁年龄段 85.5%，60—69 岁年龄段 89.8%；对于"我国需要发展核电和可再生能源，保证电力供应充足，促进能源结构调整"，随着年龄段的增长，赞成比例增加（80.6%，80.7%，84.2%，85.3%，88.9%）；对于"核电站的建设有助于缓解火力发电造成的空气污染"，随着年龄段的增长，赞成比例增加（65.5%，66.8%，70.3%，70.6%，73.0%）。总的来说，年龄段大的人更关注核能利用，对核能利用的态度更加积极、肯定。见图 4-43。

（4）文化程度差异

公民对核能利用的态度差异在文化程度上体现较为明显，随着文化程度的提升赞成比例增大。对于"政府应该采取多种形式让公众了解核能利用的相关信息"，各个文化程度的赞成比

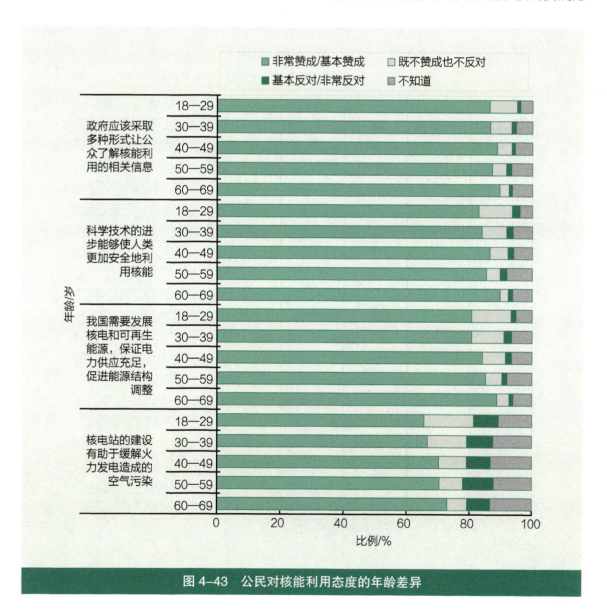

图 4-43 公民对核能利用态度的年龄差异

例分别为小学及以下79.2%，初中85.1%，高中（中专、技校）89.0%，大学专科91.3%，大学本科及以上94.9%；对于"科学技术的进步能够使人类更加安全地利用核能"，各个文化程度的赞成比例分别为小学及以下76.5%，初中82.1%，高中（中专、技校）87.1%，大学专科89.1%，大学本科及以上92.7%；对于"我国需要发展核电和可再生能源，保证电力供应充足，促进能源结构调整"，各个文化程度的赞成比例分别为小学及以下77.9%，初中79.7%，高中（中专、技校）84.3%，大学专科86.3%，大学本科及以上90.0%；对于"核电站的建设有助于缓解火力发电造成的空气污染"，各个文化程度的赞成比例分别为小学及以下58.5%，初中63.3%，高中（中专、技校）71.3%，大学专科74.0%，大学本科及以上81.2%；反对比例大致随着文化程度的提升而下降。总的来说，文化程度越高，越关注核能利用，对核能利用的态度更积极、肯定。见图4-44。

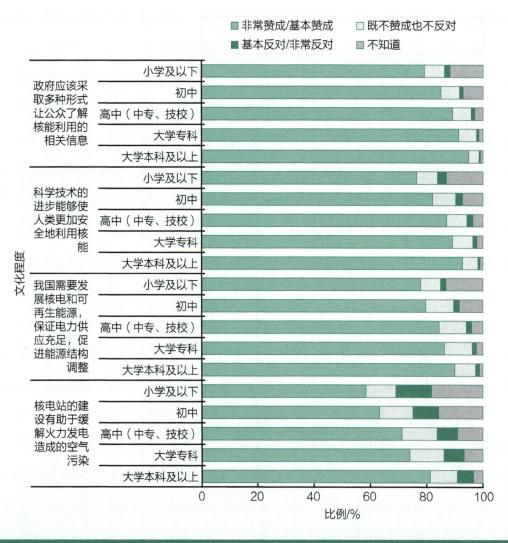

图4-44 公民对核能利用态度的文化程度差异

（四）公民对我国发展核电利弊的看法

1. 公民对我国发展核电利弊的看法

调查显示，我国公民对发展核电利弊的看法比较一致，对核电发展持肯定态度，有 67.8% 的公民认为发展核电利远大于弊 / 利大于弊，13.0% 的公民认为利弊相当，16.0% 的公民认为弊大于利 / 弊远大于利，3.2% 的公民选择不知道。见图 4-45。

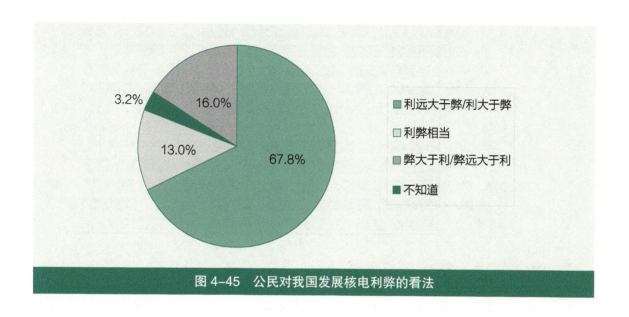

图 4-45　公民对我国发展核电利弊的看法

2. 不同群体公民对我国发展核电利弊的看法

调查显示，不同群体公民对发展核电利弊的看法存在不同程度的差异。见图 4-46。

从性别差异来看，男性公民持利远大于弊 / 利大于弊比例为 73.0%，利弊相当比例为 11.0%，弊大于利 / 弊远大于利的比例为 3.1%；女性公民持利远大于弊 / 利大于弊比例为 58.6%，利弊相当比例为 16.4%，弊大于利 / 弊远大于利比例为 3.4%。男性对核电发展更多持肯定态度。

从城乡差异来看，城镇居民持利远大于弊 / 利大于弊比例为 69.6%，利弊相当比例为 14.0%，弊大于利 / 弊远大于利比例为 3.2%；农村居民持利远大于弊 / 利大于弊比例为 64.8%，利弊相当比例为 11.2%，弊大于利 / 弊远大于利比例为 3.2%。城镇居民对核电发展更多持肯定态度。

从年龄差异来看，60—69 岁年龄段拥有最高持利远大于弊 / 利大于弊的比例、为 75.0%，其次为 40—49 岁年龄段为 73.7%，之后依次为 50—59 岁年龄段（72.2%）、30—39 岁年龄段（66.0%）和 18—29 岁年龄段（62.2%）；持利弊相当态度公民的比例随着年龄段的增长逐渐减小，持弊大于利 / 弊远大于利公民比例分别为 18—29 岁年龄段 3.3%，30—39 岁年龄段 4.3%，40—49 岁年龄段 2.3%，50—59 岁年龄段 2.9%，和 60—69 岁年龄段 2.2%。总的来说，年龄段大的公民对核电发展更多持肯定态度。

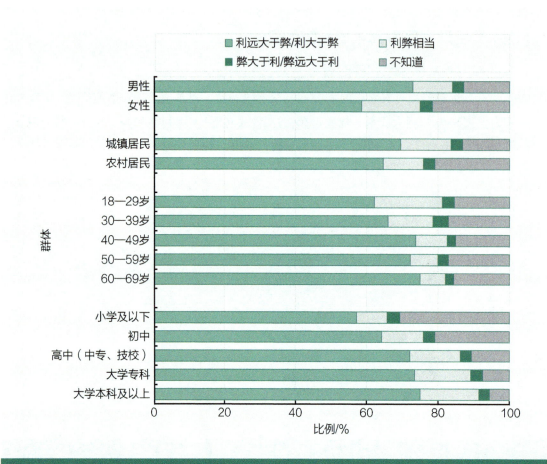

图4-46　不同群体公民对我国发展核电利弊看法的差异

从文化程度差异来看，随着文化程度的提升，公民持利远大于弊 / 利大于弊比例上升明显，分别为小学及以下 57.2%，初中 64.3%，高中（中专、技校）72.1%，大学专科 73.5%，大学本科及以上 75.1%，其中小学及以下到初中，初中到高中（中专、技校）提升最为明显；随着文化程度的提升，公民的利弊相当比例呈上升趋势；公民的弊大于利 / 弊远大于利比例差别不大。总的来说，文化程度越高，越肯定核电发展。

（五）公民对核能技术应用的支持情况

1. 公民对核能技术应用的支持情况

调查显示，我国公民对核能技术的应用态度比较一致，对核能技术应用持支持肯定态度。有 70.3% 的公民非常支持 / 比较支持，21.2% 的公民既不支持也不反对，仅有 2.5% 的公民比较反对 / 非常反对，6.0% 的公民不知道。见图4-47。

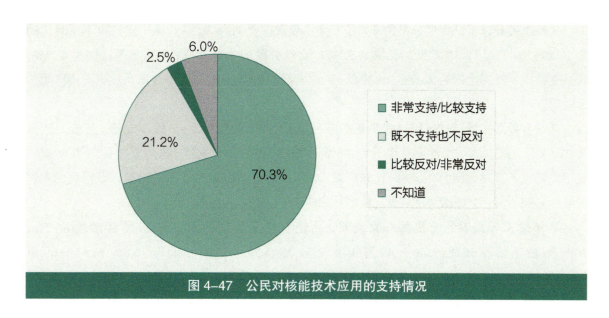

图 4-47　公民对核能技术应用的支持情况

2. 不同群体公民对核能技术应用的支持情况

调查显示，不同群体公民对核能技术应用的支持情况存在不同程度的差异。见图 4-48。

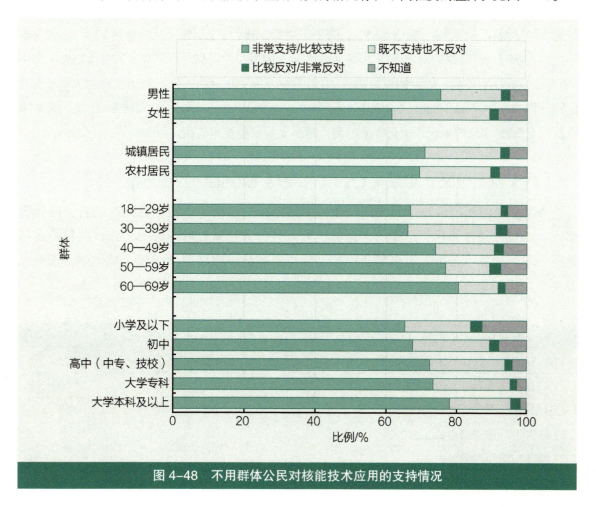

图 4-48　不用群体公民对核能技术应用的支持情况

从性别差异来看，男性公民的非常支持／比较支持比例为75.3%，既不支持也不反对比例为17.3%，比较反对／非常反对比例为2.5%；女性公民的非常支持／比较支持比例为61.5%，既不支持也不反对比例为28.0%，比较反对／非常反对比例为2.5%。男性比女性更支持核能技术应用。

从城乡差异来看，城镇居民的非常支持／比较支持比例为70.9%，既不支持也不反对比例为21.6%，比较反对／非常反对比例为2.5%；农村居民的非常支持／比较支持比例为69.4%，既不支持也不反对比例为20.4%，比较反对／非常反对比例为2.5%。总的来说，城镇居民和农村居民差别不大，但城镇居民更支持核能技术应用。

从年龄差异来看，公民的非常支持／比较支持比例分别为18—29岁年龄段66.7%，30—39岁年龄段66.0%，40—49岁年龄段74.0%，50—59岁年龄段76.8%和60—69岁年龄段80.4%；公民的既不支持也不反对比例随着年龄段增长而呈下降趋势；公民的比较反对／非常反对比例分别为18—29岁年龄段1.9%，30—39岁年龄段3.1%，40—49岁年龄段2.6%，50—59岁年龄段3.1%和60—69岁年龄段2.0%。总的来说，年龄段大的公民更支持核能技术应用。

从文化程度差异来看，随着文化程度的提升，公民的非常支持／比较支持比例上升明显，分别为小学及以下65.3%，初中67.5%，高中（中专、技校）72.4%，大学专科73.4%，大学本科及以上78.1%；公民的既不支持也不反对比例分别为小学及以下18.7%，初中22.1%，高中（中专、技校）21.5%，大学专科22.0%，大学本科及以上17.6%；公民的比较反对／非常反对比例分别为小学及以下3.5%，初中2.7%，高中（中专、技校）2.1%，大学专科1.9%，大学本科及以上2.7%。总的来说，文化程度越高，越多支持核能技术应用。

（六）基于知识－态度－行为（KAP）模型的一致性分析

公民对核能利用科技议题的认识会影响到对相关观点的态度，进而影响自身的行为模式。通过分别对知识、态度两个模块进行赋值，采用加总取均值的方法，并保持题目量纲一致，计算出公民关于核能利用的了解程度和认可程度两个指标。具体赋值情况见表4-2、表4-3。

表4-2　公民关于核能利用的了解程度赋值

了解程度的赋值	回答正确	回答错误	不知道
（1）X光透视检查利用了核物质的放射性（×）	0	1	0
（2）B超检查利用了核物质的放射性（×）	0	1	0
（3）碘盐可以预防核辐射（×）	0	1	0
（4）核辐射都是人为产生的（×）	0	1	0
（5）微量的核辐射照射不会危害人体的健康（√）	1	0	0

认可程度的赋值	非常赞成	基本赞成	既不赞成也不反对	基本反对	非常反对
（1）核电站的建设有助于缓解火力发电造成的空气污染	5	4	3	2	1
（2）科学技术的进步能够使人类更加安全地利用核能	5	4	3	2	1
（3）我国需要发展核电和可再生能源，保证电力供应充足，促进能源结构调整	5	4	3	2	1
（4）您认为我国发展核电的利弊如何	（利远大于弊）5	（利大于弊）4	（利弊相当）3	（弊大于利）2	（弊远大于利）1
（5）您对核能技术的应用支持或反对的程度如何	（非常支持）5	（比较支持）4	（既不支持也不反对）3	（比较反对）2	（非常反对）1

表 4-3　公民关于核能利用的认可程度赋值

从整体来看，我国公民的了解程度得分平均值为 2.14，对于核能利用的知识正确度并不高，了解程度不深，还需要继续进行相关知识的普及；认可程度平均值为 4.14，我国公民对核能利用的认可度很高，对其意义充分肯定，对未来发展态势充满信心。对二者进行相关分析，知识与态度显著（$p<0.001$），有统计学意义，但相关系数仅为 0.146，二者间虽然有正相关关系，但关系不强烈。对核能利用的了解程度并不对公民的核能认可度具有强烈的指导作用，公民对核能的认可并不完全来自于对核能的了解以及核能技术的进步，更多地与国家对核能的公共政策策略有关，系统科学的公共政策的制定与推广能够加强公共沟通、增加公民信任和公民接受度。

（七）小结

通过调查可知，核能利用有一定普及度和关注度，但知晓度不高，公民主要通过电视和互联网获取有关信息，互联网等新媒体崛起，最相信科学家，其次是政府。我国公民对核能利用了解程度浅，存在错误认识，但对核能利用的态度是积极肯定的，且对核能利用的未来充满信心，支持核电发展和核能技术利用。

核能已成为人类能源的重要来源之一，在人们越来越重视温室效应和大气污染的形势下，积极开展核能利用，推进核电建设对满足我国经济和社会发展不断增长的能源需求，提升我国综合经济实力、工业技术水平都有重要的意义。通过分析可以看出尽管我国公民对核能利用的认知程度不高，但对于核能利用总体上保持了较为积极和乐观的态度，绝大部分的受访者认为发展核电的利大于弊，对于核能技术的应用也持积极支持的态度。纵观欧美等国家公众对核电的态度研究，这些国家的公众对核能利用的态度在大的时间尺度上会产生一定的变化，核事故、媒体的传播导向、公众对核电站的熟悉和了解程度都会影响公众对核能利用的态度和支持度。因此，切实加强核能利用的宣传，加强与我国公民的沟通，让其熟悉和了解核电行业，消除公民由于信息缺失产生的恐惧和不信任感是我国今后一段时期发展核电的重中之重。

三、转基因议题

转基因技术近年来成为热点科技议题，公众、科学共同体、媒体、相关利益方、政府主管部门等多方群体围绕这一议题展开旷日持久的争论，欧美等其他国家和地区也面临类似的状况。2015年中国公民科学素质调查在对我国公民科学素质监测评估的基础上，正式加入了"转基因"公共科技议题模块，在指标体系的构建上以经典的KAP（知识–态度–行为）模型为基础，考虑到"转基因"的公共科技政策属性，添加了信息来源、信任度和支持度三个指标。在题目的选取上，参考了国内外成熟的转基因知识评测量表并结合我国国情设计出相应题项，充分保证该议题模块能够有效反映我国公民对转基因的认知和态度，同时具备良好的信度、效度和国际可比性。

（一）公民对转基因的知晓度、信息来源和信任情况

1. 公民对转基因的知晓程度

2015年调查，通过受访者对"转基因"是否听说过来了解我国公民对转基因的知晓状况。调查结果显示，我国公民有60.7%听说过转基因，选择"没听说过"和"不知道"的比例分别为22.4%和16.9%。本次调查选择"听说过"的受访者进行"转基因"模块的后续访问。

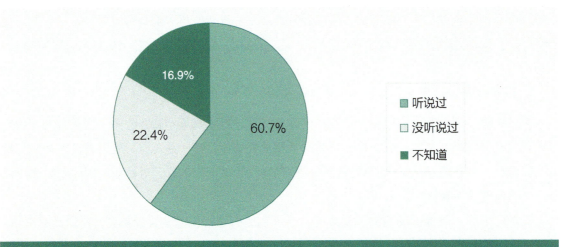

图4-49 公民对转基因的知晓程度

2. 不同群体公民对转基因的知晓程度

调查显示，不同分类群体公民对转基因的知晓程度呈现不同程度的差异。

（1）性别差异和城乡差异

公民对转基因知晓程度呈现出性别差异和城乡差异，且城乡之间呈现更为明显的差异，如图4-50所示。听说过转基因的公民比例，男性公民（62.7%）比女性公民（58.7%）高4个百分点，城镇居民（72.2%）比农村居民（48.0%）高24.2个百分点；没听说过转基因的公民比

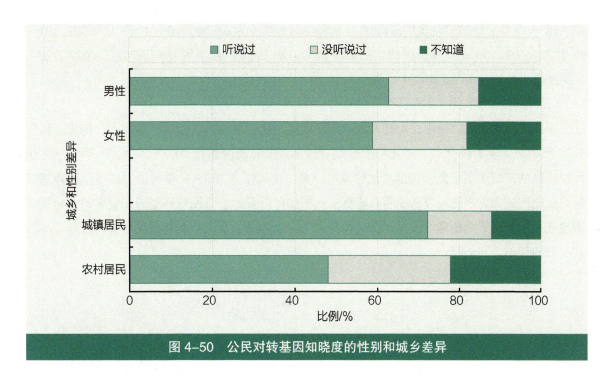

图 4-50 公民对转基因知晓度的性别和城乡差异

例，男性和女性差异不大，均略高于 20%，城镇居民（15.8%）远低于农村居民（29.7%）13.9 个百分点；不知道转基因的公民比例，男性（15.4%）比女性（18.3%）低 2.9 个百分点，城镇居民（12.0%）比农村居民（22.2%）低 10.2 个百分点。

（2）年龄差异

不同年龄段公民中，对转基因的知晓程度随年龄升高而呈下降趋势，如图 4-51 所示。其

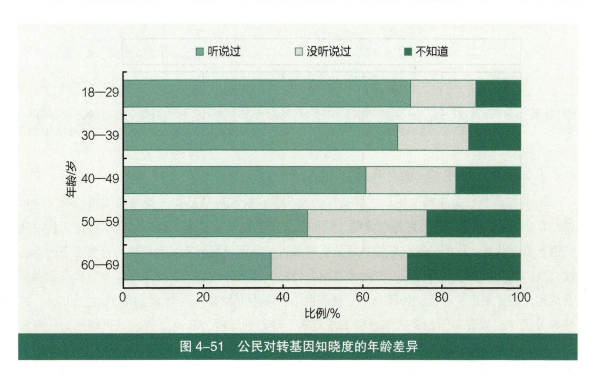

图 4-51 公民对转基因知晓度的年龄差异

中，18—29 岁公民的知晓程度最高为 71.9%，30—39 岁为 68.7%，40—49 岁为 60.7%，50—59 岁为 46.1%，60—69 岁公民的比例最低为 37.0%；同时，没听说过和不知道转基因的公民比例随着年龄的升高而逐渐增大。

（3）文化程度差异

不同文化程度的公民中，对转基因的知晓度随文化程度的升高而呈明显的增加趋势，如图 4-52 所示。大学本科及以上文化程度公民对转基因的知晓度达到 90.0% 以上，小学以下文化程度公民的知晓度明显低于其他文化程度的公民，比例仅为 30.1%；没听说过和不知道转基因的公民比例随文化程度的提高而明显降低。从图中可以看出，公民对转基因知晓度的差异更多体现在初中及以下文化程度公民，在某种程度上可以说高中及以上文化程度是公民参与公共科技议题的基础。

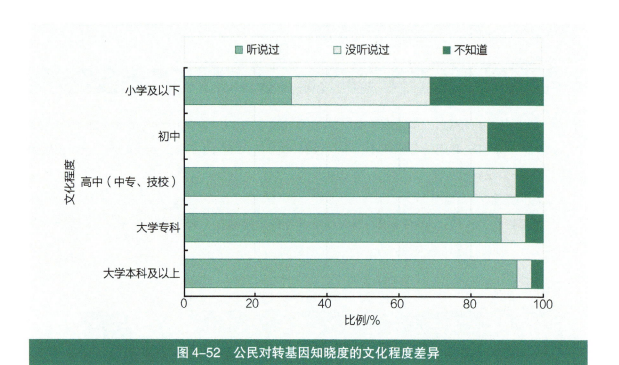

图 4-52　公民对转基因知晓度的文化程度差异

3. 公民获取转基因信息的渠道

2015 年调查已设置相关题目了解我国公民获取科技发展信息相关渠道的使用情况（详见第二章），对于具体的转基因科技议题，我们设置了类似的题目来了解公民获取特定科技议题的信息渠道状况。我国公民获取转基因信息的渠道与公民获取科技发展信息的首要渠道来源高度一致。电视和互联网及移动互联网是我国公民获取转基因信息的主要渠道。与公民获取科技发展信息的主要渠道相比，公民利用电视和网络的集中度较高，两个渠道的占比达 86.7%，意味着公民在获取转基因相关的信息时基本依靠上述两种渠道，其他渠道的比例依此为：报纸（4.1%）、图书（2.6%）、广播（1.5%）和期刊杂志（1.1%）。见图 4-53。

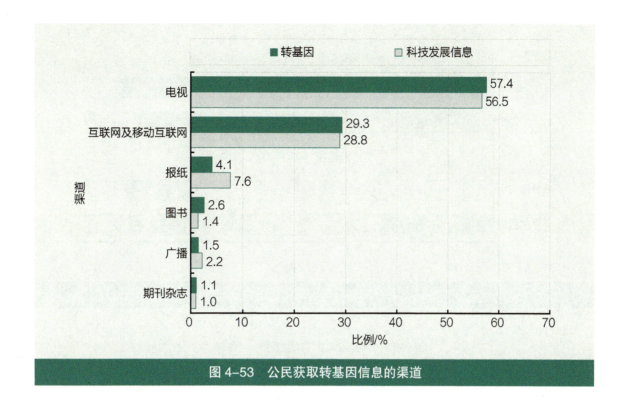

图 4-53   公民获取转基因信息的渠道

以上分析表明，电视和互联网及移动互联网是公民获取转基因的主要渠道且集中度很高，有关转基因的科普传播与普及应着重发力在以上两个主渠道中。

4. 不同群体公民获取转基因信息的渠道

分析表明，不同群体公民获取转基因信息的渠道存在不同程度的差异。

（1）性别差异和城乡差异

从性别的差异来看，不同性别公民获取转基因信息的渠道呈现出一定的性别特征。女性公民更偏向于利用电视获取转基因相关的信息，男性公民通过互联网及移动互联网获取转基因信息的比例较高；通过报纸、图书、广播和期刊杂志获取转基因信息没有出现明显的性别差异。

从城乡差异来看，农村居民（63.7%）通过电视获取转基因信息的比例明显高于城镇居民（53.7%）；城镇居民（32.5%）通过互联网及移动互联网获取转基因信息的比例明显高于农村居民（23.9%）；通过报纸、图书、广播和期刊杂志获取转基因信息没有出现明显的性别差异，如图 4-54 所示。

（2）年龄差异

对不同年龄段的分析，如图 4-55 所示，在电视和网络这两个公民获取转基因信息的主要渠道中，两者呈现出一定的此消彼长的关系，随着年龄段的增长，公民通过电视获取转基因信息的比例逐渐增加，而通过互联网及移动互联网的比例逐渐降低。相较而言，互联网及移动互联网的变化幅度更大，从 18—29 岁的 42.9% 降低至 60—69 岁的 3.9%，降低了 39 个百分点，而电视从 18—29 岁的 43.3% 增加至 60—69 岁的 72.8%，增加了 29.5 个百分点。随着年龄段

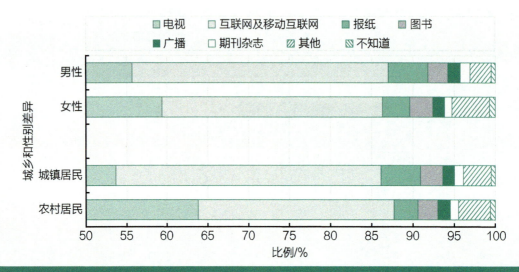

图 4-54　公民获取转基因信息渠道的性别和城乡差异

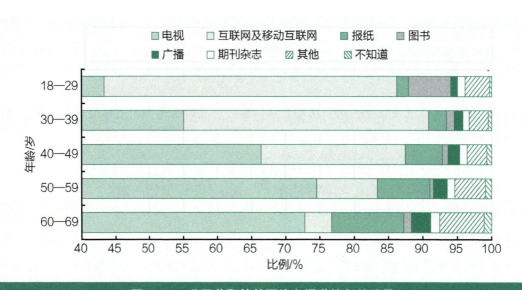

图 4-55　公民获取转基因信息渠道的年龄差异

的增加，公民利用报纸和广播获取转基因信息的比例呈逐渐增加的趋势，使用期刊杂志获取转基因信息的比例没出现明显的年龄差异。此外，18—29 年龄段中有 6.1% 的公民利用图书获取转基因信息，远高于其他年龄段，呈现出可喜的变化。

（3）文化程度差异

对不同文化程度公民获取科技信息的渠道分析如图 4-56 所示，公民通过电视、报纸、广播获取转基因信息的比例随着文化程度的提升而逐渐降低；通过互联网及移动互联网和图书获取转基因信息的比例则随着文化程度的提升而逐渐增加，值得注意的是，小学及以下文化程度的公民利用互联网及移动互联网获取转基因信息的比例仅为 9.5%，而初中及以上文化程度则从 23.7% 跃升至大学本科及以上的 57.3%，说明网络在公民获取转基因信息有一定的学历门槛，

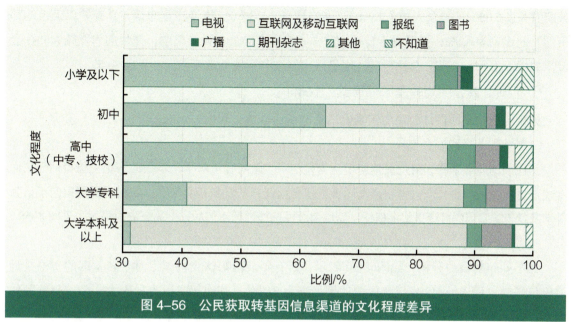

图 4-56　公民获取转基因信息渠道的文化程度差异

利用图书获取转基因信息的比例从小学及以下的 0.6% 和初中的 1.6%，跃升至高中的 4.2% 至大学本科及以上的 5.2%，说明高中及以上文化程度公民更侧重于利用图书获取转基因信息。除此之外，不同文化程度的公民通过期刊杂志获取转基因信息未呈现明显差异。

5. 公民对转基因信息最信任的群体

本次调查通过对受访者进行提问，来了解公民对转基因信息最信任的群体。调查结果显示，有接近 80% 的公民认为科学家是获取转基因信息最信任的群体，其他群体的比例依次为：

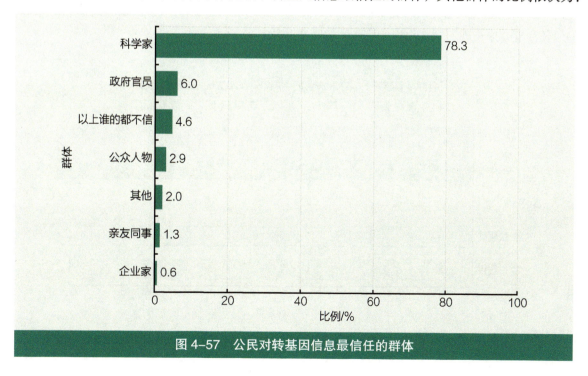

图 4-57　公民对转基因信息最信任的群体

政府官员（6.0%），公众人物（2.9%），亲友同事（1.3%）。值得注意的是，选择"以上谁的都不信"的比例为4.6%，说明对于转基因这样一个热点的公共科技议题，在目前引发较大的社会关注的情况下，一小部分公民对转基因呈现出复杂和消极的态度取向。见图4-57。

6.不同群体公民对转基因信息最信任群体

分析表明，不同群体公民对转基因信息的信任群体呈现出一定的差异。

（1）性别差异和城乡差异

从性别的差异来看，男性更偏向于认为科学家、政府官员对于转基因的言论更值得信任，而女性则更略微偏向于公众人物和亲友同事更值得信任；从城乡差异来看，农村居民更偏向于认为科学家对于转基因的言论更值得信任，而城镇居民选择谁都不信的比例高于农村居民。见图4-58。

（2）年龄差异

对不同年龄段的分析，如图4-59所示，所有年龄段都认为科学家对于转基因的言论是最值得信任的，而40—49岁年龄段的比例最高为81.0%，其他年龄段差异不大。随着年龄段的增加，认为政府官员对于转基因的言论是值得信任的比例逐渐增加，从18—29岁的3.9%到60—69岁的12.2%；与之对应的，随着年龄段的增加，认为公众人物对于转基因的言论是值得信任的比例则逐渐降低；选择谁都不信的比例随着年龄段的增加而逐渐降低。

（3）文化程度差异

对不同文化程度的分析，如图4-60所示，不同文化程度公民均认为科学家对于转基因的言论是最值得信任的。对于政府官员的信任比例随着文化程度的提升而逐渐降低，从小学及以下的8.8%降低至大学本科及以上的4.0%；选择谁都不信的比例则随着文化程度的提升而逐渐升高，从小学及以下的2.9%升高至大学本科及以上的11.6%。公众人物、亲友同事、企业家的信任程度并未出现不同文化程度而产生的明显差异。

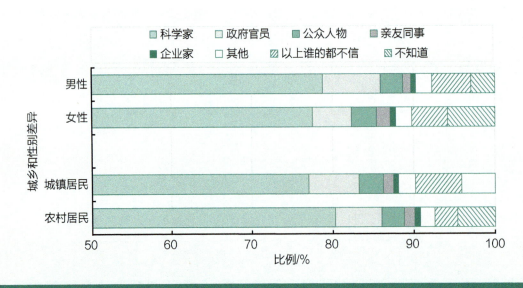

图4-58　公民对转基因信息最信任的群体的性别和城乡差异

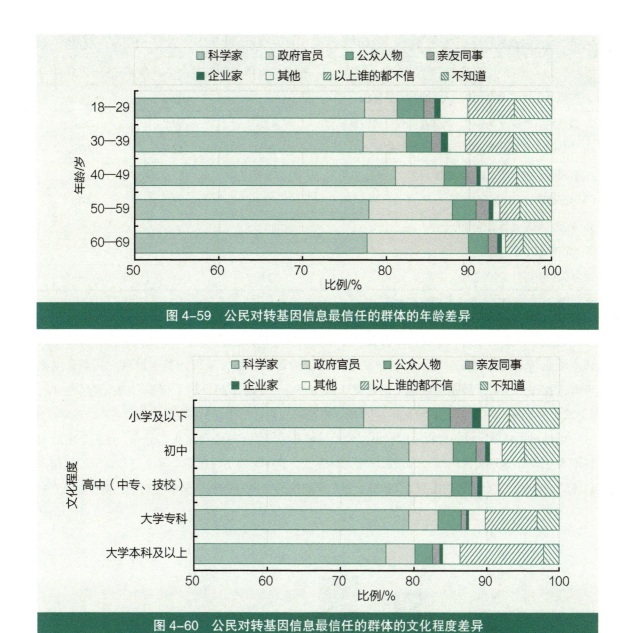

图 4-59　公民对转基因信息最信任的群体的年龄差异

图 4-60　公民对转基因信息最信任的群体的文化程度差异

（二）公民对转基因的了解程度

1. 公民对转基因的了解程度

2015 年调查选取了五个与公众日常生活相关的转基因题目评测公众对于转基因的认知和理解状况，其中 a、b、c、d 四道知识题欧美相关调查中一直在使用，e 题是本土题目（详见表 4-4）。从回答情况来看，受访者不同题目的正确率相差很大，与欧美相关调查的可比结果进行比较显示，我国公民有关转基因的总体知识水平低于美国（2003 年），略高于欧盟（2003 年）；如图 4-61，从全部题目平均正确率来看，我国公民的转基因知识水平有限，需要进一步加强对转基因知识的普及和传播。

表 4-4　中美欧公众对于转基因的认知和理解状况			单位：%
认知和理解	中国（2015 年）	美国（2003 年）	欧盟（2003 年）
a. 如果吃了转基因的水果，人就会被"转基因"	62.8	68.0	49.0
b. 普通西红柿里没有基因，而转基因西红柿里有基因	43.4	57.0	36.0
c. 转基因技术不能把动物的基因转移到植物上	28.5	48.0	26.0
d. 转基因动物总是比普通动物长得大	26.8	57.0	38.0
平均正确率（可比题目）	40.4	57.5	37.3
e. 杂交水稻是转基因作物的一种	18.3	—	—
平均正确率（全部题目）	36.0	—	—
转基因知识得分（10 分制）	3.6	—	—

注：美国和欧盟调查结果未保留小数点后一位。

　　这些题目都是与公众日常生活有关且主要反映转基因的主要特性以及相关应用，对于"杂交水稻是转基因作物的一种"的说法则考察了公民是否了解转基因的基本原理。从调查结果来看，我国公民对于转基因最基本的特征（a，b）有一定的了解，对于转基因的主要特性（c，d）的了解程度相对较低，对涉及转基因基本原理的题目（e）回答正确率较低。

　　通过对答对题目数的分析可以看出，公民的转基因知识水平总体呈正态分布，该正态曲线的偏度为 0.349，表明公民的转基因知识水平总体偏低，其中答对 2 道题目（含 2 道）以下的比例占总体的 69.6%，答对 3 道的比例为 18.1%，答对 4 道题的比例为 9.6%，全部答对的比例仅为 2.7%。

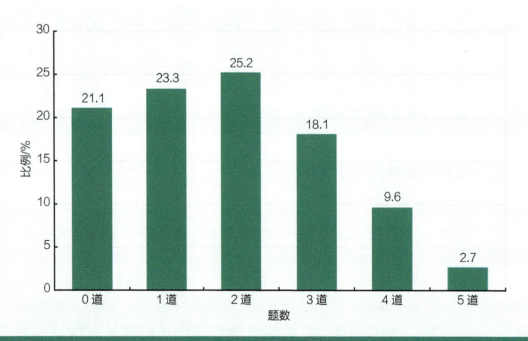

图 4-61　公民关于转基因的答对题目数

2. 不同群体公民对转基因的了解程度

分析表明，不同群体公民的转基因知识水平存在不同程度的差异。

（1）性别和城乡差异

从性别的差异来看，不同性别公民的转基因知识得分存在性别差异。男性公民转基因知识得分为 3.8，比女性公民的 3.4 高 0.4 分；从城乡差异来看，城镇居民的转基因知识得分为 3.8 分，比农村居民的 3.3 高 0.5 分，如图 4-62 所示。

（2）年龄差异

对不同年龄段的差异来看，如图 4-63 所示，不同年龄段的转基因知识得分存在明显的年

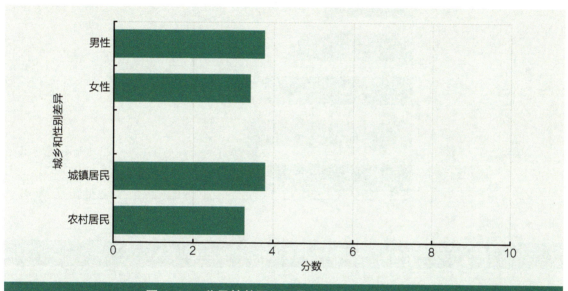

图 4-62 公民转基因知识得分的性别和城乡差异

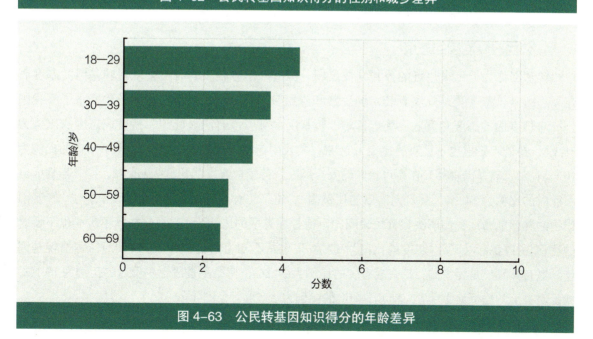

图 4-63 公民转基因知识得分的年龄差异

齢差异，随着年龄段的升高而得分逐渐降低。其中，18—29岁年龄段公民的转基因知识得分最高为4.4分，60—69岁公民的转基因知识得分最低为2.4分。

（3）文化程度差异

对不同文化程度的差异来看，如图4-64所示，不同文化程度公民的转基因知识得分存在明显的差异，随着文化程度的提高而得分逐渐升高。其中，小学及以下公民的转基因知识得分最低为2.4分，大学本科及以上公民的转基因知识得分最高为5.8分，两者相差3.4分。

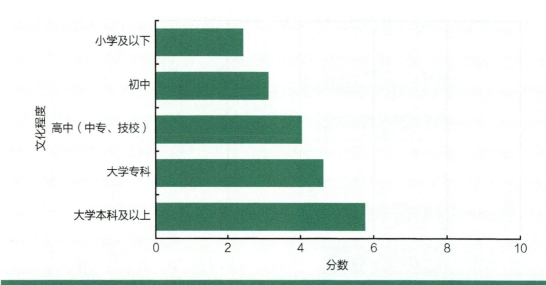

图4-64 公民转基因知识得分的文化程度差异

（三）公民对转基因的态度

1.公民对转基因的态度

转基因作为近年来热点的公共科技议题，国内外已有较多的有关公众对转基因的态度研究。2015年调查主要从这项新技术的发展和应用带来的收益、对潜在风险的判断来了解我国公民对转基因的态度和看法。受访者对"转基因食品应该有明显标识"持赞成态度的比例为81.3%，持既不赞成也不反对的比例为5.1%，持反对态度的比例为2.8%，表示不知道的比例为10.8%；对"转基因食品存在不可预知的安全风险"持赞成态度的比例为58.5%，持既不赞成也不反对的比例为14.3%，持反对态度的比例为9.9%，表示不知道的比例为17.2%；对"转基因作物的种植能帮助我们解决粮食短缺问题"持赞成态度的比例为52.7%，持既不赞成也不反对的比例为17.0%，持反对态度的比例为17.7%，表示不知道的比例为12.6%；对"种植转基因作物对自然环境是无害的"持赞成态度的比例为34.8%，持既不赞成也不反对的比例为19.1%，持反对态度的比例为20.9%，表示不知道的比例为25.2%，见图4-65。

以上结果表明，我国公民总体上认同对种植转基因作物带来的好处和收益，对于转基因食

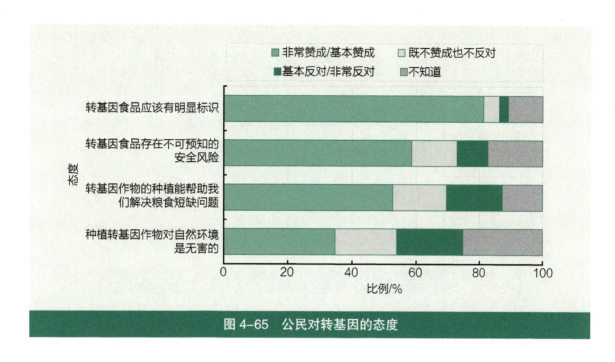

图4-65　公民对转基因的态度

品的潜在风险表现出较为谨慎态度，对于转基因作物对自然环境的影响的态度比较分散，认为对自然环境无害的比例相对较高，绝大多数公众希望转基因食品有明显标识。

2. 不同群体公民对转基因的态度

（1）性别差异

调查显示，有83.6%的男性公民赞成"转基因食品应该有明显标识"，高于女性4.8个百分点；持既不赞成也不反对和反对态度的性别差异不明显；有12.4%的女性选择不知道，高出男性3.0个百分点。对于"转基因食品存在不可预知的安全风险"，有60.4%的男性公民赞成，比女性高3.9个百分点；持既不赞成也不反对和反对态度的性别差异不明显；有18.6%的女性选择不知道，高出男性2.6个百分点。对于"转基因作物的种植能帮助我们解决粮食短缺问题"，有58.3%的男性公民赞成，比女性高11.8个百分点；持既不赞成也不反对和反对态度的女性比例略高于男性；有15.6%的女性选择不知道，高出男性5.6个百分点。对于"种植转基因作物对自然环境是无害的"，有37.7%的男性公民赞成，比女性高6.1个百分点；持既不赞成也不反对和反对态度的性别差异不明显；有27.5%的女性选择不知道，高出男性4.4个百分点，如图4-66所示。

（2）城乡差异

从城乡差异来看，对于"转基因食品应该有明显标识"，城镇居民（84.2%）赞成的比例明显高于农村居民（76.5%），高出7.7个百分点；持既不赞成也不反对和反对态度的性别差异不明显；农村居民选择不知道的比例明显高于城镇居民，高出了7.2个百分点。对于"转基因食品存在不可预知的安全风险"，城镇居民（62.4%）赞成的比例明显高于农村居民（52.2%），高出10.2个百分点；持既不赞成也不反对和反对态度的城乡差异不明显；农村居民选择不知道

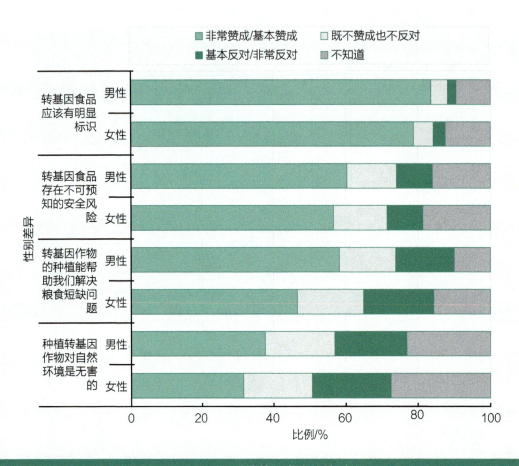

图例：
- 非常赞成/基本赞成
- 既不赞成也不反对
- 基本反对/非常反对
- 不知道

性别差异

转基因食品应该有明显标识
- 男性
- 女性

转基因食品存在不可预知的安全风险
- 男性
- 女性

转基因作物的种植能帮助我们解决粮食短缺问题
- 男性
- 女性

种植转基因作物对自然环境是无害的
- 男性
- 女性

比例/%

图 4-66　公民对转基因态度的性别差异

的比例明显高于城镇居民，高出了 8.8 个百分点。对于"转基因作物的种植能帮助我们解决粮食短缺问题"，农村居民（54.2%）赞成的比例高于城镇居民（51.7%），高出 2.5 个百分点；城镇居民持既不赞成也不反对和反对的态度略高于农村居民；农村居民选择不知道的比例明显高于城镇居民，高出了 5.2 个百分点。对于"种植转基因作物对自然环境是无害的"，城镇居民（32.2%）赞成的比例低于农村居民（39.0%），低了 6.8 个百分点；城镇居民持既不赞成也不反对和反对态度的比例均高于农村居民；农村居民选择不知道的比例高于城镇居民，高出了 4.2 个百分点，如图 4-67 所示。

（3）年龄差异

对不同年龄段的差异来看，对于"转基因食品应该有明显标识"，不同年龄段公民持赞成的态度存在年龄差异，公民持赞成态度的比例随着年龄段的升高而趋于降低，并在 50—69 岁年龄段保持稳定；与之对应的，选择不知道的比例随着年龄段的升高而逐渐变大。此外，18—29 岁年龄段对于转基因食品应该有明显标识持既不赞成也不反对的比例（7.5%）明显高于其他年龄段。

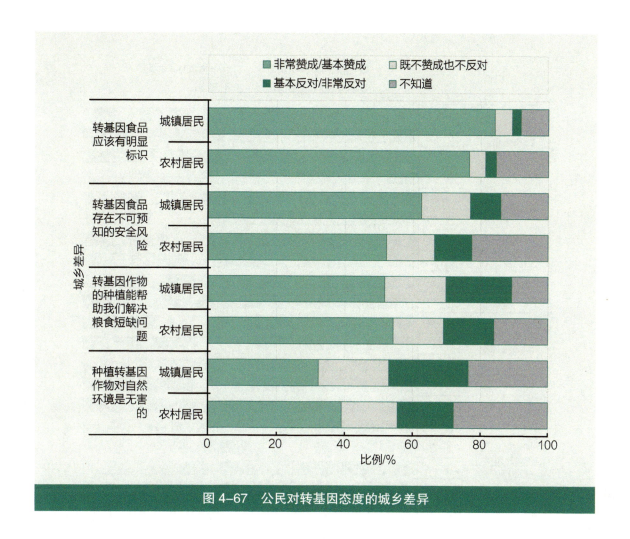

图 4-67　公民对转基因态度的城乡差异

对于"转基因食品存在不可预知的安全风险"，不同年龄段公民的态度存在年龄差异，公民持赞成态度的比例随着年龄段的升高而趋于降低；与之对应的，选择不知道的比例随着年龄段的升高而逐渐变大。值得注意的是，对转基因食品存在不可预知的安全风险持既不赞成也不反对的比例随年龄段的升高而逐渐降低，表明年轻人更为关注转基因的安全风险。

对于"转基因作物的种植能帮助我们解决粮食短缺问题"，不同年龄段公民的态度存在年龄差异，公民持赞成态度的比例随着年龄段的升高出现先降低后升高的变化，各年龄段的赞成比例在50%左右；持既不赞成也不反对态度的比例随年龄段的升高而逐渐降低；持反对意见的比例除18—29岁年龄段相对较低之外，其他年龄段差别不大；选择不知道的比例随年龄段的提升而比例逐渐增加。

对于"种植转基因作物对自然环境是无害的"，不同年龄段公民的态度存在年龄差异，公民持赞成态度的比例随着年龄段的升高而逐渐增加；持既不赞成也不反对态度的比例随年龄段的升高而逐渐降低；持反对意见的比例随着年龄段的升高而逐渐降低；选择不知道的比例随年龄段的提升而比例逐渐增加，如图4-68。

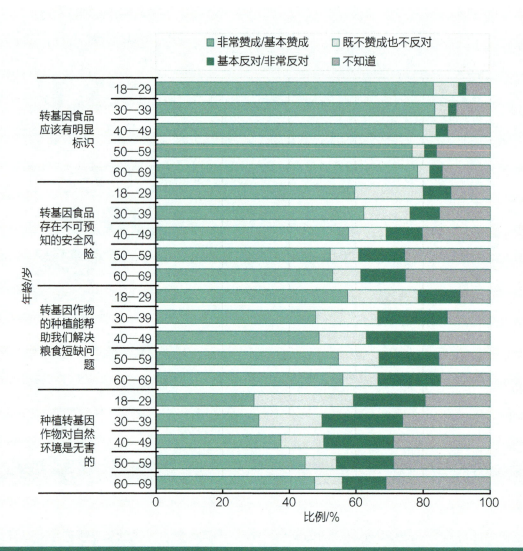

图 4-68　公民对转基因态度的年龄差异

（4）文化程度差异

对不同文化程度的差异来看，如图 4-69 所示，公民对"转基因食品应该有明显标识"存在明显的文化程度差异，公民持赞成态度的比例随着文化程度的提升而逐渐升高，持中立态度的比例随着文化程度的提升而逐渐降低，持反对态度的比例随着文化程度的提升而逐渐降低，选择不知道的比例随着文化程度的提升而逐渐降低。

对于"转基因食品存在不可预知的安全风险"，公民存在明显的文化程度差异，公民持赞成态度的比例随着年龄段的升高而迅速增加，从小学及以下的 43.3% 增加到大学本科及以上的 77.9%；持中立态度的比例未随着文化程度的提升而出现明显变化；持反对态度的比例随着文化程度的提升而逐渐降低，选择不知道的比例随着文化程度的提升而逐渐降低。

对于"转基因作物的种植能帮助我们解决粮食短缺问题"，公民存在明显的文化程度差异，公民持赞成态度的比例随着文化程度的提升而逐渐增加，从小学及以下的 53.1% 增加到大学本科及以上的 60.7%；持中立态度的比例随着文化程度的提升而逐渐增加；持反对态度的比例随着文化程度的提升而逐渐增加，选择不知道的比例随着文化程度的提升而逐渐降低。

对于"种植转基因作物对自然环境是无害的"，公民存在明显的文化程度差异，公民持赞成态度的比例随着文化程度的提升而逐渐降低；持中立态度的比例随着文化程度的提升逐渐增加；持反对态度的比例随着文化程度的提升而逐渐增加，选择不知道的比例随着文化程度的提升而逐渐降低。

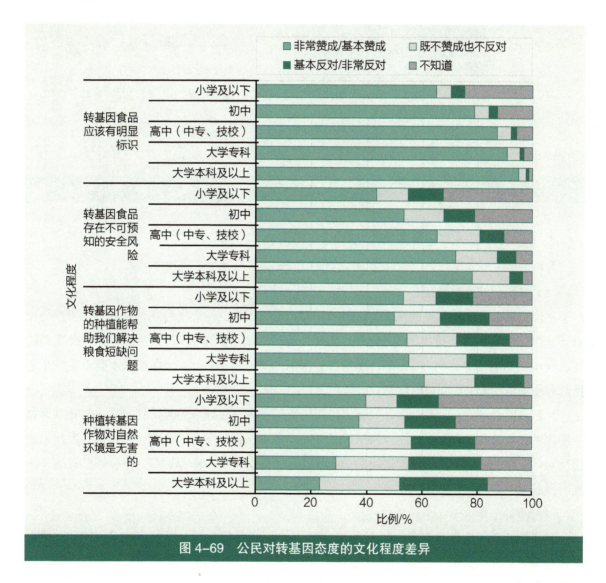

图 4-69　公民对转基因态度的文化程度差异

（四）公民对转基因技术应用的支持情况

1. 公民对转基因技术应用的支持情况

2015 年调查显示，我国公民对转基因技术应用的支持呈现出较为分散的局面，有 32.2% 的受访者表示支持，38.5% 的受访者表示既不支持也不反对，21.9% 的受访者表示反对，还有 7.4% 的受访者表示不知道。选择既不支持也不反对的中立观点的比例最高，这也说明我国公民对转基因技术的认识仍然不够成熟，当前的争论也容易使公众出现消极和无所适从的选择。见图 4-70。

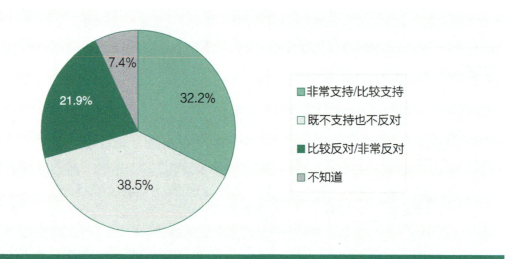

图 4-70　公民对转基因技术应用的支持情况

2. 不同群体公民对转基因技术应用的支持情况

分析表明，不同群体公民对转基因技术应用的支持情况存在不同程度的差异。

（1）性别和城乡差异

从性别的差异来看，不同性别公民对转基因技术应用的支持程度存在性别差异。男性公民对转基因技术应用的支持比例为 36.8%，比女性公民的 27.2% 高 9.6 个百分点；女性公民对转基因技术应用的反对比例为 25.6%，比男性公民的 18.5% 高 7.1 个百分点；表示既不支持也不反对和不知道的未出现明显的性别差异。

从城乡差异来看，公民对转基因技术应用的支持程度存在城乡差异。城镇居民对转基因技术应用的支持比例为 30.8%，比农村居民的 34.6% 低 3.8 个百分点；城镇居民对转基因技术应用反对的比例为 24.9%，比农村居民的 16.9% 高 8.0 个百分点；表示既不支持也不反对的未出现明显的城乡差异。见图 4-71。

（2）年龄差异

对不同年龄段的差异来看，如图 4-72 所示，不同年龄段公民对转基因技术应用的支持程度存在明显的年龄差异，公民对转基因技术应用的支持程度随着年龄段的升高先降低而后逐渐升高，其中 30—39 岁年龄段公民的支持比例最低为 27.9%；公民对转基因技术应用反对的比例随着年龄段的升高先升高而后逐渐降低，其中 18—29 岁年龄段公民的反对比例最低为 15.1%；公民对转基因技术应用表示既不支持也不反对的比例随着年龄段的升高而逐渐降低；表示不知道的比例随年龄段的升高而逐渐增加。

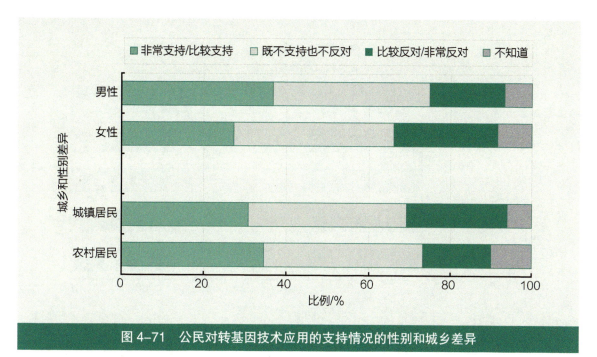

图 4-71　公民对转基因技术应用的支持情况的性别和城乡差异

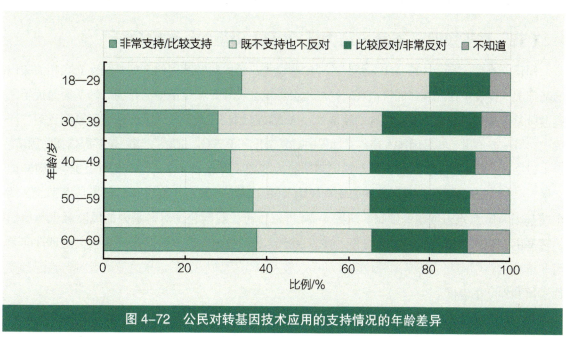

图 4-72　公民对转基因技术应用的支持情况的年龄差异

（3）文化程度差异

对不同文化程度的差异来看，如图 4-73 所示，不同文化程度公民对转基因技术应用的支持程度存在明显的差异，公民对转基因技术应用的支持程度随着文化程度的提升未出现明显变化；公民对转基因技术应用反对的比例随着文化程度的提升而逐渐增加；公民对转基因技术应用表示既不支持也不反对的比例随着文化程度的提升而迅速增加；表示不知道的比例随文化程度的提升而逐渐减小。

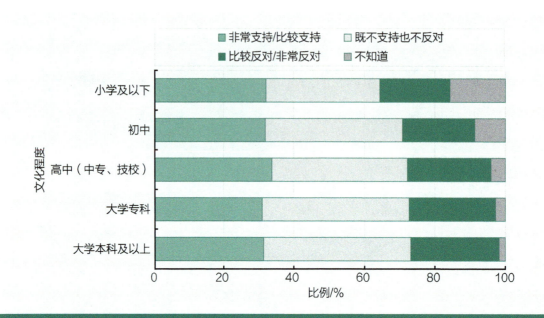

图 4-73　公民对转基因技术应用的支持情况的文化程度差异

（五）基于知识－态度－行为（KAP）模型的一致性分析

知识－态度－行为（K-A-P）模型的理论假设是：公民对转基因的态度既是建立在相关知识的基础上，体现了在此领域的价值观，同时也会影响公民在日常生活中的行为。转基因是近年来我国科学传播领域一项重要且特殊的领域，一方面转基因与公众日常生活有密切联系而受到广泛关注，另一方面由于转基因技术在传播过程中被复杂化和伦理化，造成了当前转基因传播的困境。

以 2015 年调查转基因模块 5 个知识判断题为基础（详见表 4-3），探讨公民的转基因知识水平对"转基因食品存在不可预知的安全风险"和"种植转基因作物对自然环境是无害的"两个转基因风险意识态度题的影响。从图 4-74 可以看出，我国公民对转基因的风险意识与他们的转基因知识水平呈现较为明显的相关性。由于转基因在国内已逐渐演变成为一个伦理性问题而非单纯的科学问题，正是这种伦理性的争议使得转基因知识水平越高的受访者对转基因持更加谨慎和保守的态度。

将公民日常生活与转基因有关的行为（表 4-5）进行赋值，采用加总取均值的方法，并保持题目量纲一致，同时将公民的转基因知识水平（题目答对数）与行为进行相关分析。从整体来看，我国公民日常生活与转基因有关行为得分为 3.64，介于"有时"和"经常"之间；知识、态度、行为三者两两间均显著（$P<0.001$），但相关系数分别为 0.263（知识水平 * 对转基因的态度），0.186（知识水平 * 转基因行为）和 0.378（对转基因的态度 * 转基因行为），尽管三者之间相关系数均为正，但均为弱相关和无相关。这种情况表明，尽管知识是认识事物、做出决策的基础，但在实际生活中，对行为的影响是一种多因素的模式，如何找到影响态度和行为的主要因子，对于特定议题的科学传播和普及具有重要的意义和价值。

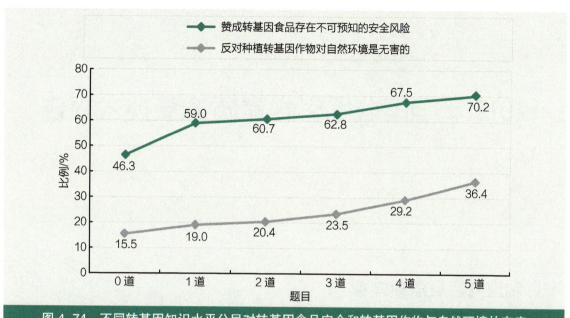

图 4-74　不同转基因知识水平公民对转基因食品安全和转基因作物与自然环境的态度

表 4-5　公民关于日常生活中与转基因有关行为的赋值

题　项	总是	经常	有时	很少	没有
（1）在购买食品时关注其原料是否含有转基因的成分	5	4	3	2	1
（2）拒绝食用任何转基因食品	5	4	3	2	1
（3）只要价格合适，会选择转基因食品	5	4	3	2	1
（4）关注有关转基因技术应用的报道	5	4	3	2	1

（六）小结

转基因作为近年来的热点科技议题，本章以 2015 年第九次中国公民科学素质调查转基因科技议题模块的调查数据为基础，通过分析表明，我国公民获取有关转基因信息的渠道与其他科技信息的渠道高度一致，均主要通过电视和互联网获取相应的信息；我国公民的转基因知识水平较为有限，对转基因相关知识的认知和理解并不充分，总体知识水平与欧盟 2003 年相当，但低于美国 2003 年水平。我国公民较为认同转基因带来的好处和收益，但对于转基因食品的潜在风险表现出较为谨慎的态度，对于转基因作物对自然环境的影响的态度比较分散，认为对自然环境无害的比例相对较高；对转基因技术的支持呈现出较为分散的局面。

从以上结果来看，当前我国社会语境下转基因的科学传播任重道远。分析表明，较高科学素质水平和转基因知识水平的公众对转基因技术的应用会更倾向于支持，说明对转基因全面而充分的了解和较高的科学素质水平能够有效帮助公众正确理性的认识和理解转基因这项科技议题；但需要注意的是，当前社会上有关转基因议题的争论对各个层次的公众都产生了较大影响，使得公众面对该议题时表现出极大的谨慎态度和中立行为。如何处理好这些争议，建立一套严谨而权威的转基因传播体系，充分利用好公众对科学家的信任，把科学的还给科学，还原转基因原本的技术价值，是当前科学传播界亟待解决的重点问题。

2015 年中国公民科学素质调查技术报告

一、调查内容及指标体系

（一）调查的主要内容

2015 年中国公民科学素养抽样调查包括：公民对科学的理解、公民的科技信息来源和公民对科学技术的态度、公民对热点公共科技议题的认知和看法等方面的内容。其中，公民对科学的理解部分是公民科学素质的核心指标，用于测算公民的科学素质水平，从而得出具备科学素质公民的比例；公民的科技信息来源和公民对科学技术的态度两部分是公民科学素质调查及结果综合分析的必要组成部分，是公民科学素质的影响因素指标，不纳入具备科学素质公民的判定指标。

调查问卷的内容，在 2010 年问卷的基础上做了一些修订和调整。在公民对科学的理解方面，包括：公民对目前各种信息传播渠道中涉及的科学术语（分子、DNA、互联网、纳米）和日常生活中的基本科学观点（如：地球的中心非常热、电子比原子小、光速比声速快、抗生素不能杀死病毒、我们呼吸的氧气来源于植物、婴儿的性别由父亲决定、乙肝的传播途径等 18 个判断题）的了解情况；公民对基本的科学方法和过程（"科学地研究事物"、概率、对比试验）的了解情况；公民对科学与社会之间关系（对各种迷信的相信程度）的理解程度。与 2010 年调查不同的是，在科学术语部分用"纳米"替换了"辐射"；在基本科学观点部分，删除了"吸烟会导致肺癌"，将"地球围绕太阳转"和"地球围绕太阳转一圈的时间为一天"合并为一题，增加了乙肝的传染途径、声音的传播媒介、植物开花的基因和地球板块运动会导致地震四个问题。

在公民的科技信息来源方面，包括公民对各类新闻话题和科学技术发展信息（科学新发现、新技术新发明的应用等）的感兴趣程度；公民从大众传媒（电视、广播、报纸、杂志、科学期刊、图书、互联网及移动互联网）及通过亲友同事获取科技信息的情况；公民通过科普活动（科技周、科普日、科普宣传车、科技展览和咨询、科普讲座等）了解科技知识和信息的情况；公民参观科技馆等科技类场馆（动植物园、自然博物馆、科技园区、科普画廊、科普宣传车、科技示范点、科普活动站、公共图书馆等）了解科技知识和信息的情况；以及公民参与公共科技事务讨论的情况等。这一部分与 2010 年相比，加入了科技发展信息感兴趣程度，将获取科技信息的渠道中的"互联网"改为"互联网及移动互联网"，对于选择互联网及移动互联网的受访者，增加了一道题目，了解公众通过互联网了解科技发展信息的频度和信任度的情况；在利用科普设施的题目中，把"科普宣传车"从科普活动移至科普设施中。

在公民对科学技术的态度方面，包括公民对我国科学技术发展的看法；对科学家团体和科学事业的态度；对科学发展（自然资源和科技人才资源的可持续发展、基础科学研究）的看法；对科技创新（科技创新、技术应用）的态度。这部分与 2010 年相比，在保证调查指标完整的基础上，对公民对科学技术的看法题目进行了扩充，保留了完整的 15 道科学态度题项。

同时，为保持与国际通行的公民对科学的理解与态度调查指标同步发展，2015 年调查在各项一级指标中加入了全球气候变化、核能利用和转基因三个公共科技议题的相应内容。

调查通过对受访者的背景变量进行统计加权分析，可以得出我国不同性别、不同年龄段、不同受教育程度、不同职业以及城乡、不同地区（东部、中部和西部地区）和《科学素质纲要》实施的重点人群以及民族划分等各类人群的相关分析结果。

（二）调查的指标体系

2015 年中国公民科学素养抽样调查的指标体系由背景变量和分级指标组成。

背景变量包括地区、城乡、性别、年龄、文化程度、职业、民族和重点人群等。

分级指标包括 3 项一级指标、12 项二级指标和 38 项三级指标。三级指标下共包含 45 道测试题目及 154 道题项。

一级指标包括公民对科学的理解、公民的科技信息来源和公民对科学技术的态度。

一级指标"公民对科学的理解"下，包含基本科学知识、基本科学方法、理解科学对个人和社会的影响、对公共科技议题的理解 4 个二级指标；一级指标"公民的科技信息来源"下，包含公共科技议题的信息来源、公民获取科技发展信息的渠道、公民参加科普活动的情况、公民参观科普设施的情况及原因、公民参与公共科技事务程度的 5 个二级指标；一级指标"公民对科学技术的态度"下，包括公民对科技信息的感兴趣程度、公民对科学技术的看法、公民对公共科技议题的看法 3 个二级指标。指标体系详见表 5–1。

该套指标体系最大限度地保持了与以往调查指标的连续可比性，并尽量靠近测度《科学素质纲要》中规定的公民科学素质的要求，即公民具备基本科学素质一般指了解必要的科学技术知识，掌握基本的科学方法，树立科学思想，崇尚科学精神，并具有一定的应用它们处理实际问题、参与公共事务的能力。

（三）问卷说明及指标解释

2015 年中国公民科学素质抽样调查依托中国科普研究所自主研发的"公民科学素质数据采集与管理系统"，使用平板电脑进行入户面访。与以往调查不同，2015 年调查问卷是电子问卷，在问卷的版面设计上在借鉴以往调查经验，本着连续可比、条理清晰、语言通顺和便于调查及统计的原则，做了相应的修改和调整。

1. 问卷说明

（1）问卷的结构

问卷由受访者住址信息、封面、问卷主体和封底组成。

受访者住址信息由访问员输入，包含受访者的称呼、性别、联系方式、具体的住址信息，用于确定问卷的抽样是否符合规范、受访者是否为目标人群。

封面包括调查名称、国家统计局批准文号、调查有效期、先导语和调查机关等内容。

表 5-1　2010 年中国公民科学素质调查指标体系表		
一级指标	二级指标	三级指标
一、公民对科学的理解	1. 了解基本科学知识	（1）对科学术语的了解
		（2）对科学基本观点的了解
	2. 理解基本科学方法	（3）对"科学研究"的理解
		（4）对"对比试验"的理解
		（5）对概率的理解
	3. 理解科学对个人和社会的影响	（6）迷信的相信程度及行为
		（7）科学对个人行为的影响
	4. 对公共科技议题的理解	（8）对全球气候变化的理解
		（9）对核能利用的理解
		（10）对转基因的理解
二、公民的科技信息来源	5. 公共科技议题的信息来源	（11）纸制媒体
		（12）影视媒体
		（13）声音媒体
		（14）互联网及移动互联网
	6. 公民获取科技发展信息的渠道	（15）纸制媒体
		（16）影视媒体
		（17）声音媒体
		（18）互联网及移动互联网
		（19）亲友同事

一级指标	二级指标	三级指标
二、公民的科技信息来源	7. 公民参加科普活动的情况	（20）专门的科普活动
		（21）日常的科普活动
	8. 公民参观科普设施的情况及原因	（22）科技类场馆
		（23）人文艺术类场馆
		（24）身边的科普场所
		（25）专业科技场所
	9. 公民参与公共科技事务的程度	（26）自己关心
		（27）和亲友谈论
		（28）热心参加
		（29）主动参与
三、公民对科学技术的态度	10. 公民对科学技术信息的感兴趣程度	（30）对科技新闻话题的感兴趣程度
		（31）对科技发展信息的感兴趣程度
	11. 公民对科学技术的看法	（32）对科技的总体认识
		（33）对科技发展的看法
		（34）对科学技术职业声望的看法
	12. 公民对公共科技议题的看法	（35）对公共科学议题信息来源的信任度
		（36）对全球气候变化的认识和看法
		（37）对核能利用的认识和看法
		（38）对转基因的认识和看法

被访者的二维随机数表嵌入到调查的访问界面中，访问员输入受访者家庭成员之后选择受访者即可自动选中受访者。

问卷主体包括基本的答卷说明和四个主要部分。答卷说明主要是为引导访问员和被访者采取有效的答卷方式。四个主要部分包括：被访者的基本信息、公民的科技信息来源、公民对科学的理解和公民对科学技术的态度。

从问卷形式上看，问卷属于规范的表格型问卷，平板电脑上每个页面显示一个问题，每个问题对应的表格左部为选项，右部为选项代码，访问员或受访者只需在平板所选选项上点选即可。

从问题设置上看，做到由简入繁，由浅入深。从贴近被访者生活实际的问题进入，逐步引入到核心问题，再通过对科技的态度和看法来完成调查。

从问题用语上看，在保证问题的科学性基础上，力争做到语言清晰易懂、不产生歧义。加入了必要的引导语、说明语，并制作了配套专用示卡。访问员依据引导语适时出示专用示卡可让被访者看清题目，避免了访问员对问题的过多重复解释。

（2）问卷的操作规范

对问卷十分熟悉

按照问题在调查设备中出现的顺序提问

提问是语速要适当，不可过快

受访者不理解的问题要重新提问

按照指导语进行提问、跳答和出示示卡

提问中，要特别注意不能诱导受访者

尽量减少题外话

2. 指标解释

（1）职业的界定

国家机关、党群组织负责人，企事业单位负责人

中国共产党中央委员会和地方各级党组织负责人；

国家机关及其工作机构负责人；

民主党派和社会团体及其工作机构负责人；

事业单位负责人；

企业负责人。

专业技术人员

科学研究人员；

工程技术人员；

农业技术人员；

飞机和船舶技术人员；

卫生专业技术人员；

经济业务人员；

金融业务人员；

法律专业人员；

教学人员（高等教育教师、中等职业教育教师、中学教师、小学教师、幼儿教师、特殊教育教师、其他教学人员）；

文学艺术工作人员；

体育工作人员；

新闻出版、文化工作人员；

宗教职业者；

其他专业技术人员。

办事人员与有关人员

行政办公人员；

安全保卫和消防人员；

邮电和电信业务人员；

其他办事人员和有关人员。

商业及服务业人员

购销人员；

仓储人员；

餐饮服务人员；

饭店、旅游及健身娱乐场所服务人员；

运输服务人员；

医疗卫生辅助服务人员；

生活服务和居民生活服务人员；

其他商业、服务业人员。

生产及运输设备操作工人

勘测及矿物开采人员；

金属冶炼、轧制人员；

化工产品生产人员；

机械制造加工人员；

机电产品装配人员；

机械设备修理人员；

电力安装、运行、检修及供电人员；

电子设备元器件及设备制造、装配调试及维修人员；

橡胶和塑料制品生产人员；

纺织、针织、印染人员；

裁剪缝纫和皮革、毛皮制品加工制作人员；

粮油、食品、饮料生产及饲料生产加工人员；

烟草及其制品加工人员；

药品生产人员；

木材加工、人造板制品制作人员；

制浆、造纸和纸制品生产加工人员；

建筑材料生产加工人员；

玻璃、陶瓷、搪瓷及其制品生产加工人员；

广播影视制品制作、播放及文物保护作业人员；

印刷人员；

工艺美术品制作人员；

文化教育、体育用品制作人员；

工程施工人员；

运输设备操作人员及有关人员；

环境监测与废物处理人员；

检验、计量人员；

其他生产、运输设备操作人员及有关人员。

农林牧渔水利业生产人员

种植业生产人员；

林业生产及野生动植物保护人员；

畜牧业生产人员；

渔业生产人员；

水利设施管理养护人员；

养殖业生产人员；

其他农、林、牧、渔、水利业生产人员。

（2）重点人群的界定

领导干部和公务员

领导干部指在党的机关、人大机关、行政机关、政协机关、审判机关、检察机关、人民团体、事业单位、国有特大型企业、国有大型企业、国有中型企业、含有国有股权或部分国有投资的实行公司制的大中型企业、县（市）、乡（镇）直属机关、基层站所等中担任一定的领导职务，具有事业编制或行政编制的工作人员。

公务员指依法履行公职、纳入国家行政编制、由国家财政负担工资福利的工作人员。

城镇劳动者

城镇劳动者是指在城镇工作的未退休人员，还包括具有劳动能力但待业的城镇户口适龄公民，以及以在城镇务工为主要生活来源的农村进城务工人员（即"农民工"群体），排除领导干部和公务员。年龄为男18—60周岁、女18—55周岁。包括：

上述"商业及服务业人员"；

上述"生产及运输设备操作人"。

农民

农民是指户口登记在农村为农业户口，且以从事农业劳动为主要生活来源的公民（排除以在城镇务工为主要生活来源的"农民工"群体）。年龄为18—69周岁。包括：

民办教师；

农村诊所人员；

农村杂货店人员；

农机维修工；

出租农机者；

兽医；

农产品加工人员；

家务劳动者；

农村中的服务业，如居住在农村的农产品经纪人等；

承包土地给别人的农民；

村干部；

忙时务农闲时进城打工的人员（建筑工人、泥水瓦匠等）；

手工业者；

自产自销农产品的人员；

在农村打工的农民；

忙时务农闲时在乡镇企业打工人员；

上述"农林牧渔水利业生产人员"等。

（3）科普场所的界定

科技示范点

国家、各级政府、社会团体和企业等机构为推广科学技术而建立的科技示范点，包括科技示范县、技术推广示范点、科技示范点等。

科普活动站

依托基层科技、教育、文化、生产经营和服务等场所，面向社会和公众开放的，具有特定的科学技术教育、传播、普及和服务功能的基层科普设施。

二、抽样设计

为了满足中国公民科学素质调查的要求，本次调查抽样设计的基本原则为：科学性、连续性和可比性，既要提高估计精度、控制抽样误差，又应保证抽样方案的可操作性，进而控制调查成本费用。在历次调查抽样设计方案的基础上，本次方案在以下三个方面进行继承和发展：

一是，继续采用以全国为总体，各省级单位为子总体的分层多阶段不等概率抽样。2015 年调查以我国除港澳台之外的其余 32 个省级单位（包括 22 个省、4 个直辖市、5 个自治区和 1 个新疆生产建设兵团，以下简称"省级单位"）为总体，以各省级单位为子总体。

二是，本次抽样设计考虑到我国各省级单位在经济发展水平、教育资源以及人口数量方面的差异，将全国 32 个省级单位划分为三类：第 Ⅰ 类省级单位为北京市、天津市和上海市，第 Ⅱ 类省级单位为除上述三个直辖市及西藏区和新疆生产建设兵团（以下简称"新疆兵团"）以外的 27 个省级单位，第 Ⅲ 类省级单位为西藏区和新疆兵团。

三是，本次调查首次采用二相样本抽样方法：基于调查的连续性及降低抽样误差的考虑，结合各省级单位的初级抽样单元抽样框，各省级单位初级抽样单元的抽选基本与 2010 年抽样方案一致。在二级抽样单元的抽选阶段，首先采用与人口成比例的不等概率（PPS）的抽样方法，抽选出符合要求的二级抽样单元一相样本，然后在一相样本中采用顺序轮换的方法抽选出本次调查所需的二级抽样单元二相样本。采用二相样本抽样方法的优势在于：首先可以满足各省级单位扩大样本量的需要，在需要补充样本的省级单位中，可直接在一相样本中继续抽选二相样本；其次由于本调查为连续调查，在未来的调查中，可直接在一相样本中轮换抽选所需的二相样本，有效保证调查结果的连续性。

（一）样本量

2015 调查的设计样本量为 70040 份，回收有效问卷 69832 份，问卷有效回收率为 99.2%。"十二五"以来，为适应公民科学素质监测评估的需要，自 2010 年调查开始，抽样方案从原来只评估全国及东中西公民科学素质的基础上，扩展为以全国为总体、各省级单位为子总体进行分层三阶段不等概率抽样。2010 年和 2015 年作为"十二五"的开始和收官之年，抽样方案为全国和 32 个省级单位的全样本方案，2013 年则是以全国和东中西 12 个典型省份为代表的部分样本抽样方案。

表 5-2　历次中国公民科学素质抽样调查技术参数表

调查年份 / 年	1992	1994	1996	2001	2003	2005	2007	2010	2013	2015
样本量	5500.0	5000.0	6000.0	8520.0	8520.0	8570.0	10080.0	69360.0	26760.0	70040.0
有效率 /%	85.0	80.0	75.0	98.0	99.5	100.0	99.8	98.6	87.3	99.2
抽样方法	简单 PPS 抽样			分层四阶段不等概率（$d \leqslant 3\%$）			分层三阶段不等概率（$d \leqslant 3\%$）			
加权参数	性别、城乡			性别、年龄、受教育程度、城乡						

（二）抽样方案及思路

1. 抽样思路

2015 年调查采用分层三阶段不等概率抽样。在抽样方案的设计上延续了 2010 年调查方案的思路，即兼顾全国总体和各省子总体的目标量估计要求，同时考虑到历次调查的连贯性原则。

在历次抽样调查形成的中国公民科学素质观测网的基础上，本次抽样设计考虑到我国各省级单位在经济发展水平、教育资源以及人口数量方面的差异，将全国 32 个省级单位划分为三类：第 I 类省级单位为北京市、天津市和上海市，第 II 类省级单位为除上述三个直辖市及西藏自治区和新疆生产建设兵团（以下简称"新疆兵团"）以外的 27 个省级单位，第 III 类省级单位为西藏自治区和新疆兵团。对划分出的三类地区分别采用分层三阶段不等概率抽样方法进行抽样。

2. 抽样方案

对于不同分类地区采取分类别的抽样原则。

（1）第 I 类省级单位

第 I 类包括北京市、上海市和天津市三个直辖市。在三个直辖市子总体内，采用分层三阶段不等概率抽样方法进行抽样：

将各直辖市子总体所辖所有乡级单位（包括街道、乡、镇，以下统称为"乡级单位"）分为街道层和乡镇层，前者对应城镇人口，后者对应农村人口。

在街道层中：第一阶段抽选街道，第二阶段抽选居委会，第三阶段抽选住户。

在乡镇层中：第一阶段抽选乡、镇，第二阶段抽选村委会，第三阶段抽选住户。

第一、二阶段在分层的基础上采用与人口成比例的不等概率（PPS）抽样，第三阶段采用随机起点系统抽样。即所有的居委会和村委会统称为"村级单位"，以下无需区分居委会和村委会时，使用"村级单位"。

（2）第 II 类省级单位

第 II 类包括除第 I 类和第 III 类（西藏区和新疆兵团）以外的 27 个省级单位。在各省级单位子总体内，采用分层三阶段不等概率抽样。

将各省级单位子总体所辖所有县级单位（包括市辖区、县级市、县城，以下统称为"县级单位"）分为必选层和抽选层。必选层包括省会城市和计划单列市的市辖区，抽选层为其余所有县级单位。

在必选层中：第一阶段抽选街道，第二阶段抽选居委会，第三阶段抽选住户。

在抽选层中：将所有县级单位分为区层和县层。区层包括所有市辖区和县级市，县层包括其余县城。在中选县级单位中，将其所辖所有村级单位分为居委会层和村委会层，前者对应城镇人口，后者对应农村人口。居委会和村委会比例由中选县级单位城乡人口比例确定。按此分层方法，第一阶段在县级单位中分层抽选区、县，第二阶段在中选县级单位中分层抽选居委会、村委会，第三阶段在中选村级单位中抽选住户。

第一、二阶段在分层的基础上采用与人口成比例的不等概率（PPS）抽样，第三阶段采用随机起点系统抽样。

重庆市视为一般省份，抽样原则延续 2010 年的抽样设计：以市内六区（渝中区、大渡口区、江北区、沙坪坝区、九龙坡区和南岸区）为必选层，其余区县为抽选层，必选层及抽选层的抽样原则与其他第 II 类省级单位抽样原则一致。

（3）第 III 类省级单位

第 III 类包括西藏区和新疆兵团。

西藏区由于交通不便，无法开展全区大规模入户调查，因此采用分层二阶段随机抽样方法。

新疆兵团由于建制上与其他省级单位不同，抽样时不进行分层，直接采取四阶段不等概率抽样，第一阶段抽选师级单位（相当于地市级单位），第二阶段抽选团级单位（相当于县级单位），第三阶段抽选连级单位（相当于村级单位），第四阶段抽选住户。

3. 各类省级单位各级抽样单元构成

根据上述抽样原则及抽样方法，各类省级单位各级抽样单元构成如下：

（1）第Ⅰ类省级单位各级抽样单元构成

北京市抽选62个街道、10个乡镇，天津市抽选57个街道、15个乡镇，上海市抽选64个街道、8个乡镇。在每个中选的乡级单位中抽选3个村级单位作为一相样本，在一相样本中抽选2个村级单位作为参与本次调查的二相样本。每个村级单位抽选15户（每户调查一人）。二相样本各级抽样单元具体构成见表5-3。

表5-3　第Ⅰ类省级单位各级抽样单元构成

第Ⅰ类	乡级单位总量			村级单位总量			样本量		
	总计	街道	乡镇	总计	居委会	村委会	总计	城镇样本量	乡村样本量
北京市	72.0	62.0	10.0	144.0	124.0	20.0	2160.0	1860.0	300.0
天津市	72.0	57.0	15.0	144.0	114.0	30.0	2160.0	1710.0	450.0
上海市	72.0	64.0	8.0	144.0	128.0	16.0	2160.0	1920.0	240.0
合　计	216.0	183.0	33.0	432.0	366.0	66.0	6480.0	5490.0	990.0

（2）第Ⅱ类省级单位必选层各级抽样单元构成

第Ⅱ类省级单位必选层每个中选的街道抽选3个居委会作为一相样本，在一相样本中抽选2个居委会作为参与本次调查的二相样本。每个居委会抽15户（每户调查一人），必选层样本对象均为城镇住户。二相样本各级抽样单元具体构成见表5-4。

表5-4　第Ⅱ类省级单位必选层各级抽样单元构成

省级单位必选层		必选层街道总量	必选层居委会总量	必选层样本量
河北省	石家庄市	8.0	16.0	240.0
山西省	太原市	8.0	16.0	240.0
内蒙古区	呼和浩特市	7.0	14.0	210.0
辽宁省	沈阳市	10.0	20.0	300.0
	大连市	9.0	18.0	270.0
吉林省	长春市	9.0	18.0	270.0
黑龙江省	哈尔滨市	9.0	18.0	270.0

续表

省级单位必选层		必选层街道总量	必选层居委会总量	必选层样本量
江苏省	南京市	10.0	20.0	300.0
浙江省	杭州市	10.0	20.0	300.0
	宁波市	8.0	16.0	240.0
安徽省	合肥市	8.0	16.0	240.0
福建省	福州市	8.0	16.0	240.0
	厦门市	8.0	16.0	240.0
江西省	南昌市	8.0	16.0	240.0
山东省	济南市	9.0	18.0	270.0
	青岛市	8.0	16.0	240.0
河南省	郑州市	9.0	18.0	270.0
湖北省	武汉市	11.0	22.0	330.0
湖南省	长沙市	8.0	16.0	240.0
广东省	广州市	11.0	22.0	330.0
	深圳市	11.0	22.0	330.0
广西区	南宁市	8.0	16.0	240.0
海南省	海口市	8.0	16.0	240.0
重庆市	市内六区	9.0	18.0	270.0
四川省	成都市	10.0	20.0	300.0
贵州省	贵阳市	8.0	16.0	240.0
云南省	昆明市	8.0	16.0	240.0
陕西省	西安市	10.0	20.0	300.0
甘肃省	兰州市	8.0	16.0	240.0
青海省	西宁市	7.0	14.0	210.0
宁夏区	银川市	7.0	14.0	210.0
新疆区	乌鲁木齐市	8.0	16.0	240.0
合 计		278.0	556.0	8340.0

（3）第Ⅲ类省级单位各级抽样单元构成

西藏区各级抽样单元构成

西藏区拉萨市和日喀则地区的初级抽样单元均为村级单位，在中选村级单位中抽选住户作为最终抽样单元，各级抽样单元具体构成见表5-5。

表5-5 西藏自治区各级抽样单元构成

地 区		村级单位数量	样本量
拉萨市	城关区	8.0	320.0
	堆龙德庆县	12.0	480.0
日喀则地区	日喀则市	8.0	160.0
	甲措雄乡	4.0	80.0
	东嘎乡	4.0	80.0
	边雄乡	4.0	80.0
合 计		40.0	1200.0

新疆兵团各级抽样单元构成

新疆兵团5个中选师级单位中，每个中选师级单位抽选5个团级单位，每个中选团级单位抽选6个连级单位作为本次调查的一相样本，在6个连级单位中抽选4个连级单位作为本次调查的二相样本，每个中选连级单位中抽选20个住户。二相样本各级抽样单元具体构成见表5-6。

表5-6 新疆生产建设兵团各级抽样单元构成

师级单位	团级单位	连级单位	兵团样本量
5.0	25.0	100.0	2000.0

4. 样本分布

本次调查全国样本量为70040个，比2010年增加680个。全国及各省级单位样本分布及与2010年比较见表5-7，样本量和抽样设计合并为一个。

表5-7 全国各地区单位样本分布及与2010年比较

地 区	2015年调查样本量	2010年调查样本量	变化
北京市	2400.0	2160.0	240.0
天津市	2400.0	2160.0	240.0
河北省	2240.0	2240.0	0.0
山西省	2040.0	2240.0	−200.0
内蒙古区	2010.0	2010.0	0.0
辽宁省	2370.0	2310.0	60.0

地 区	2015 年调查样本量	2010 年调查样本量	变化
吉林省	2070.0	2040.0	30.0
黑龙江省	2070.0	2070.0	0.0
上海市	2400.0	2160.0	240.0
江苏省	2300.0	3070.0	−770.0
浙江省	2540.0	3010.0	−470.0
安徽省	2240.0	2110.0	130.0
福建省	2280.0	2120.0	160.0
江西省	2240.0	2140.0	100.0
山东省	2810.0	2180.0	630.0
河南省	2570.0	2240.0	330.0
湖北省	2330.0	2070.0	260.0
湖南省	2240.0	2140.0	100.0
广东省	2960.0	2210.0	750.0
广西区	2240.0	3040.0	−800.0
海南省	2040.0	1910.0	130.0
重庆市	2070.0	2040.0	30.0
四川省	2300.0	2170.0	130.0
贵州省	2040.0	2140.0	−100.0
云南省	2240.0	2240.0	0.0
西藏区	1200.0	1200.0	0.0
陕西省	2100.0	2070.0	30.0
甘肃省	2040.0	2040.0	0.0
青海省	2010.0	1810.0	200.0
宁夏区	2010.0	1780.0	230.0
新疆区	2040.0	2240.0	−200.0
兵 团	1200.0	2000.0	−800.0
合 计	70040.0	69360.0	680.0

（三）抽样方法

本次调查采用分层多阶段 PPS 抽样方法。省级单位、各省级单位抽中的初级抽样单元名单已预先抽完，各执行单位负责进行第二三阶段的抽样。

1. 居委会／村委会的抽取

居委会（村委会）的抽取采用与人口规模成比例不等概率抽样。

（1）确认抽中的初级抽样单元中需抽选居委会（村委会）的数量

需注意：

一是，直辖市的初级抽样单元为街道或乡镇，其中，街道只抽选居委会，乡镇只抽选村委会。

二是，一般省份必选层初级抽样单元为街道，只抽选居委会。

三是，一般省份抽选层初级抽样单元为区（含县级市）或县，需同时抽选居委会和村委会。

（2）完成抽样框及累积分布表

一是，直辖市居委会（村委会）抽样框为中选街道（乡镇）下辖所有居委会（村委会）名单，辅助变量为人口数，并形成人口累积分布表。

二是，一般省份必选层居委会抽样框为抽中的街道下辖所有居委会名单，辅助变量为人口数，并形成人口累积分布表。

三是，一般省份抽选层居委会（村委会）抽样框为抽中的区县下辖所有居委会（村委会）名单，辅助变量为人口数，并形成人口累积分布表。

（3）生成随机数，确定居委会（村委会）

以甘肃省酒泉市下敦煌市的村委会的抽取为例。

表 5-8　村委会抽样

村委会	人口数	累积人口数	随机数
村委会 1	2541	2541	4028
村委会 2	2730	5271	8129
村委会 3	2763	8034	49268
村委会 4	2992	11026	51749
村委会 5	3306	14332	61224
……	……	……	
村委会 21	4972	49519	
村委会 22	5148	54667	
村委会 23	5211	59878	
村委会 24	5294	65172	
村委会 25	5996	71168	
村委会 26	6367	77535	

甘肃省酒泉市下敦煌市需抽选 5 个村委会，需随机产生［1，77535］中的 5 个数，随机数见上表，第一个随机数为 4028，则累积人口数中大于 4028 且最小的数字为 5271，则其对应

的村委会 2 中选，同理，第二、三、四及第五个随机数决定的村委会分别为村委会 4、村委会 21、村委会 22 和村委会 24。

2. 住户的抽取

住户抽取采用随机起点的系统抽样中的直线抽取法。辅助资料为被抽中居委会（村委会）中住户户主的名单。

表 5-9 为某居委会中住户的抽取示例。

表 5-9　住户排列表

编号	住户户主名称
1	张三
2	李四
3	刘红
……	……
N	赵丽

假设某居委会共有 301 户住户，要从这些住户中等距抽取 10 个住户，则抽样间距取离 k=301/10 最近的整数，即为 30。然后随机产生一个［1，30］的数字，假如为 2，则抽取的第一个住户为第 2 号住户，其他四个住户依次为住户 32，住户 62，住户 92，住户 122……

（四）抽样误差分析

1. 全国总体抽样误差

本次调查的有效样本量为 69832，由于方案设计采取三阶段不等概率抽样，取设计效应 $deff$ 为 3[①]，相当于简单随机抽样的样本量。因此总体比例估计的理论最大抽样平均误差为：

$$u = \sqrt{\frac{p(1-p)}{n/deff}} = \sqrt{\frac{0.5(1-0.5)}{23277}} = 0.0033$$

在 95% 置信度下，比例估计的最大理论误差为 1.96 倍的最大抽样平均误差，即最大理论误差绝对值为 0.65%，相对量为 1.30%。

根据调查结果，2015 年我国公民具备基本科学素养的比例为 6.20%，因此，在 95% 的置信度下，2015 年我国公民具备基本科学素养的比例这个结果的估计误差为：

[①]　因为 2015 调查的抽样采用以全国为总体，各省级行政单位为子总体的方式，故抽样设计效应适当放大至 3。

$$d = 1.96 \times u = 1.96 \times \sqrt{\frac{6.20\% \times (1 - 6.20\%)}{23277}} \approx 0.31\%$$

即我们有 95% 的把握认为 2015 年我国公民具备科学素养的比例落在区间（5.89%，6.51%）内。

2. 各省子总体抽样误差

以各省级行政单位的平均样本量下限 2000 为例，由于方案设计采取三阶段不等概率抽样，取设计效应 deff 为 2.5，相当于简单随机抽样的样本量。由于各省级行政单位调查结果几乎全在 10% 以内，因此总体比例估计的理论抽样平均误差为：

$$d = 1.96 \times u = 1.96 \times \sqrt{\frac{p(1-p)}{n/deff}} = 1.96 \times \sqrt{\frac{0.1 \times (1-0.1)}{800}} = 2.08\%$$

在 95% 置信度下，抽样误差绝对值为 2.08%，相对量为 4.16%。符合调查设计要求。

三、数据加权分析技术

（一）加权的概念、方法和意义

要理解加权是什么意思，首先需要理解什么叫"权"，"权"的古代含义为秤砣，就是秤上可以滑动以观察质量的那个铁疙瘩。《孟子·梁惠王上》曰："权，然后知轻重"，就是这意思。

统计学中计算平均数等指标时，对各个变量值具有权衡轻重作用的数值就称为权数（权重）。权数（权重）是一个相对的概念，是针对某一指标而言。某一指标的权重是指该指标在整体评价中的相对重要程度。

理解了权重的概念也就不难理解加权的意义和作用。在社会调查中，通常对调查样本的代表量不同给予不同的权重，使得数据分析结果更接近于真实值，或者使用平均权重代替缺失值避免数据缺失造成误差的增大。

在抽样调查中通常有自加权设计和非自加权设计两种。如果所用样本的设计权数是相等的，那么这样的抽样设计是自加权的。也就是说，总体中的每个单元被抽中的可能性相等，具有等可能性、具有相等的入样概率。如果是自加权的，在总体均值、比例估计时不用考虑设计权数，对总量的估计只需扩大样本。满足自加权的抽样设计有等概率抽样、简单随机抽样、系统抽样、分层抽样——各层大小成比例，每层内简单随机抽样、多阶段抽样——最后阶段等概率，其他阶段与单位大小成比例概率抽样。

而通常使用自加权抽样设计需要非常详细的人口统计资料主要是各类背景信息的完全统计数据，在社会调查中通常不易得到满足各种需要的人口统计资料，同时考虑到统计资料与实际情况存在差异以及满足特殊需求（如：重点人群、特殊地域）原因，在社会调查中更多地采用分层多阶段的不等概率抽样。不等概率抽样往往不满足自加权，对于不等概率抽样，正确使用设计权数就尤为重要了。不等概率抽样往往不满足自加权，对于不等概率抽样，正确使用设计权数就尤为重要了。

加权方法主要有以下三种：一是，因子加权：对满足特定变量或指标的所有样本赋予一个权重，通常用于提高样本中具有某种特性的被访者的重要性。二是，目标加权：对某一特定样本组赋权，以达到们预期的特定目标。三是，轮廓加权：多因素加权，因子/目标加权（一维的）不同，轮廓加权应用于对调查样本相互关系不明确的多个属性加权；面对多个需要赋权的属性，轮廓加权过程应该同时进行，以尽可能少的对变量产生扭曲。

2010 年中国公民科学素质调查的抽样方法为分层三阶段的人口规模成比例不等概抽样（分层三阶段不等概 PPS 抽样）。因为是不等概抽样，所以需要加权，同时由于是人口素养调查的一种，不涉及特定目标和特定指标分析，故采用轮廓加权的方式。具体使用的方法是多变量非线性联合加权。

（二）多变量非线性联合加权的应用

抽样调查作为非全面调查已被广泛的应用，它是依照一定的程序从抽样总体中抽取部分元素（即样本）进行调查，根据样本数据对总体目标量进行估计和统计推断。由于从样本估计总体存在抽样误差，人们总希望这种误差越小越好，估计越精确越好，但调查时也会经常遇到各种各样的问题，这些问题会导致样本结构产生偏差，从而造成误差增大。

在抽样调查中，样本结构与总体结构产生偏差的原因很多。主要有以下几个方面：一是调查前不能进行或来不及事先分层，使得在影响目标量的主要辅助变量上，调查后样本结构与总体结构存在偏差；二是进行分层多阶段抽样设计时，划分总体的分类指标很多，但由于条件的限制，往往不能完全考虑这些分类指标；比如分层考虑了最主要的指标地区、城乡，没有考虑同样与调查目标量高度相关的年龄、文化程度等因素；三是大规模的调查涉及调查单位和人员广泛，层层监督和控制难度加大；四是大规模抽样调查后期对大量数据的处理会对样本结构产生影响。如调查中无回答产生的问卷失效率较高，剔除失效问卷往往会产生结构性偏差。若在与调查目标量高度相关的指标上，调查的样本结构与总体结构有较大的偏差，直接利用调查样本的初始权数进行估计势必影响目标估计量的估计精度。在这种情况下，要想较为准确地推断出总体的有关信息，提高估计的精度，就必须对调查的样本结构进行加权调整。校准加权调整是利用已知调查总体的辅助信息，在满足一定的约束条件下，对样本进行加权调整，使得加权后的样本结构尽可能地与总体结构尽可能的一致，减小样本结构与总体结构的差异性，从而达到减小抽样方差和偏差，提高估计精度的目的。

校准加权调整法的基本思路是：利用辅助信息建立联立方程组，在方程组的约束条件下通过最优化的方法调整初始权数，并通过方程组的解得到校准调整以后的最终权数。

在中国公民科学素质调查中用到的多变量非线性联合加权属于校准加权轮廓调整法。考虑到在众多的背景变量中，与公民科学素质关系较为密切的是性别、年龄、受教育程度和居住地，故选择具体调整性别、年龄、受教育程度、城乡四类共 14 个变量，详见表 5-10。考虑到 2015 年统计年鉴没有详细的人口变量交叉统计信息，故在目标权的选择上使用了年代最为接近的 2010 年全国第六次人口普查的统计结果。

表 5-10　加权调整参考变量表

变量名称	分类				
性别	男		女		
城乡	城市		农村		
年龄 / 岁	18—29	30—39	40—49	50—59	60—69
受教育程度	小学及以下	初中	高中（中专、技校）	大学专科	大学本科及以上

以 2015 年中国公民科学素质调查的加权为例，通过表 5-11 可以看出加权前人口结构与总体统计情况存在较大差异，在加权调整后，样本结构与总体结构非常接近，调整方法修正了加权前样本结构的偏离，增强了数据的代表性。以城乡为例，调整前城市样本比例为 60.0%，而 2010 年总体的实际情况为 49.7%，经过加权调整后城市比例为 52.5%。调整后的城市样本比例更接近于样本框的真实情况。这样的结果在其他变量的加权调整结果中也可以轻易发现。但是对于受教育程度来讲则加权前后对其抽样比例和真实比例之间的差距调整作用不明显。从表 5-11 中可以看出，加权调整前的抽样比例在加权调整后均有靠向 2010 年人口普查结果的趋势，但是，其差距还是比较大。以受教育程度为小学及以下为例，抽样比例为 18.3%，而总体情况为 33.7%，加权后的比例为 25.9%。可见经过调整其比例更接近总体情况但是和总体情况仍存在较大的差异。

表 5-11　变量加权调整对照表

变量	分类	抽样比例 /%	加权后比例 /%	2010 年数据 /%
性别	男性	51.1	50.7	51.3
	女性	48.9	49.3	48.7
城乡	城镇居民	60.0	52.5	49.7
	农村居民	40.0	47.5	50.3
年龄 / 岁	18—29	25.0	27.6	27.7
	30—39	23.6	22.1	22.0
	40—49	24.0	23.6	23.6
	50—59	17.1	16.5	16.4
	60—69	10.4	10.3	10.2

续表

变量	分类	抽样比例 /%	加权后比例 /%	2010 年数据 /%
受教育程度	小学及以下	18.3	25.9	33.7
	初中	35.7	45.3	41.7
	高中（中专、技校）	25.8	16.6	15.0
	大学专科	11.2	7.1	5.5
	大学本科及以上	9.0	5.2	4.1

注:《中国 2010 年人口普查资料》年龄 3-1；受教育 4-1。

四、公民科学素质数据采集与管理系统的开发和应用

（一）背景

历次中国公民科学素质调查均使用纸笔问卷，由受过专业培训的访问员，在问卷上记录被访者的答题信息。为保证入户之后受访者的随机性，调查问卷还附带了二维随机数表，由访问员在入户之后记录家庭成员的基本信息并查表确定最终受访者。此外，在入户访问之前和完成访问之后，均要填写独立的《入户接触表》和《调查过程控制表》，记录受访户的抽选过程和受访者的个人信息，为调查事后的质量控制提供基础材料。从 2013 年中国公民科学素质调查开始，为确保入户访问的质量，中国公民科学素质调查课题要求对整个面访过程利用录音机进行全程录音。待调查完成后，受访者的调查内容、访问的基础材料还要由人工录入之后扫描识别到电脑中进行后续的计算和分析。可以看出，传统纸质问卷的调查方式存在以下四个主要问题：

一是，流程繁杂，工作量巨大。由于纸质问卷采集数据需要印刷→邮寄→手工填答→回收→邮寄→电子录入→数据查错→数据分析等一连串流程，每个环节都需要配备专业人员，特别是数据录入需要严格的校对、审核才能进入分析阶段，效率较低且耗费巨大成本。

二是，数据质量无法保证。尽管有调查员培训和一系列质量控制措施，但纸质问卷在调查过程中无法实时反馈，问卷题目之间的逻辑判断、逻辑跳转、问卷完整性分析无法及时给出，因此纸质问卷采集到的数据质量相对较低。

三是，时效性差。由于纸质问卷的调查实施和质量控制环节较多、流程冗长，调查结束后还要集中邮寄回来再进行录入和处理，整个过程非常耗时，不能及时反馈调查结果，时效性较差。

四是，长期投入成本高。纸质问卷每次调查都需要印刷，且每次都需要进行数据录入和校对，长期成本较高，且浪费大量的纸张和人力资源。

以上问题在中国公民科学素质调查的实践中存在多年，此类由于调查方式带来的固有问

题已无法在流程设计和管理环节上进行优化，且随着调查规模的逐步扩大，上述问题已严重制约了调查工作的开展，亟需通过信息化手段从根本上解决这些问题，从而有效提升数据采集效率，为调查工作的顺利开展打下坚实的基础。

（二）公民科学素质数据采集与管理系统的使用和效果

鉴于上述情况，科普所中国公民科学素质调查课题组根据调查入户的实际需求和特点，梳理和分析了调查实施的各个具体环节，从 2013 年开始设计研发了"公民科学素质数据采集与管理系统"，并于 2014 年完成了该系统的开发和测试工作。该系统以平板电脑为载体，由前端的 APP 和后台的管理系统组成。前端 APP 由设备登记和管理、调查员注册和管理、受访者信息采集、问卷管理、访问资料搜集等功能组成，以上功能有机结合了平板电脑 GPS 定位和录音拍照，实现了对访问员调查地点的跟踪、受访者随机性的控制、访问过程记录以及对受访者基本信息和调查进度的统计。后台管理系统由设备管理、督导管理、访问员管理、调查问卷审核和管理、调查项目统计等功能组成，通过以上功能实现了调查任务的有序分解、调查团队的合理调配、调查过程的精细控制、调查问卷的实时回收和审核以及调查质量的双向反馈。

对于抽选入户环节。管理平台内置了最新的国家统计局地区编码系统，访问员根据抽样列表，在确定抽选的居／村委会之后可以直接点选进入，为保证入户调查的真实度，访问员到达目标居／村委会后需要在相关地点进行地址签到，保存证据。访问员根据抽样规则入户之后，录入受访户家庭成员的信息，系统将随机抽选出最终的受访者，待受访者同意进行访问后，调查即可正式启动。

对于访问全流程的管控。在征得受访者同意的前提下，访问员与受访者进行沟通和访问的过程，APP 将以录音的方式记录访问现场的情况。此外，通过一系列逻辑甄别和跳转题对受访者回答的可信度进行评价，对于信度较差的受访者，系统将自动甄别和剔除，有效保证数据采集的质量。

对于问卷的审核。根据调查的操作规则，访问员每天须将完成的调查问卷上传到后台的管理系统入库。之后调查问卷进入审核和复核流程，由调查的实施方进行问卷的首轮审核，主要核对受访者基本信息、访问的相关材料及总体判定；首轮审核审批合格后，实施方的质控小组将对问卷进行二次审核，听全程的调查录音，对问卷各项证据进行判别；问卷二次审核通过后将进入复核阶段，将由独立的第三方对问卷进行复核，此阶段对问卷进行总体校验和一定比例的电话回访，以评估调查的可信度和质量。

调查数据的回收。与传统纸质问卷不同，访问员使用平板电脑完成入户访问后即可将调查数据及相关资料上传到服务器上，管理人员可实时监测各地调查进度，同步监控问卷的各个审核流程，调阅问卷的原始数据，进行调查的事中控制和反馈。

需要特别指出的是，公民科学素质数据采集与管理系统作为中国科普研究所自主研发的软件平台，在开发时充分考虑了公民科学素质调查的特殊性，设计了多个独特而实用的功能，有效提升了调查的效率；此外，因为该平台是独立封闭的平台，完全杜绝了数据外泄和流失的风险，保证了调查数据的安全性。

公民科学素质数据采集与管理系统的开发和应用，是互联网 + 调查的一次成功整合，充分发挥了信息化的优势，首次实现了调查的事前、事中和事后的全流程控制，使调查效率和数据精度得到了极大的提升，实现了中国公民科学素质调查的重大突破。

五、调查的质量控制

（一）质量控制概述及其在社会调查中的应用

为达到质量要求所采取的作业技术和活动称为质量控制。质量控制是为了通过监视质量形成过程，消除质量环节上所有阶段引起不合格或不满意效果的因素。以达到质量要求，而采用的各种质量作业技术和活动。

社会调查的质量控制方法主要有手工法、生产控制法、抽查法、软件检查法等。主要的指标有：问卷信效度、抽样误差和覆盖率、数据精度、数据逻辑一致性、数据完整性、数据结果合理性等。

社会调查的质量控制的关注点主要有调查工具质量，包括问卷或量表的信效度、长度、必备要素等；调查实施环节的设施是否科学，对各个环节的管理和控制是否合乎规范；访问员调查技巧和素质，包括访问员的态度、访谈技巧和掌控能力；样本抽样质量，包括样本抽样是否满足研究需求、覆盖程度、代表性和方法简易；调查过程管理质量。

（二）2015 年中国公民科学素质调查中的质量控制的基本原则

1. 以技术升级打造全新的质量控制体系

2015 年中国公民科学素质抽样调查依托中国科普研究所自主研发的"公民科学素质数据采集与管理系统"和国家统计局社情民意调查中心专业调查团队，使用平板电脑进行入户面访，采用互联网信息技术，通过实时上传数据、远程定位监控、访问录音、电话复核、第三方全程跟踪质控等多种质量控制手段，以全新的质量控制体系保证调查数据的真实可信。

2. 贯穿调查全过程的质量控制流程

2015 年公民科学素质调查在项目设计中考虑将质量控制贯穿于整个调查流程，实现从事前、事中到事后的全方位、全流程的质量控制。质量控制的重要节点，如第二三阶段的抽样实施、各级访问员培训、设备管理、调查过程追踪、入户操作规范、问卷的多级审核、第三方复核、数据检查等，均提出了明确的要求和规范。

（三）2015 年中国公民科学素质调查过程控制

1. 调查问卷和抽样方法

历次的中国公民科学素质调查形成了成熟的指标体系和问卷结构。问卷的内容较为丰富，共包含 38 个题目，面访答卷时间为 20—40 分钟。问卷的长度适中信效度达到调查要求。

本次调查采用三阶段不等概人口成规模的抽样设计，依托专业的研究与合作团队，保证了样本的代表性和结果的科学性。抽样设计以全国为总体，将各省（直辖市、自治区及新疆生产建设兵团，共 32 个，以下统称"各省级行政单位"）视为子总体，进行独立的抽样设计。抽样设计分为两个阶段，即全国抽样阶段和分省追加阶段。对于各省级子总体，各省的追加抽样设计与全国的抽样设计保持一致，采用三阶段抽样设计。追加后的省级样本由落入本省内的全国设计样本与本省独立的追加样本两部分构成。

2. 访问员培训

保证访问员素质与质量的重要手段是开展广泛的、标准一致的访问员培训工作。针对访问员的调查技巧和能力，本次调查采用了梯级培训的方式对全国访问员进行培训。起初由调查组织人员对全国各个省级地方的负责人和调查督导代表进行培训（约 150 人），各地方的督导使用统一的培训讲义再对当地的访问员进行培训，如此梯级培训共培训访问员近千名。

访问员在调查过程中要遵守入户操作规范和恰当使用调查方法。

3. 调查过程控制

调查的过程管理是一个复杂的质量控制过程。通常过程控制手段是无缝的（即全过程的控制）、多种手段的和有回路反馈的。

2015 年中国公民科学素质调查在公民科学素质数据采集与管理系统上展开，主要分为事前、事中和事后三个阶段。事前控制阶段主要包括设备注册、调查培训、调查员注册和管理等环节，通过在系统上构建"项目负责人 – 督导 – 访问员"的三级人员结构，明确各层级的任务量和操作规范；事中控制阶段主要包括访问签到、入户资料采集、访问过程规范操作以及初步审核等环节，利用平板电脑采集 GPS、录音等相关信息，保证访问员真实入户、规范访问，通过访问员和督导的初步审核，初步判断调查问卷的完成质量，帮助有问题的访问员及时调整和改正；事后控制阶段主要包括问卷的二次审核、一定比例的电话回访和数据的逻辑判断等环节，通过系统设置的多步审核流程，督导对调查问卷进行二次审核，并针对可能出现问题的调查问卷进行电话回访，课题组对二次审核通过的问卷进行数据的逻辑判断，确定最终符合要求的样本。

本次调查通过公民科学素质数据采集与管理系统，从设备、人员、问卷、相关资料等要素，对调查事前、事中、事后的全流程质量控制，达到了"随时随地检查任意一份问卷全流程状态"的要求，从而实现了对调查的精准控制。

对于问卷的审核，2015 年调查提出了明确的流程规范。即问卷在提交到系统平台之后，各调查实施单位要进行首次审核，首次审核的环节包括检查问卷相关信息的完整性、调查问卷场景的合规性和问卷访问质量的可接受度；首次审核通过后，提交给国家课题组进行二次审核，二次审核的主要环节包括对问卷访问真实度的判断、对访问员的总体评价以及对调查实施单位的综合评价；二次审核通过后，提交给第三方质控机构进行复核，复核的主要环节包括实地巡防、电话回访和数据筛查。所有调查问卷经过以上流程进行审核和判定，充分保证了问卷的质量和信度，为 2015 年调查数据的真实性提供了有力保证，如图 5-1 所示。

此次调查还引入独立的第三方质控，主要负责进行事中的监控和电话回访，在第三方的介入下，发现了一些调查执行机构自身难以发现的问题，有效地提升了调查质量。

本次调查共发放问卷 70040 份，回收有效问卷 69832 份。回收访谈录音 70040 份，照片近万张，培训和调查视频共约 1 个 Tb。

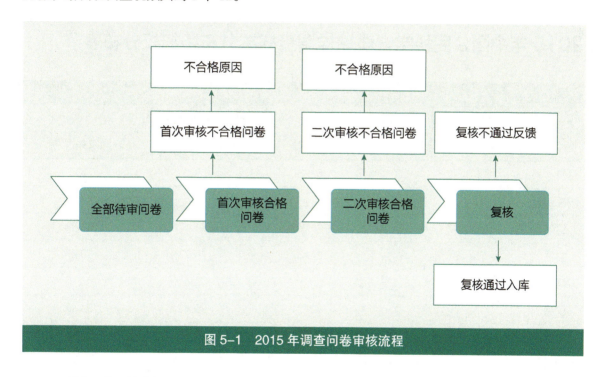

图 5-1 2015 年调查问卷审核流程

4. 数据质量控制

数据质量是质量控制的核心环节。数据是呈现结果的基础，如果数据出现偏差将会对结果产生影响。尤其是利用一些特殊的分析手段时，可能会出现"差之毫厘谬以千里"的极端结果或结论。故而数据质量是质量控制的最后也是相当重要的关卡。对于 2015 年公民科学素质调查数据的质量控制，我们在问卷中设置了逻辑判断题，通过对受访者的答案进行逻辑判断和分析，筛选出合格的受访者；在逻辑判断通过之后，将会对回收的问卷进行有效性分析，即通过对受访者答题的有效性进行判断，以确定受访者是否为认真答题的情况；在数据校验和清洗阶段，结合经验对数据进行了详细的二次检查和终验。2015 年调查累积共计检查数据上百万次，很好地保证回收的样本数据能够真实客观地反映调查的实际情况。

附表 2015 年中国公民科学素质抽样调查数据总表

2015 年中国公民科学素质抽样调查样本分布和加权分布表

类 别	样本分布和加权分布		
	样本量	样本分布 /%	加权分布 /%
总体	69832	100	100
按性别分			
男性	35665	51.07	50.73
女性	34167	48.93	49.27
按民族分			
汉族	62731	89.83	94.13
其他民族	7101	10.17	5.87
按户籍分			
本省户籍	65045	93.14	93.11
非本省户籍	4787	6.86	6.89
按年龄分（五段）			
18—29 岁	17425	24.95	27.60
30—39 岁	16455	23.56	22.10
40—49 岁	16768	24.01	23.60
50—59 岁	11912	17.06	16.50
60—69 岁	7272	10.41	10.30

附表 1　2015 年中国公民科学素质调查的样本分布和加权分布

续表

类　别	样本分布和加权分布		
	样本量	样本分布 /%	加权分布 /%
按年龄分（三段）			
18—39 岁	33880	48.52	49.70
40—54 岁	23751	34.01	33.34
55—69 岁	12201	17.47	16.96
按文化程度分（五段）			
小学及以下	12793	18.32	25.87
初中	24950	35.73	45.25
高中（中专、技校）	18007	25.79	16.58
大学专科	7800	11.17	7.05
大学本科及以上	6282	9.00	5.23
按文化程度分（三段）			
初中及以下	37743	54.05	71.13
高中（中专、技校）	18007	25.79	16.58
大学专科及以上	14082	20.17	12.29
按文理科分			
偏文科	18117	25.94	16.36
偏理科	13972	20.01	12.52
初中及以下	37743	54.05	71.13
按城乡分			
城镇居民	41905	60.00	52.49
农村居民	27927	40.00	47.51
按就业状况分			
有固定工作	26927	38.56	35.59
有兼职工作	2618	3.75	3.60
工作不固定，打工	12174	17.43	18.59
目前没有工作，待业	6903	9.89	10.88
家庭主妇且没有工作	10769	15.42	18.80
学生及待升学人员	2490	3.57	3.18

类 别	样本分布和加权分布		
	样本量	样本分布 /%	加权分布 /%
离退休人员	6270	8.98	6.36
无工作能力	1681	2.41	3.00
按与科学技术的相关性分			
有相关性	12945	18.54	16.19
无相关性	28774	41.20	41.60
无工作 / 不工作	28113	40.26	42.21
按科学技术的相关部门分			
生产或制造业	7030	10.07	9.40
教育部门	1194	1.71	1.07
科研部门	1048	1.50	1.24
其他	3673	5.26	4.47
无工作 / 不工作或工作与科学技术无关	56887	81.46	83.81
按职业分			
国家机关、党群组织负责人	1172	1.68	1.01
企业事业单位负责人	2418	3.46	2.78
专业技术人员	6178	8.85	7.68
办事人员与有关人员	6102	8.74	6.01
农林牧渔水利业生产人员	8351	11.96	12.10
商业及服务业人员	11378	16.29	17.63
生产及运输设备操作工人	6120	8.76	10.58
无工作 / 不工作	28113	40.26	42.21
按重点人群分			
领导干部和公务员	2729	3.91	2.23
城镇劳动者	34859	49.92	49.18
农民	21614	30.95	35.74
其他	10630	15.22	12.85
按地区分			
东部地区	26637	38.14	42.81
中部地区	18203	26.07	31.20
西部地区	24992	35.79	25.99

2015 年中国公民科学素质抽样调查频数分布表 ※

（一）公民的科技信息来源

附表 2　公民对各类新闻话题感兴趣的程度				单位：%
新闻话题	非常感兴趣	一般感兴趣	不感兴趣	不知道
（1）科学新发现	26.3	51.3	13.2	9.2
（2）新发明和新技术	31.1	43.7	14.3	11.0
（3）医学新进展	31.5	38.3	17.9	12.3
（4）国际与外交政策	20.8	37.1	24.6	17.5
（5）国家经济发展	38.2	40.4	11.8	9.6
（6）农业发展	36.6	41.4	15.1	6.9
（7）军事与国防	32.2	34.4	18.5	15.0
（8）学校与教育	51.6	35.1	8.7	4.7
（9）生活与健康	59.3	33.3	4.6	2.9
（10）文化与艺术	28.0	46.9	17.9	7.2
（11）体育和娱乐	33.4	45.0	15.9	5.7

附表 3　公民对科技发展信息的感兴趣程度				单位：%
科技发展信息	非常感兴趣	一般感兴趣	不感兴趣	不知道
（1）宇宙与空间探索	17.3	33.1	29.6	20.1
（2）环境污染及治理	44.9	38.4	10.4	6.3
（3）计算机与网络技术	24.9	38.6	20.1	16.3
（4）遗传学与转基因技术	15.3	34.7	25.3	24.7
（5）纳米技术与新材料	11.4	29.9	26.2	32.5

※　1. 此部分内容及编号采用问卷原题的格式排列；

　　2. 频数分布数据均为加权后的百分比，如无特殊说明，均保留一位有效数字；

　　3. 具体科技议题各部分题目均以有效应答样本进行频率分析，总和应为 100.0%；

　　4. 多选题（多变量响应）的数据结果分布之和超过 100%。

附表 4　公民获取科技发展信息的渠道	单位：%
渠　道	公民获取科技发展信息的渠道（可选 3 项）
（1）报纸	38.5
（2）图书	11.4
（3）期刊杂志	13.3
（4）电视	93.4
（5）广播	25.0
（6）互联网及移动互联网	53.4
（7）亲友同事	34.9
（8）其他	30.2

附表 5　公民通过互联网了解科技发展信息的频度和信任情况　　单位：%

类　别	经常使用，很信任	经常使用，不太信任	不常使用，很信任	没用过	不知道
（1）电子报纸	18.7	8.9	20.5	14.2	37.7
（2）电子期刊杂志	13.3	9.2	20.3	15.9	41.3
（3）电子书	17.8	12.1	18.6	17.6	34.0
（4）腾讯网、新浪网、新华网等门户网站	53.7	15.1	13.3	7.3	10.7
（5）果壳网、科学网、百度百科等专门网站	33.5	11.1	18.0	10.2	27.2
（6）百度、谷歌等搜索引擎	57.3	11.7	12.0	5.7	13.3
（7）数字科技馆	10.9	6.2	17.0	10.3	55.7
（8）微信	51.0	23.1	8.8	7.2	10.0
（9）微博	28.0	15.5	15.8	12.8	27.9
（10）科学博客	9.5	6.9	15.7	11.0	57.0
（11）科普类 APP	9.7	5.5	14.3	9.4	61.0
（12）其他	5.4	4.1	6.7	7.7	76.1

附表 6　公民在过去一年中参加科普活动的情况　　单位：%

科普活动	参加过	没参加过，但听说过	没听说过	不知道
（1）科技周、科技节、科普日	7.8	43.4	35.9	12.9
（2）科技咨询	8.1	41.3	34.9	15.6
（3）科技培训	11.0	43.2	31.2	14.7
（4）科普讲座	12.4	39.6	32.6	15.4
（5）科技展览	14.6	41.3	28.7	15.5

科普场所	去过及原因				没去过及原因						
	自己感兴趣	陪亲友去	偶然的机会	其他	本地没有	门票太贵	缺乏展品	不知在哪里	不感兴趣	没有时间	其他
（1）动物园、水族馆、植物园	18.5	26.6	7.0	1.7	13.2	3.0	0.2	2.2	4.6	18.6	4.5
（2）科技馆等科技类场馆	6.9	8.7	5.5	1.5	22.6	2.9	0.6	8.3	10.1	25.0	7.8
（3）自然博物馆	7.7	7.8	4.8	1.8	24.2	2.4	0.5	9.4	9.2	24.1	8.2
（4）公共图书馆	19.1	10.2	8.6	2.5	13.4	1.0	0.5	5.4	10.6	21.4	7.3
（5）美术馆或展览馆	7.3	6.0	5.4	1.8	21.7	1.5	0.6	8.8	14.8	23.3	8.8
（6）科普画廊或宣传栏	7.1	3.6	7.7	2.3	20.3	1.2	0.9	11.0	14.4	21.7	9.9
（7）科普宣传车	4.2	2.0	8.6	2.9	21.2	1.0	0.9	13.5	13.6	19.9	12.2
（8）图书阅览室	16.9	6.8	7.8	2.8	15.2	0.8	0.6	7.7	11.1	21.7	8.5
（9）科技示范点或科普活动站	4.7	2.5	4.3	1.9	22.2	1.1	0.7	16.2	12.4	22.3	11.6
（10）工农业生产园区	10.9	5.2	7.8	3.7	17.2	0.6	0.6	13.1	10.8	19.7	10.2
（11）高校、科研院所的实验室	3.4	1.6	3.0	1.7	24.9	0.9	0.6	16.7	11.8	19.2	16.2

附表 7 公民在过去一年中参观科普场所的情况及原因　　单位：%

附表 8 公民关注和参加与科技有关的公共事务的情况　　单位：%

科技有关的公共事务	经常参与	有时参与	很少参与	没有参与过	不知道
（1）阅读报刊、图书或互联网上的关于科学的文章	12.3	21.4	20.3	41.0	4.9
（2）和亲戚、朋友、同事谈论有关科学技术的话题	9.2	26.8	26.8	33.7	3.5
（3）参加与科学技术有关的公共问题的讨论或听证会	2.5	7.5	13.7	68.7	7.6
（4）参与关于原子能、生物技术或环境等方面的建议和宣传活动	1.7	4.8	9.1	71.6	12.8

（二）公民对科学的理解

附表 9 公民对科学观点的了解程度 –1　　单位：%

科学观点	对	错	不知道
（1）地心的温度非常高（√）	46.8	12.6	40.6
（2）我们呼吸的氧气来源于植物（√）	67.8	12.9	19.3
（3）父亲的基因决定孩子的性别（√）	48.5	28.3	23.2
（4）抗生素能够杀死病毒（×）	45.5	24.3	30.2
（5）乙肝病毒不会通过空气传播（√）	51.3	26.1	22.6
（6）接种疫苗可以治疗多种传染病（×）	54.6	26.9	18.5

附表 10　公民对科学观点的了解程度 –2			单位：%
科学观点	对	错	不知道
（1）地球的板块运动会造成地震（√）	60.0	8.7	31.3
（2）最早期的人类与恐龙生活在同一个年代（×）	21.4	41.0	37.6
（3）植物开什么颜色的花是由基因决定的（√）	46.3	13.2	40.4
（4）声音只能在空气中传播（×）	42.4	36.3	21.2
（5）激光是由汇聚声波而产生的（×）	20.5	19.0	60.5
（6）所有的放射性现象都是人为造成的（×）	27.5	40.8	31.7

附表 11　公民对科学观点的了解程度 –3			单位：%
科学观点	对	错	不知道
（1）光速比声速快（√）	70.6	7.2	22.2
（2）电子比原子小（√）	22.4	22.9	54.7
（3）数百万年来，我们生活的大陆一直在缓慢地漂移，并将继续漂移（√）	50.8	9.9	39.3
（4）就目前所知，人类是从较早期的动物进化而来的（√）	68.2	8.1	23.8
（5）含有放射性物质的牛奶经过煮沸后可以安全饮用（×）	21.1	45.6	33.3
（6）地球围绕太阳转一圈的时间为一天（×）	50.0	27.4	22.6

附表 12　公民对"分子"的了解程度	单位：%
分子信息	下列哪个说法最正确？
（1）物质中能够独立存在并保持该物质一切化学特性的最小微粒	11.0
（2）是组成原子的基本微粒，由原子核和核外电子组成	14.8
（3）与物质的化学性质有关，是构成物质的基本微粒	11.3
（4）不知道	62.9

附表 13　公民对"DNA"的了解程度	单位：%
DNA 信息	下列哪个说法最正确？
（1）生物学名词，与遗传有关	25.8
（2）人体内的一种蛋白质，存在于血液中，是白血球的简称	13.3
（3）生物的遗传物质，存在于一切细胞中，是脱氧核糖核酸	22.3
（4）不知道	38.7

附表 14　公民对"Internet（因特网）"的了解程度	单位：%
因特网信息	下列哪个说法最正确？
（1）全球通信网络和计算机网络的总和	26.8
（2）由一些使用公共协议互相通信的计算机连接而成的全球网络	20.1
（3）由多台计算机和线路连接而成的区域网络	7.9
（4）不知道	45.2

附表 15　公民对"纳米"的了解程度	单位：%
纳米信息	下列哪个说法最正确？
（1）一种高科技材料	45.9
（2）长度计量单位之一	16.1
（3）水稻新品种	6.8
（4）不知道	31.3

附表 16　公民对"科学研究"的理解程度	单位：%
科学研究信息	哪一项最接近您的理解？
（1）引进新技术，推广新技术，使用新技术	28.4
（2）遇到问题，咨询专家，得出解释	11.1
（3）提出假设，进行观察、推理、实验，得出结论	35.0
（4）不知道	25.5

附表 17　公民对"对比法"的理解程度	单位：%
对比法信息	以下哪一种方法最好？
（1）给 1000 个高血压病人服用这种药，然后观察有多少病人血压有所下降	12.0
（2）给 500 个高血压病人服用这种药，另外 500 个高血压病人不服用这种药，然后观察两组病人中各有多少人的血压有所下降	22.9
（3）给 500 个高血压病人服用这种药，另外 500 个高血压病人服用无效无害、外形相同的安慰剂，然后观察两组病人中各有多少人的血压有所下降	20.4
（4）不知道	44.8

附表 18　公民对"概率"的理解程度	单位：%
概率信息	哪一项最符合医生的意思？
（1）如果他们生育的前三个孩子都很健康，那么第四个孩子肯定得遗传病	6.5
（2）如果他们的第一个孩子有遗传病，那么后面的三个孩子将不会得遗传病	7.1
（3）他们生育的孩子都有可能得遗传病	42.9
（4）如果他们只生育三个孩子，那么这三个孩子都不会得遗传病	6.8
（5）不知道	36.7

附表 19　公民对迷信活动的相信程度					单位：%
迷信活动	参与过 很相信	参与过 有些相信	尝试过 不相信	没参与过 不理睬	不知道
（1）求签	3.0	11.0	15.8	62.8	7.5
（2）相面	2.6	10.4	14.1	65.6	7.3
（3）星座预测	2.2	9.3	15.7	59.3	13.5
（4）周公解梦	2.5	10.8	17.4	58.6	10.8
（5）电脑算命	1.4	4.7	16.1	65.7	12.1

附表 20　公民治疗和处理健康问题的方法	单位：%
治疗和处理健康的方法	在过去的一年中，您用过下列方法治疗和处理 健康方面的问题吗？（可选 1－3 项）
（1）没出健康问题	19.8
（2）自己找药吃	36.7
（3）自己治疗处理	13.9
（4）祈求神灵保佑	1.6
（5）心理咨询与心理治疗	3.3
（6）看医生（西医为主）	55.8
（7）看医生（中医为主）	32.0
（8）什么方法都没用过	2.5

（三）公民对科学技术的态度

附表 21　公民对科学技术的态度 –1					单位：%	
科学技术态度	非常赞成	基本赞成	既不赞成也不反对	基本反对	非常反对	不知道
（1）科学技术使我们的生活更健康、更便捷、更舒适	49.3	31.4	8.1	1.1	0.6	9.5
（2）现代科学技术将给我们的后代提供更多的发展机会	52.2	31.5	6.1	1.2	0.6	8.5
（3）我们过于依靠科学，而忽视了信仰	14.0	24.5	24.8	12.3	6.8	17.7
（4）由于科学技术的进步，地球的自然资源将会用之不竭	13.1	16.9	11.8	15.8	17.5	24.9
（5）如果能帮助人类解决健康问题，应该允许科学家用动物（如：狗、猴子）做试验	19.3	25.7	14.6	11.2	13.5	15.7

附表 22　公民对科学技术的态度 –2					单位：%	
科学技术态度	非常赞成	基本赞成	既不赞成也不反对	基本反对	非常反对	不知道
（1）即使没有科学技术，人们也可以生活得很好	8.1	16.4	15.7	25.9	23.2	10.6
（2）科学和技术的进步将有助于治疗艾滋病和癌症等疾病	43.3	32.0	6.4	2.4	1.8	14.1
（3）科学技术不能解决我们面临的任何问题	10.6	20.2	14.3	19.4	18.9	16.6
（4）科学技术既给我们带来好处也带来坏处，但是好处多于坏处	30.9	41.6	11.1	3.5	1.7	11.2
（5）持续不断的技术应用，最终会毁掉我们赖以生存的地球	12.7	18.8	17.4	14.7	10.9	25.5

附表 23　公民对科学技术的态度 –3					单位：%	
科学技术态度	非常赞成	基本赞成	既不赞成也不反对	基本反对	非常反对	不知道
（1）科学家要参与科学传播，让公众了解科学研究的新进展	35.7	35.1	8.5	1.4	0.7	18.6
（2）科学技术的发展会使一些职业消失，但同时也会提供更多的就业机会	28.8	39.9	11.1	2.9	1.2	16.0

科学技术态度	非常赞成	基本赞成	既不赞成也不反对	基本反对	非常反对	不知道
（3）公众对科技创新的理解和支持，是促进我国创新型国家建设的基础	32.3	36.5	9.7	1.4	0.7	19.4
（4）尽管不能马上产生效益，但是基础科学的研究是必要的，政府应该支持	42.8	34.4	8.2	1.2	0.6	12.7
（5）政府应该通过举办听证会等多种途径，让公众更有效地参与科技决策	41.2	31.7	9.0	1.5	0.8	15.8

附表 24　公民对职业声望的看法以及对后代从事职业的期望　　单位：%

职　业	声望最好的职业（可选3项）	最期望后代从事的职业（可选3项）
（1）法官	18.7	15.0
（2）教师	55.7	49.3
（3）企业家	21.9	29.9
（4）政府官员	18.4	18.7
（5）运动员	12.8	10.5
（6）科学家	40.6	30.6
（7）医生	53.0	53.9
（8）记者	9.7	7.5
（9）工程师	23.4	27.3
（10）艺术家	11.8	14.8
（11）律师	19.4	24.5
（12）其他	14.5	18.1

（四）公民对具体科技议题的态度

附表 25　公民对"全球气候变化"的知晓程度　　单位：%

知晓程度	是否听说过"全球气候变化"？
（1）听说过	63.0
（2）没听说过	23.6
（3）不知道	13.5

附表 26　公民获取"全球气候变化"信息的渠道	单位：%
渠　道	主要从哪个渠道获取相关信息？
（1）电视	64.6
（2）报纸	2.4
（3）广播	1.6
（4）互联网及移动互联网	27.2
（5）期刊杂志	0.4
（6）图书	1.2
（7）其他	2.1
（8）不知道	0.4

附表 27　公民最相信谁关于"全球气候变化"的言论	单位：%
群　体	关于"全球气候变化"，您最相信谁的言论？
（1）政府官员	6.9
（2）科学家	80.2
（3）企业家	0.3
（4）公众人物	2.2
（5）亲友同事	0.8
（6）其他	1.9
（7）以上谁的都不信	4.2
（8）不知道	3.6

附表 28　公民对"全球气候变化"的了解程度			单位：%
全球气候变化信息	对	错	不知道
（1）全球气候变化导致了臭氧层空洞的产生（×）	61.2	10.2	28.6
（2）煤炭和石油的大量使用造成了全球气候变化（√）	76.7	9.5	13.8
（3）全球气候变化会导致冰川消融，海平面上升（√）	82.0	4.8	13.1
（4）全球气候变化使得极端天气频发（√）	76.8	7.0	16.2
（5）全球气候变化会产生致命病毒（×）	49.6	22.0	28.4
（6）全球气候变化会产生雾霾天气（×）	76.1	11.8	12.1

附表 29　公民对有关"全球气候变化"观点的态度						单位：%
观　点	非常赞成	基本赞成	既不赞成也不反对	基本反对	非常反对	不知道
（1）全球气候变化是不可阻止的过程，人类为减缓气候变化所做的努力都没有用	8.1	16.9	11.6	26.1	26.6	10.7
（2）科学技术的进步有助于解决全球气候变化问题	30.6	42.3	12.1	4.1	1.4	9.5
（3）全球气候变化的严重性被夸大了	7.1	20.6	19.3	23.4	14.6	14.9
（4）在我国，促进经济发展比减缓全球气候变化更重要	12.5	18.4	14.7	22.3	19.6	12.6
（5）我们每个人都能为减缓全球气候变化做出贡献	59.0	27.3	5.4	1.6	0.8	5.9

附表 30　公民应对"全球气候变化"采取的做法						单位：%
做　法	总是	经常	有时	很少	没有	不知道
（1）选择环保的出行方式（步行、自行车、公交）	29.6	42.2	17.5	8.0	1.7	0.9
（2）减少身边的资源消耗（节水、节电）	28.3	49.2	15.9	4.5	1.2	1.0
（3）即使增加花费，也愿意使用再生能源来代替传统能源	14.3	24.0	25.2	15.8	8.1	12.5
（4）减少一次性用品（塑料袋、包装盒）的消费	23.1	37.9	21.2	12.6	3.5	1.8

附表 31　公民对低碳技术应用的态度	单位：%
态　度	对低碳技术应用的支持和反对程度
（1）非常支持	54.5
（2）比较支持	24.3
（3）既不支持也不反对	8.9
（4）比较反对	0.9
（5）非常反对	0.4

附表 32　公民对"核能利用"的知晓程度	单位：%
知晓程度	是否听说过"核能利用"？
（1）听说过	40.9
（2）没听说过	35.8
（3）不知道	23.4

附表 33　公民获取"核能利用"信息的渠道	单位：%
渠　道	主要从哪个渠道获取相关信息？
（1）电视	58.3
（2）报纸	3.2
（3）广播	1.4
（4）互联网及移动互联网	31.6
（5）期刊杂志	0.8
（6）图书	2.2
（7）其他	1.8
（8）不知道	0.6

附表 34　公民最相信谁关于"核能利用"的言论	单位：%
群　体	关于"核能利用"，您最相信谁的言论？
（1）政府官员	8.1
（2）科学家	82.0
（3）企业家	0.6
（4）公众人物	1.8
（5）亲友同事	0.5
（6）其他	1.4
（7）以上谁的都不信	2.6
（8）不知道	3.0

附表 35　公民对"核能利用"的了解程度			单位：%
核能利用信息	对	错	不知道
（1）X光透视检查利用了核物质的放射性（√）	58.7	12.0	29.3
（2）B超检查利用了核物质的放射性（×）	39.2	27.1	33.7
（3）碘盐可以预防核辐射（×）	30.1	34.8	35.2
（4）核辐射都是人为产生的（×）	33.9	46.5	19.6
（5）微量的核辐射照射不会危害人体的健康（√）	47.3	36.8	15.9

附表 36 公民对有关"核能利用"观点的态度						单位：%
观　点	非常赞成	基本赞成	既不赞成也不反对	基本反对	非常反对	不知道
（1）核电站的建设有助于缓解火力发电造成的空气污染	30.1	37.9	11.7	5.1	3.3	11.9
（2）科学技术的进步能够使人类更加安全地利用核能	43.3	41.5	7.5	1.4	0.7	5.6
（3）我国需要发展核电和可再生能源，保证电力供应充足，促进能源结构调整	43.6	39.0	9.4	1.3	0.5	6.3
（4）政府应该采取多种形式让公众了解核能利用的相关信息	54.8	32.5	6.4	0.8	0.4	5.1

附表 37 公民对我国发展核电利弊的态度	单位：%
态　度	您认为我国发展核电的利弊如何？
（1）利远大于弊	30.7
（2）利大于弊	37.1
（3）利弊相当	13.0
（4）弊大于利	2.4
（5）弊远大于利	0.8
（6）不知道	16.0

附表 38 公民对核能技术应用的态度	单位：%
态　度	对核能技术应用的支持和反对程度
（1）非常支持	30.4
（2）比较支持	39.9
（3）既不支持也不反对	21.2
（4）比较反对	1.7
（5）非常反对	0.8
（6）不知道	6.0

附表 39 公民对"转基因"的知晓程度	单位：%
知晓程度	是否听说过"转基因"？
（1）听说过	60.7
（2）没听说过	22.4
（3）不知道	16.9

附表 40　公民获取"转基因"信息的渠道	单位：%
渠　道	主要从哪个渠道获取相关信息？
（1）电视	57.4
（2）报纸	4.1
（3）广播	1.5
（4）互联网及移动互联网	29.3
（5）期刊杂志	1.1
（6）图书	2.6
（7）其他	3.6
（8）不知道	0.6

附表 41　公民最相信谁关于"转基因"的言论	单位：%
群　体	关于"转基因"，您最相信谁的言论？
（1）政府官员	6.0
（2）科学家	78.3
（3）企业家	0.6
（4）公众人物	2.9
（5）亲友同事	1.3
（6）其他	2.0
（7）以上谁的都不信	4.6
（8）不知道	4.3

附表 42　公民对"转基因"的了解程度			单位：%
转基因信息	对	错	不知道
（1）普通西红柿里没有基因，而转基因西红柿里有基因（×）	27.1	43.4	29.5
（2）如果吃了转基因的水果，人就会被"转基因"（×）	13.7	62.8	23.5
（3）转基因动物总是比普通动物长得大（×）	45.3	26.8	27.9
（4）转基因技术不能把动物的基因转移到植物上（×）	33.7	28.5	37.8
（5）杂交水稻是转基因作物的一种（×）	60.9	18.3	20.8

附表 43　公民对有关"转基因"观点的态度　　　　　　单位：%

观　点	非常赞成	基本赞成	既不赞成也不反对	基本反对	非常反对	不知道
（1）转基因作物的种植能帮助我们解决粮食短缺问题	17.9	34.8	17.0	9.9	7.9	12.6
（2）转基因食品存在不可预知的安全风险	23.7	34.8	14.3	6.6	3.3	17.2
（3）种植转基因作物对自然环境是无害的	11.0	23.8	19.1	12.6	8.3	25.2
（4）转基因食品应该有明显标识	56.2	25.1	5.1	1.7	1.1	10.8

附表 44　公民应对"转基因"采取的做法　　　　　　单位：%

做　法	总是	经常	有时	很少	没有	不知道
（1）在购买食品时关注其原料是否含有转基因的成分	20.8	24.0	21.3	17.2	9.8	6.8
（2）拒绝食用任何转基因食品	18.8	17.2	20.2	18.2	16.3	9.4
（3）只要价格合适，会选择转基因食品	4.4	8.6	20.5	22.1	35.5	8.9
（4）关注有关转基因技术应用的报道	13.9	20.2	25.5	18.2	11.4	10.8

附表 45　公民对"转基因"技术应用的态度　　　　　　单位：%

态　度	对转基因技术应用的支持和反对程度
（1）非常支持	10.3
（2）比较支持	22.0
（3）既不支持也不反对	38.5
（4）比较反对	12.1
（5）非常反对	9.8
（6）不知道	7.4

2015年中国公民科学素质抽样调查交叉分布表&

（一）公民对各类新闻话题感兴趣的程度

类别	附表46 公民对各类新闻话题感兴趣的程度 –1 科学新发现			单位：%
	非常感兴趣	一般感兴趣	不感兴趣	不知道
总体	26.3	51.3	13.2	9.2
按性别分				
男性	33.3	49.9	10.7	6.1
女性	19.1	52.7	15.8	12.4
按民族分				
汉族	26.2	51.5	13.3	8.9
其他民族	27.5	47.3	11.6	13.6
按户籍分				
本省户籍	26.7	50.9	13.0	9.4
非本省户籍	21.0	56.7	15.9	6.3
按年龄分（五段）				
18—29岁	21.2	59.7	14.3	4.8
30—39岁	23.3	56.6	13.1	7.0
40—49岁	26.0	51.6	13.0	9.4
50—59岁	32.0	41.0	12.9	14.1
60—69岁	38.0	32.9	11.4	17.7
按年龄分（三段）				
18—39岁	22.1	58.3	13.8	5.8
40—54岁	27.2	48.5	13.3	11.0
55—69岁	36.7	36.2	11.2	15.9
按文化程度分（五段）				
小学及以下	26.8	34.1	17.2	21.9
初中	22.9	56.1	14.2	6.7
高中（中专、技校）	28.2	59.8	9.6	2.3
大学专科	32.3	60.2	6.6	1.0
大学本科及以上	38.5	55.3	5.3	0.9
按文化程度分（三段）				
初中及以下	24.4	48.1	15.3	12.3
高中（中专、技校）	28.2	59.8	9.6	2.3

& 1. 数据表和表号采用问卷题目的顺序和编号排列；

　2. 交叉分布表均为加权后的百分比，如无特殊说明，均保留一位有效数字；

　3. 具体科技议题各部分题目均以有效应答样本进行频率分析，总和应为100.0%；

　4. 多选题（多变量响应）的数据结果分布之和超过100%。

类　别	科学新发现			
	非常感兴趣	一般感兴趣	不感兴趣	不知道
大学专科及以上	34.9	58.1	6.0	0.9
按文理科分				
偏文科	28.5	60.4	9.2	1.9
偏理科	34.4	57.3	6.6	1.6
按城乡分				
城镇居民	25.7	55.5	12.8	6.0
农村居民	26.9	46.7	13.7	12.7
按就业状况分				
有固定工作	29.8	54.8	10.5	4.9
有兼职工作	30.2	53.9	11.6	4.3
工作不固定，打工	24.6	52.4	14.1	8.9
目前没有工作，待业	24.9	47.0	16.2	12.0
家庭主妇且没有工作	18.2	47.7	17.2	16.8
学生及待升学人员	25.9	62.6	9.3	2.3
离退休人员	31.9	49.0	10.9	8.1
无工作能力	34.8	30.4	14.3	20.6
按与科学技术的相关性分				
有相关性	38.6	50.8	6.9	3.7
无相关性	24.1	55.2	13.6	7.1
按科学技术的相关部门分				
生产或制造业	38.6	49.8	7.2	4.5
教育部门	45.4	48.0	5.1	1.5
科研部门	46.4	45.5	5.0	3.1
其他	34.9	55.0	7.2	2.9
按职业分				
国家机关、党群组织负责人	42.7	49.2	6.3	1.9
企业事业单位负责人	32.9	57.0	7.7	2.4
专业技术人员	32.6	54.6	9.3	3.5
办事人员与有关人员	33.0	57.0	7.3	2.7
农林牧渔水利业生产人员	32.5	44.1	12.4	11.0
商业及服务业人员	22.7	58.3	13.2	5.8
生产及运输设备操作工人	23.6	55.5	14.5	6.4
按重点人群分				
领导干部和公务员	40.3	52.0	5.4	2.2
城镇劳动者	24.3	56.5	13.0	6.2
农民	27.0	44.6	14.3	14.0
其他	27.0	51.1	13.6	8.3
按地区分				
东部地区	27.4	53.1	12.7	6.8
中部地区	26.2	51.6	13.2	8.9
西部地区	24.5	47.9	14.0	13.5

类　别	新发明和新技术			
	非常感兴趣	一般感兴趣	不感兴趣	不知道
总体	31.1	43.7	14.3	11.0
按性别分				
男性	39.1	42.2	11.6	7.1
女性	22.8	45.2	17.1	14.9
按民族分				
汉族	31.1	43.9	14.3	10.7
其他民族	30.4	40.2	13.7	15.7
按户籍分				
本省户籍	31.1	43.7	14.0	11.2
非本省户籍	30.5	43.8	17.6	8.0
按年龄分（五段）				
18—29 岁	29.8	49.4	14.6	6.2
30—39 岁	30.6	46.2	14.1	9.1
40—49 岁	30.0	44.1	14.4	11.5
50—59 岁	31.8	37.8	14.6	15.8
60—69 岁	36.8	31.1	13.2	18.9
按年龄分（三段）				
18—39 岁	30.2	48.0	14.4	7.4
40—54 岁	30.1	42.0	14.7	13.2
55—69 岁	35.6	34.2	13.3	16.9
按文化程度分（五段）				
小学及以下	27.3	29.6	18.6	24.5
初中	29.6	46.3	15.3	8.8
高中（中专、技校）	34.1	52.1	10.8	3.0
大学专科	37.7	53.6	7.3	1.4
大学本科及以上	43.8	50.2	5.1	0.8
按文化程度分（三段）				
初中及以下	28.8	40.2	16.5	14.5
高中（中专、技校）	34.1	52.1	10.8	3.0
大学专科及以上	40.3	52.2	6.4	1.2
按文理科分				
偏文科	33.6	53.9	10.1	2.3
偏理科	40.8	49.8	7.4	2.0
按城乡分				
城镇居民	30.6	47.7	14.1	7.6

附表 47　公民对各类新闻话题感兴趣的程度 –2　单位：%

类 别	新发明和新技术			
	非常感兴趣	一般感兴趣	不感兴趣	不知道
农村居民	31.6	39.3	14.5	14.7
按就业状况分				
有固定工作	35.6	46.9	11.5	6.0
有兼职工作	37.0	44.5	12.2	6.2
工作不固定，打工	30.2	43.4	15.1	11.3
目前没有工作，待业	29.8	41.6	14.8	13.8
家庭主妇且没有工作	21.8	40.2	18.7	19.3
学生及待升学人员	36.1	50.0	11.4	2.4
离退休人员	31.4	43.5	15.3	9.8
无工作能力	33.0	28.4	16.2	22.4
按与科学技术的相关性分				
有相关性	44.5	42.3	8.5	4.7
无相关性	29.8	46.9	14.3	8.9
按科学技术的相关部门分				
生产或制造业	44.4	41.4	8.8	5.4
教育部门	46.0	42.7	7.9	3.5
科研部门	51.5	38.4	6.0	4.1
其他	42.2	45.4	8.8	3.6
按职业分				
国家机关、党群组织负责人	41.9	48.9	7.0	2.2
企业事业单位负责人	39.8	47.8	9.6	2.8
专业技术人员	40.6	44.1	10.6	4.7
办事人员与有关人员	36.8	51.1	9.0	3.2
农林牧渔水利业生产人员	36.2	38.3	13.1	12.4
商业及服务业人员	29.3	48.6	14.1	8.0
生产及运输设备操作工人	30.4	46.2	15.0	8.5
按重点人群分				
领导干部和公务员	44.4	48.1	5.4	2.1
城镇劳动者	30.4	47.8	14.1	7.8
农民	31.0	38.1	14.9	16.0
其他	30.0	43.4	15.7	10.9
按地区分				
东部地区	31.9	46.0	14.1	8.0
中部地区	31.8	43.8	13.5	10.8
西部地区	28.8	39.6	15.6	15.9

类 别	医学新进展			
	非常感兴趣	一般感兴趣	不感兴趣	不知道
总体	31.5	38.3	17.9	12.3
按性别分				
男性	31.0	38.9	20.2	9.8
女性	32.0	37.7	15.4	14.9
按民族分				
汉族	31.6	38.6	17.9	11.9
其他民族	30.1	33.9	17.4	18.6
按户籍分				
本省户籍	31.7	38.1	17.7	12.5
非本省户籍	28.8	41.2	20.4	9.7
按年龄分（五段）				
18—29 岁	24.8	43.6	23.3	8.3
30—39 岁	31.2	41.2	17.3	10.3
40—49 岁	33.1	38.1	15.6	13.1
50—59 岁	35.3	32.3	16.0	16.4
60—69 岁	40.0	28.2	12.9	18.9
按年龄分（三段）				
18—39 岁	27.7	42.5	20.6	9.2
40—54 岁	33.4	36.4	16.1	14.1
55—69 岁	38.9	29.8	13.4	17.9
按文化程度分（五段）				
小学及以下	29.3	26.9	18.8	25.0
初中	30.1	40.4	19.0	10.5
高中（中专、技校）	34.6	43.8	16.8	4.8
大学专科	36.9	46.4	14.1	2.6
大学本科及以上	37.5	48.6	12.4	1.5
按文化程度分（三段）				
初中及以下	29.8	35.5	18.9	15.8
高中（中专、技校）	34.6	43.8	16.8	4.8
大学专科及以上	37.2	47.4	13.4	2.1
按文理科分				
偏文科	37.3	44.6	14.6	3.6
偏理科	33.7	46.3	16.3	3.8
按城乡分				
城镇居民	32.3	41.5	17.6	8.6

附表 48　公民对各类新闻话题感兴趣的程度 –3　　单位：%

类　别	医学新进展			
	非常感兴趣	一般感兴趣	不感兴趣	不知道
农村居民	30.6	34.8	18.2	16.4
按就业状况分				
有固定工作	34.1	40.8	17.2	7.9
有兼职工作	34.2	40.3	17.3	8.3
工作不固定，打工	27.8	38.5	20.6	13.1
目前没有工作，待业	27.5	37.1	20.3	15.0
家庭主妇且没有工作	29.5	34.6	16.6	19.3
学生及待升学人员	22.8	45.9	25.7	5.6
离退休人员	41.5	36.9	11.7	9.8
无工作能力	34.9	28.4	13.5	23.2
按与科学技术的相关性分				
有相关性	38.5	37.9	16.1	7.5
无相关性	29.5	40.8	19.2	10.4
按科学技术的相关部门分				
生产或制造业	36.3	38.8	16.2	8.7
教育部门	46.1	37.1	11.8	4.9
科研部门	48.2	33.5	13.0	5.2
其他	38.7	37.6	17.7	6.0
按职业分				
国家机关、党群组织负责人	46.2	37.6	12.1	4.1
企业事业单位负责人	36.5	43.2	15.4	4.9
专业技术人员	34.3	40.7	18.3	6.8
办事人员与有关人员	37.9	44.0	13.8	4.4
农林牧渔水利业生产人员	33.2	34.0	17.5	15.2
商业及服务业人员	30.1	42.1	19.0	8.9
生产及运输设备操作工人	26.7	40.1	22.1	11.1
按重点人群分				
领导干部和公务员	42.2	42.2	12.7	2.9
城镇劳动者	31.3	41.4	18.2	9.0
农民	30.1	33.7	18.3	17.8
其他	32.1	38.9	17.4	11.7
按地区分				
东部地区	33.3	40.2	17.2	9.4
中部地区	31.5	38.4	17.8	12.4
西部地区	28.6	35.3	19.1	17.1

类　别	国际与外交政策			
	非常感兴趣	一般感兴趣	不感兴趣	不知道
总体	20.8	37.1	24.6	17.5
按性别分				
男性	28.5	37.8	21.3	12.4
女性	13.0	36.3	27.9	22.8
按民族分				
汉族	20.8	37.4	24.8	17.1
其他民族	21.2	32.7	21.0	25.1
按户籍分				
本省户籍	21.1	36.7	24.3	17.9
非本省户籍	17.4	41.9	27.9	12.8
按年龄分（五段）				
18—29 岁	15.2	42.7	30.4	11.7
30—39 岁	17.4	41.5	25.8	15.3
40—49 岁	21.7	35.5	23.6	19.2
50—59 岁	25.7	30.9	20.5	22.9
60—69 岁	33.8	26.0	14.7	25.6
按年龄分（三段）				
18—39 岁	16.1	42.2	28.4	13.3
40—54 岁	22.2	34.1	23.0	20.7
55—69 岁	31.9	28.0	16.4	23.7
按文化程度分（五段）				
小学及以下	19.7	23.0	22.9	34.3
初中	18.6	37.7	27.7	16.0
高中（中专、技校）	23.6	45.9	23.8	6.7
大学专科	25.3	52.6	19.1	3.0
大学本科及以上	30.6	52.3	15.8	1.3
按文化程度分（三段）				
初中及以下	19.0	32.4	25.9	22.7
高中（中专、技校）	23.6	45.9	23.8	6.7
大学专科及以上	27.6	52.4	17.7	2.3
按文理科分				
偏文科	25.1	48.7	21.2	4.9
偏理科	25.5	48.5	21.2	4.8
按城乡分				
城镇居民	21.5	41.8	24.9	11.7

附表 49　公民对各类新闻话题感兴趣的程度 –4　　　　单位：%

类　别	国际与外交政策			
	非常感兴趣	一般感兴趣	不感兴趣	不知道
农村居民	20.1	31.8	24.2	23.9
按就业状况分				
有固定工作	23.5	42.5	23.0	11.0
有兼职工作	24.3	39.7	23.8	12.1
工作不固定，打工	20.2	36.0	25.1	18.7
目前没有工作，待业	19.9	34.0	26.0	20.1
家庭主妇且没有工作	11.7	30.2	28.6	29.5
学生及待升学人员	21.0	44.3	28.3	6.4
离退休人员	31.7	36.8	18.7	12.7
无工作能力	26.8	23.2	18.7	31.2
按与科学技术的相关性分				
有相关性	28.1	41.3	19.9	10.7
无相关性	20.3	39.8	25.2	14.7
按科学技术的相关部门分				
生产或制造业	27.6	40.3	20.0	12.1
教育部门	34.9	43.0	16.4	5.8
科研部门	31.7	42.1	17.7	8.5
其他	26.5	42.8	21.2	9.5
按职业分				
国家机关、党群组织负责人	38.1	41.1	14.9	5.8
企业事业单位负责人	28.2	45.7	19.3	6.8
专业技术人员	23.6	44.9	22.4	9.1
办事人员与有关人员	25.6	50.2	18.6	5.6
农林牧渔水利业生产人员	23.0	31.2	23.1	22.8
商业及服务业人员	20.6	41.0	25.7	12.8
生产及运输设备操作工人	19.5	38.8	27.0	14.7
按重点人群分				
领导干部和公务员	34.7	47.4	14.1	3.8
城镇劳动者	19.7	41.4	26.1	12.8
农民	20.1	30.4	23.7	25.7
其他	21.8	37.8	24.2	16.3
按地区分				
东部地区	21.9	40.1	24.1	13.9
中部地区	20.5	36.7	25.1	17.8
西部地区	19.5	32.6	24.7	23.2

类　别	国家经济发展			
	非常感兴趣	一般感兴趣	不感兴趣	不知道
总体	38.2	40.4	11.8	9.6
按性别分				
男性	44.4	38.4	10.6	6.6
女性	31.7	42.5	13.1	12.6
按民族分				
汉族	38.1	40.7	11.9	9.3
其他民族	38.6	36.6	10.5	14.3
按户籍分				
本省户籍	38.3	40.2	11.7	9.8
非本省户籍	36.1	43.2	14.2	6.4
按年龄分（五段）				
18—29 岁	30.7	47.7	15.1	6.4
30—39 岁	35.9	44.2	11.5	8.3
40—49 岁	40.2	39.7	10.7	9.5
50—59 岁	43.8	32.4	10.6	13.2
60—69 岁	49.4	27.2	8.3	15.1
按年龄分（三段）				
18—39 岁	33.0	46.2	13.5	7.3
40—54 岁	40.8	37.7	10.8	10.7
55—69 岁	48.1	28.9	9.0	14.1
按文化程度分（五段）				
小学及以下	36.6	29.3	13.4	20.7
初中	37.3	42.5	12.4	7.8
高中（中专、技校）	39.8	46.3	10.8	3.1
大学专科	41.3	48.9	8.4	1.4
大学本科及以上	44.4	47.5	7.3	0.7
按文化程度分（三段）				
初中及以下	37.0	37.7	12.8	12.5
高中（中专、技校）	39.8	46.3	10.8	3.1
大学专科及以上	42.6	48.3	7.9	1.1
按文理科分				
偏文科	41.5	46.1	10.1	2.3
偏理科	40.3	48.5	8.9	2.2
按城乡分				
城镇居民	37.6	44.0	12.1	6.3

附表 50　公民对各类新闻话题感兴趣的程度 –5　　单位：%

类　别	国家经济发展			
	非常感兴趣	一般感兴趣	不感兴趣	不知道
农村居民	38.8	36.5	11.5	13.2
按就业状况分				
有固定工作	41.7	42.7	10.3	5.2
有兼职工作	44.2	39.5	10.3	6.0
工作不固定，打工	37.7	40.9	11.9	9.5
目前没有工作，待业	35.4	38.7	13.8	12.0
家庭主妇且没有工作	30.4	38.6	14.0	17.0
学生及待升学人员	27.6	49.9	17.8	4.7
离退休人员	47.5	35.9	9.4	7.2
无工作能力	41.8	27.8	10.1	20.2
按与科学技术的相关性分				
有相关性	49.0	39.2	7.5	4.3
无相关性	37.3	43.0	12.1	7.6
按科学技术的相关部门分				
生产或制造业	49.6	37.6	7.4	5.4
教育部门	52.9	37.7	7.1	2.3
科研部门	53.3	37.0	5.7	4.0
其他	45.6	43.3	8.3	2.8
按职业分				
国家机关、党群组织负责人	55.2	35.6	6.0	3.2
企业事业单位负责人	46.2	41.5	9.6	2.7
专业技术人员	41.5	43.3	10.9	4.2
办事人员与有关人员	43.8	45.2	8.6	2.3
农林牧渔水利业生产人员	43.9	34.8	9.9	11.4
商业及服务业人员	37.4	44.6	11.8	6.3
生产及运输设备操作工人	36.8	43.6	12.2	7.3
按重点人群分				
领导干部和公务员	52.6	38.4	7.4	1.6
城镇劳动者	36.7	44.6	12.1	6.6
农民	38.8	35.3	11.6	14.4
其他	37.0	40.5	13.2	9.3
按地区分				
东部地区	39.3	42.0	11.8	6.9
中部地区	38.1	40.1	11.8	10.0
西部地区	36.4	38.2	12.0	13.4

类　别	农业发展			
	非常感兴趣	一般感兴趣	不感兴趣	不知道
总体	36.6	41.4	15.1	6.9
按性别分				
男性	41.1	40.0	14.4	4.5
女性	32.0	42.8	15.9	9.3
按民族分				
汉族	36.3	41.5	15.4	6.8
其他民族	42.1	39.4	10.2	8.3
按户籍分				
本省户籍	36.9	41.2	14.9	6.9
非本省户籍	32.3	43.7	18.4	5.6
按年龄分（五段）				
18—29 岁	25.1	47.4	21.6	5.9
30—39 岁	34.2	44.4	15.0	6.4
40—49 岁	39.4	41.3	12.8	6.5
50—59 岁	45.2	34.6	11.6	8.6
60—69 岁	52.7	29.8	9.1	8.4
按年龄分（三段）				
18—39 岁	29.1	46.1	18.6	6.1
40—54 岁	41.1	39.3	12.3	7.4
55—69 岁	49.8	31.7	10.4	8.0
按文化程度分（五段）				
小学及以下	44.1	31.4	11.7	12.8
初中	38.5	41.3	14.4	5.9
高中（中专、技校）	30.2	47.7	18.4	3.7
大学专科	23.8	53.2	20.5	2.6
大学本科及以上	21.2	55.3	21.5	2.0
按文化程度分（三段）				
初中及以下	40.5	37.7	13.4	8.4
高中（中专、技校）	30.2	47.7	18.4	3.7
大学专科及以上	22.7	54.1	20.9	2.4
按文理科分				
偏文科	27.6	50.1	19.4	2.9
偏理科	26.2	50.9	19.6	3.3
按城乡分				
城镇居民	29.2	45.7	19.0	6.1

附表 51　公民对各类新闻话题感兴趣的程度 –6　　　　单位：%

类　别	农业发展			
	非常感兴趣	一般感兴趣	不感兴趣	不知道
农村居民	44.8	36.6	10.9	7.7
按就业状况分				
有固定工作	35.8	44.3	15.6	4.3
有兼职工作	39.7	42.4	13.6	4.3
工作不固定，打工	40.3	40.0	13.2	6.5
目前没有工作，待业	37.3	38.4	15.4	9.0
家庭主妇且没有工作	34.8	39.8	14.4	11.1
学生及待升学人员	15.3	48.1	31.5	5.2
离退休人员	37.6	41.5	15.0	5.9
无工作能力	49.8	27.7	10.5	12.0
按与科学技术的相关性分				
有相关性	48.1	38.4	10.7	2.8
无相关性	33.4	44.4	16.3	5.9
按科学技术的相关部门分				
生产或制造业	51.1	36.3	9.7	2.9
教育部门	41.6	44.9	10.6	2.9
科研部门	51.6	32.0	14.2	2.2
其他	42.3	43.1	12.0	2.7
按职业分				
国家机关、党群组织负责人	43.0	42.4	11.9	2.7
企业事业单位负责人	31.9	44.9	18.3	4.9
专业技术人员	32.5	45.7	17.7	4.1
办事人员与有关人员	29.0	51.2	16.9	2.9
农林牧渔水利业生产人员	57.9	31.1	6.2	4.8
商业及服务业人员	30.1	45.9	18.0	6.0
生产及运输设备操作工人	35.8	43.5	14.8	5.9
按重点人群分				
领导干部和公务员	34.7	46.6	16.5	2.2
城镇劳动者	30.2	45.7	18.0	6.1
农民	47.1	35.0	9.9	8.0
其他	30.6	42.5	18.9	8.0
按地区分				
东部地区	34.1	44.0	16.3	5.6
中部地区	38.3	40.0	14.6	7.1
西部地区	38.8	38.7	13.8	8.7

类 别	军事与国防			
	非常感兴趣	一般感兴趣	不感兴趣	不知道
总体	32.2	34.3	18.5	15.0
按性别分				
男性	47.3	32.6	11.5	8.6
女性	16.6	36.1	25.7	21.6
按民族分				
汉族	32.2	34.6	18.7	14.6
其他民族	32.1	30.8	15.6	21.6
按户籍分				
本省户籍	32.2	34.1	18.3	15.4
非本省户籍	30.9	37.1	21.8	10.1
按年龄分（五段）				
18—29岁	26.7	41.0	22.5	9.8
30—39岁	30.1	37.0	19.7	13.2
40—49岁	33.4	33.5	17.0	16.2
50—59岁	35.3	27.8	17.0	19.9
60—69岁	43.2	23.1	11.1	22.6
按年龄分（三段）				
18—39岁	28.2	39.2	21.3	11.3
40—54岁	33.3	31.6	17.4	17.7
55—69岁	41.4	25.4	12.6	20.6
按文化程度分（五段）				
小学及以下	26.6	22.3	20.8	30.3
初中	31.1	36.4	19.2	13.4
高中（中专、技校）	39.2	40.2	15.8	4.9
大学专科	38.8	43.7	14.5	3.0
大学本科及以上	37.7	45.7	14.9	1.8
按文化程度分（三段）				
初中及以下	29.4	31.2	19.8	19.5
高中（中专、技校）	39.2	40.2	15.8	4.9
大学专科及以上	38.3	44.6	14.6	2.5
按文理科分				
偏文科	36.3	43.1	16.4	4.2
偏理科	42.1	40.6	13.9	3.4
按城乡分				
城镇居民	34.2	37.8	17.9	10.1

附表 52　公民对各类新闻话题感兴趣的程度 –7　　　　单位：%

类 别	军事与国防			
	非常感兴趣	一般感兴趣	不感兴趣	不知道
农村居民	29.9	30.6	19.2	20.4
按就业状况分				
有固定工作	36.8	37.5	16.4	9.2
有兼职工作	36.7	37.2	17.0	9.1
工作不固定，打工	34.8	33.0	17.4	14.8
目前没有工作，待业	32.1	32.6	18.9	16.4
家庭主妇且没有工作	15.1	31.7	25.6	27.6
学生及待升学人员	35.8	40.9	18.4	5.0
离退休人员	42.6	33.0	13.7	10.7
无工作能力	36.2	20.6	16.0	27.3
按与科学技术的相关性分				
有相关性	43.8	35.4	13.1	7.8
无相关性	33.2	36.2	18.2	12.4
按科学技术的相关部门分				
生产或制造业	44.3	34.0	12.8	8.9
教育部门	44.5	39.0	12.5	4.0
科研部门	46.3	32.1	14.8	6.8
其他	41.8	38.1	13.4	6.7
按职业分				
国家机关、党群组织负责人	53.4	30.3	10.5	5.8
企业事业单位负责人	42.2	38.0	13.8	6.1
专业技术人员	42.4	37.4	13.4	6.8
办事人员与有关人员	37.8	41.8	15.7	4.8
农林牧渔水利业生产人员	33.9	29.5	17.9	18.7
商业及服务业人员	32.1	37.5	19.8	10.6
生产及运输设备操作工人	36.8	36.7	15.0	11.5
按重点人群分				
领导干部和公务员	47.5	37.4	12.5	2.6
城镇劳动者	32.8	37.7	18.6	10.9
农民	28.6	29.9	19.5	22.0
其他	34.2	33.9	17.4	14.4
按地区分				
东部地区	33.8	36.3	18.4	11.6
中部地区	32.0	34.3	18.0	15.6
西部地区	29.6	31.2	19.3	19.9

类 别	学校与教育			
	非常感兴趣	一般感兴趣	不感兴趣	不知道
总体	51.6	35.0	8.7	4.7
按性别分				
男性	46.8	39.2	10.5	3.5
女性	56.6	30.7	6.8	5.8
按民族分				
汉族	51.6	35.2	8.7	4.6
其他民族	53.0	32.6	8.2	6.3
按户籍分				
本省户籍	51.9	34.8	8.6	4.8
非本省户籍	48.7	38.9	9.4	3.0
按年龄分（五段）				
18—29岁	44.1	43.0	10.5	2.5
30—39岁	58.7	32.4	6.2	2.7
40—49岁	55.8	32.8	7.1	4.3
50—59岁	49.2	32.8	10.1	7.9
60—69岁	51.2	28.1	10.4	10.4
按年龄分（三段）				
18—39岁	50.6	38.3	8.6	2.6
40—54岁	54.1	32.6	7.9	5.4
55—69岁	49.9	30.4	10.4	9.3
按文化程度分（五段）				
小学及以下	48.2	28.6	11.1	12.1
初中	53.7	35.3	8.1	2.8
高中（中专、技校）	51.5	40.0	7.4	1.1
大学专科	51.8	40.4	7.0	0.7
大学本科及以上	51.1	41.2	7.0	0.6
按文化程度分（三段）				
初中及以下	51.7	32.9	9.2	6.2
高中（中专、技校）	51.5	40.0	7.4	1.1
大学专科及以上	51.5	40.8	7.0	0.7
按文理科分				
偏文科	54.5	38.0	6.7	0.8
偏理科	47.6	43.3	8.0	1.2
按城乡分				
城镇居民	50.4	37.7	8.9	3.0

附表53　公民对各类新闻话题感兴趣的程度 -8　　单位：%

类 别	学校与教育			
	非常感兴趣	一般感兴趣	不感兴趣	不知道
农村居民	53.0	32.1	8.4	6.5
按就业状况分				
有固定工作	51.7	37.3	8.0	2.9
有兼职工作	54.1	35.0	8.9	2.0
工作不固定，打工	50.7	36.2	9.1	4.0
目前没有工作，待业	45.9	36.1	11.7	6.2
家庭主妇且没有工作	57.5	28.2	6.8	7.4
学生及待升学人员	43.7	46.4	8.9	0.9
离退休人员	49.0	36.4	10.2	4.3
无工作能力	50.9	24.9	10.3	13.9
按与科学技术的相关性分				
有相关性	56.2	35.5	6.4	2.0
无相关性	49.7	37.3	9.2	3.8
按科学技术的相关部门分				
生产或制造业	55.2	35.5	6.9	2.4
教育部门	73.5	23.5	2.3	0.7
科研部门	61.5	32.2	5.5	0.7
其他	52.5	39.2	6.5	1.8
按职业分				
国家机关、党群组织负责人	60.6	33.1	4.7	1.6
企业事业单位负责人	54.2	36.4	7.2	2.2
专业技术人员	49.7	40.0	8.5	1.9
办事人员与有关人员	54.0	38.7	6.3	1.0
农林牧渔水利业生产人员	54.3	31.2	8.2	6.3
商业及服务业人员	50.9	37.9	8.5	2.7
生产及运输设备操作工人	47.9	38.4	10.4	3.2
按重点人群分				
领导干部和公务员	58.5	34.9	5.8	0.9
城镇劳动者	51.5	37.3	8.6	2.7
农民	52.7	31.3	8.5	7.4
其他	47.9	36.7	10.0	5.5
按地区分				
东部地区	52.1	35.8	8.8	3.3
中部地区	52.3	34.9	8.2	4.5
西部地区	50.0	34.0	8.9	7.1

类　别	生活与健康			
	非常感兴趣	一般感兴趣	不感兴趣	不知道
总体	59.3	33.3	4.6	2.9
按性别分				
男性	53.8	38.3	5.7	2.2
女性	64.8	28.2	3.5	3.5
按民族分				
汉族	59.2	33.4	4.6	2.8
其他民族	59.4	32.3	4.2	4.0
按户籍分				
本省户籍	59.2	33.3	4.5	3.0
非本省户籍	59.4	33.9	5.2	1.5
按年龄分（五段）				
18—29 岁	58.8	34.5	5.1	1.5
30—39 岁	60.3	33.3	4.5	1.9
40—49 岁	59.2	34.0	4.1	2.7
50—59 岁	58.2	32.6	4.5	4.8
60—69 岁	60.1	29.7	4.4	5.8
按年龄分（三段）				
18—39 岁	59.5	34.0	4.9	1.7
40—54 岁	58.9	33.5	4.4	3.3
55—69 岁	59.4	31.0	4.2	5.4
按文化程度分（五段）				
小学及以下	52.9	33.5	5.9	7.7
初中	60.3	33.6	4.4	1.6
高中（中专、技校）	63.3	32.2	4.0	0.5
大学专科	64.7	31.6	3.2	0.5
大学本科及以上	61.1	35.0	3.6	0.2
按文化程度分（三段）				
初中及以下	57.6	33.6	4.9	3.8
高中（中专、技校）	63.3	32.2	4.0	0.5
大学专科及以上	63.2	33.1	3.4	0.4
按文理科分				
偏文科	67.1	29.3	3.2	0.3
偏理科	58.2	36.8	4.4	0.6
按城乡分				
城镇居民	60.6	33.2	4.5	1.6

附表 54　公民对各类新闻话题感兴趣的程度 –9　　　　单位：%

类　别	生活与健康			
	非常感兴趣	一般感兴趣	不感兴趣	不知道
农村居民	57.7	33.4	4.7	4.2
按就业状况分				
有固定工作	61.0	33.2	4.4	1.4
有兼职工作	61.4	32.2	4.9	1.6
工作不固定，打工	54.8	37.4	4.9	2.9
目前没有工作，待业	54.1	35.4	6.0	4.5
家庭主妇且没有工作	62.1	29.4	3.8	4.6
学生及待升学人员	55.5	37.9	6.1	0.5
离退休人员	65.1	29.5	3.2	2.2
无工作能力	56.1	30.2	5.7	7.9
按与科学技术的相关性分				
有相关性	61.9	33.7	3.4	1.1
无相关性	57.9	34.8	5.1	2.2
按科学技术的相关部门分				
生产或制造业	60.3	34.8	3.7	1.2
教育部门	70.5	27.5	1.8	0.3
科研部门	66.4	30.1	2.7	0.9
其他	61.8	33.9	3.3	1.0
按职业分				
国家机关、党群组织负责人	68.4	27.6	3.7	0.2
企业事业单位负责人	63.6	32.3	3.2	0.9
专业技术人员	58.7	35.6	4.5	1.2
办事人员与有关人员	65.9	30.2	3.2	0.7
农林牧渔水利业生产人员	55.9	36.0	4.6	3.5
商业及服务业人员	60.4	33.2	4.6	1.8
生产及运输设备操作工人	54.4	37.7	5.9	2.0
按重点人群分				
领导干部和公务员	66.9	30.1	2.8	0.2
城镇劳动者	60.1	33.8	4.4	1.6
农民	56.9	33.4	5.0	4.7
其他	59.3	33.4	4.3	3.0
按地区分				
东部地区	61.1	32.4	4.6	1.9
中部地区	58.8	33.8	4.5	2.9
西部地区	56.7	34.3	4.6	4.4

类　别	文化与艺术			
	非常感兴趣	一般感兴趣	不感兴趣	不知道
总体	28.0	46.9	17.9	7.2
按性别分				
男性	25.3	49.1	20.1	5.6
女性	30.8	44.6	15.6	8.9
按民族分				
汉族	27.8	47.1	18.0	7.0
其他民族	31.4	43.1	15.3	10.2
按户籍分				
本省户籍	28.1	46.7	17.8	7.4
非本省户籍	27.2	50.0	18.4	4.4
按年龄分（五段）				
18—29 岁	33.0	48.4	15.4	3.2
30—39 岁	24.2	52.3	18.2	5.3
40—49 岁	24.0	48.8	19.7	7.6
50—59 岁	28.1	41.4	18.9	11.6
60—69 岁	31.9	35.6	18.2	14.3
按年龄分（三段）				
18—39 岁	29.1	50.2	16.6	4.1
40—54 岁	24.9	46.4	20.0	8.8
55—69 岁	31.0	38.3	17.5	13.2
按文化程度分（五段）				
小学及以下	25.4	32.3	23.8	18.6
初中	25.2	51.6	18.7	4.5
高中（中专、技校）	32.0	53.7	12.7	1.6
大学专科	36.6	52.5	9.9	1.1
大学本科及以上	41.8	48.8	8.9	0.6
按文化程度分（三段）				
初中及以下	25.2	44.6	20.5	9.6
高中（中专、技校）	32.0	53.7	12.7	1.6
大学专科及以上	38.8	50.9	9.4	0.9
按文理科分				
偏文科	38.9	50.6	9.4	1.1
偏理科	29.5	55.0	13.9	1.6
按城乡分				
城镇居民	29.3	50.1	16.4	4.2

附表 55　公民对各类新闻话题感兴趣的程度 –10　　　　单位：%

类 别	文化与艺术			
	非常感兴趣	一般感兴趣	不感兴趣	不知道
农村居民	26.6	43.4	19.5	10.6
按就业状况分				
有固定工作	30.1	49.9	15.9	4.2
有兼职工作	32.7	47.9	15.6	3.8
工作不固定，打工	22.8	48.3	21.9	7.1
目前没有工作，待业	25.0	44.9	20.2	9.9
家庭主妇且没有工作	25.9	43.5	18.3	12.3
学生及待升学人员	45.4	41.7	11.6	1.4
离退休人员	31.2	48.6	14.6	5.6
无工作能力	29.5	31.6	22.0	16.9
按与科学技术的相关性分				
有相关性	31.3	50.2	14.7	3.9
无相关性	26.5	48.9	19.0	5.6
按科学技术的相关部门分				
生产或制造业	29.5	50.0	15.4	5.1
教育部门	41.4	48.9	8.4	1.2
科研部门	35.4	50.9	11.5	2.1
其他	31.4	50.5	15.7	2.5
按职业分				
国家机关、党群组织负责人	39.9	48.8	9.4	2.0
企业事业单位负责人	32.3	52.1	13.8	1.8
专业技术人员	29.4	51.9	15.4	3.4
办事人员与有关人员	36.2	50.8	11.0	1.9
农林牧渔水利业生产人员	27.0	43.3	20.0	9.7
商业及服务业人员	27.6	50.6	17.5	4.4
生产及运输设备操作工人	21.2	50.4	23.2	5.2
按重点人群分				
领导干部和公务员	37.9	51.8	9.3	0.9
城镇劳动者	27.8	50.5	17.2	4.5
农民	25.9	42.5	20.2	11.4
其他	30.3	45.6	17.1	7.0
按地区分				
东部地区	30.2	47.7	17.1	5.1
中部地区	26.1	48.2	18.3	7.4
西部地区	26.7	44.1	18.6	10.6

类　别	体育和娱乐			
	非常感兴趣	一般感兴趣	不感兴趣	不知道
总体	33.4	45.0	15.9	5.7
按性别分				
男性	36.0	44.5	15.5	4.1
女性	30.8	45.5	16.3	7.5
按民族分				
汉族	33.3	45.2	16.0	5.5
其他民族	35.9	41.2	14.1	8.8
按户籍分				
本省户籍	33.3	44.8	16.0	5.9
非本省户籍	34.7	47.3	14.0	3.9
按年龄分（五段）				
18—29 岁	43.0	44.0	10.4	2.6
30—39 岁	29.2	51.0	15.7	4.0
40—49 岁	28.2	47.1	19.0	5.8
50—59 岁	30.6	41.0	19.3	9.1
60—69 岁	33.3	35.9	18.3	12.5
按年龄分（三段）				
18—39 岁	36.9	47.1	12.8	3.2
40—54 岁	28.5	45.2	19.5	6.8
55—69 岁	33.0	38.0	17.9	11.1
按文化程度分（五段）				
小学及以下	26.7	34.3	23.5	15.5
初中	31.5	49.3	15.9	3.2
高中（中专、技校）	40.0	48.7	10.2	1.1
大学专科	44.2	47.3	7.6	0.9
大学本科及以上	47.4	44.8	7.1	0.8
按文化程度分（三段）				
初中及以下	29.8	43.9	18.7	7.7
高中（中专、技校）	40.0	48.7	10.2	1.1
大学专科及以上	45.5	46.3	7.4	0.9
按文理科分				
偏文科	42.2	48.1	8.8	0.9
偏理科	42.6	47.0	9.4	1.1
按城乡分				
城镇居民	35.5	47.4	14.0	3.1

附表 56　公民对各类新闻话题感兴趣的程度 –11　　　　单位：%

类　别	体育和娱乐			
	非常感兴趣	一般感兴趣	不感兴趣	不知道
农村居民	31.1	42.3	18.0	8.6
按就业状况分				
有固定工作	37.7	46.3	12.8	3.3
有兼职工作	38.4	46.9	11.6	3.1
工作不固定，打工	29.1	46.7	18.3	5.8
目前没有工作，待业	30.3	43.3	18.6	7.8
家庭主妇且没有工作	27.2	43.9	19.2	9.8
学生及待升学人员	56.2	36.4	6.8	0.6
离退休人员	34.4	45.9	15.9	3.9
无工作能力	27.5	36.1	22.1	14.2
按与科学技术的相关性分				
有相关性	37.8	46.0	13.3	2.9
无相关性	33.9	46.6	15.0	4.6
按科学技术的相关部门分				
生产或制造业	36.1	45.8	14.3	3.7
教育部门	43.8	44.4	9.5	2.4
科研部门	38.7	45.8	14.2	1.3
其他	39.5	46.7	12.0	1.8
按职业分				
国家机关、党群组织负责人	47.4	43.1	7.4	2.1
企业事业单位负责人	42.3	45.5	10.5	1.6
专业技术人员	38.7	47.3	12.0	1.9
办事人员与有关人员	41.8	48.1	8.5	1.5
农林牧渔水利业生产人员	29.4	42.4	19.8	8.4
商业及服务业人员	34.8	48.1	13.8	3.3
生产及运输设备操作工人	31.8	47.4	16.4	4.4
按重点人群分				
领导干部和公务员	42.7	48.1	8.5	0.8
城镇劳动者	34.8	47.8	14.1	3.4
农民	29.5	41.8	19.3	9.5
其他	35.6	44.3	14.7	5.4
按地区分				
东部地区	36.7	44.4	14.8	4.1
中部地区	30.7	47.4	16.0	5.8
西部地区	31.2	42.8	17.6	8.4

（二）公民对科技发展信息感兴趣的程度

类　别	附表 57　公民对科技发展信息感兴趣的程度 –1			单位：%
	宇宙与空间探索			
	非常感兴趣	一般感兴趣	不感兴趣	不知道
总体	17.3	33.1	29.6	20.1
按性别分				
男性	23.8	34.6	26.3	15.3
女性	10.5	31.5	32.9	25.1
按民族分				
汉族	17.4	33.2	29.9	19.6
其他民族	15.3	30.7	25.3	28.8
按户籍分				
本省户籍	17.2	32.8	29.4	20.5
非本省户籍	18.0	36.0	31.5	14.5
按年龄分（五段）				
18—29 岁	20.4	36.9	31.3	11.3
30—39 岁	15.7	34.3	31.6	18.4
40—49 岁	13.7	31.6	31.5	23.2
50—59 岁	16.1	30.5	27.4	26.0
60—69 岁	22.1	27.3	19.7	30.9
按年龄分（三段）				
18—39 岁	18.3	35.8	31.4	14.5
40—54 岁	14.0	31.0	30.7	24.3
55—69 岁	20.6	29.1	22.0	28.3
按文化程度分（五段）				
小学及以下	13.7	21.9	27.8	36.6
初中	15.2	32.6	33.0	19.2
高中（中专、技校）	21.5	41.4	28.2	8.9
大学专科	24.4	46.8	24.5	4.3
大学本科及以上	29.7	47.5	20.1	2.7
按文化程度分（三段）				
初中及以下	14.7	28.7	31.1	25.6
高中（中专、技校）	21.5	41.4	28.2	8.9
大学专科及以上	26.7	47.1	22.6	3.6
按文理科分				
偏文科	20.9	44.0	28.0	7.1
偏理科	27.3	43.6	23.0	6.0

类 别	宇宙与空间探索			
	非常感兴趣	一般感兴趣	不感兴趣	不知道
按城乡分				
城镇居民	19.4	37.1	29.7	13.9
农村居民	15.0	28.6	29.4	27.0
按就业状况分				
有固定工作	20.6	37.2	28.3	13.8
有兼职工作	19.7	38.6	27.0	14.7
工作不固定，打工	15.9	31.6	31.8	20.8
目前没有工作，待业	16.0	29.8	30.8	23.4
家庭主妇且没有工作	8.3	26.2	33.4	32.1
学生及待升学人员	35.1	39.9	20.8	4.2
离退休人员	19.0	37.7	26.7	16.6
无工作能力	20.9	23.7	20.9	34.5
按与科学技术的相关性分				
有相关性	24.0	37.6	24.5	14.0
无相关性	17.1	34.6	31.3	17.0
按科学技术的相关部门分				
生产或制造业	22.9	35.5	25.6	16.0
教育部门	28.1	47.1	18.5	6.3
科研部门	28.0	39.2	21.4	11.4
其他	24.2	38.9	24.4	12.5
按职业分				
国家机关、党群组织负责人	27.0	44.3	19.8	8.9
企业事业单位负责人	21.7	43.0	26.0	9.4
专业技术人员	24.7	38.2	26.4	10.7
办事人员与有关人员	22.5	45.2	24.3	8.0
农林牧渔水利业生产人员	16.3	27.5	28.8	27.4
商业及服务业人员	17.9	35.7	31.4	15.0
生产及运输设备操作工人	16.6	33.8	33.4	16.1
按重点人群分				
领导干部和公务员	26.4	45.4	22.0	6.3
城镇劳动者	18.0	36.3	30.8	15.0
农民	14.0	27.0	29.9	29.1
其他	20.9	34.5	27.3	17.3
按地区分				
东部地区	19.2	36.3	28.8	15.7
中部地区	16.6	32.1	30.8	20.5
西部地区	14.8	28.9	29.4	26.9

类　别	环境污染及治理			
	非常感兴趣	一般感兴趣	不感兴趣	不知道
总体	44.9	38.4	10.4	6.3
按性别分				
男性	46.4	38.9	10.3	4.3
女性	43.3	37.9	10.5	8.4
按民族分				
汉族	45.0	38.6	10.4	6.0
其他民族	42.6	35.7	11.1	10.6
按户籍分				
本省户籍	45.0	38.2	10.3	6.5
非本省户籍	43.5	41.2	11.6	3.7
按年龄分（五段）				
18—29 岁	40.2	44.7	11.6	3.5
30—39 岁	45.9	40.1	9.2	4.8
40—49 岁	47.4	36.6	9.6	6.5
50—59 岁	45.9	33.6	11.3	9.1
60—69 岁	47.8	29.8	10.3	12.2
按年龄分（三段）				
18—39 岁	42.7	42.6	10.5	4.1
40—54 岁	46.7	35.8	10.2	7.3
55—69 岁	47.6	31.1	10.5	10.8
按文化程度分（五段）				
小学及以下	37.8	32.1	14.8	15.2
初中	45.8	40.1	9.7	4.3
高中（中专、技校）	48.8	41.1	8.2	1.9
大学专科	51.7	40.6	6.7	0.9
大学本科及以上	50.0	43.2	6.0	0.8
按文化程度分（三段）				
初中及以下	42.9	37.2	11.6	8.3
高中（中专、技校）	48.8	41.1	8.2	1.9
大学专科及以上	51.0	41.7	6.4	0.9
按文理科分				
偏文科	51.1	39.8	7.7	1.4
偏理科	47.9	43.3	7.2	1.6
按城乡分				
城镇居民	46.2	40.1	10.0	3.7

附表 58　公民对科技发展信息感兴趣的程度 –2　　　单位：%

类　别	环境污染及治理			
	非常感兴趣	一般感兴趣	不感兴趣	不知道
农村居民	43.4	36.5	10.9	9.2
按就业状况分				
有固定工作	49.2	38.4	8.8	3.7
有兼职工作	51.4	37.5	7.1	4.0
工作不固定，打工	43.1	39.8	11.6	5.5
目前没有工作，待业	39.4	39.1	12.5	9.0
家庭主妇且没有工作	39.7	37.5	11.7	11.1
学生及待升学人员	35.8	49.2	12.2	2.8
离退休人员	52.7	35.5	7.5	4.4
无工作能力	42.0	29.7	14.6	13.8
按与科学技术的相关性分				
有相关性	54.5	35.2	7.4	2.9
无相关性	44.5	40.2	10.4	4.8
按科学技术的相关部门分				
生产或制造业	54.0	34.9	7.7	3.4
教育部门	58.9	34.6	4.9	1.6
科研部门	61.5	31.2	5.4	2.0
其他	52.6	37.1	7.8	2.5
按职业分				
国家机关、党群组织负责人	61.4	28.3	8.9	1.4
企业事业单位负责人	54.6	35.5	7.9	1.9
专业技术人员	49.1	39.5	8.6	2.7
办事人员与有关人员	53.1	38.7	6.3	1.9
农林牧渔水利业生产人员	46.0	34.7	10.8	8.5
商业及服务业人员	45.8	40.6	9.9	3.7
生产及运输设备操作工人	43.8	41.7	10.6	3.9
按重点人群分				
领导干部和公务员	59.3	33.3	6.6	0.8
城镇劳动者	45.9	40.4	9.9	3.8
农民	42.6	35.7	11.3	10.4
其他	41.9	40.6	11.3	6.2
按地区分				
东部地区	48.1	37.7	9.9	4.3
中部地区	43.0	39.7	10.8	6.5
西部地区	41.8	38.0	10.7	9.4

类　别	计算机与网络技术			
	非常感兴趣	一般感兴趣	不感兴趣	不知道
总体	24.9	38.6	20.1	16.3
按性别分				
男性	29.4	38.9	19.0	12.7
女性	20.4	38.4	21.3	19.9
按民族分				
汉族	25.0	39.0	20.3	15.8
其他民族	24.7	33.4	17.1	24.8
按户籍分				
本省户籍	24.6	38.3	20.2	16.9
非本省户籍	29.5	43.3	18.8	8.5
按年龄分（五段）				
18—29 岁	37.2	45.0	13.4	4.4
30—39 岁	26.9	45.3	17.4	10.4
40—49 岁	19.4	38.6	23.6	18.4
50—59 岁	16.0	29.4	27.0	27.6
60—69 岁	14.6	22.2	25.2	38.0
按年龄分（三段）				
18—39 岁	32.6	45.1	15.2	7.1
40—54 岁	18.4	35.7	24.7	21.2
55—69 岁	15.3	25.4	25.7	33.6
按文化程度分（五段）				
小学及以下	14.2	21.6	26.6	37.6
初中	24.5	41.6	21.2	12.8
高中（中专、技校）	33.0	48.1	15.0	3.9
大学专科	37.6	51.9	9.5	1.0
大学本科及以上	39.2	49.9	9.8	1.1
按文化程度分（三段）				
初中及以下	20.8	34.3	23.1	21.8
高中（中专、技校）	33.0	48.1	15.0	3.9
大学专科及以上	38.3	51.0	9.6	1.0
按文理科分				
偏文科	32.3	50.7	14.2	2.8
偏理科	39.1	47.6	10.8	2.5
按城乡分				
城镇居民	27.0	43.3	19.6	10.1

附表 59　公民对科技发展信息感兴趣的程度 –3　　单位：%

类　别	计算机与网络技术			
	非常感兴趣	一般感兴趣	不感兴趣	不知道
农村居民	22.7	33.5	20.7	23.1
按就业状况分				
有固定工作	30.5	43.0	16.8	9.8
有兼职工作	31.8	43.8	15.1	9.3
工作不固定，打工	22.7	39.2	22.2	16.0
目前没有工作，待业	22.4	36.4	21.4	19.8
家庭主妇且没有工作	17.5	33.9	22.7	25.8
学生及待升学人员	48.9	38.7	11.0	1.4
离退休人员	14.8	36.1	28.8	20.2
无工作能力	16.5	21.1	23.4	39.0
按与科学技术的相关性分				
有相关性	34.5	40.8	14.8	9.9
无相关性	25.5	42.2	19.8	12.5
按科学技术的相关部门分				
生产或制造业	32.9	39.2	16.1	11.8
教育部门	39.6	47.6	9.9	2.8
科研部门	38.4	38.3	14.3	9.1
其他	35.5	43.3	13.4	7.8
按职业分				
国家机关、党群组织负责人	33.6	49.1	13.2	4.1
企业事业单位负责人	34.0	48.6	13.4	4.0
专业技术人员	37.3	43.2	13.7	5.8
办事人员与有关人员	33.8	49.7	12.6	3.9
农林牧渔水利业生产人员	20.3	31.8	22.9	25.0
商业及服务业人员	28.2	44.3	18.4	9.1
生产及运输设备操作工人	24.6	41.0	21.8	12.6
按重点人群分				
领导干部和公务员	33.3	52.5	10.7	3.4
城镇劳动者	28.0	43.5	18.9	9.6
农民	20.5	32.3	21.5	25.7
其他	24.4	36.1	22.3	17.2
按地区分				
东部地区	27.8	40.7	19.7	11.7
中部地区	24.2	38.7	20.5	16.6
西部地区	21.1	35.2	20.3	23.4

类　别	遗传学与转基因技术			
	非常感兴趣	一般感兴趣	不感兴趣	不知道
总体	15.3	34.7	25.3	24.7
按性别分				
男性	14.4	36.1	27.7	21.8
女性	16.3	33.1	23.0	27.6
按民族分				
汉族	15.4	35.0	25.5	24.0
其他民族	13.8	28.9	22.3	35.0
按户籍分				
本省户籍	15.3	34.2	25.2	25.3
非本省户籍	15.3	41.0	27.7	16.0
按年龄分（五段）				
18—29 岁	16.9	41.0	27.8	14.3
30—39 岁	16.4	37.8	25.7	20.1
40—49 岁	14.0	33.8	25.4	26.8
50—59 岁	14.0	27.8	24.3	33.9
60—69 岁	14.2	23.8	19.5	42.5
按年龄分（三段）				
18—39 岁	16.7	39.6	26.9	16.9
40—54 岁	14.0	31.7	25.1	29.1
55—69 岁	14.0	26.0	21.3	38.7
按文化程度分（五段）				
小学及以下	11.2	19.4	23.2	46.1
初中	14.1	35.7	27.1	23.1
高中（中专、技校）	19.2	44.4	26.1	10.2
大学专科	22.3	48.6	23.6	5.6
大学本科及以上	24.7	51.5	20.1	3.7
按文化程度分（三段）				
初中及以下	13.1	29.8	25.7	31.5
高中（中专、技校）	19.2	44.4	26.1	10.2
大学专科及以上	23.3	49.8	22.1	4.8
按文理科分				
偏文科	20.6	46.3	25.0	8.1
偏理科	21.5	47.2	23.7	7.7
按城乡分				
城镇居民	16.9	39.5	26.6	17.0

附表 60　公民对科技发展信息感兴趣的程度 –4　　单位：%

类　别	遗传学与转基因技术			
	非常感兴趣	一般感兴趣	不感兴趣	不知道
农村居民	13.6	29.4	24.0	33.1
按就业状况分				
有固定工作	17.2	40.1	25.3	17.4
有兼职工作	18.1	40.0	24.3	17.7
工作不固定，打工	13.0	32.9	28.3	25.8
目前没有工作，待业	12.7	31.3	26.9	29.2
家庭主妇且没有工作	13.7	28.1	22.6	35.7
学生及待升学人员	21.8	42.4	27.9	7.8
离退休人员	16.5	34.4	24.7	24.4
无工作能力	14.8	20.2	19.5	45.5
按与科学技术的相关性分				
有相关性	19.9	39.7	22.4	18.0
无相关性	14.4	37.0	27.7	21.0
按科学技术的相关部门分				
生产或制造业	18.0	38.8	23.1	20.1
教育部门	28.0	46.4	17.3	8.2
科研部门	25.7	39.3	19.2	15.8
其他	20.5	40.2	23.1	16.3
按职业分				
国家机关、党群组织负责人	24.4	47.5	19.2	8.8
企业事业单位负责人	19.6	45.1	24.6	10.8
专业技术人员	20.1	42.2	24.1	13.6
办事人员与有关人员	20.3	46.4	23.5	9.9
农林牧渔水利业生产人员	14.3	27.3	24.9	33.5
商业及服务业人员	15.4	39.6	26.9	18.0
生产及运输设备操作工人	11.5	35.8	30.4	22.3
按重点人群分				
领导干部和公务员	22.7	48.0	20.7	8.5
城镇劳动者	16.1	39.5	26.5	18.0
农民	13.3	27.3	24.3	35.1
其他	16.2	33.9	26.0	23.9
按地区分				
东部地区	16.6	38.6	25.3	19.5
中部地区	15.6	33.8	25.9	24.7
西部地区	13.0	29.1	24.7	33.2

类　别	纳米技术与新材料			
	非常感兴趣	一般感兴趣	不感兴趣	不知道
总体	11.4	29.9	26.2	32.5
按性别分				
男性	14.1	32.0	25.8	28.1
女性	8.6	27.7	26.6	37.1
按民族分				
汉族	11.4	30.2	26.5	31.8
其他民族	10.6	24.8	21.4	43.2
按户籍分				
本省户籍	11.3	29.6	25.8	33.3
非本省户籍	12.8	33.8	31.4	22.1
按年龄分（五段）				
18—29 岁	12.7	36.2	30.4	20.7
30—39 岁	11.7	33.3	26.6	28.5
40—49 岁	10.2	28.2	25.7	35.9
50—59 岁	10.5	23.5	24.2	41.8
60—69 岁	11.4	19.7	18.7	50.2
按年龄分（三段）				
18—39 岁	12.2	34.9	28.7	24.2
40—54 岁	10.1	26.7	25.4	37.8
55—69 岁	11.4	21.5	20.7	46.5
按文化程度分（五段）				
小学及以下	8.6	15.6	22.4	53.4
初中	10.0	29.1	28.0	32.9
高中（中专、技校）	14.2	40.8	27.9	17.1
大学专科	16.5	47.4	26.6	9.5
大学本科及以上	21.8	49.0	24.0	5.2
按文化程度分（三段）				
初中及以下	9.5	24.2	26.0	40.4
高中（中专、技校）	14.2	40.8	27.9	17.1
大学专科及以上	18.8	48.1	25.5	7.7
按文理科分				
偏文科	14.5	43.6	27.9	13.9
偏理科	18.3	44.1	25.5	12.0
按城乡分				
城镇居民	12.7	35.1	28.0	24.2

附表 61　公民对科技发展信息感兴趣的程度 –5　　　单位：%

类 别	纳米技术与新材料			
	非常感兴趣	一般感兴趣	不感兴趣	不知道
农村居民	9.9	24.1	24.3	41.7
按就业状况分				
有固定工作	13.8	36.0	26.7	23.5
有兼职工作	15.2	35.1	24.0	25.6
工作不固定，打工	10.4	27.6	27.3	34.6
目前没有工作，待业	10.1	25.4	27.6	36.9
家庭主妇且没有工作	6.5	22.2	24.6	46.7
学生及待升学人员	18.3	41.7	29.4	10.6
离退休人员	11.8	29.7	25.3	33.2
无工作能力	11.6	16.7	20.0	51.8
按与科学技术的相关性分				
有相关性	17.7	35.5	22.1	24.7
无相关性	10.9	32.4	28.6	28.2
按科学技术的相关部门分				
生产或制造业	17.3	33.8	21.6	27.3
教育部门	19.4	45.8	22.6	12.3
科研部门	22.8	34.9	21.8	20.5
其他	16.8	36.8	22.9	23.4
按职业分				
国家机关、党群组织负责人	18.9	44.6	21.9	14.7
企业事业单位负责人	15.8	42.3	25.4	16.4
专业技术人员	16.5	40.1	25.5	18.0
办事人员与有关人员	14.6	44.0	25.7	15.7
农林牧渔水利业生产人员	11.0	23.8	23.6	41.6
商业及服务业人员	12.3	33.3	28.4	26.0
生产及运输设备操作工人	10.6	29.5	29.9	30.0
按重点人群分				
领导干部和公务员	20.0	44.3	22.7	13.1
城镇劳动者	12.2	34.5	27.9	25.4
农民	9.4	22.3	24.1	44.3
其他	11.4	30.2	28.0	30.4
按地区分				
东部地区	13.0	33.7	27.2	26.2
中部地区	11.1	29.4	26.6	33.0
西部地区	9.2	24.2	24.2	42.3

（三）公民获取科技信息的渠道

类　别	渠道							
	报纸	图书	期刊杂志	电视	广播	互联网及移动互联网	亲友同事	其他
总体	38.5	11.4	13.3	93.4	25.0	53.4	34.9	30.2
按性别分								
男性	42.8	12.0	13.9	92.7	25.6	57.1	28.3	27.7
女性	34.0	10.8	12.6	94.1	24.3	49.6	41.8	32.7
按民族分								
汉族	38.6	11.2	13.3	93.4	24.6	53.9	35.0	30.0
其他民族	36.6	14.6	12.7	92.4	30.6	46.3	34.1	32.7
按户籍分								
本省户籍	38.4	11.3	13.0	93.6	25.4	52.0	35.4	30.9
非本省户籍	38.7	12.4	17.2	90.3	19.3	72.1	28.9	21.0
按年龄分（五段）								
18—29 岁	31.7	16.6	17.4	91.5	16.9	80.6	27.8	17.4
30—39 岁	38.0	10.3	13.5	92.9	21.5	69.9	30.4	23.5
40—49 岁	44.0	9.5	12.8	93.5	25.7	46.3	36.0	32.1
50—59 岁	41.3	8.4	9.1	95.8	34.0	22.5	44.4	44.5
60—69 岁	40.3	8.9	9.1	95.4	37.9	10.8	46.4	51.2
按年龄分（三段）								
18—39 岁	34.5	13.8	15.7	92.1	18.9	75.8	29.0	20.1
40—54 岁	42.6	9.2	11.6	94.2	27.5	40.3	38.9	35.8
55—69 岁	41.8	8.6	9.4	95.6	37.6	13.6	44.7	48.6
按文化程度分（五段）								
小学及以下	28.2	8.3	6.8	94.8	34.4	20.6	53.0	54.0
初中	40.1	10.4	12.7	94.6	25.2	55.6	33.7	27.6
高中（中专、技校）	46.4	13.8	17.6	92.1	18.3	72.5	23.3	16.0
大学专科	45.9	16.0	19.2	90.0	14.4	86.3	18.3	9.9
大学本科及以上	39.3	21.3	27.9	84.6	11.6	92.4	15.4	7.4
按文化程度分（三段）								
初中及以下	35.8	9.7	10.6	94.7	28.5	42.9	40.7	37.2
高中（中专、技校）	46.4	13.8	17.6	92.1	18.3	72.5	23.3	16.0
大学专科及以上	43.1	18.3	22.9	87.7	13.2	88.9	17.1	8.8
按文理科分								
偏文科	46.4	14.8	19.2	90.9	17.0	77.5	20.9	13.1
偏理科	43.1	16.8	20.7	89.3	15.0	81.9	20.4	12.7

附表 62　公民获取科技信息的渠道　　单位：%

类　别	渠道							
	报纸	图书	期刊杂志	电视	广播	互联网及移动互联网	亲友同事	其他
按城乡分								
城镇居民	44.6	12.1	15.5	91.7	21.8	62.6	28.8	22.8
农村居民	31.7	10.6	10.7	95.2	28.4	43.3	41.7	38.3
按就业状况分								
有固定工作	41.9	11.6	14.9	91.7	22.1	65.6	28.7	23.4
有兼职工作	44.0	12.3	17.1	92.2	22.4	64.1	29.0	18.8
工作不固定，打工	39.6	10.6	12.0	94.3	25.6	52.4	34.8	30.7
目前没有工作，待业	35.1	10.9	12.4	94.7	25.7	49.0	36.4	35.8
家庭主妇且没有工作	29.1	8.7	9.8	95.4	26.9	42.1	47.9	40.1
学生及待升学人员	25.1	34.1	26.2	88.1	8.5	86.6	21.2	10.2
离退休人员	57.5	8.6	13.3	95.4	34.6	23.6	33.9	33.0
无工作能力	27.9	12.7	8.5	92.7	39.8	16.9	47.5	53.9
按与科学技术的相关性分								
有相关性	40.8	13.4	15.7	91.5	24.1	62.2	27.7	24.5
无相关性	41.4	10.5	13.4	93.0	23.0	60.8	31.9	25.9
按科学技术的相关部门分								
生产或制造业	38.7	12.7	14.0	92.8	26.6	58.6	29.7	26.8
教育部门	48.2	19.5	24.0	84.7	20.9	67.6	20.9	14.2
科研部门	40.2	17.0	17.8	88.4	24.7	62.0	27.8	22.3
其他	43.6	12.5	16.9	91.3	19.5	68.6	24.9	22.7
按职业分								
国家机关、党群组织负责人	56.4	19.8	16.9	88.9	17.6	68.6	19.8	11.9
企业事业单位负责人	49.2	13.3	18.0	88.0	20.3	76.6	20.4	14.2
专业技术人员	40.6	16.0	18.0	90.1	19.1	75.1	23.3	17.9
办事人员与有关人员	54.5	12.8	17.2	91.1	18.6	73.9	19.5	12.4
农林牧渔水利业生产人员	31.8	9.0	9.3	96.3	31.3	32.8	45.5	43.9
商业及服务业人员	42.5	10.0	14.8	91.9	20.1	68.9	29.1	22.7
生产及运输设备操作工人	39.7	10.9	12.4	93.6	26.4	59.2	31.8	26.0
按重点人群分								
领导干部和公务员	53.4	17.2	21.1	86.6	17.9	77.6	15.7	10.5
城镇劳动者	42.0	11.2	14.6	92.1	21.3	66.4	29.4	23.1
农民	31.1	9.8	10.0	95.7	29.7	38.1	44.3	41.2
其他	40.8	16.1	15.8	92.9	24.6	46.6	32.9	30.3
按地区分								
东部地区	44.3	12.0	14.0	92.3	26.5	57.4	30.7	22.8
中部地区	33.3	10.6	13.4	94.0	22.4	54.0	38.2	34.1
西部地区	34.9	11.3	11.9	94.5	25.5	46.3	38.0	37.7

（四）公民通过互联网了解科技发展信息的频度和信任情况

类　别	附表 63　公民通过互联网了解科技发展信息的频度和信任情况 –1　　　单位：%				
	电子报纸				
	经常使用，很信任	经常使用，不太信任	不常使用，很信任	没用过	不知道
总体	18.7	8.9	20.5	14.2	37.7
按性别分					
男性	20.5	10.6	19.3	14.8	34.9
女性	16.5	7.0	22.0	13.5	41.0
按民族分					
汉族	18.6	9.0	20.7	14.2	37.6
其他民族	19.8	8.0	18.2	14.7	39.3
按户籍分					
本省户籍	18.8	8.6	20.3	14.1	38.2
非本省户籍	17.5	11.8	23.2	15.1	32.4
按年龄分（五段）					
18—29 岁	19.1	9.5	23.1	15.2	33.2
30—39 岁	18.4	9.8	19.7	14.9	37.1
40—49 岁	18.7	7.7	17.8	12.6	43.2
50—59 岁	18.8	5.8	17.0	11.5	46.8
60—69 岁	13.8	6.2	20.7	8.6	50.8
按年龄分（三段）					
18—39 岁	18.8	9.7	21.7	15.1	34.8
40—54 岁	18.6	7.3	17.7	12.5	43.9
55—69 岁	17.1	6.3	18.2	9.7	48.7
按文化程度分（五段）					
小学及以下	10.9	4.6	14.1	11.4	59.0
初中	15.1	7.1	18.9	14.8	44.1
高中（中专、技校）	20.6	11.0	22.4	14.7	31.3
大学专科	27.0	13.1	24.4	13.1	22.3
大学本科及以上	30.8	12.9	26.3	14.3	15.8
按文化程度分（三段）					
初中及以下	14.4	6.6	18.1	14.2	46.7
高中（中专、技校）	20.6	11.0	22.4	14.7	31.3
大学专科及以上	28.7	13.0	25.2	13.6	19.4
按文理科分					
偏文科	24.5	11.0	24.2	13.8	26.6
偏理科	24.4	13.0	23.3	14.7	24.5

类　别	电子报纸				
	经常使用，很信任	经常使用，不太信任	不常使用，很信任	没用过	不知道
按城乡分					
城镇居民	20.7	10.4	22.3	14.5	32.2
农村居民	15.5	6.5	17.8	13.8	46.4
按就业状况分					
有固定工作	23.5	11.0	21.6	13.4	30.5
有兼职工作	19.3	10.8	20.4	15.3	34.1
工作不固定，打工	15.1	7.2	19.2	15.5	43.1
目前没有工作，待业	14.4	7.6	19.2	14.6	44.1
家庭主妇且没有工作	12.0	5.1	18.2	13.9	50.8
学生及待升学人员	20.2	10.2	26.1	17.4	26.0
离退休人员	16.8	7.8	20.5	10.7	44.1
无工作能力	12.5	8.0	14.9	15.8	48.8
按与科学技术的相关性分					
有相关性	24.0	10.1	20.4	12.5	33.0
无相关性	19.6	9.8	21.1	14.7	34.8
按科学技术的相关部门分					
生产或制造业	22.7	10.0	19.8	12.5	34.9
教育部门	31.1	10.9	25.1	11.3	21.6
科研部门	26.2	8.2	23.4	9.7	32.6
其他	23.8	10.5	19.8	13.7	32.3
按职业分					
国家机关、党群组织负责人	35.1	9.9	20.7	13.0	21.4
企业事业单位负责人	30.3	11.5	21.7	15.1	21.4
专业技术人员	22.7	11.9	22.2	14.1	29.2
办事人员与有关人员	28.3	11.9	25.1	12.4	22.3
农林牧渔水利业生产人员	13.7	7.0	16.8	9.8	52.7
商业及服务业人员	18.9	9.8	20.3	15.1	35.8
生产及运输设备操作工人	17.7	8.2	20.1	15.8	38.3
按重点人群分					
领导干部和公务员	32.5	11.5	22.5	13.1	20.4
城镇劳动者	19.6	10.1	21.7	14.7	33.9
农民	14.9	5.8	16.4	12.7	50.2
其他	17.8	8.8	23.2	16.5	33.7
按地区分					
东部地区	22.2	10.5	22.4	14.3	30.7
中部地区	16.1	7.6	19.0	14.8	42.4
西部地区	15.1	7.4	19.0	13.2	45.3

附表 64　公民通过互联网了解科技发展信息的频度和信任情况 –2　　单位：%

类　别	电子期刊杂志				
	经常使用，很信任	经常使用，不太信任	不常使用，很信任	没用过	不知道
总体	13.3	9.2	20.3	15.9	41.3
按性别分					
男性	13.9	10.3	19.9	16.9	39.0
女性	12.5	7.9	20.8	14.7	44.1
按民族分					
汉族	13.3	9.1	20.4	16.0	41.3
其他民族	13.1	11.1	19.4	15.0	41.4
按户籍分					
本省户籍	13.2	8.9	20.2	15.7	42.0
非本省户籍	13.3	12.1	21.4	18.2	35.0
按年龄分（五段）					
18—29 岁	15.0	10.8	22.5	16.5	35.1
30—39 岁	13.2	9.4	19.4	17.0	41.0
40—49 岁	11.5	7.0	18.2	14.9	48.5
50—59 岁	10.5	6.3	17.2	12.5	53.5
60—69 岁	6.8	4.9	19.9	8.5	59.9
按年龄分（三段）					
18—39 岁	14.2	10.2	21.2	16.7	37.5
40—54 岁	11.3	6.9	18.1	14.4	49.3
55—69 岁	8.6	5.3	17.9	11.1	57.1
按文化程度分（五段）					
小学及以下	5.7	4.6	13.1	12.2	64.5
初中	10.1	7.9	17.2	15.7	49.0
高中（中专、技校）	14.1	10.7	22.4	17.8	34.9
大学专科	20.5	12.2	27.7	16.6	23.0
大学本科及以上	26.5	13.3	30.0	15.3	14.9
按文化程度分（三段）					
初中及以下	9.4	7.4	16.5	15.1	51.7
高中（中专、技校）	14.1	10.7	22.4	17.8	34.9
大学专科及以上	23.1	12.7	28.7	16.1	19.4
按文理科分					
偏文科	18.0	11.2	25.5	17.1	28.2
偏理科	18.9	12.1	25.3	16.8	26.8
按城乡分					
城镇居民	15.2	10.6	22.3	16.9	35.0

类　别	电子期刊杂志				
	经常使用，很信任	经常使用，不太信任	不常使用，很信任	没用过	不知道
农村居民	10.1	7.0	17.2	14.3	51.5
按就业状况分					
有固定工作	17.2	11.1	23.1	15.3	33.4
有兼职工作	13.5	10.8	20.9	18.9	36.0
工作不固定，打工	8.4	7.7	18.1	17.3	48.4
目前没有工作，待业	10.8	7.7	16.8	17.3	47.4
家庭主妇且没有工作	8.3	6.3	15.3	14.4	55.7
学生及待升学人员	18.3	10.6	26.6	17.5	27.0
离退休人员	10.0	6.0	18.8	12.5	52.7
无工作能力	6.2	5.3	16.9	17.2	54.3
按与科学技术的相关性分					
有相关性	16.8	10.7	22.7	14.3	35.5
无相关性	13.6	9.9	21.1	16.8	38.6
按科学技术的相关部门分					
生产或制造业	15.2	10.6	21.7	14.3	38.3
教育部门	24.0	10.2	26.7	15.2	24.0
科研部门	19.3	13.0	23.1	14.1	30.4
其他	17.4	10.4	23.6	14.0	34.7
按职业分					
国家机关、党群组织负责人	23.3	10.8	30.8	13.0	22.1
企业事业单位负责人	19.7	12.4	23.1	17.2	27.6
专业技术人员	16.4	10.5	24.1	16.7	32.3
办事人员与有关人员	22.3	11.8	27.8	14.7	23.3
农林牧渔水利业生产人员	9.5	6.8	17.8	11.2	54.7
商业及服务业人员	12.9	10.4	20.5	16.6	39.7
生产及运输设备操作工人	11.1	9.5	17.6	18.6	43.3
按重点人群分					
领导干部和公务员	22.8	12.4	27.4	15.2	22.2
城镇劳动者	14.4	10.2	21.3	17.0	37.1
农民	8.8	6.5	16.0	13.2	55.4
其他	13.1	8.6	23.2	18.0	37.2
按地区分					
东部地区	16.2	11.0	22.7	16.4	33.7
中部地区	11.0	8.0	17.8	16.6	46.5
西部地区	10.4	7.2	18.8	13.9	49.7

附表 65 公民通过互联网了解科技发展信息的频度和信任情况 –3 单位：%

类 别	电子书				
	经常使用，很信任	经常使用，不太信任	不常使用，很信任	没用过	不知道
总体	17.8	12.1	18.6	17.6	34.0
按性别分					
男性	18.3	13.5	17.8	18.7	31.7
女性	17.2	10.4	19.5	16.3	36.7
按民族分					
汉族	17.7	12.0	18.6	17.6	34.0
其他民族	18.6	13.1	17.5	16.6	34.2
按户籍分					
本省户籍	17.7	11.7	18.4	17.6	34.5
非本省户籍	18.5	15.5	19.9	17.5	28.5
按年龄分（五段）					
18—29 岁	21.4	15.5	20.0	19.0	24.1
30—39 岁	17.2	12.0	17.9	18.6	34.4
40—49 岁	14.6	8.8	17.7	15.5	43.4
50—59 岁	10.7	4.4	17.2	12.5	55.2
60—69 岁	7.0	3.4	12.8	14.5	62.2
按年龄分（三段）					
18—39 岁	19.7	14.0	19.1	18.8	28.3
40—54 岁	14.0	8.0	17.7	14.9	45.4
55—69 岁	8.5	3.9	14.3	13.2	60.0
按文化程度分（五段）					
小学及以下	9.0	6.3	11.4	13.7	59.6
初中	16.5	10.1	17.4	17.4	38.7
高中（中专、技校）	20.0	14.3	20.0	18.6	27.1
大学专科	22.0	15.8	23.0	17.7	21.6
大学本科及以上	23.2	18.8	23.7	20.4	13.9
按文化程度分（三段）					
初中及以下	15.2	9.4	16.3	16.7	42.3
高中（中专、技校）	20.0	14.3	20.0	18.6	27.1
大学专科及以上	22.5	17.1	23.3	18.9	18.2
按文理科分					
偏文科	21.8	14.5	21.9	17.4	24.4
偏理科	20.5	17.0	21.1	20.4	21.0
按城乡分					
城镇居民	18.6	13.2	19.9	17.6	30.7

类　别	电子书				
	经常使用，很信任	经常使用，不太信任	不常使用，很信任	没用过	不知道
农村居民	16.4	10.3	16.5	17.6	39.2
按就业状况分					
有固定工作	20.3	13.8	20.4	17.0	28.5
有兼职工作	20.0	15.6	17.4	18.0	29.0
工作不固定，打工	15.6	10.3	16.7	19.3	38.1
目前没有工作，待业	16.6	10.8	16.6	19.0	37.0
家庭主妇且没有工作	13.2	8.4	17.2	16.6	44.6
学生及待升学人员	23.1	18.6	20.2	20.2	17.8
离退休人员	9.4	5.1	17.2	12.3	56.0
无工作能力	12.1	6.9	13.9	12.1	55.1
按与科学技术的相关性分					
有相关性	21.1	12.7	19.7	16.4	30.0
无相关性	18.1	13.1	18.9	18.2	31.7
按科学技术的相关部门分					
生产或制造业	21.5	12.5	18.1	16.5	31.3
教育部门	25.4	12.6	25.6	14.5	21.8
科研部门	23.9	12.5	19.0	16.3	28.4
其他	18.7	13.0	21.3	16.7	30.3
按职业分					
国家机关、党群组织负责人	28.0	11.6	25.3	13.8	21.3
企业事业单位负责人	20.4	15.9	20.9	18.4	24.5
专业技术人员	22.3	15.1	18.5	18.9	25.1
办事人员与有关人员	23.5	14.5	24.3	16.0	21.7
农林牧渔水利业生产人员	15.2	8.9	14.8	15.7	45.3
商业及服务业人员	16.5	12.7	19.6	18.0	33.2
生产及运输设备操作工人	18.6	12.2	16.8	18.6	33.8
按重点人群分					
领导干部和公务员	23.3	14.5	22.8	17.9	21.5
城镇劳动者	18.7	13.0	19.3	18.0	30.9
农民	15.0	9.3	16.4	16.4	42.9
其他	17.4	12.5	17.4	20.0	32.7
按地区分					
东部地区	18.9	13.3	19.9	17.1	30.7
中部地区	17.3	11.3	17.6	18.4	35.3
西部地区	16.0	10.6	17.3	17.4	38.7

附表 66　公民通过互联网了解科技发展信息的频度和信任情况 –4　　单位：%

类　别	腾讯网、新浪网、新华网等门户网站				
	经常使用，很信任	经常使用，不太信任	不常使用，很信任	没用过	不知道
总体	53.7	15.1	13.3	7.3	10.7
按性别分					
男性	55.8	15.9	12.3	6.9	9.1
女性	51.2	14.1	14.4	7.7	12.6
按民族分					
汉族	53.9	15.2	13.2	7.3	10.4
其他民族	49.3	13.9	14.0	7.0	15.9
按户籍分					
本省户籍	53.2	14.9	13.4	7.4	11.1
非本省户籍	57.9	17.4	12.3	6.1	6.4
按年龄分（五段）					
18—29 岁	59.5	16.7	11.7	6.7	5.4
30—39 岁	53.1	16.7	13.2	7.4	9.5
40—49 岁	48.6	12.0	15.4	8.0	15.9
50—59 岁	40.6	9.7	16.1	8.2	25.3
60—69 岁	38.3	8.9	13.1	5.5	34.2
按年龄分（三段）					
18—39 岁	56.9	16.7	12.4	7.0	7.0
40—54 岁	47.5	11.4	15.5	8.1	17.5
55—69 岁	37.0	10.6	15.0	6.7	30.7
按文化程度分（五段）					
小学及以下	29.2	10.6	14.2	9.5	36.4
初中	50.9	13.0	15.4	8.9	11.9
高中（中专、技校）	59.6	16.8	12.4	6.2	5.0
大学专科	65.7	18.7	9.7	4.0	1.9
大学本科及以上	65.4	22.4	7.8	3.4	1.0
按文化程度分（三段）					
初中及以下	47.1	12.5	15.2	9.0	16.2
高中（中专、技校）	59.6	16.8	12.4	6.2	5.0
大学专科及以上	65.6	20.3	8.9	3.7	1.5
按文理科分					
偏文科	63.2	17.1	11.2	4.8	3.7
偏理科	61.5	20.1	10.1	5.3	2.9
按城乡分					
城镇居民	56.4	16.9	12.7	6.7	7.3

类　别	腾讯网、新浪网、新华网等门户网站				
	经常使用，很信任	经常使用，不太信任	不常使用，很信任	没用过	不知道
农村居民	49.4	12.1	14.2	8.1	16.2
按就业状况分					
有固定工作	59.8	16.8	11.4	5.5	6.6
有兼职工作	57.4	15.6	12.5	7.2	7.3
工作不固定，打工	47.8	13.8	15.4	9.3	13.6
目前没有工作，待业	51.2	14.1	13.4	8.1	13.2
家庭主妇且没有工作	45.3	11.3	16.1	9.4	17.9
学生及待升学人员	57.5	18.6	12.2	7.0	4.7
离退休人员	44.0	13.0	16.8	8.0	18.2
无工作能力	31.2	16.1	13.7	7.7	31.3
按与科学技术的相关性分					
有相关性	59.2	15.7	12.1	5.8	7.2
无相关性	55.2	15.9	12.7	7.0	9.2
按科学技术的相关部门分					
生产或制造业	58.6	15.9	11.9	5.6	8.0
教育部门	58.7	15.4	16.1	5.9	3.9
科研部门	50.7	20.3	13.4	6.3	9.4
其他	62.4	14.0	11.3	6.1	6.3
按职业分					
国家机关、党群组织负责人	66.4	15.1	9.6	4.6	4.2
企业事业单位负责人	58.1	19.8	12.4	4.6	5.1
专业技术人员	60.6	18.5	10.9	5.5	4.6
办事人员与有关人员	64.1	17.1	11.1	4.3	3.3
农林牧渔水利业生产人员	44.3	11.1	13.4	8.0	23.1
商业及服务业人员	55.9	15.5	13.2	7.4	7.9
生产及运输设备操作工人	53.6	15.0	13.6	8.1	9.8
按重点人群分					
领导干部和公务员	65.7	18.6	9.1	3.2	3.4
城镇劳动者	56.3	16.4	12.8	7.0	7.5
农民	47.1	11.0	14.9	7.9	19.2
其他	50.5	16.0	12.6	10.0	11.0
按地区分					
东部地区	56.0	16.8	12.7	6.4	8.1
中部地区	52.5	13.7	14.0	8.3	11.6
西部地区	50.7	13.7	13.5	7.5	14.7

类　别	果壳网、科学网、百度百科等专门网站				
	经常使用， 很信任	经常使用， 不太信任	不常使用， 很信任	没用过	不知道
总体	33.5	11.1	18.0	10.2	27.2
按性别分					
男性	33.9	11.9	17.6	10.4	26.1
女性	33.0	10.1	18.5	9.9	28.6
按民族分					
汉族	33.5	11.1	18.1	10.2	27.1
其他民族	33.9	11.7	15.6	8.9	29.9
按户籍分					
本省户籍	33.2	10.9	18.0	10.3	27.7
非本省户籍	36.8	13.1	18.7	9.2	22.3
按年龄分（五段）					
18—29 岁	37.8	13.0	18.4	10.0	20.9
30—39 岁	33.6	11.8	17.5	10.8	26.3
40—49 岁	29.2	8.4	18.6	10.0	33.7
50—59 岁	24.1	6.4	17.2	9.7	42.6
60—69 岁	18.7	5.8	15.0	7.8	52.7
按年龄分（三段）					
18—39 岁	36.1	12.5	18.0	10.3	23.1
40—54 岁	28.3	8.0	18.6	9.9	35.2
55—69 岁	21.3	6.5	14.8	8.8	48.7
按文化程度分（五段）					
小学及以下	18.9	6.4	14.3	8.9	51.6
初中	31.4	10.4	16.5	11.2	30.5
高中（中专、技校）	35.9	12.2	20.4	10.4	21.1
大学专科	40.3	13.3	21.6	8.9	16.0
大学本科及以上	45.7	14.6	19.6	7.4	12.6
按文化程度分（三段）					
初中及以下	29.2	9.7	16.1	10.8	34.2
高中（中专、技校）	35.9	12.2	20.4	10.4	21.1
大学专科及以上	42.7	13.8	20.7	8.3	14.5
按文理科分					
偏文科	38.7	12.5	21.0	9.6	18.3
偏理科	39.6	13.7	20.0	9.2	17.6
按城乡分					
城镇居民	35.1	12.0	19.3	10.1	23.5

附表 67　公民通过互联网了解科技发展信息的频度和信任情况 –5　　单位：%

类　别	果壳网、科学网、百度百科等专门网站				
	经常使用，很信任	经常使用，不太信任	不常使用，很信任	没用过	不知道
农村居民	30.9	9.6	16.0	10.3	33.3
按就业状况分					
有固定工作	36.9	12.6	18.9	9.1	22.5
有兼职工作	38.3	11.0	16.6	9.9	24.3
工作不固定，打工	28.5	10.7	17.8	11.9	31.1
目前没有工作，待业	30.8	9.9	16.6	12.4	30.3
家庭主妇且没有工作	29.4	8.4	16.5	10.8	35.0
学生及待升学人员	42.5	12.0	20.5	7.4	17.6
离退休人员	25.8	9.2	16.6	10.9	37.6
无工作能力	15.7	6.3	18.8	7.6	51.6
按与科学技术的相关性分					
有相关性	39.5	12.0	17.5	8.5	22.5
无相关性	32.7	11.9	18.8	10.5	26.1
按科学技术的相关部门分					
生产或制造业	38.7	12.7	16.7	8.2	23.7
教育部门	42.6	12.0	19.0	9.3	17.1
科研部门	41.8	12.7	18.5	6.9	20.2
其他	39.6	10.5	18.3	9.4	22.1
按职业分					
国家机关、党群组织负责人	38.0	13.3	23.0	9.3	16.3
企业事业单位负责人	36.8	14.7	18.8	9.6	20.0
专业技术人员	39.8	12.2	19.1	10.1	18.9
办事人员与有关人员	38.1	12.7	22.0	9.0	18.2
农林牧渔水利业生产人员	27.1	8.2	15.9	8.0	40.8
商业及服务业人员	34.3	12.0	18.5	10.1	25.0
生产及运输设备操作工人	32.2	12.4	16.1	11.4	28.0
按重点人群分					
领导干部和公务员	40.3	13.5	19.2	11.0	16.0
城镇劳动者	35.1	12.3	18.6	10.3	23.7
农民	28.0	8.2	16.3	10.5	37.1
其他	35.5	9.5	18.7	8.6	27.7
按地区分					
东部地区	35.3	13.1	18.7	9.5	23.5
中部地区	32.8	9.7	17.5	11.2	28.8
西部地区	30.8	9.0	17.3	10.2	32.7

类　别	百度、谷歌等搜索引擎				
	经常使用，很信任	经常使用，不太信任	不常使用，很信任	没用过	不知道
总体	57.3	11.7	12.0	5.7	13.3
按性别分					
男性	58.6	12.8	11.9	5.4	11.3
女性	55.8	10.4	12.1	6.1	15.6
按民族分					
汉族	57.5	11.7	12.0	5.8	13.0
其他民族	52.8	11.7	11.5	5.5	18.6
按户籍分					
本省户籍	57.0	11.4	12.0	5.9	13.7
非本省户籍	60.1	14.0	12.0	4.6	9.3
按年龄分（五段）					
18—29 岁	66.6	12.8	10.3	4.6	5.5
30—39 岁	58.2	13.4	11.3	6.0	11.1
40—49 岁	47.5	9.1	15.1	7.2	21.1
50—59 岁	35.7	7.0	14.7	7.3	35.3
60—69 岁	25.6	5.1	14.6	5.7	49.0
按年龄分（三段）					
18—39 岁	63.2	13.1	10.7	5.2	7.8
40—54 岁	45.6	8.6	14.9	7.2	23.7
55—69 岁	29.2	6.9	15.2	6.5	42.2
按文化程度分（五段）					
小学及以下	28.6	7.0	12.1	9.3	43.0
初中	53.6	10.0	14.3	6.8	15.4
高中（中专、技校）	64.7	13.2	11.4	4.7	6.0
大学专科	71.0	14.6	8.7	3.0	2.7
大学本科及以上	72.6	18.5	5.5	2.5	1.0
按文化程度分（三段）					
初中及以下	49.2	9.4	13.9	7.2	20.2
高中（中专、技校）	64.7	13.2	11.4	4.7	6.0
大学专科及以上	71.7	16.3	7.3	2.7	1.9
按文理科分					
偏文科	69.5	12.9	9.5	3.7	4.6
偏理科	66.3	16.9	9.5	3.9	3.4
按城乡分					
城镇居民	60.8	13.2	11.5	5.1	9.4

附表 68　公民通过互联网了解科技发展信息的频度和信任情况 –6　单位：%

类　别	百度、谷歌等搜索引擎				
	经常使用，很信任	经常使用，不太信任	不常使用，很信任	没用过	不知道
农村居民	51.7	9.3	12.7	6.7	19.6
按就业状况分					
有固定工作	63.7	13.2	10.9	4.4	7.8
有兼职工作	62.8	12.8	10.3	4.5	9.6
工作不固定，打工	49.7	11.1	14.8	6.7	17.7
目前没有工作，待业	53.1	9.9	12.1	6.9	17.9
家庭主妇且没有工作	49.3	8.3	13.0	7.8	21.6
学生及待升学人员	71.6	14.4	7.3	4.9	1.7
离退休人员	37.0	8.2	17.6	8.7	28.5
无工作能力	33.4	15.3	8.4	7.0	35.9
按与科学技术的相关性分					
有相关性	61.2	12.7	11.2	4.5	10.4
无相关性	59.2	12.5	12.2	5.2	10.9
按科学技术的相关部门分					
生产或制造业	59.9	13.2	11.4	4.3	11.2
教育部门	65.7	13.3	9.4	4.2	7.3
科研部门	56.1	14.2	12.5	5.6	11.6
其他	63.7	11.2	10.8	4.8	9.5
按职业分					
国家机关、党群组织负责人	65.4	12.1	11.2	6.1	5.3
企业事业单位负责人	66.3	13.8	11.0	4.6	4.3
专业技术人员	65.9	13.8	9.2	3.8	7.4
办事人员与有关人员	68.6	13.7	9.9	3.6	4.2
农林牧渔水利业生产人员	43.8	8.2	13.7	7.1	27.2
商业及服务业人员	59.6	13.2	12.7	5.4	9.1
生产及运输设备操作工人	55.6	11.8	13.6	5.3	13.8
按重点人群分					
领导干部和公务员	69.7	13.6	9.9	3.2	3.6
城镇劳动者	60.5	13.0	11.7	5.2	9.6
农民	47.9	8.0	13.5	7.2	23.4
其他	58.2	12.5	10.9	6.1	12.3
按地区分					
东部地区	60.1	13.5	11.8	4.6	10.0
中部地区	55.9	10.1	12.4	6.6	15.0
西部地区	53.4	10.2	11.8	6.9	17.6

附表 69 公民通过互联网了解科技发展信息的频度和信任情况 -7				单位：%	
类　别	数字科技馆				
	经常使用，很信任	经常使用，不太信任	不常使用，很信任	没用过	不知道
总体	10.9	6.2	17.0	10.3	55.7
按性别分					
男性	12.3	6.5	16.4	10.9	53.9
女性	9.3	5.8	17.6	9.5	57.8
按民族分					
汉族	10.8	6.2	17.0	10.2	55.7
其他民族	11.9	5.6	15.5	11.6	55.4
按户籍分					
本省户籍	10.8	6.0	16.7	10.2	56.3
非本省户籍	11.4	8.5	19.5	11.0	49.7
按年龄分（五段）					
18—29 岁	12.1	7.5	19.2	10.9	50.2
30—39 岁	10.7	6.2	16.1	10.8	56.3
40—49 岁	9.9	4.7	15.3	8.6	61.5
50—59 岁	8.8	4.1	13.6	8.8	64.6
60—69 岁	5.7	3.2	11.8	10.6	68.7
按年龄分（三段）					
18—39 岁	11.5	6.9	17.9	10.9	52.7
40—54 岁	9.8	4.5	15.0	8.6	62.2
55—69 岁	7.0	4.3	12.6	9.9	66.1
按文化程度分（五段）					
小学及以下	6.6	3.1	8.4	9.1	72.8
初中	7.8	5.5	13.6	11.0	62.1
高中（中专、技校）	12.1	7.3	19.5	11.0	50.1
大学专科	17.0	8.3	23.4	8.8	42.5
大学本科及以上	21.1	8.0	29.4	7.8	33.8
按文化程度分（三段）					
初中及以下	7.6	5.1	12.7	10.7	63.9
高中（中专、技校）	12.1	7.3	19.5	11.0	50.1
大学专科及以上	18.8	8.2	26.0	8.3	38.6
按文理科分					
偏文科	14.3	7.7	21.9	10.1	45.9
偏理科	16.4	7.8	23.5	9.2	43.0
按城乡分					
城镇居民	12.5	7.1	18.9	10.4	51.2

类　别	数字科技馆				
	经常使用，很信任	经常使用，不太信任	不常使用，很信任	没用过	不知道
农村居民	8.4	4.8	13.9	10.0	62.9
按就业状况分					
有固定工作	13.8	7.0	20.0	10.3	48.9
有兼职工作	13.0	7.5	20.6	11.1	47.8
工作不固定，打工	7.9	5.3	13.1	11.1	62.6
目前没有工作，待业	8.0	5.4	13.5	10.4	62.7
家庭主妇且没有工作	5.3	4.6	12.6	9.1	68.5
学生及待升学人员	18.6	9.8	23.1	10.0	38.5
离退休人员	7.7	4.0	15.3	9.3	63.7
无工作能力	11.0	4.8	10.4	10.5	63.2
按与科学技术的相关性分					
有相关性	15.8	5.7	18.9	9.7	50.0
无相关性	10.7	6.9	17.8	10.9	53.7
按科学技术的相关部门分					
生产或制造业	15.1	6.0	18.4	9.6	51.0
教育部门	23.1	3.7	26.1	7.7	39.4
科研部门	18.9	5.8	20.3	8.3	46.6
其他	14.4	5.6	17.9	10.7	51.4
按职业分					
国家机关、党群组织负责人	18.6	6.8	26.9	9.4	38.3
企业事业单位负责人	16.0	9.0	20.8	11.4	42.8
专业技术人员	16.0	6.2	19.5	10.3	47.9
办事人员与有关人员	17.1	6.6	25.6	8.3	42.4
农林牧渔水利业生产人员	8.9	4.5	12.1	10.4	64.1
商业及服务业人员	10.1	7.0	17.5	11.2	54.2
生产及运输设备操作工人	9.1	6.3	14.7	11.1	58.8
按重点人群分					
领导干部和公务员	17.3	7.7	27.5	8.7	38.7
城镇劳动者	11.4	6.8	17.9	10.5	53.3
农民	7.7	3.9	12.5	10.0	65.8
其他	12.6	6.7	18.2	10.5	51.9
按地区分					
东部地区	13.7	7.9	19.7	11.2	47.5
中部地区	8.8	5.0	15.1	10.0	61.1
西部地区	8.1	4.4	14.0	8.8	64.6

附表 70　公民通过互联网了解科技发展信息的频度和信任情况 -8　　单位：%

类　别	微信				
	经常使用， 很信任	经常使用， 不太信任	不常使用， 很信任	没用过	不知道
总体	51.0	23.1	8.8	7.2	10.0
按性别分					
男性	48.4	23.9	9.3	8.1	10.4
女性	54.1	22.1	8.1	6.2	9.5
按民族分					
汉族	51.0	23.1	8.8	7.3	9.8
其他民族	50.3	22.5	8.3	6.3	12.6
按户籍分					
本省户籍	50.8	22.6	8.7	7.3	10.5
非本省户籍	53.0	27.4	9.0	6.1	4.4
按年龄分（五段）					
18—29 岁	55.8	24.6	8.1	7.0	4.4
30—39 岁	53.3	25.6	8.2	6.4	6.5
40—49 岁	44.6	20.9	10.4	8.3	15.8
50—59 岁	38.2	13.9	10.0	8.8	29.1
60—69 岁	26.4	9.4	9.6	6.4	48.3
按年龄分（三段）					
18—39 岁	54.8	25.0	8.1	6.8	5.3
40—54 岁	43.8	19.7	10.3	8.3	18.0
55—69 岁	30.5	11.1	9.9	8.3	40.1
按文化程度分（五段）					
小学及以下	38.3	12.1	10.0	8.4	31.2
初中	54.9	18.3	9.3	7.1	10.2
高中（中专、技校）	52.9	25.0	8.8	6.9	6.3
大学专科	49.5	33.1	7.5	6.2	3.8
大学本科及以上	41.5	42.5	5.7	8.2	2.1
按文化程度分（三段）					
初中及以下	52.0	17.2	9.5	7.4	13.9
高中（中专、技校）	52.9	25.0	8.8	6.9	6.3
大学专科及以上	45.9	37.2	6.7	7.1	3.0
按文理科分					
偏文科	54.2	27.9	7.4	6.0	4.6
偏理科	44.0	34.4	8.4	8.3	5.0
按城乡分					
城镇居民	50.9	26.4	8.4	7.0	7.3

类 别	微信				
	经常使用，很信任	经常使用，不太信任	不常使用，很信任	没用过	不知道
农村居民	51.1	17.7	9.4	7.6	14.2
按就业状况分					
有固定工作	53.3	26.6	7.5	6.2	6.3
有兼职工作	53.9	22.9	10.4	5.5	7.3
工作不固定，打工	49.3	21.0	10.0	7.7	12.1
目前没有工作，待业	51.1	20.8	8.4	7.3	12.4
家庭主妇且没有工作	52.2	17.7	8.4	7.3	14.3
学生及待升学人员	39.8	26.3	13.9	12.4	7.6
离退休人员	41.5	15.5	10.7	9.5	22.8
无工作能力	30.7	14.9	8.2	14.2	32.0
按与科学技术的相关性分					
有相关性	51.4	24.7	8.4	6.5	8.9
无相关性	52.6	24.8	8.4	6.6	7.7
按科学技术的相关部门分					
生产或制造业	53.1	23.4	8.7	6.0	8.8
教育部门	49.1	27.0	8.2	8.6	7.1
科研部门	48.5	26.5	8.9	5.1	11.0
其他	49.9	26.1	7.9	7.2	9.0
按职业分					
国家机关、党群组织负责人	48.3	31.8	7.3	7.2	5.5
企业事业单位负责人	53.7	29.8	5.8	6.5	4.2
专业技术人员	50.0	28.6	8.2	7.1	6.1
办事人员与有关人员	52.7	30.0	7.2	6.0	4.1
农林牧渔水利业生产人员	44.6	16.0	10.7	6.9	21.8
商业及服务业人员	55.7	24.2	8.1	6.0	5.9
生产及运输设备操作工人	51.9	21.8	9.6	7.3	9.5
按重点人群分					
领导干部和公务员	50.0	32.4	6.6	6.9	4.1
城镇劳动者	53.2	25.5	7.9	6.7	6.7
农民	49.3	16.6	9.7	7.1	17.2
其他	42.9	21.6	11.7	11.4	12.4
按地区分					
东部地区	52.0	24.7	8.9	6.6	7.8
中部地区	50.6	21.3	8.7	8.2	11.2
西部地区	49.4	22.3	8.6	7.0	12.7

类　　别	微博				
	经常使用，很信任	经常使用，不太信任	不常使用，很信任	没用过	不知道
总体	28.0	15.5	15.8	12.8	27.9
按性别分					
男性	26.5	16.3	15.7	13.7	27.8
女性	29.8	14.5	15.9	11.7	28.1
按民族分					
汉族	27.9	15.6	15.9	12.8	27.8
其他民族	30.1	13.8	13.1	12.3	30.8
按户籍分					
本省户籍	27.8	15.1	15.4	12.9	28.8
非本省户籍	30.3	19.6	19.0	12.0	19.2
按年龄分（五段）					
18—29 岁	36.4	18.8	15.9	12.3	16.6
30—39 岁	26.4	16.0	16.7	14.1	26.8
40—49 岁	19.1	11.9	15.7	13.0	40.4
50—59 岁	15.8	7.0	12.8	11.0	53.3
60—69 岁	10.6	5.3	11.1	9.0	63.9
按年龄分（三段）					
18—39 岁	32.3	17.7	16.2	13.0	20.8
40—54 岁	18.7	10.9	15.2	12.5	42.7
55—69 岁	12.4	6.5	11.5	10.7	58.9
按文化程度分（五段）					
小学及以下	14.6	6.1	10.5	10.5	58.3
初中	28.2	11.2	16.3	12.5	31.9
高中（中专、技校）	30.9	17.6	17.4	13.1	21.1
大学专科	32.0	23.6	17.1	13.6	13.7
大学本科及以上	29.8	33.0	13.1	15.3	8.8
按文化程度分（三段）					
初中及以下	25.8	10.3	15.3	12.1	36.5
高中（中专、技校）	30.9	17.6	17.4	13.1	21.1
大学专科及以上	31.0	27.7	15.3	14.3	11.6
按文理科分					
偏文科	34.1	20.5	16.5	12.5	16.5
偏理科	27.1	24.8	16.3	15.3	16.6
按城乡分					
城镇居民	28.7	18.5	16.3	13.4	23.1

附表 71　公民通过互联网了解科技发展信息的频度和信任情况 –9　　单位：%

类　别	微博				
	经常使用，很信任	经常使用，不太信任	不常使用，很信任	没用过	不知道
农村居民	26.9	10.7	14.9	11.9	35.6
按就业状况分					
有固定工作	30.3	19.0	16.4	12.7	21.7
有兼职工作	29.5	17.2	18.9	11.8	22.6
工作不固定，打工	24.0	12.8	15.8	13.2	34.2
目前没有工作，待业	28.6	11.7	14.2	12.8	32.6
家庭主妇且没有工作	24.7	9.8	15.7	12.4	37.5
学生及待升学人员	39.1	22.8	14.0	13.1	11.0
离退休人员	16.3	7.8	12.8	12.7	50.4
无工作能力	16.3	11.0	9.0	17.3	46.4
按与科学技术的相关性分					
有相关性	29.1	16.7	15.8	13.1	25.3
无相关性	28.2	17.3	16.6	12.7	25.2
按科学技术的相关部门分					
生产或制造业	28.9	15.7	16.0	11.7	27.7
教育部门	34.6	17.8	16.5	13.6	17.5
科研部门	29.7	18.4	16.3	13.6	22.0
其他	28.2	17.8	15.0	15.3	23.7
按职业分					
国家机关、党群组织负责人	33.3	20.9	16.4	12.3	17.2
企业事业单位负责人	31.7	20.9	16.5	13.2	17.7
专业技术人员	29.7	19.9	16.9	14.3	19.2
办事人员与有关人员	31.7	21.6	17.7	12.6	16.4
农林牧渔水利业生产人员	21.7	11.8	13.1	9.4	44.0
商业及服务业人员	29.6	16.5	17.0	13.4	23.5
生产及运输设备操作工人	25.5	14.4	15.8	12.4	31.8
按重点人群分					
领导干部和公务员	30.6	23.0	16.6	14.4	15.3
城镇劳动者	29.2	17.5	16.5	13.2	23.7
农民	24.3	9.2	14.9	11.4	40.2
其他	29.8	15.2	14.5	14.6	25.9
按地区分					
东部地区	30.6	18.2	16.5	12.3	22.3
中部地区	26.6	13.4	15.5	13.8	30.7
西部地区	24.6	12.8	14.6	12.4	35.5

类　别	科学博客				
	经常使用，很信任	经常使用，不太信任	不常使用，很信任	没用过	不知道
总体	9.5	6.9	15.7	11.0	57.0
按性别分					
男性	10.3	7.5	15.4	11.7	55.1
女性	8.5	6.1	16.0	10.1	59.2
按民族分					
汉族	9.4	6.8	15.7	11.1	56.9
其他民族	10.6	7.7	14.8	9.8	57.1
按户籍分					
本省户籍	9.3	6.7	15.5	10.9	57.6
非本省户籍	11.3	8.6	17.6	12.0	50.6
按年龄分（五段）					
18—29 岁	11.8	8.3	18.0	12.1	49.8
30—39 岁	8.3	6.7	15.0	11.3	58.6
40—49 岁	7.6	5.6	13.8	9.3	63.7
50—59 岁	7.0	4.4	11.6	9.4	67.6
60—69 岁	5.1	2.5	9.5	7.0	75.9
按年龄分（三段）					
18—39 岁	10.4	7.6	16.8	11.8	53.4
40—54 岁	7.5	5.4	13.3	9.3	64.5
55—69 岁	5.8	3.5	10.8	8.3	71.6
按文化程度分（五段）					
小学及以下	4.0	2.4	8.4	7.8	77.4
初中	7.0	5.2	12.1	11.1	64.7
高中（中专、技校）	11.4	8.3	18.6	11.6	50.2
大学专科	14.8	10.8	21.8	11.7	40.9
大学本科及以上	17.3	12.4	27.1	11.8	31.4
按文化程度分（三段）					
初中及以下	6.5	4.7	11.5	10.5	66.9
高中（中专、技校）	11.4	8.3	18.6	11.6	50.2
大学专科及以上	15.9	11.5	24.1	11.8	36.7
按文理科分					
偏文科	13.3	9.5	20.4	11.5	45.2
偏理科	13.8	10.2	22.2	11.9	41.9
按城乡分					
城镇居民	10.7	8.3	17.5	11.5	52.0

附表 72　公民通过互联网了解科技发展信息的频度和信任情况 –10　单位：%

类　别	科学博客				
	经常使用，很信任	经常使用，不太信任	不常使用，很信任	没用过	不知道
农村居民	7.6	4.7	12.7	10.2	64.9
按就业状况分					
有固定工作	11.8	8.6	18.1	11.3	50.3
有兼职工作	12.4	7.5	18.6	11.5	50.0
工作不固定，打工	6.4	5.1	13.4	11.1	64.0
目前没有工作，待业	7.7	6.0	12.5	10.6	63.2
家庭主妇且没有工作	5.4	3.8	10.3	9.9	70.5
学生及待升学人员	15.8	11.6	24.1	12.2	36.3
离退休人员	6.7	3.9	13.5	9.4	66.5
无工作能力	5.7	2.1	13.0	13.3	65.9
按与科学技术的相关性分					
有相关性	12.6	8.4	17.6	10.2	51.1
无相关性	9.4	7.2	16.5	11.7	55.3
按科学技术的相关部门分					
生产或制造业	11.5	8.0	17.6	9.6	53.3
教育部门	17.4	8.1	26.0	9.2	39.3
科研部门	16.5	9.9	17.0	11.0	45.7
其他	12.5	8.8	15.8	11.6	51.3
按职业分					
国家机关、党群组织负责人	18.5	9.1	22.1	13.6	36.8
企业事业单位负责人	13.5	11.4	20.8	11.4	42.9
专业技术人员	13.1	8.8	18.4	11.8	48.0
办事人员与有关人员	12.9	10.1	23.0	10.7	43.4
农林牧渔水利业生产人员	7.5	4.7	11.3	7.7	68.8
商业及服务业人员	8.9	7.3	16.1	12.2	55.5
生产及运输设备操作工人	8.7	5.3	14.0	11.4	60.6
按重点人群分					
领导干部和公务员	15.5	11.0	22.2	12.3	39.0
城镇劳动者	9.9	7.6	16.5	11.5	54.5
农民	6.9	4.1	11.3	9.5	68.1
其他	10.5	7.1	19.4	11.1	51.9
按地区分					
东部地区	11.7	8.5	18.4	11.4	49.9
中部地区	8.1	5.8	13.6	11.6	61.0
西部地区	7.0	5.0	13.0	9.4	65.6

类　别	科普类 APP				
	经常使用，很信任	经常使用，不太信任	不常使用，很信任	没用过	不知道
总体	9.7	5.5	14.3	9.4	61.0
按性别分					
男性	10.9	6.2	14.2	10.1	58.5
女性	8.2	4.8	14.4	8.6	64.0
按民族分					
汉族	9.7	5.5	14.4	9.5	60.9
其他民族	9.7	5.5	13.7	7.8	63.3
按户籍分					
本省户籍	9.6	5.3	14.0	9.3	61.7
非本省户籍	10.1	7.5	17.3	11.0	54.1
按年龄分（五段）					
18—29 岁	12.1	6.8	16.5	10.7	53.8
30—39 岁	8.5	5.2	13.4	9.8	63.1
40—49 岁	8.1	4.3	13.2	7.1	67.4
50—59 岁	6.0	3.6	10.5	7.9	72.0
60—69 岁	5.8	2.6	7.9	5.5	78.2
按年龄分（三段）					
18—39 岁	10.6	6.2	15.2	10.4	57.6
40—54 岁	7.6	4.1	12.7	7.3	68.3
55—69 岁	6.3	3.3	9.0	6.7	74.8
按文化程度分（五段）					
小学及以下	3.9	2.3	5.2	5.6	83.0
初中	6.6	3.9	10.5	9.4	69.6
高中（中专、技校）	11.8	6.9	17.4	10.0	53.9
大学专科	15.2	9.1	22.4	10.3	43.0
大学本科及以上	19.8	9.7	26.6	11.3	32.6
按文化程度分（三段）					
初中及以下	6.1	3.6	9.6	8.7	71.9
高中（中专、技校）	11.8	6.9	17.4	10.0	53.9
大学专科及以上	17.2	9.4	24.2	10.8	38.4
按文理科分					
偏文科	13.9	7.9	20.3	10.5	47.4
偏理科	15.0	8.2	21.0	10.4	45.4
按城乡分					
城镇居民	11.4	6.7	16.6	10.1	55.2

附表 73　公民通过互联网了解科技发展信息的频度和信任情况 –11　单位：%

类　别	科普类 APP				
	经常使用，很信任	经常使用，不太信任	不常使用，很信任	没用过	不知道
农村居民	6.9	3.7	10.7	8.3	70.3
按就业状况分					
有固定工作	12.4	6.9	17.4	10.0	53.2
有兼职工作	12.3	7.1	16.8	9.2	54.5
工作不固定，打工	6.0	4.3	10.6	9.6	69.6
目前没有工作，待业	8.6	4.6	11.2	9.9	65.7
家庭主妇且没有工作	4.2	2.7	9.2	7.5	76.4
学生及待升学人员	17.7	7.6	23.3	9.7	41.6
离退休人员	6.5	4.3	11.2	7.7	70.4
无工作能力	4.4	4.5	4.9	10.2	76.0
按与科学技术的相关性分					
有相关性	13.2	6.7	16.3	8.9	54.8
无相关性	9.6	6.0	15.2	10.2	59.0
按科学技术的相关部门分					
生产或制造业	12.1	6.5	14.9	8.1	58.4
教育部门	18.5	6.7	22.5	10.2	42.1
科研部门	16.6	9.2	16.0	12.5	45.7
其他	13.2	6.4	17.6	9.3	53.5
按职业分					
国家机关、党群组织负责人	19.8	9.2	19.8	9.7	41.6
企业事业单位负责人	16.0	8.3	19.3	12.0	44.3
专业技术人员	14.5	7.0	17.9	10.3	50.3
办事人员与有关人员	14.5	7.9	22.5	9.5	45.7
农林牧渔水利业生产人员	6.5	3.3	8.9	7.1	74.1
商业及服务业人员	8.7	5.8	15.2	10.2	60.1
生产及运输设备操作工人	7.9	5.9	11.3	9.9	65.0
按重点人群分					
领导干部和公务员	16.4	8.0	22.4	11.3	41.9
城镇劳动者	10.3	6.3	15.4	10.0	57.9
农民	6.1	2.9	9.6	7.8	73.6
其他	11.6	5.4	17.1	9.3	56.6
按地区分					
东部地区	12.0	7.1	16.6	10.3	54.0
中部地区	8.1	4.4	12.7	9.3	65.5
西部地区	7.1	4.0	11.9	7.8	69.1

附表 74　公民通过互联网了解科技发展信息的频度和信任情况 –12　　单位：%

类　别	其他				
	经常使用，很信任	经常使用，不太信任	不常使用，很信任	没用过	不知道
总体	5.4	4.1	6.7	7.7	76.1
按性别分					
男性	6.0	4.8	6.8	8.3	74.1
女性	4.6	3.3	6.6	6.9	78.6
按民族分					
汉族	5.3	4.2	6.7	7.7	76.1
其他民族	7.2	3.4	6.0	7.1	76.3
按户籍分					
本省户籍	5.3	4.1	6.6	7.6	76.4
非本省户籍	6.2	4.2	7.4	8.3	73.8
按年龄分（五段）					
18—29 岁	6.4	5.1	7.1	7.8	73.5
30—39 岁	4.4	3.8	6.1	8.1	77.5
40—49 岁	4.6	3.5	6.6	7.1	78.2
50—59 岁	5.4	2.4	6.7	7.1	78.5
60—69 岁	4.8	1.9	6.9	4.2	82.2
按年龄分（三段）					
18—39 岁	5.6	4.6	6.7	8.0	75.1
40—54 岁	4.8	3.3	6.8	7.1	78.0
55—69 岁	4.9	2.0	6.1	5.6	81.3
按文化程度分（五段）					
小学及以下	3.9	2.2	4.9	5.9	83.0
初中	5.2	3.1	5.8	7.0	78.9
高中（中专、技校）	6.1	5.2	8.5	9.0	71.2
大学专科	5.8	6.2	7.8	8.4	71.8
大学本科及以上	5.8	6.5	7.4	8.7	71.6
按文化程度分（三段）					
初中及以下	5.0	2.9	5.7	6.8	79.7
高中（中专、技校）	6.1	5.2	8.5	9.0	71.2
大学专科及以上	5.8	6.3	7.6	8.5	71.7
按文理科分					
偏文科	6.1	5.5	7.9	8.6	71.8
偏理科	5.7	6.0	8.2	9.0	71.1
按城乡分					
城镇居民	5.5	4.7	7.2	8.1	74.4

续表

类　别	其他				
	经常使用，很信任	经常使用，不太信任	不常使用，很信任	没用过	不知道
农村居民	5.2	3.3	5.8	6.9	78.9
按就业状况分					
有固定工作	6.0	4.9	7.4	7.9	73.8
有兼职工作	5.9	4.6	8.4	7.7	73.4
工作不固定，打工	5.0	3.5	6.0	8.3	77.2
目前没有工作，待业	5.5	3.4	5.3	6.7	79.1
家庭主妇且没有工作	3.4	2.4	5.5	6.3	82.4
学生及待升学人员	7.5	6.3	8.0	9.4	68.8
离退休人员	4.2	3.0	7.0	5.8	80.0
无工作能力	3.2	4.1	6.6	8.7	77.4
按与科学技术的相关性分					
有相关性	7.3	4.9	7.3	7.6	72.8
无相关性	5.1	4.3	6.9	8.2	75.5
按科学技术的相关部门分					
生产或制造业	7.2	4.7	6.4	7.5	74.1
教育部门	8.1	3.4	9.9	7.3	71.3
科研部门	6.3	5.3	10.0	7.4	71.0
其他	7.4	5.5	7.6	7.9	71.5
按职业分					
国家机关、党群组织负责人	8.8	6.8	8.1	10.4	65.9
企业事业单位负责人	6.6	7.1	8.2	8.6	69.4
专业技术人员	6.3	5.0	6.9	7.4	74.5
办事人员与有关人员	5.9	5.3	9.7	9.0	70.2
农林牧渔水利业生产人员	5.1	2.7	4.2	6.6	81.4
商业及服务业人员	5.6	4.4	7.0	7.9	75.0
生产及运输设备操作工人	5.0	3.8	6.8	8.5	76.0
按重点人群分					
领导干部和公务员	6.6	5.5	7.7	9.5	70.7
城镇劳动者	5.4	4.6	7.0	7.8	75.2
农民	5.1	2.7	5.6	6.7	80.0
其他	5.5	3.4	6.9	9.0	75.2
按地区分					
东部地区	6.2	4.9	7.5	7.9	73.4
中部地区	5.1	3.9	6.4	8.3	76.3
西部地区	4.0	2.9	5.4	6.2	81.5

（五）公民在过去一年中参加科普活动的情况

类　别	附表 75　公民在过去一年中参加科普活动的情况 −1　　　　单位：%			
	科技周、科技节、科普日			
	参加过	没参加过，但听说过	没听说过	不知道
总体	7.8	43.4	35.8	12.9
按性别分				
男性	9.1	45.9	33.0	12.0
女性	6.5	40.9	38.7	13.9
按民族分				
汉族	7.7	43.6	36.0	12.7
其他民族	9.4	40.4	33.2	17.0
按户籍分				
本省户籍	8.0	43.3	35.9	12.8
非本省户籍	5.3	45.6	34.9	14.2
按年龄分（五段）				
18—29 岁	7.2	45.3	34.8	12.8
30—39 岁	6.9	45.8	33.7	13.6
40—49 岁	8.5	44.5	34.8	12.2
50—59 岁	8.8	39.5	39.4	12.2
60—69 岁	8.3	37.0	40.0	14.8
按年龄分（三段）				
18—39 岁	7.0	45.5	34.3	13.1
40—54 岁	8.3	43.0	36.2	12.5
55—69 岁	9.0	38.1	39.6	13.3
按文化程度分（五段）				
小学及以下	4.3	29.9	48.4	17.4
初中	5.7	43.5	37.3	13.5
高中（中专、技校）	11.1	53.6	25.8	9.6
大学专科	16.0	57.9	19.2	7.0
大学本科及以上	21.6	57.6	15.7	5.1
按文化程度分（三段）				
初中及以下	5.2	38.6	41.3	14.9
高中（中专、技校）	11.1	53.6	25.8	9.6
大学专科及以上	18.4	57.8	17.7	6.2
按文理科分				
偏文科	14.1	55.7	22.5	7.8
偏理科	14.3	54.9	22.2	8.5

类 别	科技周、科技节、科普日			
	参加过	没参加过，但听说过	没听说过	不知道
按城乡分				
城镇居民	9.2	47.2	32.0	11.6
农村居民	6.2	39.2	40.1	14.4
按就业状况分				
有固定工作	10.8	48.6	30.7	10.0
有兼职工作	13.2	46.9	29.2	10.6
工作不固定，打工	5.7	41.6	38.2	14.5
目前没有工作，待业	5.0	39.7	40.1	15.2
家庭主妇且没有工作	3.3	35.9	43.9	16.9
学生及待升学人员	14.4	51.7	25.7	8.3
离退休人员	10.2	47.3	32.5	10.1
无工作能力	5.7	32.9	42.7	18.8
按与科学技术的相关性分				
有相关性	14.2	48.8	27.5	9.5
无相关性	7.4	45.2	35.2	12.3
按科学技术的相关部门分				
生产或制造业	12.0	48.2	29.5	10.2
教育部门	23.7	51.7	18.4	6.2
科研部门	19.2	49.1	26.0	5.6
其他	15.1	49.2	25.7	10.0
按职业分				
国家机关、党群组织负责人	29.4	44.6	20.1	5.9
企业事业单位负责人	13.9	54.3	24.4	7.5
专业技术人员	10.7	50.7	28.7	9.9
办事人员与有关人员	22.2	52.3	18.2	7.3
农林牧渔水利业生产人员	8.0	39.6	40.1	12.3
商业及服务业人员	5.8	47.0	34.1	13.0
生产及运输设备操作工人	4.9	43.8	38.2	13.1
按重点人群分				
领导干部和公务员	25.2	51.4	15.8	7.6
城镇劳动者	7.8	46.8	33.1	12.3
农民	6.0	37.5	41.8	14.6
其他	8.8	44.4	35.4	11.3
按地区分				
东部地区	9.4	46.3	32.5	11.8
中部地区	6.1	41.4	39.5	13.1
西部地区	7.2	41.2	37.0	14.6

类 别	附表 76　公民在过去一年中参加科普活动的情况 -2			单位：%
	科技咨询			
	参加过	没参加过，但听说过	没听说过	不知道
总体	8.1	41.3	34.9	15.6
按性别分				
男性	10.0	43.4	32.6	14.0
女性	6.1	39.2	37.4	17.4
按民族分				
汉族	8.0	41.6	35.1	15.4
其他民族	8.7	37.9	33.3	20.2
按户籍分				
本省户籍	8.3	41.3	34.8	15.5
非本省户籍	5.1	41.4	36.7	16.9
按年龄分（五段）				
18—29 岁	5.9	42.1	36.2	15.8
30—39 岁	7.5	43.4	33.2	15.9
40—49 岁	10.3	43.3	32.0	14.5
50—59 岁	9.7	38.2	37.1	14.9
60—69 岁	7.3	35.5	38.7	18.5
按年龄分（三段）				
18—39 岁	6.6	42.7	34.9	15.8
40—54 岁	10.1	41.5	33.6	14.7
55—69 岁	8.3	37.1	37.8	16.9
按文化程度分（五段）				
小学及以下	4.9	29.2	44.6	21.3
初中	7.2	42.5	34.6	15.7
高中（中专、技校）	11.1	48.4	28.8	11.7
大学专科	14.4	51.2	24.9	9.6
大学本科及以上	13.8	55.4	23.3	7.5
按文化程度分（三段）				
初中及以下	6.3	37.7	38.2	17.8
高中（中专、技校）	11.1	48.4	28.8	11.7
大学专科及以上	14.1	53.0	24.2	8.7
按文理科分				
偏文科	12.2	50.9	26.8	10.1
偏理科	12.6	49.6	26.9	10.9
按城乡分				
城镇居民	7.8	44.4	33.3	14.5

続表

类　别	科技咨询			
	参加过	没参加过，但听说过	没听说过	不知道
农村居民	8.3	37.9	36.8	17.0
按就业状况分				
有固定工作	10.4	46.3	31.4	11.8
有兼职工作	15.0	44.3	28.0	12.8
工作不固定，打工	7.2	39.3	35.8	17.7
目前没有工作，待业	6.3	37.6	38.1	17.9
家庭主妇且没有工作	4.5	35.0	40.5	20.0
学生及待升学人员	7.7	45.7	35.1	11.5
离退休人员	8.5	46.2	31.7	13.6
无工作能力	5.4	29.3	40.3	25.0
按与科学技术的相关性分				
有相关性	16.2	47.4	25.4	11.0
无相关性	7.1	42.5	35.5	14.9
按科学技术的相关部门分				
生产或制造业	15.4	46.3	26.4	12.0
教育部门	19.7	54.5	19.7	6.0
科研部门	22.2	46.0	23.6	8.1
其他	15.3	48.7	25.1	10.9
按职业分				
国家机关、党群组织负责人	28.5	43.7	19.7	8.0
企业事业单位负责人	14.2	50.2	25.3	10.2
专业技术人员	9.9	48.6	28.6	12.9
办事人员与有关人员	17.6	50.4	22.7	9.3
农林牧渔水利业生产人员	11.7	39.2	34.8	14.3
商业及服务业人员	5.9	43.5	35.5	15.1
生产及运输设备操作工人	5.9	41.3	37.2	15.6
按重点人群分				
领导干部和公务员	22.4	49.9	19.1	8.6
城镇劳动者	7.3	44.0	33.8	15.0
农民	8.5	36.9	37.6	17.0
其他	7.0	40.4	36.3	16.3
按地区分				
东部地区	8.3	43.6	33.5	14.7
中部地区	7.5	40.2	37.0	15.4
西部地区	8.4	39.1	34.9	17.5

类　别	科技培训			
	参加过	没参加过，但听说过	没听说过	不知道
总体	11.0	43.2	31.2	14.7
按性别分				
男性	13.6	44.0	29.3	13.2
女性	8.3	42.3	33.2	16.2
按民族分				
汉族	10.8	43.3	31.4	14.5
其他民族	14.0	40.4	27.5	18.0
按户籍分				
本省户籍	11.3	43.1	31.0	14.6
非本省户籍	6.9	44.0	33.5	15.6
按年龄分（五段）				
18—29 岁	8.8	45.1	31.4	14.7
30—39 岁	11.1	44.8	29.2	14.9
40—49 岁	14.1	43.6	28.7	13.5
50—59 岁	11.5	40.7	34.2	13.6
60—69 岁	8.4	37.2	35.8	18.6
按年龄分（三段）				
18—39 岁	9.8	45.0	30.4	14.7
40—54 岁	13.5	42.4	30.6	13.6
55—69 岁	9.5	39.3	34.7	16.5
按文化程度分（五段）				
小学及以下	7.2	32.8	39.8	20.2
初中	10.2	44.2	31.0	14.6
高中（中专、技校）	13.6	49.6	25.8	11.0
大学专科	17.5	51.3	21.8	9.4
大学本科及以上	19.4	53.8	19.8	7.0
按文化程度分（三段）				
初中及以下	9.1	40.1	34.2	16.6
高中（中专、技校）	13.6	49.6	25.8	11.0
大学专科及以上	18.3	52.4	20.9	8.4
按文理科分				
偏文科	14.5	51.9	23.9	9.7
偏理科	17.0	49.3	23.5	10.1
按城乡分				
城镇居民	9.8	46.1	30.3	13.8

附表 77　公民在过去一年中参加科普活动的情况 –3　　单位：%

类　别	科技培训			
	参加过	没参加过，但听说过	没听说过	不知道
农村居民	12.3	39.9	32.2	15.7
按就业状况分				
有固定工作	14.5	45.9	28.2	11.4
有兼职工作	17.7	43.3	26.0	13.0
工作不固定，打工	10.6	42.7	30.9	15.8
目前没有工作，待业	8.5	40.9	34.3	16.2
家庭主妇且没有工作	7.0	38.0	36.3	18.7
学生及待升学人员	8.9	52.3	27.4	11.5
离退休人员	7.2	47.8	31.4	13.6
无工作能力	7.5	34.5	35.3	22.7
按与科学技术的相关性分				
有相关性	23.8	44.8	21.7	9.7
无相关性	9.4	44.7	31.7	14.2
按科学技术的相关部门分				
生产或制造业	22.0	44.4	22.6	10.9
教育部门	32.5	45.9	16.7	4.9
科研部门	32.0	43.2	18.0	6.9
其他	23.2	45.8	22.1	9.0
按职业分				
国家机关、党群组织负责人	28.7	44.9	19.1	7.4
企业事业单位负责人	17.6	50.4	21.4	10.7
专业技术人员	16.8	45.0	26.4	11.8
办事人员与有关人员	22.7	48.9	19.7	8.7
农林牧渔水利业生产人员	16.5	41.1	29.5	12.9
商业及服务业人员	7.7	45.0	32.6	14.6
生产及运输设备操作工人	9.2	44.2	32.1	14.6
按重点人群分				
领导干部和公务员	26.5	48.3	16.9	8.3
城镇劳动者	10.2	45.2	30.3	14.3
农民	12.3	38.9	33.2	15.6
其他	7.1	45.4	32.9	14.6
按地区分				
东部地区	10.5	44.8	30.6	14.1
中部地区	10.3	42.4	32.7	14.6
西部地区	12.6	41.3	30.3	15.8

类　别	科普讲座			
	参加过	没参加过，但听说过	没听说过	不知道
总体	12.4	39.6	32.6	15.4
按性别分				
男性	14.1	41.6	30.7	13.6
女性	10.7	37.5	34.6	17.3
按民族分				
汉族	12.2	39.9	32.7	15.1
其他民族	14.8	34.0	30.6	20.6
按户籍分				
本省户籍	12.6	39.5	32.6	15.3
非本省户籍	9.1	40.7	33.2	17.1
按年龄分（五段）				
18—29 岁	11.9	41.4	31.2	15.5
30—39 岁	11.0	42.2	30.8	16.0
40—49 岁	14.4	40.5	30.8	14.2
50—59 岁	12.7	35.8	36.9	14.6
60—69 岁	11.6	32.9	37.3	18.2
按年龄分（三段）				
18—39 岁	11.5	41.8	31.0	15.7
40—54 岁	13.5	39.2	32.7	14.5
55—69 岁	12.7	34.0	36.9	16.4
按文化程度分（五段）				
小学及以下	7.0	27.4	43.6	22.0
初中	9.6	41.0	33.6	15.8
高中（中专、技校）	16.6	48.2	24.7	10.6
大学专科	23.8	49.5	18.6	8.1
大学本科及以上	34.2	46.9	13.7	5.3
按文化程度分（三段）				
初中及以下	8.7	36.1	37.2	18.0
高中（中专、技校）	16.6	48.2	24.7	10.6
大学专科及以上	28.2	48.4	16.5	6.9
按文理科分				
偏文科	20.4	49.2	21.6	8.9
偏理科	23.0	47.1	20.7	9.2
按城乡分				
城镇居民	13.6	43.2	29.5	13.7

附表 78　公民在过去一年中参加科普活动的情况 –4　　　　单位：%

类 别	科普讲座			
	参加过	没参加过，但听说过	没听说过	不知道
农村居民	11.0	35.6	36.1	17.3
按就业状况分				
有固定工作	16.4	44.0	27.8	11.9
有兼职工作	18.8	40.0	28.4	12.8
工作不固定，打工	9.2	39.2	34.7	16.9
目前没有工作，待业	8.8	36.3	36.8	18.2
家庭主妇且没有工作	6.8	33.2	39.4	20.6
学生及待升学人员	25.4	45.1	21.6	7.9
离退休人员	14.3	42.5	30.5	12.6
无工作能力	7.4	29.7	39.8	23.0
按与科学技术的相关性分				
有相关性	22.3	44.1	23.1	10.6
无相关性	11.1	41.4	32.8	14.7
按科学技术的相关部门分				
生产或制造业	19.0	44.6	24.6	11.8
教育部门	36.9	42.6	15.2	5.3
科研部门	29.1	43.1	20.5	7.3
其他	23.6	43.8	22.4	10.2
按职业分				
国家机关、党群组织负责人	38.5	38.0	16.3	7.2
企业事业单位负责人	20.8	48.2	20.5	10.5
专业技术人员	16.5	44.6	26.4	12.4
办事人员与有关人员	30.2	43.7	17.8	8.3
农林牧渔水利业生产人员	14.7	37.3	33.8	14.2
商业及服务业人员	8.9	43.8	32.1	15.2
生产及运输设备操作工人	7.8	41.2	35.8	15.2
按重点人群分				
领导干部和公务员	33.4	43.6	15.0	8.1
城镇劳动者	11.9	43.1	30.4	14.6
农民	10.9	34.3	37.3	17.6
其他	13.6	38.5	33.1	14.8
按地区分				
东部地区	13.5	41.8	30.4	14.3
中部地区	10.9	39.1	34.7	15.3
西部地区	12.4	36.6	33.7	17.4

类　别	科技展览			
	参加过	没参加过，但听说过	没听说过	不知道
总体	14.6	41.3	28.7	15.5
按性别分				
男性	16.8	43.0	26.5	13.7
女性	12.3	39.5	31.0	17.3
按民族分				
汉族	14.6	41.5	28.8	15.2
其他民族	14.0	37.7	27.5	20.8
按户籍分				
本省户籍	14.4	41.3	28.8	15.5
非本省户籍	17.0	40.6	27.2	15.3
按年龄分（五段）				
18—29 岁	16.5	43.1	25.9	14.5
30—39 岁	15.1	43.8	25.7	15.4
40—49 岁	14.5	42.2	28.4	15.0
50—59 岁	11.9	38.0	34.2	15.9
60—69 岁	12.7	34.0	34.6	18.8
按年龄分（三段）				
18—39 岁	15.9	43.4	25.8	14.9
40—54 岁	13.4	41.0	30.1	15.5
55—69 岁	12.9	35.6	34.3	17.2
按文化程度分（五段）				
小学及以下	6.3	29.7	40.8	23.2
初中	10.5	44.5	29.3	15.7
高中（中专、技校）	22.3	47.8	20.0	9.9
大学专科	32.7	46.7	13.8	6.8
大学本科及以上	41.9	42.2	10.9	5.0
按文化程度分（三段）				
初中及以下	8.9	39.1	33.5	18.4
高中（中专、技校）	22.3	47.8	20.0	9.9
大学专科及以上	36.6	44.8	12.6	6.1
按文理科分				
偏文科	27.4	47.1	17.3	8.2
偏理科	29.7	45.6	16.2	8.5
按城乡分				
城镇居民	19.4	43.1	24.6	12.9

附表 79　公民在过去一年中参加科普活动的情况 –5　　　单位：%

类　别	科技展览			
	参加过	没参加过，但听说过	没听说过	不知道
农村居民	9.2	39.2	33.2	18.4
按就业状况分				
有固定工作	20.2	44.4	24.2	11.2
有兼职工作	20.4	43.9	22.6	13.0
工作不固定，打工	9.9	42.8	29.6	17.6
目前没有工作，待业	9.9	39.0	32.6	18.4
家庭主妇且没有工作	7.1	35.8	36.2	21.0
学生及待升学人员	29.9	42.4	19.0	8.7
离退休人员	19.1	42.4	26.5	12.0
无工作能力	7.2	30.6	36.8	25.4
按与科学技术的相关性分				
有相关性	23.1	46.0	20.0	10.9
无相关性	14.5	43.0	28.2	14.4
按科学技术的相关部门分				
生产或制造业	20.4	46.1	21.5	12.1
教育部门	36.3	45.8	12.5	5.4
科研部门	31.8	40.6	19.6	8.0
其他	23.1	47.4	18.9	10.6
按职业分				
国家机关、党群组织负责人	38.6	39.5	13.0	8.9
企业事业单位负责人	28.6	44.4	17.9	9.1
专业技术人员	22.7	45.5	20.8	11.0
办事人员与有关人员	34.4	42.8	14.1	8.6
农林牧渔水利业生产人员	9.4	42.0	32.4	16.1
商业及服务业人员	14.8	43.9	27.1	14.2
生产及运输设备操作工人	9.8	45.4	29.9	14.9
按重点人群分				
领导干部和公务员	40.0	39.8	12.6	7.7
城镇劳动者	17.2	43.7	25.2	13.9
农民	7.9	38.4	35.0	18.8
其他	17.4	38.5	29.1	15.0
按地区分				
东部地区	17.6	42.1	26.1	14.2
中部地区	11.5	41.8	31.1	15.6
西部地区	13.3	39.2	30.1	17.4

（六）公民在过去一年中参观科普场所的情况及原因

类　别	动物园、水族馆、植物园										
	去过及原因				没去过及原因						
	自己感兴趣	陪亲友去	偶然的机会	其他	本地没有	门票太贵	缺乏展品	不知在哪里	不感兴趣	没有时间	其他
总体	18.5	26.6	7.0	1.7	13.2	3.0	0.2	2.2	4.6	18.6	4.5
按性别分											
男性	19.5	24.8	7.7	1.8	13.8	2.6	0.2	1.9	4.8	18.3	4.4
女性	17.3	28.5	6.1	1.6	12.5	3.3	0.2	2.5	4.4	19.0	4.6
按民族分											
汉族	18.4	26.8	7.0	1.7	13.1	2.9	0.2	2.1	4.7	18.6	4.4
其他民族	19.4	23.0	5.8	1.7	14.7	3.8	0.2	3.7	3.5	18.7	5.6
按户籍分											
本省户籍	18.2	26.0	6.9	1.7	14.0	3.0	0.2	2.3	4.6	18.6	4.6
非本省户籍	21.4	35.2	8.2	2.6	3.0	2.2	0.4	1.4	4.0	18.4	3.4
按年龄分（五段）											
18—29 岁	25.4	29.9	10.1	2.3	8.7	1.6	0.3	2.0	3.9	12.8	2.9
30—39 岁	18.0	34.7	7.3	1.4	10.8	2.6	0.1	1.6	3.3	16.7	3.4
40—49 岁	16.0	23.9	6.1	1.8	15.0	3.6	0.2	1.9	5.0	22.3	4.2
50—59 岁	13.8	18.8	4.5	1.3	17.2	3.8	0.2	3.0	5.9	26.3	5.2
60—69 岁	13.7	19.1	3.5	1.5	19.8	4.4	0.2	3.5	6.0	17.6	10.5
按年龄分（三段）											
18—39 岁	22.1	32.0	8.9	1.9	9.6	2.1	0.2	1.8	3.7	14.5	3.1
40—54 岁	15.2	22.2	5.7	1.7	15.8	3.7	0.2	2.2	5.1	24.0	4.4
55—69 岁	14.0	19.4	3.9	1.4	18.5	4.1	0.2	3.3	6.4	20.1	8.7
按文化程度分（五段）											
小学及以下	10.7	16.6	3.6	1.3	19.2	4.7	0.2	3.8	7.1	24.9	8.0
初中	17.3	27.2	7.4	1.8	13.4	2.8	0.2	2.0	4.3	19.7	3.8
高中（中专、技校）	23.3	33.8	9.3	2.0	9.1	1.9	0.2	1.1	3.2	13.1	3.1
大学专科	30.1	36.5	9.4	2.0	6.1	1.3	0.3	0.8	2.2	9.6	1.7
大学本科及以上	35.5	34.4	9.2	2.1	4.2	1.3	0.3	0.8	2.8	7.7	1.7
按文化程度分（三段）											
初中及以下	14.9	23.4	6.0	1.6	15.5	3.5	0.2	2.7	5.3	21.6	5.3
高中（中专、技校）	23.3	33.8	9.3	2.0	9.1	1.9	0.2	1.1	3.2	13.1	3.1
大学专科及以上	32.4	35.6	9.3	2.0	5.3	1.3	0.3	0.8	2.4	8.8	1.7
按文理科分											
偏文科	28.2	35.4	8.8	2.0	7.1	1.6	0.2	0.9	2.6	11.0	2.3
偏理科	25.9	33.5	10.0	2.0	8.0	1.7	0.3	1.1	3.3	11.6	2.7

附表 80　公民在过去一年中参观科普场所的情况及原因 -1　　　　　单位：%

类 别	动物园、水族馆、植物园										
	去过及原因				没去过及原因						
	自己感兴趣	陪亲友去	偶然的机会	其他	本地没有	门票太贵	缺乏展品	不知在哪里	不感兴趣	没有时间	其他
按城乡分											
城镇居民	21.8	32.5	7.7	1.8	8.1	2.6	0.2	1.5	4.4	15.7	3.7
农村居民	14.8	20.1	6.1	1.6	18.9	3.4	0.2	3.0	4.8	21.8	5.4
按就业状况分											
有固定工作	22.4	30.4	8.0	1.6	10.3	2.0	0.2	1.7	3.4	17.1	3.0
有兼职工作	25.2	29.7	6.9	2.0	11.2	2.3	0.3	1.0	2.9	15.6	2.8
工作不固定，打工	16.4	24.1	7.7	1.7	13.3	3.5	0.2	2.4	4.6	22.1	3.8
目前没有工作，待业	15.8	21.1	7.1	2.0	16.2	3.7	0.2	2.6	6.5	17.7	7.0
家庭主妇且没有工作	12.4	26.0	4.6	1.6	16.0	3.9	0.2	2.7	5.1	22.2	5.4
学生及待升学人员	29.8	25.2	11.4	3.4	12.1	1.0	0.2	2.1	4.0	8.9	2.0
离退休人员	18.9	29.4	5.2	1.9	11.3	3.2	0.3	2.1	6.4	14.7	6.6
无工作能力	10.2	12.5	3.3	1.1	25.9	4.6	0.3	4.1	6.5	18.4	13.1
按与科学技术的相关性分											
有相关性	23.3	26.2	7.4	1.7	13.1	2.3	0.2	1.6	3.0	18.1	3.3
无相关性	19.6	29.1	8.0	1.6	10.7	2.6	0.2	2.0	4.1	18.8	3.2
按科学技术的相关部门分											
生产或制造业	21.3	25.4	7.2	1.5	14.4	2.4	0.1	1.8	3.0	19.3	3.6
教育部门	31.7	27.1	7.9	1.1	11.3	1.2	0.5	1.5	3.6	12.4	1.7
科研部门	24.7	25.5	6.3	1.0	14.7	3.2	0.2	1.3	3.0	17.5	2.6
其他	25.2	28.0	8.1	2.2	10.2	2.0	0.3	1.2	2.8	17.0	3.0
按职业分											
国家机关、党群组织负责人	30.4	28.8	6.9	2.6	9.6	0.6	0.6	1.2	3.2	11.8	4.5
企业事业单位负责人	29.5	36.8	8.1	2.3	6.3	1.4	0.4	1.1	2.6	9.6	2.0
专业技术人员	24.6	30.8	8.8	1.9	8.9	1.5	0.2	1.0	3.7	16.1	2.4
办事人员与有关人员	28.5	35.5	7.8	1.5	6.7	1.8	0.2	1.1	2.3	12.3	2.4
农林牧渔水利业生产人员	14.3	14.8	5.4	1.0	21.6	4.5	0.2	3.7	5.2	24.8	4.4
商业及服务业人员	20.7	32.8	8.7	2.0	7.5	1.8	0.2	1.6	3.4	18.0	3.2
生产及运输设备操作工人	17.3	28.2	8.4	1.4	11.7	3.1	0.1	1.7	4.1	20.8	3.2
按重点人群分											
领导干部和公务员	29.8	35.3	8.5	2.1	8.7	0.9	0.4	0.8	2.2	8.3	3.0
城镇劳动者	21.1	32.6	7.9	1.7	8.6	2.4	0.2	1.4	4.1	16.7	3.3
农民	13.4	18.2	5.6	1.6	19.7	3.9	0.2	3.3	4.9	23.4	5.7
其他	20.0	25.6	7.0	1.9	14.1	3.4	0.4	2.6	6.1	13.2	5.7
按地区分											
东部地区	21.6	29.8	7.5	1.9	9.3	2.8	0.3	1.9	4.4	16.4	4.3
中部地区	16.5	24.5	6.9	1.7	17.0	3.2	0.2	2.1	4.7	19.4	3.8
西部地区	15.7	23.9	6.2	1.5	15.0	3.0	0.2	2.8	4.8	21.3	5.7

附表 81 公民在过去一年中参观科普场所的情况及原因 -2 单位：%

类 别	科技馆等科技类场馆										
	去过及原因				没去过及原因						
	自己感兴趣	陪亲友去	偶然的机会	其他	本地没有	门票太贵	缺乏展品	不知在哪里	不感兴趣	没有时间	其他
总体	6.9	8.7	5.5	1.5	22.6	2.9	0.6	8.3	10.1	25.0	7.8
按性别分											
男性	8.7	8.5	6.2	1.6	23.5	2.6	0.7	7.2	9.3	24.4	7.5
女性	5.1	9.0	4.9	1.4	21.7	3.2	0.6	9.4	11.0	25.6	8.1
按民族分											
汉族	6.9	8.8	5.6	1.5	22.5	2.9	0.6	8.2	10.3	25.0	7.7
其他民族	6.4	7.0	4.9	1.4	24.1	3.5	0.5	10.7	7.8	24.2	9.5
按户籍分											
本省户籍	6.9	8.5	5.4	1.5	23.6	2.9	0.6	8.2	10.0	24.6	7.9
非本省户籍	7.4	11.5	6.8	2.3	8.9	3.2	0.7	9.9	12.7	30.2	6.5
按年龄分（五段）											
18—29 岁	8.5	8.9	8.8	2.5	21.6	2.5	1.0	8.9	11.7	18.7	7.0
30—39 岁	7.2	12.0	6.2	1.5	21.3	2.8	0.5	8.0	9.3	24.7	6.5
40—49 岁	6.4	9.1	4.5	1.1	23.1	3.2	0.6	7.2	9.6	28.3	6.9
50—59 岁	5.6	5.5	2.5	1.1	23.8	3.2	0.3	8.3	9.4	32.0	8.3
60—69 岁	5.2	5.3	2.2	0.7	25.1	3.4	0.3	10.0	10.2	23.6	13.9
按年龄分（三段）											
18—39 岁	7.9	10.3	7.7	2.0	21.5	2.6	0.7	8.5	10.6	21.4	6.8
40—54 岁	6.0	7.9	4.0	1.1	23.5	3.2	0.6	7.6	9.4	29.6	7.2
55—69 岁	5.7	5.8	2.3	0.9	24.1	3.3	0.3	9.2	10.1	26.4	11.9
按文化程度分（五段）											
小学及以下	3.1	3.3	1.4	0.6	24.4	3.5	0.4	10.1	11.7	29.7	11.8
初中	5.1	7.0	4.6	1.4	24.6	3.2	0.6	8.8	10.8	26.7	7.3
高中（中专、技校）	10.2	13.7	9.5	2.3	19.9	2.2	0.7	6.5	8.7	20.6	5.6
大学专科	14.5	18.7	12.3	2.9	16.6	2.1	0.8	5.3	6.9	15.3	4.4
大学本科及以上	20.7	21.1	12.6	2.8	12.4	1.4	1.0	5.0	5.7	13.4	3.9
按文化程度分（三段）											
初中及以下	4.4	5.7	3.4	1.1	24.6	3.3	0.5	9.3	11.1	27.8	8.9
高中（中专、技校）	10.2	13.7	9.5	2.3	19.9	2.2	0.7	6.5	8.7	20.6	5.6
大学专科及以上	17.2	19.7	12.4	2.9	14.8	1.8	0.9	5.2	6.4	14.5	4.2
按文理科分											
偏文科	12.4	16.5	10.5	2.7	18.5	2.0	0.6	5.7	8.2	18.3	4.9
偏理科	14.2	15.9	11.1	2.4	16.8	2.1	1.0	6.4	7.1	17.8	5.3
按城乡分											
城镇居民	9.1	12.6	7.3	2.0	16.7	2.9	0.7	7.8	10.5	23.4	7.0

类　别	科技馆等科技类场馆										
	去过及原因				没去过及原因						
	自己感兴趣	陪亲友去	偶然的机会	其他	本地没有	门票太贵	缺乏展品	不知在哪里	不感兴趣	没有时间	其他
农村居民	4.5	4.4	3.6	1.0	29.2	2.9	0.5	8.9	9.8	26.7	8.6
按就业状况分											
有固定工作	9.8	12.0	7.7	1.8	20.1	2.3	0.6	7.1	8.7	24.1	5.9
有兼职工作	10.3	11.2	7.2	2.1	21.5	2.9	0.7	6.5	8.7	22.5	6.2
工作不固定，打工	4.8	6.1	4.6	1.3	23.5	3.5	0.6	8.6	10.7	29.3	7.0
目前没有工作，待业	4.7	6.7	4.2	1.7	26.3	3.2	0.6	8.6	12.1	21.2	10.6
家庭主妇且没有工作	2.9	5.8	2.7	0.8	24.8	3.3	0.4	10.4	11.2	28.5	9.2
学生及待升学人员	15.0	10.6	12.8	4.5	23.5	1.3	1.4	7.0	7.7	10.7	5.3
离退休人员	8.1	11.2	4.2	1.4	17.5	3.9	0.6	8.3	11.7	22.6	10.5
无工作能力	3.6	1.9	1.2	0.7	30.0	3.1	0.1	10.2	11.0	23.1	15.1
按与科学技术的相关性分											
有相关性	11.9	10.5	6.1	1.7	22.9	2.8	0.4	7.0	6.2	24.6	5.9
无相关性	6.8	9.8	6.9	1.6	20.7	2.7	0.7	7.7	10.6	26.1	6.4
按科学技术的相关部门分											
生产或制造业	10.9	9.4	5.5	1.5	24.5	2.6	0.4	7.0	6.3	25.7	6.1
教育部门	19.3	16.9	8.3	1.5	20.9	2.0	0.6	6.0	5.2	16.5	2.9
科研部门	16.1	11.7	7.0	2.3	19.1	4.9	0.5	6.8	5.5	22.8	3.3
其他	11.1	10.7	6.6	1.9	21.1	2.7	0.3	7.4	6.7	24.5	6.9
按职业分											
国家机关、党群组织负责人	17.8	15.6	9.6	2.7	19.6	1.2	1.1	4.2	6.1	16.7	5.4
企业事业单位负责人	15.9	17.4	9.9	2.1	16.1	3.0	0.5	4.0	6.9	18.8	5.4
专业技术人员	11.3	12.3	8.1	2.0	19.3	2.4	0.9	5.7	8.9	23.5	5.6
办事人员与有关人员	13.6	17.6	11.6	3.0	15.9	1.6	1.0	4.9	7.0	19.1	4.7
农林牧渔水利业生产人员	4.8	3.3	2.8	0.7	30.9	3.7	0.4	10.1	8.8	27.8	6.7
商业及服务业人员	7.1	11.1	6.7	1.8	18.1	2.5	0.6	8.1	9.9	27.1	6.9
生产及运输设备操作工人	5.7	7.5	5.9	1.1	21.8	2.9	0.6	7.8	11.7	28.8	6.3
按重点人群分											
领导干部和公务员	18.2	18.9	11.3	2.3	18.2	1.2	0.8	4.5	5.7	14.0	4.8
城镇劳动者	8.0	11.8	7.0	1.8	18.2	2.8	0.7	7.7	10.6	24.7	6.8
农民	3.9	3.7	3.0	0.9	29.8	3.2	0.4	9.2	9.5	27.7	8.6
其他	8.2	8.8	5.3	2.2	20.8	2.7	1.1	9.0	12.2	20.4	9.4
按地区分											
东部地区	8.5	11.2	7.2	2.0	18.0	2.9	0.7	7.7	10.2	23.9	7.7
中部地区	5.7	7.2	4.4	1.2	28.2	2.9	0.7	8.2	9.9	24.6	6.9
西部地区	5.7	6.5	4.1	1.2	23.4	3.0	0.4	9.4	10.3	27.2	8.9

附表 82　公民在过去一年中参观科普场所的情况及原因 -3　　单位：%

类　别	自然博物馆										
	去过及原因				没去过及原因						
	自己感兴趣	陪亲友去	偶然的机会	其他	本地没有	门票太贵	缺乏展品	不知在哪里	不感兴趣	没有时间	其他
总体	7.7	7.8	4.8	1.8	24.2	2.4	0.5	9.4	9.2	24.1	8.2
按性别分											
男性	8.4	7.4	5.3	1.8	26.1	2.2	0.5	8.3	8.6	23.5	7.9
女性	6.9	8.3	4.3	1.8	22.1	2.7	0.5	10.5	9.8	24.8	8.6
按民族分											
汉族	7.6	7.9	4.8	1.8	24.1	2.4	0.5	9.2	9.3	24.2	8.1
其他民族	8.8	6.3	4.3	1.7	25.5	2.7	0.4	11.0	7.2	22.1	9.9
按户籍分											
本省户籍	7.6	7.6	4.7	1.8	25.2	2.4	0.5	9.2	9.0	23.8	8.3
非本省户籍	8.7	11.1	6.5	2.3	9.8	2.4	0.8	10.8	11.9	28.6	7.2
按年龄分（五段）											
18—29 岁	9.4	8.4	7.3	2.8	23.3	2.1	0.7	10.4	9.9	18.5	7.2
30—39 岁	7.4	10.4	5.2	1.8	23.8	2.5	0.5	9.7	8.5	23.1	7.2
40—49 岁	7.3	7.4	4.1	1.4	24.7	2.6	0.5	8.1	9.1	27.7	7.3
50—59 岁	6.4	5.4	2.8	1.1	24.2	2.5	0.4	8.6	9.4	30.3	8.7
60—69 岁	6.6	5.4	1.7	1.2	26.2	2.8	0.3	9.9	8.5	23.0	14.6
按年龄分（三段）											
18—39 岁	8.5	9.3	6.4	2.3	23.5	2.3	0.6	10.1	9.3	20.6	7.2
40—54 岁	6.8	6.7	3.8	1.3	24.6	2.6	0.5	8.3	9.0	28.7	7.5
55—69 岁	6.8	5.5	2.1	1.2	25.2	2.5	0.3	9.2	9.3	25.3	12.6
按文化程度分（五段）											
小学及以下	4.4	3.9	1.7	1.0	24.8	3.2	0.4	10.1	10.7	27.6	12.3
初中	6.1	6.5	4.3	1.8	25.7	2.4	0.5	9.9	9.8	25.7	7.4
高中（中专、技校）	10.6	11.6	7.4	2.4	22.9	1.9	0.7	8.1	7.8	20.4	6.4
大学专科	14.2	15.1	10.0	2.6	20.4	1.8	0.6	7.9	5.7	16.3	5.4
大学本科及以上	20.0	16.8	9.8	2.9	16.6	1.1	0.4	7.0	5.4	14.9	5.1
按文化程度分（三段）											
初中及以下	5.4	5.5	3.3	1.5	25.4	2.7	0.4	10.0	10.1	26.4	9.2
高中（中专、技校）	10.6	11.6	7.4	2.4	22.9	1.9	0.7	8.1	7.8	20.4	6.4
大学专科及以上	16.7	15.8	9.9	2.7	18.8	1.5	0.5	7.5	5.6	15.7	5.3
按文理科分											
偏文科	13.3	14.0	7.9	2.5	21.1	1.8	0.6	7.7	7.1	18.5	5.6
偏理科	12.9	12.6	9.1	2.6	21.2	1.7	0.6	8.0	6.5	18.4	6.3
按城乡分											
城镇居民	9.8	10.8	6.3	2.2	18.9	2.3	0.6	9.1	9.3	23.3	7.5

类　别	自然博物馆										
	去过及原因				没去过及原因						
	自己感兴趣	陪亲友去	偶然的机会	其他	本地没有	门票太贵	缺乏展品	不知在哪里	不感兴趣	没有时间	其他
农村居民	5.4	4.5	3.1	1.4	30.0	2.6	0.4	9.6	9.0	25.0	9.0
按就业状况分											
有固定工作	9.7	10.5	6.5	2.0	22.5	1.9	0.6	8.1	8.2	23.8	6.2
有兼职工作	11.4	11.0	6.7	1.9	22.4	1.8	0.9	9.5	7.1	21.2	6.0
工作不固定，打工	6.2	5.5	4.1	1.4	25.6	2.9	0.5	9.5	9.1	27.6	7.5
目前没有工作，待业	6.0	5.3	3.9	2.2	27.4	2.8	0.5	9.1	11.3	20.5	11.2
家庭主妇且没有工作	4.3	5.9	2.6	1.2	24.6	2.9	0.4	11.6	10.0	27.1	9.5
学生及待升学人员	13.2	8.5	9.5	4.4	26.7	1.5	0.4	10.1	7.4	11.8	6.6
离退休人员	9.7	9.7	3.6	1.7	18.9	2.4	0.7	9.0	11.0	22.1	11.2
无工作能力	4.7	2.9	1.8	1.2	31.3	3.2	0.1	10.9	8.3	20.3	15.4
按与科学技术的相关性分											
有相关性	11.6	9.3	5.7	1.9	25.6	2.4	0.5	7.9	5.9	23.1	6.0
无相关性	7.6	8.7	5.7	1.8	22.7	2.2	0.6	8.9	9.5	25.6	6.8
按科学技术的相关部门分											
生产或制造业	10.6	8.5	5.2	1.9	26.3	2.5	0.5	8.2	6.0	24.2	6.0
教育部门	18.4	15.4	6.2	2.3	23.4	2.3	1.1	5.0	5.1	17.4	3.5
科研部门	16.5	11.2	5.3	2.4	23.3	1.5	0.3	6.4	6.5	22.5	4.0
其他	10.8	9.0	6.7	1.9	25.1	2.6	0.3	8.4	5.5	22.4	7.2
按职业分											
国家机关、党群组织负责人	17.6	14.1	7.8	2.6	23.4	2.7	0.5	5.2	4.5	16.4	5.3
企业事业单位负责人	16.6	16.3	9.6	2.4	16.8	1.8	0.6	6.4	6.2	17.4	6.0
专业技术人员	12.6	10.6	7.3	2.2	20.6	2.0	0.5	7.2	8.1	23.3	5.6
办事人员与有关人员	13.1	14.1	10.2	3.1	19.8	1.4	0.5	6.9	6.6	18.7	5.5
农林牧渔水利业生产人员	5.0	2.8	2.3	1.0	32.8	3.6	0.5	9.9	8.7	26.2	7.3
商业及服务业人员	7.9	10.3	6.0	1.8	20.4	1.9	0.7	8.9	8.7	26.5	6.8
生产及运输设备操作工人	6.1	6.9	4.4	1.6	23.8	2.0	0.4	9.4	10.0	28.2	7.2
按重点人群分											
领导干部和公务员	18.4	16.6	9.4	2.6	20.7	1.9	0.7	5.0	5.1	13.8	6.0
城镇劳动者	9.0	10.2	6.0	2.0	20.1	2.2	0.5	9.0	9.4	24.4	7.2
农民	4.6	3.9	2.7	1.3	30.6	2.8	0.4	9.9	9.0	25.9	9.0
其他	8.9	7.9	4.8	2.0	23.1	2.9	0.6	9.9	10.5	19.8	9.5
按地区分											
东部地区	9.1	9.8	5.9	2.4	19.3	2.3	0.6	8.9	9.5	24.0	8.2
中部地区	6.3	6.2	4.0	1.4	30.7	2.6	0.5	9.7	8.6	22.9	7.1
西部地区	6.9	6.5	3.9	1.2	24.4	2.5	0.3	9.7	9.4	25.7	9.5

附表 83 公民在过去一年中参观科普场所的情况及原因 –4 　　　　单位：%

类　别	公共图书馆										
	去过及原因				没去过及原因						
	自己感兴趣	陪亲友去	偶然的机会	其他	本地没有	门票太贵	缺乏展品	不知在哪里	不感兴趣	没有时间	其他
总体	19.1	10.2	8.6	2.5	13.4	1.0	0.5	5.4	10.6	21.4	7.25
按性别分											
男性	20.6	7.7	9.8	2.6	14.4	1.0	0.6	5.0	10.6	21.0	6.6
女性	17.5	12.7	7.4	2.4	12.4	1.0	0.4	5.8	10.7	21.8	7.9
按民族分											
汉族	19.0	10.3	8.7	2.5	13.4	1.0	0.5	5.3	10.8	21.4	7.2
其他民族	20.5	8.6	7.1	3.0	13.9	1.3	0.7	7.0	8.2	21.0	8.6
按户籍分											
本省户籍	18.8	10.0	8.5	2.5	14.1	1.0	0.5	5.4	10.6	21.3	7.4
非本省户籍	23.2	12.3	10.4	3.5	4.5	0.9	0.7	5.4	10.9	22.8	5.5
按年龄分（五段）											
18—29 岁	27.5	8.7	13.6	4.2	9.8	0.9	0.6	4.6	10.3	14.7	5.1
30—39 岁	19.4	16.1	10.0	2.5	11.4	1.0	0.5	5.1	8.8	19.6	5.5
40—49 岁	16.9	11.6	7.0	2.0	14.9	0.8	0.6	4.5	11.1	24.2	6.5
50—59 岁	12.4	5.8	4.1	1.4	16.8	1.0	0.3	6.7	11.8	30.8	8.9
60—69 岁	11.4	5.3	3.3	1.2	18.6	1.8	0.3	8.0	12.2	22.0	15.8
按年龄分（三段）											
18—39 岁	23.9	12.0	12.0	3.4	10.5	0.9	0.6	4.8	9.7	16.9	5.3
40—54 岁	15.4	9.9	6.1	1.8	15.7	0.9	0.5	5.2	11.2	26.2	7.0
55—69 岁	12.0	5.5	3.6	1.3	17.4	1.5	0.2	7.5	12.3	25.2	13.5
按文化程度分（五段）											
小学及以下	7.2	6.4	3.1	1.1	18.6	1.6	0.3	8.1	14.5	26.2	12.9
初中	17.1	10.7	8.7	2.6	14.3	1.0	0.6	5.2	11.3	22.6	6.0
高中（中专、技校）	28.5	12.7	12.6	3.3	8.8	0.7	0.5	3.8	7.1	17.3	4.6
大学专科	35.7	14.1	14.7	4.2	6.1	0.5	0.6	2.4	5.2	13.1	3.4
大学本科及以上	43.2	11.0	14.5	4.0	4.6	0.3	0.7	2.9	4.0	11.6	3.1
按文化程度分（三段）											
初中及以下	13.5	9.1	6.7	2.1	15.9	1.2	0.5	6.2	12.5	23.9	8.5
高中（中专、技校）	28.5	12.7	12.6	3.3	8.8	0.7	0.5	3.8	7.1	17.3	4.6
大学专科及以上	38.9	12.8	14.6	4.1	5.5	0.4	0.6	2.6	4.7	12.5	3.3
按文理科分											
偏文科	33.4	13.6	12.5	3.5	7.3	0.6	0.6	3.2	6.0	15.3	4.0
偏理科	32.2	11.6	14.7	3.8	7.5	0.5	0.6	3.5	6.1	15.3	4.2
按城乡分											
城镇居民	23.2	13.2	10.4	3.0	7.1	0.9	0.6	4.8	10.0	20.6	6.3

类　别	公共图书馆										
	去过及原因				没去过及原因						
	自己感兴趣	陪亲友去	偶然的机会	其他	本地没有	门票太贵	缺乏展品	不知在哪里	不感兴趣	没有时间	其他
农村居民	14.6	6.8	6.7	2.0	20.4	1.1	0.4	6.1	11.3	22.3	8.3
按就业状况分											
有固定工作	23.9	11.2	10.8	2.9	11.2	0.8	0.5	4.5	8.9	20.1	5.2
有兼职工作	27.0	13.5	11.7	3.5	9.1	0.8	1.0	3.6	8.2	16.6	4.8
工作不固定，打工	15.4	9.2	8.3	2.4	13.9	1.4	0.7	5.9	11.6	25.0	6.1
目前没有工作，待业	15.9	7.7	7.8	2.7	16.3	1.2	0.6	6.2	12.6	18.7	10.4
家庭主妇且没有工作	11.3	11.5	5.7	1.8	16.5	0.7	0.3	6.4	12.0	24.7	9.0
学生及待升学人员	49.3	9.0	14.6	4.2	8.4	0.2	0.6	2.4	4.1	5.3	1.9
离退休人员	16.9	9.4	5.0	1.8	10.4	1.2	0.3	5.6	13.9	23.8	11.6
无工作能力	7.6	4.0	2.9	1.3	24.1	2.2	0.3	8.8	11.5	21.5	15.8
按与科学技术的相关性分											
有相关性	26.0	9.8	10.3	3.0	13.2	1.1	0.5	4.4	7.2	19.5	5.1
无相关性	19.5	11.0	10.0	2.7	11.4	1.0	0.6	5.1	10.8	22.3	5.6
按科学技术的相关部门分											
生产或制造业	23.5	9.5	9.4	2.5	14.6	1.0	0.6	4.9	7.8	20.9	5.3
教育部门	39.0	10.6	10.8	3.4	10.8	1.6	0.5	3.5	4.8	12.2	2.9
科研部门	27.1	10.8	9.7	3.4	12.4	2.2	0.3	4.1	7.2	18.0	4.7
其他	27.8	9.9	12.2	3.7	11.1	1.0	0.3	3.6	6.5	18.7	5.2
按职业分											
国家机关、党群组织负责人	37.4	11.6	14.6	3.0	7.3	1.4	1.2	3.9	3.1	12.0	4.6
企业事业单位负责人	31.9	14.8	12.3	3.5	6.8	1.1	0.8	2.2	7.7	14.7	4.3
专业技术人员	26.9	10.8	13.4	3.2	9.4	1.0	0.7	3.7	8.0	18.4	4.5
办事人员与有关人员	33.4	15.6	13.0	3.9	5.8	0.6	0.4	3.8	6.1	13.8	3.6
农林牧渔水利业生产人员	13.4	4.9	4.8	1.5	22.9	1.8	0.4	7.8	11.3	24.5	6.8
商业及服务业人员	21.4	12.8	10.8	3.2	8.5	0.9	0.7	3.8	9.4	22.9	5.7
生产及运输设备操作工人	15.4	9.7	9.9	2.6	11.9	0.6	0.5	5.7	13.0	25.1	5.7
按重点人群分											
领导干部和公务员	36.7	13.0	13.8	3.7	6.8	0.9	0.5	3.9	6.0	11.5	3.2
城镇劳动者	21.9	13.2	10.7	3.1	8.1	0.8	0.5	4.5	10.1	20.9	6.0
农民	12.7	6.2	5.9	1.6	21.7	1.2	0.5	6.8	11.4	23.6	8.5
其他	21.7	9.3	8.1	2.8	11.8	1.2	0.6	5.6	11.8	18.3	8.7
按地区分											
东部地区	21.3	12.0	9.7	3.0	10.1	1.2	0.6	4.9	9.6	20.8	6.9
中部地区	16.6	8.9	8.2	2.4	18.1	1.0	0.5	5.8	11.0	21.3	6.2
西部地区	18.5	8.8	7.3	2.0	13.2	0.7	0.3	5.8	11.9	22.6	9.0

类　别	美术馆或展览馆										
	去过及原因				没去过及原因						
	自己感兴趣	陪亲友去	偶然的机会	其他	本地没有	门票太贵	缺乏展品	不知在哪里	不感兴趣	没有时间	其他
总体	7.3	6.0	5.4	1.8	21.7	1.5	0.6	8.8	14.8	23.3	8.8
按性别分											
男性	8.0	5.3	6.0	2.0	22.8	1.5	0.6	7.8	15.1	22.6	8.3
女性	6.6	6.7	4.8	1.6	20.5	1.5	0.7	9.7	14.4	24.1	9.4
按民族分											
汉族	7.2	6.1	5.5	1.8	21.7	1.5	0.6	8.6	15.0	23.3	8.7
其他民族	8.5	4.7	4.6	1.9	21.9	1.4	0.5	10.7	11.7	23.4	10.8
按户籍分											
本省户籍	7.2	5.8	5.3	1.8	22.7	1.5	0.6	8.6	14.6	23.0	8.9
非本省户籍	8.8	8.1	7.0	2.3	7.7	2.2	0.8	10.6	16.6	27.5	8.5
按年龄分（五段）											
18—29 岁	9.8	6.1	8.3	3.1	19.8	1.5	0.9	10.2	15.7	16.5	8.1
30—39 岁	6.7	8.4	6.2	1.9	21.3	1.7	0.7	8.7	14.4	22.2	7.8
40—49 岁	6.6	6.2	4.7	1.2	22.7	1.2	0.6	7.6	14.7	26.7	7.7
50—59 岁	5.7	3.7	2.5	0.9	22.4	1.3	0.5	7.5	14.7	31.7	9.1
60—69 岁	6.0	3.7	2.2	0.8	23.8	2.2	0.2	9.6	13.3	23.0	15.2
按年龄分（三段）											
18—39 岁	8.5	7.1	7.4	2.6	20.5	1.6	0.8	9.5	15.1	19.0	8.0
40—54 岁	6.2	5.4	4.0	1.1	22.8	1.2	0.5	7.6	14.4	28.6	8.1
55—69 岁	6.1	3.8	2.5	0.9	22.9	1.9	0.3	8.7	14.4	25.6	12.8
按文化程度分（五段）											
小学及以下	3.0	2.9	1.4	0.5	23.8	1.8	0.5	9.3	16.0	27.8	13.0
初中	5.8	5.0	4.6	1.6	23.2	1.5	0.6	9.3	15.7	24.6	8.1
高中（中专、技校）	10.9	8.9	8.8	2.7	18.8	1.5	0.9	7.8	13.4	19.6	6.8
大学专科	14.5	11.6	12.0	3.9	16.6	1.1	0.8	6.7	11.3	15.6	5.9
大学本科及以上	20.2	13.0	12.8	3.8	13.9	1.2	0.8	6.6	10.0	12.7	5.0
按文化程度分（三段）											
初中及以下	4.8	4.2	3.4	1.2	23.4	1.6	0.5	9.3	15.8	25.8	9.9
高中（中专、技校）	10.9	8.9	8.8	2.7	18.8	1.5	0.9	7.8	13.4	19.6	6.8
大学专科及以上	16.9	12.2	12.4	3.8	15.5	1.1	0.8	6.7	10.7	14.3	5.5
按文理科分											
偏文科	14.3	10.4	10.1	3.3	17.5	1.3	0.9	7.4	11.2	17.7	5.8
偏理科	12.3	10.1	10.6	3.1	17.3	1.4	0.7	7.2	13.7	17.0	6.8
按城乡分											
城镇居民	9.7	8.4	7.3	2.4	15.0	1.5	0.7	8.6	15.4	22.6	8.4

附表 84　公民在过去一年中参观科普场所的情况及原因 –5　　单位：%

类 别	美术馆或展览馆										
	去过及原因				没去过及原因						
	自己感兴趣	陪亲友去	偶然的机会	其他	本地没有	门票太贵	缺乏展品	不知在哪里	不感兴趣	没有时间	其他
农村居民	4.6	3.3	3.3	1.2	29.1	1.5	0.5	8.9	14.1	24.1	9.4
按就业状况分											
有固定工作	9.2	7.7	7.7	2.4	19.8	1.3	0.7	7.8	13.9	22.2	7.3
有兼职工作	11.0	8.8	7.4	2.9	18.8	1.5	0.8	8.5	12.9	20.6	6.8
工作不固定，打工	5.1	4.5	4.2	1.3	22.1	1.8	0.6	9.2	15.8	27.4	8.0
目前没有工作，待业	5.6	4.2	4.4	1.6	25.0	1.5	0.5	9.3	16.6	19.7	11.8
家庭主妇且没有工作	3.6	4.7	2.6	1.0	24.3	1.4	0.5	10.5	14.5	26.7	10.3
学生及待升学人员	19.5	8.9	11.1	4.2	21.3	1.3	1.0	8.3	10.8	9.1	4.6
离退休人员	10.8	6.3	4.3	1.4	15.4	1.8	0.5	7.1	18.4	23.3	10.7
无工作能力	2.9	1.8	1.4	0.5	30.3	2.3	0.6	9.4	13.1	22.2	15.7
按与科学技术的相关性分											
有相关性	10.0	7.5	6.9	2.2	22.6	1.4	0.7	7.4	12.1	21.8	7.5
无相关性	7.2	6.5	6.4	2.1	19.7	1.5	0.7	8.6	15.3	24.5	7.5
按科学技术的相关部门分											
生产或制造业	8.8	6.8	6.4	1.7	23.3	1.5	0.6	8.0	12.8	22.9	7.3
教育部门	18.9	9.9	10.7	2.5	21.2	0.9	1.1	5.5	9.5	15.2	4.6
科研部门	11.4	9.7	6.9	3.0	21.4	1.8	0.9	6.8	10.9	21.6	5.9
其他	10.1	8.0	7.1	3.0	21.6	1.4	0.6	6.7	11.6	20.9	8.9
按职业分											
国家机关、党群组织负责人	15.9	10.6	10.9	3.3	19.2	1.5	0.8	6.9	8.5	15.9	6.6
企业事业单位负责人	15.0	11.4	9.9	3.6	14.4	1.7	0.8	5.3	13.6	18.1	6.1
专业技术人员	10.9	7.7	8.6	2.6	18.8	1.4	0.8	6.7	14.6	21.3	6.5
办事人员与有关人员	13.2	11.8	12.1	3.2	16.8	1.1	0.9	6.9	10.5	17.2	6.3
农林牧渔水利业生产人员	4.2	2.6	1.7	1.0	30.5	2.2	0.6	9.8	13.8	25.7	7.9
商业及服务业人员	7.8	7.6	7.1	2.4	16.3	1.2	0.6	8.6	15.0	25.2	8.2
生产及运输设备操作工人	5.1	5.0	5.2	1.4	20.9	1.3	0.6	8.8	17.1	27.0	7.8
按重点人群分											
领导干部和公务员	16.0	13.3	11.5	3.6	17.4	0.6	1.3	5.5	11.6	13.4	5.8
城镇劳动者	8.3	7.9	7.3	2.3	16.6	1.4	0.6	8.9	15.3	23.2	8.2
农民	4.0	2.8	2.5	0.9	30.0	1.6	0.5	9.0	14.0	25.2	9.5
其他	9.6	6.2	5.1	2.2	19.9	1.9	0.8	9.2	15.8	20.0	9.3
按地区分											
东部地区	9.1	7.8	6.9	2.4	17.0	1.8	0.8	8.3	14.1	23.0	9.0
中部地区	5.5	4.4	4.4	1.4	28.4	1.5	0.5	9.2	14.6	22.5	7.6
西部地区	6.5	4.9	4.3	1.3	21.3	1.1	0.5	9.1	16.1	24.9	10.1

类　别	科普画廊或宣传栏										
	去过及原因				没去过及原因						
	自己感兴趣	陪亲友去	偶然的机会	其他	本地没有	门票太贵	缺乏展品	不知在哪里	不感兴趣	没有时间	其他
总体	7.1	3.6	7.7	2.3	20.3	1.2	0.9	11.0	14.4	21.7	9.9
按性别分											
男性	8.5	3.5	9.0	2.6	20.8	1.0	0.9	9.6	14.2	20.6	9.2
女性	5.6	3.7	6.4	2.0	19.7	1.3	0.8	12.4	14.5	22.8	10.7
按民族分											
汉族	7.0	3.6	7.8	2.3	20.2	1.2	0.9	10.9	14.6	21.7	9.8
其他民族	7.4	3.0	6.0	2.1	21.8	1.2	0.7	12.3	11.4	21.9	12.1
按户籍分											
本省户籍	7.2	3.5	7.7	2.3	21.1	1.2	0.8	10.8	14.2	21.4	9.9
非本省户籍	5.7	4.2	8.7	2.7	8.8	1.4	1.4	13.4	17.6	25.7	10.4
按年龄分（五段）											
18—29 岁	6.0	3.9	9.2	3.4	20.4	1.3	1.3	13.0	16.2	15.4	9.8
30—39 岁	5.8	4.8	8.8	2.2	20.0	1.1	0.9	11.8	14.9	20.7	9.0
40—49 岁	7.5	3.9	7.7	1.9	20.6	1.0	0.8	9.5	13.9	24.8	8.5
50—59 岁	9.0	2.2	5.6	1.6	19.4	1.1	0.5	8.9	13.4	28.5	9.9
60—69 岁	8.3	1.8	5.3	1.5	21.2	1.7	0.3	10.8	11.3	22.4	15.4
按年龄分（三段）											
18—39 岁	5.9	4.3	9.0	2.9	20.2	1.2	1.1	12.5	15.6	17.8	9.5
40—54 岁	7.7	3.4	7.1	1.8	20.4	0.9	0.7	9.5	13.5	26.2	8.8
55—69 岁	9.0	2.0	5.3	1.6	20.2	1.6	0.5	9.7	12.6	24.2	13.4
按文化程度分（五段）											
小学及以下	4.0	1.4	3.4	0.9	21.6	1.4	0.4	11.2	15.2	26.5	14.1
初中	6.2	2.7	6.8	1.9	21.9	1.2	1.0	11.4	15.3	22.5	9.2
高中（中专、技校）	9.9	6.1	11.2	3.3	17.7	1.2	1.1	10.4	13.3	18.1	7.8
大学专科	12.1	7.3	14.6	5.3	16.3	0.8	1.2	9.4	11.5	14.2	7.3
大学本科及以上	14.0	8.9	17.1	5.2	13.1	0.9	1.3	10.9	10.1	12.0	6.5
按文化程度分（三段）											
初中及以下	5.4	2.2	5.6	1.5	21.8	1.3	0.8	11.3	15.3	24.0	10.9
高中（中专、技校）	9.9	6.1	11.2	3.3	17.7	1.2	1.1	10.4	13.3	18.1	7.8
大学专科及以上	12.9	8.0	15.7	5.2	15.0	0.8	1.2	10.0	10.9	13.2	6.9
按文理科分											
偏文科	11.8	7.1	13.1	4.1	16.9	1.0	1.1	10.1	11.8	16.2	6.8
偏理科	10.4	6.6	13.1	4.2	16.2	1.0	1.1	10.5	12.9	15.8	8.2
按城乡分											
城镇居民	8.3	5.2	9.8	2.9	14.2	1.1	1.0	11.5	15.2	21.4	9.5

类 别	科普画廊或宣传栏										
	去过及原因				没去过及原因						
	自己感兴趣	陪亲友去	偶然的机会	其他	本地没有	门票太贵	缺乏展品	不知在哪里	不感兴趣	没有时间	其他
农村居民	5.7	1.8	5.4	1.6	27.0	1.3	0.7	10.5	13.5	22.0	10.4
按就业状况分											
有固定工作	8.5	4.9	10.1	2.9	18.9	1.0	1.0	9.9	13.7	20.8	8.2
有兼职工作	10.7	6.1	9.9	3.5	16.9	1.4	1.1	9.5	12.8	19.5	8.8
工作不固定，打工	6.0	2.4	7.1	1.8	20.8	1.5	0.9	10.8	15.2	24.6	8.8
目前没有工作，待业	5.4	2.4	6.0	2.3	24.0	1.2	0.7	11.3	15.9	18.1	12.7
家庭主妇且没有工作	3.6	2.4	3.8	1.2	22.4	1.1	0.7	13.1	14.7	25.0	12.0
学生及待升学人员	11.2	6.9	14.1	4.3	20.9	0.8	0.9	13.6	11.8	8.0	7.6
离退休人员	12.6	3.4	7.8	2.1	12.4	1.4	0.6	10.3	15.4	23.0	11.0
无工作能力	3.7	1.3	5.4	1.2	26.8	1.4	0.4	10.9	12.5	20.3	16.2
按与科学技术的相关性分											
有相关性	11.7	4.9	10.2	2.8	20.6	1.2	1.0	8.6	11.1	20.1	7.8
无相关性	6.3	3.9	8.7	2.5	18.9	1.2	1.0	10.8	15.3	22.7	8.7
按科学技术的相关部门分											
生产或制造业	10.3	4.7	9.8	2.4	21.6	1.1	1.1	9.2	11.3	21.0	7.7
教育部门	19.0	5.9	13.0	4.0	20.1	2.1	0.9	7.6	9.3	14.0	4.2
科研部门	14.5	5.9	10.6	2.6	17.7	1.4	1.3	7.3	10.7	22.0	6.0
其他	12.2	4.9	10.1	3.7	19.4	1.3	1.0	7.8	11.0	19.1	9.4
按职业分											
国家机关、党群组织负责人	18.3	8.0	13.5	7.1	17.0	0.9	2.0	5.3	8.5	12.5	6.9
企业事业单位负责人	12.2	7.5	12.2	3.5	16.1	1.4	1.0	7.7	14.2	16.8	7.4
专业技术人员	10.1	5.4	11.4	2.9	18.1	1.2	0.8	9.2	14.2	19.2	7.6
办事人员与有关人员	14.2	7.7	15.2	5.5	14.8	1.0	1.3	8.7	9.8	15.5	6.5
农林牧渔水利业生产人员	6.1	1.5	5.2	0.9	28.0	1.8	0.8	10.4	13.3	23.5	8.6
商业及服务业人员	6.0	4.3	9.2	2.5	16.1	1.0	1.0	11.0	15.1	24.3	9.5
生产及运输设备操作工人	5.5	2.9	7.0	2.2	19.7	1.1	1.2	11.1	16.4	24.5	8.4
按重点人群分											
领导干部和公务员	16.8	8.1	16.3	5.2	15.6	1.5	1.5	7.3	9.2	11.7	6.7
城镇劳动者	7.1	4.7	9.3	2.8	16.1	1.1	1.1	11.3	15.6	21.7	9.4
农民	5.6	1.7	4.8	1.3	27.4	1.4	0.6	10.6	13.2	23.0	10.5
其他	8.2	3.5	8.6	2.5	19.0	1.1	0.6	12.3	15.0	18.9	10.3
按地区分											
东部地区	8.0	4.7	8.7	3.0	16.5	1.4	1.1	10.5	14.3	22.0	10.0
中部地区	5.8	2.7	6.7	1.8	26.5	1.3	0.8	11.6	13.8	20.3	8.6
西部地区	7.1	2.8	7.5	1.8	19.0	0.8	0.6	11.1	15.2	22.8	11.3

类　别	科普宣传车										
	去过及原因				没去过及原因						
	自己感兴趣	陪亲友去	偶然的机会	其他	本地没有	门票太贵	缺乏展品	不知在哪里	不感兴趣	没有时间	其他
总体	4.2	2.0	8.6	2.9	21.2	1.0	0.9	13.5	13.6	19.9	12.2
按性别分											
男性	5.6	2.1	9.4	3.3	22.0	0.9	0.9	12.1	12.9	19.1	11.6
女性	2.8	1.9	7.7	2.5	20.3	1.0	0.9	15.0	14.4	20.7	12.8
按民族分											
汉族	4.2	2.0	8.7	2.9	21.1	0.9	0.9	13.5	13.7	19.9	12.0
其他民族	4.6	1.7	6.5	3.0	22.6	1.3	0.5	13.3	11.7	20.3	14.5
按户籍分											
本省户籍	4.3	1.9	8.7	2.9	21.9	0.9	0.9	13.3	13.4	19.6	12.1
非本省户籍	3.4	2.5	7.0	3.1	11.4	1.3	1.2	16.8	16.5	23.9	13.0
按年龄分（五段）											
18—29 岁	3.3	2.2	8.1	3.7	21.3	1.0	1.4	16.0	16.3	14.0	12.6
30—39 岁	4.0	2.4	9.1	3.1	20.6	0.9	1.1	14.4	13.8	18.8	11.7
40—49 岁	4.8	2.1	9.4	2.5	21.6	0.8	0.7	11.7	12.6	22.9	10.9
50—59 岁	5.5	1.5	8.0	2.5	20.2	0.9	0.3	11.4	11.9	26.9	11.1
60—69 岁	4.1	1.1	8.0	2.1	22.7	1.3	0.5	12.6	10.9	19.8	16.9
按年龄分（三段）											
18—39 岁	3.6	2.3	8.6	3.4	21.0	1.0	1.3	15.3	15.2	16.2	12.2
40—54 岁	4.9	1.9	9.1	2.6	21.3	0.8	0.6	11.7	12.1	24.2	10.8
55—69 岁	4.9	1.3	7.8	2.1	21.6	1.2	0.4	11.9	11.9	22.2	14.8
按文化程度分（五段）											
小学及以下	3.1	0.9	6.0	1.7	20.8	1.3	0.6	12.1	14.1	24.3	15.0
初中	4.0	1.5	8.1	2.7	22.3	0.9	0.9	13.3	14.3	20.5	11.5
高中（中专、技校）	5.6	3.4	11.1	3.8	19.8	0.8	1.1	14.0	13.0	16.9	10.5
大学专科	6.1	4.1	13.2	5.2	19.8	0.7	1.2	15.2	11.3	12.5	10.7
大学本科及以上	5.4	4.3	11.9	4.4	19.5	0.6	1.2	18.7	10.4	11.8	11.7
按文化程度分（三段）											
初中及以下	3.6	1.3	7.3	2.4	21.7	1.1	0.8	12.9	14.2	21.9	12.8
高中（中专、技校）	5.6	3.4	11.1	3.8	19.8	0.8	1.1	14.0	13.0	16.9	10.5
大学专科及以上	5.8	4.2	12.7	4.9	19.7	0.6	1.2	16.7	10.9	12.2	11.1
按文理科分											
偏文科	6.0	3.9	12.0	4.5	19.9	0.6	1.1	14.6	12.1	15.2	10.1
偏理科	5.3	3.5	11.4	4.0	19.7	0.9	1.2	15.8	12.1	14.6	11.6
按城乡分											
城镇居民	4.3	2.7	9.5	3.4	16.1	0.9	1.1	15.0	14.5	20.0	12.5

类　别	科普宣传车										
	去过及原因				没去过及原因						
	自己感兴趣	陪亲友去	偶然的机会	其他	本地没有	门票太贵	缺乏展品	不知在哪里	不感兴趣	没有时间	其他
农村居民	4.2	1.2	7.6	2.4	26.8	1.1	0.7	11.9	12.7	19.7	11.8
按就业状况分											
有固定工作	5.3	2.8	10.1	3.7	20.2	0.8	1.0	13.2	13.1	19.1	10.8
有兼职工作	7.7	2.6	9.6	3.4	19.5	1.3	1.6	13.4	11.9	16.9	12.3
工作不固定，打工	4.0	1.5	8.5	2.7	21.0	1.5	0.9	12.0	14.1	23.0	10.9
目前没有工作，待业	3.6	1.3	7.4	2.7	24.0	1.0	0.5	13.8	14.0	16.8	14.9
家庭主妇且没有工作	2.3	1.1	7.1	2.0	21.8	0.8	0.8	14.0	14.5	22.4	13.2
学生及待升学人员	4.0	3.9	8.7	4.1	26.4	0.6	1.0	19.5	11.7	7.7	12.5
离退休人员	4.9	1.9	8.6	2.0	16.5	0.9	1.0	14.8	14.8	21.1	13.8
无工作能力	2.3	0.9	4.1	1.8	26.8	1.4	1.6	13.3	11.1	19.7	17.0
按与科学技术的相关性分											
有相关性	8.0	2.6	11.3	3.8	22.7	0.9	1.1	10.8	10.9	18.2	9.7
无相关性	3.8	2.2	8.9	3.2	19.5	1.1	0.9	13.7	14.3	21.0	11.4
按科学技术的相关部门分											
生产或制造业	8.3	2.2	11.3	3.5	22.9	0.9	1.1	10.9	10.7	18.4	9.8
教育部门	10.5	3.7	13.7	4.6	22.0	0.8	2.0	11.8	9.1	13.9	8.0
科研部门	8.7	3.2	9.4	4.3	20.8	1.3	0.8	11.4	11.1	21.5	7.5
其他	6.6	2.9	11.4	4.2	22.8	1.0	1.0	10.2	11.8	17.7	10.4
按职业分											
国家机关、党群组织负责人	13.9	5.6	12.9	5.6	20.4	1.5	1.2	9.3	6.8	13.7	9.2
企业事业单位负责人	5.2	4.1	11.6	4.8	18.9	1.6	1.1	13.2	13.3	16.1	10.1
专业技术人员	5.2	3.0	9.8	3.4	20.9	1.0	1.3	12.5	13.7	17.8	11.4
办事人员与有关人员	8.5	4.1	13.2	5.2	17.4	0.7	1.0	14.9	10.8	14.0	10.2
农林牧渔水利业生产人员	5.3	1.2	8.8	2.2	27.1	1.5	0.7	10.6	11.4	21.5	9.7
商业及服务业人员	3.7	2.2	8.9	3.2	17.5	1.0	1.1	13.8	14.0	22.3	12.4
生产及运输设备操作工人	3.9	1.7	8.4	3.4	19.2	0.7	0.9	13.1	16.3	22.2	10.3
按重点人群分											
领导干部和公务员	9.5	6.1	14.0	4.9	18.6	0.8	1.2	12.5	9.4	12.9	10.0
城镇劳动者	4.2	2.4	9.1	3.5	17.7	0.9	1.1	14.2	14.7	19.9	12.3
农民	4.1	1.0	8.0	2.1	26.5	1.1	0.6	11.7	12.5	20.8	11.5
其他	3.9	1.9	6.7	2.7	20.9	1.0	1.3	15.9	14.4	18.3	13.0
按地区分											
东部地区	4.6	2.6	8.1	3.3	18.2	1.1	1.3	14.1	14.2	20.2	12.3
中部地区	3.6	1.7	7.6	2.3	26.9	0.9	0.7	14.1	12.4	19.2	10.5
西部地区	4.4	1.2	10.5	3.1	19.1	0.8	0.5	12.0	14.1	20.2	14.0

附表 87　公民在过去一年中参观科普场所的情况及原因 –8　　　　单位：%

| 类　别 | 图书阅览室 | | | | | | | | | | |
| | 去过及原因 | | | | 没去过及原因 | | | | | | |
	自己感兴趣	陪亲友去	偶然的机会	其他	本地没有	门票太贵	缺乏展品	不知在哪里	不感兴趣	没有时间	其他
总体	16.9	6.8	7.8	2.8	15.2	0.8	0.6	7.7	11.1	21.7	8.5
按性别分											
男性	18.4	5.5	9.2	3.0	16.2	0.7	0.7	6.9	10.8	20.8	7.8
女性	15.3	8.2	6.4	2.6	14.2	0.9	0.5	8.6	11.5	22.6	9.3
按民族分											
汉族	16.8	6.9	7.9	2.8	15.1	0.8	0.6	7.7	11.2	21.7	8.4
其他民族	17.7	4.8	6.5	3.0	16.8	1.0	0.4	8.9	9.4	21.2	10.3
按户籍分											
本省户籍	16.8	6.7	7.6	2.8	15.9	0.8	0.6	7.6	11.1	21.5	8.6
非本省户籍	17.6	8.2	10.4	3.1	5.9	1.0	0.9	9.1	11.6	24.5	7.6
按年龄分（五段）											
18—29 岁	23.1	6.3	12.1	5.1	11.6	0.7	0.7	7.4	11.4	14.8	6.9
30—39 岁	16.6	10.5	9.2	3.0	13.7	0.8	0.8	8.0	10.0	20.0	7.4
40—49 岁	15.9	7.6	6.5	1.8	16.9	0.8	0.5	6.9	10.9	25.0	7.1
50—59 岁	11.9	3.7	3.6	1.2	17.8	0.7	0.4	8.4	11.8	30.4	9.9
60—69 岁	10.7	3.4	3.2	1.2	20.5	1.1	0.3	8.9	12.1	22.2	16.4
按年龄分（三段）											
18—39 岁	20.2	8.1	10.8	4.2	12.5	0.8	0.7	7.7	10.8	17.1	7.1
40—54 岁	14.5	6.5	5.8	1.6	17.3	0.7	0.5	7.5	10.8	27.0	7.8
55—69 岁	11.7	3.4	3.1	1.2	19.2	1.1	0.3	8.6	12.7	24.7	14.1
按文化程度分（五段）											
小学及以下	5.4	3.3	2.4	0.9	20.7	1.2	0.4	10.2	14.7	26.7	14.2
初中	14.2	7.2	7.4	2.7	16.7	0.8	0.6	8.1	11.8	23.2	7.4
高中（中专、技校）	26.3	9.4	12.3	4.0	9.4	0.5	0.7	5.6	8.2	17.6	5.9
大学专科	34.5	10.2	14.7	5.4	7.2	0.5	0.8	4.3	5.5	12.3	4.7
大学本科及以上	43.1	7.9	14.6	5.9	4.6	0.3	0.7	4.5	4.7	9.7	4.2
按文化程度分（三段）											
初中及以下	11.0	5.8	5.6	2.0	18.2	0.9	0.5	8.8	12.8	24.5	9.9
高中（中专、技校）	26.3	9.4	12.3	4.0	9.4	0.5	0.7	5.6	8.2	17.6	5.9
大学专科及以上	38.1	9.2	14.7	5.6	6.1	0.4	0.7	4.4	5.2	11.2	4.5
按文理科分											
偏文科	31.7	9.8	12.7	4.5	8.1	0.4	0.7	5.0	7.2	14.9	5.0
偏理科	30.7	8.8	14.1	4.9	7.8	0.5	0.7	5.2	6.6	14.8	5.7
按城乡分											
城镇居民	20.4	9.0	9.6	3.5	8.5	0.8	0.7	7.0	11.0	21.6	7.9

类　别	图书阅览室										
	去过及原因				没去过及原因						
	自己感兴趣	陪亲友去	偶然的机会	其他	本地没有	门票太贵	缺乏展品	不知在哪里	不感兴趣	没有时间	其他
农村居民	13.0	4.3	5.8	2.0	22.6	0.8	0.5	8.6	11.2	21.8	9.2
按就业状况分											
有固定工作	21.8	7.9	10.3	3.5	12.6	0.7	0.6	6.1	9.7	20.3	6.4
有兼职工作	26.0	8.7	10.3	4.3	11.8	0.7	0.7	7.0	9.1	15.6	5.9
工作不固定，打工	12.4	5.9	7.5	2.4	16.7	1.2	0.4	8.2	11.7	25.9	7.6
目前没有工作，待业	13.0	5.0	6.7	3.1	19.5	0.9	0.9	8.3	12.7	18.4	11.5
家庭主妇且没有工作	8.8	6.8	4.5	1.5	18.0	0.6	0.4	10.3	12.4	25.6	11.0
学生及待升学人员	50.4	8.0	14.2	6.5	5.5	0.3	0.4	2.8	4.1	4.8	3.2
离退休人员	15.6	6.2	4.2	1.7	11.9	0.8	0.4	8.2	15.1	24.5	11.2
无工作能力	6.9	3.8	2.2	0.7	25.6	0.8	1.6	11.0	11.6	18.7	17.0
按与科学技术的相关性分											
有相关性	23.8	6.6	9.9	3.4	15.3	1.0	0.5	5.7	8.2	19.7	5.9
无相关性	17.1	7.6	9.2	3.1	13.4	0.8	0.6	7.3	11.2	22.6	7.1
按科学技术的相关部门分											
生产或制造业	20.6	6.5	9.5	2.9	16.7	1.1	0.5	6.4	8.8	21.0	6.1
教育部门	42.0	6.1	10.6	3.7	12.4	0.2	0.5	3.0	6.3	12.5	2.6
科研部门	26.2	6.8	9.0	3.2	13.9	1.4	0.7	4.9	7.0	21.2	5.7
其他	25.6	6.8	10.7	4.4	13.3	1.1	0.4	5.2	7.9	18.2	6.4
按职业分											
国家机关、党群组织负责人	37.2	9.9	12.3	4.5	9.4	0.4	0.7	4.1	5.2	11.3	5.0
企业事业单位负责人	28.3	10.5	13.8	3.5	8.7	0.7	0.8	4.3	8.3	15.0	5.9
专业技术人员	24.8	7.2	11.4	3.8	11.0	0.7	0.6	6.0	9.5	18.8	6.1
办事人员与有关人员	35.1	10.5	14.0	5.1	5.6	0.7	0.3	4.8	6.3	13.5	4.0
农林牧渔水利业生产人员	12.0	3.3	4.3	1.7	25.5	1.5	0.5	8.7	11.0	23.7	7.9
商业及服务业人员	17.3	8.7	10.0	3.5	10.3	0.8	0.7	6.3	11.1	24.0	7.4
生产及运输设备操作工人	12.4	6.7	8.8	2.7	15.1	0.7	0.5	8.5	12.2	25.7	6.8
按重点人群分											
领导干部和公务员	37.2	9.4	13.0	4.7	7.2	0.7	0.7	4.3	6.4	11.6	4.8
城镇劳动者	18.8	9.0	9.9	3.5	10.2	0.8	0.6	7.0	11.1	21.5	7.7
农民	11.2	3.6	5.1	1.7	23.7	0.9	0.5	9.0	11.4	23.5	9.4
其他	20.6	7.4	6.2	3.6	13.3	0.5	1.2	7.8	12.0	17.6	9.7
按地区分											
东部地区	18.8	8.3	9.5	3.4	11.5	0.9	0.8	6.8	10.4	21.1	8.5
中部地区	14.5	6.0	6.8	2.4	20.4	0.8	0.5	8.7	10.7	21.5	7.6
西部地区	16.6	5.3	6.2	2.4	15.1	0.6	0.4	8.1	12.9	22.7	9.7

附表 88　公民在过去一年中参观科普场所的情况及原因 –9　　　单位：%

类　别	科技示范点或科普活动站										
	去过及原因				没去过及原因						
	自己感兴趣	陪亲友去	偶然的机会	其他	本地没有	门票太贵	缺乏展品	不知在哪里	不感兴趣	没有时间	其他
总体	4.7	2.5	4.3	1.9	22.2	1.1	0.7	16.2	12.3	22.3	11.6
按性别分											
男性	6.2	2.6	5.2	2.3	23.3	1.0	0.7	14.9	11.4	21.5	10.9
女性	3.2	2.4	3.4	1.6	21.1	1.1	0.7	17.6	13.3	23.2	12.4
按民族分											
汉族	4.6	2.5	4.4	1.9	22.2	1.0	0.7	16.2	12.5	22.3	11.5
其他民族	5.9	2.7	3.6	2.5	22.1	1.2	0.6	16.6	9.4	22.1	13.4
按户籍分											
本省户籍	4.8	2.5	4.3	2.0	23.1	1.0	0.7	16.0	12.1	22.1	11.6
非本省户籍	3.2	2.5	5.1	1.8	11.0	1.2	1.4	19.5	15.7	26.0	12.5
按年龄分（五段）											
18—29 岁	4.0	2.6	5.6	2.9	22.0	1.1	0.9	19.0	14.5	15.3	12.1
30—39 岁	4.4	3.1	5.3	2.3	21.0	1.1	0.9	18.3	11.9	20.9	10.8
40—49 岁	5.4	2.7	4.3	1.6	22.4	1.0	0.8	14.1	11.6	26.1	9.9
50—59 岁	5.5	1.9	2.5	1.0	22.5	0.9	0.4	12.7	11.1	30.1	11.5
60—69 岁	4.2	1.4	1.8	1.0	24.5	1.5	0.2	14.8	11.1	23.4	16.1
按年龄分（三段）											
18—39 岁	4.2	2.8	5.5	2.6	21.6	1.1	0.9	18.7	13.4	17.8	11.5
40—54 岁	5.4	2.5	3.8	1.5	22.6	0.9	0.7	13.7	11.2	27.4	10.3
55—69 岁	4.7	1.5	1.9	1.0	23.4	1.2	0.3	13.9	11.7	25.6	14.6
按文化程度分（五段）											
小学及以下	2.7	1.2	1.2	0.7	23.4	1.4	0.4	14.1	13.3	27.0	14.7
初中	4.3	1.9	3.6	1.7	23.5	1.0	0.8	16.0	13.0	23.4	10.8
高中（中专、技校）	6.6	4.1	6.5	3.0	19.7	1.1	0.8	17.4	11.6	18.9	10.2
大学专科	7.5	4.8	9.9	3.8	20.4	0.5	0.9	18.4	9.9	13.7	10.1
大学本科及以上	7.8	5.6	11.6	4.5	16.2	0.5	1.0	22.6	8.1	12.1	10.0
按文化程度分（三段）											
初中及以下	3.7	1.7	2.7	1.3	23.4	1.1	0.6	15.3	13.1	24.7	12.2
高中（中专、技校）	6.6	4.1	6.5	3.0	19.7	1.1	0.8	17.4	11.6	18.9	10.2
大学专科及以上	7.6	5.2	10.6	4.1	18.6	0.5	0.9	20.2	9.1	13.0	10.1
按文理科分											
偏文科	7.0	4.9	8.0	3.3	19.6	0.9	0.8	17.7	11.1	16.6	9.9
偏理科	7.0	4.0	8.5	3.6	18.8	0.8	0.9	19.7	9.8	16.2	10.6
按城乡分											
城镇居民	4.7	3.2	5.5	2.4	16.2	1.1	0.9	18.1	13.4	22.7	11.9

类别	科技示范点或科普活动站										
	去过及原因				没去过及原因						
	自己感兴趣	陪亲友去	偶然的机会	其他	本地没有	门票太贵	缺乏展品	不知在哪里	不感兴趣	没有时间	其他
农村居民	4.7	1.7	3.1	1.4	28.9	1.0	0.5	14.2	11.2	21.9	11.4
按就业状况分											
有固定工作	6.1	3.4	6.6	2.7	20.5	0.9	0.8	15.7	11.3	21.9	10.1
有兼职工作	8.7	3.4	6.4	2.9	20.8	0.8	1.2	15.2	10.8	18.8	10.9
工作不固定，打工	4.2	1.8	3.2	1.5	22.5	1.6	0.6	16.4	12.2	25.5	10.4
目前没有工作，待业	3.6	2.3	2.7	1.5	25.4	1.1	0.8	15.4	13.5	18.6	15.0
家庭主妇且没有工作	2.4	1.3	2.0	1.1	23.8	0.7	0.6	17.2	13.7	24.4	12.8
学生及待升学人员	7.6	4.8	7.7	3.5	25.6	0.8	0.7	20.4	10.1	7.5	11.2
离退休人员	4.4	2.3	3.0	1.3	17.9	1.0	0.5	16.4	15.5	24.8	12.9
无工作能力	2.2	1.2	1.0	1.0	27.8	1.1	0.2	15.0	11.1	22.4	17.0
按与科学技术的相关性分											
有相关性	10.0	3.7	6.5	2.8	22.9	1.0	0.8	14.4	8.2	20.7	9.0
无相关性	3.9	2.6	5.1	2.2	20.5	1.2	0.8	16.5	12.9	23.7	10.7
按科学技术的相关部门分											
生产或制造业	9.7	3.4	6.2	2.3	23.7	1.0	0.9	13.8	8.3	21.7	9.0
教育部门	13.4	5.3	9.4	2.7	24.2	1.7	0.4	12.3	6.4	16.5	7.5
科研部门	11.5	4.6	5.4	4.5	21.8	1.1	1.2	15.6	6.7	19.2	8.4
其他	9.4	3.8	6.5	3.1	21.3	0.8	0.7	16.1	8.8	20.1	9.4
按职业分											
国家机关、党群组织负责人	16.0	6.0	12.5	4.6	20.5	1.6	0.8	13.2	4.5	12.6	7.6
企业事业单位负责人	7.2	5.9	8.8	4.4	18.4	1.4	1.4	14.9	11.5	16.4	9.8
专业技术人员	6.3	3.2	6.7	2.6	21.7	0.7	0.9	16.5	11.6	19.5	10.3
办事人员与有关人员	9.5	4.8	10.0	5.0	17.1	0.7	0.9	16.5	8.7	17.0	9.9
农林牧渔水利业生产人员	6.1	1.5	3.2	1.1	29.6	1.7	0.6	13.4	9.6	24.1	9.1
商业及服务业人员	4.0	2.7	4.7	2.0	17.5	1.2	0.6	16.7	13.1	25.5	11.8
生产及运输设备操作工人	3.6	2.4	4.6	1.7	20.2	0.9	0.9	17.1	13.4	25.8	9.4
按重点人群分											
领导干部和公务员	12.1	6.7	11.9	4.6	18.3	1.3	0.9	15.4	7.9	12.6	8.3
城镇劳动者	4.3	3.0	5.4	2.4	17.8	1.0	0.9	17.7	13.2	22.6	11.8
农民	4.8	1.5	2.6	1.2	29.2	1.2	0.5	13.9	11.0	23.3	11.0
其他	4.4	2.2	3.9	2.1	21.5	1.0	0.7	17.8	14.1	19.7	12.7
按地区分											
东部地区	4.8	3.2	5.3	2.5	18.3	1.2	0.9	16.2	12.5	22.9	12.0
中部地区	3.8	2.0	3.4	1.4	28.3	1.1	0.6	16.9	11.6	20.1	10.7
西部地区	5.5	1.9	3.9	1.6	21.3	0.8	0.5	15.5	13.0	24.1	12.1

附表 89　公民在过去一年中参观科普场所的情况及原因 -10　　　单位：%

| 类　别 | 工农业生产园区 | | | | | | | | | | |
| | 去过及原因 | | | | 没去过及原因 | | | | | | |
	自己感兴趣	陪亲友去	偶然的机会	其他	本地没有	门票太贵	缺乏展品	不知在哪里	不感兴趣	没有时间	其他
总体	10.9	5.2	7.8	3.7	17.2	0.8	0.6	13.1	10.8	19.7	10.2
按性别分											
男性	13.9	4.9	9.4	4.3	17.6	0.7	0.7	11.1	10.0	18.2	9.2
女性	7.7	5.4	6.1	3.1	16.8	0.9	0.5	15.1	11.7	21.3	11.3
按民族分											
汉族	10.8	5.2	7.9	3.7	17.1	0.8	0.6	13.0	11.0	19.7	10.2
其他民族	11.8	4.6	5.8	3.8	18.9	0.9	0.5	14.7	7.8	19.7	11.4
按户籍分											
本省户籍	11.0	5.2	7.7	3.7	17.9	0.8	0.5	12.9	10.6	19.5	10.2
非本省户籍	9.0	5.2	8.0	3.9	7.5	0.9	1.2	16.0	13.8	23.3	11.0
按年龄分（五段）											
18—29 岁	9.1	5.6	10.1	4.8	15.5	0.7	0.8	15.2	13.3	14.1	10.6
30—39 岁	11.2	6.3	9.0	3.8	16.3	0.7	0.7	13.8	10.7	18.3	9.2
40—49 岁	12.5	5.1	7.6	3.4	18.0	0.7	0.4	11.5	9.7	22.5	8.5
50—59 岁	11.7	4.1	4.7	2.6	18.1	0.8	0.5	11.1	9.3	26.6	10.4
60—69 岁	10.0	3.6	3.9	3.1	20.3	1.5	0.2	12.6	9.4	20.5	15.0
按年龄分（三段）											
18—39 岁	10.0	5.9	9.6	4.4	15.9	0.7	0.8	14.6	12.1	16.0	10.0
40—54 岁	12.0	4.8	6.9	3.1	18.3	0.7	0.4	11.5	9.3	24.0	9.0
55—69 岁	11.1	3.7	4.0	3.0	19.1	1.3	0.3	11.8	10.0	22.3	13.4
按文化程度分（五段）											
小学及以下	8.6	2.7	3.3	2.4	20.1	1.2	0.4	12.4	10.6	24.5	13.7
初中	11.0	4.9	7.5	3.6	18.1	0.7	0.6	12.9	11.0	20.4	9.2
高中（中专、技校）	12.5	7.6	10.4	4.9	14.1	0.7	0.7	13.1	10.8	16.4	8.7
大学专科	13.0	8.4	13.5	4.9	12.6	0.6	0.7	14.0	11.3	12.3	8.7
大学本科及以上	12.9	8.3	15.4	6.2	10.7	0.5	0.6	16.2	9.8	10.6	8.7
按文化程度分（三段）											
初中及以下	10.1	4.1	6.0	3.1	18.9	0.9	0.5	12.7	10.9	21.9	10.9
高中（中专、技校）	12.5	7.6	10.4	4.9	14.1	0.7	0.7	13.1	10.8	16.4	8.7
大学专科及以上	13.0	8.4	14.3	5.4	11.8	0.6	0.6	14.9	10.7	11.6	8.7
按文理科分											
偏文科	12.8	8.4	11.8	4.8	13.4	0.7	0.6	13.6	10.9	14.6	8.5
偏理科	12.5	7.2	12.5	5.4	12.9	0.7	0.7	14.3	10.5	14.2	9.0
按城乡分											
城镇居民	10.5	6.7	9.1	4.1	11.5	0.7	0.6	14.1	12.3	19.9	10.4

类　别	工农业生产园区										
	去过及原因				没去过及原因						
	自己 感兴趣	陪亲 友去	偶然的 机会	其他	本地 没有	门票 太贵	缺乏 展品	不知 在哪里	不感 兴趣	没有 时间	其他
农村居民	11.3	3.5	6.3	3.3	23.6	0.9	0.5	12.0	9.2	19.5	10.1
按就业状况分											
有固定工作	12.8	6.2	9.8	4.1	15.3	0.6	0.6	12.4	10.5	18.8	8.9
有兼职工作	15.8	7.2	10.7	4.3	14.7	0.6	1.1	10.9	9.7	16.4	8.5
工作不固定，打工	11.7	4.0	8.0	3.7	17.6	1.3	0.6	12.3	10.3	22.1	8.6
目前没有工作，待业	9.7	4.1	7.0	3.7	20.2	0.8	0.5	12.7	11.4	17.2	12.8
家庭主妇且没有工作	6.8	4.4	4.6	2.9	19.1	0.7	0.5	15.2	11.0	23.0	11.8
学生及待升学人员	6.4	7.3	9.8	4.8	21.0	0.7	0.7	18.6	13.0	7.2	10.5
离退休人员	12.2	6.4	5.0	3.5	12.5	0.9	0.3	12.8	13.2	21.3	11.9
无工作能力	9.5	2.3	4.8	3.0	24.3	1.3	0.5	10.8	9.3	18.8	15.4
按与科学技术的相关性分											
有相关性	18.9	6.1	9.6	4.5	17.4	0.7	0.7	10.4	6.9	17.4	7.4
无相关性	10.2	5.3	9.2	3.8	15.5	0.8	0.6	13.0	11.7	20.6	9.4
按科学技术的相关部门分											
生产或制造业	19.8	5.9	8.2	4.6	18.0	0.8	0.9	10.5	6.6	17.5	7.2
教育部门	18.9	9.7	12.6	3.9	19.0	0.5	1.1	8.3	6.4	15.0	4.6
科研部门	17.7	7.4	8.6	3.5	17.4	1.2	0.1	11.4	7.4	17.7	7.6
其他	17.3	5.4	12.0	4.8	15.5	0.6	0.4	10.6	7.3	17.8	8.3
按职业分											
国家机关、党群组织负责人	25.1	7.1	15.6	6.3	12.4	0.6	1.1	8.5	5.7	10.7	6.9
企业事业单位负责人	18.9	10.6	12.6	4.6	11.9	1.2	0.5	10.1	8.6	13.8	7.3
专业技术人员	14.4	6.6	11.6	4.5	13.8	0.5	0.9	12.3	11.1	16.4	8.0
办事人员与有关人员	13.3	7.6	13.2	6.0	12.1	0.5	0.7	13.1	9.6	14.6	9.3
农林牧渔水利业生产人员	12.6	2.9	5.9	2.6	25.6	1.3	0.6	12.0	7.8	20.5	8.3
商业及服务业人员	10.2	5.7	9.0	3.5	12.7	0.7	0.7	12.8	11.6	22.9	10.1
生产及运输设备操作工人	12.2	4.8	8.1	4.4	15.7	0.6	0.5	12.2	12.1	21.3	8.0
按重点人群分											
领导干部和公务员	20.6	9.5	14.9	6.6	11.5	0.7	0.9	10.0	8.1	10.2	7.0
城镇劳动者	11.0	6.3	9.3	4.0	12.7	0.7	0.6	13.8	11.8	19.6	10.1
农民	10.5	3.2	5.7	3.0	24.0	1.0	0.5	12.1	8.9	21.3	9.9
其他	9.0	5.4	6.8	4.8	16.2	0.9	0.6	13.7	13.8	16.3	11.9
按地区分											
东部地区	10.6	6.0	8.1	4.0	14.0	1.0	0.8	13.5	11.5	19.5	10.9
中部地区	10.4	4.6	7.6	3.7	21.6	0.7	0.5	13.5	9.7	18.6	9.0
西部地区	11.9	4.5	7.3	3.3	17.2	0.6	0.3	11.8	11.0	21.4	10.6

附表 90　公民在过去一年中参观科普场所的情况及原因 –11　　　单位：%

| 类　别 | 高校、科研院所的实验室 | | | | | | | | | | |
| | 去过及原因 | | | | 没去过及原因 | | | | | | |
	自己感兴趣	陪亲友去	偶然的机会	其他	本地没有	门票太贵	缺乏展品	不知在哪里	不感兴趣	没有时间	其他
总体	3.4	1.6	3.0	1.6	24.9	0.9	0.6	16.7	11.8	19.2	16.2
按性别分											
男性	4.2	1.8	3.5	2.0	26.7	0.9	0.6	15.1	10.8	18.5	15.9
女性	2.6	1.4	2.5	1.3	23.2	0.9	0.6	18.4	12.7	20.0	16.5
按民族分											
汉族	3.4	1.6	3.0	1.6	24.9	0.9	0.6	16.6	12.0	19.2	16.2
其他民族	3.9	1.5	2.6	1.6	25.7	1.2	0.5	18.4	7.8	19.5	17.4
按户籍分											
本省户籍	3.4	1.6	2.9	1.6	26.1	0.9	0.5	16.5	11.5	18.9	16.2
非本省户籍	4.4	2.2	3.9	2.1	10.0	1.3	1.0	19.7	15.0	23.6	17.0
按年龄分（五段）											
18—29 岁	6.6	2.3	5.9	3.4	21.5	0.8	0.8	16.6	13.7	13.6	14.9
30—39 岁	3.0	1.6	3.0	1.8	24.5	0.9	0.6	18.9	11.3	18.4	16.0
40—49 岁	2.4	1.6	2.0	0.9	26.8	0.8	0.5	16.3	11.3	21.8	15.6
50—59 岁	1.5	1.1	0.9	0.5	26.8	0.8	0.4	15.0	11.0	26.2	15.9
60—69 岁	1.3	0.8	0.7	0.3	27.9	1.3	0.4	16.0	10.1	19.1	22.2
按年龄分（三段）											
18—39 岁	5.0	2.0	4.6	2.7	22.8	0.8	0.7	17.6	12.6	15.7	15.4
40—54 岁	2.1	1.5	1.7	0.8	27.0	0.9	0.5	16.2	10.9	23.0	15.5
55—69 岁	1.4	0.8	0.7	0.4	27.2	1.1	0.4	15.1	10.9	22.0	20.0
按文化程度分（五段）											
小学及以下	0.9	0.6	0.6	0.2	26.2	1.2	0.3	16.0	12.2	22.8	19.0
初中	1.6	1.3	1.7	1.2	27.0	0.9	0.5	17.7	12.7	19.9	15.5
高中（中专、技校）	4.9	2.7	4.8	2.7	22.9	0.8	0.7	16.9	11.1	16.8	15.7
大学专科	9.8	3.4	8.8	4.3	20.0	0.7	0.6	14.8	9.5	13.5	14.5
大学本科及以上	18.3	4.1	12.1	5.8	14.1	0.4	0.6	13.5	7.2	11.2	12.6
按文化程度分（三段）											
初中及以下	1.4	1.0	1.3	0.8	26.7	1.0	0.5	17.1	12.5	20.9	16.8
高中（中专、技校）	4.9	2.7	4.8	2.7	22.9	0.8	0.7	16.9	11.1	16.8	15.7
大学专科及以上	13.4	3.7	10.2	4.9	17.5	0.6	0.6	14.3	8.5	12.6	13.7
按文理科分											
偏文科	7.0	3.1	6.5	3.3	21.4	0.7	0.6	16.2	10.9	15.6	14.6
偏理科	10.5	3.1	7.9	4.1	19.6	0.6	0.7	15.3	8.7	14.3	15.1
按城乡分											
城镇居民	4.6	2.3	4.2	2.3	17.8	0.9	0.6	17.6	13.1	19.8	16.9

| 类 别 | 高校、科研院所的实验室 | | | | | | | | | | |
| | 去过及原因 | | | | 没去过及原因 | | | | | | |
	自己感兴趣	陪亲友去	偶然的机会	其他	本地没有	门票太贵	缺乏展品	不知在哪里	不感兴趣	没有时间	其他
农村居民	2.2	0.9	1.6	1.0	32.9	0.9	0.5	15.8	10.3	18.5	15.4
按就业状况分											
有固定工作	5.1	2.4	4.6	2.4	23.5	0.7	0.5	15.5	11.1	19.4	14.8
有兼职工作	5.1	2.0	4.1	2.2	24.2	1.2	0.7	16.8	10.3	17.1	16.2
工作不固定，打工	1.9	1.1	1.7	1.0	25.7	1.4	0.6	17.3	12.3	21.5	15.5
目前没有工作，待业	1.9	1.2	2.0	1.7	28.5	0.8	0.5	16.7	12.8	15.6	18.2
家庭主妇且没有工作	1.1	0.8	1.0	0.5	26.3	0.7	0.5	18.8	11.7	21.4	17.1
学生及待升学人员	15.2	4.0	11.7	5.8	21.9	0.2	0.7	13.6	8.5	6.5	11.9
离退休人员	2.0	1.4	1.2	0.7	19.7	1.0	0.6	18.4	15.1	20.2	19.9
无工作能力	1.2	0.6	0.5	0.5	31.8	1.5	0.4	14.3	10.8	16.7	21.6
按与科学技术的相关性分											
有相关性	7.0	2.3	4.3	2.3	27.3	0.8	0.6	14.5	8.1	18.1	14.6
无相关性	3.0	1.8	3.4	1.8	23.0	1.0	0.5	16.8	12.8	20.6	15.3
按科学技术的相关部门分											
生产或制造业	5.6	2.4	3.4	2.1	28.4	0.7	0.5	15.3	8.7	17.9	14.9
教育部门	16.0	3.0	6.6	2.4	26.9	0.7	1.5	11.7	6.6	14.9	9.6
科研部门	13.6	2.8	5.1	2.9	25.4	1.8	0.8	11.3	7.8	18.0	10.5
其他	5.9	1.9	5.3	2.8	25.7	0.8	0.6	14.4	7.2	19.1	16.5
按职业分											
国家机关、党群组织负责人	9.2	4.8	7.5	5.1	26.2	1.7	0.4	10.3	7.6	13.0	14.2
企业事业单位负责人	9.8	5.0	7.5	2.9	19.5	1.0	0.8	13.4	10.3	16.0	13.8
专业技术人员	8.6	2.3	5.8	2.8	21.4	0.5	0.6	14.3	10.9	18.4	14.2
办事人员与有关人员	6.1	3.1	7.2	3.0	21.2	0.5	0.7	16.0	9.9	15.6	16.7
农林牧渔水利业生产人员	1.6	0.6	1.2	0.6	35.4	1.7	0.5	16.0	9.4	19.7	13.1
商业及服务业人员	3.3	1.9	3.3	2.1	19.9	0.9	0.4	16.5	12.7	22.1	17.0
生产及运输设备操作工人	1.8	1.4	1.9	1.6	23.4	0.7	0.7	18.5	13.6	21.7	14.6
按重点人群分											
领导干部和公务员	11.7	4.4	7.9	4.1	23.1	1.0	1.0	12.6	8.2	12.8	13.3
城镇劳动者	4.1	2.1	3.9	2.1	19.7	0.8	0.6	17.4	12.7	20.0	16.7
农民	1.5	0.7	1.2	0.7	33.5	1.0	0.5	16.2	10.3	19.6	14.9
其他	4.3	1.8	3.8	2.4	22.2	1.0	0.8	16.3	13.6	15.3	18.7
按地区分											
东部地区	4.3	2.2	3.9	2.1	20.1	1.0	0.7	16.2	12.3	20.0	17.1
中部地区	2.8	1.3	2.4	1.3	31.0	0.8	0.5	17.3	11.1	17.7	13.8
西部地区	2.8	1.1	2.1	1.2	25.7	0.7	0.4	16.9	11.7	19.8	17.6

（七）公民关注和参加与科技有关的公共事务的情况

附表 91　公民关注和参加与科技有关的公共事务的情况 –1　　　　单位：%					
类　别	阅读报刊、图书或互联网上的关于科学的文章				
	经常参与	有时参与	很少参与	没有参与过	不知道
总体	12.3	21.4	20.3	41.0	4.9
按性别分					
男性	15.4	23.9	20.6	35.9	4.2
女性	9.2	18.9	20.1	46.3	5.5
按民族分					
汉族	12.4	21.6	20.4	41.0	4.6
其他民族	11.8	18.6	18.9	41.1	9.5
按户籍分					
本省户籍	12.3	21.1	20.1	41.6	4.9
非本省户籍	13.3	25.7	23.6	33.0	4.3
按年龄分（五段）					
18—29 岁	16.5	28.6	24.7	26.6	3.6
30—39 岁	12.5	24.1	23.6	36.1	3.7
40—49 岁	10.9	19.5	20.2	44.7	4.6
50—59 岁	8.6	14.9	13.4	56.0	7.1
60—69 岁	9.9	11.4	13.0	58.0	7.7
按年龄分（三段）					
18—39 岁	14.7	26.6	24.2	30.8	3.6
40—54 岁	10.1	18.0	18.3	48.3	5.3
55—69 岁	9.8	13.1	12.9	56.7	7.5
按文化程度分（五段）					
小学及以下	3.5	7.8	12.4	65.9	10.5
初中	9.6	21.0	23.7	41.9	3.9
高中（中专、技校）	19.7	31.5	23.9	23.2	1.7
大学专科	26.7	37.8	22.6	12.0	1.0
大学本科及以上	37.9	38.7	16.5	6.2	0.8
按文化程度分（三段）					
初中及以下	7.3	16.2	19.6	50.6	6.3
高中（中专、技校）	19.7	31.5	23.9	23.2	1.7
大学专科及以上	31.5	38.2	20.0	9.5	0.9
按文理科分					
偏文科	22.0	34.0	22.8	19.6	1.5
偏理科	28.1	34.7	21.5	14.5	1.3

类 别	阅读报刊、图书或互联网上的关于科学的文章				
	经常参与	有时参与	很少参与	没有参与过	不知道
按城乡分					
城镇居民	16.3	25.1	21.8	33.2	3.5
农村居民	8.0	17.3	18.7	49.7	6.3
按就业状况分					
有固定工作	17.7	27.1	21.3	31.0	3.0
有兼职工作	17.3	28.3	22.3	28.4	3.6
工作不固定，打工	8.5	19.7	23.2	43.5	5.0
目前没有工作，待业	8.4	17.7	19.9	47.5	6.5
家庭主妇且没有工作	4.9	13.8	18.1	56.0	7.2
学生及待升学人员	28.4	37.3	21.0	11.1	2.2
离退休人员	15.4	18.7	17.3	44.9	3.7
无工作能力	4.2	7.3	10.6	66.1	11.8
按与科学技术的相关性分					
有相关性	20.9	27.6	20.3	28.1	3.0
无相关性	12.3	23.6	22.6	37.6	4.0
按科学技术的相关部门分					
生产或制造业	18.2	26.5	20.0	32.0	3.3
教育部门	33.9	32.6	16.7	14.8	1.9
科研部门	26.0	24.7	18.8	28.6	1.9
其他	21.9	29.7	22.3	23.1	3.1
按职业分					
国家机关、党群组织负责人	32.5	32.4	19.0	13.9	2.3
企业事业单位负责人	24.3	33.2	21.8	19.4	1.4
专业技术人员	22.5	29.2	22.2	23.0	3.1
办事人员与有关人员	26.3	34.9	21.3	16.2	1.3
农林牧渔水利业生产人员	6.9	16.2	17.7	53.8	5.4
商业及服务业人员	13.3	25.2	24.0	33.6	3.9
生产及运输设备操作工人	9.5	21.9	24.0	40.5	4.0
按重点人群分					
领导干部和公务员	33.2	33.8	18.1	13.1	1.7
城镇劳动者	14.7	25.1	22.4	34.3	3.6
农民	6.7	15.7	18.5	52.2	6.9
其他	15.3	20.4	18.5	41.1	4.7
按地区分					
东部地区	14.7	24.0	21.9	35.4	4.0
中部地区	10.9	19.8	18.6	46.4	4.3
西部地区	10.3	19.2	19.9	43.7	7.0

附表 92　公民关注和参加与科技有关的公共事务的情况 -2　　　单位：%

类　别	和亲戚、朋友、同事谈论有关科学技术的话题				
	经常参与	有时参与	很少参与	没有参与过	不知道
总体	9.2	26.8	26.8	33.7	3.5
按性别分					
男性	12.5	30.8	26.6	27.4	2.7
女性	5.9	22.7	27.0	40.2	4.3
按民族分					
汉族	9.1	26.9	27.0	33.7	3.2
其他民族	11.0	24.3	23.6	34.1	6.9
按户籍分					
本省户籍	9.3	26.8	26.6	34.0	3.4
非本省户籍	8.6	26.7	30.2	30.7	3.9
按年龄分（五段）					
18—29 岁	8.5	29.2	33.6	25.8	2.9
30—39 岁	8.7	28.9	29.5	29.9	3.1
40—49 岁	10.0	27.9	25.4	33.5	3.3
50—59 岁	9.8	22.3	19.7	43.7	4.5
60—69 岁	9.7	20.1	17.5	48.1	4.6
按年龄分（三段）					
18—39 岁	8.6	29.1	31.8	27.6	3.0
40—54 岁	9.8	26.3	23.8	36.5	3.6
55—69 岁	10.0	20.9	18.1	46.4	4.7
按文化程度分（五段）					
小学及以下	5.7	14.6	18.7	53.9	7.2
初中	8.6	26.2	28.9	33.4	2.8
高中（中专、技校）	12.4	35.4	30.5	20.2	1.5
大学专科	12.9	41.5	32.2	12.8	0.7
大学本科及以上	17.1	44.4	29.9	7.9	0.7
按文化程度分（三段）					
初中及以下	7.5	22.0	25.2	40.9	4.4
高中（中专、技校）	12.4	35.4	30.5	20.2	1.5
大学专科及以上	14.7	42.7	31.2	10.7	0.7
按文理科分					
偏文科	12.6	37.1	31.4	17.6	1.3
偏理科	14.4	40.2	30.0	14.5	1.0
按城乡分					
城镇居民	10.1	30.0	28.2	29.0	2.7

类　别	和亲戚、朋友、同事谈论有关科学技术的话题				
	经常参与	有时参与	很少参与	没有参与过	不知道
农村居民	8.3	23.1	25.3	38.9	4.3
按就业状况分					
有固定工作	11.7	32.6	28.0	25.7	2.0
有兼职工作	13.5	32.3	28.3	23.0	2.9
工作不固定，打工	8.6	26.2	28.1	33.6	3.5
目前没有工作，待业	7.9	21.8	25.9	39.5	4.9
家庭主妇且没有工作	4.4	17.7	25.3	47.3	5.3
学生及待升学人员	12.1	37.2	36.1	13.2	1.5
离退休人员	11.4	28.3	21.1	36.4	2.8
无工作能力	6.3	14.5	17.6	53.1	8.4
按与科学技术的相关性分					
有相关性	17.7	36.4	25.5	18.7	1.7
无相关性	8.1	28.2	29.1	31.8	2.9
按科学技术的相关部门分					
生产或制造业	17.3	36.1	25.2	19.6	1.8
教育部门	22.8	37.7	24.8	13.0	1.7
科研部门	25.7	37.1	21.5	14.8	0.9
其他	15.1	36.6	27.3	19.3	1.8
按职业分					
国家机关、党群组织负责人	20.0	43.3	22.0	12.4	2.2
企业事业单位负责人	16.8	37.6	27.5	17.2	0.9
专业技术人员	15.6	36.7	27.1	18.6	1.9
办事人员与有关人员	12.8	39.9	30.9	15.3	1.0
农林牧渔水利业生产人员	9.6	24.9	23.9	38.1	3.4
商业及服务业人员	8.7	28.8	29.6	30.0	2.9
生产及运输设备操作工人	8.5	27.0	29.9	32.0	2.6
按重点人群分					
领导干部和公务员	18.5	41.3	26.3	12.1	1.7
城镇劳动者	9.7	29.5	28.9	29.1	2.7
农民	7.8	22.0	24.2	41.4	4.6
其他	9.0	24.6	27.7	35.2	3.5
按地区分					
东部地区	10.2	28.1	28.6	30.3	2.7
中部地区	8.4	26.6	26.0	35.7	3.3
西部地区	8.6	24.7	24.7	37.0	4.9

附表 93　公民关注和参加与科技有关的公共事务的情况 –3　　　　单位：%

类　别	参加与科学技术有关的公共问题的讨论或听证会				
	经常参与	有时参与	很少参与	没有参与过	不知道
总体	2.5	7.5	13.7	68.7	7.6
按性别分					
男性	3.4	8.8	14.9	66.2	6.7
女性	1.6	6.1	12.4	71.3	8.5
按民族分					
汉族	2.5	7.5	13.7	69.0	7.3
其他民族	2.9	7.8	12.7	64.4	12.2
按户籍分					
本省户籍	2.5	7.5	13.3	69.0	7.6
非本省户籍	2.5	6.5	18.2	65.2	7.6
按年龄分（五段）					
18—29岁	2.3	9.1	18.9	61.9	7.7
30—39岁	2.2	7.1	15.3	67.6	7.7
40—49岁	2.9	7.0	12.1	70.8	7.2
50—59岁	2.9	6.9	8.4	74.8	7.1
60—69岁	2.5	5.9	7.9	75.0	8.7
按年龄分（三段）					
18—39岁	2.3	8.2	17.3	64.4	7.7
40—54岁	2.8	6.9	11.2	71.7	7.3
55—69岁	2.7	6.4	7.8	75.4	7.8
按文化程度分（五段）					
小学及以下	1.9	4.4	6.5	75.6	11.5
初中	2.2	6.4	12.5	71.4	7.6
高中（中专、技校）	3.0	10.1	18.7	63.3	4.9
大学专科	3.8	13.5	24.2	55.1	3.4
大学本科及以上	5.3	15.8	29.1	47.1	2.6
按文化程度分（三段）					
初中及以下	2.1	5.7	10.3	72.9	9.0
高中（中专、技校）	3.0	10.1	18.7	63.3	4.9
大学专科及以上	4.4	14.5	26.3	51.7	3.1
按文理科分					
偏文科	3.1	11.4	20.7	60.6	4.1
偏理科	4.2	12.7	23.5	55.5	4.1
按城乡分					
城镇居民	2.7	8.3	16.2	66.6	6.3
农村居民	2.4	6.6	10.8	71.1	9.1

类 别	参加与科学技术有关的公共问题的讨论或听证会				
	经常参与	有时参与	很少参与	没有参与过	不知道
按就业状况分					
有固定工作	3.4	9.7	17.4	63.7	5.8
有兼职工作	4.3	12.3	18.2	59.8	5.4
工作不固定，打工	2.2	5.9	12.5	71.1	8.3
目前没有工作，待业	1.9	6.3	9.9	71.9	10.0
家庭主妇且没有工作	0.9	4.3	8.7	76.1	10.0
学生及待升学人员	4.1	13.2	29.2	49.0	4.5
离退休人员	2.7	6.7	9.9	75.3	5.4
无工作能力	2.5	4.8	7.0	73.3	12.3
按与科学技术的相关性分					
有相关性	5.9	12.1	17.3	59.5	5.1
无相关性	2.0	7.3	15.3	68.3	7.1
按科学技术的相关部门分					
生产或制造业	5.9	11.5	16.4	61.3	5.0
教育部门	10.5	15.2	21.2	49.4	3.7
科研部门	9.4	14.5	17.8	54.1	4.2
其他	4.0	12.0	18.3	59.9	5.8
按职业分					
国家机关、党群组织负责人	7.9	17.9	21.7	47.1	5.5
企业事业单位负责人	6.2	14.7	21.4	53.6	4.1
专业技术人员	5.0	11.2	19.6	58.7	5.6
办事人员与有关人员	3.6	12.7	23.2	56.3	4.2
农林牧渔水利业生产人员	3.0	7.7	9.7	71.9	7.7
商业及服务业人员	2.0	6.8	15.9	68.2	7.1
生产及运输设备操作工人	2.0	6.2	14.0	70.5	7.2
按重点人群分					
领导干部和公务员	7.5	15.3	22.1	50.5	4.6
城镇劳动者	2.5	7.8	16.2	66.7	6.8
农民	2.2	6.4	9.5	72.5	9.4
其他	2.9	7.2	14.4	69.1	6.4
按地区分					
东部地区	2.8	8.6	16.9	64.7	7.0
中部地区	2.3	6.5	11.5	72.5	7.2
西部地区	2.4	6.8	10.9	70.8	9.1

附表 94　公民关注和参加与科技有关的公共事务的情况 –4　　　单位：%

类　别	参与关于原子能、生物技术或环境等方面的建议和宣传活动				
	经常参与	有时参与	很少参与	没有参与过	不知道
总体	1.7	4.8	9.1	71.6	12.8
按性别分					
男性	2.0	5.6	9.8	70.6	12.0
女性	1.3	4.0	8.4	72.6	13.6
按民族分					
汉族	1.6	4.9	9.2	72.0	12.4
其他民族	2.2	4.2	8.0	65.5	20.0
按户籍分					
本省户籍	1.6	4.8	8.9	71.9	12.8
非本省户籍	2.2	5.1	11.9	67.6	13.2
按年龄分（五段）					
18—29 岁	1.6	6.6	13.5	65.4	13.0
30—39 岁	1.5	4.4	9.7	70.5	13.8
40—49 岁	1.7	4.5	7.4	73.0	13.4
50—59 岁	1.8	4.3	6.1	77.1	10.7
60—69 岁	1.7	2.7	5.1	78.4	12.2
按年龄分（三段）					
18—39 岁	1.6	5.6	11.8	67.7	13.4
40—54 岁	1.8	4.4	7.0	73.8	12.9
55—69 岁	1.7	3.4	5.4	78.5	11.0
按文化程度分（五段）					
小学及以下	1.6	2.9	4.6	75.0	15.9
初中	1.3	4.1	8.0	73.3	13.4
高中（中专、技校）	1.8	6.6	12.9	68.3	10.4
大学专科	2.6	8.1	16.0	64.6	8.5
大学本科及以上	3.4	10.5	19.9	59.9	6.3
按文化程度分（三段）					
初中及以下	1.4	3.7	6.8	73.9	14.3
高中（中专、技校）	1.8	6.6	12.9	68.3	10.4
大学专科及以上	3.0	9.2	17.7	62.6	7.6
按文理科分					
偏文科	2.1	7.3	14.2	66.9	9.5
偏理科	2.6	8.2	15.9	64.6	8.8
按城乡分					
城镇居民	1.8	5.6	11.3	69.8	11.5

続表

类　别	参与关于原子能、生物技术或环境等方面的建议和宣传活动				
	经常参与	有时参与	很少参与	没有参与过	不知道
农村居民	1.5	4.0	6.7	73.5	14.3
按就业状况分					
有固定工作	2.2	6.2	11.5	69.4	10.7
有兼职工作	1.9	7.6	12.8	64.8	12.9
工作不固定，打工	1.4	4.5	7.7	71.7	14.6
目前没有工作，待业	1.3	3.7	6.5	73.1	15.4
家庭主妇且没有工作	0.9	2.5	6.2	75.2	15.2
学生及待升学人员	3.1	10.0	20.1	57.4	9.4
离退休人员	1.7	4.0	7.3	78.5	8.5
无工作能力	1.9	2.3	5.1	77.1	13.7
按与科学技术的相关性分					
有相关性	3.8	8.2	11.3	66.5	10.2
无相关性	1.2	4.8	9.9	71.2	12.9
按科学技术的相关部门分					
生产或制造业	3.5	7.6	10.4	68.2	10.3
教育部门	6.7	12.2	15.8	56.6	8.8
科研部门	7.0	11.2	12.0	61.4	8.5
其他	2.9	7.8	12.0	66.6	10.7
按职业分					
国家机关、党群组织负责人	5.6	13.2	13.7	55.9	11.6
企业事业单位负责人	3.3	10.8	15.8	60.8	9.2
专业技术人员	3.0	7.4	13.8	65.3	10.5
办事人员与有关人员	3.1	8.9	15.1	62.7	10.2
农林牧渔水利业生产人员	1.7	3.7	5.4	76.0	13.1
商业及服务业人员	1.2	4.9	10.6	70.6	12.8
生产及运输设备操作工人	1.1	4.6	8.6	72.7	13.0
按重点人群分					
领导干部和公务员	4.5	10.2	14.7	60.2	10.4
城镇劳动者	1.7	5.4	10.8	69.7	12.5
农民	1.5	3.6	6.1	74.4	14.5
其他	1.5	5.2	10.5	72.6	10.2
按地区分					
东部地区	1.8	5.7	11.4	68.4	12.7
中部地区	1.4	4.1	7.6	75.0	12.0
西部地区	1.8	4.4	7.1	72.7	14.0

（八）公民对科学观点的了解程度

类　别	地心的温度非常高（对）		
	回答正确	回答错误	不知道
总体	46.8	12.6	40.6
按性别分			
男性	55.7	11.8	32.5
女性	37.6	13.5	48.9
按民族分			
汉族	47.3	12.7	40.0
其他民族	38.8	11.6	49.5
按户籍分			
本省户籍	46.3	12.5	41.1
非本省户籍	53.2	14.0	32.8
按年龄分（五段）			
18—29 岁	56.0	12.7	31.3
30—39 岁	49.6	12.9	37.5
40—49 岁	42.8	13.1	44.1
50—59 岁	38.0	13.0	49.0
60—69 岁	39.6	10.1	50.3
按年龄分（三段）			
18—39 岁	53.2	12.8	34.0
40—54 岁	41.2	13.0	45.8
55—69 岁	39.3	11.4	49.3
按文化程度分（五段）			
小学及以下	31.6	11.9	56.4
初中	44.0	13.7	42.3
高中（中专、技校）	58.9	12.6	28.5
大学专科	68.4	11.1	20.5
大学本科及以上	78.5	9.4	12.1
按文化程度分（三段）			
初中及以下	39.5	13.0	47.4
高中（中专、技校）	58.9	12.6	28.5
大学专科及以上	72.7	10.4	16.9
按文理科分			
偏文科	59.9	12.6	27.5
偏理科	71.0	10.5	18.6

附表 95　公民对科学观点的了解程度 -1　　　单位：%

类　别	地心的温度非常高（对）		
	回答正确	回答错误	不知道
按城乡分			
城镇居民	53.1	12.5	34.4
农村居民	39.8	12.8	47.4
按就业状况分			
有固定工作	55.6	11.8	32.5
有兼职工作	50.3	15.7	33.9
工作不固定，打工	44.9	13.2	41.8
目前没有工作，待业	43.6	11.8	44.6
家庭主妇且没有工作	31.6	13.5	54.9
学生及待升学人员	73.2	12.2	14.6
离退休人员	44.8	13.1	42.2
无工作能力	33.3	11.9	54.8
按与科学技术的相关性分			
有相关性	57.2	13.0	29.7
无相关性	49.7	12.4	37.9
按科学技术的相关部门分			
生产或制造业	55.1	13.7	31.2
教育部门	67.4	14.3	18.3
科研部门	60.6	12.2	27.2
其他	58.3	11.7	30.0
按职业分			
国家机关、党群组织负责人	59.5	14.9	25.6
企业事业单位负责人	61.8	14.7	23.5
专业技术人员	63.4	12.3	24.3
办事人员与有关人员	60.6	11.7	27.8
农林牧渔水利业生产人员	39.7	13.0	47.3
商业及服务业人员	50.9	11.8	37.4
生产及运输设备操作工人	50.6	13.2	36.3
按重点人群分			
领导干部和公务员	67.2	11.5	21.2
城镇劳动者	51.8	12.6	35.6
农民	37.6	12.8	49.6
其他	50.5	12.1	37.4
按地区分			
东部地区	51.4	12.0	36.6
中部地区	44.6	13.6	41.7
西部地区	41.9	12.5	45.6

类　别	我们呼吸的氧气来源于植物（对）		
	回答正确	回答错误	不知道
总体	67.8	12.9	19.3
按性别分			
男性	73.3	12.3	14.4
女性	62.1	13.6	24.3
按民族分			
汉族	68.1	13.1	18.8
其他民族	62.7	10.5	26.8
按户籍分			
本省户籍	67.5	12.7	19.7
非本省户籍	71.4	15.3	13.3
按年龄分（五段）			
18—29 岁	71.8	17.4	10.8
30—39 岁	72.7	13.3	14.1
40—49 岁	69.2	11.3	19.5
50—59 岁	59.4	10.3	30.2
60—69 岁	56.9	7.9	35.2
按年龄分（三段）			
18—39 岁	72.2	15.6	12.3
40—54 岁	66.1	10.9	23.0
55—69 岁	58.3	9.0	32.6
按文化程度分（五段）			
小学及以下	50.1	8.5	41.4
初中	72.8	12.0	15.2
高中（中专、技校）	77.4	15.6	7.0
大学专科	74.5	20.2	5.3
大学本科及以上	72.8	23.9	3.4
按文化程度分（三段）			
初中及以下	64.5	10.7	24.7
高中（中专、技校）	77.4	15.6	7.0
大学专科及以上	73.8	21.8	4.5
按文理科分			
偏文科	74.2	18.9	7.0
偏理科	77.9	17.4	4.6
按城乡分			
城镇居民	71.1	15.0	13.9
农村居民	64.2	10.6	25.3

附表 96　公民对科学观点的了解程度 –2　　　　单位：%

类 别	我们呼吸的氧气来源于植物（对）		
	回答正确	回答错误	不知道
按就业状况分			
有固定工作	72.3	14.7	13.0
有兼职工作	70.7	15.4	13.9
工作不固定，打工	69.8	11.6	18.6
目前没有工作，待业	65.6	11.5	22.9
家庭主妇且没有工作	59.2	11.2	29.6
学生及待升学人员	75.6	21.0	3.4
离退休人员	69.0	11.1	19.9
无工作能力	49.3	8.1	42.6
按与科学技术的相关性分			
有相关性	76.3	12.6	11.1
无相关性	69.4	14.2	16.4
按科学技术的相关部门分			
生产或制造业	76.0	11.7	12.3
教育部门	73.5	16.7	9.8
科研部门	79.8	12.4	7.8
其他	76.2	13.7	10.1
按职业分			
国家机关、党群组织负责人	73.4	18.8	7.8
企业事业单位负责人	74.6	17.0	8.4
专业技术人员	76.4	15.2	8.4
办事人员与有关人员	71.6	19.2	9.1
农林牧渔水利业生产人员	63.6	10.1	26.2
商业及服务业人员	71.8	14.3	13.9
生产及运输设备操作工人	74.8	11.4	13.8
按重点人群分			
领导干部和公务员	75.3	19.9	4.8
城镇劳动者	71.7	14.6	13.8
农民	62.6	10.0	27.4
其他	65.9	13.6	20.6
按地区分			
东部地区	68.8	14.6	16.5
中部地区	68.9	12.6	18.5
西部地区	64.8	10.4	24.8

类　别	父亲的基因决定孩子的性别（对）		
	回答正确	回答错误	不知道
总体	48.5	28.3	23.2
按性别分			
男性	45.4	32.4	22.2
女性	51.7	24.1	24.2
按民族分			
汉族	48.8	28.6	22.7
其他民族	43.9	24.9	31.2
按户籍分			
本省户籍	48.5	28.0	23.6
非本省户籍	48.7	33.6	17.7
按年龄分（五段）			
18—29 岁	47.2	37.2	15.6
30—39 岁	48.2	32.3	19.5
40—49 岁	48.4	28.0	23.5
50—59 岁	51.0	17.9	31.1
60—69 岁	48.6	13.6	37.8
按年龄分（三段）			
18—39 岁	47.7	35.0	17.3
40—54 岁	49.1	25.3	25.6
55—69 岁	49.7	14.8	35.5
按文化程度分（五段）			
小学及以下	45.0	14.6	40.4
初中	46.0	32.5	21.5
高中（中专、技校）	52.3	35.3	12.4
大学专科	56.9	34.3	8.8
大学本科及以上	63.8	30.4	5.8
按文化程度分（三段）			
初中及以下	45.7	26.0	28.4
高中（中专、技校）	52.3	35.3	12.4
大学专科及以上	59.8	32.6	7.5
按文理科分			
偏文科	55.3	33.5	11.2
偏理科	55.7	35.1	9.3
按城乡分			
城镇居民	52.1	29.7	18.2

附表 97　公民对科学观点的了解程度 –3　　　　　单位：%

类 别	父亲的基因决定孩子的性别（对）		
	回答正确	回答错误	不知道
农村居民	44.5	26.8	28.7
按就业状况分			
有固定工作	50.2	31.7	18.1
有兼职工作	49.4	33.8	16.8
工作不固定，打工	44.1	30.7	25.3
目前没有工作，待业	45.5	27.2	27.3
家庭主妇且没有工作	48.6	22.6	28.8
学生及待升学人员	52.1	40.6	7.3
离退休人员	57.0	19.3	23.7
无工作能力	42.3	14.5	43.2
按与科学技术的相关性分			
有相关性	49.9	32.6	17.5
无相关性	47.5	31.0	21.5
按科学技术的相关部门分			
生产或制造业	47.2	34.1	18.6
教育部门	61.9	25.1	13.0
科研部门	53.6	32.1	14.3
其他	51.7	31.3	17.0
按职业分			
国家机关、党群组织负责人	59.9	30.2	9.9
企业事业单位负责人	51.8	35.0	13.3
专业技术人员	50.4	35.3	14.3
办事人员与有关人员	56.2	29.7	14.1
农林牧渔水利业生产人员	44.5	25.0	30.5
商业及服务业人员	48.7	32.5	18.8
生产及运输设备操作工人	43.3	34.4	22.3
按重点人群分			
领导干部和公务员	57.5	32.8	9.7
城镇劳动者	50.1	31.5	18.4
农民	44.1	25.0	30.9
其他	53.1	25.5	21.4
按地区分			
东部地区	50.6	29.5	19.8
中部地区	48.3	29.3	22.4
西部地区	45.3	25.2	29.6

类　别	抗生素能够杀死病毒（错）		
	回答正确	回答错误	不知道
总体	24.3	45.5	30.2
按性别分			
男性	24.8	47.7	27.5
女性	23.7	43.4	33.0
按民族分			
汉族	24.5	46.0	29.5
其他民族	20.5	38.1	41.4
按户籍分			
本省户籍	23.9	45.5	30.6
非本省户籍	28.8	46.1	25.1
按年龄分（五段）			
18—29 岁	31.1	43.6	25.3
30—39 岁	27.1	47.0	25.9
40—49 岁	23.3	46.1	30.6
50—59 岁	16.7	46.4	36.9
60—69 岁	14.0	45.1	40.9
按年龄分（三段）			
18—39 岁	29.3	45.1	25.6
40—54 岁	21.5	45.6	32.8
55—69 岁	14.8	46.6	38.6
按文化程度分（五段）			
小学及以下	12.5	40.5	46.9
初中	22.4	47.3	30.3
高中（中专、技校）	33.7	48.8	17.5
大学专科	40.8	46.6	12.6
大学本科及以上	45.7	43.6	10.7
按文化程度分（三段）			
初中及以下	18.8	44.8	36.3
高中（中专、技校）	33.7	48.8	17.5
大学专科及以上	42.9	45.4	11.8
按文理科分			
偏文科	35.3	48.8	15.9
偏理科	40.5	45.4	14.0
按城乡分			
城镇居民	28.8	47.9	23.3

附表 98　公民对科学观点的了解程度 –4　　　　单位：%

类　别	抗生素能够杀死病毒（错）		
	回答正确	回答错误	不知道
农村居民	19.2	42.9	37.9
按就业状况分			
有固定工作	28.9	47.5	23.6
有兼职工作	29.9	46.4	23.8
工作不固定，打工	21.2	45.3	33.5
目前没有工作，待业	20.4	44.7	34.9
家庭主妇且没有工作	19.2	41.8	39.0
学生及待升学人员	43.7	42.3	13.9
离退休人员	21.4	52.0	26.6
无工作能力	13.0	38.5	48.5
按与科学技术的相关性分			
有相关性	28.3	48.9	22.8
无相关性	25.7	45.9	28.4
按科学技术的相关部门分			
生产或制造业	25.1	50.3	24.6
教育部门	33.2	50.3	16.6
科研部门	35.9	45.2	18.9
其他	31.9	46.6	21.5
按职业分			
国家机关、党群组织负责人	31.1	55.5	13.4
企业事业单位负责人	33.9	49.0	17.1
专业技术人员	35.4	45.8	18.9
办事人员与有关人员	33.8	49.6	16.6
农林牧渔水利业生产人员	16.9	45.4	37.7
商业及服务业人员	27.2	45.9	26.9
生产及运输设备操作工人	22.9	47.4	29.6
按重点人群分			
领导干部和公务员	35.9	49.9	14.1
城镇劳动者	27.9	47.3	24.7
农民	17.8	42.4	39.7
其他	27.5	44.5	28.0
按地区分			
东部地区	27.3	46.4	26.2
中部地区	22.5	46.9	30.7
西部地区	21.3	42.4	36.2

类　别	乙肝病毒不会通过空气传播（对）		
	回答正确	回答错误	不知道
总体	51.3	26.1	22.6
按性别分			
男性	52.8	26.0	21.2
女性	49.8	26.3	24.0
按民族分			
汉族	51.7	26.4	22.0
其他民族	45.2	22.0	32.8
按户籍分			
本省户籍	51.0	25.9	23.0
非本省户籍	54.6	28.6	16.8
按年龄分（五段）			
18—29 岁	52.0	29.4	18.7
30—39 岁	56.2	26.9	16.9
40—49 岁	53.3	25.7	21.0
50—59 岁	46.1	23.7	30.2
60—69 岁	42.6	20.6	36.8
按年龄分（三段）			
18—39 岁	53.8	28.3	17.9
40—54 岁	51.0	25.2	23.8
55—69 岁	44.3	21.8	33.9
按文化程度分（五段）			
小学及以下	35.8	22.8	41.4
初中	51.6	28.4	20.0
高中（中专、技校）	60.0	28.0	11.9
大学专科	67.5	24.5	8.0
大学本科及以上	75.3	19.0	5.7
按文化程度分（三段）			
初中及以下	45.9	26.4	27.8
高中（中专、技校）	60.0	28.0	11.9
大学专科及以上	70.8	22.2	7.0
按文理科分			
偏文科	63.5	26.4	10.1
偏理科	66.0	24.5	9.6
按城乡分			
城镇居民	56.8	26.5	16.7

続表

类　别	乙肝病毒不会通过空气传播（对）		
	回答正确	回答错误	不知道
农村居民	45.2	25.7	29.1
按就业状况分			
有固定工作	57.4	26.1	16.5
有兼职工作	54.9	28.2	16.9
工作不固定，打工	47.6	27.5	24.9
目前没有工作，待业	48.6	24.8	26.6
家庭主妇且没有工作	46.6	24.4	29.0
学生及待升学人员	44.7	38.4	16.9
离退休人员	55.2	24.3	20.4
无工作能力	34.2	21.9	43.9
按与科学技术的相关性分			
有相关性	57.0	27.0	16.0
无相关性	53.0	26.6	20.5
按科学技术的相关部门分			
生产或制造业	54.8	27.7	17.5
教育部门	63.2	26.6	10.3
科研部门	58.3	28.3	13.4
其他	59.7	25.0	15.2
按职业分			
国家机关、党群组织负责人	63.6	26.7	9.7
企业事业单位负责人	59.3	28.2	12.5
专业技术人员	59.0	27.7	13.3
办事人员与有关人员	65.4	24.0	10.6
农林牧渔水利业生产人员	45.3	24.8	29.9
商业及服务业人员	55.4	27.3	17.3
生产及运输设备操作工人	49.8	28.1	22.1
按重点人群分			
领导干部和公务员	68.7	23.6	7.6
城镇劳动者	55.9	27.1	17.0
农民	44.6	24.4	31.0
其他	48.8	28.3	22.9
按地区分			
东部地区	52.1	27.6	20.3
中部地区	53.4	25.8	20.8
西部地区	47.3	24.1	28.6

类　别	接种疫苗可以治疗多种传染病（错）		
	回答正确	回答错误	不知道
总体	26.9	54.6	18.5
按性别分			
男性	27.5	54.7	17.8
女性	26.4	54.5	19.1
按民族分			
汉族	27.3	54.7	18.0
其他民族	20.7	53.2	26.1
按户籍分			
本省户籍	26.6	54.7	18.7
非本省户籍	31.0	53.5	15.5
按年龄分（五段）			
18—29 岁	35.4	49.8	14.7
30—39 岁	31.5	54.5	13.9
40—49 岁	25.6	56.8	17.6
50—59 岁	16.4	58.3	25.3
60—69 岁	14.2	56.6	29.2
按年龄分（三段）			
18—39 岁	33.7	51.9	14.4
40—54 岁	23.0	57.1	20.0
55—69 岁	14.9	57.6	27.5
按文化程度分（五段）			
小学及以下	12.7	53.3	34.0
初中	26.2	57.8	16.0
高中（中专、技校）	36.0	54.3	9.7
大学专科	44.1	48.8	7.2
大学本科及以上	51.5	42.7	5.8
按文化程度分（三段）			
初中及以下	21.3	56.1	22.6
高中（中专、技校）	36.0	54.3	9.7
大学专科及以上	47.2	46.2	6.6
按文理科分			
偏文科	38.4	52.7	8.9
偏理科	43.8	48.4	7.8
按城乡分			
城镇居民	31.6	53.9	14.5

附表 100　公民对科学观点的了解程度 –6　　　　单位：%

続表

类　别	接种疫苗可以治疗多种传染病（错）		
	回答正确	回答错误	不知道
农村居民	21.8	55.4	22.8
按就业状况分			
有固定工作	31.5	54.4	14.1
有兼职工作	30.0	56.4	13.6
工作不固定，打工	24.8	54.4	20.8
目前没有工作，待业	23.2	53.5	23.2
家庭主妇且没有工作	23.0	55.2	21.8
学生及待升学人员	46.8	43.4	9.8
离退休人员	21.5	61.3	17.2
无工作能力	10.5	53.8	35.7
按与科学技术的相关性分			
有相关性	30.2	57.4	12.4
无相关性	28.9	53.4	17.7
按科学技术的相关部门分			
生产或制造业	27.6	59.5	12.9
教育部门	36.4	56.3	7.3
科研部门	34.8	53.6	11.6
其他	32.9	54.2	12.9
按职业分			
国家机关、党群组织负责人	38.9	52.3	8.8
企业事业单位负责人	34.4	54.8	10.8
专业技术人员	34.9	52.9	12.2
办事人员与有关人员	37.6	53.6	8.8
农林牧渔水利业生产人员	19.0	57.6	23.5
商业及服务业人员	31.6	52.9	15.5
生产及运输设备操作工人	26.0	55.5	18.4
按重点人群分			
领导干部和公务员	40.6	52.1	7.4
城镇劳动者	31.5	53.8	14.7
农民	19.9	55.6	24.5
其他	26.3	55.6	18.1
按地区分			
东部地区	28.9	55.2	15.9
中部地区	27.7	54.8	17.6
西部地区	22.8	53.4	23.9

| 类　别 | 附表 101　公民对科学观点的了解程度 –7 | | 单位：% |
| | 地球的板块运动会造成地震（对） | | |
	回答正确	回答错误	不知道
总体	60.0	8.7	31.3
按性别分			
男性	68.8	7.0	24.2
女性	51.0	10.5	38.5
按民族分			
汉族	60.5	8.7	30.8
其他民族	51.5	9.1	39.4
按户籍分			
本省户籍	59.6	8.7	31.7
非本省户籍	66.1	9.2	24.7
按年龄分（五段）			
18—29 岁	70.3	8.4	21.3
30—39 岁	64.2	8.2	27.5
40—49 岁	58.0	9.3	32.7
50—59 岁	48.5	9.8	41.7
60—69 岁	46.4	7.7	46.0
按年龄分（三段）			
18—39 岁	67.6	8.3	24.1
40—54 岁	55.2	9.3	35.5
55—69 岁	47.3	8.6	44.1
按文化程度分（五段）			
小学及以下	35.9	10.2	53.8
初中	59.1	9.7	31.2
高中（中专、技校）	77.7	7.4	14.9
大学专科	87.9	4.7	7.5
大学本科及以上	93.5	2.8	3.7
按文化程度分（三段）			
初中及以下	50.7	9.9	39.5
高中（中专、技校）	77.7	7.4	14.9
大学专科及以上	90.3	3.9	5.8
按文理科分			
偏文科	80.4	6.7	12.9
偏理科	86.4	4.9	8.7
按城乡分			
城镇居民	68.6	7.9	23.5

续表

类 别	地球的板块运动会造成地震（对）		
	回答正确	回答错误	不知道
农村居民	50.5	9.6	39.9
按就业状况分			
有固定工作	70.3	7.5	22.2
有兼职工作	65.8	9.4	24.8
工作不固定，打工	58.3	9.0	32.7
目前没有工作，待业	55.1	8.7	36.2
家庭主妇且没有工作	42.2	11.4	46.4
学生及待升学人员	91.2	4.3	4.4
离退休人员	60.5	8.2	31.4
无工作能力	36.9	9.5	53.5
按与科学技术的相关性分			
有相关性	70.8	8.5	20.6
无相关性	64.2	8.0	27.8
按科学技术的相关部门分			
生产或制造业	69.1	8.6	22.3
教育部门	77.2	9.8	13.0
科研部门	71.4	9.9	18.7
其他	72.9	7.7	19.4
按职业分			
国家机关、党群组织负责人	76.7	9.1	14.2
企业事业单位负责人	77.2	8.8	14.1
专业技术人员	76.3	7.0	16.7
办事人员与有关人员	78.3	6.7	15.1
农林牧渔水利业生产人员	50.5	9.5	40.0
商业及服务业人员	66.2	7.8	26.0
生产及运输设备操作工人	65.8	8.5	25.8
按重点人群分			
领导干部和公务员	82.7	6.8	10.6
城镇劳动者	66.9	8.2	24.9
农民	48.0	9.8	42.1
其他	62.4	8.3	29.3
按地区分			
东部地区	64.8	8.6	26.6
中部地区	57.2	9.6	33.2
西部地区	55.5	8.0	36.5

类　别	最早期的人类与恐龙生活在同一个年代（错）		
	回答正确	回答错误	不知道
总体	41.0	21.4	37.6
按性别分			
男性	48.9	19.3	31.8
女性	32.9	23.5	43.6
按民族分			
汉族	41.5	21.4	37.1
其他民族	33.8	19.9	46.3
按户籍分			
本省户籍	40.3	21.4	38.3
非本省户籍	50.1	20.6	29.2
按年龄分（五段）			
18—29 岁	55.6	20.2	24.3
30—39 岁	48.5	19.8	31.7
40—49 岁	37.5	21.0	41.5
50—59 岁	24.2	24.5	51.4
60—69 岁	20.7	23.6	55.6
按年龄分（三段）			
18—39 岁	52.4	20.0	27.5
40—54 岁	33.7	21.9	44.4
55—69 岁	21.9	24.1	54.0
按文化程度分（五段）			
小学及以下	18.3	21.5	60.2
初中	40.4	22.8	36.8
高中（中专、技校）	56.5	21.0	22.5
大学专科	65.5	18.6	15.8
大学本科及以上	76.6	12.8	10.6
按文化程度分（三段）			
初中及以下	32.3	22.3	45.3
高中（中专、技校）	56.5	21.0	22.5
大学专科及以上	70.3	16.1	13.6
按文理科分			
偏文科	58.5	21.1	20.4
偏理科	67.4	16.0	16.6
按城乡分			
城镇居民	48.7	21.1	30.3

附表 102　公民对科学观点的了解程度 –8　　　　　单位：%

类 别	最早期的人类与恐龙生活在同一个年代（错）		
	回答正确	回答错误	不知道
农村居民	32.6	21.7	45.8
按就业状况分			
有固定工作	50.7	20.1	29.2
有兼职工作	48.1	22.6	29.3
工作不固定，打工	39.0	21.0	40.1
目前没有工作，待业	35.0	22.4	42.6
家庭主妇且没有工作	27.0	23.2	49.8
学生及待升学人员	77.7	12.5	9.7
离退休人员	31.5	27.4	41.0
无工作能力	20.8	17.6	61.5
按与科学技术的相关性分			
有相关性	49.8	21.3	28.9
无相关性	45.5	20.3	34.2
按科学技术的相关部门分			
生产或制造业	47.4	21.6	31.0
教育部门	55.8	24.1	20.1
科研部门	51.9	22.5	25.6
其他	53.1	19.6	27.3
按职业分			
国家机关、党群组织负责人	55.2	23.0	21.8
企业事业单位负责人	55.8	20.7	23.5
专业技术人员	59.9	17.8	22.2
办事人员与有关人员	56.2	21.0	22.7
农林牧渔水利业生产人员	29.3	20.7	50.0
商业及服务业人员	48.1	21.3	30.6
生产及运输设备操作工人	46.4	20.5	33.1
按重点人群分			
领导干部和公务员	63.1	18.5	18.4
城镇劳动者	48.3	21.2	30.5
农民	29.3	21.8	48.9
其他	43.3	20.4	36.3
按地区分			
东部地区	46.2	21.4	32.4
中部地区	39.6	21.9	38.5
西部地区	34.2	20.7	45.1

类　别	植物开什么颜色的花是由基因决定的（对）		
	回答正确	回答错误	不知道
总体	46.3	13.2	40.4
按性别分			
男性	49.2	13.2	37.5
女性	43.4	13.2	43.4
按民族分			
汉族	46.8	13.4	39.8
其他民族	38.5	11.0	50.5
按户籍分			
本省户籍	46.2	13.0	40.8
非本省户籍	48.1	16.7	35.1
按年龄分（五段）			
18—29 岁	49.7	18.3	32.0
30—39 岁	47.0	14.6	38.4
40—49 岁	45.0	12.1	42.9
50—59 岁	42.4	9.3	48.3
60—69 岁	45.2	5.4	49.3
按年龄分（三段）			
18—39 岁	48.5	16.7	34.8
40—54 岁	43.6	11.4	45.0
55—69 岁	45.3	6.7	48.0
按文化程度分（五段）			
小学及以下	32.2	9.0	58.8
初中	45.5	13.9	40.6
高中（中专、技校）	57.6	15.6	26.8
大学专科	62.5	16.3	21.2
大学本科及以上	66.3	16.7	16.9
按文化程度分（三段）			
初中及以下	40.6	12.1	47.3
高中（中专、技校）	57.6	15.6	26.8
大学专科及以上	64.1	16.5	19.4
按文理科分			
偏文科	58.2	15.7	26.1
偏理科	63.1	16.3	20.6
按城乡分			
城镇居民	51.8	14.1	34.2

附表 103　公民对科学观点的了解程度 –9　　　　单位：%

类 别	植物开什么颜色的花是由基因决定的（对）		
	回答正确	回答错误	不知道
农村居民	40.3	12.3	47.4
按就业状况分			
有固定工作	51.5	14.7	33.8
有兼职工作	51.1	15.5	33.4
工作不固定，打工	42.0	13.2	44.8
目前没有工作，待业	42.3	11.6	46.1
家庭主妇且没有工作	37.9	12.4	49.7
学生及待升学人员	65.2	22.0	12.8
离退休人员	57.2	7.1	35.6
无工作能力	30.7	8.0	61.4
按与科学技术的相关性分			
有相关性	53.9	14.1	32.1
无相关性	46.3	14.4	39.4
按科学技术的相关部门分			
生产或制造业	52.2	13.7	34.0
教育部门	63.7	16.8	19.4
科研部门	59.3	16.6	24.1
其他	53.4	13.4	33.2
按职业分			
国家机关、党群组织负责人	59.9	19.7	20.4
企业事业单位负责人	56.4	17.3	26.3
专业技术人员	55.4	15.1	29.5
办事人员与有关人员	57.4	15.3	27.3
农林牧渔水利业生产人员	40.6	11.2	48.2
商业及服务业人员	47.4	14.8	37.8
生产及运输设备操作工人	45.6	14.4	39.9
按重点人群分			
领导干部和公务员	63.7	16.7	19.6
城镇劳动者	49.2	14.7	36.1
农民	39.0	11.3	49.7
其他	50.1	14.1	35.7
按地区分			
东部地区	49.6	14.6	35.8
中部地区	46.6	12.9	40.5
西部地区	40.6	11.3	48.1

附表 104　公民对科学观点的了解程度 –10　　单位：%

类　别	声音只能在空气中传播（错）		
	回答正确	回答错误	不知道
总体	36.3	42.4	21.2
按性别分			
男性	39.6	43.6	16.8
女性	33.0	41.2	25.8
按民族分			
汉族	36.7	42.6	20.7
其他民族	29.6	40.5	29.8
按户籍分			
本省户籍	35.7	42.8	21.6
非本省户籍	45.0	38.2	16.8
按年龄分（五段）			
18—29 岁	52.6	34.2	13.2
30—39 岁	43.5	37.9	18.5
40—49 岁	33.8	44.5	21.7
50—59 岁	17.7	52.7	29.7
60—69 岁	12.8	53.0	34.2
按年龄分（三段）			
18—39 岁	48.6	35.9	15.6
40—54 岁	29.6	46.0	24.4
55—69 岁	13.7	54.6	31.7
按文化程度分（五段）			
小学及以下	14.7	44.3	41.0
初中	36.1	45.0	18.9
高中（中专、技校）	49.4	41.3	9.3
大学专科	60.6	33.9	5.5
大学本科及以上	70.7	25.9	3.4
按文化程度分（三段）			
初中及以下	28.3	44.8	26.9
高中（中专、技校）	49.4	41.3	9.3
大学专科及以上	64.9	30.5	4.6
按文理科分			
偏文科	51.0	40.5	8.6
偏理科	62.5	31.8	5.7
按城乡分			
城镇居民	42.3	41.5	16.2

类　别	声音只能在空气中传播（错）		
	回答正确	回答错误	不知道
农村居民	29.7	43.5	26.8
按就业状况分			
有固定工作	44.2	40.5	15.2
有兼职工作	43.1	42.8	14.0
工作不固定，打工	35.5	42.9	21.6
目前没有工作，待业	31.6	42.5	25.9
家庭主妇且没有工作	27.0	41.8	31.2
学生及待升学人员	69.2	28.2	2.6
离退休人员	21.0	57.9	21.1
无工作能力	12.6	47.3	40.1
按与科学技术的相关性分			
有相关性	44.3	42.9	12.7
无相关性	40.1	40.9	19.0
按科学技术的相关部门分			
生产或制造业	42.7	43.4	13.9
教育部门	51.8	39.4	8.8
科研部门	43.8	46.6	9.6
其他	46.2	41.8	12.0
按职业分			
国家机关、党群组织负责人	46.2	43.6	10.1
企业事业单位负责人	50.1	38.6	11.3
专业技术人员	52.7	36.5	10.8
办事人员与有关人员	51.1	39.3	9.6
农林牧渔水利业生产人员	26.6	46.4	27.0
商业及服务业人员	41.7	41.1	17.3
生产及运输设备操作工人	41.1	41.8	17.1
按重点人群分			
领导干部和公务员	54.8	36.9	8.3
城镇劳动者	43.2	40.4	16.4
农民	26.8	44.0	29.2
其他	35.3	45.1	19.6
按地区分			
东部地区	39.4	42.8	17.7
中部地区	36.2	42.8	21.1
西部地区	31.4	41.4	27.2

类　别	附表 105　公民对科学观点的了解程度 –11		单位：%
	激光是由汇聚声波而产生的（错）		
	回答正确	回答错误	不知道
总体	19.0	20.5	60.5
按性别分			
男性	24.2	21.0	54.7
女性	13.6	20.0	66.4
按民族分			
汉族	19.2	20.7	60.1
其他民族	15.1	17.4	67.5
按户籍分			
本省户籍	18.8	20.4	60.9
非本省户籍	22.3	22.2	55.6
按年龄分（五段）			
18—29 岁	23.7	21.3	55.0
30—39 岁	20.5	19.8	59.7
40—49 岁	18.6	19.3	62.1
50—59 岁	14.7	20.9	64.4
60—69 岁	10.9	22.0	67.1
按年龄分（三段）			
18—39 岁	22.3	20.6	57.1
40—54 岁	17.5	19.3	63.2
55—69 岁	12.4	22.5	65.1
按文化程度分（五段）			
小学及以下	10.1	16.2	73.7
初中	17.5	20.0	62.5
高中（中专、技校）	26.1	24.9	49.0
大学专科	29.5	27.0	43.5
大学本科及以上	38.9	24.0	37.1
按文化程度分（三段）			
初中及以下	14.8	18.6	66.6
高中（中专、技校）	26.1	24.9	49.0
大学专科及以上	33.5	25.7	40.8
按文理科分			
偏文科	24.1	26.5	49.4
偏理科	36.0	23.6	40.5
按城乡分			
城镇居民	22.7	22.5	54.9

类　别	激光是由汇聚声波而产生的（错）		
	回答正确	回答错误	不知道
农村居民	14.9	18.4	66.7
按就业状况分			
有固定工作	23.4	22.4	54.2
有兼职工作	23.3	23.6	53.1
工作不固定，打工	19.0	18.4	62.6
目前没有工作，待业	16.0	18.8	65.2
家庭主妇且没有工作	10.8	17.4	71.8
学生及待升学人员	35.5	26.4	38.1
离退休人员	16.7	25.6	57.8
无工作能力	11.6	15.9	72.5
按与科学技术的相关性分			
有相关性	26.0	23.2	50.7
无相关性	20.3	20.4	59.2
按科学技术的相关部门分			
生产或制造业	25.4	22.7	51.9
教育部门	33.1	28.4	38.5
科研部门	29.1	26.0	45.0
其他	25.0	22.2	52.8
按职业分			
国家机关、党群组织负责人	27.5	29.1	43.4
企业事业单位负责人	26.7	27.9	45.4
专业技术人员	30.9	22.3	46.8
办事人员与有关人员	25.5	24.4	50.1
农林牧渔水利业生产人员	15.5	18.2	66.3
商业及服务业人员	20.7	21.2	58.1
生产及运输设备操作工人	21.1	19.5	59.3
按重点人群分			
领导干部和公务员	31.8	27.4	40.8
城镇劳动者	21.7	21.5	56.7
农民	13.9	17.6	68.4
其他	20.3	22.5	57.3
按地区分			
东部地区	21.5	22.4	56.1
中部地区	18.3	19.6	62.1
西部地区	15.8	18.5	65.8

附表 106　公民对科学观点的了解程度 –12　　　　单位：%

类　别	所有的放射性现象都是人为造成的（错）		
	回答正确	回答错误	不知道
总体	40.8	27.5	31.7
按性别分			
男性	45.2	28.5	26.2
女性	36.3	26.4	37.4
按民族分			
汉族	41.3	27.5	31.2
其他民族	32.9	26.1	41.0
按户籍分			
本省户籍	40.3	27.4	32.3
非本省户籍	47.5	27.9	24.6
按年龄分（五段）			
18—29 岁	54.8	20.8	24.4
30—39 岁	45.4	24.5	30.1
40—49 岁	39.7	27.6	32.7
50—59 岁	25.7	35.8	38.5
60—69 岁	19.9	38.0	42.1
按年龄分（三段）			
18—39 岁	50.6	22.5	26.9
40—54 岁	35.7	29.6	34.7
55—69 岁	21.9	38.0	40.1
按文化程度分（五段）			
小学及以下	16.7	32.0	51.3
初中	38.7	30.1	31.2
高中（中专、技校）	57.6	24.2	18.2
大学专科	72.0	15.6	12.4
大学本科及以上	83.4	8.0	8.6
按文化程度分（三段）			
初中及以下	30.7	30.8	38.5
高中（中专、技校）	57.6	24.2	18.2
大学专科及以上	76.8	12.3	10.8
按文理科分			
偏文科	61.3	21.8	16.9
偏理科	71.4	15.8	12.8
按城乡分			
城镇居民	48.6	26.7	24.6

续表

类　别	所有的放射性现象都是人为造成的（错）		
	回答正确	回答错误	不知道
农村居民	32.2	28.3	39.6
按就业状况分			
有固定工作	50.3	25.0	24.8
有兼职工作	46.5	30.1	23.4
工作不固定，打工	37.9	28.8	33.4
目前没有工作，待业	34.4	28.0	37.5
家庭主妇且没有工作	28.8	26.9	44.3
学生及待升学人员	77.1	12.7	10.2
离退休人员	32.6	42.5	24.8
无工作能力	17.2	30.6	52.1
按与科学技术的相关性分			
有相关性	50.0	27.8	22.1
无相关性	44.4	26.0	29.6
按科学技术的相关部门分			
生产或制造业	47.4	29.3	23.3
教育部门	64.8	21.0	14.2
科研部门	50.9	30.1	19.0
其他	51.8	25.8	22.4
按职业分			
国家机关、党群组织负责人	64.8	21.2	14.1
企业事业单位负责人	59.9	23.0	17.0
专业技术人员	58.3	23.4	18.4
办事人员与有关人员	60.0	21.7	18.3
农林牧渔水利业生产人员	28.9	30.7	40.4
商业及服务业人员	46.7	25.9	27.5
生产及运输设备操作工人	42.3	29.3	28.4
按重点人群分			
领导干部和公务员	68.2	17.7	14.1
城镇劳动者	47.7	26.2	26.1
农民	29.1	28.6	42.3
其他	43.5	28.3	28.3
按地区分			
东部地区	44.6	27.4	28.0
中部地区	40.3	28.1	31.6
西部地区	35.1	26.9	38.0

类　别	光速比声速快（对）		
	回答正确	回答错误	不知道
总体	70.6	7.2	22.2
按性别分			
男性	79.1	6.1	14.8
女性	62.0	8.2	29.8
按民族分			
汉族	71.1	7.2	21.7
其他民族	63.0	6.8	30.2
按户籍分			
本省户籍	70.2	7.1	22.7
非本省户籍	76.5	8.4	15.1
按年龄分（五段）			
18—29 岁	76.5	10.3	13.3
30—39 岁	75.1	7.8	17.1
40—49 岁	72.5	5.8	21.6
50—59 岁	61.3	4.9	33.8
60—69 岁	56.0	4.0	39.9
按年龄分（三段）			
18—39 岁	75.9	9.2	15.0
40—54 岁	69.0	5.6	25.4
55—69 岁	58.7	4.3	37.1
按文化程度分（五段）			
小学及以下	45.5	6.9	47.5
初中	74.3	7.7	18.0
高中（中专、技校）	85.3	7.0	7.7
大学专科	89.0	6.3	4.7
大学本科及以上	92.2	5.0	2.8
按文化程度分（三段）			
初中及以下	63.8	7.4	28.7
高中（中专、技校）	85.3	7.0	7.7
大学专科及以上	90.4	5.8	3.9
按文理科分			
偏文科	85.1	7.3	7.6
偏理科	90.4	5.4	4.2
按城乡分			
城镇居民	76.7	7.1	16.2

附表 107　公民对科学观点的了解程度 –13　　单位：%

类 别	光速比声速快（对）		
	回答正确	回答错误	不知道
农村居民	63.9	7.2	28.8
按就业状况分			
有固定工作	78.5	7.1	14.4
有兼职工作	78.0	9.5	12.5
工作不固定，打工	71.9	6.9	21.1
目前没有工作，待业	67.7	6.8	25.5
家庭主妇且没有工作	55.7	8.2	36.2
学生及待升学人员	87.4	8.2	4.3
离退休人员	71.7	4.2	24.1
无工作能力	45.3	7.0	47.7
按与科学技术的相关性分			
有相关性	82.4	6.3	11.3
无相关性	74.0	7.5	18.6
按科学技术的相关部门分			
生产或制造业	81.2	6.3	12.4
教育部门	85.5	6.4	8.1
科研部门	79.7	9.6	10.7
其他	84.8	5.4	9.8
按职业分			
国家机关、党群组织负责人	85.9	7.4	6.7
企业事业单位负责人	83.3	8.3	8.4
专业技术人员	84.3	6.8	9.0
办事人员与有关人员	84.8	7.2	8.0
农林牧渔水利业生产人员	64.8	6.4	28.8
商业及服务业人员	76.0	7.5	16.5
生产及运输设备操作工人	76.8	7.6	15.7
按重点人群分			
领导干部和公务员	87.7	6.4	5.9
城镇劳动者	76.2	7.7	16.1
农民	62.1	6.9	30.9
其他	69.3	6.1	24.6
按地区分			
东部地区	74.5	7.5	18.0
中部地区	71.1	7.0	21.8
西部地区	63.7	6.7	29.6

类　别	电子比原子小（对）		
	回答正确	回答错误	不知道
总体	22.4	22.9	54.7
按性别分			
男性	25.7	24.8	49.5
女性	19.0	21.0	60.0
按民族分			
汉族	22.5	23.2	54.3
其他民族	19.7	19.1	61.2
按户籍分			
本省户籍	22.3	22.6	55.1
非本省户籍	22.9	28.0	49.1
按年龄分（五段）			
18—29 岁	23.3	30.4	46.2
30—39 岁	19.4	25.4	55.2
40—49 岁	21.2	21.2	57.7
50—59 岁	24.8	16.0	59.2
60—69 岁	25.0	12.6	62.4
按年龄分（三段）			
18—39 岁	21.6	28.2	50.2
40—54 岁	21.8	19.7	58.5
55—69 岁	25.7	13.9	60.3
按文化程度分（五段）			
小学及以下	18.6	10.8	70.6
初中	18.6	22.6	58.8
高中（中专、技校）	27.9	32.7	39.4
大学专科	30.5	37.9	31.6
大学本科及以上	44.8	34.9	20.3
按文化程度分（三段）			
初中及以下	18.6	18.3	63.1
高中（中专、技校）	27.9	32.7	39.4
大学专科及以上	36.6	36.6	26.8
按文理科分			
偏文科	25.7	34.7	39.6
偏理科	39.3	33.9	26.8
按城乡分			
城镇居民	25.3	26.5	48.2

附表 108　公民对科学观点的了解程度 –14　　　　单位：%

类　别	电子比原子小（对）		
	回答正确	回答错误	不知道
农村居民	19.2	19.0	61.9
按就业状况分			
有固定工作	25.0	27.8	47.2
有兼职工作	25.1	27.7	47.2
工作不固定，打工	19.5	21.8	58.7
目前没有工作，待业	19.7	19.8	60.4
家庭主妇且没有工作	15.7	16.5	67.8
学生及待升学人员	45.0	35.6	19.4
离退休人员	29.2	19.3	51.5
无工作能力	18.0	12.5	69.5
按与科学技术的相关性分			
有相关性	27.7	27.8	44.5
无相关性	21.5	25.1	53.4
按科学技术的相关部门分			
生产或制造业	25.4	27.7	46.8
教育部门	42.4	30.9	26.6
科研部门	34.1	28.5	37.4
其他	27.1	27.0	45.9
按职业分			
国家机关、党群组织负责人	34.8	32.1	33.1
企业事业单位负责人	30.7	32.8	36.6
专业技术人员	29.6	31.6	38.8
办事人员与有关人员	27.2	31.4	41.3
农林牧渔水利业生产人员	20.6	17.9	61.5
商业及服务业人员	21.3	26.0	52.7
生产及运输设备操作工人	19.5	24.9	55.6
按重点人群分			
领导干部和公务员	35.7	34.7	29.6
城镇劳动者	22.6	26.6	50.8
农民	18.6	17.2	64.2
其他	28.9	22.9	48.2
按地区分			
东部地区	24.4	26.1	49.6
中部地区	21.4	22.6	56.0
西部地区	20.3	18.1	61.6

类　别	附表 109　公民对科学观点的了解程度 –15　　　　　单位：%		
	数百万年来，我们生活的大陆一直在缓慢地漂移，并将继续漂移（对）		
	回答正确	回答错误	不知道
总体	50.8	9.9	39.3
按性别分			
男性	58.0	9.8	32.2
女性	43.4	10.0	46.6
按民族分			
汉族	51.3	9.9	38.8
其他民族	42.9	9.7	47.4
按户籍分			
本省户籍	50.4	9.7	39.9
非本省户籍	56.5	12.5	31.0
按年龄分（五段）			
18—29 岁	59.3	11.7	29.1
30—39 岁	52.7	11.1	36.2
40—49 岁	48.9	9.7	41.4
50—59 岁	42.7	8.2	49.1
60—69 岁	41.3	5.6	53.1
按年龄分（三段）			
18—39 岁	56.4	11.4	32.2
40—54 岁	46.8	9.4	43.9
55—69 岁	42.4	6.5	51.1
按文化程度分（五段）			
小学及以下	29.8	7.9	62.3
初中	47.9	11.8	40.4
高中（中专、技校）	67.6	10.7	21.6
大学专科	78.8	7.5	13.7
大学本科及以上	88.8	4.3	6.8
按文化程度分（三段）			
初中及以下	41.3	10.4	48.4
高中（中专、技校）	67.6	10.7	21.6
大学专科及以上	83.1	6.1	10.8
按文理科分			
偏文科	71.2	9.5	19.4
偏理科	78.1	7.9	14.0
按城乡分			
城镇居民	59.4	9.7	30.9

类 别	数百万年来，我们生活的大陆一直在缓慢地漂移，并将继续漂移（对）		
	回答正确	回答错误	不知道
农村居民	41.3	10.1	48.5
按就业状况分			
有固定工作	60.3	10.0	29.6
有兼职工作	58.7	10.5	30.8
工作不固定，打工	46.7	11.0	42.3
目前没有工作，待业	45.9	9.2	44.9
家庭主妇且没有工作	34.9	10.2	54.8
学生及待升学人员	81.1	8.8	10.0
离退休人员	53.3	7.9	38.7
无工作能力	33.7	6.2	60.1
按与科学技术的相关性分			
有相关性	61.1	10.9	28.0
无相关性	53.7	10.2	36.1
按科学技术的相关部门分			
生产或制造业	58.8	11.3	29.9
教育部门	71.5	11.4	17.1
科研部门	64.4	12.9	22.7
其他	62.6	9.1	28.3
按职业分			
国家机关、党群组织负责人	70.6	11.7	17.8
企业事业单位负责人	67.2	11.5	21.3
专业技术人员	67.1	10.7	22.2
办事人员与有关人员	68.1	8.9	22.9
农林牧渔水利业生产人员	40.7	9.9	49.5
商业及服务业人员	56.9	10.4	32.7
生产及运输设备操作工人	51.7	11.3	37.0
按重点人群分			
领导干部和公务员	75.9	8.8	15.2
城镇劳动者	56.9	10.4	32.6
农民	38.7	10.0	51.3
其他	55.8	8.2	36.0
按地区分			
东部地区	55.2	10.5	34.3
中部地区	49.6	10.3	40.1
西部地区	45.0	8.5	46.6

类　别	附表 110　公民对科学观点的了解程度 –16　　　　单位：%		
	就目前所知，人类是从较早期的动物进化而来的（对）		
	回答正确	回答错误	不知道
总体	68.2	8.1	23.8
按性别分			
男性	72.5	7.8	19.6
女性	63.7	8.4	28.0
按民族分			
汉族	68.8	8.1	23.1
其他民族	57.6	8.6	33.8
按户籍分			
本省户籍	67.9	7.9	24.2
非本省户籍	72.0	10.0	18.0
按年龄分（五段）			
18—29 岁	76.0	8.7	15.3
30—39 岁	71.2	8.9	19.9
40—49 岁	66.9	8.9	24.1
50—59 岁	59.6	6.6	33.8
60—69 岁	56.9	5.2	37.9
按年龄分（三段）			
18—39 岁	73.9	8.8	17.3
40—54 岁	64.7	8.3	27.1
55—69 岁	58.2	5.7	36.1
按文化程度分（五段）			
小学及以下	46.7	6.7	46.6
初中	71.0	8.4	20.6
高中（中专、技校）	80.9	8.8	10.3
大学专科	84.7	8.9	6.4
大学本科及以上	87.2	9.0	3.8
按文化程度分（三段）			
初中及以下	62.1	7.8	30.1
高中（中专、技校）	80.9	8.8	10.3
大学专科及以上	85.8	9.0	5.3
按文理科分			
偏文科	82.3	8.7	9.0
偏理科	83.7	9.0	7.3
按城乡分			
城镇居民	73.6	8.8	17.6

类 别	就目前所知，人类是从较早期的动物进化而来的（对）		
	回答正确	回答错误	不知道
农村居民	62.1	7.4	30.5
按就业状况分			
有固定工作	74.2	8.8	17.0
有兼职工作	74.4	8.2	17.4
工作不固定，打工	66.1	8.4	25.5
目前没有工作，待业	65.0	6.6	28.4
家庭主妇且没有工作	58.7	7.6	33.7
学生及待升学人员	84.2	9.6	6.2
离退休人员	71.3	6.6	22.1
无工作能力	48.4	7.5	44.1
按与科学技术的相关性分			
有相关性	76.4	9.1	14.5
无相关性	69.7	8.5	21.8
按科学技术的相关部门分			
生产或制造业	74.4	9.3	16.3
教育部门	77.3	12.4	10.3
科研部门	81.0	7.6	11.4
其他	79.0	8.5	12.6
按职业分			
国家机关、党群组织负责人	79.7	11.6	8.7
企业事业单位负责人	76.4	10.3	13.3
专业技术人员	78.9	9.0	12.1
办事人员与有关人员	79.3	9.1	11.5
农林牧渔水利业生产人员	60.2	7.6	32.2
商业及服务业人员	72.9	8.5	18.6
生产及运输设备操作工人	70.7	8.8	20.5
按重点人群分			
领导干部和公务员	80.6	9.9	9.5
城镇劳动者	73.2	8.8	18.1
农民	59.7	7.1	33.2
其他	70.4	7.5	22.1
按地区分			
东部地区	70.5	8.9	20.7
中部地区	68.5	8.3	23.2
西部地区	64.0	6.5	29.5

类　别	含有放射性物质的牛奶经过煮沸后可以安全饮用（错）		
	回答正确	回答错误	不知道
总体	45.6	21.1	33.3
按性别分			
男性	48.0	19.4	32.5
女性	43.0	22.8	34.2
按民族分			
汉族	46.2	20.8	33.0
其他民族	35.1	25.3	39.6
按户籍分			
本省户籍	45.0	21.3	33.6
非本省户籍	53.2	17.5	29.3
按年龄分（五段）			
18—29 岁	54.7	16.9	28.4
30—39 岁	53.6	16.4	30.0
40—49 岁	45.8	21.5	32.7
50—59 岁	31.7	27.8	40.5
60—69 岁	25.3	30.8	43.9
按年龄分（三段）			
18—39 岁	54.2	16.6	29.1
40—54 岁	42.2	22.9	34.9
55—69 岁	26.9	30.5	42.5
按文化程度分（五段）			
小学及以下	22.4	30.0	47.7
初中	45.4	21.5	33.1
高中（中专、技校）	62.0	15.2	22.8
大学专科	69.4	10.6	20.0
大学本科及以上	77.3	6.8	15.8
按文化程度分（三段）			
初中及以下	37.0	24.6	38.4
高中（中专、技校）	62.0	15.2	22.8
大学专科及以上	72.8	9.0	18.2
按文理科分			
偏文科	63.4	14.2	22.4
偏理科	70.6	10.4	19.0
按城乡分			
城镇居民	54.2	17.9	27.9

附表 111　公民对科学观点的了解程度 –17　　　　单位：%

类　别	含有放射性物质的牛奶经过煮沸后可以安全饮用（错）		
	回答正确	回答错误	不知道
农村居民	36.0	24.6	39.3
按就业状况分			
有固定工作	53.7	17.7	28.6
有兼职工作	52.3	21.4	26.3
工作不固定，打工	43.1	21.4	35.4
目前没有工作，待业	38.8	20.9	40.3
家庭主妇且没有工作	37.5	24.8	37.7
学生及待升学人员	62.1	16.8	21.1
离退休人员	42.4	26.0	31.6
无工作能力	20.9	30.5	48.6
按与科学技术的相关性分			
有相关性	52.4	21.4	26.2
无相关性	49.2	18.3	32.4
按科学技术的相关部门分			
生产或制造业	49.3	23.1	27.6
教育部门	63.4	19.8	16.7
科研部门	52.3	26.9	20.8
其他	56.3	16.7	27.0
按职业分			
国家机关、党群组织负责人	59.2	18.1	22.6
企业事业单位负责人	59.4	16.1	24.4
专业技术人员	60.3	15.7	24.0
办事人员与有关人员	64.2	12.8	23.0
农林牧渔水利业生产人员	30.2	27.8	42.0
商业及服务业人员	52.9	17.5	29.6
生产及运输设备操作工人	49.8	19.0	31.2
按重点人群分			
领导干部和公务员	65.3	13.5	21.2
城镇劳动者	53.9	17.6	28.5
农民	33.4	25.3	41.3
其他	45.1	23.1	31.8
按地区分			
东部地区	50.1	20.0	29.8
中部地区	45.9	20.0	34.1
西部地区	37.7	24.1	38.2

类　别	附表 112　公民对科学观点的了解程度 –18　　　　单位：%		
	地球围绕太阳转一圈的时间为一天（错）		
	回答正确	回答错误	不知道
总体	27.4	50.0	22.6
按性别分			
男性	30.2	51.2	18.6
女性	24.5	48.7	26.8
按民族分			
汉族	27.6	50.1	22.2
其他民族	23.4	47.2	29.4
按户籍分			
本省户籍	27.0	50.1	22.9
非本省户籍	33.3	47.5	19.2
按年龄分（五段）			
18—29 岁	39.4	43.8	16.8
30—39 岁	30.9	48.3	20.8
40—49 岁	24.4	51.6	24.1
50—59 岁	16.4	56.1	27.5
60—69 岁	12.1	56.6	31.3
按年龄分（三段）			
18—39 岁	35.6	45.8	18.6
40—54 岁	22.1	52.5	25.4
55—69 岁	13.7	57.1	29.2
按文化程度分（五段）			
小学及以下	12.2	49.1	38.7
初中	27.2	51.4	21.4
高中（中专、技校）	37.4	50.6	12.0
大学专科	41.7	48.0	10.4
大学本科及以上	52.9	42.2	4.8
按文化程度分（三段）			
初中及以下	21.8	50.6	27.7
高中（中专、技校）	37.4	50.6	12.0
大学专科及以上	46.5	45.5	8.0
按文理科分			
偏文科	36.8	50.9	12.3
偏理科	46.9	45.3	7.8
按城乡分			
城镇居民	32.3	50.2	17.5

类　别	地球围绕太阳转一圈的时间为一天（错）		
	回答正确	回答错误	不知道
农村居民	22.0	49.7	28.3
按就业状况分			
有固定工作	32.3	50.7	17.0
有兼职工作	30.4	52.2	17.4
工作不固定，打工	26.1	49.8	24.1
目前没有工作，待业	25.0	47.2	27.8
家庭主妇且没有工作	19.9	48.5	31.6
学生及待升学人员	58.4	35.8	5.8
离退休人员	19.8	60.1	20.1
无工作能力	12.5	52.3	35.3
按与科学技术的相关性分			
有相关性	32.5	52.7	14.9
无相关性	29.3	49.7	21.1
按科学技术的相关部门分			
生产或制造业	31.5	52.5	16.0
教育部门	41.5	50.7	7.8
科研部门	31.7	54.0	14.3
其他	32.5	53.2	14.3
按职业分			
国家机关、党群组织负责人	36.0	54.8	9.2
企业事业单位负责人	36.0	50.9	13.0
专业技术人员	38.5	47.8	13.7
办事人员与有关人员	36.0	50.2	13.7
农林牧渔水利业生产人员	19.6	52.3	28.2
商业及服务业人员	31.4	49.7	18.8
生产及运输设备操作工人	28.7	51.4	19.8
按重点人群分			
领导干部和公务员	39.6	51.2	9.2
城镇劳动者	31.9	49.5	18.6
农民	19.7	50.1	30.2
其他	29.5	50.4	20.1
按地区分			
东部地区	30.5	50.2	19.4
中部地区	26.8	50.7	22.4
西部地区	23.1	48.7	28.3

（九）公民对科学术语的了解程度

类　别	附表 113　公民对"分子"的了解程度			单位：%
	关于物质的"分子"，您认为下列哪个说法最正确？			
	正确	基本正确	错误	不知道
总体	11.0	11.3	14.8	62.9
按性别分				
男性	12.1	12.0	15.8	60.1
女性	9.9	10.6	13.8	65.8
按民族分				
汉族	11.2	11.4	15.0	62.5
其他民族	9.1	9.3	12.4	69.2
按户籍分				
本省户籍	10.9	11.1	14.5	63.4
非本省户籍	13.0	13.3	18.4	55.3
按年龄分（五段）				
18—29 岁	15.4	14.0	21.0	49.6
30—39 岁	11.9	12.3	15.3	60.5
40—49 岁	8.9	11.1	12.9	67.1
50—59 岁	8.0	8.4	10.6	73.0
60—69 岁	7.3	6.8	8.2	77.7
按年龄分（三段）				
18—39 岁	13.8	13.2	18.5	54.5
40—54 岁	8.5	10.3	12.3	68.8
55—69 岁	7.7	7.4	9.1	75.9
按文化程度分（五段）				
小学及以下	5.7	5.8	6.1	82.4
初中	9.1	10.2	12.8	68.0
高中（中专、技校）	15.6	16.0	23.2	45.1
大学专科	22.5	17.3	28.3	31.9
大学本科及以上	24.4	24.6	30.7	20.2
按文化程度分（三段）				
初中及以下	7.8	8.6	10.3	73.2
高中（中专、技校）	15.6	16.0	23.2	45.1
大学专科及以上	23.3	20.4	29.3	26.9
按文理科分				
偏文科	17.6	15.6	23.5	43.3
偏理科	20.6	20.9	28.8	29.8

续表

类　别	关于物质的"分子"，您认为下列哪个说法最正确？			
	正确	基本正确	错误	不知道
按城乡分				
城镇居民	13.6	13.0	18.0	55.5
农村居民	8.2	9.4	11.3	71.1
按就业状况分				
有固定工作	14.1	13.4	18.2	54.2
有兼职工作	14.3	12.8	18.1	54.8
工作不固定，打工	8.7	9.9	12.7	68.7
目前没有工作，待业	9.2	9.8	12.9	68.2
家庭主妇且没有工作	7.4	8.4	10.0	74.1
学生及待升学人员	20.8	24.0	32.2	23.0
离退休人员	10.0	9.9	12.8	67.3
无工作能力	6.1	5.4	5.9	82.6
按与科学技术的相关性分				
有相关性	15.1	15.0	18.7	51.3
无相关性	11.3	11.2	15.6	61.9
按科学技术的相关部门分				
生产或制造业	14.1	14.2	18.1	53.6
教育部门	24.7	18.3	24.3	32.7
科研部门	14.9	17.2	24.4	43.5
其他	14.9	15.3	17.1	52.7
按职业分				
国家机关、党群组织负责人	21.1	15.7	23.9	39.3
企业事业单位负责人	17.1	15.3	22.9	44.8
专业技术人员	16.9	15.9	21.0	46.2
办事人员与有关人员	17.1	17.4	21.8	43.7
农林牧渔水利业生产人员	7.5	9.2	11.1	72.1
商业及服务业人员	12.1	11.4	16.3	60.2
生产及运输设备操作工人	10.4	10.5	14.0	65.1
按重点人群分				
领导干部和公务员	21.3	19.5	24.0	35.2
城镇劳动者	13.0	12.6	17.2	57.1
农民	7.2	8.5	10.2	74.0
其他	12.5	12.1	17.0	58.5
按地区分				
东部地区	13.5	12.3	16.5	57.7
中部地区	9.7	11.2	14.2	64.9
西部地区	8.5	9.7	12.7	69.0

类　别	附表 114　公民对"DNA"的了解程度　　单位：%			
	关于"DNA"，您认为下列哪个说法最正确？			
	正确	基本正确	错误	不知道
总体	22.3	25.8	13.3	38.7
按性别分				
男性	25.3	24.1	13.9	36.8
女性	19.2	27.6	12.6	40.6
按民族分				
汉族	22.5	26.1	13.3	38.1
其他民族	18.6	20.6	12.8	48.1
按户籍分				
本省户籍	21.8	25.6	13.1	39.6
非本省户籍	29.3	28.8	15.3	26.7
按年龄分（五段）				
18—29 岁	32.6	32.5	13.1	21.8
30—39 岁	26.2	30.0	13.4	30.4
40—49 岁	19.6	24.5	13.7	42.3
50—59 岁	11.4	18.2	14.0	56.4
60—69 岁	9.7	14.1	11.2	65.0
按年龄分（三段）				
18—39 岁	29.7	31.4	13.2	25.6
40—54 岁	17.3	23.0	13.7	46.0
55—69 岁	10.2	14.9	12.4	62.5
按文化程度分（五段）				
小学及以下	7.4	13.4	12.0	67.2
初中	17.3	29.0	16.2	37.4
高中（中专、技校）	34.6	33.2	12.3	19.8
大学专科	48.7	32.4	7.9	11.0
大学本科及以上	63.6	26.7	3.8	5.9
按文化程度分（三段）				
初中及以下	13.7	23.4	14.7	48.2
高中（中专、技校）	34.6	33.2	12.3	19.8
大学专科及以上	55.0	30.0	6.2	8.8
按文理科分				
偏文科	38.4	33.6	10.5	17.5
偏理科	49.6	29.5	8.6	12.2
按城乡分				
城镇居民	29.0	28.4	12.9	29.7

类　别	关于"DNA"，您认为下列哪个说法最正确？			
	正确	基本正确	错误	不知道
农村居民	14.9	22.9	13.7	48.5
按就业状况分				
有固定工作	30.0	28.6	12.5	28.8
有兼职工作	26.8	28.1	16.5	28.6
工作不固定，打工	17.5	24.7	15.3	42.6
目前没有工作，待业	18.2	23.2	12.6	45.9
家庭主妇且没有工作	12.9	25.3	13.7	48.2
学生及待升学人员	51.2	32.2	8.0	8.5
离退休人员	16.5	22.6	14.4	46.5
无工作能力	9.6	9.0	8.4	73.0
按与科学技术的相关性分				
有相关性	28.9	28.6	14.6	27.9
无相关性	24.5	26.8	13.3	35.4
按科学技术的相关部门分				
生产或制造业	25.7	27.7	16.2	30.4
教育部门	42.0	30.9	11.7	15.4
科研部门	33.1	29.6	16.3	21.0
其他	31.3	29.7	11.5	27.5
按职业分				
国家机关、党群组织负责人	36.8	30.6	13.1	19.5
企业事业单位负责人	37.3	27.9	14.3	20.4
专业技术人员	37.4	28.5	12.2	21.8
办事人员与有关人员	37.3	30.8	11.4	20.5
农林牧渔水利业生产人员	13.0	20.3	14.4	52.3
商业及服务业人员	25.9	30.7	13.4	30.0
生产及运输设备操作工人	21.1	26.3	15.5	37.1
按重点人群分				
领导干部和公务员	44.9	30.9	9.9	14.3
城镇劳动者	27.4	29.3	13.6	29.7
农民	13.2	21.5	13.4	51.8
其他	25.1	23.4	12.2	39.3
按地区分				
东部地区	26.1	27.6	13.3	33.0
中部地区	20.9	26.5	13.5	39.1
西部地区	17.6	22.0	12.9	47.5

类　别	附表 115　公民对"Internet（因特网）"的了解程度　　单位：%			
	关于"Internet（因特网）"，您认为下列哪个说法最正确？			
	正确	基本正确	错误	不知道
总体	20.1	26.8	7.9	45.2
按性别分				
男性	22.4	28.3	8.3	41.0
女性	17.8	25.2	7.4	49.6
按民族分				
汉族	20.4	26.9	7.9	44.8
其他民族	16.2	24.5	6.8	52.5
按户籍分				
本省户籍	19.7	26.3	7.7	46.2
非本省户籍	25.7	33.0	9.9	31.5
按年龄分（五段）				
18—29岁	30.9	37.1	8.3	23.7
30—39岁	24.0	30.8	7.9	37.3
40—49岁	16.0	24.3	8.1	51.6
50—59岁	10.5	16.8	7.6	65.0
60—69岁	7.8	12.0	6.4	73.8
按年龄分（三段）				
18—39岁	27.8	34.3	8.1	29.7
40—54岁	14.5	22.2	8.0	55.3
55—69岁	8.6	13.7	6.8	71.0
按文化程度分（五段）				
小学及以下	8.3	13.4	6.2	72.2
初中	17.5	26.4	8.4	47.7
高中（中专、技校）	29.1	37.3	9.5	24.2
大学专科	39.1	42.5	8.3	10.1
大学本科及以上	47.9	41.7	5.7	4.7
按文化程度分（三段）				
初中及以下	14.1	21.7	7.6	56.6
高中（中专、技校）	29.1	37.3	9.5	24.2
大学专科及以上	42.8	42.2	7.2	7.8
按文理科分				
偏文科	33.0	39.7	8.4	18.8
偏理科	37.5	38.8	8.5	15.2
按城乡分				
城镇居民	25.2	31.0	8.2	35.7

类　别	关于"Internet（因特网）"，您认为下列哪个说法最正确？			
	正确	基本正确	错误	不知道
农村居民	14.6	22.1	7.5	55.8
按就业状况分				
有固定工作	26.8	32.1	8.4	32.7
有兼职工作	24.7	34.0	8.3	32.9
工作不固定，打工	16.1	25.9	8.2	49.8
目前没有工作，待业	16.8	24.1	6.8	52.3
家庭主妇且没有工作	12.7	21.1	6.9	59.3
学生及待升学人员	45.5	37.3	8.7	8.5
离退休人员	13.1	20.0	8.2	58.6
无工作能力	7.4	9.1	6.2	77.3
按与科学技术的相关性分				
有相关性	25.9	32.1	9.4	32.6
无相关性	22.2	29.4	7.9	40.5
按科学技术的相关部门分				
生产或制造业	24.0	31.0	9.6	35.4
教育部门	32.0	39.0	8.8	20.1
科研部门	28.8	32.2	11.9	27.2
其他	27.5	32.6	8.7	31.3
按职业分				
国家机关、党群组织负责人	30.3	39.0	9.5	21.3
企业事业单位负责人	32.8	36.4	9.4	21.3
专业技术人员	32.5	34.7	8.0	24.7
办事人员与有关人员	32.0	38.4	7.8	21.8
农林牧渔水利业生产人员	13.0	18.9	8.1	60.0
商业及服务业人员	23.3	33.1	7.9	35.7
生产及运输设备操作工人	20.0	27.9	9.5	42.5
按重点人群分				
领导干部和公务员	36.4	40.2	7.8	15.5
城镇劳动者	24.7	32.4	7.9	35.0
农民	12.7	19.5	7.7	60.2
其他	21.0	22.5	8.6	47.9
按地区分				
东部地区	23.4	29.6	8.2	38.7
中部地区	19.3	25.5	8.2	47.1
西部地区	15.8	23.7	6.9	53.7

类　别	您认为纳米是什么？			
	正确	基本正确	错误	不知道
总体	16.1	45.9	6.8	31.3
按性别分				
男性	19.3	47.2	5.8	27.7
女性	12.7	44.5	7.8	35.0
按民族分				
汉族	16.3	46.4	6.7	30.5
其他民族	12.7	36.7	7.1	43.6
按户籍分				
本省户籍	15.6	45.5	6.9	32.0
非本省户籍	22.1	51.5	5.0	21.5
按年龄分（五段）				
18—29岁	27.2	54.3	3.2	15.2
30—39岁	15.2	57.6	4.3	23.0
40—49岁	13.7	45.3	7.9	33.2
50—59岁	7.9	31.3	11.2	49.6
60—69岁	6.5	22.7	12.0	58.9
按年龄分（三段）				
18—39岁	21.9	55.8	3.7	18.7
40—54岁	11.9	41.6	8.8	37.7
55—69岁	7.2	25.2	11.8	55.7
按文化程度分（五段）				
小学及以下	4.1	20.7	13.6	61.6
初中	12.6	53.2	6.0	28.2
高中（中专、技校）	26.1	58.3	2.7	12.9
大学专科	35.0	59.1	1.0	4.9
大学本科及以上	47.7	49.5	0.4	2.5
按文化程度分（三段）				
初中及以下	9.5	41.4	8.8	40.3
高中（中专、技校）	26.1	58.3	2.7	12.9
大学专科及以上	40.4	55.0	0.7	3.9
按文理科分				
偏文科	25.6	61.9	2.3	10.2
偏理科	40.7	50.4	1.3	7.7
按城乡分				
城镇居民	20.8	51.9	4.8	22.5

附表116　公民对"纳米"的了解程度　　　　单位：%

类 别	您认为纳米是什么？			
	正确	基本正确	错误	不知道
农村居民	10.8	39.2	9.0	41.0
按就业状况分				
有固定工作	21.4	52.8	4.8	21.0
有兼职工作	18.3	56.2	4.9	20.6
工作不固定，打工	13.0	45.9	7.5	33.7
目前没有工作，待业	13.4	41.1	6.7	38.7
家庭主妇且没有工作	8.2	39.4	9.2	43.1
学生及待升学人员	45.3	48.3	1.5	4.8
离退休人员	12.9	38.9	9.8	38.4
无工作能力	3.8	20.8	12.0	63.5
按与科学技术的相关性分				
有相关性	21.5	50.9	6.2	21.4
无相关性	17.2	50.7	5.5	26.6
按科学技术的相关部门分				
生产或制造业	18.8	50.9	6.6	23.7
教育部门	33.0	46.9	8.6	11.6
科研部门	25.4	49.1	8.6	16.9
其他	23.5	52.4	3.8	20.2
按职业分				
国家机关、党群组织负责人	28.4	53.0	4.4	14.3
企业事业单位负责人	25.5	57.6	3.5	13.4
专业技术人员	29.5	52.4	3.2	14.8
办事人员与有关人员	26.0	58.0	2.8	13.2
农林牧渔水利业生产人员	7.7	37.3	11.2	43.7
商业及服务业人员	18.6	55.5	4.3	21.6
生产及运输设备操作工人	15.4	51.0	5.6	27.9
按重点人群分				
领导干部和公务员	31.8	55.4	2.9	9.9
城镇劳动者	19.7	53.8	4.7	21.8
农民	8.9	36.7	9.4	45.0
其他	19.1	40.6	7.9	32.4
按地区分				
东部地区	18.6	49.5	6.2	25.7
中部地区	14.8	48.0	7.2	30.0
西部地区	13.4	37.3	7.2	42.1

（十）公民对科学方法的理解程度

类　别	附表 117　公民对"科学研究"的理解程度 单位：%			
	关于"科学研究"这个短语，下列哪一项最接近您的理解？			
	引进新技术，推广新技术，使用新技术	遇到问题，咨询专家，得出解释	提出假设，进行观察、推理、实验、得出结论	不知道
总体	28.4	11.1	35.0	25.5
按性别分				
男性	29.1	10.2	38.3	22.4
女性	27.6	12.1	31.6	28.7
按民族分				
汉族	28.5	11.2	35.3	25.0
其他民族	26.7	9.3	29.9	34.1
按户籍分				
本省户籍	28.3	11.2	34.4	26.1
非本省户籍	28.8	10.3	43.1	17.7
按年龄分（五段）				
18—29 岁	29.4	7.1	50.5	12.9
30—39 岁	31.5	9.4	40.9	18.2
40—49 岁	29.9	12.9	30.9	26.3
50—59 岁	24.3	15.5	19.3	40.9
60—69 岁	22.0	14.7	15.0	48.4
按年龄分（三段）				
18—39 岁	30.3	8.1	46.3	15.3
40—54 岁	28.4	13.7	27.7	30.2
55—69 岁	22.5	14.9	16.4	46.2
按文化程度分（五段）				
小学及以下	18.6	14.7	13.4	53.3
初中	32.7	12.6	33.3	21.3
高中（中专、技校）	33.5	7.7	49.3	9.6
大学专科	29.7	3.6	61.8	4.9
大学本科及以上	20.6	2.0	74.6	2.8
按文化程度分（三段）				
初中及以下	27.6	13.4	26.1	32.9
高中（中专、技校）	33.5	7.7	49.3	9.6
大学专科及以上	25.8	2.9	67.3	4.0
按文理科分				
偏文科	32.7	6.1	53.0	8.1
偏理科	27.0	5.0	61.9	6.1

类　别	关于"科学研究"这个短语，下列哪一项最接近您的理解？			
	引进新技术，推广新技术，使用新技术	遇到问题，咨询专家，得出解释	提出假设，进行观察、推理、实验、得出结论	不知道
按城乡分				
城镇居民	28.9	10.1	42.2	18.8
农村居民	27.8	12.3	27.0	32.9
按就业状况分				
有固定工作	31.0	9.2	42.9	16.9
有兼职工作	32.4	10.5	41.9	15.2
工作不固定，打工	28.7	11.8	32.5	27.1
目前没有工作，待业	27.7	10.2	29.8	32.2
家庭主妇且没有工作	25.3	13.9	25.8	35.1
学生及待升学人员	23.6	4.7	67.2	4.5
离退休人员	28.3	16.8	24.6	30.3
无工作能力	17.7	11.9	12.5	58.0
按与科学技术的相关性分				
有相关性	33.7	10.3	42.3	13.7
无相关性	29.0	10.1	38.3	22.6
按科学技术的相关部门分				
生产或制造业	34.7	11.1	39.4	14.8
教育部门	26.9	8.4	56.4	8.4
科研部门	33.0	11.2	46.7	9.0
其他	33.3	8.9	44.0	13.8
按职业分				
国家机关、党群组织负责人	34.4	7.0	48.7	10.0
企业事业单位负责人	31.7	9.3	49.0	10.0
专业技术人员	28.9	7.8	51.0	12.4
办事人员与有关人员	33.4	6.8	50.3	9.5
农林牧渔水利业生产人员	28.9	13.7	23.5	33.9
商业及服务业人员	31.3	9.3	41.5	17.9
生产及运输设备操作工人	28.9	11.4	36.5	23.3
按重点人群分				
领导干部和公务员	28.8	6.2	58.0	7.0
城镇劳动者	30.1	10.2	41.8	17.9
农民	27.1	12.3	24.5	36.1
其他	25.1	11.4	35.4	28.2
按地区分				
东部地区	29.4	11.4	38.4	20.7
中部地区	28.4	11.9	34.3	25.5
西部地区	26.5	9.8	30.2	33.5

类　别	附表 118　公民对"对比法"的理解程度　　　　单位：%			
	科学家想知道一种治疗高血压病的新药是否有效， 您认为以下哪一种方法最好？			
	回答错误	理解对比法	理解双盲实验	不知道
总体	12.0	22.9	20.4	44.8
按性别分				
男性	13.4	22.6	21.0	43.1
女性	10.6	23.3	19.7	46.5
按民族分				
汉族	12.1	23.1	20.6	44.2
其他民族	10.6	20.3	15.8	53.4
按户籍分				
本省户籍	12.1	22.7	19.9	45.3
非本省户籍	10.7	25.2	26.1	37.9
按年龄分（五段）				
18—29 岁	8.9	28.6	29.6	32.9
30—39 岁	10.9	24.6	24.0	40.4
40—49 岁	13.6	23.1	16.7	46.6
50—59 岁	14.3	16.2	11.5	58.0
60—69 岁	15.0	14.3	10.0	60.6
按年龄分（三段）				
18—39 岁	9.8	26.8	27.1	36.2
40—54 岁	13.4	21.1	15.5	50.0
55—69 岁	15.5	15.0	10.1	59.5
按文化程度分（五段）				
小学及以下	10.4	12.2	10.0	67.4
初中	12.9	23.0	18.6	45.5
高中（中专、技校）	13.7	30.5	27.2	28.6
大学专科	11.4	34.8	35.1	18.6
大学本科及以上	7.1	34.5	45.2	13.2
按文化程度分（三段）				
初中及以下	12.0	19.1	15.5	53.5
高中（中专、技校）	13.7	30.5	27.2	28.6
大学专科及以上	9.6	34.7	39.4	16.3
按文理科分				
偏文科	12.4	32.2	29.8	25.6
偏理科	11.3	32.4	35.7	20.6
按城乡分				
城镇居民	12.4	26.1	24.3	37.2
农村居民	11.5	19.4	16.0	53.1

类　别	科学家想知道一种治疗高血压病的新药是否有效，您认为以下哪一种方法最好？			
	回答错误	理解对比法	理解双盲实验	不知道
按就业状况分				
有固定工作	12.4	26.8	25.1	35.7
有兼职工作	12.0	26.2	24.8	37.1
工作不固定，打工	12.0	20.2	17.5	50.3
目前没有工作，待业	10.3	20.0	17.2	52.5
家庭主妇且没有工作	10.3	19.4	15.6	54.7
学生及待升学人员	7.3	34.9	41.5	16.3
离退休人员	20.2	21.5	13.9	44.4
无工作能力	10.1	11.8	9.5	68.5
按与科学技术的相关性分				
有相关性	14.8	25.8	24.7	34.7
无相关性	11.3	24.2	21.7	42.7
按科学技术的相关部门分				
生产或制造业	16.0	24.8	22.2	37.0
教育部门	12.6	31.8	33.2	22.4
科研部门	13.6	27.3	31.8	27.3
其他	13.1	25.9	25.9	35.1
按职业分				
国家机关、党群组织负责人	15.2	29.8	26.3	28.7
企业事业单位负责人	13.3	30.8	28.3	27.6
专业技术人员	11.9	27.4	29.9	30.8
办事人员与有关人员	12.2	31.5	28.9	27.5
农林牧渔水利业生产人员	13.1	18.4	13.9	54.6
商业及服务业人员	11.7	24.9	24.3	39.1
生产及运输设备操作工人	12.1	23.3	19.0	45.6
按重点人群分				
领导干部和公务员	14.3	32.6	30.3	22.8
城镇劳动者	11.9	25.8	24.1	38.2
农民	11.3	18.1	14.5	56.2
其他	13.4	23.8	20.7	42.1
按地区分				
东部地区	12.8	25.1	22.6	39.5
中部地区	11.9	22.7	20.2	45.3
西部地区	10.7	19.5	17.0	52.8

类　别	对"概率"的理解				
	1	2	3（正确）	4	不知道
总体	6.5	7.1	42.9	6.8	36.7
按性别分					
男性	6.3	7.2	43.8	6.4	36.3
女性	6.7	6.9	42.0	7.1	37.2
按民族分					
汉族	6.5	7.1	43.4	6.8	36.3
其他民族	6.5	6.9	35.6	6.8	44.2
按户籍分					
本省户籍	6.5	7.0	42.1	6.8	37.5
非本省户籍	5.9	7.5	54.3	6.3	26.0
按年龄分（五段）					
18—29 岁	5.2	7.7	59.6	4.7	22.9
30—39 岁	5.6	6.8	52.6	5.9	29.2
40—49 岁	6.8	6.7	38.5	7.9	40.1
50—59 岁	8.2	7.5	23.5	8.9	51.9
60—69 岁	8.2	6.0	18.9	8.6	58.3
按年龄分（三段）					
18—39 岁	5.4	7.3	56.5	5.2	25.7
40—54 岁	7.2	6.9	34.6	8.1	43.2
55—69 岁	8.4	6.7	19.7	8.9	56.4
按文化程度分（五段）					
小学及以下	7.1	6.0	18.0	8.5	60.4
初中	6.6	7.6	43.0	7.6	35.2
高中（中专、技校）	6.7	8.0	57.7	4.9	22.5
大学专科	5.4	6.2	71.4	3.1	13.9
大学本科及以上	3.4	5.5	80.3	1.7	9.0
按文化程度分（三段）					
初中及以下	6.8	7.0	33.9	7.9	44.4
高中（中专、技校）	6.7	8.0	57.7	4.9	22.5
大学专科及以上	4.6	5.9	75.2	2.5	11.8
按文理科分					
偏文科	6.3	7.9	60.9	4.6	20.2
偏理科	5.1	6.1	70.6	3.1	15.1
按城乡分					
城镇居民	6.5	7.1	50.5	5.9	30.0
农村居民	6.5	7.0	34.6	7.7	44.2
按就业状况分					
有固定工作	6.1	7.4	52.6	5.9	28.0

附表 119　公民对"概率"的理解程度　　　　　　单位：%

类 别	对"概率"的理解				
	1	2	3（正确）	4	不知道
有兼职工作	6.6	8.9	49.7	6.6	28.2
工作不固定，打工	5.9	7.0	38.0	7.1	42.0
目前没有工作，待业	6.2	6.2	37.3	6.6	43.7
家庭主妇且没有工作	6.5	6.4	35.1	7.9	44.1
学生及待升学人员	6.0	7.6	74.0	2.7	9.7
离退休人员	10.4	8.9	29.8	8.1	42.8
无工作能力	6.8	4.3	15.8	10.9	62.2
按与科学技术的相关性分					
有相关性	6.9	7.9	49.4	7.9	27.9
无相关性	5.8	7.1	47.0	5.7	34.4
按科学技术的相关部门分					
生产或制造业	7.2	7.7	46.5	8.6	30.0
教育部门	9.2	9.0	58.3	8.0	15.6
科研部门	7.6	10.4	49.6	8.8	23.5
其他	5.6	7.4	53.1	6.2	27.7
按职业分					
国家机关、党群组织负责人	6.4	7.7	58.1	5.2	22.5
企业事业单位负责人	7.4	9.2	54.8	5.5	23.0
专业技术人员	6.5	7.0	58.3	5.0	23.1
办事人员与有关人员	6.1	7.0	61.4	4.7	20.9
农林牧渔水利业生产人员	7.0	7.4	29.6	9.6	46.4
商业及服务业人员	5.4	7.4	51.9	5.3	30.1
生产及运输设备操作工人	5.6	7.1	43.1	6.7	37.6
按重点人群分					
领导干部和公务员	6.0	7.1	64.0	3.8	19.2
城镇劳动者	6.0	7.2	51.0	6.0	29.8
农民	6.4	6.8	31.7	7.9	47.2
其他	8.5	6.4	41.6	7.6	35.9
按地区分					
东部地区	6.5	7.1	48.1	6.5	31.7
中部地区	6.6	7.2	41.2	7.5	37.4
西部地区	6.3	6.7	36.5	6.4	44.1

问题：医生为一对夫妇进行身体检查后，告诉他们，如果他们生育孩子的话，他们的孩子患遗传病的可能性为1/4。下列哪一种说法最符合医生的意思？回答：1. 如果他们生育的前三个孩子都很健康，那么第四个孩子肯定得遗传病。2. 如果他们的第一个孩子有遗传病，那么后面的三个孩子将不会得遗传病。3. 他们生育的孩子都有可能得遗传病。4. 如果他们只生育三个孩子，那么这三个孩子都不会得遗传病。

（十一）公民对科学对个人和社会影响的理解程度

类　别	求签				
	参与过 很相信	参与过 有些相信	尝试过 不相信	没参与过 不理睬	不知道
总体	3.0	11.0	15.8	62.8	7.5
按性别分					
男性	2.6	9.1	16.2	64.6	7.5
女性	3.4	12.9	15.3	60.9	7.5
按民族分					
汉族	3.1	11.2	16.0	62.9	6.9
其他民族	2.0	7.5	11.8	61.3	17.3
按户籍分					
本省户籍	2.9	10.9	15.4	63.1	7.6
非本省户籍	3.9	12.2	20.2	57.8	5.9
按年龄分（五段）					
18—29 岁	3.1	14.6	19.7	57.1	5.5
30—39 岁	2.7	12.6	18.9	59.1	6.7
40—49 岁	2.9	9.7	15.3	64.4	7.8
50—59 岁	3.2	8.0	10.0	69.1	9.7
60—69 岁	3.3	5.6	8.8	72.0	10.3
按年龄分（三段）					
18—39 岁	2.9	13.7	19.3	58.0	6.1
40—54 岁	3.0	9.5	13.9	65.4	8.2
55—69 岁	3.2	6.0	9.1	71.6	10.3
按文化程度分（五段）					
小学及以下	3.7	8.0	8.8	66.2	13.3
初中	2.8	11.6	16.0	63.1	6.6
高中（中专、技校）	2.9	12.1	20.2	60.5	4.4
大学专科	2.4	14.2	22.9	57.5	3.0
大学本科及以上	2.2	13.1	24.8	57.7	2.3
按文化程度分（三段）					
初中及以下	3.1	10.3	13.4	64.2	9.0
高中（中专、技校）	2.9	12.1	20.2	60.5	4.4
大学专科及以上	2.3	13.7	23.7	57.6	2.7
按文理科分					
偏文科	2.8	13.9	21.4	58.1	3.8
偏理科	2.4	11.3	22.0	60.7	3.5

附表 120　公民对迷信活动的相信程度 –1　　　　单位：%

类　别	求签				
	参与过 很相信	参与过 有些相信	尝试过 不相信	没参与过 不理睬	不知道
按城乡分					
城镇居民	3.3	12.4	18.0	60.3	6.0
农村居民	2.6	9.4	13.3	65.5	9.2
按就业状况分					
有固定工作	3.0	12.7	18.0	61.0	5.2
有兼职工作	3.3	14.0	18.2	58.8	5.7
工作不固定，打工	2.7	9.9	16.0	62.6	8.8
目前没有工作，待业	2.7	9.0	15.5	62.8	10.1
家庭主妇且没有工作	3.4	11.0	13.1	64.3	8.2
学生及待升学人员	2.1	13.0	21.0	60.1	3.8
离退休人员	3.7	7.8	10.4	70.7	7.4
无工作能力	2.7	5.0	7.9	66.2	18.2
按与科学技术的相关性分					
有相关性	3.0	10.9	17.4	62.7	6.0
无相关性	2.9	12.3	17.4	60.8	6.6
按科学技术的相关部门分					
生产或制造业	2.9	10.3	16.9	63.2	6.7
教育部门	4.0	13.1	19.5	58.3	5.1
科研部门	3.3	12.1	17.0	63.9	3.8
其他	3.0	11.4	18.3	62.2	5.2
按职业分					
国家机关、党群组织负责人	5.7	12.3	20.2	53.8	8.1
企业事业单位负责人	4.6	15.7	22.5	52.2	5.1
专业技术人员	3.1	10.8	19.2	62.3	4.6
办事人员与有关人员	2.3	15.0	19.9	57.4	5.4
农林牧渔水利业生产人员	2.3	7.3	10.9	69.5	10.0
商业及服务业人员	3.4	15.1	20.0	56.4	5.1
生产及运输设备操作工人	2.3	10.0	16.1	65.1	6.5
按重点人群分					
领导干部和公务员	3.3	11.5	23.8	56.9	4.4
城镇劳动者	3.2	13.0	18.8	59.0	5.9
农民	2.6	8.7	12.0	67.1	9.6
其他	3.3	10.8	14.0	64.2	7.8
按地区分					
东部地区	4.0	13.0	17.1	59.6	6.3
中部地区	2.7	10.4	16.5	63.7	6.7
西部地区	1.7	8.4	12.7	66.7	10.5

类　别	相面				
	参与过 很相信	参与过 有些相信	尝试过 不相信	没参与过 不理睬	不知道
总体	2.6	10.4	14.1	65.6	7.3
按性别分					
男性	2.5	9.1	14.6	66.7	7.2
女性	2.7	11.7	13.7	64.5	7.4
按民族分					
汉族	2.6	10.6	14.4	65.7	6.6
其他民族	2.0	6.5	9.7	63.8	17.9
按户籍分					
本省户籍	2.5	10.1	13.8	66.1	7.4
非本省户籍	3.4	13.3	18.5	59.4	5.5
按年龄分（五段）					
18—29岁	2.6	12.6	16.7	62.0	6.1
30—39岁	2.4	11.8	16.9	62.0	6.8
40—49岁	2.7	9.8	13.6	66.5	7.4
50—59岁	2.8	8.1	10.1	70.3	8.7
60—69岁	2.4	6.1	8.9	73.6	9.0
按年龄分（三段）					
18—39岁	2.5	12.3	16.8	62.0	6.4
40—54岁	2.8	9.7	12.8	66.9	7.8
55—69岁	2.4	6.1	9.0	73.8	8.8
按文化程度分（五段）					
小学及以下	2.8	7.3	9.9	67.6	12.3
初中	2.5	10.9	14.6	65.3	6.7
高中（中专、技校）	2.6	11.3	17.0	64.7	4.4
大学专科	2.2	13.2	18.2	63.3	3.2
大学本科及以上	2.6	13.4	16.1	65.6	2.2
按文化程度分（三段）					
初中及以下	2.6	9.6	12.9	66.1	8.7
高中（中专、技校）	2.6	11.3	17.0	64.7	4.4
大学专科及以上	2.4	13.3	17.3	64.3	2.8
按文理科分					
偏文科	2.7	13.3	16.9	63.3	3.7
偏理科	2.3	10.7	17.3	66.0	3.8
按城乡分					
城镇居民	2.9	11.8	15.7	63.6	5.9

附表 121　公民对迷信活动的相信程度 –2　　　单位：%

続表

类 别	相面				
	参与过 很相信	参与过 有些相信	尝试过 不相信	没参与过 不理睬	不知道
农村居民	2.2	8.8	12.4	67.8	8.8
按就业状况分					
有固定工作	2.9	11.9	15.8	64.8	4.7
有兼职工作	3.9	12.2	16.7	60.4	6.8
工作不固定，打工	2.4	10.0	14.9	64.1	8.7
目前没有工作，待业	2.1	8.2	13.7	66.2	9.8
家庭主妇且没有工作	2.3	10.8	12.3	66.4	8.2
学生及待升学人员	1.9	9.4	15.6	67.5	5.6
离退休人员	3.0	7.2	9.9	73.0	7.0
无工作能力	2.7	5.1	7.7	66.8	17.6
按与科学技术的相关性分					
有相关性	3.3	10.9	15.6	64.7	5.6
无相关性	2.6	11.4	15.5	64.2	6.3
按科学技术的相关部门分					
生产或制造业	3.0	10.8	16.5	63.5	6.2
教育部门	4.2	13.0	14.5	64.4	3.9
科研部门	3.7	10.7	13.7	68.2	3.8
其他	3.6	10.6	14.7	66.0	5.0
按职业分					
国家机关、党群组织负责人	5.4	11.3	14.2	62.4	6.7
企业事业单位负责人	3.3	15.7	19.0	56.8	5.2
专业技术人员	2.8	10.5	16.9	64.6	5.2
办事人员与有关人员	2.8	13.4	17.1	62.1	4.7
农林牧渔水利业生产人员	2.3	7.3	11.6	70.2	8.6
商业及服务业人员	3.1	14.0	17.0	60.9	5.0
生产及运输设备操作工人	2.4	9.5	14.9	66.5	6.7
按重点人群分					
领导干部和公务员	3.7	12.3	18.2	61.5	4.3
城镇劳动者	2.7	12.4	16.4	62.6	5.9
农民	2.3	8.3	11.6	68.6	9.1
其他	2.4	9.0	12.0	68.3	8.3
按地区分					
东部地区	3.2	12.3	16.0	62.5	5.9
中部地区	2.5	10.2	13.9	67.2	6.2
西部地区	1.6	7.3	11.2	69.0	10.9

附表 122 公民对迷信活动的相信程度 –3   单位：%

类　别	星座预测				
	参与过 很相信	参与过 有些相信	尝试过 不相信	没参与过 不理睬	不知道
总体	2.2	9.3	15.7	59.3	13.5
按性别分					
男性	1.9	7.0	14.8	63.9	12.5
女性	2.6	11.7	16.6	54.6	14.5
按民族分					
汉族	2.3	9.4	15.9	59.6	12.9
其他民族	1.8	8.2	12.3	54.5	23.2
按户籍分					
本省户籍	2.1	8.9	15.2	59.9	13.9
非本省户籍	3.7	14.4	22.8	51.4	7.8
按年龄分（五段）					
18—29 岁	3.7	18.2	27.2	44.1	6.8
30—39 岁	1.9	10.0	19.8	57.9	10.5
40—49 岁	1.6	5.5	11.3	66.8	14.8
50—59 岁	1.7	3.5	5.0	70.1	19.7
60—69 岁	1.3	1.9	3.3	68.8	24.7
按年龄分（三段）					
18—39 岁	2.9	14.5	23.9	50.2	8.5
40—54 岁	1.7	5.1	9.5	67.2	16.5
55—69 岁	1.3	2.3	3.7	70.4	22.3
按文化程度分（五段）					
小学及以下	1.7	3.1	4.8	64.1	26.4
初中	2.2	8.8	15.2	62.4	11.4
高中（中专、技校）	2.9	13.3	23.3	53.9	6.6
大学专科	2.7	17.2	29.4	46.8	4.0
大学本科及以上	2.9	20.7	31.1	43.0	2.3
按文化程度分（三段）					
初中及以下	2.0	6.7	11.4	63.0	16.8
高中（中专、技校）	2.9	13.3	23.3	53.9	6.6
大学专科及以上	2.8	18.7	30.1	45.2	3.3
按文理科分					
偏文科	3.1	16.8	26.3	48.5	5.4
偏理科	2.4	14.1	26.1	52.4	5.0
按城乡分					
城镇居民	2.8	11.7	19.4	56.4	9.8

类　别	星座预测				
	参与过 很相信	参与过 有些相信	尝试过 不相信	没参与过 不理睬	不知道
农村居民	1.6	6.7	11.6	62.5	17.5
按就业状况分					
有固定工作	2.4	11.2	19.5	57.7	9.2
有兼职工作	3.7	12.3	19.4	55.4	9.2
工作不固定，打工	1.8	7.2	14.0	61.9	15.1
目前没有工作，待业	2.2	8.0	14.2	59.2	16.4
家庭主妇且没有工作	1.8	7.7	13.4	60.3	16.9
学生及待升学人员	5.4	27.9	28.3	35.1	3.3
离退休人员	1.7	3.8	5.9	72.7	15.9
无工作能力	1.7	2.4	3.9	59.4	32.7
按与科学技术的相关性分					
有相关性	2.4	9.8	17.0	60.2	10.6
无相关性	2.3	10.1	18.0	58.4	11.3
按科学技术的相关部门分					
生产或制造业	2.0	9.0	14.9	62.4	11.8
教育部门	4.5	13.2	23.8	49.6	9.0
科研部门	2.8	9.1	14.1	63.5	10.5
其他	2.8	11.0	20.6	57.2	8.3
按职业分					
国家机关、党群组织负责人	5.0	9.9	21.1	52.8	11.2
企业事业单位负责人	3.3	14.2	24.3	51.0	7.2
专业技术人员	2.9	11.3	21.5	55.8	8.4
办事人员与有关人员	2.8	15.5	25.9	48.5	7.4
农林牧渔水利业生产人员	1.1	3.6	7.6	68.8	19.0
商业及服务业人员	2.9	13.1	20.5	54.9	8.5
生产及运输设备操作工人	1.5	6.9	15.2	65.0	11.4
按重点人群分					
领导干部和公务员	2.7	12.0	24.9	54.4	5.9
城镇劳动者	2.6	11.8	20.2	55.4	10.0
农民	1.5	5.4	9.9	65.0	18.2
其他	3.1	11.0	15.0	55.2	15.6
按地区分					
东部地区	2.7	10.7	17.8	57.0	11.8
中部地区	2.4	8.5	15.5	61.0	12.6
西部地区	1.4	8.0	12.4	61.1	17.1

类　　别	周公解梦				
	参与过 很相信	参与过 有些相信	尝试过 不相信	没参与过 不理睬	不知道
总体	2.5	10.8	17.4	58.6	10.8
按性别分					
男性	2.1	8.3	16.3	63.2	10.1
女性	3.0	13.2	18.5	53.9	11.4
按民族分					
汉族	2.5	10.9	17.6	58.8	10.1
其他民族	2.2	8.2	12.7	55.2	21.7
按户籍分					
本省户籍	2.4	10.5	16.9	59.1	11.0
非本省户籍	3.7	14.0	23.6	51.8	6.8
按年龄分（五段）					
18—29 岁	2.9	14.5	24.0	50.8	7.8
30—39 岁	2.2	12.7	22.7	53.8	8.5
40—49 岁	2.6	10.0	15.6	61.4	10.3
50—59 岁	2.4	6.8	8.4	67.7	14.7
60—69 岁	2.0	4.3	6.2	69.3	18.2
按年龄分（三段）					
18—39 岁	2.6	13.7	23.4	52.1	8.1
40—54 岁	2.6	9.4	13.8	62.6	11.6
55—69 岁	2.1	4.7	6.5	69.8	16.9
按文化程度分（五段）					
小学及以下	2.4	6.4	7.8	63.3	20.1
初中	2.5	10.7	18.2	59.4	9.1
高中（中专、技校）	2.7	13.4	22.6	55.6	5.8
大学专科	3.0	16.7	27.0	49.3	4.0
大学本科及以上	1.8	16.2	27.9	50.7	3.4
按文化程度分（三段）					
初中及以下	2.5	9.2	14.4	60.8	13.1
高中（中专、技校）	2.7	13.4	22.6	55.6	5.8
大学专科及以上	2.5	16.5	27.4	49.9	3.7
按文理科分					
偏文科	3.0	16.4	25.1	50.4	5.1
偏理科	2.2	12.5	23.9	56.7	4.8
按城乡分					
城镇居民	2.9	12.4	20.2	56.2	8.3

附表 123　公民对迷信活动的相信程度 –4　　　单位：%

类　别	周公解梦				
	参与过 很相信	参与过 有些相信	尝试过 不相信	没参与过 不理睬	不知道
农村居民	2.1	8.9	14.2	61.3	13.5
按就业状况分					
有固定工作	2.5	11.8	20.3	57.7	7.7
有兼职工作	3.7	13.4	21.6	53.5	7.8
工作不固定，打工	2.2	10.0	18.0	59.0	10.9
目前没有工作，待业	2.2	9.5	15.3	58.7	14.3
家庭主妇且没有工作	2.7	11.7	15.7	57.2	12.6
学生及待升学人员	2.7	11.8	19.1	59.4	7.0
离退休人员	2.8	6.8	8.9	69.4	12.1
无工作能力	2.3	5.2	7.7	58.5	26.2
按与科学技术的相关性分					
有相关性	2.9	11.7	19.6	57.7	8.2
无相关性	2.3	11.2	19.6	57.9	9.0
按科学技术的相关部门分					
生产或制造业	2.8	10.8	18.4	59.2	8.8
教育部门	3.5	16.5	25.1	47.8	7.0
科研部门	3.4	12.3	18.8	58.7	6.8
其他	2.7	12.5	21.2	56.3	7.3
按职业分					
国家机关、党群组织负责人	3.7	11.0	24.5	52.4	8.4
企业事业单位负责人	2.5	17.4	23.8	49.5	6.9
专业技术人员	2.7	12.7	22.1	55.9	6.7
办事人员与有关人员	2.8	14.3	26.2	50.4	6.3
农林牧渔水利业生产人员	2.0	6.7	11.4	66.5	13.4
商业及服务业人员	2.8	13.6	21.9	54.5	7.3
生产及运输设备操作工人	2.0	8.8	18.0	61.9	9.3
按重点人群分					
领导干部和公务员	2.1	13.1	25.2	54.2	5.5
城镇劳动者	2.9	12.8	21.6	54.6	8.1
农民	2.0	8.6	13.0	62.7	13.8
其他	2.4	9.4	12.7	60.8	14.7
按地区分					
东部地区	2.8	10.4	18.3	58.4	10.0
中部地区	2.7	11.7	18.0	58.2	9.3
西部地区	1.9	10.1	14.9	59.4	13.7

类　别	电脑算命				
	参与过 很相信	参与过 有些相信	尝试过 不相信	没参与过 不理睬	不知道
总体	1.4	4.7	16.1	65.7	12.1
按性别分					
男性	1.3	3.8	15.9	68.2	10.8
女性	1.5	5.7	16.3	63.1	13.5
按民族分					
汉族	1.4	4.8	16.3	66.1	11.4
其他民族	1.2	3.8	12.4	59.5	23.1
按户籍分					
本省户籍	1.3	4.6	15.6	66.1	12.3
非本省户籍	2.5	5.7	22.8	59.5	9.6
按年龄分（五段）					
18—29岁	1.6	7.1	24.3	58.4	8.7
30—39岁	1.4	5.7	21.1	61.5	10.3
40—49岁	1.2	4.1	13.3	69.2	12.2
50—59岁	1.5	2.4	6.9	73.5	15.8
60—69岁	1.2	1.2	4.4	73.7	19.6
按年龄分（三段）					
18—39岁	1.5	6.5	22.9	59.8	9.4
40—54岁	1.4	3.8	11.7	69.8	13.3
55—69岁	1.1	1.4	4.8	74.7	17.9
按文化程度分（五段）					
小学及以下	1.6	2.1	6.2	68.3	21.7
初中	1.3	5.0	15.8	67.3	10.7
高中（中专、技校）	1.5	6.1	23.1	62.5	6.8
大学专科	1.2	7.7	28.0	58.2	5.0
大学本科及以上	1.2	6.6	29.2	59.1	3.9
按文化程度分（三段）					
初中及以下	1.4	3.9	12.3	67.6	14.7
高中（中专、技校）	1.5	6.1	23.1	62.5	6.8
大学专科及以上	1.2	7.2	28.5	58.6	4.5
按文理科分					
偏文科	1.4	7.3	25.5	59.7	6.1
偏理科	1.3	5.7	25.3	62.3	5.5
按城乡分					
城镇居民	1.5	5.5	19.8	63.7	9.5

附表124　公民对迷信活动的相信程度 –5　　单位：%

续表

类　别	电脑算命				
	参与过很相信	参与过有些相信	尝试过不相信	没参与过不理睬	不知道
农村居民	1.3	3.8	12.1	67.8	15.1
按就业状况分					
有固定工作	1.5	5.5	19.8	64.5	8.8
有兼职工作	2.5	4.9	21.7	61.7	9.2
工作不固定，打工	1.4	4.2	15.8	65.8	12.9
目前没有工作，待业	1.4	4.5	14.8	63.9	15.4
家庭主妇且没有工作	1.0	4.9	12.4	66.9	14.8
学生及待升学人员	1.3	5.8	24.0	62.7	6.1
离退休人员	1.2	2.5	7.2	76.4	12.7
无工作能力	1.7	1.7	6.4	63.0	27.1
按与科学技术的相关性分					
有相关性	1.9	5.3	18.5	65.1	9.2
无相关性	1.4	4.9	18.6	64.6	10.5
按科学技术的相关部门分					
生产或制造业	1.8	4.8	17.6	65.5	10.3
教育部门	2.7	9.5	20.7	60.0	7.1
科研部门	2.6	4.7	15.8	69.9	7.0
其他	1.8	5.7	20.8	63.9	7.8
按职业分					
国家机关、党群组织负责人	4.1	4.7	19.4	60.9	10.9
企业事业单位负责人	1.7	7.8	25.8	56.4	8.4
专业技术人员	1.6	5.9	22.2	62.5	7.8
办事人员与有关人员	1.4	6.6	25.2	59.3	7.6
农林牧渔水利业生产人员	1.3	2.2	10.0	70.9	15.6
商业及服务业人员	1.7	6.2	21.5	62.4	8.1
生产及运输设备操作工人	1.2	4.2	15.2	68.7	10.7
按重点人群分					
领导干部和公务员	1.8	5.8	24.0	61.9	6.5
城镇劳动者	1.5	5.9	20.7	62.4	9.6
农民	1.2	3.5	10.5	69.3	15.6
其他	1.5	3.7	14.3	66.5	14.0
按地区分					
东部地区	1.7	5.3	17.9	64.1	10.9
中部地区	1.4	4.7	16.1	66.8	11.0
西部地区	0.8	3.7	13.1	66.9	15.5

类　别	在过去的一年中，您用过下列方法治疗和处理健康方面的问题吗？								
	没出健康问题	自己找药吃	自己治疗处理	祈求神灵保佑	心理咨询与心理治疗	看医生（西医为主）	看医生（中医为主）	什么方法都没用过	其他
总体	19.8	36.7	13.9	1.6	3.3	55.8	32.0	2.5	3.3
按性别分									
男性	21.4	35.6	14.4	1.1	3.5	55.5	30.7	2.4	3.3
女性	18.1	37.8	13.3	2.2	3.1	56.1	33.3	2.6	3.3
按民族分									
汉族	19.8	36.6	13.9	1.6	3.3	56.0	32.0	2.4	3.2
其他民族	20.0	38.9	14.0	2.1	3.6	51.7	31.7	3.5	5.1
按户籍分									
本省户籍	19.5	36.7	13.7	1.7	3.3	56.3	32.2	2.5	3.3
非本省户籍	23.9	37.3	16.9	1.3	3.6	49.1	28.2	2.2	3.6
按年龄分（五段）									
18—29 岁	20.6	40.2	17.4	1.4	4.0	55.1	30.0	2.4	5.0
30—39 岁	20.8	37.6	13.9	1.2	3.0	55.1	33.6	2.5	3.4
40—49 岁	20.6	36.0	12.4	1.5	3.3	54.2	32.0	2.3	2.8
50—59 岁	18.6	34.1	11.7	2.2	2.8	56.8	31.1	2.8	1.9
60—69 岁	15.2	31.1	11.2	2.4	2.7	61.1	35.0	2.7	2.0
按年龄分（三段）									
18—39 岁	20.7	39.1	15.8	1.3	3.6	55.1	31.6	2.4	4.3
40—54 岁	20.0	35.5	12.2	1.9	3.2	54.9	31.7	2.5	2.5
55—69 岁	16.5	32.2	11.5	2.1	2.7	59.5	33.7	2.6	2.0
按文化程度分（五段）									
小学及以下	19.6	31.3	9.3	2.9	2.3	55.0	30.6	3.5	2.6
初中	20.4	35.7	12.7	1.5	3.1	55.2	32.4	2.3	3.4
高中（中专、技校）	19.4	40.7	16.8	0.8	4.3	55.9	32.4	2.2	3.5
大学专科	18.9	44.5	21.8	0.6	4.4	58.6	33.2	1.4	4.1
大学本科及以上	17.0	49.2	26.3	0.8	5.1	60.5	31.9	1.4	4.0
按文化程度分（三段）									
初中及以下	20.1	34.1	11.5	2.0	2.8	55.1	31.7	2.8	3.1
高中（中专、技校）	19.4	40.7	16.8	0.8	4.3	55.9	32.4	2.2	3.5
大学专科及以上	18.1	46.5	23.7	0.6	4.7	59.4	32.7	1.4	4.1
按文理科分									
偏文科	19.1	42.3	19.0	0.8	4.3	56.4	33.3	2.1	3.7
偏理科	18.5	44.3	20.7	0.6	4.6	58.6	31.4	1.6	3.8
按城乡分									
城镇居民	19.4	41.1	16.7	1.4	3.6	54.4	31.9	2.3	3.4

附表 125　公民治疗和处理健康问题的方法　　　单位：%

类别	在过去的一年中，您用过下列方法治疗和处理健康方面的问题吗？								
	没出健康问题	自己找药吃	自己治疗处理	祈求神灵保佑	心理咨询与心理治疗	看医生(西医为主)	看医生(中医为主)	什么方法都没用过	其他
农村居民	20.2	31.9	10.8	1.9	3.0	57.3	32.0	2.7	3.2
按就业状况分									
有固定工作	20.9	38.8	15.8	1.0	3.5	55.4	31.5	2.0	2.9
有兼职工作	22.2	35.7	18.0	1.3	4.5	51.6	31.5	1.8	3.0
工作不固定，打工	20.6	35.5	12.3	1.5	2.5	54.8	31.3	2.9	3.7
目前没有工作，待业	21.9	33.8	12.3	1.7	3.1	53.7	30.8	2.8	3.7
家庭主妇且没有工作	17.9	35.1	10.9	2.7	2.8	57.7	33.0	2.7	3.4
学生及待升学人员	17.7	45.6	20.8	1.3	7.8	54.1	29.9	2.1	5.4
离退休人员	13.5	38.8	14.9	1.8	3.3	61.0	35.0	2.3	2.1
无工作能力	16.6	27.2	10.7	2.8	4.0	57.7	35.6	4.8	3.8
按与科学技术的相关性分									
有相关性	19.7	37.5	17.5	1.2	4.3	57.4	33.2	1.8	3.1
无相关性	21.4	37.6	13.8	1.2	2.8	54.1	30.8	2.5	3.2
按科学技术的相关部门分									
生产或制造业	20.2	37.7	16.2	1.2	4.0	57.8	33.3	1.8	2.9
教育部门	18.6	36.8	19.1	1.9	8.4	56.0	34.2	1.1	3.6
科研部门	17.1	36.2	19.9	1.4	6.6	58.2	35.4	2.4	1.9
其他	19.5	37.5	19.0	1.0	3.5	56.6	32.1	1.9	3.6
按职业分									
国家机关、党群组织负责人	20.2	39.0	16.6	3.0	7.1	54.1	34.9	2.1	3.3
企业事业单位负责人	22.3	37.1	20.8	0.9	5.2	54.1	33.1	2.6	3.2
专业技术人员	20.7	40.6	19.7	1.3	4.0	54.6	29.7	2.0	3.8
办事人员与有关人员	17.4	43.7	19.1	1.0	3.9	59.9	34.4	1.7	4.4
农林牧渔水利业生产人员	21.0	32.7	9.6	1.5	2.2	56.0	31.2	2.7	1.8
商业及服务业人员	21.6	38.9	15.2	1.0	2.9	52.9	31.1	2.3	3.3
生产及运输设备操作工人	21.6	35.0	12.5	1.2	3.0	55.3	31.2	2.2	3.5
按重点人群分									
领导干部和公务员	18.5	42.8	21.0	1.0	5.2	58.3	33.0	1.3	2.9
城镇劳动者	20.5	39.7	16.1	1.3	3.4	54.0	31.5	2.2	3.6
农民	20.3	31.7	9.8	1.9	2.6	57.4	32.1	2.8	2.8
其他	16.2	38.2	14.9	2.2	4.7	56.8	32.8	3.1	3.6
按地区分									
东部地区	19.9	37.8	15.4	1.7	3.8	55.4	32.4	2.0	3.8
中部地区	20.0	33.4	13.0	1.8	3.1	55.1	29.6	3.2	2.6
西部地区	19.3	38.8	12.4	1.2	2.8	57.3	34.1	2.5	3.2

（十二）公民对科学技术的态度

类　　别	附表 126　公民对科学技术的态度 –1　　　　　单位：%					
	科学技术使我们的生活更健康、更便捷、更舒适					
	非常赞成	基本赞成	既不赞成也不反对	基本反对	非常反对	不知道
总体	49.3	31.4	8.1	1.1	0.6	9.5
按性别分						
男性	54.0	30.0	6.7	1.1	0.5	7.7
女性	44.5	32.8	9.5	1.2	0.7	11.4
按民族分						
汉族	49.4	31.5	8.1	1.1	0.6	9.2
其他民族	47.1	29.2	7.9	1.3	0.6	13.9
按户籍分						
本省户籍	49.8	31.0	7.9	1.1	0.6	9.7
非本省户籍	42.4	37.0	11.2	1.8	0.8	6.9
按年龄分（五段）						
18—29 岁	46.1	36.2	10.5	1.3	0.5	5.3
30—39 岁	49.4	32.9	8.2	1.3	0.6	7.6
40—49 岁	50.0	31.2	7.1	1.1	0.7	9.9
50—59 岁	50.6	26.6	6.9	0.9	0.6	14.3
60—69 岁	54.1	23.3	5.3	0.6	0.4	16.3
按年龄分（三段）						
18—39 岁	47.5	34.7	9.5	1.3	0.6	6.4
40—54 岁	50.0	29.7	7.2	1.1	0.6	11.4
55—69 岁	53.1	24.9	5.7	0.7	0.6	15.0
按文化程度分（五段）						
小学及以下	43.4	24.4	8.3	1.0	0.9	22.0
初中	48.1	33.8	8.9	1.4	0.6	7.2
高中（中专、技校）	53.6	34.5	7.5	1.1	0.4	2.8
大学专科	57.9	34.2	6.0	0.6	0.2	1.1
大学本科及以上	63.3	31.2	4.3	0.4	0.2	0.5
按文化程度分（三段）						
初中及以下	46.4	30.4	8.7	1.2	0.7	12.6
高中（中专、技校）	53.6	34.5	7.5	1.1	0.4	2.8
大学专科及以上	60.2	32.9	5.3	0.5	0.2	0.9
按文理科分						
偏文科	56.4	33.1	6.9	0.9	0.4	2.2
偏理科	56.4	34.8	6.1	0.8	0.2	1.7

类　别	科学技术使我们的生活更健康、更便捷、更舒适					
	非常赞成	基本赞成	既不赞成 也不反对	基本反对	非常反对	不知道
按城乡分						
城镇居民	50.1	33.2	8.4	1.3	0.5	6.5
农村居民	48.4	29.3	7.7	1.0	0.7	12.9
按就业状况分						
有固定工作	54.1	31.5	7.5	0.9	0.5	5.5
有兼职工作	55.0	31.6	7.0	1.5	0.7	4.2
工作不固定，打工	47.1	31.4	8.6	1.4	0.5	10.9
目前没有工作，待业	45.2	31.7	7.4	0.9	1.0	13.7
家庭主妇且没有工作	42.4	31.3	10.3	1.2	0.6	14.1
学生及待升学人员	47.4	41.7	7.6	1.0	0.6	1.7
离退休人员	54.1	29.9	6.0	1.3	0.3	8.4
无工作能力	48.4	20.8	6.6	1.4	0.8	22.0
按与科学技术的相关性分						
有相关性	60.1	28.6	6.0	1.0	0.3	4.0
无相关性	48.7	32.6	8.5	1.2	0.6	8.4
按科学技术的相关部门分						
生产或制造业	59.8	28.0	5.9	1.1	0.3	4.9
教育部门	61.8	30.6	4.6	0.4	0.7	1.9
科研部门	60.4	28.8	7.3	1.0	0.5	1.9
其他	60.2	29.3	6.2	0.8	0.3	3.1
按职业分						
国家机关、党群组织负责人	65.3	24.5	3.7	2.1	0.5	3.8
企业事业单位负责人	57.3	30.7	7.4	1.3	0.6	2.7
专业技术人员	55.3	30.8	7.4	1.3	0.5	4.8
办事人员与有关人员	59.6	32.5	5.0	0.6	0.3	2.0
农林牧渔水利业生产人员	50.4	27.9	6.9	0.8	0.7	13.2
商业及服务业人员	49.1	33.7	9.2	1.2	0.6	6.2
生产及运输设备操作工人	48.8	32.5	8.9	1.4	0.4	8.0
按重点人群分						
领导干部和公务员	64.9	27.7	4.4	1.0	0.4	1.5
城镇劳动者	49.2	33.6	9.0	1.2	0.6	6.4
农民	48.1	28.6	7.4	1.0	0.6	14.3
其他	48.6	31.2	7.8	1.3	0.7	10.3
按地区分						
东部地区	50.3	32.3	8.4	1.2	0.6	7.2
中部地区	49.0	31.5	8.5	1.1	0.6	9.3
西部地区	48.0	29.8	7.1	0.9	0.6	13.6

类　别	现代科学技术将给我们的后代提供更多的发展机会					
	非常赞成	基本赞成	既不赞成 也不反对	基本反对	非常反对	不知道
总体	52.2	31.5	6.1	1.2	0.6	8.5
按性别分						
男性	55.0	31.0	5.6	1.3	0.6	6.6
女性	49.3	32.0	6.7	1.0	0.5	10.4
按民族分						
汉族	52.3	31.6	6.1	1.2	0.6	8.3
其他民族	50.4	30.0	5.6	1.1	0.6	12.2
按户籍分						
本省户籍	52.6	31.1	5.9	1.1	0.6	8.7
非本省户籍	46.3	36.4	8.8	1.6	0.7	6.2
按年龄分（五段）						
18—29 岁	49.7	35.7	7.7	1.2	0.7	5.0
30—39 岁	51.9	32.7	6.9	1.3	0.6	6.7
40—49 岁	53.0	31.4	5.3	1.2	0.5	8.5
50—59 岁	53.1	27.5	4.8	1.1	0.6	12.9
60—69 岁	56.2	24.1	4.1	0.6	0.2	14.7
按年龄分（三段）						
18—39 岁	50.7	34.4	7.3	1.2	0.6	5.7
40—54 岁	52.7	30.5	5.0	1.2	0.5	10.0
55—69 岁	55.6	25.1	4.7	0.7	0.3	13.5
按文化程度分（五段）						
小学及以下	48.4	24.8	5.2	1.1	0.7	19.7
初中	52.5	33.2	6.3	1.2	0.5	6.3
高中（中专、技校）	53.2	35.3	6.9	1.3	0.6	2.7
大学专科	56.0	34.9	6.7	1.0	0.3	1.1
大学本科及以上	59.7	32.5	5.9	1.1	0.3	0.6
按文化程度分（三段）						
初中及以下	51.0	30.2	5.9	1.1	0.6	11.2
高中（中专、技校）	53.2	35.3	6.9	1.3	0.6	2.7
大学专科及以上	57.5	33.9	6.3	1.0	0.3	0.9
按文理科分						
偏文科	55.2	34.2	6.6	1.2	0.6	2.2
偏理科	55.0	35.3	6.8	1.2	0.3	1.5
按城乡分						
城镇居民	50.8	34.4	7.0	1.4	0.6	5.9

附表 127　公民对科学技术的态度 –2　　　　　单位：%

类 别	现代科学技术将给我们的后代提供更多的发展机会					
	非常赞成	基本赞成	既不赞成也不反对	基本反对	非常反对	不知道
农村居民	53.7	28.3	5.1	0.9	0.5	11.4
按就业状况分						
有固定工作	54.9	32.2	6.2	1.2	0.5	5.0
有兼职工作	53.2	32.9	7.3	1.8	0.4	4.3
工作不固定，打工	51.0	31.1	6.6	1.2	0.6	9.4
目前没有工作，待业	49.7	31.1	5.6	1.0	0.6	11.9
家庭主妇且没有工作	49.6	30.5	6.1	1.0	0.6	12.3
学生及待升学人员	50.9	38.9	6.5	1.4	0.7	1.6
离退休人员	54.4	31.7	5.0	1.2	0.3	7.4
无工作能力	48.1	22.7	5.1	0.9	0.7	22.4
按与科学技术的相关性分						
有相关性	62.0	27.9	5.0	1.2	0.5	3.4
无相关性	50.2	33.5	6.9	1.2	0.6	7.6
按科学技术的相关部门分						
生产或制造业	61.8	27.9	4.9	1.2	0.5	3.7
教育部门	59.7	31.2	4.6	1.7	0.6	2.2
科研部门	64.4	26.5	4.8	1.6	0.4	2.3
其他	62.2	27.5	5.3	1.2	0.4	3.3
按职业分						
国家机关、党群组织负责人	61.8	27.2	5.6	1.1	1.8	2.5
企业事业单位负责人	55.8	32.6	5.6	2.1	1.0	3.0
专业技术人员	56.3	31.7	6.4	1.1	0.7	3.8
办事人员与有关人员	56.0	33.9	6.2	1.2	0.2	2.4
农林牧渔水利业生产人员	56.6	24.9	5.0	1.0	0.4	11.9
商业及服务业人员	50.4	34.9	7.3	1.4	0.5	5.6
生产及运输设备操作工人	50.5	34.1	6.8	1.1	0.6	7.0
按重点人群分						
领导干部和公务员	61.6	29.3	5.3	1.1	0.8	1.9
城镇劳动者	50.9	34.5	7.2	1.2	0.5	5.7
农民	53.6	27.4	4.9	1.0	0.6	12.5
其他	50.1	31.7	5.8	1.8	0.3	10.2
按地区分						
东部地区	51.2	33.2	6.8	1.3	0.6	6.9
中部地区	52.9	31.1	6.3	1.0	0.6	8.1
西部地区	53.0	29.1	4.8	1.0	0.5	11.6

类　别	我们过于依赖科学，而忽视了信仰						单位：%
	非常赞成	基本赞成	既不赞成也不反对	基本反对	非常反对	不知道
总体	14.0	24.5	24.8	12.3	6.8	17.7
按性别分						
男性	15.7	26.6	23.5	12.5	7.6	14.1
女性	12.1	22.4	26.0	12.0	6.0	21.4
按民族分						
汉族	14.0	24.8	25.1	12.3	6.8	17.1
其他民族	14.2	20.5	20.2	11.3	6.5	27.3
按户籍分						
本省户籍	14.0	24.3	24.5	12.2	6.9	18.2
非本省户籍	13.9	27.6	28.8	12.8	5.4	11.5
按年龄分（五段）						
18—29 岁	11.6	26.6	33.5	11.9	6.3	10.2
30—39 岁	12.9	25.2	26.6	12.6	8.1	14.6
40—49 岁	13.3	24.6	22.0	13.3	8.0	18.7
50—59 岁	16.3	21.7	17.8	12.3	5.6	26.3
60—69 岁	20.5	22.0	15.0	10.0	4.2	28.4
按年龄分（三段）						
18—39 岁	12.2	26.0	30.4	12.3	7.1	12.2
40—54 岁	13.9	23.6	20.8	13.0	7.5	21.3
55—69 岁	19.4	22.2	16.1	10.9	4.5	26.9
按文化程度分（五段）						
小学及以下	17.0	17.7	15.3	9.0	4.6	36.5
初中	11.8	24.8	26.1	13.9	8.2	15.2
高中（中专、技校）	13.3	27.8	31.1	14.0	7.1	6.8
大学专科	15.4	32.0	32.8	11.6	5.5	2.6
大学本科及以上	18.1	35.2	29.6	9.5	5.8	1.7
按文化程度分（三段）						
初中及以下	13.7	22.2	22.1	12.1	6.9	22.9
高中（中专、技校）	13.3	27.8	31.1	14.0	7.1	6.8
大学专科及以上	16.6	33.4	31.5	10.7	5.6	2.2
按文理科分						
偏文科	15.1	29.7	31.3	12.5	6.1	5.2
偏理科	14.2	30.7	31.2	12.7	6.8	4.3
按城乡分						
城镇居民	14.0	27.0	27.6	12.5	6.5	12.3

附表 128　公民对科学技术的态度 -3

续表

类　别	我们过于依赖科学，而忽视了信仰					
	非常赞成	基本赞成	既不赞成也不反对	基本反对	非常反对	不知道
农村居民	13.9	21.8	21.6	12.0	7.1	23.6
按就业状况分						
有固定工作	14.6	27.8	26.7	12.3	7.1	11.6
有兼职工作	16.6	28.3	27.1	12.3	6.0	9.7
工作不固定，打工	13.3	23.7	23.7	12.3	8.1	18.9
目前没有工作，待业	13.7	22.9	22.2	12.2	6.7	22.4
家庭主妇且没有工作	12.0	19.1	23.9	12.0	6.0	27.0
学生及待升学人员	13.0	28.4	36.2	13.1	6.1	3.2
离退休人员	15.5	26.7	21.1	14.9	5.3	16.4
无工作能力	19.3	17.6	16.4	7.8	4.1	34.8
按与科学技术的相关性分						
有相关性	16.7	27.3	23.7	13.4	8.9	10.0
无相关性	13.4	26.2	26.5	11.8	6.8	15.4
按科学技术的相关部门分						
生产或制造业	16.9	26.9	22.4	13.8	8.8	11.2
教育部门	20.8	31.2	21.8	12.3	7.8	6.1
科研部门	21.1	28.3	21.0	11.4	9.5	8.9
其他	14.1	27.1	27.6	13.3	9.0	8.9
按职业分						
国家机关、党群组织负责人	19.0	34.8	22.0	9.4	6.5	8.3
企业事业单位负责人	19.3	30.8	25.2	11.5	7.8	5.4
专业技术人员	15.0	29.8	25.3	12.9	7.9	9.1
办事人员与有关人员	14.5	31.0	29.7	12.4	6.5	5.8
农林牧渔水利业生产人员	14.6	21.2	20.2	11.5	8.1	24.4
商业及服务业人员	13.1	26.4	29.3	12.2	6.7	12.5
生产及运输设备操作工人	13.6	25.8	24.7	13.2	7.8	14.9
按重点人群分						
领导干部和公务员	17.3	35.5	22.9	12.0	7.9	4.5
城镇劳动者	13.8	26.6	28.0	12.5	6.7	12.5
农民	13.7	20.9	20.4	11.7	7.3	25.9
其他	14.9	24.3	25.1	13.1	5.4	17.2
按地区分						
东部地区	14.7	25.9	26.5	12.5	6.3	14.2
中部地区	13.0	24.3	26.0	12.2	7.4	17.0
西部地区	14.0	22.5	20.5	12.0	6.8	24.3

类　别	由于科学技术的进步，地球的自然资源将会用之不竭					
	非常赞成	基本赞成	既不赞成也不反对	基本反对	非常反对	不知道
总体	13.1	16.9	11.8	15.8	17.5	24.9
按性别分						
男性	14.7	17.4	10.7	17.5	20.6	19.1
女性	11.5	16.5	12.8	14.1	14.3	30.8
按民族分						
汉族	13.1	17.0	11.8	16.0	17.7	24.3
其他民族	13.4	15.3	10.3	12.3	13.8	34.9
按户籍分						
本省户籍	13.2	16.9	11.5	15.6	17.3	25.5
非本省户籍	12.3	17.9	15.0	17.8	19.9	17.0
按年龄分（五段）						
18—29 岁	11.2	16.1	15.5	17.8	25.4	13.9
30—39 岁	12.3	16.6	12.3	17.7	20.7	20.4
40—49 岁	12.5	18.0	10.2	16.1	15.9	27.3
50—59 岁	15.2	17.1	9.1	12.7	9.1	36.8
60—69 岁	18.3	17.2	8.4	10.3	6.7	39.1
按年龄分（三段）						
18—39 岁	11.7	16.3	14.1	17.8	23.3	16.8
40—54 岁	13.0	17.2	9.9	15.2	14.1	30.6
55—69 岁	17.7	18.1	8.6	11.0	7.2	37.4
按文化程度分（五段）						
小学及以下	14.8	13.9	8.5	7.9	5.4	49.6
初中	12.9	18.8	12.4	16.4	16.9	22.7
高中（中专、技校）	12.8	17.8	13.5	21.2	26.2	8.5
大学专科	12.1	16.6	14.4	22.3	30.9	3.6
大学本科及以上	9.7	13.2	13.4	24.1	37.7	1.9
按文化程度分（三段）						
初中及以下	13.6	17.0	11.0	13.3	12.7	32.5
高中（中专、技校）	12.8	17.8	13.5	21.2	26.2	8.5
大学专科及以上	11.1	15.2	14.0	23.1	33.8	2.9
按文理科分						
偏文科	12.9	17.4	13.7	21.2	27.9	7.0
偏理科	10.9	15.8	13.8	23.0	31.4	5.1
按城乡分						
城镇居民	12.7	17.8	12.9	18.4	20.9	17.4

附表 129　公民对科学技术的态度 –4　　　　单位：%

类　别	由于科学技术的进步，地球的自然资源将会用之不竭					
	非常赞成	基本赞成	既不赞成 也不反对	基本反对	非常反对	不知道
农村居民	13.6	16.0	10.5	12.9	13.8	33.1
按就业状况分						
有固定工作	13.4	17.5	12.9	18.3	21.7	16.1
有兼职工作	14.7	20.3	12.8	19.1	17.8	15.3
工作不固定，打工	12.6	16.9	10.6	16.0	16.9	27.1
目前没有工作，待业	13.3	16.9	10.9	14.0	15.8	29.2
家庭主妇且没有工作	11.9	15.2	12.1	11.7	10.4	38.8
学生及待升学人员	9.9	10.9	11.9	19.6	45.4	2.2
离退休人员	15.7	22.0	10.1	16.5	10.8	24.9
无工作能力	16.4	13.3	8.4	7.6	6.3	48.0
按与科学技术的相关性分						
有相关性	16.1	18.5	11.0	17.4	21.6	15.4
无相关性	12.1	17.1	12.6	17.6	19.2	21.3
按科学技术的相关部门分						
生产或制造业	16.0	18.4	10.9	16.7	21.0	17.1
教育部门	15.5	16.3	11.4	20.7	28.6	7.6
科研部门	19.4	20.1	10.2	16.1	20.2	14.0
其他	15.5	18.8	11.3	18.5	21.6	14.2
按职业分						
国家机关、党群组织负责人	16.1	20.2	10.5	18.5	24.3	10.4
企业事业单位负责人	17.3	17.8	14.3	18.3	24.2	8.0
专业技术人员	12.8	16.0	12.0	19.2	27.7	12.4
办事人员与有关人员	12.6	17.8	13.8	21.3	24.8	9.7
农林牧渔水利业生产人员	14.3	16.9	9.0	13.2	11.6	35.1
商业及服务业人员	11.8	18.5	13.7	18.6	20.3	17.1
生产及运输设备操作工人	13.7	17.0	12.0	17.5	19.0	20.8
按重点人群分						
领导干部和公务员	13.1	16.4	10.7	23.5	30.0	6.3
城镇劳动者	12.6	17.4	13.5	18.1	20.8	17.7
农民	13.6	16.1	9.8	12.4	11.9	36.3
其他	13.8	16.8	10.6	14.5	20.1	24.1
按地区分						
东部地区	13.7	17.7	12.4	17.0	18.7	20.6
中部地区	12.1	16.9	12.7	16.1	17.6	24.6
西部地区	13.4	15.8	9.6	13.5	15.5	32.2

类　别	附表 130　公民对科学技术的态度 -5　　　　　　单位：%					
	如果能帮助人类解决健康问题，应该允许科学家用动物（如：狗、猴子）做试验					
	非常赞成	基本赞成	既不赞成也不反对	基本反对	非常反对	不知道
总体	19.3	25.7	14.6	11.2	13.5	15.7
按性别分						
男性	21.6	29.0	14.3	10.0	12.4	12.6
女性	16.9	22.4	14.9	12.4	14.6	18.8
按民族分						
汉族	19.4	26.0	14.7	11.3	13.4	15.1
其他民族	17.4	22.0	12.3	9.5	14.2	24.5
按户籍分						
本省户籍	19.8	25.9	14.2	11.0	13.1	16.0
非本省户籍	13.4	23.6	19.8	14.1	18.1	10.9
按年龄分（五段）						
18—29 岁	8.9	19.2	22.4	17.2	22.7	9.6
30—39 岁	14.3	27.0	16.7	12.9	15.8	13.2
40—49 岁	21.7	30.3	11.6	9.4	9.8	17.2
50—59 岁	30.5	27.7	7.5	6.3	6.4	21.6
60—69 岁	34.7	27.1	7.2	3.5	3.2	24.3
按年龄分（三段）						
18—39 岁	11.3	22.6	19.9	15.3	19.7	11.2
40—54 岁	24.0	29.2	10.5	8.6	9.1	18.5
55—69 岁	33.5	28.0	7.1	4.3	3.9	23.2
按文化程度分（五段）						
小学及以下	25.4	21.0	8.7	6.6	7.3	31.1
初中	18.1	27.1	14.2	11.9	14.9	13.8
高中（中专、技校）	16.4	28.0	18.5	14.0	17.0	6.2
大学专科	15.0	26.9	22.3	15.3	16.7	3.7
大学本科及以上	14.5	28.5	24.8	14.0	16.4	1.9
按文化程度分（三段）						
初中及以下	20.8	24.9	12.2	9.9	12.1	20.1
高中（中专、技校）	16.4	28.0	18.5	14.0	17.0	6.2
大学专科及以上	14.8	27.6	23.3	14.8	16.6	2.9
按文理科分						
偏文科	15.7	26.6	19.5	14.6	18.3	5.4
偏理科	15.9	29.3	21.9	13.9	14.9	4.1
按城乡分						
城镇居民	18.2	27.4	16.8	12.1	14.9	10.6

类　别	如果能帮助人类解决健康问题，应该允许科学家用动物（如：狗、猴子）做试验					
	非常赞成	基本赞成	既不赞成也不反对	基本反对	非常反对	不知道
农村居民	20.6	23.9	12.2	10.2	11.9	21.3
按就业状况分						
有固定工作	18.0	27.8	16.5	12.5	14.7	10.4
有兼职工作	19.3	25.5	16.9	11.1	16.7	10.4
工作不固定，打工	19.1	26.9	13.4	10.6	13.2	16.7
目前没有工作，待业	19.7	23.9	13.1	9.9	12.5	20.9
家庭主妇且没有工作	18.0	21.1	14.0	11.1	12.4	23.3
学生及待升学人员	5.9	15.7	24.5	22.6	28.5	2.7
离退休人员	32.8	34.1	8.8	5.5	6.3	12.6
无工作能力	28.2	22.0	7.0	4.8	6.1	31.8
按与科学技术的相关性分						
有相关性	23.0	29.8	13.3	10.4	14.6	8.9
无相关性	16.7	26.4	16.4	12.3	14.3	13.8
按科学技术的相关部门分						
生产或制造业	22.8	29.9	13.2	10.3	13.7	10.0
教育部门	20.8	32.8	14.7	12.5	12.8	6.3
科研部门	32.3	29.8	12.7	6.3	12.6	6.4
其他	21.2	29.0	13.2	11.4	17.4	7.9
按职业分						
国家机关、党群组织负责人	26.6	30.7	14.0	9.1	13.1	6.5
企业事业单位负责人	18.8	28.4	15.9	13.4	15.9	7.6
专业技术人员	17.9	28.8	17.3	12.4	16.0	7.6
办事人员与有关人员	16.0	28.5	19.3	14.1	16.1	5.9
农林牧渔水利业生产人员	24.2	25.9	10.3	7.7	9.5	22.3
商业及服务业人员	15.7	27.0	17.3	13.6	15.8	10.6
生产及运输设备操作工人	17.4	27.5	15.2	11.5	15.2	13.1
按重点人群分						
领导干部和公务员	21.4	31.3	16.5	10.6	15.4	4.8
城镇劳动者	16.3	26.5	17.5	12.8	15.8	11.2
农民	21.8	24.3	10.9	9.2	10.6	23.2
其他	22.1	24.7	15.1	11.7	12.9	13.6
按地区分						
东部地区	19.6	25.9	15.9	11.6	14.2	12.8
中部地区	18.4	26.2	15.2	11.3	13.5	15.4
西部地区	20.1	24.8	11.8	10.4	12.3	20.7

类　别	附表 131　公民对科学技术的态度 –6　　　　　单位：%					
	即使没有科学技术，人们也可以生活得很好					
	非常赞成	基本赞成	既不赞成也不反对	基本反对	非常反对	不知道
总体	8.1	16.4	15.7	25.9	23.2	10.6
按性别分						
男性	8.4	16.8	14.3	26.3	25.6	8.6
女性	7.8	16.1	17.1	25.5	20.7	12.7
按民族分						
汉族	8.1	16.5	15.7	26.1	23.3	10.3
其他民族	9.6	14.6	15.0	23.0	21.2	16.5
按户籍分						
本省户籍	8.1	16.2	15.3	26.0	23.5	10.9
非本省户籍	9.0	19.4	20.7	25.1	18.7	7.1
按年龄分（五段）						
18—29 岁	6.5	16.6	23.0	27.6	20.2	6.1
30—39 岁	7.1	15.5	16.2	27.0	25.4	8.7
40—49 岁	6.9	16.0	12.3	26.8	27.3	10.6
50—59 岁	11.4	18.0	11.2	22.8	20.7	15.9
60—69 岁	12.4	16.2	10.1	22.0	20.8	18.4
按年龄分（三段）						
18—39 岁	6.8	16.1	20.0	27.4	22.5	7.3
40—54 岁	8.2	16.5	12.1	25.6	25.4	12.2
55—69 岁	12.2	17.1	10.2	22.3	20.7	17.4
按文化程度分（五段）						
小学及以下	13.4	17.5	11.8	16.9	16.4	24.1
初中	7.0	16.2	15.9	27.2	25.7	7.9
高中（中专、技校）	5.6	15.8	17.6	30.8	26.6	3.6
大学专科	5.0	15.9	20.6	33.3	23.5	1.7
大学本科及以上	4.8	15.5	20.2	34.1	23.9	1.5
按文化程度分（三段）						
初中及以下	9.3	16.7	14.4	23.4	22.3	13.8
高中（中专、技校）	5.6	15.8	17.6	30.8	26.6	3.6
大学专科及以上	4.9	15.7	20.4	33.6	23.7	1.6
按文理科分						
偏文科	5.3	16.4	18.7	31.3	25.5	2.9
偏理科	5.4	15.0	18.9	32.9	25.2	2.6
按城乡分						
城镇居民	7.6	17.9	17.5	27.7	22.2	7.1

类　别	即使没有科学技术，人们也可以生活得很好					
	非常赞成	基本赞成	既不赞成也不反对	基本反对	非常反对	不知道
农村居民	8.8	14.8	13.7	24.0	24.3	14.5
按就业状况分						
有固定工作	7.5	17.0	16.2	27.6	24.8	6.9
有兼职工作	8.6	16.4	16.4	27.0	25.8	5.9
工作不固定，打工	7.9	16.7	15.0	24.6	24.9	11.0
目前没有工作，待业	9.0	16.2	14.7	24.8	21.6	13.8
家庭主妇且没有工作	8.2	15.5	16.3	23.6	20.5	16.0
学生及待升学人员	4.7	11.8	26.6	33.6	21.5	1.7
离退休人员	9.0	18.5	11.4	29.0	22.7	9.3
无工作能力	14.9	14.9	11.6	16.7	16.2	25.7
按与科学技术的相关性分						
有相关性	8.6	15.3	12.9	27.7	30.7	4.9
无相关性	7.4	17.5	16.9	26.2	22.6	9.4
按科学技术的相关部门分						
生产或制造业	9.2	15.3	12.8	26.4	30.9	5.4
教育部门	11.4	12.4	11.0	33.3	28.6	3.3
科研部门	8.6	15.2	12.7	25.9	34.3	3.3
其他	6.3	16.1	13.7	29.6	29.6	4.8
按职业分						
国家机关、党群组织负责人	12.4	14.6	14.7	24.8	28.7	4.8
企业事业单位负责人	7.8	20.3	16.5	27.0	24.4	4.0
专业技术人员	6.8	16.8	16.3	27.3	27.6	5.1
办事人员与有关人员	6.6	15.6	19.0	31.1	24.5	3.3
农林牧渔水利业生产人员	9.6	14.4	10.7	23.9	26.4	15.1
商业及服务业人员	6.6	17.4	18.2	27.0	24.1	6.9
生产及运输设备操作工人	8.4	19.0	15.4	26.2	22.4	8.6
按重点人群分						
领导干部和公务员	7.6	17.1	15.6	29.1	28.8	1.7
城镇劳动者	7.2	17.3	18.4	27.0	22.9	7.2
农民	9.2	15.0	11.9	23.8	24.3	15.8
其他	9.2	17.2	16.3	26.2	20.0	11.2
按地区分						
东部地区	8.8	18.3	17.6	25.7	21.3	8.4
中部地区	7.4	15.3	15.6	27.0	24.5	10.3
西部地区	8.0	14.6	12.8	25.0	24.8	14.7

类　别	科学和技术的进步将有助于治疗艾滋病和癌症等疾病					
	非常赞成	基本赞成	既不赞成 也不反对	基本反对	非常反对	不知道
总体	43.3	32.0	6.4	2.4	1.8	14.1
按性别分						
男性	47.3	32.1	5.5	2.3	1.5	11.3
女性	39.1	31.8	7.3	2.5	2.1	17.1
按民族分						
汉族	43.5	32.1	6.4	2.4	1.8	13.8
其他民族	40.0	29.6	5.8	2.4	2.0	20.2
按户籍分						
本省户籍	43.6	31.6	6.1	2.4	1.8	14.5
非本省户籍	38.8	37.4	9.6	3.0	1.5	9.6
按年龄分（五段）						
18—29 岁	42.1	35.4	9.4	2.5	1.4	9.2
30—39 岁	45.2	33.4	6.1	2.0	1.6	11.7
40—49 岁	44.6	31.6	5.1	2.4	2.0	14.3
50—59 岁	41.2	28.5	4.8	2.9	2.2	20.4
60—69 岁	42.5	26.2	4.1	2.4	2.5	22.3
按年龄分（三段）						
18—39 岁	43.4	34.5	8.0	2.3	1.5	10.3
40—54 岁	43.6	30.6	5.0	2.5	2.1	16.2
55—69 岁	42.2	27.4	4.4	2.5	2.2	21.3
按文化程度分（五段）						
小学及以下	34.9	23.5	5.8	3.1	3.2	29.5
初中	42.4	34.4	6.8	2.6	1.6	12.1
高中（中专、技校）	48.3	36.9	7.1	1.9	0.9	4.8
大学专科	53.8	36.4	5.7	1.2	0.5	2.4
大学本科及以上	61.9	31.6	3.8	0.8	0.9	0.9
按文化程度分（三段）						
初中及以下	39.7	30.4	6.5	2.8	2.2	18.5
高中（中专、技校）	48.3	36.9	7.1	1.9	0.9	4.8
大学专科及以上	57.3	34.3	4.9	1.0	0.7	1.8
按文理科分						
偏文科	51.8	34.9	6.7	1.8	1.0	3.9
偏理科	52.5	37.1	5.5	1.2	0.7	3.0
按城乡分						
城镇居民	45.9	34.4	6.9	2.3	1.4	9.1

附表 132　公民对科学技术的态度 –7　　　　　　单位：%

类 别	科学和技术的进步将有助于治疗艾滋病和癌症等疾病					
	非常赞成	基本赞成	既不赞成也不反对	基本反对	非常反对	不知道
农村居民	40.3	29.3	5.8	2.6	2.3	19.7
按就业状况分						
有固定工作	48.3	32.7	6.1	2.2	1.4	9.2
有兼职工作	46.0	33.6	7.6	2.4	1.4	9.0
工作不固定，打工	41.1	32.6	6.2	2.7	1.9	15.4
目前没有工作，待业	38.5	31.4	6.9	2.6	1.9	18.6
家庭主妇且没有工作	37.1	29.7	7.0	2.4	2.6	21.2
学生及待升学人员	48.2	36.7	8.7	2.6	0.6	3.2
离退休人员	46.8	33.9	4.2	2.1	1.5	11.4
无工作能力	36.7	24.8	5.6	2.5	3.2	27.3
按与科学技术的相关性分						
有相关性	52.7	30.5	5.1	2.0	1.5	8.1
无相关性	43.2	33.6	6.6	2.6	1.6	12.5
按科学技术的相关部门分						
生产或制造业	51.2	30.3	5.3	2.1	1.8	9.2
教育部门	56.3	31.6	4.5	2.7	1.4	3.4
科研部门	54.8	30.2	5.1	1.8	0.9	7.2
其他	54.3	30.9	4.8	1.6	1.1	7.3
按职业分						
国家机关、党群组织负责人	58.5	26.9	6.2	1.3	2.3	4.8
企业事业单位负责人	52.3	30.6	6.5	2.5	1.8	6.3
专业技术人员	50.8	32.8	5.4	2.0	1.7	7.3
办事人员与有关人员	51.5	35.5	5.7	1.2	1.0	5.0
农林牧渔水利业生产人员	42.4	28.2	4.8	2.4	2.2	20.0
商业及服务业人员	43.7	35.0	7.0	2.9	1.2	10.1
生产及运输设备操作工人	43.6	33.6	7.2	2.7	1.6	11.4
按重点人群分						
领导干部和公务员	57.8	31.0	4.6	1.9	1.9	2.8
城镇劳动者	44.9	34.5	7.0	2.3	1.5	9.8
农民	39.9	28.2	5.6	2.7	2.3	21.3
其他	43.6	32.6	6.8	2.5	1.7	12.9
按地区分						
东部地区	44.9	32.6	7.5	2.4	1.5	11.2
中部地区	42.2	32.8	6.3	2.5	2.1	14.1
西部地区	42.0	30.1	4.6	2.4	2.0	19.0

类　别	科学技术不能解决我们面临的任何问题					
	非常赞成	基本赞成	既不赞成也不反对	基本反对	非常反对	不知道
总体	10.6	20.2	14.3	19.4	18.9	16.6
按性别分						
男性	12.2	21.8	12.9	19.4	21.1	12.6
女性	9.0	18.7	15.7	19.3	16.6	20.8
按民族分						
汉族	10.7	20.4	14.4	19.5	18.9	16.1
其他民族	9.4	17.3	12.7	17.4	18.2	25.0
按户籍分						
本省户籍	10.5	20.0	14.1	19.3	19.0	17.1
非本省户籍	12.3	23.2	17.2	19.9	17.1	10.3
按年龄分（五段）						
18—29岁	10.1	18.6	19.4	21.9	21.6	8.4
30—39岁	10.9	20.5	14.0	21.0	21.1	12.6
40—49岁	10.3	21.1	12.0	19.1	19.7	17.7
50—59岁	10.5	21.2	11.7	16.5	13.7	26.4
60—69岁	12.3	20.1	10.6	14.2	13.2	29.5
按年龄分（三段）						
18—39岁	10.4	19.5	17.0	21.5	21.4	10.2
40—54岁	10.1	20.9	12.2	18.3	18.2	20.4
55—69岁	12.2	21.1	10.6	15.1	12.9	28.0
按文化程度分（五段）						
小学及以下	10.3	16.8	11.5	13.1	11.3	36.9
初中	9.5	21.7	15.7	20.6	19.3	13.2
高中（中专、技校）	10.8	21.8	16.0	23.2	23.1	5.1
大学专科	13.3	19.7	14.6	24.0	26.1	2.2
大学本科及以上	17.9	19.7	9.4	21.7	29.8	1.5
按文化程度分（三段）						
初中及以下	9.8	19.9	14.2	17.8	16.4	21.9
高中（中专、技校）	10.8	21.8	16.0	23.2	23.1	5.1
大学专科及以上	15.3	19.7	12.4	23.0	27.7	1.9
按文理科分						
偏文科	12.3	21.0	15.6	23.0	23.9	4.2
偏理科	13.2	20.8	13.1	23.3	26.4	3.3
按城乡分						
城镇居民	11.5	21.9	15.5	20.6	19.1	11.3

附表 133　公民对科学技术的态度 –8　　　　单位：%

类 别	科学技术不能解决我们面临的任何问题					
	非常赞成	基本赞成	既不赞成也不反对	基本反对	非常反对	不知道
农村居民	9.6	18.3	12.9	17.9	18.6	22.6
按就业状况分						
有固定工作	11.8	21.4	13.9	21.1	21.4	10.3
有兼职工作	11.9	22.2	16.9	19.7	20.5	8.8
工作不固定，打工	9.9	19.7	14.4	18.5	20.1	17.4
目前没有工作，待业	9.7	20.1	14.1	18.3	17.0	20.8
家庭主妇且没有工作	9.0	17.3	15.2	17.6	14.8	26.0
学生及待升学人员	10.7	17.0	16.3	23.9	29.1	2.9
离退休人员	12.1	25.6	12.2	20.3	14.0	15.8
无工作能力	10.1	17.3	11.6	11.2	10.8	38.9
按与科学技术的相关性分						
有相关性	12.4	20.8	11.6	20.7	25.7	8.7
无相关性	10.7	20.9	15.3	20.0	19.1	14.0
按科学技术的相关部门分						
生产或制造业	11.6	21.8	11.6	21.0	24.1	9.9
教育部门	15.7	22.5	9.8	18.7	28.5	4.9
科研部门	16.0	19.7	12.3	17.7	25.8	8.6
其他	12.3	18.6	11.8	21.7	28.2	7.3
按职业分						
国家机关、党群组织负责人	16.3	23.1	10.1	20.5	24.6	5.5
企业事业单位负责人	14.6	22.4	13.3	20.9	22.5	6.4
专业技术人员	12.9	20.5	13.9	20.8	24.8	7.0
办事人员与有关人员	12.0	21.3	14.3	22.6	24.6	5.2
农林牧渔水利业生产人员	9.5	19.5	10.9	17.1	19.5	23.5
商业及服务业人员	10.6	21.4	16.1	21.3	19.8	10.8
生产及运输设备操作工人	11.1	21.3	16.0	19.7	18.7	13.2
按重点人群分						
领导干部和公务员	16.0	22.1	9.2	22.2	25.8	4.6
城镇劳动者	11.1	21.0	16.0	20.8	19.9	11.2
农民	9.4	18.6	12.3	17.2	17.8	24.7
其他	10.4	21.1	14.3	19.1	17.6	17.5
按地区分						
东部地区	11.9	21.2	15.8	20.0	17.9	13.2
中部地区	9.4	20.2	14.5	19.9	19.9	16.1
西部地区	9.9	18.7	11.4	17.8	19.3	22.9

类　　别	附表 134　公民对科学技术的态度 –9　　　　　　　　　　　　　　单位：%					
	科学技术既给我们带来好处也带来坏处，但是好处多于坏处					
	非常赞成	基本赞成	既不赞成也不反对	基本反对	非常反对	不知道
总体	30.9	41.6	11.1	3.5	1.7	11.2
按性别分						
男性	33.6	42.1	10.3	3.7	1.9	8.5
女性	28.1	41.1	11.9	3.2	1.6	14.0
按民族分						
汉族	31.0	41.8	11.2	3.4	1.7	10.8
其他民族	28.2	38.2	9.6	4.0	1.9	18.1
按户籍分						
本省户籍	31.1	41.4	10.8	3.5	1.7	11.5
非本省户籍	28.2	44.4	15.4	3.4	1.9	6.7
按年龄分（五段）						
18—29 岁	27.1	43.8	16.8	3.8	1.5	7.0
30—39 岁	28.9	44.3	11.5	3.9	1.9	9.6
40—49 岁	31.4	42.5	8.7	3.6	2.2	11.5
50—59 岁	34.8	36.7	7.4	3.2	1.7	16.2
60—69 岁	37.9	35.7	6.0	1.8	1.2	17.4
按年龄分（三段）						
18—39 岁	27.9	44.0	14.5	3.9	1.7	8.1
40—54 岁	32.1	40.7	8.4	3.6	2.1	13.1
55—69 岁	37.2	36.4	6.4	2.1	1.4	16.5
按文化程度分（五段）						
小学及以下	30.9	31.3	8.2	3.1	2.0	24.5
初中	29.5	44.0	11.9	3.7	1.9	8.9
高中（中专、技校）	32.1	46.1	12.6	3.9	1.5	3.8
大学专科	32.2	49.2	12.4	3.0	1.1	2.1
大学本科及以上	37.2	47.4	11.1	2.2	0.9	1.2
按文化程度分（三段）						
初中及以下	30.0	39.4	10.6	3.5	1.9	14.6
高中（中专、技校）	32.1	46.1	12.6	3.9	1.5	3.8
大学专科及以上	34.3	48.4	11.8	2.7	1.0	1.7
按文理科分						
偏文科	32.9	46.6	12.5	3.3	1.4	3.2
偏理科	33.2	47.6	12.0	3.5	1.1	2.5
按城乡分						
城镇居民	30.9	44.3	12.3	3.4	1.6	7.5

| 类　别 | 科学技术既给我们带来好处也带来坏处，但是好处多于坏处 | | | | | |
	非常赞成	基本赞成	既不赞成 也不反对	基本反对	非常反对	不知道
农村居民	30.9	38.6	9.8	3.6	1.9	15.3
按就业状况分						
有固定工作	32.6	43.8	11.3	3.5	1.8	7.0
有兼职工作	32.9	43.1	11.2	4.3	2.0	6.5
工作不固定，打工	29.6	41.0	11.4	3.8	2.0	12.2
目前没有工作，待业	28.8	40.4	10.9	3.4	1.5	14.9
家庭主妇且没有工作	27.5	39.1	11.3	3.1	1.7	17.3
学生及待升学人员	30.3	45.1	17.4	4.3	1.3	1.5
离退休人员	36.3	43.7	7.0	2.8	1.3	8.9
无工作能力	33.7	29.4	8.2	2.7	2.0	24.0
按与科学技术的相关性分						
有相关性	37.4	42.6	9.4	3.5	2.0	5.1
无相关性	29.4	42.9	12.0	3.7	1.9	10.0
按科学技术的相关部门分						
生产或制造业	36.7	42.8	9.7	3.6	1.9	5.4
教育部门	37.4	45.3	8.6	3.0	2.2	3.5
科研部门	38.7	41.1	9.6	3.7	2.5	4.3
其他	38.3	42.0	9.0	3.5	2.0	5.1
按职业分						
国家机关、党群组织负责人	35.6	42.4	12.2	4.6	1.9	3.3
企业事业单位负责人	35.1	42.2	12.2	3.7	1.6	5.1
专业技术人员	33.3	44.4	11.2	3.7	2.2	5.2
办事人员与有关人员	31.6	47.0	12.2	3.4	2.0	3.9
农林牧渔水利业生产人员	33.6	37.3	8.2	3.4	2.0	15.7
商业及服务业人员	30.0	44.6	12.9	3.4	1.8	7.3
生产及运输设备操作工人	29.8	43.1	11.4	4.5	1.7	9.5
按重点人群分						
领导干部和公务员	38.1	44.1	9.4	3.7	2.2	2.4
城镇劳动者	29.9	44.1	12.9	3.5	1.7	7.9
农民	31.2	38.1	8.7	3.5	1.8	16.6
其他	31.3	41.1	11.7	3.1	1.5	11.3
按地区分						
东部地区	30.2	42.5	12.5	3.9	1.8	9.1
中部地区	30.4	42.4	11.4	3.3	1.8	10.6
西部地区	32.5	39.2	8.4	2.9	1.5	15.5

类　别	持续不断的技术应用，最终会毁掉我们赖以生存的地球					
	非常赞成	基本赞成	既不赞成 也不反对	基本反对	非常反对	不知道
总体	12.7	18.8	17.4	14.7	10.9	25.5
按性别分						
男性	14.6	20.5	17.3	15.6	11.6	20.4
女性	10.8	17.1	17.5	13.8	10.1	30.7
按民族分						
汉族	12.8	19.0	17.6	14.9	11.0	24.8
其他民族	11.3	16.9	14.7	11.7	9.7	35.7
按户籍分						
本省户籍	12.5	18.5	17.0	14.7	11.1	26.2
非本省户籍	15.5	22.9	22.7	14.2	8.3	16.3
按年龄分（五段）						
18—29 岁	14.5	21.4	27.0	14.4	8.9	13.8
30—39 岁	13.5	19.7	18.8	15.3	11.1	21.5
40—49 岁	11.0	18.3	13.0	16.4	13.1	28.1
50—59 岁	11.4	16.1	11.2	13.4	11.3	36.5
60—69 岁	12.1	15.7	8.6	12.2	9.7	41.6
按年龄分（三段）						
18—39 岁	14.1	20.7	23.4	14.8	9.9	17.2
40—54 岁	11.0	17.3	12.5	15.5	12.8	30.8
55—69 岁	12.1	16.6	9.5	12.6	9.9	39.3
按文化程度分（五段）						
小学及以下	10.5	12.7	9.0	9.3	9.2	49.3
初中	13.3	20.6	16.9	14.6	11.5	23.1
高中（中专、技校）	14.4	22.6	23.7	17.8	11.3	10.1
大学专科	13.5	21.4	27.8	20.6	10.6	6.1
大学本科及以上	11.6	18.7	29.4	23.9	12.9	3.4
按文化程度分（三段）						
初中及以下	12.3	17.7	14.0	12.7	10.7	32.6
高中（中专、技校）	14.4	22.6	23.7	17.8	11.3	10.1
大学专科及以上	12.7	20.3	28.5	22.0	11.6	5.0
按文理科分						
偏文科	14.1	22.3	25.1	18.3	11.4	8.8
偏理科	13.1	20.7	26.5	21.3	11.5	6.9
按城乡分						
城镇居民	13.7	21.1	21.0	16.2	10.1	17.9

附表 135　公民对科学技术的态度 –10　　　　　单位：%

类　别	持续不断的技术应用，最终会毁掉我们赖以生存的地球					
	非常赞成	基本赞成	既不赞成也不反对	基本反对	非常反对	不知道
农村居民	11.7	16.3	13.4	13.0	11.7	33.8
按就业状况分						
有固定工作	13.8	21.0	20.2	16.6	11.4	17.0
有兼职工作	14.1	21.6	20.0	15.8	11.4	17.1
工作不固定，打工	12.5	18.3	15.8	13.8	11.8	27.8
目前没有工作，待业	12.5	18.8	16.3	13.0	9.1	30.2
家庭主妇且没有工作	10.5	14.5	14.5	12.2	10.3	38.1
学生及待升学人员	14.9	21.2	32.2	18.6	9.4	3.7
离退休人员	13.3	21.9	11.9	16.6	11.1	25.3
无工作能力	10.5	12.2	9.4	9.9	9.2	48.8
按与科学技术的相关性分						
有相关性	15.1	19.2	16.6	17.6	15.3	16.3
无相关性	12.7	20.5	19.6	14.9	10.1	22.2
按科学技术的相关部门分						
生产或制造业	15.9	19.4	15.5	17.0	14.7	17.4
教育部门	14.1	21.4	18.8	22.0	16.1	7.6
科研部门	17.5	16.7	15.6	16.3	17.4	16.5
其他	13.0	18.7	18.7	18.1	15.6	16.0
按职业分						
国家机关、党群组织负责人	16.3	20.7	17.8	19.8	15.3	10.1
企业事业单位负责人	16.2	23.4	20.4	17.0	11.6	11.4
专业技术人员	15.4	20.8	20.7	17.5	12.3	13.2
办事人员与有关人员	10.7	21.6	24.1	20.1	12.4	11.1
农林牧渔水利业生产人员	11.9	15.6	11.3	12.8	13.0	35.5
商业及服务业人员	12.9	21.7	21.5	15.2	10.8	18.0
生产及运输设备操作工人	15.1	20.5	18.0	14.9	9.8	21.7
按重点人群分						
领导干部和公务员	14.2	21.6	20.8	20.3	14.9	8.2
城镇劳动者	13.6	20.9	20.9	15.5	10.5	18.6
农民	11.5	15.4	12.5	12.7	11.5	36.3
其他	11.5	19.9	17.8	15.5	10.6	24.6
按地区分						
东部地区	13.3	19.9	19.8	15.2	10.9	20.9
中部地区	12.7	18.5	17.3	15.0	11.2	25.3
西部地区	11.7	17.5	13.6	13.5	10.5	33.1

类　别	科学家要参与科学传播，让公众了解科学研究的新进展					
	非常赞成	基本赞成	既不赞成也不反对	基本反对	非常反对	不知道
总体	35.7	35.1	8.5	1.4	0.7	18.6
按性别分						
男性	39.7	36.9	7.2	1.5	0.7	14.1
女性	31.4	33.4	9.8	1.4	0.7	23.2
按民族分						
汉族	35.7	35.4	8.5	1.4	0.7	18.3
其他民族	35.2	30.7	7.5	1.5	0.6	24.4
按户籍分						
本省户籍	35.9	34.9	8.2	1.4	0.7	19.0
非本省户籍	32.7	38.7	12.4	1.5	0.7	14.0
按年龄分（五段）						
18—29 岁	35.7	38.7	11.5	1.6	0.7	11.8
30—39 岁	35.3	37.7	8.7	1.4	0.6	16.3
40—49 岁	34.9	34.8	7.5	1.5	0.7	20.5
50—59 岁	34.5	31.1	6.2	1.5	0.8	25.8
60—69 岁	39.7	27.1	5.9	0.9	0.5	26.0
按年龄分（三段）						
18—39 岁	35.5	38.3	10.2	1.5	0.6	13.8
40—54 岁	34.5	33.5	7.3	1.5	0.7	22.5
55—69 岁	38.2	29.2	5.7	1.2	0.6	25.2
按文化程度分（五段）						
小学及以下	29.8	24.0	7.3	1.7	1.0	36.3
初中	33.4	37.8	9.5	1.6	0.6	17.2
高中（中专、技校）	39.3	43.0	9.1	1.3	0.5	6.9
大学专科	46.7	41.4	7.4	0.9	0.2	3.4
大学本科及以上	57.9	34.4	4.9	0.8	0.3	1.7
按文化程度分（三段）						
初中及以下	32.1	32.8	8.7	1.6	0.8	24.1
高中（中专、技校）	39.3	43.0	9.1	1.3	0.5	6.9
大学专科及以上	51.5	38.4	6.4	0.8	0.3	2.7
按文理科分						
偏文科	43.7	40.8	8.5	1.0	0.4	5.6
偏理科	45.5	41.3	7.2	1.2	0.4	4.4
按城乡分						
城镇居民	37.8	37.7	9.1	1.5	0.7	13.3

附表 136　公民对科学技术的态度 –11　　　　单位：%

続表

| 类 别 | 科学家要参与科学传播，让公众了解科学研究的新进展 | | | | | |
	非常赞成	基本赞成	既不赞成也不反对	基本反对	非常反对	不知道
农村居民	33.3	32.3	7.8	1.4	0.7	24.5
按就业状况分						
有固定工作	40.5	37.2	7.9	1.3	0.6	12.5
有兼职工作	40.2	38.8	8.3	1.4	0.6	10.7
工作不固定，打工	33.1	36.1	9.1	1.6	0.6	19.4
目前没有工作，待业	30.7	35.0	8.7	1.5	0.9	23.2
家庭主妇且没有工作	28.9	29.8	9.8	1.5	0.6	29.4
学生及待升学人员	43.9	40.6	9.9	1.9	0.4	3.3
离退休人员	40.2	35.3	5.8	1.5	0.6	16.6
无工作能力	30.3	27.9	6.9	1.5	0.9	32.4
按与科学技术的相关性分						
有相关性	46.2	35.1	6.7	1.3	0.6	10.1
无相关性	34.9	37.6	8.9	1.4	0.7	16.4
按科学技术的相关部门分						
生产或制造业	44.6	35.8	7.3	1.2	0.6	10.6
教育部门	53.5	33.5	4.4	2.5	0.3	5.7
科研部门	52.3	33.3	6.1	0.5	0.7	7.0
其他	46.0	34.5	6.3	1.6	0.5	11.1
按职业分						
国家机关、党群组织负责人	53.3	32.3	6.3	0.8	0.5	6.7
企业事业单位负责人	44.9	36.7	8.2	1.9	0.8	7.5
专业技术人员	44.0	37.7	7.0	1.6	0.7	9.0
办事人员与有关人员	45.6	38.6	7.3	1.3	0.7	6.5
农林牧渔水利业生产人员	35.4	30.9	7.3	1.4	0.7	24.3
商业及服务业人员	35.6	39.3	9.6	1.2	0.4	13.9
生产及运输设备操作工人	33.5	39.1	9.0	1.6	0.9	16.0
按重点人群分						
领导干部和公务员	53.3	33.8	5.9	1.6	0.4	5.0
城镇劳动者	36.4	38.3	9.3	1.4	0.7	13.8
农民	32.7	30.6	7.7	1.4	0.7	26.8
其他	36.1	35.2	8.9	1.8	0.8	17.2
按地区分						
东部地区	37.9	36.5	8.9	1.5	0.7	14.5
中部地区	33.9	35.3	8.9	1.6	0.7	19.6
西部地区	34.0	32.8	7.3	1.2	0.5	24.3

附表 137　公民对科学技术的态度 –12　　　　　　　单位：%

类　别	科学技术的发展会使一些职业消失，但同时也会提供更多的就业机会					
	非常赞成	基本赞成	既不赞成也不反对	基本反对	非常反对	不知道
总体	28.8	39.9	11.1	2.9	1.2	16.0
按性别分						
男性	31.8	41.5	10.4	3.1	1.2	12.1
女性	25.7	38.2	12.0	2.8	1.2	20.1
按民族分						
汉族	29.0	40.1	11.2	2.9	1.2	15.5
其他民族	25.1	36.2	10.4	3.1	1.3	23.9
按户籍分						
本省户籍	29.0	39.6	10.9	2.8	1.2	16.5
非本省户籍	25.8	44.0	15.0	3.9	0.9	10.4
按年龄分（五段）						
18—29 岁	26.5	43.7	16.6	3.3	1.2	8.7
30—39 岁	28.3	43.7	10.8	3.2	1.3	12.7
40—49 岁	29.6	40.2	9.4	2.5	1.4	16.9
50—59 岁	29.0	34.1	8.1	3.3	1.2	24.3
60—69 岁	33.9	29.8	6.2	1.6	0.8	27.7
按年龄分（三段）						
18—39 岁	27.3	43.7	14.0	3.2	1.2	10.5
40—54 岁	29.0	38.3	9.2	2.8	1.4	19.3
55—69 岁	32.8	31.7	6.5	2.3	0.8	25.9
按文化程度分（五段）						
小学及以下	24.9	26.7	8.4	2.8	1.6	35.6
初中	27.5	43.0	12.3	3.2	1.2	12.7
高中（中专、技校）	31.2	47.2	12.8	2.9	1.0	4.8
大学专科	34.7	47.9	12.0	2.3	0.7	2.5
大学本科及以上	43.5	44.0	8.5	1.9	0.7	1.3
按文化程度分（三段）						
初中及以下	26.6	37.1	10.9	3.1	1.4	21.1
高中（中专、技校）	31.2	47.2	12.8	2.9	1.0	4.8
大学专科及以上	38.5	46.2	10.5	2.1	0.7	2.0
按文理科分						
偏文科	33.8	46.5	12.3	2.4	0.9	4.1
偏理科	35.0	47.1	11.2	2.8	0.8	3.1
按城乡分						
城镇居民	30.3	42.9	12.3	3.0	1.2	10.4

类　别	科学技术的发展会使一些职业消失，但同时也会提供更多的就业机会					
	非常赞成	基本赞成	既不赞成也不反对	基本反对	非常反对	不知道
农村居民	27.2	36.6	9.9	2.8	1.3	22.3
按就业状况分						
有固定工作	32.4	42.2	11.2	3.0	1.1	10.1
有兼职工作	30.6	46.0	11.4	2.2	1.3	8.5
工作不固定，打工	27.0	40.2	11.5	3.1	1.4	16.8
目前没有工作，待业	25.9	37.8	11.7	2.7	1.4	20.5
家庭主妇且没有工作	24.5	35.4	11.2	2.7	1.2	25.0
学生及待升学人员	27.7	46.9	16.8	4.7	1.1	2.8
离退休人员	34.8	42.0	7.0	2.6	0.7	12.8
无工作能力	21.7	27.6	8.0	2.5	1.4	38.8
按与科学技术的相关性分						
有相关性	37.4	41.6	8.7	3.2	1.1	8.0
无相关性	27.8	41.7	12.3	2.9	1.3	13.9
按科学技术的相关部门分						
生产或制造业	36.9	41.0	9.0	3.2	1.2	8.7
教育部门	42.2	41.9	7.3	3.4	0.8	4.3
科研部门	40.2	41.7	7.8	3.8	1.2	5.3
其他	36.5	42.8	8.7	3.0	0.9	8.0
按职业分						
国家机关、党群组织负责人	42.3	36.2	10.7	3.3	1.3	6.2
企业事业单位负责人	36.5	42.9	10.9	3.4	1.1	5.2
专业技术人员	33.9	44.2	10.7	3.1	1.5	6.6
办事人员与有关人员	34.9	45.3	11.5	2.6	0.6	5.1
农林牧渔水利业生产人员	29.4	34.9	8.4	2.6	1.5	23.3
商业及服务业人员	28.7	42.9	13.5	3.0	1.2	10.6
生产及运输设备操作工人	27.1	44.1	11.6	3.5	1.2	12.5
按重点人群分						
领导干部和公务员	43.1	42.0	7.3	2.7	1.0	3.9
城镇劳动者	29.1	43.2	12.9	3.1	1.2	10.5
农民	27.4	35.1	9.1	2.6	1.3	24.4
其他	26.8	40.0	11.7	3.3	1.2	16.9
按地区分						
东部地区	29.5	40.7	12.6	3.2	1.1	12.9
中部地区	27.7	41.0	11.7	2.8	1.4	15.3
西部地区	28.9	37.2	8.1	2.7	1.1	22.1

附表 138　公民对科学技术的态度 –13　　　　　单位：%

类　别	公众对科技创新的理解和支持，是促进我国创新型国家建设的基础					
	非常赞成	基本赞成	既不赞成 也不反对	基本反对	非常反对	不知道
总体	32.3	36.5	9.7	1.4	0.7	19.4
按性别分						
男性	37.4	38.0	8.5	1.4	0.6	14.1
女性	27.0	34.9	10.9	1.5	0.7	25.0
按民族分						
汉族	32.4	36.7	9.7	1.4	0.7	19.0
其他民族	30.3	32.4	9.1	1.5	0.8	25.9
按户籍分						
本省户籍	32.5	36.2	9.4	1.4	0.7	19.8
非本省户籍	29.9	40.4	13.1	2.1	0.7	13.8
按年龄分（五段）						
18—29 岁	31.1	40.9	13.9	1.8	0.7	11.6
30—39 岁	31.1	39.2	10.4	1.5	0.6	17.1
40—49 岁	31.9	35.9	8.2	1.3	0.7	22.0
50—59 岁	32.7	31.9	6.3	1.3	0.8	26.9
60—69 岁	38.5	27.5	5.4	0.6	0.4	27.6
按年龄分（三段）						
18—39 岁	31.1	40.1	12.4	1.7	0.7	14.1
40—54 岁	31.7	34.7	7.7	1.4	0.8	23.8
55—69 岁	37.1	29.4	5.5	0.9	0.5	26.6
按文化程度分（五段）						
小学及以下	27.0	24.7	7.0	1.7	1.1	38.5
初中	30.3	39.0	10.8	1.5	0.7	17.7
高中（中专、技校）	36.2	43.8	11.5	1.2	0.4	6.9
大学专科	41.8	43.5	10.0	1.2	0.2	3.4
大学本科及以上	50.8	40.5	6.2	0.7	0.2	1.7
按文化程度分（三段）						
初中及以下	29.1	33.8	9.5	1.6	0.8	25.3
高中（中专、技校）	36.2	43.8	11.5	1.2	0.4	6.9
大学专科及以上	45.6	42.2	8.4	1.0	0.2	2.6
按文理科分						
偏文科	39.4	42.3	10.9	1.2	0.3	5.8
偏理科	41.2	44.1	9.3	1.0	0.3	4.1
按城乡分						
城镇居民	33.8	40.0	10.7	1.5	0.6	13.4

类　别	公众对科技创新的理解和支持，是促进我国创新型国家建设的基础					
	非常赞成	基本赞成	既不赞成 也不反对	基本反对	非常反对	不知道
农村居民	30.7	32.6	8.5	1.4	0.7	26.0
按就业状况分						
有固定工作	36.5	39.1	9.7	1.5	0.6	12.5
有兼职工作	36.0	40.8	11.3	1.4	0.3	10.2
工作不固定，打工	30.4	36.0	10.4	1.3	0.9	21.0
目前没有工作，待业	29.7	35.3	8.9	1.5	0.7	23.9
家庭主妇且没有工作	24.8	31.9	10.1	1.4	0.7	31.1
学生及待升学人员	37.6	44.8	12.0	2.0	0.7	2.9
离退休人员	38.4	37.8	6.6	1.1	0.4	15.7
无工作能力	26.7	24.0	7.2	1.9	1.2	39.1
按与科学技术的相关性分						
有相关性	42.2	38.7	7.2	1.3	0.4	10.1
无相关性	31.5	38.0	11.1	1.5	0.7	17.1
按科学技术的相关部门分						
生产或制造业	40.9	38.5	7.9	1.3	0.5	10.9
教育部门	50.7	35.5	5.5	1.6	1.5	5.3
科研部门	45.5	37.6	5.1	2.8	0.5	8.5
其他	41.7	40.3	6.8	0.9	0.1	10.2
按职业分						
国家机关、党群组织负责人	48.8	37.2	7.1	1.6	0.7	4.6
企业事业单位负责人	37.5	42.6	9.9	1.9	0.5	7.6
专业技术人员	41.3	39.2	8.8	1.2	0.6	8.9
办事人员与有关人员	39.1	42.8	10.0	1.4	0.7	6.0
农林牧渔水利业生产人员	32.0	31.8	7.6	1.5	0.6	26.6
商业及服务业人员	32.6	39.3	11.7	1.5	0.6	14.3
生产及运输设备操作工人	31.1	39.5	11.1	1.4	0.9	16.0
按重点人群分						
领导干部和公务员	47.9	39.4	7.2	0.6	0.7	4.3
城镇劳动者	32.5	40.1	11.2	1.4	0.6	14.2
农民	30.4	31.0	8.0	1.5	0.7	28.4
其他	33.1	37.2	9.5	1.6	0.7	17.9
按地区分						
东部地区	33.4	37.8	10.7	1.8	0.8	15.5
中部地区	31.2	36.6	10.1	1.2	0.7	20.2
西部地区	31.9	34.3	7.4	1.2	0.5	24.8

类　别	附表 139　公民对科学技术的态度 –14　　　单位：%					
	尽管不能马上产生效益，但是基础科学的研究是必要的，政府应该支持					
	非常赞成	基本赞成	既不赞成也不反对	基本反对	非常反对	不知道
总体	42.8	34.4	8.2	1.2	0.6	12.7
按性别分						
男性	47.8	34.0	7.0	1.2	0.6	9.3
女性	37.7	34.8	9.4	1.2	0.7	16.2
按民族分						
汉族	43.0	34.6	8.2	1.2	0.6	12.4
其他民族	39.7	32.3	8.3	1.2	0.8	17.7
按户籍分						
本省户籍	43.1	34.3	7.9	1.2	0.6	12.9
非本省户籍	39.2	36.9	12.3	1.6	0.6	9.4
按年龄分（五段）						
18—29 岁	37.9	38.8	13.0	1.8	0.7	7.8
30—39 岁	42.5	36.9	8.3	1.0	0.6	10.7
40—49 岁	44.9	33.8	6.3	1.0	0.6	13.3
50—59 岁	45.4	30.2	5.1	1.0	0.8	17.5
60—69 岁	47.9	25.4	4.4	0.8	0.5	20.9
按年龄分（三段）						
18—39 岁	39.9	38.0	10.9	1.5	0.6	9.1
40—54 岁	44.9	32.7	6.0	1.1	0.6	14.6
55—69 岁	47.2	27.4	4.4	0.8	0.6	19.6
按文化程度分（五段）						
小学及以下	37.9	26.6	6.0	1.4	1.0	27.2
初中	41.2	37.2	9.2	1.3	0.7	10.5
高中（中专、技校）	45.6	38.8	9.8	1.1	0.4	4.2
大学专科	50.3	37.8	8.9	0.8	0.1	2.2
大学本科及以上	62.0	31.2	4.9	0.8	0.2	0.9
按文化程度分（三段）						
初中及以下	40.0	33.3	8.0	1.3	0.8	16.6
高中（中专、技校）	45.6	38.8	9.8	1.1	0.4	4.2
大学专科及以上	55.3	35.0	7.2	0.8	0.1	1.6
按文理科分						
偏文科	48.1	37.5	9.6	0.9	0.4	3.5
偏理科	51.8	36.8	7.5	1.1	0.2	2.6
按城乡分						
城镇居民	44.2	36.4	9.0	1.3	0.6	8.6

类　别	尽管不能马上产生效益，但是基础科学的研究是必要的，政府应该支持					
	非常赞成	基本赞成	既不赞成也不反对	基本反对	非常反对	不知道
农村居民	41.3	32.3	7.3	1.1	0.7	17.3
按就业状况分						
有固定工作	46.8	35.2	8.0	1.3	0.5	8.1
有兼职工作	44.6	36.9	10.3	0.9	0.3	7.0
工作不固定，打工	41.4	35.6	8.0	1.3	0.6	13.2
目前没有工作，待业	39.4	33.1	8.6	1.5	0.9	16.6
家庭主妇且没有工作	36.8	32.7	8.6	1.0	0.7	20.2
学生及待升学人员	42.2	41.8	11.6	1.6	0.7	2.2
离退休人员	50.3	32.9	5.3	0.8	0.5	10.2
无工作能力	37.6	26.2	7.6	1.4	0.8	26.5
按与科学技术的相关性分						
有相关性	53.7	32.7	6.1	1.0	0.4	6.1
无相关性	41.5	36.4	9.0	1.4	0.6	11.1
按科学技术的相关部门分						
生产或制造业	53.0	33.2	6.0	1.1	0.3	6.5
教育部门	57.9	31.8	5.0	0.9	0.5	3.9
科研部门	59.2	29.3	5.6	0.7	1.2	4.1
其他	52.5	32.9	6.7	0.8	0.6	6.5
按职业分						
国家机关、党群组织负责人	57.7	30.5	5.7	0.6	0.5	5.0
企业事业单位负责人	48.8	35.4	8.6	1.6	0.6	5.0
专业技术人员	52.2	33.8	7.3	1.1	0.4	5.3
办事人员与有关人员	48.8	36.8	8.8	1.0	0.2	4.4
农林牧渔水利业生产人员	44.2	30.7	6.4	1.0	0.7	17.1
商业及服务业人员	41.6	38.1	9.1	1.6	0.6	8.9
生产及运输设备操作工人	41.6	37.3	9.1	1.3	0.6	10.1
按重点人群分						
领导干部和公务员	60.1	30.8	5.6	0.9	0.5	2.1
城镇劳动者	42.9	36.7	9.5	1.3	0.6	9.1
农民	41.1	31.6	6.7	1.1	0.8	18.8
其他	43.0	34.5	8.6	1.4	0.7	11.9
按地区分						
东部地区	42.3	35.8	9.4	1.4	0.7	10.3
中部地区	43.2	34.3	8.4	1.1	0.5	12.5
西部地区	43.3	32.3	6.1	1.0	0.5	16.8

类 别	政府应该通过举办听证会等多种途径，让公众更有效地参与科技决策					
	非常赞成	基本赞成	既不赞成也不反对	基本反对	非常反对	不知道
总体	41.2	31.7	9.0	1.5	0.8	15.8
按性别分						
男性	45.7	32.3	8.2	1.6	0.8	11.3
女性	36.5	31.0	9.8	1.5	0.7	20.5
按民族分						
汉族	41.3	31.9	9.1	1.5	0.8	15.4
其他民族	38.8	28.5	7.9	1.6	0.8	22.4
按户籍分						
本省户籍	41.5	31.4	8.7	1.5	0.8	16.1
非本省户籍	37.3	34.4	13.9	1.7	0.8	11.9
按年龄分（五段）						
18—29 岁	39.5	34.3	13.3	1.8	0.9	10.3
30—39 岁	41.3	33.5	10.1	1.2	0.7	13.1
40—49 岁	42.0	32.1	7.5	1.6	0.8	16.1
50—59 岁	42.1	27.9	5.4	1.8	0.7	22.0
60—69 岁	42.2	25.6	4.6	1.1	0.5	26.0
按年龄分（三段）						
18—39 岁	40.3	33.9	11.9	1.5	0.8	11.6
40—54 岁	42.0	30.5	7.1	1.6	0.8	18.0
55—69 岁	42.2	27.2	4.6	1.4	0.6	24.1
按文化程度分（五段）						
小学及以下	33.9	22.8	6.3	1.7	1.0	34.3
初中	41.1	33.7	9.9	1.4	0.8	13.0
高中（中专、技校）	45.4	37.1	10.5	1.4	0.5	5.1
大学专科	48.2	36.9	10.5	1.3	0.3	2.7
大学本科及以上	54.7	33.3	8.4	2.0	0.5	1.2
按文化程度分（三段）						
初中及以下	38.5	29.7	8.6	1.5	0.9	20.7
高中（中专、技校）	45.4	37.1	10.5	1.4	0.5	5.1
大学专科及以上	51.0	35.4	9.6	1.6	0.4	2.1
按文理科分						
偏文科	47.6	36.2	10.3	1.4	0.4	4.1
偏理科	47.9	36.6	9.8	1.6	0.5	3.5
按城乡分						
城镇居民	42.4	34.4	10.1	1.7	0.8	10.6

附表 140 公民对科学技术的态度 –15 单位：%

类　别	政府应该通过举办听证会等多种途径，让公众更有效地参与科技决策					
	非常赞成	基本赞成	既不赞成也不反对	基本反对	非常反对	不知道
农村居民	39.8	28.7	7.8	1.4	0.8	21.6
按就业状况分						
有固定工作	44.8	33.5	9.2	1.7	0.7	10.1
有兼职工作	43.2	35.9	11.0	1.1	1.0	7.8
工作不固定，打工	40.6	30.6	9.4	1.6	0.9	16.9
目前没有工作，待业	39.2	29.7	9.4	1.4	0.9	19.4
家庭主妇且没有工作	34.4	29.2	9.1	1.3	0.6	25.5
学生及待升学人员	46.0	38.0	10.8	1.8	0.5	2.9
离退休人员	46.7	34.2	5.2	1.4	0.7	11.7
无工作能力	32.3	21.5	6.6	1.7	1.6	36.4
按与科学技术的相关性分						
有相关性	51.6	30.9	7.4	1.5	0.6	8.0
无相关性	40.1	33.4	10.2	1.7	0.9	13.8
按科学技术的相关部门分						
生产或制造业	51.3	30.8	7.7	1.4	0.5	8.2
教育部门	56.5	26.0	8.9	1.7	1.0	5.9
科研部门	57.6	28.3	5.7	2.1	0.6	5.7
其他	49.1	33.3	6.9	1.4	0.7	8.6
按职业分						
国家机关、党群组织负责人	56.0	28.7	8.5	0.9	0.5	5.3
企业事业单位负责人	47.9	34.1	9.6	1.9	0.3	6.3
专业技术人员	48.0	32.5	9.2	1.8	0.9	7.5
办事人员与有关人员	46.6	36.8	9.4	1.8	0.7	4.7
农林牧渔水利业生产人员	42.4	27.4	6.9	1.5	0.7	21.1
商业及服务业人员	40.7	34.6	11.1	1.7	0.8	11.2
生产及运输设备操作工人	41.1	33.7	9.5	1.6	0.9	13.1
按重点人群分						
领导干部和公务员	54.5	31.5	8.5	1.7	0.5	3.3
城镇劳动者	41.7	34.1	10.6	1.6	0.7	11.4
农民	39.0	28.1	7.4	1.4	0.8	23.3
其他	41.5	31.6	8.7	1.9	0.7	15.5
按地区分						
东部地区	41.3	32.9	10.4	1.8	0.9	12.8
中部地区	41.5	31.4	9.1	1.5	0.7	15.8
西部地区	40.6	30.0	6.8	1.2	0.7	20.9

（十三）公民对科学技术职业声望的看法

类　别	附表 141　公民对科学技术职业声望的看法 单位：%											
	声望最好的职业											
	法官	教师	企业家	政府官员	运动员	科学家	医生	记者	工程师	艺术家	律师	其他
总体	18.7	55.7	21.9	18.4	12.8	40.6	53.0	9.7	23.4	11.8	19.4	14.4
按性别分												
男性	17.6	50.3	25.0	20.7	15.7	44.9	44.9	11.0	26.9	12.1	16.0	14.9
女性	19.9	61.3	18.7	16.0	9.8	36.1	61.4	8.5	19.8	11.5	22.9	13.9
按民族分												
汉族	18.7	55.7	22.0	18.2	12.8	40.8	52.9	9.8	23.5	11.9	19.4	14.4
其他民族	19.5	55.9	20.2	21.1	12.1	37.4	55.5	9.6	22.3	11.4	19.5	15.5
按户籍分												
本省户籍	18.9	56.0	21.6	18.5	12.5	40.7	53.3	9.8	23.3	11.6	19.3	14.6
非本省户籍	16.8	52.2	25.1	16.9	17.1	39.3	49.8	9.5	25.0	15.1	20.9	12.2
按年龄分（五段）												
18—29 岁	18.4	49.1	24.5	19.6	17.5	36.4	49.2	9.9	23.5	16.3	22.7	12.9
30—39 岁	16.9	56.6	22.1	17.3	13.0	39.1	53.8	11.1	23.7	11.3	21.8	13.4
40—49 岁	17.0	60.0	20.8	17.9	11.0	41.8	55.5	9.6	23.1	9.7	18.9	14.7
50—59 岁	21.0	57.7	21.8	18.5	9.5	44.3	54.3	8.8	23.6	9.6	15.4	15.4
60—69 岁	23.9	58.6	17.2	18.6	8.9	46.5	54.0	8.2	22.8	9.4	13.3	18.7
按年龄分（三段）												
18—39 岁	17.7	52.4	23.4	18.6	15.5	37.6	51.2	10.4	23.6	14.1	22.3	13.1
40—54 岁	17.7	59.6	21.4	18.0	10.3	42.6	55.2	9.3	23.2	9.7	18.1	15.0
55—69 岁	23.7	57.7	18.3	18.8	9.7	45.5	54.2	8.6	23.2	9.5	13.6	17.3
按文化程度分（五段）												
小学及以下	21.2	58.3	19.7	19.7	9.7	36.4	57.8	9.1	20.8	9.8	17.8	19.8
初中	17.4	57.7	22.8	18.2	13.0	39.5	55.1	9.8	22.2	10.6	20.0	13.7
高中（中专、技校）	18.1	51.5	22.4	17.8	15.6	42.6	48.9	11.0	25.1	14.2	21.2	11.6
大学专科	19.1	49.0	22.4	17.9	15.8	47.2	42.5	9.9	29.1	17.2	19.6	10.2
大学本科及以上	19.0	48.2	21.9	16.4	13.1	55.5	38.9	8.8	33.9	18.0	17.1	9.1
按文化程度分（三段）												
初中及以下	18.8	57.9	21.7	18.8	11.8	38.4	56.1	9.5	21.7	10.3	19.2	15.9
高中（中专、技校）	18.1	51.5	22.4	17.8	15.6	42.6	48.9	11.0	25.1	14.2	21.2	11.6
大学专科及以上	19.1	48.7	22.2	17.2	14.7	50.8	41.0	9.4	31.2	17.5	18.6	9.7
按文理科分												
偏文科	19.7	51.2	21.9	18.1	14.2	43.9	47.0	10.6	24.7	16.6	21.7	10.5
偏理科	17.0	49.2	23.0	16.8	16.6	49.0	43.6	10.0	31.5	14.3	17.9	11.2

类　别	声望最好的职业											
	法官	教师	企业家	政府官员	运动员	科学家	医生	记者	工程师	艺术家	律师	其他
按城乡分												
城镇居民	19.1	53.2	22.8	18.0	14.4	41.6	50.0	9.9	25.0	13.3	19.7	12.9
农村居民	18.3	58.5	20.8	18.9	10.9	39.4	56.4	9.6	21.6	10.2	19.1	16.1
按就业状况分												
有固定工作	19.5	53.4	23.2	18.7	14.1	43.2	48.5	9.7	25.5	13.0	19.3	11.9
有兼职工作	16.2	51.9	25.4	19.7	17.0	42.5	47.9	11.1	24.9	13.0	18.9	11.6
工作不固定，打工	16.8	54.7	22.4	19.9	13.6	40.4	51.4	11.2	24.3	10.0	18.9	16.3
目前没有工作，待业	17.2	53.8	23.1	19.9	12.4	40.1	52.8	10.8	22.3	11.6	18.7	17.5
家庭主妇且没有工作	19.1	63.8	18.7	15.5	8.9	33.6	64.6	7.9	19.4	10.2	22.5	15.9
学生及待升学人员	20.9	45.0	24.9	18.7	20.5	38.5	46.4	9.6	19.6	22.0	23.7	10.3
离退休人员	20.5	57.8	18.3	17.3	10.7	48.3	54.6	8.4	26.1	10.1	14.8	13.0
无工作能力	21.3	57.3	19.0	18.6	9.5	40.5	54.9	10.0	18.5	12.0	14.5	23.8
按与科学技术的相关性分												
有相关性	17.8	54.4	23.1	18.9	12.9	47.8	47.3	9.9	28.0	11.9	16.2	11.8
无相关性	18.7	53.5	23.0	19.3	14.6	40.1	50.2	10.5	23.9	12.1	20.3	14.0
按科学技术的相关部门分												
生产或制造业	18.5	54.5	24.1	18.8	12.4	46.4	47.8	10.1	27.0	11.5	16.7	12.2
教育部门	17.9	60.6	15.3	17.9	14.8	51.6	42.7	7.3	29.6	16.9	16.5	9.0
科研部门	17.7	53.5	23.3	21.9	12.4	52.4	48.4	7.9	27.5	11.2	15.8	8.1
其他	16.0	52.9	23.0	18.5	13.7	48.2	47.3	10.6	30.0	12.1	15.1	12.7
按职业分												
国家机关、党群组织负责人	23.1	50.7	21.7	23.3	14.4	49.0	42.3	10.7	25.8	13.4	16.6	9.1
企业事业单位负责人	18.8	48.5	28.0	18.8	17.1	43.1	42.7	8.7	28.0	15.2	20.3	10.8
专业技术人员	16.8	48.9	23.3	18.6	15.2	45.7	45.0	9.6	32.9	15.0	16.6	12.4
办事人员与有关人员	19.2	53.3	20.9	18.1	14.3	47.6	44.8	9.0	27.5	13.8	20.2	11.2
农林牧渔水利业生产人员	20.4	58.4	19.8	19.7	10.4	41.9	54.3	9.3	23.0	8.8	18.0	15.9
商业及服务业人员	17.7	52.9	25.6	18.0	15.3	40.2	50.3	10.8	22.9	12.9	20.5	13.1
生产及运输设备操作工人	17.5	55.2	22.5	21.1	14.6	39.6	50.5	12.2	23.6	10.3	19.2	13.6
按重点人群分												
领导干部和公务员	17.5	50.2	23.6	18.7	14.6	53.5	41.8	8.2	30.9	14.7	17.0	9.3
城镇劳动者	18.3	53.6	23.0	18.2	14.3	40.7	50.3	10.2	24.7	13.1	20.5	13.0
农民	18.6	59.5	20.5	18.8	10.3	38.8	57.8	9.6	21.5	9.3	18.7	16.8
其他	19.7	53.9	22.8	18.7	14.0	40.1	53.7	8.1	21.9	13.1	18.8	15.2
按地区分												
东部地区	20.2	55.3	23.0	19.3	13.7	40.8	51.0	9.6	24.0	11.9	20.1	11.1
中部地区	17.0	54.9	21.5	16.4	12.6	41.3	52.6	10.8	23.4	12.8	20.5	16.3
西部地区	18.2	57.5	20.5	19.4	11.4	39.5	56.9	8.8	22.3	10.6	17.2	17.8

（十四）公民对科学技术职业期望的看法

附表 142	公民对科学技术职业期望的看法											单位：%

类　别	最期望后代从事的职业											
	法官	教师	企业家	政府官员	运动员	科学家	医生	记者	工程师	艺术家	律师	其他
总体	15.0	49.3	29.9	18.7	10.5	30.6	53.9	7.5	27.3	14.8	24.5	18.1
按性别分												
男性	13.2	45.0	33.9	21.0	12.6	33.7	49.3	8.1	29.9	14.3	21.3	17.7
女性	16.8	53.7	25.8	16.4	8.3	27.4	58.5	6.8	24.7	15.3	27.8	18.6
按民族分												
汉族	14.8	49.2	30.1	18.6	10.5	30.6	53.7	7.5	27.5	14.8	24.5	18.1
其他民族	18.0	50.8	25.3	20.9	10.5	29.9	56.9	7.0	24.7	13.6	24.2	18.2
按户籍分												
本省户籍	15.1	49.7	29.7	18.7	10.2	30.7	53.9	7.5	27.3	14.6	24.2	18.3
非本省户籍	13.8	43.6	32.5	19.0	13.9	28.2	52.7	7.1	28.3	16.9	28.3	15.8
按年龄分（五段）												
18—29 岁	12.9	42.2	33.4	20.4	14.6	25.4	53.8	7.3	26.3	19.8	28.5	15.2
30—39 岁	14.5	50.5	29.0	18.4	10.1	28.6	58.6	7.5	25.7	14.2	27.6	15.4
40—49 岁	14.3	53.8	29.2	17.4	8.8	29.6	54.2	8.0	28.4	12.4	24.4	19.4
50—59 岁	17.3	50.8	29.0	18.6	7.9	37.4	49.5	7.1	28.9	12.6	19.7	21.1
60—69 岁	19.4	52.9	25.1	18.1	8.1	40.0	49.9	7.1	28.7	11.3	15.2	24.0
按年龄分（三段）												
18—39 岁	13.6	45.9	31.4	19.5	12.6	26.8	56.0	7.4	26.0	17.3	28.1	15.3
40—54 岁	14.7	53.2	29.5	17.9	8.6	31.5	52.7	7.6	28.5	12.6	23.3	20.1
55—69 岁	19.6	51.5	26.0	18.2	8.0	39.8	49.9	7.3	29.0	11.6	16.6	22.5
按文化程度分（五段）												
小学及以下	18.0	54.0	24.6	18.3	9.4	33.1	52.4	7.6	25.4	12.5	20.4	24.3
初中	13.7	50.8	30.4	18.7	11.3	29.9	56.2	7.4	26.0	13.8	25.2	16.6
高中（中专、技校）	13.6	44.9	33.2	18.7	11.0	29.4	53.7	7.3	29.8	16.3	27.2	15.0
大学专科	14.8	41.6	33.6	20.2	9.7	27.7	51.5	8.5	30.4	19.2	27.7	15.1
大学本科及以上	15.7	37.6	35.9	19.3	8.5	31.4	43.9	6.5	36.5	23.9	26.4	14.3
按文化程度分（三段）												
初中及以下	15.3	51.9	28.3	18.6	10.6	31.1	54.8	7.5	25.8	13.3	23.4	19.4
高中（中专、技校）	13.6	44.9	33.2	18.7	11.0	29.4	53.7	7.3	29.8	16.3	27.2	15.0
大学专科及以上	15.2	39.9	34.6	19.8	9.2	29.3	48.3	7.6	33.0	21.2	27.2	14.8
按文理科分												
偏文科	15.3	44.3	31.9	18.7	10.0	27.9	53.1	7.9	27.8	19.5	28.9	14.9
偏理科	12.9	40.7	36.2	19.8	10.6	31.3	49.3	6.8	35.6	16.9	24.9	15.0

类　别	最期望后代从事的职业											
	法官	教师	企业家	政府官员	运动员	科学家	医生	记者	工程师	艺术家	律师	其他
按城乡分												
城镇居民	14.8	46.8	31.4	19.5	10.9	29.1	53.3	7.6	28.1	16.3	25.6	16.6
农村居民	15.2	52.1	28.2	17.9	10.0	32.2	54.5	7.4	26.5	13.1	23.3	19.8
按就业状况分												
有固定工作	15.1	46.4	32.6	19.9	10.9	29.4	52.5	7.3	28.5	15.8	25.8	15.8
有兼职工作	14.3	48.0	36.4	18.1	12.1	31.3	50.4	8.8	26.2	15.1	24.9	14.5
工作不固定，打工	13.3	50.5	29.9	20.0	11.2	30.4	53.3	8.1	28.3	13.0	24.3	17.8
目前没有工作，待业	13.8	48.0	28.8	19.2	10.8	31.8	51.8	9.1	27.8	14.4	23.1	21.3
家庭主妇且没有工作	16.5	55.3	25.1	15.5	8.2	29.4	59.9	5.7	23.6	13.9	26.3	20.7
学生及待升学人员	12.6	35.7	35.7	18.7	19.1	28.1	48.4	8.4	26.4	26.7	27.1	13.2
离退休人员	17.0	53.4	26.6	18.0	6.9	37.8	53.8	7.0	30.8	12.7	17.7	18.2
无工作能力	18.1	50.6	24.1	18.2	10.4	34.6	53.3	8.7	24.2	12.3	16.5	29.1
按与科学技术的相关性分												
有相关性	13.8	46.6	33.3	19.4	10.5	35.3	49.4	7.1	30.9	15.0	22.8	15.9
无相关性	14.8	48.2	31.4	20.0	11.3	27.7	53.8	7.9	27.3	14.8	26.2	16.5
按科学技术的相关部门分												
生产或制造业	13.6	48.2	34.0	20.2	10.1	34.4	50.1	7.1	30.6	14.1	22.1	15.6
教育部门	15.6	44.1	27.8	18.5	10.3	37.1	49.4	6.3	34.0	18.6	25.3	12.9
科研部门	17.7	41.8	34.1	19.5	9.4	45.9	44.8	7.7	28.1	13.5	24.2	13.3
其他	12.8	45.1	32.9	17.8	12.0	33.8	49.3	6.9	31.7	16.4	23.5	18.0
按职业分												
国家机关、党群组织负责人	20.5	39.3	34.4	24.6	9.8	32.5	47.6	8.4	30.0	16.8	23.2	12.9
企业事业单位负责人	14.3	40.9	38.7	22.7	11.0	27.9	48.6	5.3	30.3	18.4	27.8	14.1
专业技术人员	13.3	42.7	32.8	18.8	11.0	32.3	49.7	7.1	34.8	17.3	23.9	16.4
办事人员与有关人员	14.2	47.0	30.2	20.0	10.9	29.0	51.2	7.8	29.6	17.6	27.2	15.3
农林牧渔水利业生产人员	17.1	52.0	27.4	19.4	9.8	34.2	52.4	8.1	28.3	10.8	21.1	19.3
商业及服务业人员	13.8	47.6	35.4	19.1	11.2	27.4	53.9	7.5	25.9	15.7	27.3	15.1
生产及运输设备操作工人	13.2	50.2	29.7	20.8	12.7	27.9	55.0	8.3	26.3	13.5	25.8	16.4
按重点人群分												
领导干部和公务员	15.3	40.5	34.9	23.1	8.1	34.7	47.7	6.7	32.2	18.2	24.5	14.3
城镇劳动者	14.4	47.1	31.8	19.3	11.0	28.3	53.9	7.4	27.5	16.0	27.0	16.1
农民	15.2	53.2	27.3	17.6	9.7	32.4	54.8	7.5	26.4	12.4	22.4	21.0
其他	15.4	48.1	29.5	19.8	11.6	31.3	51.6	7.9	27.6	15.5	22.2	19.5
按地区分												
东部地区	16.2	49.2	31.0	19.7	11.1	29.7	53.3	7.1	27.3	14.9	25.7	14.8
中部地区	13.8	47.2	31.0	16.9	9.6	32.5	52.7	8.1	28.3	14.9	25.9	18.9
西部地区	14.3	51.9	26.7	19.4	10.5	29.7	56.1	7.2	26.3	14.4	20.9	22.5

（十五）公民对"全球气候变化"的了解与态度

附表 143　公民是否听说过"全球气候变化"信息		单位：%
类　别	**是否听说过"全球气候变化"**		
	听说过	没听说过	不知道
总体	63.0	23.6	13.5
按性别分			
男性	71.2	18.5	10.3
女性	54.5	28.8	16.7
按民族分			
汉族	63.6	23.5	12.9
其他民族	52.8	24.4	22.8
按户籍分			
本省户籍	62.4	23.8	13.7
非本省户籍	70.1	20.1	9.8
按年龄分（五段）			
18—29 岁	73.2	17.5	9.3
30—39 岁	68.0	20.4	11.7
40—49 岁	62.3	24.3	13.5
50—59 岁	50.5	31.4	18.2
60—69 岁	46.3	32.9	20.9
按年龄分（三段）			
18—39 岁	70.9	18.8	10.4
40—54 岁	58.4	26.7	15.0
55—69 岁	48.8	31.7	19.5
按文化程度分（五段）			
小学及以下	34.1	40.9	25.0
初中	64.2	23.4	12.4
高中（中专、技校）	82.8	11.1	6.1
大学专科	90.4	6.0	3.6
大学本科及以上	95.1	2.8	2.1
按文化程度分（三段）			
初中及以下	53.2	29.8	17.0
高中（中专、技校）	82.8	11.1	6.1
大学专科及以上	92.4	4.6	3.0
按文理科分			
偏文科	85.1	9.4	5.5
偏理科	89.2	7.0	3.8

类 别	是否听说过"全球气候变化"		
	听说过	没听说过	不知道
按城乡分			
城镇居民	72.5	17.6	9.9
农村居民	52.4	30.2	17.4
按就业状况分			
有固定工作	73.9	17.4	8.7
有兼职工作	72.4	17.0	10.6
工作不固定，打工	60.3	24.7	15.0
目前没有工作，待业	58.0	27.0	15.0
家庭主妇且没有工作	44.6	34.3	21.0
学生及待升学人员	87.8	8.5	3.8
离退休人员	66.6	21.9	11.5
无工作能力	37.2	37.6	25.2
按与科学技术的相关性分			
有相关性	75.5	16.5	8.0
无相关性	66.9	21.0	12.1
按科学技术的相关部门分			
生产或制造业	72.5	18.6	8.8
教育部门	80.4	13.4	6.1
科研部门	79.6	14.6	5.8
其他	79.5	13.4	7.2
按职业分			
国家机关、党群组织负责人	81.7	9.9	8.4
企业事业单位负责人	80.2	13.0	6.8
专业技术人员	79.3	13.7	7.0
办事人员与有关人员	82.7	10.0	7.3
农林牧渔水利业生产人员	51.8	31.2	17.0
商业及服务业人员	71.4	18.8	9.7
生产及运输设备操作工人	67.3	20.7	12.0
按重点人群分			
领导干部和公务员	88.7	7.4	3.9
城镇劳动者	71.3	18.7	10.1
农民	49.1	31.8	19.1
其他	63.9	22.7	13.4
按地区分			
东部地区	67.2	21.2	11.6
中部地区	63.2	23.8	13.0
西部地区	55.7	27.3	17.0

类 别	公民获取"全球气候变化"信息的渠道 单位：%							
	电视	报纸	广播	互联网及移动互联网	期刊杂志	图书	其他	不知道
总体	64.6	2.4	1.6	27.2	0.4	1.2	2.1	0.4
按性别分								
男性	63.8	2.7	1.7	28.1	0.5	0.9	1.8	0.4
女性	65.6	2.0	1.6	26.0	0.4	1.5	2.4	0.5
按民族分								
汉族	64.4	2.4	1.6	27.4	0.4	1.2	2.1	0.4
其他民族	68.0	1.9	1.8	24.2	0.5	1.2	1.7	0.7
按户籍分								
本省户籍	65.6	2.4	1.6	26.3	0.4	1.2	2.0	0.5
非本省户籍	52.3	2.1	2.1	38.4	0.7	1.6	2.5	0.2
按年龄分（五段）								
18—29 岁	46.3	1.1	1.2	45.9	0.5	2.9	1.9	0.2
30—39 岁	62.3	1.5	1.3	32.3	0.2	0.5	1.5	0.4
40—49 岁	75.9	2.9	1.6	16.8	0.5	0.5	1.3	0.4
50—59 岁	83.3	4.0	2.5	5.5	0.5	0.1	3.3	0.8
60—69 岁	81.6	6.3	3.4	2.3	0.4	0.2	5.0	0.9
按年龄分（三段）								
18—39 岁	53.1	1.3	1.2	40.1	0.4	1.9	1.7	0.3
40—54 岁	77.8	2.9	1.8	14.3	0.5	0.4	1.7	0.5
55—69 岁	82.3	5.9	3.1	3.0	0.4	0.1	4.4	0.8
按文化程度分（五段）								
小学及以下	80.8	2.5	2.6	6.5	0.2	0.4	5.5	1.6
初中	71.4	2.3	1.8	21.4	0.3	0.7	1.7	0.3
高中（中专、技校）	58.4	3.1	1.4	33.2	0.5	1.8	1.5	0.1
大学专科	46.3	2.2	0.9	47.0	0.6	1.8	1.0	0.1
大学本科及以上	36.4	1.6	0.9	56.1	0.8	3.1	1.1	0.0
按文化程度分（三段）								
初中及以下	73.6	2.3	2.0	18.0	0.3	0.6	2.6	0.6
高中（中专、技校）	58.4	3.1	1.4	33.2	0.5	1.8	1.5	0.1
大学专科及以上	42.0	1.9	0.9	51.0	0.7	2.4	1.0	0.1
按文理科分								
偏文科	53.6	2.6	1.2	38.4	0.6	2.1	1.3	0.1
偏理科	47.8	2.5	1.0	44.7	0.6	2.0	1.3	0.1
按城乡分								
城镇居民	59.8	3.0	1.6	31.5	0.5	1.4	1.9	0.3

类　别	公民获取"全球气候变化"信息的渠道							
	电视	报纸	广播	互联网及移动互联网	期刊杂志	图书	其他	不知道
农村居民	71.8	1.5	1.7	20.7	0.4	0.9	2.3	0.7
按就业状况分								
有固定工作	58.2	2.3	1.5	34.9	0.3	1.1	1.4	0.2
有兼职工作	63.9	2.4	1.4	28.9	0.5	1.0	1.5	0.4
工作不固定，打工	71.6	2.0	1.6	21.4	0.4	0.6	1.8	0.5
目前没有工作，待业	67.5	2.0	1.8	23.6	0.4	1.2	2.7	0.9
家庭主妇且没有工作	74.1	1.3	1.6	19.6	0.2	0.4	2.2	0.7
学生及待升学人员	33.0	1.6	0.7	49.8	1.6	9.2	3.9	0.2
离退休人员	80.7	7.3	2.8	5.2	0.5	0.2	3.0	0.4
无工作能力	75.0	2.8	3.8	7.8	0.1	0.1	8.4	1.9
按与科学技术的相关性分								
有相关性	62.9	2.2	1.5	30.6	0.4	0.9	1.3	0.2
无相关性	62.1	2.3	1.5	30.7	0.4	0.9	1.7	0.3
按科学技术的相关部门分								
生产或制造业	67.7	1.9	1.5	26.4	0.3	0.7	1.3	0.3
教育部门	54.3	3.2	3.3	35.1	0.5	2.6	0.5	0.5
科研部门	56.9	2.7	1.7	35.5	0.3	0.7	2.1	0.1
其他	57.3	2.3	1.0	36.3	0.5	1.0	1.4	0.1
按职业分								
国家机关、党群组织负责人	61.6	4.0	1.6	30.3	0.6	1.1	0.8	0.0
企业事业单位负责人	51.8	2.3	2.5	40.0	0.3	1.6	1.3	0.3
专业技术人员	53.3	2.0	1.5	40.8	0.4	1.1	0.9	0.0
办事人员与有关人员	55.4	2.8	1.2	37.4	0.4	1.4	1.3	0.1
农林牧渔水利业生产人员	81.2	1.6	1.2	12.3	0.2	0.4	2.5	0.6
商业及服务业人员	59.1	2.4	1.4	33.5	0.5	1.1	1.6	0.3
生产及运输设备操作工人	67.6	2.1	1.9	25.8	0.2	0.5	1.5	0.4
按重点人群分								
领导干部和公务员	53.3	3.6	1.3	38.4	0.5	1.7	0.8	0.4
城镇劳动者	59.4	2.4	1.6	33.4	0.4	1.0	1.5	0.3
农民	77.3	1.4	1.5	15.8	0.2	0.5	2.5	0.8
其他	59.8	4.1	2.3	25.4	0.7	3.2	4.3	0.3
按地区分								
东部地区	60.8	3.1	1.8	30.6	0.5	1.2	1.8	0.2
中部地区	67.6	1.9	1.5	24.8	0.3	1.1	2.3	0.5
西部地区	68.1	1.9	1.4	23.9	0.4	1.3	2.2	0.8

类 别	政府官员	科学家	企业家	公众人物	亲友同事	其他	以上谁的都不信	不知道
总体	6.9	80.2	0.3	2.2	0.8	1.9	4.2	3.6
按性别分								
男性	8.0	79.7	0.3	2.2	0.6	1.9	4.5	2.7
女性	5.4	80.7	0.4	2.1	1.0	1.9	3.8	4.8
按民族分								
汉族	6.9	80.2	0.3	2.2	0.8	1.9	4.2	3.5
其他民族	5.8	79.0	0.6	2.5	0.3	2.0	5.0	4.8
按户籍分								
本省户籍	6.9	80.5	0.3	2.1	0.8	1.9	4.0	3.5
非本省户籍	6.9	75.8	0.2	3.5	0.7	1.9	6.7	4.3
按年龄分（五段）								
18—29 岁	4.2	78.6	0.3	2.4	0.7	2.7	6.5	4.5
30—39 岁	5.4	80.8	0.2	2.4	0.7	2.2	4.8	3.5
40—49 岁	7.0	83.6	0.2	1.9	0.8	1.0	2.8	2.8
50—59 岁	11.3	79.2	0.2	2.2	1.1	1.0	1.6	3.5
60—69 岁	14.6	75.9	1.1	1.6	0.8	2.0	1.6	2.5
按年龄分（三段）								
18—39 岁	4.7	79.5	0.3	2.4	0.7	2.5	5.8	4.1
40—54 岁	7.6	82.9	0.2	1.9	0.9	1.0	2.5	3.0
55—69 岁	14.4	76.5	0.7	1.9	0.8	1.5	1.4	2.7
按文化程度分（五段）								
小学及以下	10.3	73.2	1.1	2.1	1.7	2.4	2.9	6.2
初中	7.3	80.5	0.2	2.3	0.7	1.8	3.2	3.9
高中（中专、技校）	6.1	82.3	0.2	1.9	0.5	1.9	4.5	2.5
大学专科	4.4	81.8	0.2	2.3	0.5	2.0	6.4	2.5
大学本科及以上	3.4	82.5	0.2	1.9	0.3	1.8	8.4	1.5
按文化程度分（三段）								
初中及以下	8.0	78.8	0.4	2.3	1.0	1.9	3.2	4.4
高中（中专、技校）	6.1	82.3	0.2	1.9	0.5	1.9	4.5	2.5
大学专科及以上	4.0	82.1	0.2	2.1	0.4	1.9	7.3	2.1
按文理科分								
偏文科	5.0	82.7	0.3	1.8	0.5	1.8	5.5	2.4
偏理科	5.3	81.6	0.1	2.3	0.5	2.0	6.1	2.2
按城乡分								
城镇居民	6.5	79.8	0.3	2.3	0.7	1.9	5.1	3.3

附表 145　公民最相信谁关于"全球气候变化"的言论　　单位：%

关于"全球气候变化"，您最相信谁的言论？

类 别	关于"全球气候变化",您最相信谁的言论?							
	政府官员	科学家	企业家	公众人物	亲友同事	其他	以上谁的都不信	不知道
农村居民	7.4	80.7	0.3	2.0	0.8	2.0	2.9	4.0
按就业状况分								
有固定工作	6.2	80.8	0.3	2.3	0.6	1.9	5.0	2.9
有兼职工作	6.8	81.6	0.3	2.1	0.7	2.6	3.7	2.2
工作不固定,打工	7.2	80.1	0.3	2.3	0.8	1.9	3.8	3.6
目前没有工作,待业	7.1	78.3	0.3	2.2	0.9	2.1	4.3	4.9
家庭主妇且没有工作	5.7	78.9	0.5	2.0	1.4	1.6	3.4	6.5
学生及待升学人员	2.3	87.6	0.1	1.4	0.4	2.4	4.2	1.5
离退休人员	14.3	77.5	0.5	1.9	0.8	1.1	1.6	2.3
无工作能力	9.9	73.2	1.0	3.3	0.7	3.5	4.1	4.3
按与科学技术的相关性分								
有相关性	6.7	82.7	0.4	1.7	0.7	1.6	4.0	2.1
无相关性	6.5	79.8	0.2	2.5	0.6	2.1	4.9	3.5
按科学技术的相关部门分								
生产或制造业	7.0	82.7	0.5	1.8	0.7	1.6	3.9	1.8
教育部门	5.6	85.1	0.2	1.3	0.5	0.9	5.2	1.4
科研部门	6.2	82.8	0.4	1.4	0.7	2.4	4.4	1.8
其他	6.8	81.9	0.4	1.7	0.7	1.6	3.9	2.9
按职业分								
国家机关、党群组织负责人	10.3	79.5	0.0	1.5	1.0	0.9	4.9	1.8
企业事业单位负责人	4.5	83.0	0.9	2.8	0.2	1.1	5.3	2.2
专业技术人员	6.0	79.8	0.5	1.5	0.4	2.8	6.5	2.6
办事人员与有关人员	5.7	82.6	0.1	1.9	0.4	2.3	4.9	2.1
农林牧渔水利业生产人员	8.3	82.3	0.4	1.8	0.9	1.2	2.0	3.0
商业及服务业人员	5.1	80.8	0.2	2.8	0.7	2.0	5.0	3.5
生产及运输设备操作工人	8.8	78.0	0.2	2.5	0.8	1.8	4.2	3.6
按重点人群分								
领导干部和公务员	6.0	83.6	0.3	1.5	0.4	1.1	4.8	2.2
城镇劳动者	6.0	79.7	0.3	2.4	0.7	2.0	5.3	3.6
农民	7.6	80.7	0.3	2.0	1.0	1.8	2.5	4.2
其他	8.3	79.7	0.4	1.7	0.5	2.4	3.6	3.4
按地区分								
东部地区	7.3	79.5	0.4	2.4	0.8	2.0	4.2	3.4
中部地区	6.4	80.8	0.2	2.1	0.8	1.8	4.6	3.4
西部地区	6.7	80.6	0.4	1.9	0.7	1.8	3.8	4.2

类　别	全球气候变化导致了臭氧层空洞的产生（错）		
	回答正确	回答错误	不知道
总体	10.2	61.2	28.6
按性别分			
男性	11.3	62.8	25.9
女性	8.6	59.0	32.3
按民族分			
汉族	10.2	61.4	28.4
其他民族	10.1	57.3	32.6
按户籍分			
本省户籍	10.0	61.1	28.9
非本省户籍	12.2	62.2	25.6
按年龄分（五段）			
18—29 岁	12.6	65.1	22.3
30—39 岁	9.8	61.6	28.6
40—49 岁	9.3	57.9	32.9
50—59 岁	8.9	58.6	32.5
60—69 岁	6.2	58.1	35.7
按年龄分（三段）			
18—39 岁	11.4	63.6	25.0
40—54 岁	9.3	57.7	33.1
55—69 岁	7.2	59.2	33.6
按文化程度分（五段）			
小学及以下	8.5	45.2	46.4
初中	8.4	56.3	35.2
高中（中专、技校）	11.4	69.0	19.5
大学专科	11.7	77.2	11.1
大学本科及以上	18.0	75.7	6.3
按文化程度分（三段）			
初中及以下	8.4	53.7	37.8
高中（中专、技校）	11.4	69.0	19.5
大学专科及以上	14.5	76.5	9.0
按文理科分			
偏文科	10.1	72.5	17.4
偏理科	16.2	72.3	11.5
按城乡分			
城镇居民	10.7	65.2	24.1
农村居民	9.4	55.1	35.5

附表 146　公民对"全球气候变化"的了解程度 –1　单位：%

类　别	全球气候变化导致了臭氧层空洞的产生（错）		
	回答正确	回答错误	不知道
按就业状况分			
有固定工作	10.8	66.7	22.6
有兼职工作	10.3	63.1	26.5
工作不固定，打工	9.0	55.9	35.1
目前没有工作，待业	9.5	56.3	34.2
家庭主妇且没有工作	8.0	51.3	40.7
学生及待升学人员	22.1	70.2	7.7
离退休人员	7.8	64.1	28.1
无工作能力	7.1	48.9	44.0
按与科学技术的相关性分			
有相关性	11.7	65.5	22.8
无相关性	9.6	62.5	27.9
按科学技术的相关部门分			
生产或制造业	11.8	64.2	24.0
教育部门	13.6	74.3	12.1
科研部门	15.9	62.7	21.3
其他	9.9	66.4	23.8
按职业分			
国家机关、党群组织负责人	9.9	74.5	15.6
企业事业单位负责人	11.8	68.8	19.3
专业技术人员	13.4	68.2	18.4
办事人员与有关人员	10.4	71.1	18.6
农林牧渔水利业生产人员	8.8	54.1	37.2
商业及服务业人员	9.8	62.9	27.3
生产及运输设备操作工人	9.1	60.1	30.8
按重点人群分			
领导干部和公务员	12.0	75.3	12.8
城镇劳动者	10.2	63.8	25.9
农民	8.7	52.8	38.5
其他	13.2	63.6	23.2
按地区分			
东部地区	10.7	64.2	25.1
中部地区	9.6	59.8	30.5
西部地区	10.0	57.0	33.0

类　别	煤炭和石油的大量使用造成了全球气候变化（对）		
	回答正确	回答错误	不知道
总体	76.7	9.5	13.8
按性别分			
男性	80.0	8.9	11.0
女性	72.3	10.2	17.5
按民族分			
汉族	76.8	9.5	13.7
其他民族	75.2	9.5	15.2
按户籍分			
本省户籍	76.6	9.5	13.9
非本省户籍	78.1	9.3	12.6
按年龄分（五段）			
18—29岁	79.0	9.3	11.7
30—39岁	78.1	8.8	13.1
40—49岁	75.2	9.7	15.1
50—59岁	73.8	10.6	15.6
60—69岁	72.6	9.6	17.9
按年龄分（三段）			
18—39岁	78.6	9.1	12.3
40—54岁	74.6	9.8	15.6
55—69岁	73.6	10.3	16.1
按文化程度分（五段）			
小学及以下	63.1	12.4	24.5
初中	74.2	9.8	15.9
高中（中专、技校）	81.2	9.1	9.6
大学专科	86.2	7.3	6.4
大学本科及以上	91.0	5.7	3.4
按文化程度分（三段）			
初中及以下	71.6	10.4	17.9
高中（中专、技校）	81.2	9.1	9.6
大学专科及以上	88.3	6.6	5.1
按文理科分			
偏文科	82.4	8.7	8.8
偏理科	86.9	7.1	6.0
按城乡分			
城镇居民	79.2	8.8	12.0
农村居民	73.0	10.5	16.5

附表147　公民对"全球气候变化"的了解程度 –2　　单位：%

类　别	煤炭和石油的大量使用造成了全球气候变化（对）		
	回答正确	回答错误	不知道
按就业状况分			
有固定工作	80.0	9.2	10.8
有兼职工作	79.2	9.6	11.3
工作不固定，打工	74.7	9.9	15.4
目前没有工作，待业	74.0	9.6	16.4
家庭主妇且没有工作	67.4	10.2	22.4
学生及待升学人员	88.3	7.7	4.0
离退休人员	77.7	9.6	12.7
无工作能力	67.9	9.2	22.9
按与科学技术的相关性分			
有相关性	81.4	9.5	9.1
无相关性	77.2	9.4	13.4
按科学技术的相关部门分			
生产或制造业	80.6	10.0	9.5
教育部门	86.4	7.2	6.4
科研部门	78.2	13.9	7.9
其他	82.6	7.8	9.6
按职业分			
国家机关、党群组织负责人	85.8	7.2	7.0
企业事业单位负责人	81.3	8.9	9.8
专业技术人员	83.4	6.8	9.8
办事人员与有关人员	81.4	9.1	9.5
农林牧渔水利业生产人员	71.2	12.7	16.1
商业及服务业人员	78.4	9.3	12.4
生产及运输设备操作工人	77.2	9.6	13.2
按重点人群分			
领导干部和公务员	84.7	8.3	7.0
城镇劳动者	78.5	8.9	12.6
农民	70.8	10.8	18.4
其他	79.4	9.3	11.3
按地区分			
东部地区	77.6	9.8	12.7
中部地区	76.6	9.2	14.2
西部地区	75.4	9.2	15.4

类　别	全球气候变化会导致冰川消融，海平面上升（对）		
	回答正确	回答错误	不知道
总体	82.0	4.8	13.1
按性别分			
男性	86.1	4.4	9.6
女性	76.6	5.4	18.0
按民族分			
汉族	82.3	4.8	12.9
其他民族	76.5	5.7	17.8
按户籍分			
本省户籍	81.9	4.8	13.3
非本省户籍	83.7	5.6	10.7
按年龄分（五段）			
18—29 岁	85.2	4.6	10.2
30—39 岁	83.7	4.5	11.7
40—49 岁	81.2	4.8	14.0
50—59 岁	77.0	5.5	17.6
60—69 岁	74.7	5.7	19.7
按年龄分（三段）			
18—39 岁	84.6	4.6	10.8
40—54 岁	80.2	4.9	14.9
55—69 岁	75.5	5.7	18.8
按文化程度分（五段）			
小学及以下	64.6	7.7	27.8
初中	79.4	5.3	15.3
高中（中专、技校）	88.5	4.1	7.4
大学专科	92.8	2.9	4.2
大学本科及以上	96.4	1.8	1.8
按文化程度分（三段）			
初中及以下	75.9	5.8	18.2
高中（中专、技校）	88.5	4.1	7.4
大学专科及以上	94.4	2.4	3.2
按文理科分			
偏文科	89.9	3.5	6.6
偏理科	92.7	3.2	4.1
按城乡分			
城镇居民	85.3	4.1	10.5

附表 148　公民对"全球气候变化"的了解程度 –3　单位：%

类 别	全球气候变化会导致冰川消融，海平面上升（对）		
	回答正确	回答错误	不知道
农村居民	76.9	5.9	17.1
按就业状况分			
有固定工作	86.5	4.4	9.1
有兼职工作	82.9	4.8	12.3
工作不固定，打工	80.0	5.4	14.6
目前没有工作，待业	79.3	5.5	15.2
家庭主妇且没有工作	70.5	5.4	24.2
学生及待升学人员	93.8	3.5	2.8
离退休人员	82.4	4.3	13.3
无工作能力	66.8	6.9	26.3
按与科学技术的相关性分			
有相关性	86.1	4.7	9.3
无相关性	83.7	4.8	11.6
按科学技术的相关部门分			
生产或制造业	85.0	5.0	9.9
教育部门	88.8	5.2	6.0
科研部门	88.2	3.9	7.9
其他	86.7	4.1	9.2
按职业分			
国家机关、党群组织负责人	86.2	4.5	9.3
企业事业单位负责人	87.6	4.5	7.9
专业技术人员	88.6	3.9	7.6
办事人员与有关人员	88.8	3.6	7.6
农林牧渔水利业生产人员	77.8	6.1	16.1
商业及服务业人员	84.0	4.9	11.1
生产及运输设备操作工人	83.2	4.8	12.0
按重点人群分			
领导干部和公务员	91.7	3.0	5.4
城镇劳动者	84.3	4.6	11.1
农民	75.3	5.7	19.0
其他	84.1	5.3	10.7
按地区分			
东部地区	83.2	5.2	11.6
中部地区	81.9	4.7	13.4
西部地区	79.9	4.3	15.9

类　别	全球气候变化使得极端天气频发（对）		
	回答正确	回答错误	不知道
总体	76.8	7.0	16.2
按性别分			
男性	79.9	6.6	13.5
女性	72.7	7.5	19.8
按民族分			
汉族	77.2	7.0	15.8
其他民族	70.3	7.0	22.8
按户籍分			
本省户籍	76.9	6.8	16.3
非本省户籍	76.7	8.8	14.5
按年龄分（五段）			
18—29 岁	77.1	8.9	14.0
30—39 岁	79.2	6.4	14.3
40—49 岁	76.6	6.0	17.3
50—59 岁	73.8	6.0	20.2
60—69 岁	74.3	5.3	20.4
按年龄分（三段）			
18—39 岁	78.0	7.8	14.2
40—54 岁	75.4	6.1	18.5
55—69 岁	75.3	5.4	19.3
按文化程度分（五段）			
小学及以下	61.7	7.9	30.4
初中	73.6	7.8	18.6
高中（中专、技校）	82.8	6.3	10.9
大学专科	87.7	5.3	7.0
大学本科及以上	91.9	4.7	3.4
按文化程度分（三段）			
初中及以下	70.8	7.8	21.3
高中（中专、技校）	82.8	6.3	10.9
大学专科及以上	89.6	5.0	5.4
按文理科分			
偏文科	84.7	5.9	9.4
偏理科	87.3	5.5	7.2
按城乡分			
城镇居民	79.8	6.6	13.6

附表 149　公民对"全球气候变化"的了解程度 -4　　单位：%

类　别	全球气候变化使得极端天气频发（对）		
	回答正确	回答错误	不知道
农村居民	72.3	7.6	20.0
按就业状况分			
有固定工作	81.2	6.5	12.3
有兼职工作	75.7	7.9	16.4
工作不固定，打工	73.9	7.5	18.6
目前没有工作，待业	74.7	6.7	18.6
家庭主妇且没有工作	67.5	6.9	25.6
学生及待升学人员	80.8	12.1	7.1
离退休人员	81.1	4.5	14.4
无工作能力	63.1	9.3	27.7
按与科学技术的相关性分			
有相关性	82.2	6.6	11.2
无相关性	77.3	7.0	15.7
按科学技术的相关部门分			
生产或制造业	80.8	6.9	12.3
教育部门	84.7	7.6	7.6
科研部门	83.6	7.2	9.2
其他	83.7	5.6	10.7
按职业分			
国家机关、党群组织负责人	83.3	5.0	11.7
企业事业单位负责人	82.5	6.8	10.7
专业技术人员	84.2	6.0	9.8
办事人员与有关人员	83.2	6.6	10.2
农林牧渔水利业生产人员	72.1	7.1	20.9
商业及服务业人员	78.0	7.5	14.5
生产及运输设备操作工人	76.8	6.8	16.4
按重点人群分			
领导干部和公务员	86.9	5.3	7.8
城镇劳动者	79.0	6.7	14.3
农民	70.7	7.3	22.0
其他	75.7	9.3	15.0
按地区分			
东部地区	77.7	7.5	14.8
中部地区	76.5	6.8	16.8
西部地区	75.5	6.3	18.2

类　别	附表 150　公民对"全球气候变化"的了解程度 –5　　单位：%		
	全球气候变化会产生致命病毒（错）		
	回答正确	回答错误	不知道
总体	22.0	49.6	28.4
按性别分			
男性	23.0	49.1	27.9
女性	20.7	50.1	29.2
按民族分			
汉族	22.1	49.7	28.3
其他民族	20.7	47.2	32.1
按户籍分			
本省户籍	21.9	49.6	28.5
非本省户籍	23.1	49.5	27.4
按年龄分（五段）			
18—29 岁	29.1	41.9	29.0
30—39 岁	21.0	51.5	27.4
40—49 岁	19.0	51.2	29.7
50—59 岁	16.6	56.2	27.2
60—69 岁	13.5	59.0	27.5
按年龄分（三段）			
18—39 岁	25.6	46.0	28.3
40—54 岁	18.8	51.9	29.3
55—69 岁	14.0	59.2	26.8
按文化程度分（五段）			
小学及以下	13.7	56.4	29.9
初中	19.8	49.0	31.3
高中（中专、技校）	26.2	47.5	26.3
大学专科	27.2	49.0	23.7
大学本科及以上	31.3	47.4	21.3
按文化程度分（三段）			
初中及以下	18.4	50.7	31.0
高中（中专、技校）	26.2	47.5	26.3
大学专科及以上	29.0	48.3	22.7
按文理科分			
偏文科	25.7	48.5	25.8
偏理科	29.7	47.1	23.2
按城乡分			
城镇居民	23.0	50.0	27.0

类　别	全球气候变化会产生致命病毒（错）		
	回答正确	回答错误	不知道
农村居民	20.5	48.9	30.6
按就业状况分			
有固定工作	23.0	50.9	26.1
有兼职工作	22.7	48.7	28.6
工作不固定，打工	19.8	48.5	31.8
目前没有工作，待业	20.5	47.7	31.8
家庭主妇且没有工作	17.8	49.2	32.9
学生及待升学人员	50.3	28.8	20.9
离退休人员	15.2	59.8	25.0
无工作能力	14.3	55.9	29.9
按与科学技术的相关性分			
有相关性	23.3	53.0	23.7
无相关性	21.6	48.8	29.6
按科学技术的相关部门分			
生产或制造业	22.3	54.5	23.2
教育部门	25.5	56.0	18.5
科研部门	27.3	52.6	20.1
其他	23.5	49.6	26.9
按职业分			
国家机关、党群组织负责人	22.2	51.0	26.9
企业事业单位负责人	24.5	52.5	23.0
专业技术人员	24.8	50.4	24.7
办事人员与有关人员	25.8	49.0	25.2
农林牧渔水利业生产人员	17.8	51.8	30.4
商业及服务业人员	21.7	50.1	28.1
生产及运输设备操作工人	20.7	48.3	31.0
按重点人群分			
领导干部和公务员	23.2	51.4	25.4
城镇劳动者	22.5	49.5	28.0
农民	18.4	49.7	31.9
其他	27.8	49.3	22.9
按地区分			
东部地区	23.1	49.7	27.2
中部地区	21.2	49.2	29.6
西部地区	20.9	49.8	29.3

类　别	全球气候变化会产生雾霾天气（错）		
	回答正确	回答错误	不知道
总体	11.8	76.1	12.1
按性别分			
男性	13.9	74.0	12.1
女性	9.1	78.8	12.1
按民族分			
汉族	11.9	76.3	11.8
其他民族	11.1	71.1	17.8
按户籍分			
本省户籍	11.8	76.2	12.0
非本省户籍	12.5	74.5	13.0
按年龄分（五段）			
18—29 岁	14.7	73.3	12.0
30—39 岁	11.5	76.6	11.9
40—49 岁	10.7	77.2	12.2
50—59 岁	8.6	79.5	11.9
60—69 岁	10.1	76.9	13.0
按年龄分（三段）			
18—39 岁	13.3	74.7	12.0
40—54 岁	10.0	77.6	12.4
55—69 岁	9.8	78.3	11.9
按文化程度分（五段）			
小学及以下	7.9	73.2	18.9
初中	9.1	77.8	13.1
高中（中专、技校）	13.4	77.7	8.9
大学专科	16.2	75.5	8.2
大学本科及以上	24.8	67.2	8.0
按文化程度分（三段）			
初中及以下	8.8	76.8	14.4
高中（中专、技校）	13.4	77.7	8.9
大学专科及以上	20.0	71.9	8.1
按文理科分			
偏文科	13.6	78.3	8.1
偏理科	19.9	71.0	9.1
按城乡分			
城镇居民	13.4	75.6	11.0

附表 151　公民对"全球气候变化"的了解程度 –6　　单位：%

续表

类 别	全球气候变化会产生雾霾天气（错）		
	回答正确	回答错误	不知道
农村居民	9.5	76.8	13.8
按就业状况分			
有固定工作	13.1	76.6	10.3
有兼职工作	10.4	78.6	11.0
工作不固定，打工	9.8	75.4	14.8
目前没有工作，待业	12.1	73.3	14.6
家庭主妇且没有工作	6.7	78.6	14.7
学生及待升学人员	26.8	65.9	7.4
离退休人员	10.7	80.2	9.1
无工作能力	9.5	71.4	19.1
按与科学技术的相关性分			
有相关性	13.2	77.1	9.7
无相关性	11.5	76.1	12.4
按科学技术的相关部门分			
生产或制造业	12.4	77.7	9.9
教育部门	17.7	75.1	7.3
科研部门	17.4	75.4	7.2
其他	12.4	76.9	10.7
按职业分			
国家机关、党群组织负责人	17.0	72.3	10.6
企业事业单位负责人	16.4	74.1	9.4
专业技术人员	15.4	74.0	10.6
办事人员与有关人员	14.3	76.7	9.1
农林牧渔水利业生产人员	8.9	77.8	13.3
商业及服务业人员	11.1	77.2	11.7
生产及运输设备操作工人	9.9	76.9	13.2
按重点人群分			
领导干部和公务员	18.0	71.5	10.5
城镇劳动者	12.1	76.4	11.5
农民	8.6	76.9	14.5
其他	16.8	73.8	9.4
按地区分			
东部地区	13.3	75.0	11.6
中部地区	11.0	77.7	11.3
西部地区	10.1	76.0	14.0

类　别	全球气候变化是不可阻止的过程，人类为减缓气候变化所做的努力都没有用					
	非常赞成	基本赞成	既不赞成也不反对	基本反对	非常反对	不知道
总体	8.1	16.9	11.6	26.1	26.6	10.7
按性别分						
男性	8.7	16.7	10.0	25.8	29.1	9.6
女性	7.3	17.1	13.7	26.6	23.1	12.3
按民族分						
汉族	8.1	16.8	11.5	26.3	26.7	10.6
其他民族	8.1	17.5	12.9	23.3	24.3	13.9
按户籍分						
本省户籍	8.1	16.9	11.4	26.2	26.6	10.9
非本省户籍	8.4	16.9	13.9	25.7	26.4	8.7
按年龄分（五段）						
18—29 岁	6.1	14.8	13.9	27.0	31.2	7.0
30—39 岁	6.9	15.6	12.2	27.0	28.9	9.4
40—49 岁	8.4	17.7	9.5	25.9	26.3	12.2
50—59 岁	11.8	20.9	9.9	23.9	17.2	16.3
60—69 岁	13.5	20.3	9.3	24.2	16.4	16.4
按年龄分（三段）						
18—39 岁	6.4	15.1	13.1	27.0	30.2	8.1
40—54 岁	9.2	17.9	9.7	25.6	24.1	13.5
55—69 岁	12.8	22.0	9.3	23.5	16.7	15.7
按文化程度分（五段）						
小学及以下	12.7	20.6	12.0	17.3	12.7	24.8
初中	8.2	17.5	12.4	25.3	24.4	12.2
高中（中专、技校）	7.1	16.9	11.1	28.8	30.3	5.8
大学专科	5.6	13.8	10.7	31.2	36.2	2.4
大学本科及以上	5.5	10.5	8.5	33.0	41.0	1.5
按文化程度分（三段）						
初中及以下	9.2	18.2	12.3	23.4	21.7	15.1
高中（中专、技校）	7.1	16.9	11.1	28.8	30.3	5.8
大学专科及以上	5.6	12.4	9.7	32.0	38.3	2.0
按文理科分						
偏文科	7.0	15.7	11.0	29.4	32.1	4.7
偏理科	5.7	13.8	9.8	31.3	36.1	3.4
按城乡分						
城镇居民	7.8	17.0	11.8	27.8	27.0	8.6

附表 152　公民对有关"全球气候变化"观点的态度 –1　　　　单位：%

类　别	全球气候变化是不可阻止的过程，人类为减缓气候变化所做的努力都没有用					
	非常赞成	基本赞成	既不赞成也不反对	基本反对	非常反对	不知道
农村居民	8.6	16.7	11.1	23.6	25.9	14.0
按就业状况分						
有固定工作	8.0	16.8	10.8	27.2	29.8	7.5
有兼职工作	9.8	17.5	11.3	25.8	26.9	8.7
工作不固定，打工	8.2	17.9	11.6	23.8	25.5	13.1
目前没有工作，待业	7.6	15.7	12.9	24.6	25.9	13.4
家庭主妇且没有工作	7.5	15.1	14.2	25.4	20.3	17.5
学生及待升学人员	5.4	10.3	10.4	32.2	39.9	1.8
离退休人员	11.0	22.4	9.9	28.0	16.9	11.8
无工作能力	11.2	23.8	11.6	17.9	13.9	21.6
按与科学技术的相关性分						
有相关性	8.6	16.1	9.5	26.9	31.0	7.8
无相关性	7.9	17.6	11.7	25.8	27.2	9.8
按科学技术的相关部门分						
生产或制造业	9.5	16.1	9.3	26.5	30.4	8.2
教育部门	8.1	14.4	8.1	30.0	34.8	4.7
科研部门	8.9	20.0	10.3	26.2	31.0	3.6
其他	6.8	15.5	10.0	27.4	31.4	9.0
按职业分						
国家机关、党群组织负责人	11.1	19.4	5.0	26.9	33.3	4.3
企业事业单位负责人	9.5	17.7	11.7	25.6	29.8	5.7
专业技术人员	7.4	14.5	10.5	27.9	32.6	7.0
办事人员与有关人员	6.8	15.9	10.9	29.7	31.6	5.0
农林牧渔水利业生产人员	10.9	18.7	9.4	22.9	24.1	14.0
商业及服务业人员	7.3	17.3	11.8	26.7	28.0	9.0
生产及运输设备操作工人	8.0	18.2	12.2	24.2	26.1	11.4
按重点人群分						
领导干部和公务员	7.6	13.8	7.8	30.1	35.8	4.9
城镇劳动者	7.4	16.5	12.3	27.0	27.6	9.1
农民	9.5	17.2	10.9	23.2	24.0	15.2
其他	7.2	17.4	11.3	26.0	27.8	10.2
按地区分						
东部地区	9.1	17.2	11.7	26.5	26.0	9.5
中部地区	7.1	15.7	12.2	26.3	27.6	11.0
西部地区	7.6	17.8	10.4	25.2	26.2	12.9

附表 153　公民对有关"全球气候变化"观点的态度 -2　　　　单位：%

类　别	科学技术的进步有助于解决全球气候变化问题					
	非常赞成	基本赞成	既不赞成也不反对	基本反对	非常反对	不知道
总体	30.6	42.3	12.1	4.1	1.4	9.5
按性别分						
男性	34.5	42.4	10.0	3.8	1.5	7.8
女性	25.4	42.3	14.9	4.3	1.2	11.9
按民族分						
汉族	30.7	42.6	12.0	4.0	1.4	9.4
其他民族	29.6	37.2	14.2	4.7	1.5	12.8
按户籍分						
本省户籍	31.0	42.3	11.8	3.9	1.4	9.7
非本省户籍	26.6	42.8	15.9	5.3	1.4	8.0
按年龄分（五段）						
18—29 岁	26.1	42.9	18.0	5.0	1.4	6.6
30—39 岁	28.3	44.3	12.6	4.1	1.3	9.4
40—49 岁	33.9	41.8	8.3	3.5	1.5	11.0
50—59 岁	34.9	40.7	6.4	3.7	1.1	13.2
60—69 岁	39.6	38.2	7.1	2.5	1.3	11.3
按年龄分（三段）						
18—39 岁	27.0	43.5	15.7	4.6	1.4	7.8
40—54 岁	34.0	41.3	7.9	3.4	1.4	11.9
55—69 岁	37.9	39.8	6.6	3.2	1.2	11.4
按文化程度分（五段）						
小学及以下	31.5	32.1	9.0	4.4	1.9	21.2
初中	29.0	41.9	12.2	4.4	1.5	11.0
高中（中专、技校）	31.1	45.3	13.2	4.1	1.1	5.2
大学专科	30.8	48.3	13.9	3.4	1.0	2.6
大学本科及以上	37.1	47.6	11.1	2.4	0.7	1.2
按文化程度分（三段）						
初中及以下	29.6	39.6	11.5	4.4	1.6	13.4
高中（中专、技校）	31.1	45.3	13.2	4.1	1.1	5.2
大学专科及以上	33.6	48.0	12.7	2.9	0.9	2.0
按文理科分						
偏文科	31.6	45.6	13.4	3.9	1.1	4.5
偏理科	32.9	47.7	12.4	3.2	0.9	2.8
按城乡分						
城镇居民	30.2	44.0	13.1	3.9	1.2	7.6

类 别	科学技术的进步有助于解决全球气候变化问题					
	非常赞成	基本赞成	既不赞成也不反对	基本反对	非常反对	不知道
农村居民	31.3	39.8	10.5	4.3	1.6	12.5
按就业状况分						
有固定工作	33.0	43.1	12.3	4.0	1.3	6.3
有兼职工作	30.7	45.4	11.5	3.9	1.1	7.4
工作不固定，打工	29.3	41.8	11.4	4.0	1.5	12.0
目前没有工作，待业	27.0	42.7	11.5	3.8	2.2	12.7
家庭主妇且没有工作	24.3	39.3	14.5	4.4	1.0	16.4
学生及待升学人员	31.1	43.2	16.5	5.6	1.4	2.2
离退休人员	36.6	44.0	6.5	3.4	1.0	8.4
无工作能力	32.3	34.8	10.6	3.0	1.8	17.5
按与科学技术的相关性分						
有相关性	37.7	42.3	9.2	3.7	1.3	5.7
无相关性	29.2	43.1	13.2	4.1	1.4	9.0
按科学技术的相关部门分						
生产或制造业	38.1	41.4	9.1	3.5	1.3	6.6
教育部门	40.2	41.4	10.2	3.6	1.2	3.4
科研部门	35.0	44.8	9.1	5.9	2.1	3.1
其他	37.0	43.6	9.3	3.6	1.1	5.5
按职业分						
国家机关、党群组织负责人	42.3	42.4	7.1	3.4	1.0	3.8
企业事业单位负责人	34.5	43.7	12.3	4.0	1.9	3.7
专业技术人员	34.5	43.7	11.3	4.0	1.1	5.4
办事人员与有关人员	33.4	47.3	12.2	2.6	0.7	3.9
农林牧渔水利业生产人员	34.7	39.4	8.3	4.1	1.8	11.6
商业及服务业人员	29.3	42.3	14.0	4.5	1.3	8.8
生产及运输设备操作工人	28.3	43.2	12.5	4.0	1.6	10.5
按重点人群分						
领导干部和公务员	36.8	45.9	9.7	3.1	0.7	3.9
城镇劳动者	29.2	43.7	13.7	4.0	1.2	8.2
农民	31.7	39.1	9.5	4.2	1.8	13.7
其他	31.5	41.1	12.8	4.8	1.3	8.6
按地区分						
东部地区	31.7	42.6	12.8	3.6	1.0	8.3
中部地区	29.4	42.5	12.3	4.5	1.6	9.8
西部地区	30.1	41.7	10.3	4.4	1.7	11.7

类　别	全球气候变化的严重性被夸大了					
	非常赞成	基本赞成	既不赞成也不反对	基本反对	非常反对	不知道
总体	7.1	20.6	19.3	23.4	14.6	14.9
按性别分						
男性	7.7	20.9	18.0	24.2	16.5	12.7
女性	6.4	20.1	21.1	22.4	12.1	17.8
按民族分						
汉族	7.2	20.7	19.3	23.6	14.7	14.6
其他民族	6.1	19.0	21.1	20.7	13.0	20.2
按户籍分						
本省户籍	7.1	20.6	19.0	23.4	14.8	15.1
非本省户籍	7.8	20.7	23.3	23.2	13.0	12.0
按年龄分（五段）						
18—29 岁	5.4	17.7	26.2	24.8	16.1	9.8
30—39 岁	6.0	18.8	19.8	24.0	17.0	14.4
40—49 岁	7.8	22.1	14.9	23.8	14.6	16.8
50—59 岁	10.3	26.2	13.0	19.9	9.4	21.2
60—69 岁	10.4	24.6	13.4	20.7	10.0	20.8
按年龄分（三段）						
18—39 岁	5.7	18.1	23.5	24.5	16.5	11.8
40—54 岁	8.3	22.7	14.6	22.8	13.6	18.0
55—69 岁	10.7	26.1	12.9	20.4	9.1	20.8
按文化程度分（五段）						
小学及以下	11.6	21.0	12.0	16.4	8.6	30.3
初中	7.1	21.4	18.0	22.3	13.6	17.6
高中（中专、技校）	6.2	20.6	22.7	25.7	16.6	8.2
大学专科	4.7	19.6	24.6	27.5	18.6	5.0
大学本科及以上	5.3	16.8	23.9	30.9	20.4	2.7
按文化程度分（三段）						
初中及以下	8.1	21.3	16.6	20.9	12.5	20.6
高中（中专、技校）	6.2	20.6	22.7	25.7	16.6	8.2
大学专科及以上	4.9	18.4	24.3	29.0	19.4	4.0
按文理科分						
偏文科	5.9	20.2	23.4	26.4	16.8	7.3
偏理科	5.3	18.8	23.4	28.1	19.1	5.1
按城乡分						
城镇居民	6.7	20.8	21.3	24.8	14.8	11.7

附表 154　公民对有关"全球气候变化"观点的态度 –3　　单位：%

类　别	全球气候变化的严重性被夸大了					
	非常赞成	基本赞成	既不赞成 也不反对	基本反对	非常反对	不知道
农村居民	7.9	20.4	16.3	21.4	14.4	19.8
按就业状况分						
有固定工作	6.8	20.6	20.5	24.9	16.7	10.4
有兼职工作	8.3	22.3	20.4	24.0	13.8	11.2
工作不固定，打工	7.0	21.4	17.3	22.5	14.1	17.8
目前没有工作，待业	7.1	18.9	18.7	21.9	13.7	19.6
家庭主妇且没有工作	7.4	19.2	19.0	19.0	11.7	23.7
学生及待升学人员	5.6	13.6	28.4	30.1	18.6	3.7
离退休人员	8.4	27.3	14.2	24.7	8.9	16.5
无工作能力	10.2	20.4	13.3	16.6	10.9	28.5
按与科学技术的相关性分						
有相关性	7.9	21.7	16.5	25.0	18.2	10.6
无相关性	6.5	20.6	20.9	23.8	14.7	13.4
按科学技术的相关部门分						
生产或制造业	8.3	22.2	15.9	24.8	17.4	11.4
教育部门	7.7	25.0	15.6	30.0	16.6	5.0
科研部门	9.2	21.5	12.6	28.7	18.7	9.4
其他	7.0	20.0	19.0	23.1	20.0	10.9
按职业分						
国家机关、党群组织负责人	9.3	23.7	18.5	22.3	19.6	6.7
企业事业单位负责人	7.9	20.9	20.6	24.6	17.9	8.1
专业技术人员	6.5	21.0	19.2	25.9	18.6	8.8
办事人员与有关人员	4.8	20.9	22.8	27.4	16.4	7.7
农林牧渔水利业生产人员	9.5	21.3	13.8	20.2	13.8	21.4
商业及服务业人员	6.3	19.9	21.8	24.4	15.3	12.3
生产及运输设备操作工人	7.2	22.2	18.7	23.5	14.5	13.8
按重点人群分						
领导干部和公务员	5.6	20.2	20.8	26.3	20.4	6.6
城镇劳动者	6.6	20.4	21.2	24.3	15.2	12.3
农民	8.3	20.7	15.5	20.3	13.8	21.6
其他	7.7	20.5	19.8	24.8	13.8	13.4
按地区分						
东部地区	7.8	20.8	20.3	24.4	14.1	12.7
中部地区	6.6	20.1	19.6	22.7	15.5	15.5
西部地区	6.5	20.9	17.1	22.6	14.5	18.4

类　别	在我国，促进经济发展比减缓全球气候变化更重要					
	非常赞成	基本赞成	既不赞成也不反对	基本反对	非常反对	不知道
总体	12.5	18.4	14.6	22.3	19.5	12.6
按性别分						
男性	13.5	19.2	14.6	21.7	20.0	11.1
女性	11.1	17.4	14.8	23.2	19.0	14.5
按民族分						
汉族	12.5	18.5	14.6	22.4	19.6	12.3
其他民族	12.7	16.1	14.8	20.5	17.9	18.2
按户籍分						
本省户籍	12.6	18.4	14.5	22.2	19.5	12.8
非本省户籍	11.0	19.3	16.4	23.5	19.9	9.9
按年龄分（五段）						
18—29 岁	8.3	14.6	18.1	24.8	27.1	7.1
30—39 岁	10.8	16.6	14.1	23.5	23.1	12.0
40—49 岁	13.0	19.8	13.4	23.0	15.6	15.3
50—59 岁	18.7	25.1	11.0	16.3	9.0	20.0
60—69 岁	23.6	24.7	11.6	16.8	7.0	16.3
按年龄分（三段）						
18—39 岁	9.3	15.4	16.4	24.2	25.4	9.2
40—54 岁	14.3	20.6	13.1	21.3	14.1	16.6
55—69 岁	21.8	26.0	10.7	16.7	7.6	17.4
按文化程度分（五段）						
小学及以下	21.6	20.1	11.2	11.7	6.8	28.7
初中	12.4	19.7	14.7	21.1	17.6	14.5
高中（中专、技校）	10.6	18.6	15.9	25.9	22.6	6.3
大学专科	8.3	14.7	16.5	29.2	28.2	3.1
大学本科及以上	7.6	12.3	14.3	29.8	34.1	1.7
按文化程度分（三段）						
初中及以下	14.5	19.8	13.9	18.9	15.1	17.8
高中（中专、技校）	10.6	18.6	15.9	25.9	22.6	6.3
大学专科及以上	8.0	13.6	15.5	29.5	30.8	2.5
按文理科分						
偏文科	9.8	17.0	16.0	26.7	25.5	5.2
偏理科	9.0	15.6	15.5	28.6	27.4	3.9
按城乡分						
城镇居民	11.3	18.5	15.5	23.8	21.0	9.9

附表 155　公民对有关"全球气候变化"观点的态度 –4　　单位：%

类　别	在我国，促进经济发展比减缓全球气候变化更重要					
	非常赞成	基本赞成	既不赞成也不反对	基本反对	非常反对	不知道
农村居民	14.4	18.2	13.4	20.0	17.3	16.6
按就业状况分						
有固定工作	11.9	18.4	14.9	23.8	22.4	8.6
有兼职工作	14.1	19.6	16.4	21.5	19.2	9.3
工作不固定，打工	12.3	18.3	13.9	21.7	18.0	15.9
目前没有工作，待业	12.2	17.8	15.1	21.2	17.1	16.5
家庭主妇且没有工作	11.9	16.8	15.5	20.2	16.1	19.5
学生及待升学人员	8.1	10.4	14.9	28.3	35.8	2.6
离退休人员	18.2	27.2	11.9	19.9	8.7	14.1
无工作能力	20.5	20.1	11.8	14.1	8.1	25.3
按与科学技术的相关性分						
有相关性	13.7	18.9	13.4	22.0	22.5	9.5
无相关性	11.5	18.2	15.4	23.4	20.3	11.2
按科学技术的相关部门分						
生产或制造业	14.7	19.8	13.2	20.5	21.2	10.5
教育部门	14.2	18.4	11.3	26.3	23.9	5.9
科研部门	17.3	19.4	13.4	20.8	22.3	6.8
其他	10.5	17.4	14.1	24.2	24.6	9.1
按职业分						
国家机关、党群组织负责人	16.6	17.8	12.0	24.9	22.4	6.3
企业事业单位负责人	13.4	19.4	15.3	22.5	23.0	6.5
专业技术人员	11.6	17.7	14.5	23.6	25.7	7.0
办事人员与有关人员	9.3	16.6	15.0	28.2	25.6	5.3
农林牧渔水利业生产人员	17.6	19.9	11.1	18.6	14.7	18.1
商业及服务业人员	10.5	17.8	15.9	24.7	21.3	9.8
生产及运输设备操作工人	12.0	20.0	16.1	19.7	17.8	14.3
按重点人群分						
领导干部和公务员	11.0	17.3	13.3	26.3	27.6	4.6
城镇劳动者	10.7	18.0	15.9	23.9	21.5	10.1
农民	15.5	18.3	13.0	18.9	15.4	18.9
其他	12.0	21.0	14.1	22.9	18.5	11.6
按地区分						
东部地区	12.8	19.0	15.0	22.7	19.8	10.7
中部地区	12.1	18.0	15.3	22.1	19.4	13.1
西部地区	12.3	17.9	13.0	22.0	19.3	15.5

附表 156　公民对有关"全球气候变化"观点的态度 –5　　　单位：%

类　别	我们每个人都能为减缓全球气候变化做出贡献					
	非常赞成	基本赞成	既不赞成也不反对	基本反对	非常反对	不知道
总体	59.0	27.3	5.4	1.6	0.8	5.9
按性别分						
男性	60.3	27.4	5.0	1.5	0.8	5.1
女性	57.4	27.1	5.9	1.6	0.9	7.2
按民族分						
汉族	59.1	27.4	5.3	1.5	0.8	5.8
其他民族	57.9	24.1	6.6	2.5	1.0	7.9
按户籍分						
本省户籍	59.3	27.1	5.2	1.5	0.8	6.1
非本省户籍	55.3	29.0	8.0	2.2	0.8	4.6
按年龄分（五段）						
18—29 岁	59.4	27.1	7.1	1.8	0.7	3.9
30—39 岁	59.3	27.7	5.4	1.4	0.7	5.5
40—49 岁	59.1	27.1	4.4	1.5	0.9	7.0
50—59 岁	57.3	27.2	3.6	1.6	1.1	9.2
60—69 岁	58.9	27.1	4.4	1.5	0.7	7.4
按年龄分（三段）						
18—39 岁	59.4	27.4	6.3	1.6	0.7	4.6
40—54 岁	59.0	26.8	4.2	1.4	1.0	7.5
55—69 岁	57.4	27.9	4.1	1.7	0.8	8.1
按文化程度分（五段）						
小学及以下	51.7	25.0	5.5	2.2	1.2	14.4
初中	57.2	28.1	5.6	1.6	1.0	6.5
高中（中专、技校）	60.4	28.8	5.7	1.6	0.5	3.0
大学专科	66.0	25.7	5.0	0.7	0.6	2.0
大学本科及以上	70.0	23.9	3.6	1.2	0.5	0.7
按文化程度分（三段）						
初中及以下	55.9	27.4	5.6	1.8	1.0	8.4
高中（中专、技校）	60.4	28.8	5.7	1.6	0.5	3.0
大学专科及以上	67.8	24.9	4.4	0.9	0.6	1.5
按文理科分						
偏文科	64.3	25.9	5.1	1.4	0.5	2.8
偏理科	63.0	28.5	5.0	1.2	0.6	1.7
按城乡分						
城镇居民	59.2	27.9	5.7	1.5	0.8	4.8

类　别	我们每个人都能为减缓全球气候变化做出贡献					
	非常赞成	基本赞成	既不赞成 也不反对	基本反对	非常反对	不知道
农村居民	58.7	26.2	4.9	1.6	0.9	7.7
按就业状况分						
有固定工作	61.9	26.7	5.2	1.6	0.6	4.0
有兼职工作	56.9	29.5	6.2	2.0	1.1	4.3
工作不固定，打工	57.0	27.9	5.0	1.8	1.1	7.1
目前没有工作，待业	54.6	28.9	5.3	1.6	0.8	8.8
家庭主妇且没有工作	55.3	25.8	6.5	1.4	1.1	9.8
学生及待升学人员	66.7	24.6	5.6	1.5	0.4	1.3
离退休人员	58.7	30.0	4.5	1.2	0.5	5.1
无工作能力	52.2	26.3	6.0	1.2	1.4	12.9
按与科学技术的相关性分						
有相关性	65.0	25.2	3.5	1.6	0.8	3.9
无相关性	58.0	28.1	6.0	1.7	0.8	5.4
按科学技术的相关部门分						
生产或制造业	63.6	26.8	3.1	1.5	0.7	4.2
教育部门	72.3	19.9	3.5	1.3	0.8	2.2
科研部门	66.8	21.3	5.0	2.8	1.3	2.8
其他	65.4	24.7	3.6	1.5	0.8	4.0
按职业分						
国家机关、党群组织负责人	66.7	24.5	2.9	1.5	1.4	3.0
企业事业单位负责人	63.0	24.9	5.4	2.4	0.5	3.7
专业技术人员	64.6	24.9	5.2	1.5	0.5	3.3
办事人员与有关人员	65.3	26.1	4.4	1.4	0.5	2.4
农林牧渔水利业生产人员	58.7	25.9	4.8	1.7	1.4	7.6
商业及服务业人员	57.8	28.1	6.1	2.0	0.9	5.2
生产及运输设备操作工人	56.9	30.6	4.8	1.2	0.7	5.9
按重点人群分						
领导干部和公务员	67.9	24.5	3.7	0.7	0.6	2.5
城镇劳动者	59.0	28.0	5.8	1.5	0.8	5.0
农民	57.5	25.9	4.8	1.8	1.1	8.9
其他	58.4	28.4	6.1	1.2	0.6	5.3
按地区分						
东部地区	58.9	26.9	6.3	1.7	0.8	5.4
中部地区	59.9	27.3	5.0	1.2	1.0	5.7
西部地区	58.2	27.9	4.2	1.7	0.7	7.3

类　别	选择环保的出行方式（步行、自行车、公交）					
	总是	经常	有时	很少	没有	不知道
总体	29.6	42.2	17.5	8.0	1.7	0.9
按性别分						
男性	26.7	41.7	19.5	9.2	2.0	1.0
女性	33.6	43.0	14.8	6.4	1.3	0.9
按民族分						
汉族	29.7	42.3	17.4	8.0	1.7	0.9
其他民族	27.7	39.9	19.9	8.9	2.0	1.6
按户籍分						
本省户籍	29.1	42.3	17.8	8.2	1.7	1.0
非本省户籍	35.6	41.0	14.4	6.7	1.8	0.5
按年龄分（五段）						
18—29 岁	32.5	39.2	19.1	7.6	1.1	0.5
30—39 岁	25.6	42.1	20.5	9.3	1.6	0.8
40—49 岁	27.5	44.1	17.1	8.5	1.8	1.1
50—59 岁	30.8	44.7	13.7	7.0	2.5	1.3
60—69 岁	34.7	45.2	9.0	6.6	2.5	2.0
按年龄分（三段）						
18—39 岁	29.6	40.4	19.7	8.3	1.3	0.6
40—54 岁	28.0	44.2	16.6	8.2	2.0	1.0
55—69 岁	33.7	45.1	10.3	6.5	2.5	1.9
按文化程度分（五段）						
小学及以下	26.3	41.2	14.1	11.7	3.7	3.1
初中	25.6	42.7	19.6	9.5	1.7	0.8
高中（中专、技校）	34.8	42.3	16.0	5.5	1.1	0.3
大学专科	35.3	42.1	16.4	5.2	0.7	0.3
大学本科及以上	37.5	40.9	16.7	3.9	0.6	0.3
按文化程度分（三段）						
初中及以下	25.8	42.4	18.3	10.0	2.2	1.3
高中（中专、技校）	34.8	42.3	16.0	5.5	1.1	0.3
大学专科及以上	36.3	41.6	16.6	4.6	0.7	0.3
按文理科分						
偏文科	35.9	42.1	15.3	5.2	1.0	0.4
偏理科	34.8	41.8	17.5	4.9	0.8	0.2
按城乡分						
城镇居民	34.1	42.1	15.5	6.3	1.3	0.6

附表 157　公民应对"全球气候变化"采取的做法 –1　　单位：%

类 别	选择环保的出行方式（步行、自行车、公交）					
	总是	经常	有时	很少	没有	不知道
农村居民	22.8	42.4	20.6	10.7	2.2	1.4
按就业状况分						
有固定工作	30.7	41.0	18.6	7.7	1.5	0.5
有兼职工作	27.6	43.4	20.3	7.1	1.2	0.4
工作不固定，打工	24.0	43.0	19.4	10.1	2.1	1.3
目前没有工作，待业	26.2	42.0	18.4	9.3	2.3	1.7
家庭主妇且没有工作	27.5	43.4	17.0	9.1	1.7	1.3
学生及待升学人员	47.0	38.9	9.9	3.5	0.1	0.4
离退休人员	38.6	48.0	9.0	2.9	0.8	0.7
无工作能力	23.8	39.1	14.9	12.6	5.9	3.7
按与科学技术的相关性分						
有相关性	27.1	42.6	19.6	8.7	1.5	0.5
无相关性	29.2	41.3	18.7	8.2	1.8	0.8
按科学技术的相关部门分						
生产或制造业	25.3	42.4	20.7	9.4	1.6	0.5
教育部门	32.2	47.7	12.5	6.8	0.5	0.2
科研部门	31.1	38.5	20.8	6.7	2.4	0.5
其他	28.2	42.9	18.6	8.5	1.2	0.6
按职业分						
国家机关、党群组织负责人	32.0	43.1	16.0	7.5	1.1	0.4
企业事业单位负责人	28.6	41.5	18.8	8.7	1.9	0.5
专业技术人员	29.9	41.3	19.4	7.9	1.2	0.3
办事人员与有关人员	37.7	39.5	16.9	4.7	0.9	0.4
农林牧渔水利业生产人员	23.9	41.9	19.2	10.8	2.7	1.5
商业及服务业人员	29.4	41.2	19.4	7.8	1.5	0.6
生产及运输设备操作工人	23.4	44.1	19.4	10.2	2.0	1.0
按重点人群分						
领导干部和公务员	31.8	43.4	17.5	6.0	1.0	0.4
城镇劳动者	30.6	41.7	18.0	7.6	1.5	0.6
农民	23.1	42.5	19.7	10.7	2.3	1.7
其他	36.8	43.6	12.4	4.9	1.6	0.7
按地区分						
东部地区	32.5	41.9	17.0	6.4	1.5	0.8
中部地区	27.6	42.6	17.8	9.0	2.2	0.9
西部地区	26.7	42.2	18.1	10.1	1.5	1.4

类　别	减少身边的资源消耗（节水、节电）					
	总是	经常	有时	很少	没有	不知道
总体	28.3	49.2	15.9	4.5	1.2	1.0
按性别分						
男性	26.2	49.9	16.4	5.0	1.4	1.1
女性	31.1	48.2	15.1	3.8	0.9	0.9
按民族分						
汉族	28.3	49.2	16.0	4.4	1.2	1.0
其他民族	28.0	48.8	13.6	6.2	1.6	1.8
按户籍分						
本省户籍	28.2	49.3	15.7	4.5	1.2	1.0
非本省户籍	28.9	47.2	17.4	4.4	1.5	0.7
按年龄分（五段）						
18—29 岁	25.1	45.0	22.9	5.5	1.1	0.5
30—39 岁	27.5	49.3	16.5	4.6	1.1	1.0
40—49 岁	30.2	51.9	12.0	3.7	1.1	1.3
50—59 岁	31.3	52.3	9.7	3.8	1.4	1.5
60—69 岁	33.4	53.0	6.8	3.5	1.8	1.6
按年龄分（三段）						
18—39 岁	26.1	46.8	20.2	5.1	1.1	0.7
40—54 岁	30.2	52.1	11.6	3.7	1.1	1.3
55—69 岁	33.1	52.3	7.5	3.6	1.9	1.6
按文化程度分（五段）						
小学及以下	26.2	48.9	12.3	6.9	3.0	2.8
初中	26.3	49.7	16.7	5.1	1.1	1.1
高中（中专、技校）	30.1	49.6	15.9	3.3	0.7	0.3
大学专科	31.6	47.7	17.1	2.8	0.5	0.3
大学本科及以上	34.4	47.4	15.3	2.0	0.9	0.1
按文化程度分（三段）						
初中及以下	26.3	49.5	15.7	5.5	1.5	1.5
高中（中专、技校）	30.1	49.6	15.9	3.3	0.7	0.3
大学专科及以上	32.8	47.6	16.3	2.4	0.6	0.2
按文理科分						
偏文科	32.2	48.2	15.6	2.8	0.8	0.4
偏理科	30.2	49.3	16.7	3.1	0.6	0.2
按城乡分						
城镇居民	30.8	48.6	15.4	3.6	0.9	0.7

附表 158　公民应对"全球气候变化"采取的做法 –2　　　　单位：%

类 别	减少身边的资源消耗（节水、节电）					
	总是	经常	有时	很少	没有	不知道
农村居民	24.5	50.1	16.5	5.7	1.7	1.5
按就业状况分						
有固定工作	29.9	47.9	16.4	4.0	1.1	0.7
有兼职工作	26.0	51.0	17.5	4.4	0.5	0.5
工作不固定，打工	26.0	50.3	15.6	5.6	1.3	1.2
目前没有工作，待业	23.9	49.8	17.2	5.2	1.7	2.1
家庭主妇且没有工作	28.3	49.8	14.9	4.8	1.1	1.1
学生及待升学人员	23.2	46.0	25.5	4.6	0.5	0.3
离退休人员	37.5	52.4	7.0	1.8	0.8	0.5
无工作能力	22.0	50.5	12.1	7.0	4.3	4.1
按与科学技术的相关性分						
有相关性	30.9	50.0	13.7	3.9	0.8	0.7
无相关性	27.5	48.3	17.3	4.7	1.3	0.9
按科学技术的相关部门分						
生产或制造业	29.5	50.6	14.3	3.9	0.8	0.9
教育部门	36.0	50.3	9.2	3.9	0.4	0.2
科研部门	33.3	50.0	11.3	3.8	0.9	0.7
其他	31.6	48.6	14.1	4.2	0.9	0.6
按职业分						
国家机关、党群组织负责人	36.0	46.3	13.5	2.5	0.8	0.9
企业事业单位负责人	30.4	47.5	16.0	4.2	1.4	0.5
专业技术人员	29.9	47.8	16.6	4.0	1.2	0.5
办事人员与有关人员	32.6	49.1	14.9	2.4	0.5	0.5
农林牧渔水利业生产人员	26.8	52.0	12.9	4.7	1.9	1.7
商业及服务业人员	27.8	48.2	17.6	4.7	1.0	0.7
生产及运输设备操作工人	25.9	48.4	17.6	6.0	1.1	1.0
按重点人群分						
领导干部和公务员	33.3	47.8	15.2	2.6	0.6	0.6
城镇劳动者	28.8	48.6	16.5	4.5	1.0	0.7
农民	25.7	50.8	14.9	5.0	1.7	1.9
其他	27.4	49.2	17.0	4.4	1.1	0.8
按地区分						
东部地区	30.6	48.1	15.5	3.9	1.0	1.0
中部地区	27.0	48.7	17.1	5.0	1.3	0.9
西部地区	25.6	52.1	14.9	4.8	1.5	1.2

类　别	即使增加花费，也愿意使用再生能源来代替传统能源					
	总是	经常	有时	很少	没有	不知道
总体	14.3	24.0	25.2	15.8	8.1	12.5
按性别分						
男性	14.5	24.7	25.2	16.2	7.9	11.5
女性	14.0	23.2	25.2	15.2	8.5	13.9
按民族分						
汉族	14.4	24.1	25.3	15.8	8.1	12.4
其他民族	13.2	23.6	23.9	16.6	8.2	14.5
按户籍分						
本省户籍	14.2	24.0	25.2	15.9	8.1	12.7
非本省户籍	15.5	25.2	25.7	15.0	8.3	10.4
按年龄分（五段）						
18—29 岁	12.8	23.7	29.9	17.5	7.3	8.8
30—39 岁	13.3	23.6	26.6	16.8	8.8	10.8
40—49 岁	14.8	23.9	23.9	15.1	8.1	14.2
50—59 岁	16.7	25.1	18.4	13.6	8.6	17.6
60—69 岁	17.9	25.5	16.6	11.3	8.9	19.8
按年龄分（三段）						
18—39 岁	13.0	23.7	28.5	17.2	8.0	9.6
40—54 岁	15.3	23.9	22.6	14.8	8.6	14.8
55—69 岁	17.5	26.1	17.1	12.1	7.9	19.4
按文化程度分（五段）						
小学及以下	12.3	21.6	15.4	14.4	10.0	26.2
初中	12.8	22.4	24.5	17.0	9.3	14.1
高中（中专、技校）	15.5	25.9	28.9	15.7	6.8	7.1
大学专科	17.5	27.1	29.8	14.2	6.0	5.4
大学本科及以上	19.4	28.9	30.5	13.2	4.6	3.3
按文化程度分（三段）						
初中及以下	12.7	22.2	22.4	16.4	9.4	16.9
高中（中专、技校）	15.5	25.9	28.9	15.7	6.8	7.1
大学专科及以上	18.3	27.9	30.1	13.8	5.4	4.4
按文理科分						
偏文科	17.1	26.5	29.1	14.5	6.3	6.4
偏理科	16.5	27.1	29.9	15.3	6.0	5.3
按城乡分						
城镇居民	15.8	25.2	26.6	15.1	7.2	10.1

附表 159　公民应对"全球气候变化"采取的做法 –3　　单位：%

类　别	即使增加花费，也愿意使用再生能源来代替传统能源					
	总是	经常	有时	很少	没有	不知道
农村居民	12.0	22.3	23.1	16.8	9.5	16.2
按就业状况分						
有固定工作	15.6	25.8	27.0	15.5	7.1	9.0
有兼职工作	15.9	24.4	30.1	15.1	7.0	7.4
工作不固定，打工	11.9	22.0	24.1	17.7	9.4	14.9
目前没有工作，待业	13.4	20.8	23.9	16.4	9.3	16.3
家庭主妇且没有工作	10.8	21.8	22.7	16.5	9.9	18.3
学生及待升学人员	14.4	26.1	31.0	16.3	6.3	6.0
离退休人员	21.2	27.3	19.3	10.9	6.7	14.5
无工作能力	10.3	19.4	16.4	13.4	13.2	27.3
按与科学技术的相关性分						
有相关性	16.5	27.1	25.4	14.8	7.1	9.1
无相关性	13.8	23.6	26.8	16.7	8.0	11.2
按科学技术的相关部门分						
生产或制造业	16.1	27.2	25.4	14.9	7.3	9.0
教育部门	20.2	27.4	29.9	11.8	7.0	3.8
科研部门	21.9	28.3	20.9	12.6	6.8	9.5
其他	15.0	26.4	25.5	15.9	6.6	10.6
按职业分						
国家机关、党群组织负责人	25.1	27.5	25.7	11.9	6.0	3.7
企业事业单位负责人	17.3	25.6	27.6	16.6	6.5	6.5
专业技术人员	17.6	25.4	27.2	15.4	7.1	7.4
办事人员与有关人员	15.8	28.0	28.8	14.9	6.2	6.2
农林牧渔水利业生产人员	12.5	23.3	21.0	15.3	8.8	19.2
商业及服务业人员	13.7	24.5	27.8	16.1	7.9	10.0
生产及运输设备操作工人	12.6	22.5	25.9	18.6	8.6	11.8
按重点人群分						
领导干部和公务员	20.5	27.2	27.9	13.5	5.1	5.8
城镇劳动者	14.4	24.4	27.0	16.3	7.6	10.3
农民	12.0	22.2	22.0	16.2	9.9	17.7
其他	16.2	24.8	24.9	14.6	7.6	11.9
按地区分						
东部地区	16.6	25.0	25.5	14.6	7.5	10.7
中部地区	12.8	22.6	24.9	17.2	8.8	13.8
西部地区	11.8	24.1	25.0	16.2	8.4	14.4

附表 160　公民应对"全球气候变化"采取的做法 –4　　　单位：%

类　别	减少一次性用品（塑料袋、包装盒）的消费					
	总是	经常	有时	很少	没有	不知道
总体	23.1	37.9	21.2	12.6	3.5	1.8
按性别分						
男性	21.2	37.9	22.2	13.1	3.7	1.9
女性	25.6	38.0	19.7	12.0	3.2	1.5
按民族分						
汉族	23.1	37.9	21.2	12.5	3.5	1.7
其他民族	22.7	37.6	19.6	13.9	3.6	2.7
按户籍分						
本省户籍	22.9	37.9	21.0	12.8	3.5	1.8
非本省户籍	24.6	38.1	22.5	10.7	2.8	1.3
按年龄分（五段）						
18—29 岁	23.2	33.6	26.5	12.8	2.7	1.2
30—39 岁	22.9	39.9	21.5	11.3	2.8	1.6
40—49 岁	23.3	40.5	18.3	12.3	3.7	1.9
50—59 岁	22.7	39.4	16.7	13.9	4.8	2.5
60—69 岁	22.9	39.8	13.9	14.5	5.7	3.1
按年龄分（三段）						
18—39 岁	23.1	36.3	24.4	12.2	2.8	1.4
40—54 岁	23.1	40.0	18.2	12.7	3.9	2.0
55—69 岁	22.9	40.0	14.4	14.4	5.4	2.8
按文化程度分（五段）						
小学及以下	18.8	36.6	14.3	18.5	6.9	4.9
初中	21.6	38.1	21.1	13.7	3.6	1.9
高中（中专、技校）	25.3	37.7	22.7	10.9	2.7	0.7
大学专科	26.8	38.0	25.1	8.1	1.5	0.6
大学本科及以上	28.2	39.8	24.2	6.4	1.1	0.3
按文化程度分（三段）						
初中及以下	21.0	37.8	19.5	14.8	4.4	2.6
高中（中专、技校）	25.3	37.7	22.7	10.9	2.7	0.7
大学专科及以上	27.4	38.8	24.7	7.3	1.3	0.4
按文理科分						
偏文科	27.2	37.9	22.7	9.3	2.3	0.6
偏理科	25.0	38.6	24.8	9.3	1.9	0.5
按城乡分						
城镇居民	25.0	37.8	21.9	11.2	2.7	1.3

类　别	减少一次性用品（塑料袋、包装盒）的消费					
	总是	经常	有时	很少	没有	不知道
农村居民	20.0	38.1	20.0	14.8	4.6	2.5
按就业状况分						
有固定工作	24.4	38.0	22.4	10.9	3.1	1.1
有兼职工作	21.6	40.0	20.6	13.4	2.8	1.5
工作不固定，打工	20.0	38.3	21.4	14.7	3.2	2.3
目前没有工作，待业	19.9	36.4	21.4	14.7	4.7	3.0
家庭主妇且没有工作	23.0	38.1	18.5	14.3	4.1	2.1
学生及待升学人员	25.3	32.7	27.5	11.4	1.9	1.2
离退休人员	28.8	40.5	15.4	10.9	3.3	1.1
无工作能力	16.1	38.5	14.8	15.1	9.5	6.0
按与科学技术的相关性分						
有相关性	25.1	40.7	20.2	10.3	2.8	0.8
无相关性	22.1	37.1	22.8	12.9	3.3	1.8
按科学技术的相关部门分						
生产或制造业	23.9	40.6	20.1	11.3	3.1	0.9
教育部门	29.3	42.0	17.1	9.4	2.0	0.2
科研部门	31.6	41.6	14.3	8.6	3.3	0.6
其他	24.5	40.3	22.7	9.2	2.4	1.0
按职业分						
国家机关、党群组织负责人	33.2	34.5	20.5	9.0	1.7	1.0
企业事业单位负责人	28.7	35.7	22.1	10.2	2.6	0.7
专业技术人员	25.5	39.2	21.9	10.3	2.3	0.8
办事人员与有关人员	26.9	39.6	22.2	9.5	1.3	0.5
农林牧渔水利业生产人员	20.3	38.7	18.7	15.1	4.4	2.8
商业及服务业人员	21.7	38.1	23.7	11.6	3.2	1.6
生产及运输设备操作工人	19.7	37.7	21.9	14.8	4.1	1.7
按重点人群分						
领导干部和公务员	27.9	40.0	21.6	8.0	2.0	0.5
城镇劳动者	23.5	37.6	22.6	11.9	3.1	1.3
农民	20.2	38.6	18.8	14.9	4.6	2.9
其他	24.4	35.9	21.9	12.7	3.1	1.9
按地区分						
东部地区	26.9	37.1	20.8	11.0	2.8	1.5
中部地区	20.3	38.3	21.6	14.0	4.0	1.8
西部地区	19.2	39.1	21.3	14.0	4.1	2.4

附表 161　公民对低碳技术应用的态度　　　　　　　单位：%

类　别	对低碳技术应用的支持和反对程度					
	非常支持	比较支持	既不支持也不反对	比较反对	非常反对	不知道
总体	54.5	24.3	8.9	0.9	0.4	11.0
按性别分						
男性	56.0	24.7	7.7	0.8	0.3	10.5
女性	52.5	23.8	10.6	0.9	0.5	11.7
按民族分						
汉族	54.8	24.4	8.9	0.9	0.3	10.8
其他民族	48.5	24.0	10.4	0.9	0.6	15.5
按户籍分						
本省户籍	54.4	24.2	8.8	0.9	0.4	11.3
非本省户籍	55.1	25.8	10.9	0.9	0.2	7.1
按年龄分（五段）						
18—29 岁	54.2	27.0	11.5	0.5	0.1	6.6
30—39 岁	56.4	25.7	8.3	0.6	0.2	8.8
40—49 岁	55.1	22.7	7.6	0.9	0.5	13.1
50—59 岁	52.9	21.0	7.1	1.5	0.6	16.8
60—69 岁	50.3	19.6	7.8	1.8	0.6	19.9
按年龄分（三段）						
18—39 岁	55.2	26.5	10.1	0.6	0.2	7.6
40—54 岁	54.4	22.3	7.7	1.0	0.6	14.0
55—69 岁	51.8	20.1	7.0	1.9	0.6	18.6
按文化程度分（五段）						
小学及以下	38.5	17.8	12.2	2.3	1.0	28.2
初中	50.6	25.6	10.3	0.9	0.4	12.2
高中（中专、技校）	61.1	26.1	7.3	0.4	0.1	4.9
大学专科	66.6	25.2	5.2	0.1	0.1	2.8
大学本科及以上	71.3	23.0	4.5	0.1	0.0	1.2
按文化程度分（三段）						
初中及以下	47.8	23.7	10.7	1.3	0.5	15.9
高中（中专、技校）	61.1	26.1	7.3	0.4	0.1	4.9
大学专科及以上	68.7	24.2	4.9	0.1	0.1	2.1
按文理科分						
偏文科	64.2	24.7	6.7	0.3	0.1	4.1
偏理科	65.1	25.9	5.7	0.2	0.1	3.1
按城乡分						
城镇居民	59.0	24.6	7.9	0.6	0.2	7.5

类 别	对低碳技术应用的支持和反对程度					
	非常支持	比较支持	既不支持 也不反对	比较反对	非常反对	不知道
农村居民	47.5	23.9	10.5	1.3	0.5	16.3
按就业状况分						
有固定工作	59.3	24.8	7.5	0.5	0.2	7.7
有兼职工作	56.4	26.7	9.1	1.1	0.2	6.6
工作不固定，打工	49.2	24.9	9.9	1.2	0.5	14.4
目前没有工作，待业	49.3	24.5	10.5	1.3	0.3	14.1
家庭主妇且没有工作	44.7	22.9	13.4	0.9	0.7	17.4
学生及待升学人员	63.6	27.8	7.3	0.0	0.1	1.1
离退休人员	62.1	20.4	4.8	1.1	0.4	11.2
无工作能力	42.0	18.4	11.3	3.3	0.3	24.7
按与科学技术的相关性分						
有相关性	60.3	22.3	7.1	0.9	0.3	9.2
无相关性	54.5	26.1	8.8	0.7	0.3	9.6
按科学技术的相关部门分						
生产或制造业	58.5	22.7	7.3	0.7	0.3	10.5
教育部门	72.3	18.8	4.8	1.3	0.1	2.8
科研部门	60.3	20.4	6.2	0.9	0.0	12.1
其他	60.6	23.2	7.6	1.1	0.3	7.2
按职业分						
国家机关、党群组织负责人	73.4	18.0	3.4	0.8	0.0	4.4
企业事业单位负责人	65.8	22.7	6.7	0.4	0.2	4.2
专业技术人员	62.5	24.1	6.9	0.3	0.4	5.8
办事人员与有关人员	64.0	24.7	6.6	0.2	0.2	4.3
农林牧渔水利业生产人员	46.7	21.5	10.2	1.2	0.6	19.7
商业及服务业人员	55.0	27.2	8.5	0.8	0.2	8.2
生产及运输设备操作工人	51.0	26.6	9.4	1.0	0.2	11.7
按重点人群分						
领导干部和公务员	71.0	20.2	4.3	0.4	0.0	4.0
城镇劳动者	56.6	25.2	9.1	0.7	0.2	8.2
农民	46.1	23.6	10.1	1.3	0.6	18.3
其他	57.0	23.4	8.5	0.6	0.4	10.1
按地区分						
东部地区	58.6	23.6	8.3	0.8	0.2	8.3
中部地区	51.7	24.7	10.1	0.9	0.4	12.2
西部地区	50.1	25.2	8.7	0.8	0.5	14.7

（十六）公民对"核能利用"的了解与态度

类　别	附表 162　公民是否听说过"核能利用"信息 单位：%		
	是否听说过"核能利用"		
	听说过	没听说过	不知道
总体	40.9	35.8	23.4
按性别分			
男性	51.6	29.7	18.7
女性	29.9	42.0	28.2
按民族分			
汉族	41.4	35.9	22.8
其他民族	33.6	34.1	32.3
按户籍分			
本省户籍	40.4	35.9	23.7
非本省户籍	47.3	33.7	18.9
按年龄分（五段）			
18—29 岁	50.4	32.0	17.5
30—39 岁	45.6	33.7	20.7
40—49 岁	39.4	36.4	24.1
50—59 岁	29.6	40.9	29.5
60—69 岁	26.6	40.3	33.1
按年龄分（三段）			
18—39 岁	48.3	32.8	18.9
40—54 岁	36.6	38.0	25.4
55—69 岁	27.7	40.2	32.2
按文化程度分（五段）			
小学及以下	14.4	48.2	37.4
初中	39.3	37.6	23.1
高中（中专、技校）	60.7	25.8	13.5
大学专科	71.8	18.8	9.5
大学本科及以上	81.0	12.5	6.5
按文化程度分（三段）			
初中及以下	30.3	41.5	28.3
高中（中专、技校）	60.7	25.8	13.5
大学专科及以上	75.7	16.1	8.2
按文理科分			
偏文科	63.2	24.2	12.6
偏理科	72.1	18.5	9.5

类　别	是否听说过"核能利用"		
	听说过	没听说过	不知道
按城乡分			
城镇居民	49.3	31.5	19.2
农村居民	31.6	40.5	28.0
按就业状况分			
有固定工作	51.4	31.3	17.2
有兼职工作	50.6	29.0	20.4
工作不固定，打工	38.5	36.8	24.6
目前没有工作，待业	36.9	38.3	24.9
家庭主妇且没有工作	22.1	45.3	32.6
学生及待升学人员	69.0	22.0	9.0
离退休人员	42.3	33.1	24.6
无工作能力	18.4	41.1	40.5
按与科学技术的相关性分			
有相关性	57.1	27.7	15.2
无相关性	43.3	35.0	21.7
按科学技术的相关部门分			
生产或制造业	54.5	29.4	16.2
教育部门	64.4	24.5	11.2
科研部门	60.6	25.4	14.0
其他	60.0	25.7	14.3
按职业分			
国家机关、党群组织负责人	67.3	19.6	13.1
企业事业单位负责人	62.2	24.4	13.4
专业技术人员	61.6	25.4	13.0
办事人员与有关人员	59.9	24.2	15.9
农林牧渔水利业生产人员	30.8	41.6	27.5
商业及服务业人员	46.1	34.6	19.4
生产及运输设备操作工人	44.3	34.4	21.3
按重点人群分			
领导干部和公务员	72.7	17.2	10.2
城镇劳动者	47.5	33.1	19.4
农民	28.9	41.6	29.5
其他	41.7	35.1	23.2
按地区分			
东部地区	45.0	33.5	21.5
中部地区	40.9	36.1	23.0
西部地区	34.1	39.0	26.8

类　别	公民获取"核能利用"信息的渠道							
	电视	报纸	广播	互联网及移动互联网	期刊杂志	图书	其他	不知道
总体	58.3	3.2	1.4	31.6	0.8	2.2	1.8	0.6
按性别分								
男性	58.2	3.6	1.4	32.2	0.8	1.9	1.4	0.5
女性	58.5	2.6	1.4	30.6	0.8	2.7	2.5	0.9
按民族分								
汉族	58.2	3.3	1.4	31.7	0.8	2.2	1.8	0.6
其他民族	60.2	2.4	0.9	30.1	1.1	2.8	1.8	0.7
按户籍分								
本省户籍	59.1	3.3	1.4	30.9	0.8	2.2	1.7	0.7
非本省户籍	49.1	3.0	1.5	39.8	1.3	2.4	2.6	0.3
按年龄分（五段）								
18—29 岁	40.5	1.7	1.1	48.1	1.0	4.5	2.5	0.5
30—39 岁	56.0	2.3	0.9	36.9	0.5	1.1	1.8	0.5
40—49 岁	69.0	4.1	1.2	21.9	0.9	1.1	1.1	0.7
50—59 岁	81.5	4.9	2.3	8.1	0.6	0.8	1.2	0.7
60—69 岁	79.6	8.4	3.0	3.4	1.4	0.9	1.8	1.4
按年龄分（三段）								
18—39 岁	47.0	2.0	1.0	43.4	0.8	3.1	2.2	0.5
40—54 岁	72.1	4.0	1.4	19.0	0.8	1.0	1.0	0.7
55—69 岁	80.1	7.8	2.9	4.4	1.1	0.8	1.7	1.1
按文化程度分（五段）								
小学及以下	79.1	3.4	3.1	8.2	0.4	0.8	3.1	1.9
初中	66.8	3.2	1.5	24.6	0.4	1.2	1.6	0.7
高中（中专、技校）	54.2	3.7	1.0	34.5	1.2	3.2	1.9	0.4
大学专科	44.0	3.0	0.8	46.5	1.0	3.0	1.4	0.2
大学本科及以上	31.2	2.5	0.6	57.1	2.1	4.7	1.7	0.2
按文化程度分（三段）								
初中及以下	68.9	3.2	1.8	21.8	0.4	1.1	1.9	0.9
高中（中专、技校）	54.2	3.7	1.0	34.5	1.2	3.2	1.9	0.4
大学专科及以上	38.2	2.8	0.7	51.3	1.5	3.8	1.5	0.2
按文理科分								
偏文科	50.1	3.6	1.0	39.7	1.0	2.7	1.5	0.3
偏理科	42.4	2.9	0.7	45.9	1.7	4.3	2.0	0.2
按城乡分								
城镇居民	53.9	3.7	1.2	35.6	1.0	2.4	1.8	0.5

附表 163　公民获取"核能利用"信息的渠道　　单位：%

类 别	公民获取"核能利用"信息的渠道							
	电视	报纸	广播	互联网及移动互联网	期刊杂志	图书	其他	不知道
农村居民	65.9	2.4	1.7	24.8	0.6	1.9	1.7	0.9
按就业状况分								
有固定工作	52.2	3.4	1.3	39.0	0.6	1.9	1.2	0.4
有兼职工作	57.9	3.0	0.9	33.3	0.6	1.8	2.1	0.4
工作不固定，打工	66.8	2.9	1.7	24.6	0.7	1.3	1.3	0.7
目前没有工作，待业	64.0	2.6	1.0	27.2	1.0	1.9	1.6	0.7
家庭主妇且没有工作	67.9	1.4	1.0	24.1	0.7	1.0	2.4	1.3
学生及待升学人员	26.5	1.4	0.6	50.2	2.5	12.5	6.1	0.2
离退休人员	77.2	8.5	2.6	6.7	1.4	1.1	1.7	0.9
无工作能力	73.7	2.5	3.1	12.5	0.4	1.1	5.9	0.9
按与科学技术的相关性分								
有相关性	56.1	3.3	1.2	34.8	0.6	2.0	1.6	0.4
无相关性	56.6	3.2	1.4	34.7	0.7	1.6	1.2	0.6
按科学技术的相关部门分								
生产或制造业	59.0	3.3	1.3	31.8	0.6	1.9	1.8	0.3
教育部门	46.4	4.7	3.0	38.6	1.1	3.7	2.0	0.6
科研部门	52.3	1.2	1.1	40.2	0.7	1.7	2.2	0.5
其他	54.1	3.4	0.7	38.0	0.4	2.0	1.0	0.4
按职业分								
国家机关、党群组织负责人	57.6	4.5	1.4	30.8	0.8	4.2	0.5	0.1
企业事业单位负责人	48.6	3.0	1.3	42.1	0.7	2.5	1.6	0.3
专业技术人员	47.2	3.2	1.0	43.0	0.9	2.4	1.7	0.6
办事人员与有关人员	48.4	4.1	1.3	41.6	1.1	2.0	1.1	0.4
农林牧渔水利业生产人员	76.1	3.0	1.9	16.5	0.2	0.7	1.0	0.6
商业及服务业人员	53.9	3.1	1.0	37.9	0.6	1.8	1.3	0.5
生产及运输设备操作工人	63.3	3.0	2.0	28.4	0.4	1.0	1.4	0.6
按重点人群分								
领导干部和公务员	47.6	4.3	1.4	40.9	1.0	3.3	1.2	0.2
城镇劳动者	53.7	3.2	1.1	37.3	0.8	1.9	1.5	0.5
农民	71.8	2.2	1.7	20.3	0.4	1.0	1.6	1.0
其他	53.3	4.7	1.2	28.4	1.4	5.7	5.0	0.4
按地区分								
东部地区	54.9	4.0	1.8	34.0	0.8	2.0	2.0	0.6
中部地区	61.6	2.5	1.0	29.8	0.8	2.2	1.6	0.6
西部地区	60.8	2.8	1.0	29.3	0.9	2.7	1.7	0.9

类　别	附表 164　公民最相信谁关于"核能利用"的言论　　　　单位：%							
	关于"核能利用"，最相信谁的言论？							
	政府官员	科学家	企业家	公众人物	亲友同事	其他	以上谁的都不信	不知道
总体	8.1	82.0	0.6	1.8	0.5	1.4	2.6	3.0
按性别分								
男性	9.1	81.9	0.5	1.5	0.5	1.3	2.7	2.4
女性	6.3	82.0	0.8	2.2	0.6	1.5	2.4	4.1
按民族分								
汉族	8.1	82.1	0.6	1.7	0.5	1.4	2.6	3.0
其他民族	8.1	79.8	0.5	2.0	0.8	1.5	3.4	3.9
按户籍分								
本省户籍	8.1	82.2	0.6	1.7	0.5	1.4	2.5	3.0
非本省户籍	7.9	79.8	0.4	2.4	0.7	0.9	4.7	3.2
按年龄分（五段）								
18—29 岁	5.6	80.2	1.1	2.5	0.5	2.4	3.8	3.8
30—39 岁	7.0	82.5	0.5	1.6	0.4	1.5	3.2	3.2
40—49 岁	8.3	85.3	0.2	1.1	0.5	0.6	1.8	2.1
50—59 岁	12.7	81.2	0.4	1.3	0.6	0.5	0.8	2.4
60—69 岁	16.0	79.3	0.3	1.4	0.6	0.2	0.2	2.0
按年龄分（三段）								
18—39 岁	6.2	81.2	0.8	2.1	0.5	2.0	3.6	3.6
40—54 岁	8.9	84.7	0.3	1.2	0.6	0.5	1.6	2.2
55—69 岁	15.8	79.2	0.3	1.3	0.4	0.4	0.4	2.2
按文化程度分（五段）								
小学及以下	13.8	75.7	0.5	1.8	0.9	0.9	2.1	4.2
初中	8.9	81.5	0.7	1.8	0.7	1.2	1.8	3.5
高中（中专、技校）	7.3	83.5	0.4	1.6	0.3	1.5	2.4	2.9
大学专科	5.2	84.2	0.5	1.9	0.3	1.9	4.0	2.1
大学本科及以上	5.3	83.1	0.8	1.8	0.2	1.8	5.6	1.5
按文化程度分（三段）								
初中及以下	9.7	80.5	0.7	1.8	0.7	1.1	1.8	3.6
高中（中专、技校）	7.3	83.5	0.4	1.6	0.3	1.5	2.4	2.9
大学专科及以上	5.2	83.7	0.6	1.9	0.3	1.8	4.7	1.8
按文理科分								
偏文科	6.3	83.5	0.5	1.8	0.4	1.6	3.5	2.4
偏理科	6.3	83.8	0.5	1.6	0.2	1.7	3.5	2.3
按城乡分								
城镇居民	7.6	82.2	0.5	1.9	0.4	1.4	3.0	2.9

类　别	关于"核能利用"，最相信谁的言论？							
	政府官员	科学家	企业家	公众人物	亲友同事	其他	以上谁的都不信	不知道
农村居民	8.9	81.6	0.8	1.6	0.6	1.4	1.9	3.2
按就业状况分								
有固定工作	7.9	82.4	0.6	1.7	0.3	1.5	3.3	2.4
有兼职工作	8.5	82.5	1.9	0.9	0.4	1.4	2.3	2.3
工作不固定，打工	8.7	81.5	0.5	1.7	0.6	1.0	2.4	3.5
目前没有工作，待业	7.4	81.3	0.6	1.7	0.8	1.6	2.5	4.2
家庭主妇且没有工作	7.2	80.0	0.5	2.4	0.8	1.5	1.9	5.7
学生及待升学人员	3.0	86.6	1.1	1.7	0.8	2.5	2.7	1.7
离退休人员	13.9	80.9	0.1	1.7	0.7	0.4	0.5	1.8
无工作能力	10.3	81.0	0.0	3.4	0.8	0.6	0.9	2.9
按与科学技术的相关性分								
有相关性	8.4	83.9	0.7	1.4	0.3	1.2	2.5	1.6
无相关性	8.0	81.2	0.7	1.8	0.4	1.5	3.3	3.2
按科学技术的相关部门分								
生产或制造业	8.5	84.1	0.8	1.5	0.4	1.1	2.0	1.7
教育部门	8.5	82.5	1.0	1.8	1.2	0.7	2.9	1.4
科研部门	10.7	81.8	0.5	1.2	0.0	1.3	4.2	0.4
其他	7.6	84.4	0.4	1.4	0.1	1.4	2.9	1.8
按职业分								
国家机关、党群组织负责人	12.2	80.7	0.6	0.9	1.4	1.6	2.1	0.4
企业事业单位负责人	6.8	82.9	1.5	1.9	0.2	1.5	3.5	1.7
专业技术人员	8.1	81.8	0.4	1.4	0.2	1.7	4.0	2.3
办事人员与有关人员	6.5	84.0	0.5	1.9	0.5	1.5	3.5	1.6
农林牧渔水利业生产人员	11.7	81.0	0.5	1.4	0.5	0.6	1.2	3.1
商业及服务业人员	6.8	82.1	0.7	1.8	0.4	1.3	3.6	3.3
生产及运输设备操作工人	8.8	82.0	0.8	1.7	0.2	1.4	1.9	3.1
按重点人群分								
领导干部和公务员	7.4	84.6	0.7	1.6	0.4	1.5	2.7	1.0
城镇劳动者	7.4	81.7	0.5	2.0	0.4	1.5	3.4	3.1
农民	9.3	81.9	0.8	1.3	0.6	1.1	1.4	3.5
其他	8.4	81.5	0.8	2.1	0.4	2.0	2.1	2.8
按地区分								
东部地区	8.3	81.9	0.7	1.8	0.5	1.4	2.8	2.7
中部地区	7.8	81.8	0.6	1.9	0.6	1.5	2.5	3.3
西部地区	8.1	82.4	0.5	1.5	0.3	1.3	2.5	3.3

类　别	X 光透视检查利用了核物质的放射性（错）		
	回答正确	回答错误	不知道
总体	12.0	58.7	29.3
按性别分			
男性	13.7	58.2	28.2
女性	8.9	59.7	31.4
按民族分			
汉族	12.0	58.9	29.1
其他民族	11.0	54.8	34.2
按户籍分			
本省户籍	11.9	58.6	29.4
非本省户籍	12.6	59.5	27.9
按年龄分（五段）			
18—29 岁	11.7	61.0	27.3
30—39 岁	10.6	60.2	29.1
40—49 岁	12.5	56.4	31.1
50—59 岁	13.5	55.3	31.2
60—69 岁	13.5	55.6	30.9
按年龄分（三段）			
18—39 岁	11.3	60.7	28.1
40—54 岁	12.6	55.6	31.8
55—69 岁	13.9	56.8	29.3
按文化程度分（五段）			
小学及以下	8.9	48.2	42.9
初中	11.1	52.9	36.0
高中（中专、技校）	12.8	62.5	24.7
大学专科	13.3	68.2	18.5
大学本科及以上	14.8	72.2	12.9
按文化程度分（三段）			
初中及以下	10.7	52.1	37.2
高中（中专、技校）	12.8	62.5	24.7
大学专科及以上	14.0	70.0	16.0
按文理科分			
偏文科	12.1	64.5	23.4
偏理科	14.8	67.9	17.3
按城乡分			
城镇居民	12.9	61.3	25.9

附表 165　公民对"核能利用"的了解程度 –1　单位：%

类 别	X 光透视检查利用了核物质的放射性（错）		
	回答正确	回答错误	不知道
农村居民	10.4	54.3	35.3
按就业状况分			
有固定工作	12.1	63.1	24.8
有兼职工作	14.0	60.4	25.6
工作不固定，打工	11.3	53.0	35.7
目前没有工作，待业	11.6	52.2	36.1
家庭主妇且没有工作	7.2	52.3	40.5
学生及待升学人员	17.3	65.0	17.6
离退休人员	14.7	60.0	25.3
无工作能力	13.4	45.4	41.2
按与科学技术的相关性分			
有相关性	12.9	62.8	24.3
无相关性	11.6	58.9	29.5
按科学技术的相关部门分			
生产或制造业	12.8	61.6	25.6
教育部门	14.0	73.2	12.8
科研部门	12.3	69.8	17.9
其他	12.8	60.5	26.7
按职业分			
国家机关、党群组织负责人	16.8	65.5	17.7
企业事业单位负责人	11.6	67.0	21.4
专业技术人员	13.6	66.7	19.7
办事人员与有关人员	11.3	66.6	22.1
农林牧渔水利业生产人员	11.8	50.4	37.8
商业及服务业人员	10.5	59.1	30.4
生产及运输设备操作工人	13.2	55.5	31.2
按重点人群分			
领导干部和公务员	13.5	70.3	16.1
城镇劳动者	11.6	60.5	28.0
农民	10.5	51.5	38.0
其他	15.3	61.0	23.8
按地区分			
东部地区	13.5	59.5	26.9
中部地区	10.6	58.2	31.2
西部地区	10.6	57.6	31.8

类　别	附表 166　公民对"核能利用"的了解程度 -2 单位：% B 超检查利用了核物质的放射性（错）		
	回答正确	回答错误	不知道
总体	27.1	39.2	33.7
按性别分			
男性	28.5	38.7	32.9
女性	24.7	40.1	35.2
按民族分			
汉族	27.3	39.3	33.4
其他民族	23.4	37.8	38.9
按户籍分			
本省户籍	26.9	39.0	34.0
非本省户籍	29.0	41.3	29.8
按年龄分（五段）			
18—29 岁	29.2	39.6	31.2
30—39 岁	28.2	38.5	33.3
40—49 岁	26.4	37.3	36.4
50—59 岁	23.3	41.3	35.4
60—69 岁	21.8	42.3	35.9
按年龄分（三段）			
18—39 岁	28.8	39.2	32.1
40—54 岁	25.7	37.7	36.6
55—69 岁	22.3	43.2	34.5
按文化程度分（五段）			
小学及以下	15.0	43.0	42.0
初中	22.3	37.0	40.8
高中（中专、技校）	29.4	40.9	29.7
大学专科	34.5	42.4	23.1
大学本科及以上	43.6	37.4	19.0
按文化程度分（三段）			
初中及以下	21.0	38.0	41.0
高中（中专、技校）	29.4	40.9	29.7
大学专科及以上	38.7	40.1	21.2
按文理科分			
偏文科	29.7	41.5	28.7
偏理科	38.5	39.4	22.1
按城乡分			
城镇居民	29.9	39.3	30.8

类　别	B 超检查利用了核物质的放射性（错）		
	回答正确	回答错误	不知道
农村居民	22.3	39.0	38.7
按就业状况分			
有固定工作	30.3	39.7	30.0
有兼职工作	26.3	45.2	28.4
工作不固定，打工	23.9	36.8	39.2
目前没有工作，待业	23.3	35.9	40.8
家庭主妇且没有工作	19.0	37.9	43.0
学生及待升学人员	36.4	41.3	22.3
离退休人员	26.5	43.8	29.7
无工作能力	17.9	38.1	44.0
按与科学技术的相关性分			
有相关性	30.9	40.4	28.7
无相关性	27.1	38.7	34.2
按科学技术的相关部门分			
生产或制造业	28.7	40.7	30.7
教育部门	38.3	42.9	18.8
科研部门	34.7	44.7	20.6
其他	32.3	38.1	29.6
按职业分			
国家机关、党群组织负责人	33.9	42.5	23.6
企业事业单位负责人	30.3	43.9	25.7
专业技术人员	37.0	38.5	24.5
办事人员与有关人员	31.4	40.1	28.5
农林牧渔水利业生产人员	21.6	36.9	41.4
商业及服务业人员	26.5	38.8	34.7
生产及运输设备操作工人	24.4	40.0	35.6
按重点人群分			
领导干部和公务员	35.8	41.1	23.1
城镇劳动者	28.3	39.3	32.3
农民	21.1	37.1	41.8
其他	30.6	41.4	28.0
按地区分			
东部地区	28.9	39.9	31.2
中部地区	26.2	37.8	36.0
西部地区	24.6	39.6	35.9

类　别	碘盐可以预防核辐射（错）		
	回答正确	回答错误	不知道
附表 167　公民对"核能利用"的了解程度 –3		单位：%
总体	34.8	30.1	35.2
按性别分			
男性	35.3	31.0	33.7
女性	33.9	28.3	37.7
按民族分			
汉族	35.0	30.0	35.0
其他民族	30.5	32.1	37.4
按户籍分			
本省户籍	34.7	29.8	35.5
非本省户籍	36.0	33.3	30.7
按年龄分（五段）			
18—29 岁	36.7	32.3	31.0
30—39 岁	35.7	31.0	33.3
40—49 岁	36.5	27.2	36.3
50—59 岁	29.0	29.2	41.7
60—69 岁	26.1	26.4	47.5
按年龄分（三段）			
18—39 岁	36.3	31.8	32.0
40—54 岁	34.9	27.6	37.5
55—69 岁	27.0	27.7	45.3
按文化程度分（五段）			
小学及以下	19.3	33.4	47.3
初中	29.7	29.6	40.7
高中（中专、技校）	39.0	30.0	31.0
大学专科	41.3	31.8	26.8
大学本科及以上	51.9	27.2	20.9
按文化程度分（三段）			
初中及以下	27.9	30.2	41.8
高中（中专、技校）	39.0	30.0	31.0
大学专科及以上	46.1	29.7	24.1
按文理科分			
偏文科	39.6	30.3	30.2
偏理科	45.7	29.4	25.0
按城乡分			
城镇居民	38.3	29.9	31.8

类　别	碘盐可以预防核辐射（错）		
	回答正确	回答错误	不知道
农村居民	28.6	30.4	41.0
按就业状况分			
有固定工作	38.0	30.8	31.2
有兼职工作	36.6	30.3	33.1
工作不固定，打工	32.0	30.1	37.9
目前没有工作，待业	28.5	31.1	40.4
家庭主妇且没有工作	28.7	26.9	44.4
学生及待升学人员	44.8	33.4	21.8
离退休人员	31.9	25.8	42.3
无工作能力	24.2	26.8	48.9
按与科学技术的相关性分			
有相关性	37.1	33.3	29.6
无相关性	35.9	29.2	34.9
按科学技术的相关部门分			
生产或制造业	34.9	34.0	31.0
教育部门	48.0	30.3	21.7
科研部门	42.4	32.4	25.2
其他	37.1	32.7	30.2
按职业分			
国家机关、党群组织负责人	42.9	34.4	22.7
企业事业单位负责人	38.5	34.3	27.2
专业技术人员	41.3	30.6	28.1
办事人员与有关人员	40.8	29.6	29.6
农林牧渔水利业生产人员	28.0	30.1	41.8
商业及服务业人员	34.6	30.2	35.2
生产及运输设备操作工人	35.7	30.7	33.7
按重点人群分			
领导干部和公务员	44.7	31.6	23.7
城镇劳动者	37.1	30.4	32.5
农民	26.8	29.3	43.9
其他	36.9	30.1	32.9
按地区分			
东部地区	36.4	30.3	33.2
中部地区	34.0	28.4	37.6
西部地区	32.3	31.9	35.8

类　别	附表 168　公民对"核能利用"的了解程度 –4　　单位：%		
	核辐射都是人为产生的（错）		
	回答正确	回答错误	不知道
总体	46.5	33.9	19.6
按性别分			
男性	46.2	36.0	17.8
女性	47.0	30.1	22.9
按民族分			
汉族	46.7	33.9	19.4
其他民族	42.1	34.4	23.6
按户籍分			
本省户籍	46.3	34.0	19.8
非本省户籍	49.0	32.9	18.1
按年龄分（五段）			
18—29 岁	56.2	24.4	19.5
30—39 岁	48.9	32.0	19.1
40—49 岁	43.2	37.4	19.4
50—59 岁	31.4	47.7	20.9
60—69 岁	26.3	52.8	20.8
按年龄分（三段）			
18—39 岁	53.1	27.6	19.3
40—54 岁	40.7	39.6	19.8
55—69 岁	27.8	51.4	20.8
按文化程度分（五段）			
小学及以下	21.0	49.8	29.2
初中	37.4	38.5	24.1
高中（中专、技校）	50.6	32.8	16.7
大学专科	63.9	23.9	12.3
大学本科及以上	76.6	15.0	8.4
按文化程度分（三段）			
初中及以下	34.6	40.5	25.0
高中（中专、技校）	50.6	32.8	16.7
大学专科及以上	69.7	19.8	10.5
按文理科分			
偏文科	53.8	30.2	16.0
偏理科	66.6	22.3	11.1
按城乡分			
城镇居民	50.6	32.7	16.7

类 别	核辐射都是人为产生的（错）		
	回答正确	回答错误	不知道
农村居民	39.4	35.9	24.7
按就业状况分			
有固定工作	51.6	31.9	16.5
有兼职工作	42.9	35.9	21.2
工作不固定，打工	40.3	36.8	22.9
目前没有工作，待业	40.0	35.5	24.5
家庭主妇且没有工作	39.5	32.4	28.1
学生及待升学人员	74.8	14.9	10.2
离退休人员	32.4	51.0	16.6
无工作能力	24.9	45.9	29.2
按与科学技术的相关性分			
有相关性	50.7	33.7	15.6
无相关性	46.7	33.3	20.0
按科学技术的相关部门分			
生产或制造业	48.0	36.2	15.8
教育部门	63.0	26.1	10.9
科研部门	51.5	37.1	11.4
其他	52.5	29.8	17.7
按职业分			
国家机关、党群组织负责人	61.6	30.0	8.4
企业事业单位负责人	54.1	29.5	16.4
专业技术人员	57.7	28.0	14.4
办事人员与有关人员	57.6	28.4	14.0
农林牧渔水利业生产人员	34.3	40.2	25.5
商业及服务业人员	45.6	34.1	20.4
生产及运输设备操作工人	41.9	38.5	19.6
按重点人群分			
领导干部和公务员	63.5	25.9	10.6
城镇劳动者	49.3	32.5	18.1
农民	35.6	37.6	26.9
其他	51.9	32.5	15.6
按地区分			
东部地区	47.3	33.7	19.0
中部地区	45.9	34.4	19.7
西部地区	45.6	33.5	20.9

类　别	微量的核辐射照射不会危害人体的健康（对）		
	回答正确	回答错误	不知道
总体	47.3	36.8	15.9
按性别分			
男性	47.6	37.1	15.3
女性	46.8	36.3	17.0
按民族分			
汉族	47.6	36.6	15.7
其他民族	41.0	39.2	19.8
按户籍分			
本省户籍	47.5	36.5	16.0
非本省户籍	45.0	39.7	15.3
按年龄分（五段）			
18—29 岁	42.5	42.6	14.8
30—39 岁	46.2	38.6	15.2
40—49 岁	50.2	33.9	15.8
50—59 岁	52.1	28.7	19.1
60—69 岁	57.4	24.1	18.4
按年龄分（三段）			
18—39 岁	44.1	40.9	15.0
40—54 岁	50.5	32.7	16.8
55—69 岁	55.6	26.1	18.2
按文化程度分（五段）			
小学及以下	41.2	30.9	27.8
初中	42.2	38.6	19.2
高中（中专、技校）	49.9	38.3	11.8
大学专科	53.4	36.8	9.8
大学本科及以上	60.4	30.6	9.0
按文化程度分（三段）			
初中及以下	42.1	37.3	20.7
高中（中专、技校）	49.9	38.3	11.8
大学专科及以上	56.6	34.0	9.4
按文理科分			
偏文科	50.9	37.4	11.7
偏理科	55.7	34.8	9.5
按城乡分			
城镇居民	50.7	35.5	13.8

附表 169　公民对"核能利用"的了解程度 –5　　单位：%

类 别	微量的核辐射照射不会危害人体的健康（对）		
	回答正确	回答错误	不知道
农村居民	41.5	38.9	19.6
按就业状况分			
有固定工作	49.9	36.5	13.6
有兼职工作	46.3	41.4	12.4
工作不固定，打工	42.1	39.6	18.4
目前没有工作，待业	40.9	38.1	21.0
家庭主妇且没有工作	42.3	36.2	21.5
学生及待升学人员	49.6	41.0	9.4
离退休人员	60.5	25.6	13.9
无工作能力	42.6	27.0	30.4
按与科学技术的相关性分			
有相关性	48.9	38.5	12.5
无相关性	46.9	37.2	15.9
按科学技术的相关部门分			
生产或制造业	46.9	39.5	13.6
教育部门	63.7	28.2	8.1
科研部门	53.4	37.1	9.4
其他	47.5	40.0	12.6
按职业分			
国家机关、党群组织负责人	60.2	29.5	10.3
企业事业单位负责人	51.0	35.7	13.3
专业技术人员	50.1	38.1	11.8
办事人员与有关人员	54.6	34.6	10.9
农林牧渔水利业生产人员	44.0	35.7	20.4
商业及服务业人员	45.3	38.9	15.8
生产及运输设备操作工人	43.5	40.9	15.6
按重点人群分			
领导干部和公务员	60.4	30.1	9.4
城镇劳动者	47.5	37.9	14.6
农民	41.7	36.9	21.4
其他	50.7	36.2	13.1
按地区分			
东部地区	49.1	36.2	14.7
中部地区	46.4	36.8	16.8
西部地区	44.6	38.0	17.4

类　别	核电站的建设有助于缓解火力发电造成的空气污染					
	非常赞成	基本赞成	既不赞成也不反对	基本反对	非常反对	不知道
总体	30.1	37.9	11.7	5.1	3.3	11.9
按性别分						
男性	35.9	39.1	9.3	4.4	2.9	8.5
女性	19.8	35.8	16.0	6.4	3.9	18.0
按民族分						
汉族	30.2	38.0	11.6	5.1	3.3	11.8
其他民族	27.3	37.0	13.4	4.6	3.1	14.6
按户籍分						
本省户籍	30.1	37.8	11.5	5.1	3.3	12.2
非本省户籍	29.6	39.3	14.3	5.0	2.6	9.1
按年龄分（五段）						
18—29 岁	26.4	39.1	15.7	4.9	3.2	10.6
30—39 岁	28.6	38.2	12.4	5.7	2.9	12.3
40—49 岁	33.3	37.0	8.7	4.5	3.3	13.1
50—59 岁	34.6	36.0	7.3	5.9	4.1	12.1
60—69 岁	35.4	37.6	6.2	4.3	3.3	13.2
按年龄分（三段）						
18—39 岁	27.3	38.7	14.3	5.3	3.1	11.3
40—54 岁	33.4	36.7	8.6	4.8	3.5	13.0
55—69 岁	35.5	37.2	6.1	5.0	3.7	12.5
按文化程度分（五段）						
小学及以下	27.7	30.8	10.6	7.0	5.6	18.3
初中	26.8	36.5	11.9	5.3	3.7	15.8
高中（中专、技校）	31.6	39.7	12.4	4.7	2.6	9.0
大学专科	33.5	40.5	12.0	4.8	2.4	6.7
大学本科及以上	38.3	42.9	9.6	4.0	1.7	3.4
按文化程度分（三段）						
初中及以下	26.9	35.5	11.7	5.6	4.0	16.2
高中（中专、技校）	31.6	39.7	12.4	4.7	2.6	9.0
大学专科及以上	35.7	41.6	10.9	4.4	2.1	5.2
按文理科分						
偏文科	31.2	40.1	12.4	5.0	2.4	8.7
偏理科	36.3	41.2	10.8	4.1	2.3	5.4
按城乡分						
城镇居民	31.6	38.6	11.7	5.0	2.9	10.1

附表 170　公民对有关"核能利用"观点的态度 –1　　　　单位：%

类 别	核电站的建设有助于缓解火力发电造成的空气污染					
	非常赞成	基本赞成	既不赞成也不反对	基本反对	非常反对	不知道
农村居民	27.5	36.7	11.6	5.2	3.9	15.0
按就业状况分						
有固定工作	33.4	38.5	11.1	4.9	3.0	9.2
有兼职工作	30.1	39.6	11.2	5.8	3.2	10.1
工作不固定，打工	29.8	37.4	11.0	4.9	3.4	13.5
目前没有工作，待业	25.7	37.6	13.1	6.0	3.3	14.2
家庭主妇且没有工作	17.5	33.4	16.5	4.7	4.2	23.7
学生及待升学人员	30.8	42.8	13.7	5.6	2.6	4.6
离退休人员	34.4	38.7	6.7	5.7	3.7	10.8
无工作能力	26.7	36.6	11.7	5.0	3.4	16.6
按与科学技术的相关性分						
有相关性	36.8	37.8	9.2	4.5	3.3	8.3
无相关性	29.9	38.5	12.0	5.1	3.0	11.5
按科学技术的相关部门分						
生产或制造业	37.1	37.4	9.2	4.6	3.3	8.4
教育部门	39.5	41.1	6.7	3.3	3.9	5.5
科研部门	38.9	35.5	8.2	5.6	5.1	6.8
其他	34.9	38.3	10.2	4.5	2.8	9.2
按职业分						
国家机关、党群组织负责人	46.8	30.1	8.8	5.7	2.6	6.1
企业事业单位负责人	35.2	39.8	11.5	4.7	2.4	6.5
专业技术人员	35.6	38.6	11.1	4.6	4.0	6.2
办事人员与有关人员	31.1	42.1	11.7	3.7	2.1	9.4
农林牧渔水利业生产人员	32.3	36.1	7.8	5.7	3.4	14.8
商业及服务业人员	28.0	38.3	13.3	5.3	2.9	12.2
生产及运输设备操作工人	33.9	37.3	9.5	4.9	3.5	10.9
按重点人群分						
领导干部和公务员	39.2	39.8	9.2	4.5	2.7	4.6
城镇劳动者	30.5	38.2	12.5	4.8	3.0	11.0
农民	27.0	35.9	10.8	5.6	4.3	16.5
其他	30.5	39.2	12.0	6.5	2.5	9.3
按地区分						
东部地区	31.8	38.0	11.9	4.9	2.6	10.8
中部地区	28.2	38.1	12.1	5.4	3.4	12.8
西部地区	29.0	37.7	10.6	5.3	4.3	13.1

类　别	科学技术的进步能够使人类更加安全地利用核能 附表 171　公民对有关"核能利用"观点的态度 –2　　　单位：%					
	非常赞成	基本赞成	既不赞成也不反对	基本反对	非常反对	不知道
总体	43.3	41.5	7.5	1.4	0.7	5.6
按性别分						
男性	47.8	39.7	6.1	1.3	0.6	4.5
女性	35.4	44.7	9.9	1.6	0.7	7.7
按民族分						
汉族	43.4	41.6	7.4	1.4	0.6	5.6
其他民族	41.1	39.6	9.5	2.1	0.9	6.8
按户籍分						
本省户籍	43.6	41.4	7.3	1.4	0.6	5.8
非本省户籍	40.3	42.5	9.9	2.0	0.9	4.3
按年龄分（五段）						
18—29 岁	39.4	43.6	10.6	1.9	0.6	4.0
30—39 岁	41.3	42.7	7.8	1.3	0.7	6.2
40—49 岁	46.8	39.7	5.6	1.1	0.7	6.0
50—59 岁	46.8	38.7	4.3	1.5	0.7	8.1
60—69 岁	52.4	37.4	2.5	0.9	0.5	6.3
按年龄分（三段）						
18—39 岁	40.2	43.2	9.4	1.6	0.6	4.9
40—54 岁	46.6	39.5	5.3	1.2	0.7	6.7
55—69 岁	50.5	38.0	3.1	1.1	0.7	6.6
按文化程度分（五段）						
小学及以下	41.8	34.7	7.3	1.9	1.2	13.1
初中	39.8	42.3	8.2	1.6	0.8	7.3
高中（中专、技校）	44.0	43.1	7.2	1.5	0.6	3.6
大学专科	47.4	41.7	7.3	1.0	0.4	2.2
大学本科及以上	52.8	39.9	5.5	0.5	0.2	1.1
按文化程度分（三段）						
初中及以下	40.2	41.0	8.1	1.7	0.8	8.3
高中（中专、技校）	44.0	43.1	7.2	1.5	0.6	3.6
大学专科及以上	49.9	40.9	6.5	0.8	0.3	1.7
按文理科分						
偏文科	44.6	42.3	8.1	1.4	0.4	3.2
偏理科	49.3	41.7	5.5	0.9	0.5	2.2
按城乡分						
城镇居民	43.9	41.6	7.9	1.5	0.7	4.6

类　别	科学技术的进步能够使人类更加安全地利用核能					
	非常赞成	基本赞成	既不赞成也不反对	基本反对	非常反对	不知道
农村居民	42.4	41.3	6.8	1.4	0.6	7.5
按就业状况分						
有固定工作	46.7	40.1	7.2	1.3	0.7	3.9
有兼职工作	42.2	42.3	8.2	1.5	0.9	4.8
工作不固定，打工	40.8	43.0	7.0	1.4	0.7	7.0
目前没有工作，待业	39.0	42.0	8.1	2.3	0.5	8.2
家庭主妇且没有工作	33.5	42.5	11.5	1.6	0.5	10.5
学生及待升学人员	44.2	45.0	7.8	0.8	0.5	1.6
离退休人员	48.7	41.0	3.0	1.5	0.6	5.2
无工作能力	41.1	41.0	4.8	1.9	0.7	10.6
按与科学技术的相关性分						
有相关性	51.1	38.0	5.3	1.2	0.7	3.7
无相关性	41.7	42.6	8.2	1.4	0.8	5.3
按科学技术的相关部门分						
生产或制造业	49.6	38.7	5.9	1.3	0.8	3.7
教育部门	57.8	34.2	3.9	0.5	0.7	3.0
科研部门	52.0	36.7	5.4	1.5	1.6	2.7
其他	51.9	38.1	4.5	1.1	0.1	4.3
按职业分						
国家机关、党群组织负责人	55.3	34.8	4.4	3.1	0.7	1.7
企业事业单位负责人	47.8	40.3	6.7	1.4	0.8	3.0
专业技术人员	49.1	38.7	7.5	1.2	0.7	2.9
办事人员与有关人员	47.2	41.2	6.9	1.3	0.3	3.1
农林牧渔水利业生产人员	46.6	38.2	6.2	0.9	0.8	7.3
商业及服务业人员	41.1	42.4	8.4	1.3	1.0	5.8
生产及运输设备操作工人	41.4	44.5	6.6	1.7	0.5	5.3
按重点人群分						
领导干部和公务员	51.3	40.7	4.8	1.3	0.1	1.8
城镇劳动者	42.9	41.8	8.4	1.6	0.7	4.6
农民	42.0	40.5	6.6	1.3	0.7	9.0
其他	44.5	41.5	7.0	1.8	0.5	4.7
按地区分						
东部地区	43.8	40.8	8.1	1.5	0.7	5.1
中部地区	41.8	42.9	7.4	1.4	0.6	5.9
西部地区	44.3	40.8	6.3	1.4	0.6	6.5

类　别	我国需要发展核电和可再生能源，保证电力供应充足，促进能源结构调整					
	非常赞成	基本赞成	既不赞成也不反对	基本反对	非常反对	不知道
总体	43.6	39.0	9.4	1.3	0.5	6.3
按性别分						
男性	47.3	38.0	8.0	1.2	0.6	5.0
女性	37.0	40.7	11.8	1.6	0.4	8.4
按民族分						
汉族	43.6	39.1	9.3	1.3	0.5	6.2
其他民族	42.1	36.9	10.7	1.7	0.6	7.9
按户籍分						
本省户籍	43.9	38.9	9.1	1.4	0.5	6.3
非本省户籍	40.4	40.2	12.4	0.9	0.7	5.4
按年龄分（五段）						
18—29 岁	39.5	41.1	12.6	1.2	0.4	5.2
30—39 岁	40.7	40.0	10.4	1.8	0.6	6.6
40—49 岁	46.3	37.9	7.3	1.4	0.5	6.6
50—59 岁	49.1	36.2	5.1	1.1	0.5	8.0
60—69 岁	55.8	33.1	3.8	0.7	0.5	6.1
按年龄分（三段）						
18—39 岁	40.0	40.6	11.6	1.5	0.5	5.8
40—54 岁	46.4	37.6	6.9	1.3	0.5	7.4
55—69 岁	54.6	34.0	4.1	0.9	0.5	5.9
按文化程度分（五段）						
小学及以下	47.1	30.8	7.0	1.4	0.5	13.2
初中	40.7	39.0	9.9	1.5	0.5	8.4
高中（中专、技校）	43.3	41.0	9.7	1.3	0.6	4.0
大学专科	45.8	40.5	9.9	1.0	0.5	2.3
大学本科及以上	50.7	39.3	7.4	1.1	0.3	1.2
按文化程度分（三段）						
初中及以下	41.8	37.6	9.4	1.5	0.5	9.2
高中（中专、技校）	43.3	41.0	9.7	1.3	0.6	4.0
大学专科及以上	48.0	40.0	8.7	1.0	0.4	1.8
按文理科分						
偏文科	44.2	40.6	9.9	1.3	0.5	3.5
偏理科	47.1	40.4	8.5	1.1	0.5	2.4
按城乡分						
城镇居民	43.6	39.3	10.0	1.3	0.6	5.2

附表 172　公民对有关"核能利用"观点的态度 –3　　　　单位：%

续表

类　别	我国需要发展核电和可再生能源，保证电力供应充足，促进能源结构调整					
	非常赞成	基本赞成	既不赞成也不反对	基本反对	非常反对	不知道
农村居民	43.5	38.4	8.2	1.4	0.4	8.1
按就业状况分						
有固定工作	46.0	38.6	9.0	1.4	0.5	4.6
有兼职工作	42.7	40.3	9.4	1.7	0.6	5.3
工作不固定，打工	41.5	39.5	9.8	1.1	0.6	7.5
目前没有工作，待业	39.7	40.3	9.1	1.8	0.4	8.7
家庭主妇且没有工作	35.3	38.6	12.2	1.3	0.5	12.0
学生及待升学人员	42.1	42.9	11.6	1.6	0.2	1.6
离退休人员	52.3	36.2	5.3	1.0	0.5	4.8
无工作能力	45.9	31.9	8.0	1.4	1.2	11.6
按与科学技术的相关性分						
有相关性	50.2	36.0	7.7	1.3	0.5	4.3
无相关性	41.7	40.4	10.0	1.3	0.6	6.0
按科学技术的相关部门分						
生产或制造业	49.3	35.8	8.3	1.4	0.5	4.7
教育部门	56.6	36.6	3.2	0.7	0.6	2.4
科研部门	48.5	38.6	7.4	1.7	1.0	2.8
其他	50.7	35.7	7.7	1.1	0.3	4.5
按职业分						
国家机关、党群组织负责人	57.6	30.2	5.5	2.7	1.8	2.2
企业事业单位负责人	47.7	37.6	9.0	1.4	0.4	3.9
专业技术人员	48.7	36.5	9.5	1.5	0.5	3.3
办事人员与有关人员	45.9	39.8	8.8	1.4	0.3	3.9
农林牧渔水利业生产人员	47.7	36.1	7.0	0.8	0.5	7.8
商业及服务业人员	40.3	41.1	10.6	1.1	0.6	6.3
生产及运输设备操作工人	41.5	41.1	9.1	1.5	0.5	6.3
按重点人群分						
领导干部和公务员	51.1	37.6	7.7	1.4	0.2	2.0
城镇劳动者	42.2	39.9	10.4	1.4	0.6	5.5
农民	43.8	37.3	7.5	1.3	0.3	9.8
其他	44.2	39.9	9.9	1.2	0.4	4.4
按地区分						
东部地区	44.3	38.5	9.9	1.4	0.5	5.4
中部地区	42.1	40.7	9.0	1.1	0.5	6.5
西部地区	44.1	37.7	8.6	1.4	0.5	7.8

类　别	附表 173　公民对有关"核能利用"观点的态度 –4　　　　单位：%					
	政府应该采取多种形式让公众了解核能利用的相关信息					
	非常赞成	基本赞成	既不赞成也不反对	基本反对	非常反对	不知道
总体	54.8	32.5	6.3	0.8	0.4	5.1
按性别分						
男性	56.0	32.2	5.8	0.7	0.5	4.8
女性	52.8	32.9	7.3	0.8	0.4	5.8
按民族分						
汉族	54.9	32.5	6.3	0.8	0.5	5.1
其他民族	53.3	31.8	8.2	0.7	0.1	5.9
按户籍分						
本省户籍	55.2	32.3	6.2	0.7	0.4	5.2
非本省户籍	50.4	34.2	8.5	1.5	0.4	5.1
按年龄分（五段）						
18—29 岁	51.9	34.5	8.6	0.7	0.4	3.9
30—39 岁	53.3	33.3	6.7	0.8	0.6	5.3
40—49 岁	57.6	31.1	4.6	0.8	0.2	5.6
50—59 岁	56.9	30.4	4.4	0.9	0.8	6.7
60—69 岁	62.7	27.0	2.9	0.6	0.4	6.5
按年龄分（三段）						
18—39 岁	52.5	34.0	7.8	0.7	0.4	4.5
40—54 岁	57.4	30.8	4.7	0.8	0.4	5.9
55—69 岁	60.5	28.7	3.1	0.7	0.4	6.5
按文化程度分（五段）						
小学及以下	51.7	27.5	7.1	0.9	1.0	11.8
初中	51.9	33.2	6.6	0.8	0.5	7.1
高中（中专、技校）	54.8	34.2	6.7	0.9	0.4	2.9
大学专科	58.2	33.1	6.4	0.4	0.4	1.5
大学本科及以上	66.1	28.8	3.7	0.4	0.1	0.9
按文化程度分（三段）						
初中及以下	51.8	32.2	6.7	0.8	0.6	7.9
高中（中专、技校）	54.8	34.2	6.7	0.9	0.4	2.9
大学专科及以上	61.8	31.2	5.2	0.4	0.2	1.2
按文理科分						
偏文科	58.4	32.0	6.0	0.7	0.3	2.6
偏理科	57.9	33.7	5.9	0.6	0.3	1.6
按城乡分						
城镇居民	55.6	32.4	6.4	0.8	0.4	4.3

类 别	政府应该采取多种形式让公众了解核能利用的相关信息					
	非常赞成	基本赞成	既不赞成也不反对	基本反对	非常反对	不知道
农村居民	53.4	32.5	6.2	0.7	0.5	6.6
按就业状况分						
有固定工作	57.9	31.3	6.1	0.7	0.4	3.7
有兼职工作	51.4	34.1	7.7	0.9	0.7	5.2
工作不固定，打工	51.3	33.7	6.5	1.1	0.4	7.1
目前没有工作，待业	50.1	35.6	6.1	0.7	0.5	6.9
家庭主妇且没有工作	48.7	33.9	7.9	0.9	0.7	7.9
学生及待升学人员	56.4	33.7	8.0	0.3	0.2	1.4
离退休人员	62.2	28.5	3.2	0.6	0.6	4.9
无工作能力	50.9	30.9	6.2	0.8	0.8	10.5
按与科学技术的相关性分						
有相关性	60.5	29.7	5.2	0.7	0.4	3.5
无相关性	53.2	33.4	6.9	0.9	0.4	5.3
按科学技术的相关部门分						
生产或制造业	57.7	32.0	5.7	0.7	0.3	3.5
教育部门	68.4	26.2	2.2	1.1	0.1	2.0
科研部门	66.8	25.1	3.6	0.7	1.2	2.5
其他	61.8	27.5	5.5	0.6	0.5	4.1
按职业分						
国家机关、党群组织负责人	65.1	25.4	5.0	0.2	1.3	3.0
企业事业单位负责人	58.3	31.1	5.8	1.2	0.6	3.0
专业技术人员	58.4	31.3	6.0	0.6	0.6	3.0
办事人员与有关人员	58.9	33.4	4.9	0.5	0.1	2.2
农林牧渔水利业生产人员	55.8	29.5	6.4	0.8	0.4	7.2
商业及服务业人员	53.7	31.7	7.6	1.0	0.3	5.7
生产及运输设备操作工人	51.3	36.2	5.9	0.8	0.3	5.5
按重点人群分						
领导干部和公务员	62.8	29.7	4.5	0.7	0.4	2.0
城镇劳动者	54.4	33.3	6.7	0.8	0.3	4.5
农民	52.9	31.8	6.2	0.8	0.7	7.6
其他	56.1	31.9	6.4	1.0	0.7	3.8
按地区分						
东部地区	54.3	32.7	7.2	0.8	0.4	4.6
中部地区	54.8	32.8	6.0	0.7	0.4	5.1
西部地区	56.1	31.4	5.0	0.6	0.5	6.4

附表 174　公民对我国发展核电利弊的看法　　　　单位：%

类　别	您认为我国发展核电的利弊如何？					
	利远大于弊	利大于弊	利弊相当	弊大于利	弊远大于利	不知道
总体	30.7	37.1	13.0	2.4	0.8	16.0
按性别分						
男性	33.6	39.4	11.0	2.3	0.8	12.9
女性	25.6	33.0	16.4	2.6	0.8	21.6
按民族分						
汉族	30.7	37.3	12.9	2.4	0.8	15.9
其他民族	30.1	33.3	14.4	2.6	0.8	18.8
按户籍分						
本省户籍	30.8	37.3	12.6	2.4	0.8	16.0
非本省户籍	29.5	35.0	16.8	2.0	0.7	16.0
按年龄分（五段）						
18—29 岁	28.0	34.2	19.0	2.6	0.7	15.5
30—39 岁	32.4	33.6	12.5	3.4	0.9	17.1
40—49 岁	33.9	39.8	8.8	1.6	0.7	15.1
50—59 岁	30.1	42.1	7.7	1.8	1.1	17.1
60—69 岁	28.0	47.0	7.1	1.5	0.7	15.7
按年龄分（三段）						
18—39 岁	29.9	33.9	16.3	2.9	0.8	16.2
40—54 岁	33.2	39.9	8.7	1.7	0.8	15.8
55—69 岁	28.5	46.3	7.0	1.6	0.8	15.8
按文化程度分（五段）						
小学及以下	25.4	31.8	8.6	1.9	1.6	30.7
初中	29.2	35.1	11.7	2.4	0.8	20.9
高中（中专、技校）	32.6	39.5	14.1	2.4	0.7	10.7
大学专科	33.7	39.8	15.6	2.6	0.8	7.5
大学本科及以上	33.5	41.6	16.4	2.5	0.5	5.6
按文化程度分（三段）						
初中及以下	28.5	34.5	11.1	2.3	0.9	22.6
高中（中专、技校）	32.6	39.5	14.1	2.4	0.7	10.7
大学专科及以上	33.6	40.6	16.0	2.5	0.6	6.7
按文理科分						
偏文科	32.3	38.7	15.6	2.4	0.7	10.2
偏理科	34.0	41.6	14.2	2.5	0.6	7.1
按城乡分						
城镇居民	32.1	37.5	14.0	2.4	0.8	13.2

类　别	您认为我国发展核电的利弊如何?					
	利远大于弊	利大于弊	利弊相当	弊大于利	弊远大于利	不知道
农村居民	28.3	36.5	11.2	2.4	0.8	20.9
按就业状况分						
有固定工作	34.4	37.0	12.8	2.6	0.7	12.5
有兼职工作	31.9	38.3	14.8	1.9	0.8	12.3
工作不固定，打工	31.6	36.3	10.3	2.3	0.8	18.6
目前没有工作，待业	27.1	36.8	11.6	3.5	1.2	19.9
家庭主妇且没有工作	23.3	30.1	13.7	1.6	0.9	30.4
学生及待升学人员	20.5	42.6	28.1	2.0	0.5	6.3
离退休人员	29.8	46.5	9.2	1.8	0.7	12.0
无工作能力	19.1	34.3	9.9	3.0	1.6	32.1
按与科学技术的相关性分						
有相关性	34.9	38.5	11.0	2.6	0.8	12.2
无相关性	32.8	36.1	12.9	2.3	0.7	15.1
按科学技术的相关部门分						
生产或制造业	34.4	38.3	11.3	2.5	1.0	12.5
教育部门	36.4	42.1	10.3	3.4	1.4	6.3
科研部门	35.3	38.4	10.5	4.0	0.1	11.7
其他	35.4	38.1	10.6	2.2	0.4	13.3
按职业分						
国家机关、党群组织负责人	43.4	34.2	9.6	4.6	0.5	7.6
企业事业单位负责人	37.4	36.3	12.6	3.3	0.7	9.8
专业技术人员	32.8	38.3	14.6	3.0	0.7	10.6
办事人员与有关人员	35.9	39.0	12.9	2.1	0.4	9.6
农林牧渔水利业生产人员	30.2	36.8	8.8	2.1	0.9	21.1
商业及服务业人员	32.2	35.4	13.9	2.4	0.8	15.3
生产及运输设备操作工人	34.2	37.5	9.5	1.9	0.9	16.1
按重点人群分						
领导干部和公务员	41.6	37.1	11.7	2.8	0.2	6.6
城镇劳动者	32.2	36.2	13.7	2.4	0.8	14.7
农民	28.2	36.5	9.5	2.4	0.8	22.6
其他	23.3	42.3	18.2	2.2	0.9	13.1
按地区分						
东部地区	33.2	35.9	13.7	2.5	0.8	13.9
中部地区	29.2	38.4	12.1	2.1	0.7	17.4
西部地区	27.4	38.0	12.5	2.5	0.9	18.7

附表 175　公民对核能技术应用的态度　　　　　　单位：%

类　别	对核能技术的应用支持和反对的程度					
	非常支持	比较支持	既不支持也不反对	比较反对	非常反对	不知道
总体	30.4	39.9	21.2	1.7	0.8	6.0
按性别分						
男性	35.2	40.1	17.3	1.6	0.9	4.9
女性	22.0	39.5	28.0	1.8	0.7	8.1
按民族分						
汉族	30.6	39.9	21.0	1.7	0.8	6.0
其他民族	27.4	39.2	23.7	1.5	1.0	7.2
按户籍分						
本省户籍	30.8	39.8	20.8	1.7	0.8	6.1
非本省户籍	26.6	40.8	24.8	1.5	0.6	5.6
按年龄分（五段）						
18—29 岁	23.4	43.3	25.9	1.4	0.5	5.4
30—39 岁	27.4	38.6	25.3	2.0	1.1	5.6
40—49 岁	35.4	38.6	16.8	1.8	0.8	6.6
50—59 岁	40.0	36.8	12.7	1.8	1.3	7.4
60—69 岁	43.5	36.9	11.5	1.4	0.6	6.1
按年龄分（三段）						
18—39 岁	25.1	41.3	25.6	1.7	0.7	5.5
40—54 岁	36.2	38.1	16.1	1.8	0.9	6.9
55—69 岁	42.7	37.1	11.3	1.4	1.0	6.5
按文化程度分（五段）						
小学及以下	35.0	30.3	18.7	1.7	1.8	12.6
初中	29.2	38.3	22.1	1.9	0.8	7.8
高中（中专、技校）	30.8	41.6	21.5	1.4	0.7	4.0
大学专科	30.1	43.3	22.0	1.3	0.6	2.7
大学本科及以上	31.2	46.9	17.6	2.1	0.6	1.7
按文化程度分（三段）						
初中及以下	30.2	36.9	21.5	1.8	1.0	8.6
高中（中专、技校）	30.8	41.6	21.5	1.4	0.7	4.0
大学专科及以上	30.6	44.9	20.0	1.7	0.6	2.2
按文理科分						
偏文科	29.9	41.4	23.0	1.4	0.8	3.5
偏理科	31.6	45.2	18.3	1.6	0.5	2.7
按城乡分						
城镇居民	30.6	40.3	21.6	1.7	0.8	5.0

类 别	对核能技术的应用支持和反对的程度					
	非常支持	比较支持	既不支持也不反对	比较反对	非常反对	不知道
农村居民	30.3	39.1	20.4	1.6	0.9	7.8
按就业状况分						
有固定工作	32.9	39.7	20.2	1.8	0.7	4.6
有兼职工作	28.2	44.9	21.1	1.4	1.1	3.3
工作不固定，打工	32.1	37.1	20.9	2.1	0.8	7.0
目前没有工作，待业	26.9	39.4	23.0	1.5	1.6	7.6
家庭主妇且没有工作	21.6	36.6	28.2	1.3	0.5	11.8
学生及待升学人员	20.6	54.5	22.7	0.4	0.3	1.4
离退休人员	37.6	40.3	14.0	1.5	1.0	5.6
无工作能力	32.7	31.8	17.5	1.5	0.8	15.7
按与科学技术的相关性分						
有相关性	36.9	39.4	16.8	1.9	1.0	3.9
无相关性	30.0	39.3	22.4	1.9	0.7	5.7
按科学技术的相关部门分						
生产或制造业	38.1	38.9	16.5	1.8	1.1	3.7
教育部门	36.5	43.4	15.5	2.2	1.2	1.2
科研部门	37.0	35.8	19.4	3.4	0.8	3.5
其他	34.6	40.7	17.0	1.6	0.9	5.2
按职业分						
国家机关、党群组织负责人	46.6	36.3	12.3	2.4	1.3	1.1
企业事业单位负责人	35.0	40.7	18.9	1.4	1.0	3.0
专业技术人员	33.1	40.4	19.4	2.1	1.4	3.6
办事人员与有关人员	31.7	43.1	19.6	1.3	0.4	3.9
农林牧渔水利业生产人员	35.6	34.5	18.3	2.0	0.6	9.0
商业及服务业人员	28.5	39.6	24.0	1.8	0.7	5.5
生产及运输设备操作工人	33.2	39.1	19.6	2.3	0.6	5.2
按重点人群分						
领导干部和公务员	37.2	44.0	14.9	1.8	0.3	1.8
城镇劳动者	29.5	39.7	22.9	1.8	0.9	5.2
农民	31.8	36.9	19.9	1.6	0.8	9.0
其他	27.9	44.8	19.7	1.3	0.7	5.6
按地区分						
东部地区	32.1	39.1	21.0	1.7	0.8	5.4
中部地区	29.6	39.9	21.6	1.8	0.9	6.3
西部地区	28.2	41.5	20.9	1.6	0.7	7.0

（十七）公民对"转基因"的了解与态度

类　别	附表 176　公民是否听说过"转基因"信息 单位：%		
	是否听说过"转基因"		
	听说过	没听说过	不知道
总体	60.7	22.4	16.9
按性别分			
男性	62.7	21.9	15.4
女性	58.7	23.0	18.3
按民族分			
汉族	61.5	22.3	16.2
其他民族	48.5	24.3	27.1
按户籍分			
本省户籍	60.0	22.8	17.2
非本省户籍	71.0	17.2	11.8
按年龄分（五段）			
18—29 岁	71.9	16.7	11.4
30—39 岁	68.7	18.0	13.3
40—49 岁	60.7	22.7	16.6
50—59 岁	46.1	30.1	23.8
60—69 岁	37.0	34.2	28.8
按年龄分（三段）			
18—39 岁	70.5	17.3	12.2
40—54 岁	56.0	25.3	18.7
55—69 岁	41.4	31.8	26.8
按文化程度分（五段）			
小学及以下	30.1	38.6	31.4
初中	62.9	21.7	15.4
高中（中专、技校）	80.8	11.6	7.6
大学专科	88.3	6.7	5.0
大学本科及以上	92.7	4.0	3.3
按文化程度分（三段）			
初中及以下	50.9	27.9	21.2
高中（中专、技校）	80.8	11.6	7.6
大学专科及以上	90.2	5.6	4.3
按文理科分			
偏文科	84.0	9.4	6.6
偏理科	85.7	8.6	5.7

类 别	是否听说过"转基因"		
	听说过	没听说过	不知道
按城乡分			
城镇居民	72.2	15.8	12.0
农村居民	48.0	29.7	22.2
按就业状况分			
有固定工作	70.9	17.8	11.3
有兼职工作	71.8	16.2	12.0
工作不固定，打工	55.1	24.8	20.1
目前没有工作，待业	52.8	27.0	20.2
家庭主妇且没有工作	49.6	28.2	22.2
学生及待升学人员	81.6	12.5	5.9
离退休人员	65.9	18.3	15.8
无工作能力	26.6	36.4	37.0
按与科学技术的相关性分			
有相关性	71.6	17.4	10.9
无相关性	63.6	21.0	15.5
按科学技术的相关部门分			
生产或制造业	67.8	19.8	12.4
教育部门	81.3	13.4	5.3
科研部门	76.5	15.0	8.5
其他	76.1	14.1	9.9
按职业分			
国家机关、党群组织负责人	79.8	11.7	8.5
企业事业单位负责人	80.9	11.7	7.4
专业技术人员	74.5	16.8	8.7
办事人员与有关人员	81.4	9.7	8.9
农林牧渔水利业生产人员	45.0	31.6	23.4
商业及服务业人员	71.3	16.8	11.9
生产及运输设备操作工人	60.1	23.1	16.8
按重点人群分			
领导干部和公务员	85.5	8.5	6.0
城镇劳动者	70.4	17.5	12.1
农民	45.0	30.9	24.1
其他	60.7	21.8	17.5
按地区分			
东部地区	66.7	19.2	14.1
中部地区	61.1	22.4	16.5
西部地区	50.4	27.6	21.9

类　别	公民获取"转基因"信息的渠道							
	电视	报纸	广播	互联网及移动互联网	期刊杂志	图书	其他	不知道
总体	57.4	4.1	1.5	29.3	1.1	2.6	3.6	0.6
按性别分								
男性	55.7	4.8	1.5	31.4	1.2	2.4	2.6	0.5
女性	59.4	3.3	1.4	26.9	0.9	2.8	4.6	0.7
按民族分								
汉族	57.4	4.1	1.4	29.3	1.0	2.5	3.6	0.6
其他民族	58.6	3.3	1.9	27.9	1.4	3.4	3.1	0.3
按户籍分								
本省户籍	58.3	4.2	1.4	28.4	1.1	2.5	3.5	0.6
非本省户籍	47.7	2.7	2.0	39.0	0.8	3.5	3.8	0.6
按年龄分（五段）								
18—29 岁	43.3	1.7	1.0	42.9	1.1	6.1	3.6	0.3
30—39 岁	55.1	2.6	1.3	35.8	0.9	1.1	2.8	0.5
40—49 岁	66.5	5.4	1.7	21.0	1.1	0.8	2.9	0.7
50—59 岁	74.4	7.6	2.0	8.8	1.1	0.5	4.5	0.9
60—69 岁	72.8	10.5	2.8	3.9	1.3	1.1	6.5	1.1
按年龄分（三段）								
18—39 岁	48.4	2.1	1.1	39.8	1.0	3.9	3.3	0.4
40—54 岁	68.3	5.6	1.7	18.6	1.0	0.8	3.2	0.8
55—69 岁	73.6	10.0	2.6	4.9	1.4	0.8	5.8	0.9
按文化程度分（五段）								
小学及以下	73.3	3.9	2.1	9.5	1.2	0.6	7.2	2.1
初中	64.3	4.0	1.6	23.7	0.8	1.6	3.5	0.6
高中（中专、技校）	51.0	4.9	1.4	34.1	1.2	4.2	3.1	0.1
大学专科	40.8	3.9	0.9	47.3	1.0	4.1	2.0	0.1
大学本科及以上	31.2	2.5	0.5	57.3	1.9	5.2	1.2	0.0
按文化程度分（三段）								
初中及以下	66.2	4.0	1.7	20.6	0.9	1.4	4.3	0.9
高中（中专、技校）	51.0	4.9	1.4	34.1	1.2	4.2	3.1	0.1
大学专科及以上	36.6	3.3	0.7	51.7	1.4	4.6	1.7	0.1
按文理科分								
偏文科	48.0	4.4	1.2	40.2	1.1	2.8	2.1	0.1
偏理科	40.0	3.9	0.9	44.3	1.5	6.4	2.8	0.1
按城乡分								
城镇居民	53.7	4.8	1.4	32.5	1.1	2.7	3.4	0.5

附表 177　公民获取"转基因"信息的渠道　　　单位：%

类　别	公民获取"转基因"信息的渠道							
	电视	报纸	广播	互联网及移动互联网	期刊杂志	图书	其他	不知道
农村居民	63.7	2.9	1.5	23.9	1.0	2.4	3.9	0.6
按就业状况分								
有固定工作	52.8	3.7	1.2	37.1	0.9	2.0	2.2	0.3
有兼职工作	51.9	5.0	2.0	32.8	1.9	2.4	3.1	1.0
工作不固定，打工	61.8	4.0	1.7	25.2	1.2	1.6	3.6	0.9
目前没有工作，待业	60.6	3.7	1.9	26.6	0.7	1.9	4.0	0.7
家庭主妇且没有工作	66.4	2.7	1.1	21.5	0.6	1.1	5.7	0.9
学生及待升学人员	26.2	2.1	0.2	40.5	2.6	22.3	6.0	0.0
离退休人员	71.2	10.9	2.9	7.2	1.6	1.0	4.6	0.5
无工作能力	68.8	3.9	3.0	12.9	1.7	1.9	7.0	0.7
按与科学技术的相关性分								
有相关性	53.7	4.0	1.2	34.9	1.4	2.0	2.4	0.3
无相关性	55.8	3.8	1.4	32.9	0.9	1.8	2.7	0.6
按科学技术的相关部门分								
生产或制造业	58.1	3.7	1.3	31.5	1.4	1.5	2.3	0.2
教育部门	47.4	4.5	1.0	40.2	2.3	2.8	1.6	0.2
科研部门	50.2	3.7	1.5	37.7	1.8	2.5	2.2	0.4
其他	47.9	4.5	0.9	39.1	1.2	2.6	3.1	0.7
按职业分								
国家机关、党群组织负责人	52.9	5.0	1.1	36.1	1.3	2.0	1.5	0.1
企业事业单位负责人	46.0	4.5	1.2	43.6	0.8	2.2	1.7	0.1
专业技术人员	46.1	3.3	1.4	42.5	1.9	2.5	2.2	0.2
办事人员与有关人员	49.7	4.5	1.4	39.6	0.8	2.3	1.7	0.1
农林牧渔水利业生产人员	73.0	4.0	1.6	15.0	1.0	1.2	2.9	1.3
商业及服务业人员	52.6	3.6	1.2	35.9	0.9	2.1	3.0	0.8
生产及运输设备操作工人	60.7	4.0	1.6	28.2	0.8	1.2	3.2	0.3
按重点人群分								
领导干部和公务员	45.8	4.3	1.2	43.8	1.2	2.6	1.0	0.1
城镇劳动者	53.3	4.0	1.4	34.8	0.9	2.0	3.1	0.5
农民	69.1	2.8	1.5	19.8	0.9	1.4	3.7	0.9
其他	53.0	6.1	1.6	24.2	1.2	7.3	6.3	0.3
按地区分								
东部地区	55.1	4.9	1.9	31.6	1.0	2.2	3.0	0.5
中部地区	60.5	3.2	1.1	27.2	1.1	2.3	3.8	0.8
西部地区	58.1	3.5	1.2	27.2	1.2	3.7	4.6	0.5

附表 178　公民最相信谁关于"转基因"的言论						单位：%	
类　别	关于"转基因"，公民最相信谁的言论？						
	政府官员	科学家	企业家	公众人物	亲友同事	其他	以上谁的都不信	不知道

类　别	政府官员	科学家	企业家	公众人物	亲友同事	其他	以上谁的都不信	不知道
总体	6.0	78.3	0.6	2.9	1.3	2.0	4.6	4.3
按性别分								
男性	7.1	78.8	0.6	2.8	1.0	2.0	4.8	2.9
女性	4.8	77.6	0.7	3.1	1.7	2.0	4.4	5.8
按民族分								
汉族	6.0	78.3	0.6	3.0	1.3	2.0	4.6	4.2
其他民族	6.5	78.3	0.6	1.6	1.0	2.1	4.2	5.8
按户籍分								
本省户籍	6.0	78.5	0.6	2.9	1.3	2.0	4.4	4.3
非本省户籍	6.3	75.8	0.8	3.2	1.2	2.2	6.5	4.0
按年龄分（五段）								
18—29 岁	3.9	77.3	0.7	3.2	1.3	3.3	5.7	4.5
30—39 岁	5.2	77.3	0.8	3.0	1.2	2.1	5.9	4.6
40—49 岁	5.9	81.0	0.4	2.6	1.3	1.0	3.5	4.2
50—59 岁	10.1	77.9	0.5	2.8	1.6	0.9	2.4	3.8
60—69 岁	12.2	77.7	0.5	2.4	1.2	0.5	2.1	3.4
按年龄分（三段）								
18—39 岁	4.5	77.3	0.8	3.1	1.3	2.8	5.8	4.5
40—54 岁	6.5	80.8	0.4	2.5	1.4	1.0	3.3	4.0
55—69 岁	12.3	76.4	0.5	2.9	1.2	0.6	2.2	3.8
按文化程度分（五段）								
小学及以下	8.8	73.2	1.1	3.1	3.0	1.2	2.9	6.8
初中	6.1	79.3	0.6	3.1	1.3	1.8	3.1	4.7
高中（中专、技校）	5.9	79.3	0.6	2.7	0.8	2.4	5.1	3.2
大学专科	4.0	79.2	0.3	3.2	0.7	2.3	7.2	3.0
大学本科及以上	4.0	76.3	0.4	2.4	1.0	2.4	11.6	2.1
按文化程度分（三段）								
初中及以下	6.6	78.0	0.7	3.1	1.7	1.7	3.0	5.2
高中（中专、技校）	5.9	79.3	0.6	2.7	0.8	2.4	5.1	3.2
大学专科及以上	4.0	77.9	0.4	2.8	0.8	2.4	9.1	2.6
按文理科分								
偏文科	4.9	78.9	0.5	2.7	0.9	2.3	6.5	3.2
偏理科	5.2	78.3	0.5	2.8	0.8	2.5	7.5	2.6
按城乡分								
城镇居民	6.2	77.1	0.6	3.0	1.3	2.1	5.7	4.1

类 别	关于"转基因"，公民最相信谁的言论?							
	政府官员	科学家	企业家	公众人物	亲友同事	其他	以上谁的都不信	不知道
农村居民	5.7	80.3	0.7	2.8	1.3	1.8	2.8	4.6
按就业状况分								
有固定工作	5.6	78.4	0.8	3.2	1.0	2.0	5.8	3.3
有兼职工作	6.4	78.3	0.8	3.1	1.5	2.4	4.7	2.7
工作不固定，打工	6.7	78.8	0.5	2.7	1.5	1.7	3.6	4.5
目前没有工作，待业	5.9	77.3	0.6	2.8	1.3	2.1	4.7	5.3
家庭主妇且没有工作	4.9	76.5	0.4	2.9	2.0	1.7	3.6	7.9
学生及待升学人员	2.3	85.3	0.5	1.5	0.8	4.6	3.4	1.6
离退休人员	11.2	77.2	0.6	3.3	1.4	0.7	2.8	2.8
无工作能力	7.5	75.0	0.1	1.5	2.0	4.1	4.2	5.6
按与科学技术的相关性分								
有相关性	6.6	80.2	0.8	2.9	0.9	1.5	4.6	2.5
无相关性	5.6	77.8	0.6	3.1	1.3	2.2	5.4	4.0
按科学技术的相关部门分								
生产或制造业	7.0	81.2	1.0	2.8	0.8	1.0	4.2	2.1
教育部门	6.9	79.1	0.6	3.6	1.1	1.0	5.2	2.6
科研部门	6.4	79.4	1.2	3.7	1.5	1.7	5.1	0.9
其他	6.0	78.7	0.4	2.7	0.9	2.4	5.2	3.7
按职业分								
国家机关、党群组织负责人	9.4	75.5	1.1	2.9	0.5	1.6	7.5	1.4
企业事业单位负责人	5.1	78.3	1.1	4.2	0.5	1.4	7.2	2.3
专业技术人员	6.0	76.6	0.8	2.6	1.2	2.3	7.5	3.1
办事人员与有关人员	5.6	79.1	0.3	2.5	0.9	2.3	6.3	3.0
农林牧渔水利业生产人员	7.6	82.0	0.7	2.4	1.3	0.7	1.7	3.4
商业及服务业人员	4.8	77.8	0.7	3.7	1.2	2.3	5.5	4.0
生产及运输设备操作工人	6.6	78.9	0.7	2.7	1.3	2.1	3.3	4.3
按重点人群分								
领导干部和公务员	5.5	81.0	0.7	2.8	0.6	1.2	7.0	1.4
城镇劳动者	5.4	77.2	0.6	3.1	1.3	2.2	5.8	4.3
农民	6.3	80.2	0.7	2.8	1.4	1.3	2.2	5.0
其他	7.8	76.3	0.5	2.7	1.3	3.3	4.3	4.0
按地区分								
东部地区	6.3	77.7	0.7	3.0	1.3	2.1	4.9	3.9
中部地区	5.7	78.6	0.5	3.0	1.3	1.9	4.6	4.4
西部地区	5.6	79.0	0.5	2.6	1.3	1.9	4.0	5.0

附表 179　公民对"转基因"的了解程度　　　　单位：%

类　别	普通西红柿里没有基因，而转基因西红柿里有基因（错）		
	回答正确	回答错误	不知道
总体	43.4	27.1	29.5
按性别分			
男性	45.2	26.8	27.9
女性	41.4	27.4	31.2
按民族分			
汉族	43.5	27.1	29.4
其他民族	42.2	27.4	30.4
按户籍分			
本省户籍	42.9	27.3	29.8
非本省户籍	49.5	24.5	26.0
按年龄分（五段）			
18—29岁	56.8	21.9	21.3
30—39岁	45.8	26.0	28.2
40—49岁	36.3	30.1	33.6
50—59岁	26.5	34.6	38.9
60—69岁	25.0	32.3	42.7
按年龄分（三段）			
18—39岁	52.0	23.7	24.3
40—54岁	34.3	31.5	34.2
55—69岁	24.9	32.5	42.6
按文化程度分（五段）			
小学及以下	23.5	30.4	46.2
初中	36.4	29.5	34.1
高中（中专、技校）	50.5	27.1	22.3
大学专科	60.6	22.0	17.4
大学本科及以上	74.7	14.3	11.0
按文化程度分（三段）			
初中及以下	33.6	29.7	36.7
高中（中专、技校）	50.5	27.1	22.3
大学专科及以上	66.8	18.6	14.6
按文理科分			
偏文科	51.6	27.2	21.2
偏理科	65.9	18.3	15.8
按城乡分			
城镇居民	46.3	27.2	26.5

类 别	普通西红柿里没有基因，而转基因西红柿里有基因（错）		
	回答正确	回答错误	不知道
农村居民	38.7	27.0	34.3
按就业状况分			
有固定工作	48.9	26.4	24.7
有兼职工作	47.1	27.6	25.3
工作不固定，打工	37.8	29.2	33.0
目前没有工作，待业	39.1	25.3	35.6
家庭主妇且没有工作	35.4	27.5	37.1
学生及待升学人员	75.1	16.8	8.1
离退休人员	29.3	34.2	36.5
无工作能力	27.0	24.4	48.6
按与科学技术的相关性分			
有相关性	49.2	27.9	22.9
无相关性	44.2	27.0	28.8
按科学技术的相关部门分			
生产或制造业	46.6	29.8	23.6
教育部门	58.4	25.3	16.3
科研部门	55.2	27.1	17.7
其他	50.0	25.2	24.8
按职业分			
国家机关、党群组织负责人	53.3	28.7	17.9
企业事业单位负责人	53.7	27.2	19.0
专业技术人员	56.3	24.2	19.5
办事人员与有关人员	51.7	26.3	22.0
农林牧渔水利业生产人员	32.7	29.2	38.1
商业及服务业人员	45.7	26.7	27.5
生产及运输设备操作工人	39.3	29.9	30.8
按重点人群分			
领导干部和公务员	60.6	24.0	15.4
城镇劳动者	45.9	27.1	27.0
农民	35.3	27.6	37.2
其他	47.5	26.0	26.4
按地区分			
东部地区	44.6	27.8	27.6
中部地区	43.4	25.7	30.8
西部地区	40.9	27.6	31.5

类　别	附表 180　公民对"转基因"的了解程度 –1　　单位：%		
	如果吃了转基因的水果，人就会被"转基因"（错）		
	回答正确	回答错误	不知道
总体	62.8	13.7	23.5
按性别分			
男性	63.6	13.0	23.3
女性	61.8	14.5	23.7
按民族分			
汉族	62.8	13.7	23.4
其他民族	61.5	13.2	25.3
按户籍分			
本省户籍	62.3	13.8	23.9
非本省户籍	68.3	12.5	19.1
按年龄分（五段）			
18—29 岁	75.8	9.0	15.2
30—39 岁	62.9	14.4	22.7
40—49 岁	57.5	15.7	26.7
50—59 岁	47.4	18.5	34.1
60—69 岁	44.8	18.5	36.8
按年龄分（三段）			
18—39 岁	70.2	11.3	18.4
40—54 岁	56.1	15.9	28.0
55—69 岁	43.5	19.8	36.7
按文化程度分（五段）			
小学及以下	47.2	16.9	35.9
初中	59.9	13.9	26.2
高中（中专、技校）	67.3	14.1	18.5
大学专科	71.8	12.3	15.9
大学本科及以上	80.3	8.4	11.3
按文化程度分（三段）			
初中及以下	57.2	14.5	28.3
高中（中专、技校）	67.3	14.1	18.5
大学专科及以上	75.5	10.6	13.9
按文理科分			
偏文科	67.7	14.3	18.0
偏理科	75.1	10.3	14.6
按城乡分			
城镇居民	63.3	14.5	22.2

续表

类　别	如果吃了转基因的水果，人就会被"转基因"（错）		
	回答正确	回答错误	不知道
农村居民	62.0	12.4	25.6
按就业状况分			
有固定工作	66.0	13.8	20.2
有兼职工作	65.9	14.5	19.7
工作不固定，打工	61.2	13.1	25.8
目前没有工作，待业	59.2	13.4	27.4
家庭主妇且没有工作	57.8	13.9	28.2
学生及待升学人员	89.6	4.3	6.0
离退休人员	48.5	19.9	31.6
无工作能力	43.1	14.3	42.6
按与科学技术的相关性分			
有相关性	66.8	14.1	19.0
无相关性	63.7	13.5	22.8
按科学技术的相关部门分			
生产或制造业	66.7	13.9	19.4
教育部门	69.7	16.9	13.4
科研部门	71.7	14.7	13.6
其他	65.1	13.6	21.3
按职业分			
国家机关、党群组织负责人	67.8	17.6	14.6
企业事业单位负责人	66.8	16.5	16.8
专业技术人员	70.6	11.8	17.6
办事人员与有关人员	68.1	13.1	18.8
农林牧渔水利业生产人员	58.3	13.3	28.4
商业及服务业人员	64.1	13.8	22.2
生产及运输设备操作工人	62.3	14.4	23.4
按重点人群分			
领导干部和公务员	69.0	15.7	15.3
城镇劳动者	64.2	14.0	21.8
农民	59.2	12.8	28.0
其他	65.2	12.7	22.2
按地区分			
东部地区	63.5	13.5	22.9
中部地区	61.9	14.2	23.9
西部地区	62.5	13.4	24.1

类　别	转基因动物总是比普通动物长得大（错）		
	回答正确	回答错误	不知道
总体	26.8	45.3	27.9
按性别分			
男性	30.0	43.8	26.2
女性	23.2	47.0	29.7
按民族分			
汉族	26.8	45.4	27.8
其他民族	26.0	43.7	30.3
按户籍分			
本省户籍	26.5	45.5	28.0
非本省户籍	30.2	43.7	26.1
按年龄分（五段）			
18—29 岁	36.0	39.4	24.5
30—39 岁	28.0	43.2	28.8
40—49 岁	22.3	48.5	29.2
50—59 岁	15.8	53.5	30.8
60—69 岁	13.1	56.0	30.9
按年龄分（三段）			
18—39 岁	32.5	41.1	26.4
40—54 岁	20.8	49.7	29.5
55—69 岁	14.3	54.7	31.0
按文化程度分（五段）			
小学及以下	14.1	49.5	36.4
初中	19.8	48.5	31.7
高中（中专、技校）	31.1	46.0	22.9
大学专科	40.8	39.3	19.9
大学本科及以上	58.7	25.5	15.8
按文化程度分（三段）			
初中及以下	18.5	48.7	32.7
高中（中专、技校）	31.1	46.0	22.9
大学专科及以上	48.6	33.3	18.1
按文理科分			
偏文科	32.2	45.6	22.2
偏理科	47.7	33.4	18.9
按城乡分			
城镇居民	29.8	44.6	25.6

附表 181　公民对"转基因"的了解程度 -2　　单位：%

类　别	转基因动物总是比普通动物长得大（错）		
	回答正确	回答错误	不知道
农村居民	21.8	46.4	31.7
按就业状况分			
有固定工作	32.0	43.8	24.2
有兼职工作	26.5	50.5	23.0
工作不固定，打工	21.7	45.9	32.4
目前没有工作，待业	22.9	44.9	32.2
家庭主妇且没有工作	19.0	46.1	34.9
学生及待升学人员	56.3	30.3	13.4
离退休人员	15.3	57.7	27.1
无工作能力	12.7	46.7	40.6
按与科学技术的相关性分			
有相关性	32.2	44.6	23.1
无相关性	27.4	44.9	27.8
按科学技术的相关部门分			
生产或制造业	29.2	46.9	23.9
教育部门	42.5	39.2	18.4
科研部门	37.3	46.8	15.9
其他	33.7	41.2	25.1
按职业分			
国家机关、党群组织负责人	33.8	47.4	18.8
企业事业单位负责人	36.0	42.3	21.7
专业技术人员	38.8	39.8	21.3
办事人员与有关人员	35.3	42.5	22.3
农林牧渔水利业生产人员	19.7	47.7	32.7
商业及服务业人员	26.9	45.8	27.3
生产及运输设备操作工人	23.6	47.2	29.2
按重点人群分			
领导干部和公务员	43.4	38.6	18.0
城镇劳动者	28.6	44.9	26.4
农民	19.9	46.4	33.7
其他	31.0	44.5	24.5
按地区分			
东部地区	29.2	43.7	27.1
中部地区	24.6	47.1	28.2
西部地区	24.7	46.3	29.0

类 别	转基因技术不能把动物的基因转移到植物上（错）		
	回答正确	回答错误	不知道
总体	28.5	33.7	37.8
按性别分			
男性	28.9	36.9	34.2
女性	28.1	30.1	41.8
按民族分			
汉族	28.5	33.5	37.9
其他民族	27.9	36.2	35.9
按户籍分			
本省户籍	28.2	33.6	38.1
非本省户籍	31.7	34.1	34.2
按年龄分（五段）			
18—29 岁	33.2	34.0	32.8
30—39 岁	27.2	33.2	39.6
40—49 岁	26.3	33.1	40.6
50—59 岁	25.6	33.0	41.5
60—69 岁	23.5	37.3	39.2
按年龄分（三段）			
18—39 岁	30.6	33.7	35.8
40—54 岁	26.2	32.9	40.9
55—69 岁	24.1	35.7	40.2
按文化程度分（五段）			
小学及以下	25.2	31.7	43.2
初中	24.9	33.5	41.6
高中（中专、技校）	31.4	35.0	33.6
大学专科	32.9	35.9	31.3
大学本科及以上	41.3	31.5	27.2
按文化程度分（三段）			
初中及以下	25.0	33.1	42.0
高中（中专、技校）	31.4	35.0	33.6
大学专科及以上	36.5	33.9	29.5
按文理科分			
偏文科	31.2	34.7	34.1
偏理科	37.0	34.3	28.7
按城乡分			
城镇居民	29.6	33.7	36.7

附表 182 公民对"转基因"的了解程度 –3 单位：%

続表

类 别	转基因技术不能把动物的基因转移到植物上（错）		
	回答正确	回答错误	不知道
农村居民	26.7	33.6	39.7
按就业状况分			
有固定工作	30.1	35.3	34.7
有兼职工作	28.7	36.3	35.0
工作不固定，打工	25.6	34.6	39.8
目前没有工作，待业	26.8	31.0	42.2
家庭主妇且没有工作	24.0	29.2	46.8
学生及待升学人员	51.8	31.0	17.3
离退休人员	24.3	37.0	38.7
无工作能力	25.7	26.6	47.7
按与科学技术的相关性分			
有相关性	30.6	38.6	30.8
无相关性	28.0	33.6	38.4
按科学技术的相关部门分			
生产或制造业	29.2	40.0	30.8
教育部门	37.9	37.1	25.0
科研部门	36.6	39.2	24.2
其他	29.4	36.2	34.4
按职业分			
国家机关、党群组织负责人	31.0	36.3	32.7
企业事业单位负责人	34.0	34.8	31.1
专业技术人员	32.7	37.9	29.4
办事人员与有关人员	30.6	32.9	36.5
农林牧渔水利业生产人员	24.6	36.2	39.2
商业及服务业人员	27.3	34.5	38.3
生产及运输设备操作工人	28.4	34.7	36.9
按重点人群分			
领导干部和公务员	33.8	36.5	29.7
城镇劳动者	28.6	33.7	37.7
农民	25.3	33.4	41.3
其他	32.8	33.4	33.8
按地区分			
东部地区	29.8	33.1	37.1
中部地区	28.2	33.2	38.6
西部地区	26.0	35.6	38.4

附表 183　公民对"转基因"的了解程度 –4　　　　单位：%

类　　别	杂交水稻是转基因作物的一种（错）		
	回答正确	回答错误	不知道
总体	18.3	60.9	20.8
按性别分			
男性	20.4	62.8	16.8
女性	16.0	58.8	25.2
按民族分			
汉族	18.5	60.9	20.6
其他民族	14.3	61.4	24.3
按户籍分			
本省户籍	18.1	60.9	21.0
非本省户籍	20.8	60.1	19.1
按年龄分（五段）			
18—29 岁	18.0	65.6	16.4
30—39 岁	20.1	57.8	22.1
40—49 岁	19.0	58.3	22.7
50—59 岁	15.8	60.4	23.8
60—69 岁	15.4	59.3	25.3
按年龄分（三段）			
18—39 岁	18.9	62.2	18.9
40—54 岁	18.5	58.5	23.0
55—69 岁	15.0	60.5	24.5
按文化程度分（五段）			
小学及以下	11.1	55.4	33.6
初中	14.9	61.0	24.1
高中（中专、技校）	21.5	63.6	14.9
大学专科	24.7	63.0	12.4
大学本科及以上	32.9	58.8	8.3
按文化程度分（三段）			
初中及以下	14.1	59.8	26.1
高中（中专、技校）	21.5	63.6	14.9
大学专科及以上	28.3	61.1	10.6
按文理科分			
偏文科	21.3	64.4	14.3
偏理科	28.6	60.1	11.3
按城乡分			
城镇居民	20.5	60.4	19.0

类　别	杂交水稻是转基因作物的一种（错）		
	回答正确	回答错误	不知道
农村居民	14.7	61.6	23.7
按就业状况分			
有固定工作	21.5	61.6	16.8
有兼职工作	17.6	64.4	18.0
工作不固定，打工	16.1	61.4	22.5
目前没有工作，待业	15.4	60.7	23.9
家庭主妇且没有工作	13.2	56.5	30.3
学生及待升学人员	24.3	69.0	6.7
离退休人员	18.0	59.3	22.8
无工作能力	11.0	53.4	35.6
按与科学技术的相关性分			
有相关性	21.6	64.2	14.2
无相关性	19.0	60.6	20.4
按科学技术的相关部门分			
生产或制造业	18.9	66.7	14.4
教育部门	28.7	57.8	13.5
科研部门	26.4	61.7	11.9
其他	23.5	61.9	14.6
按职业分			
国家机关、党群组织负责人	27.8	61.1	11.1
企业事业单位负责人	24.2	60.6	15.2
专业技术人员	25.3	62.5	12.3
办事人员与有关人员	22.4	60.7	16.8
农林牧渔水利业生产人员	14.3	62.5	23.2
商业及服务业人员	19.1	60.1	20.8
生产及运输设备操作工人	16.4	65.0	18.7
按重点人群分			
领导干部和公务员	30.3	59.7	10.1
城镇劳动者	19.5	60.6	20.0
农民	13.7	61.3	25.0
其他	20.6	62.2	17.2
按地区分			
东部地区	19.7	59.9	20.4
中部地区	17.4	61.5	21.1
西部地区	16.7	62.0	21.3

类 别	转基因作物的种植能帮助我们解决粮食短缺问题					
	非常赞成	基本赞成	既不赞成也不反对	基本反对	非常反对	不知道
总体	17.9	34.8	17.0	9.9	7.9	12.6
按性别分						
男性	21.0	37.3	15.6	9.1	7.1	10.0
女性	14.4	32.1	18.4	10.7	8.8	15.6
按民族分						
汉族	17.8	34.9	16.9	9.9	8.0	12.5
其他民族	19.0	32.5	17.5	10.0	6.1	15.0
按户籍分						
本省户籍	18.0	34.6	16.8	9.9	7.9	12.8
非本省户籍	16.7	36.9	19.2	8.9	7.5	10.8
按年龄分（五段）						
18—29 岁	17.9	39.6	21.0	7.6	4.9	9.0
30—39 岁	14.8	33.0	18.5	10.7	10.0	12.8
40—49 岁	16.5	32.5	14.1	11.5	10.0	15.4
50—59 岁	23.4	31.4	12.1	10.1	7.7	15.4
60—69 岁	24.0	32.0	10.4	11.5	7.1	14.9
按年龄分（三段）						
18—39 岁	16.6	36.8	19.9	8.9	7.1	10.7
40—54 岁	18.2	32.1	13.8	11.1	9.5	15.3
55—69 岁	23.5	32.2	10.6	11.1	7.3	15.3
按文化程度分（五段）						
小学及以下	24.5	28.6	11.9	7.7	5.6	21.7
初中	16.3	33.5	16.8	9.9	7.9	15.6
高中（中专、技校）	17.6	36.8	18.0	10.6	8.8	8.2
大学专科	16.5	38.6	21.0	10.6	8.3	5.0
大学本科及以上	18.6	42.1	18.3	10.0	8.2	2.8
按文化程度分（三段）						
初中及以下	18.1	32.4	15.7	9.4	7.4	16.9
高中（中专、技校）	17.6	36.8	18.0	10.6	8.8	8.2
大学专科及以上	17.5	40.1	19.8	10.3	8.2	4.1
按文理科分						
偏文科	17.0	36.9	19.2	10.5	9.3	7.0
偏理科	18.1	40.0	18.3	10.5	7.6	5.5
按城乡分						
城镇居民	16.6	35.1	18.2	10.5	8.9	10.7

附表 184 公民对有关"转基因"观点的态度 -1 单位：%

续表

类　别	转基因作物的种植能帮助我们解决粮食短缺问题					
	非常赞成	基本赞成	既不赞成 也不反对	基本反对	非常反对	不知道
农村居民	20.0	34.2	14.9	8.7	6.2	15.9
按就业状况分						
有固定工作	18.3	36.2	17.9	9.9	8.6	9.1
有兼职工作	18.3	37.3	15.9	10.0	8.6	9.9
工作不固定，打工	18.2	33.3	16.2	10.4	7.2	14.8
目前没有工作，待业	18.1	34.8	16.2	8.1	7.5	15.4
家庭主妇且没有工作	14.0	29.3	18.0	10.3	8.0	20.5
学生及待升学人员	24.3	47.5	17.7	6.0	2.2	2.2
离退休人员	18.3	32.3	12.6	13.5	8.9	14.4
无工作能力	20.2	37.8	13.9	3.7	5.7	18.7
按与科学技术的相关性分						
有相关性	21.6	36.8	15.0	9.6	8.7	8.3
无相关性	16.8	34.9	18.3	10.2	8.0	11.8
按科学技术的相关部门分						
生产或制造业	22.3	37.0	14.8	9.4	8.4	8.2
教育部门	21.4	40.8	15.1	11.1	6.3	5.3
科研部门	24.7	36.1	14.8	8.1	11.2	5.1
其他	19.4	35.7	15.3	10.1	9.3	10.3
按职业分						
国家机关、党群组织负责人	22.8	36.3	14.2	11.5	8.8	6.3
企业事业单位负责人	19.3	35.8	17.3	10.3	10.5	6.8
专业技术人员	19.8	37.3	17.0	9.6	9.0	7.3
办事人员与有关人员	16.0	37.7	18.4	10.9	8.6	8.4
农林牧渔水利业生产人员	22.9	33.2	13.0	9.0	6.8	15.2
商业及服务业人员	15.7	33.8	19.9	10.4	8.6	11.6
生产及运输设备操作工人	18.6	37.1	15.9	9.6	6.9	11.8
按重点人群分						
领导干部和公务员	19.0	36.4	16.1	12.6	11.6	4.4
城镇劳动者	16.1	34.9	18.8	10.0	8.8	11.3
农民	20.5	32.8	14.2	9.2	6.3	17.0
其他	20.2	38.3	15.5	8.7	5.8	11.5
按地区分						
东部地区	18.0	34.9	17.9	10.2	7.9	11.1
中部地区	17.7	34.0	16.8	10.0	7.9	13.6
西部地区	17.9	35.7	15.1	8.9	7.7	14.8

类　别	附表 185　公民对有关"转基因"观点的态度 –2					单位：%
	转基因食品存在不可预知的安全风险					
	非常赞成	基本赞成	既不赞成 也不反对	基本反对	非常反对	不知道
总体	23.7	34.8	14.3	6.6	3.3	17.2
按性别分						
男性	23.9	36.5	13.8	6.8	3.1	16.0
女性	23.6	32.9	14.9	6.4	3.5	18.6
按民族分						
汉族	23.8	35.0	14.3	6.5	3.4	17.1
其他民族	23.0	31.8	15.4	7.7	2.5	19.6
按户籍分						
本省户籍	23.8	34.6	14.2	6.6	3.4	17.5
非本省户籍	23.6	37.6	16.1	5.9	2.7	14.1
按年龄分（五段）						
18—29 岁	21.8	37.8	20.4	5.8	2.4	11.8
30—39 岁	26.4	36.0	13.7	5.7	3.0	15.2
40—49 岁	25.1	32.6	11.2	7.0	3.7	20.3
50—59 岁	22.6	29.7	8.5	8.6	5.1	25.5
60—69 岁	20.3	32.7	8.5	8.9	4.3	25.3
按年龄分（三段）						
18—39 岁	23.8	37.0	17.5	5.7	2.6	13.3
40—54 岁	24.8	31.7	10.7	7.3	4.1	21.3
55—69 岁	20.7	31.9	8.1	8.9	4.5	26.0
按文化程度分（五段）						
小学及以下	18.6	24.7	11.4	7.8	5.0	32.5
初中	20.6	32.6	14.5	7.6	3.5	21.1
高中（中专、技校）	26.6	38.8	15.4	5.9	3.0	10.3
大学专科	29.9	42.1	15.3	4.7	2.1	5.9
大学本科及以上	34.4	43.5	13.8	2.8	2.0	3.4
按文化程度分（三段）						
初中及以下	20.2	30.9	13.9	7.6	3.8	23.6
高中（中专、技校）	26.6	38.8	15.4	5.9	3.0	10.3
大学专科及以上	31.9	42.7	14.6	3.9	2.1	4.8
按文理科分						
偏文科	29.0	39.3	15.4	5.2	2.4	8.6
偏理科	28.9	42.2	14.6	4.6	2.8	6.9
按城乡分						
城镇居民	25.7	36.7	14.4	6.1	3.1	13.9

続表

类　别	转基因食品存在不可预知的安全风险					
	非常赞成	基本赞成	既不赞成也不反对	基本反对	非常反对	不知道
农村居民	20.5	31.7	14.2	7.3	3.6	22.7
按就业状况分						
有固定工作	27.6	36.9	14.3	5.7	2.9	12.6
有兼职工作	24.3	35.5	16.4	7.5	2.5	13.8
工作不固定，打工	21.2	33.0	13.7	7.7	3.6	20.9
目前没有工作，待业	19.9	36.4	13.8	5.9	3.2	20.8
家庭主妇且没有工作	20.2	28.9	14.9	6.9	3.8	25.3
学生及待升学人员	19.1	42.5	24.0	7.0	2.6	4.7
离退休人员	23.7	34.9	8.7	8.4	4.5	19.7
无工作能力	15.8	21.5	12.9	6.7	5.7	37.4
按与科学技术的相关性分						
有相关性	28.3	36.4	12.1	6.6	3.3	13.2
无相关性	24.5	35.4	15.2	6.2	3.0	15.6
按科学技术的相关部门分						
生产或制造业	28.2	35.6	12.7	6.8	3.4	13.3
教育部门	29.3	41.9	12.6	5.9	2.7	7.6
科研部门	34.1	32.9	8.9	7.3	5.0	11.8
其他	26.5	37.5	11.8	6.4	2.7	15.1
按职业分						
国家机关、党群组织负责人	36.4	41.0	9.8	4.5	2.2	6.1
企业事业单位负责人	31.1	36.5	14.3	6.0	3.6	8.6
专业技术人员	30.5	37.9	13.6	5.0	2.7	10.2
办事人员与有关人员	28.0	40.6	13.4	4.8	2.5	10.7
农林牧渔水利业生产人员	20.0	28.8	12.5	8.6	3.9	26.2
商业及服务业人员	25.2	35.2	15.7	6.4	2.8	14.6
生产及运输设备操作工人	22.1	36.2	14.7	7.0	3.5	16.5
按重点人群分						
领导干部和公务员	34.7	40.0	12.3	4.4	2.6	6.0
城镇劳动者	25.6	36.1	15.1	5.9	3.1	14.3
农民	19.7	31.0	12.7	7.7	3.7	25.3
其他	19.6	36.8	16.3	7.6	3.5	16.3
按地区分						
东部地区	24.2	35.5	15.3	6.4	3.0	15.5
中部地区	23.6	33.6	14.4	6.8	3.8	17.8
西部地区	22.9	35.0	12.0	6.6	3.3	20.1

类　别	种植转基因作物对自然环境是无害的					
	非常赞成	基本赞成	既不赞成 也不反对	基本反对	非常反对	不知道
总体	11.0	23.8	19.1	12.6	8.3	25.2
按性别分						
男性	12.0	25.7	19.2	12.3	7.7	23.1
女性	9.8	21.8	19.0	13.0	8.9	27.5
按民族分						
汉族	11.0	23.9	19.0	12.6	8.3	25.1
其他民族	10.8	21.3	20.4	13.0	7.8	26.7
按户籍分						
本省户籍	11.2	23.8	18.8	12.6	8.2	25.5
非本省户籍	8.6	24.1	22.2	13.4	9.1	22.5
按年龄分（五段）						
18—29 岁	7.7	21.8	29.7	14.2	7.2	19.4
30—39 岁	9.5	21.5	18.8	14.1	10.0	26.1
40—49 岁	12.0	25.6	12.8	11.6	9.3	28.9
50—59 岁	16.9	27.8	9.3	10.1	7.0	28.8
60—69 岁	18.4	29.3	8.2	7.8	5.3	31.1
按年龄分（三段）						
18—39 岁	8.5	21.6	25.0	14.2	8.4	22.3
40—54 岁	13.0	26.0	12.3	11.2	8.8	28.7
55—69 岁	18.0	29.0	7.8	8.8	6.0	30.4
按文化程度分（五段）						
小学及以下	16.8	22.8	11.3	8.2	6.9	34.0
初中	11.6	25.6	16.5	11.0	7.4	27.9
高中（中专、技校）	9.8	24.0	22.3	14.4	8.7	20.8
大学专科	7.3	21.8	26.1	16.3	10.0	18.6
大学本科及以上	6.0	17.1	28.8	19.8	12.2	16.0
按文化程度分（三段）						
初中及以下	12.7	25.0	15.4	10.4	7.3	29.2
高中（中专、技校）	9.8	24.0	22.3	14.4	8.7	20.8
大学专科及以上	6.7	19.7	27.3	17.8	11.0	17.5
按文理科分						
偏文科	8.7	22.5	23.3	15.4	9.7	20.4
偏理科	8.1	21.4	26.1	16.7	9.7	18.0
按城乡分						
城镇居民	9.5	22.7	20.7	14.1	9.3	23.6

附表 186　公民对有关"转基因"观点的态度 -3　　　　单位：%

类　别	种植转基因作物对自然环境是无害的					
	非常赞成	基本赞成	既不赞成 也不反对	基本反对	非常反对	不知道
农村居民	13.4	25.6	16.4	10.2	6.4	27.8
按就业状况分						
有固定工作	10.4	23.8	21.2	13.8	9.2	21.6
有兼职工作	12.0	23.6	20.5	14.8	7.3	21.7
工作不固定，打工	11.2	23.8	17.0	11.9	8.1	28.1
目前没有工作，待业	10.9	24.3	17.2	11.6	6.8	29.3
家庭主妇且没有工作	11.6	22.2	16.7	10.0	7.5	32.0
学生及待升学人员	5.6	21.3	35.6	19.2	7.4	10.9
离退休人员	14.8	28.7	10.0	10.6	7.4	28.6
无工作能力	15.5	23.8	10.4	8.2	7.8	34.4
按与科学技术的相关性分						
有相关性	13.5	25.6	18.1	13.8	9.4	19.6
无相关性	9.5	23.0	20.8	13.1	8.6	25.0
按科学技术的相关部门分						
生产或制造业	15.0	26.3	17.8	13.1	8.8	19.0
教育部门	10.8	24.3	19.3	18.2	9.7	17.7
科研部门	15.4	25.8	14.3	12.3	14.1	18.0
其他	10.6	24.5	19.8	14.3	9.0	21.9
按职业分						
国家机关、党群组织负责人	14.6	23.0	18.2	16.0	10.3	18.0
企业事业单位负责人	12.6	23.2	20.0	14.7	11.5	18.1
专业技术人员	9.6	23.7	21.6	15.3	10.6	19.2
办事人员与有关人员	7.6	22.2	23.3	15.4	9.9	21.7
农林牧渔水利业生产人员	16.8	28.1	11.8	8.2	6.5	28.6
商业及服务业人员	9.2	22.0	21.8	14.3	9.0	23.8
生产及运输设备操作工人	10.8	25.3	19.9	11.7	6.8	25.5
按重点人群分						
领导干部和公务员	10.8	22.2	20.3	17.7	11.9	17.1
城镇劳动者	9.6	22.8	20.9	13.7	9.2	23.8
农民	13.7	25.6	15.0	9.5	6.0	30.2
其他	10.5	24.0	20.5	14.2	8.6	22.1
按地区分						
东部地区	11.2	23.8	20.6	12.9	8.3	23.2
中部地区	11.0	24.0	18.4	12.5	8.3	25.8
西部地区	10.4	23.6	16.8	12.4	8.1	28.7

类　别	转基因食品应该有明显标识					
	非常赞成	基本赞成	既不赞成也不反对	基本反对	非常反对	不知道
总体	56.2	25.1	5.1	1.7	1.1	10.8
按性别分						
男性	58.7	24.9	4.6	1.4	0.9	9.4
女性	53.4	25.4	5.5	1.9	1.4	12.4
按民族分						
汉族	56.4	25.1	5.0	1.7	1.2	10.7
其他民族	52.8	25.9	5.8	2.0	0.7	12.9
按户籍分						
本省户籍	56.5	24.9	4.8	1.7	1.1	11.0
非本省户籍	52.6	27.2	8.2	1.6	1.1	9.4
按年龄分（五段）						
18—29 岁	55.4	27.6	7.5	1.5	0.7	7.3
30—39 岁	59.0	24.4	4.1	1.2	1.1	10.2
40—49 岁	56.3	23.6	3.8	1.9	1.6	12.7
50—59 岁	53.0	23.8	3.7	2.1	1.4	16.1
60—69 岁	55.7	22.7	3.6	2.7	1.0	14.4
按年龄分（三段）						
18—39 岁	56.9	26.3	6.0	1.4	0.9	8.5
40—54 岁	55.6	23.7	3.8	2.0	1.6	13.4
55—69 岁	54.1	23.3	3.6	2.4	1.2	15.5
按文化程度分（五段）						
小学及以下	43.6	21.3	5.2	2.9	2.0	24.9
初中	50.3	28.3	5.5	1.8	1.3	12.7
高中（中专、技校）	62.0	25.2	5.0	1.3	0.8	5.7
大学专科	69.2	21.6	4.6	1.0	0.5	3.1
大学本科及以上	78.5	16.5	2.7	0.7	0.3	1.3
按文化程度分（三段）						
初中及以下	48.8	26.8	5.5	2.1	1.5	15.3
高中（中专、技校）	62.0	25.2	5.0	1.3	0.8	5.7
大学专科及以上	73.3	19.4	3.8	0.9	0.4	2.3
按文理科分						
偏文科	65.9	22.7	4.8	1.2	0.6	4.7
偏理科	68.5	22.4	4.0	0.9	0.6	3.5
按城乡分						
城镇居民	60.0	24.2	5.1	1.5	1.0	8.1

附表 187　公民对有关"转基因"观点的态度 –4　　　　　单位：%

类　别	转基因食品应该有明显标识					
	非常赞成	基本赞成	既不赞成也不反对	基本反对	非常反对	不知道
农村居民	49.9	26.6	4.9	1.9	1.4	15.3
按就业状况分						
有固定工作	61.9	23.7	5.0	1.4	0.9	7.2
有兼职工作	56.6	25.5	7.3	1.8	0.8	8.0
工作不固定，打工	50.9	27.3	5.0	1.9	1.4	13.5
目前没有工作，待业	50.2	28.0	5.2	1.6	1.4	13.7
家庭主妇且没有工作	48.6	24.7	5.1	2.1	1.6	17.9
学生及待升学人员	61.2	28.8	6.1	1.1	0.3	2.5
离退休人员	59.2	23.8	3.3	2.3	1.1	10.2
无工作能力	43.5	20.9	5.6	1.0	1.9	27.1
按与科学技术的相关性分						
有相关性	61.8	23.8	4.2	1.3	1.0	7.9
无相关性	57.1	25.2	5.6	1.7	1.0	9.4
按科学技术的相关部门分						
生产或制造业	59.7	24.6	4.6	1.4	1.0	8.7
教育部门	69.3	21.7	3.1	1.0	0.4	4.5
科研部门	65.4	20.5	3.0	1.3	2.3	7.4
其他	62.6	23.9	4.0	1.2	0.8	7.4
按职业分						
国家机关、党群组织负责人	68.4	20.1	4.0	2.4	0.8	4.2
企业事业单位负责人	65.2	22.1	5.3	1.3	1.1	4.9
专业技术人员	65.2	22.2	4.6	1.0	1.4	5.6
办事人员与有关人员	67.0	21.3	4.8	1.4	0.6	4.9
农林牧渔水利业生产人员	49.6	25.5	4.8	2.1	1.1	17.0
商业及服务业人员	56.3	26.3	5.9	1.7	1.0	8.8
生产及运输设备操作工人	54.6	27.6	4.8	1.4	0.9	10.7
按重点人群分						
领导干部和公务员	73.3	17.5	3.7	1.3	1.0	3.1
城镇劳动者	58.7	24.8	5.2	1.5	1.0	8.7
农民	48.1	26.9	4.9	2.0	1.5	16.7
其他	56.7	25.0	6.0	2.1	1.2	9.0
按地区分						
东部地区	57.2	24.6	5.7	1.8	1.1	9.7
中部地区	56.4	25.1	4.8	1.6	1.3	10.9
西部地区	53.8	26.4	4.1	1.6	1.0	13.1

附表 188　公民应对"转基因"采取的做法 −1　　　　单位：%

类　别	在购买食品时关注其原料是否含有转基因的成分					
	总是	经常	有时	很少	没有	不知道
总体	20.8	24.0	21.3	17.2	9.8	6.8
按性别分						
男性	19.3	23.7	21.6	18.1	10.0	7.4
女性	22.5	24.4	21.1	16.3	9.7	6.1
按民族分						
汉族	20.9	24.0	21.4	17.2	9.9	6.7
其他民族	19.9	24.5	20.1	17.6	9.3	8.6
按户籍分						
本省户籍	20.7	24.0	21.3	17.2	9.8	7.0
非本省户籍	22.5	24.0	22.1	17.2	10.2	4.0
按年龄分（五段）						
18—29 岁	17.7	21.7	25.6	20.7	10.3	4.0
30—39 岁	23.2	24.4	20.7	17.8	8.8	5.1
40—49 岁	23.2	25.9	19.2	14.8	8.7	8.3
50—59 岁	19.8	25.0	17.9	14.5	11.0	11.9
60—69 岁	20.8	25.8	16.5	11.4	13.3	12.2
按年龄分（三段）						
18—39 岁	20.1	22.9	23.5	19.5	9.7	4.5
40—54 岁	22.7	25.6	18.9	14.9	9.2	8.8
55—69 岁	19.5	25.7	17.2	12.3	12.3	13.0
按文化程度分（五段）						
小学及以下	11.2	20.1	17.8	17.5	17.8	15.6
初中	17.0	23.1	22.5	19.1	10.6	7.7
高中（中专、技校）	25.9	26.6	20.8	15.3	7.6	3.9
大学专科	29.3	26.0	22.3	14.9	5.1	2.4
大学本科及以上	34.0	26.1	20.1	13.9	4.7	1.1
按文化程度分（三段）						
初中及以下	15.7	22.5	21.5	18.8	12.1	9.4
高中（中专、技校）	25.9	26.6	20.8	15.3	7.6	3.9
大学专科及以上	31.3	26.0	21.4	14.5	5.0	1.8
按文理科分						
偏文科	29.1	26.5	20.0	14.8	6.1	3.4
偏理科	27.5	26.1	22.3	15.0	6.8	2.3
按城乡分						
城镇居民	24.9	25.6	21.1	15.3	8.2	5.0

类　别	在购买食品时关注其原料是否含有转基因的成分					
	总是	经常	有时	很少	没有	不知道
农村居民	14.1	21.4	21.8	20.4	12.5	9.8
按就业状况分						
有固定工作	24.8	24.8	21.5	16.2	8.0	4.7
有兼职工作	20.3	27.0	22.7	17.8	7.0	5.2
工作不固定，打工	15.4	23.1	22.1	19.8	11.0	8.7
目前没有工作，待业	16.0	21.3	21.5	18.7	12.2	10.4
家庭主妇且没有工作	18.2	22.6	21.1	17.3	12.2	8.6
学生及待升学人员	15.0	22.5	26.2	22.9	11.3	2.1
离退休人员	28.2	28.9	16.7	11.0	8.6	6.6
无工作能力	12.3	17.4	12.3	18.2	17.7	22.1
按与科学技术的相关性分						
有相关性	23.2	26.2	21.3	15.9	8.3	5.0
无相关性	21.4	23.7	21.9	17.9	9.0	6.2
按科学技术的相关部门分						
生产或制造业	22.5	25.3	22.7	16.0	8.0	5.5
教育部门	28.1	29.3	18.9	15.7	6.0	2.0
科研部门	26.0	27.0	17.1	17.3	8.2	4.3
其他	22.7	26.8	20.3	15.5	9.4	5.2
按职业分						
国家机关、党群组织负责人	34.1	26.0	18.9	11.8	4.8	4.4
企业事业单位负责人	29.0	30.0	17.4	14.9	4.7	3.9
专业技术人员	26.9	25.1	21.2	15.8	7.2	3.8
办事人员与有关人员	28.6	25.5	22.9	13.0	6.5	3.5
农林牧渔水利业生产人员	12.3	19.8	20.3	21.0	13.7	12.8
商业及服务业人员	21.9	24.9	22.5	17.4	8.4	4.9
生产及运输设备操作工人	16.7	24.1	22.9	19.9	10.3	6.0
按重点人群分						
领导干部和公务员	31.7	28.4	18.4	13.7	5.4	2.4
城镇劳动者	23.6	24.8	21.8	16.2	8.6	5.1
农民	13.3	21.2	21.3	20.3	12.6	11.2
其他	20.4	24.3	20.3	17.3	12.2	5.6
按地区分						
东部地区	23.6	24.7	21.6	15.8	8.6	5.7
中部地区	19.7	23.6	20.3	18.1	10.8	7.5
西部地区	16.3	23.1	22.2	19.2	11.1	8.1

类　别	附表 189　公民应对"转基因"采取的做法 –2　　　单位：%						
	拒绝食用任何转基因食品					
	总是	经常	有时	很少	没有	不知道
总体	18.8	17.2	20.2	18.2	16.3	9.4
按性别分						
男性	17.5	16.7	20.3	19.1	16.5	10.0
女性	20.3	17.7	20.1	17.2	16.1	8.6
按民族分						
汉族	18.9	17.2	20.2	18.1	16.3	9.2
其他民族	17.0	15.8	20.0	18.8	16.1	12.2
按户籍分						
本省户籍	18.8	17.1	20.2	18.1	16.3	9.6
非本省户籍	19.3	17.5	20.7	19.4	16.4	6.7
按年龄分（五段）						
18—29 岁	12.9	14.3	22.8	23.2	20.2	6.6
30—39 岁	21.8	18.8	21.0	16.2	14.0	8.2
40—49 岁	22.8	18.8	18.3	15.7	14.0	10.4
50—59 岁	20.3	17.6	16.7	15.9	14.8	14.6
60—69 岁	19.9	18.3	17.8	13.5	16.4	14.1
按年龄分（三段）						
18—39 岁	16.7	16.3	22.0	20.2	17.5	7.3
40—54 岁	22.5	18.5	18.1	15.9	14.2	10.8
55—69 岁	19.5	18.0	16.8	14.2	15.7	15.8
按文化程度分（五段）						
小学及以下	13.0	14.0	13.8	18.0	20.4	20.8
初中	17.1	16.1	19.7	19.0	17.5	10.6
高中（中专、技校）	22.2	19.1	21.4	17.6	14.1	5.6
大学专科	22.3	21.0	23.5	16.7	13.3	3.3
大学本科及以上	24.1	18.2	25.8	17.2	12.7	2.0
按文化程度分（三段）						
初中及以下	16.2	15.6	18.4	18.8	18.1	12.8
高中（中专、技校）	22.2	19.1	21.4	17.6	14.1	5.6
大学专科及以上	23.1	19.8	24.5	16.9	13.0	2.7
按文理科分						
偏文科	24.2	20.2	21.9	16.1	12.6	5.1
偏理科	20.5	18.5	23.9	18.8	15.0	3.3
按城乡分						
城镇居民	21.7	18.8	21.2	17.0	14.4	6.9

类　别	拒绝食用任何转基因食品					
	总是	经常	有时	很少	没有	不知道
农村居民	13.9	14.4	18.5	20.1	19.5	13.5
按就业状况分						
有固定工作	21.6	18.4	21.6	16.9	14.5	7.0
有兼职工作	19.9	18.8	20.8	18.6	15.2	6.6
工作不固定，打工	15.2	16.8	19.0	20.5	16.5	11.9
目前没有工作，待业	14.7	16.0	19.2	18.5	19.4	12.3
家庭主妇且没有工作	17.8	15.5	18.4	18.1	17.7	12.4
学生及待升学人员	6.5	8.5	24.4	29.3	26.8	4.5
离退休人员	26.9	21.2	18.3	13.2	12.5	7.9
无工作能力	12.0	12.2	14.8	12.5	19.8	28.7
按与科学技术的相关性分						
有相关性	21.1	18.0	20.3	18.0	14.4	8.2
无相关性	19.2	18.0	21.1	18.0	15.4	8.3
按科学技术的相关部门分						
生产或制造业	20.7	18.1	19.7	18.0	15.3	8.2
教育部门	20.1	19.6	27.9	16.7	9.7	6.1
科研部门	23.4	19.6	20.7	15.6	12.5	8.2
其他	21.2	17.0	19.3	19.0	14.3	9.2
按职业分						
国家机关、党群组织负责人	25.5	26.1	21.4	10.0	11.7	5.2
企业事业单位负责人	25.9	20.4	22.5	15.8	10.1	5.3
专业技术人员	21.9	17.6	22.1	19.5	13.2	5.6
办事人员与有关人员	23.5	20.1	24.7	14.6	12.0	5.0
农林牧渔水利业生产人员	14.2	14.6	15.5	18.8	20.8	16.1
商业及服务业人员	19.4	18.7	21.4	18.2	14.7	7.5
生产及运输设备操作工人	17.4	16.4	19.6	20.0	17.2	9.3
按重点人群分						
领导干部和公务员	26.2	23.4	22.5	14.0	10.5	3.4
城镇劳动者	20.8	18.4	21.4	17.6	14.6	7.2
农民	14.2	14.2	17.5	19.4	19.6	15.1
其他	16.3	15.0	18.8	20.7	20.0	9.1
按地区分						
东部地区	20.5	18.6	20.5	17.4	14.6	8.3
中部地区	18.1	16.0	19.9	18.6	17.8	9.5
西部地区	16.0	15.6	20.0	19.3	17.8	11.4

类　别	只要价格合适，会选择转基因食品					
	总是	经常	有时	很少	没有	不知道
总体	4.4	8.6	20.5	22.1	35.5	8.9
按性别分						
男性	4.6	9.2	20.8	21.7	33.9	9.8
女性	4.2	7.9	20.2	22.6	37.2	7.9
按民族分						
汉族	4.4	8.6	20.6	22.2	35.5	8.8
其他民族	4.1	8.5	20.0	21.0	36.0	10.4
按户籍分						
本省户籍	4.3	8.4	20.5	22.1	35.5	9.2
非本省户籍	5.1	10.4	21.0	22.0	35.3	6.1
按年龄分（五段）						
18—29 岁	4.0	9.4	24.3	24.2	30.9	7.2
30—39 岁	3.8	7.7	19.9	23.0	37.9	7.7
40—49 岁	4.4	7.9	18.1	21.7	38.4	9.5
50—59 岁	6.1	8.5	18.2	18.6	36.2	12.4
60—69 岁	5.2	10.1	17.5	16.1	37.8	13.3
按年龄分（三段）						
18—39 岁	3.9	8.6	22.4	23.7	33.9	7.5
40—54 岁	4.8	7.9	18.3	21.3	37.9	9.8
55—69 岁	5.5	9.7	17.5	16.4	36.9	14.0
按文化程度分（五段）						
小学及以下	5.3	9.1	17.5	18.5	32.3	17.3
初中	4.4	8.1	19.7	21.8	36.5	9.5
高中（中专、技校）	4.4	9.1	20.7	23.1	36.5	6.3
大学专科	3.8	8.0	22.6	24.8	35.6	5.1
大学本科及以上	3.6	9.4	27.1	23.6	32.2	4.1
按文化程度分（三段）						
初中及以下	4.6	8.3	19.3	21.1	35.6	11.2
高中（中专、技校）	4.4	9.1	20.7	23.1	36.5	6.3
大学专科及以上	3.7	8.6	24.6	24.3	34.1	4.7
按文理科分						
偏文科	4.1	8.3	21.7	23.4	36.4	6.0
偏理科	4.1	9.6	23.4	23.8	34.1	5.0
按城乡分						
城镇居民	4.5	8.6	20.8	22.2	36.6	7.3

附表 190　公民应对"转基因"采取的做法 –3　　　　单位：%

类　别	只要价格合适，会选择转基因食品					
	总是	经常	有时	很少	没有	不知道
农村居民	4.2	8.5	20.1	21.9	33.6	11.6
按就业状况分						
有固定工作	4.5	9.0	21.1	22.2	36.4	6.8
有兼职工作	3.9	10.5	19.0	23.6	36.7	6.4
工作不固定，打工	4.2	7.9	19.5	22.7	33.9	11.8
目前没有工作，待业	4.3	6.6	21.0	21.8	34.0	12.3
家庭主妇且没有工作	4.0	7.6	19.9	22.5	35.8	10.1
学生及待升学人员	3.9	12.2	28.4	25.0	23.4	7.1
离退休人员	5.2	8.5	17.5	17.9	43.2	7.6
无工作能力	6.1	8.8	16.4	17.1	30.3	21.4
按与科学技术的相关性分						
有相关性	4.8	9.8	20.4	22.2	34.7	8.1
无相关性	4.2	8.4	20.6	22.5	36.1	8.1
按科学技术的相关部门分						
生产或制造业	5.2	9.6	19.6	23.0	34.6	8.1
教育部门	3.5	10.8	23.4	24.6	31.0	6.8
科研部门	4.3	12.8	19.5	20.0	36.1	7.4
其他	4.4	8.9	21.5	20.7	35.5	8.9
按职业分						
国家机关、党群组织负责人	6.7	7.7	20.5	22.3	36.7	6.0
企业事业单位负责人	5.4	9.0	20.2	23.7	36.3	5.5
专业技术人员	4.2	9.7	21.4	23.7	34.3	6.8
办事人员与有关人员	5.1	8.8	22.0	22.6	35.5	6.0
农林牧渔水利业生产人员	4.9	8.2	20.0	18.9	34.0	13.9
商业及服务业人员	3.7	8.5	19.8	22.6	38.2	7.2
生产及运输设备操作工人	4.3	9.3	20.5	23.4	33.4	9.1
按重点人群分						
领导干部和公务员	5.0	8.6	22.0	23.7	36.2	4.6
城镇劳动者	4.1	8.3	21.0	22.8	36.4	7.4
农民	4.6	8.4	18.9	21.1	34.3	12.8
其他	4.4	10.7	21.6	21.7	32.7	8.8
按地区分						
东部地区	4.9	9.4	20.7	22.4	34.7	7.9
中部地区	4.6	8.3	20.8	22.2	35.1	9.2
西部地区	3.1	7.2	19.8	21.3	37.8	10.9

类 别	关注有关转基因技术应用的报道					
	总是	经常	有时	很少	没有	不知道
总体	13.9	20.2	25.5	18.2	11.4	10.8
按性别分						
男性	14.4	21.9	26.4	17.6	10.0	9.7
女性	13.3	18.3	24.5	18.8	13.0	12.1
按民族分						
汉族	13.9	20.2	25.5	18.2	11.5	10.7
其他民族	13.3	20.2	24.9	18.0	10.7	12.9
按户籍分						
本省户籍	13.8	20.2	25.6	18.1	11.4	11.0
非本省户籍	14.8	20.5	24.8	18.9	12.3	8.7
按年龄分（五段）						
18—29 岁	11.7	16.7	30.0	21.5	12.7	7.3
30—39 岁	15.1	21.1	26.3	18.0	9.8	9.7
40—49 岁	15.2	23.2	22.8	16.0	10.0	12.8
50—59 岁	14.0	21.3	19.9	16.3	13.0	15.6
60—69 岁	14.5	21.9	20.1	13.2	13.8	16.5
按年龄分（三段）						
18—39 岁	13.2	18.6	28.4	20.0	11.4	8.4
40—54 岁	15.2	22.4	22.2	16.4	10.6	13.3
55—69 岁	13.7	22.4	19.8	13.8	13.8	16.5
按文化程度分（五段）						
小学及以下	9.0	12.9	17.5	18.7	17.6	24.2
初中	11.2	18.3	24.6	19.9	12.8	13.1
高中（中专、技校）	16.9	23.2	27.7	17.2	9.5	5.5
大学专科	18.2	25.6	30.4	15.9	6.7	3.2
大学本科及以上	23.0	27.9	30.9	12.3	4.9	1.0
按文化程度分（三段）						
初中及以下	10.7	17.2	23.1	19.7	13.9	15.5
高中（中专、技校）	16.9	23.2	27.7	17.2	9.5	5.5
大学专科及以上	20.3	26.6	30.6	14.3	5.9	2.2
按文理科分						
偏文科	18.6	23.9	28.2	16.2	8.5	4.6
偏理科	18.3	25.8	30.1	15.6	7.0	3.2
按城乡分						
城镇居民	16.0	22.4	26.1	16.7	10.4	8.5

附表 191　公民应对"转基因"采取的做法 –4　　　　单位：%

类 别	关注有关转基因技术应用的报道					
	总是	经常	有时	很少	没有	不知道
农村居民	10.3	16.6	24.5	20.6	13.2	14.7
按就业状况分						
有固定工作	16.5	23.2	26.7	16.6	9.6	7.4
有兼职工作	14.0	22.9	28.9	15.9	11.3	7.1
工作不固定，打工	11.4	17.3	24.4	21.2	12.2	13.6
目前没有工作，待业	11.9	17.4	24.0	18.9	13.7	14.1
家庭主妇且没有工作	9.7	15.1	23.4	21.4	13.8	16.6
学生及待升学人员	12.9	18.0	35.3	20.4	10.9	2.4
离退休人员	17.3	26.0	21.1	12.1	11.4	12.1
无工作能力	8.9	13.3	16.3	16.8	19.6	25.1
按与科学技术的相关性分						
有相关性	17.9	24.4	25.6	16.2	8.1	7.9
无相关性	13.7	20.3	26.6	18.5	11.4	9.6
按科学技术的相关部门分						
生产或制造业	17.4	23.8	25.2	16.2	8.8	8.6
教育部门	25.1	29.7	22.1	15.1	4.1	4.0
科研部门	22.2	21.3	26.0	14.8	8.8	7.1
其他	15.6	25.3	26.8	16.7	7.8	7.8
按职业分						
国家机关、党群组织负责人	25.9	28.7	24.4	10.4	4.7	5.8
企业事业单位负责人	19.2	27.7	26.2	14.1	7.8	5.1
专业技术人员	19.2	24.3	26.4	16.9	7.6	5.5
办事人员与有关人员	19.3	26.4	27.6	15.1	6.1	5.4
农林牧渔水利业生产人员	10.0	16.8	23.6	18.3	15.0	16.2
商业及服务业人员	13.4	19.8	27.8	18.4	11.7	8.8
生产及运输设备操作工人	12.2	19.7	24.5	21.2	11.3	11.1
按重点人群分						
领导干部和公务员	24.6	29.7	25.9	12.3	4.1	3.5
城镇劳动者	14.8	21.3	26.8	17.9	10.5	8.8
农民	10.2	16.4	22.8	20.4	14.0	16.2
其他	13.3	20.2	25.3	17.5	13.4	10.2
按地区分						
东部地区	16.1	21.8	25.4	16.8	10.2	9.8
中部地区	12.6	18.6	25.2	19.2	13.0	11.4
西部地区	10.9	19.2	26.2	19.6	11.9	12.2

类　别	对转基因技术的应用支持或反对的程度					
	非常支持	比较支持	既不支持也不反对	比较反对	非常反对	不知道
总体	10.3	22.0	38.5	12.1	9.8	7.4
按性别分						
男性	11.6	25.2	38.2	10.7	7.8	6.6
女性	8.8	18.4	38.8	13.7	11.9	8.3
按民族分						
汉族	10.3	21.9	38.5	12.2	9.8	7.3
其他民族	10.5	22.5	38.1	10.6	8.7	9.6
按户籍分						
本省户籍	10.4	21.9	38.2	12.2	9.9	7.5
非本省户籍	9.2	22.7	41.0	12.0	8.5	6.6
按年龄分（五段）						
18—29 岁	8.4	25.3	46.1	9.5	5.6	5.1
30—39 岁	9.0	18.9	40.2	13.8	10.9	7.2
40—49 岁	10.9	20.2	34.0	13.7	12.5	8.6
50—59 岁	13.9	22.7	28.5	12.9	12.0	9.9
60—69 岁	15.3	22.2	28.1	11.7	12.2	10.4
按年龄分（三段）						
18—39 岁	8.7	22.5	43.6	11.4	7.9	6.0
40—54 岁	11.8	20.6	32.9	13.7	12.2	8.8
55—69 岁	14.3	23.1	27.9	11.9	12.4	10.4
按文化程度分（五段）						
小学及以下	14.2	17.9	32.2	9.3	10.6	15.7
初中	10.2	21.7	38.9	11.3	9.2	8.7
高中（中专、技校）	10.0	23.9	38.4	13.0	10.7	4.1
大学专科	8.4	22.6	41.7	15.0	9.5	2.8
大学本科及以上	7.7	23.7	41.8	15.4	9.7	1.8
按文化程度分（三段）						
初中及以下	11.1	20.9	37.5	10.9	9.5	10.2
高中（中专、技校）	10.0	23.9	38.4	13.0	10.7	4.1
大学专科及以上	8.1	23.1	41.7	15.2	9.6	2.4
按文理科分						
偏文科	9.1	21.7	39.4	14.8	11.4	3.5
偏理科	9.1	25.8	40.6	12.9	8.7	2.9
按城乡分						
城镇居民	9.7	21.1	38.3	13.6	11.3	5.9

附表 192　公民对转基因技术应用的态度　　　　　单位：%

类　别	对转基因技术的应用支持或反对的程度					
	非常支持	比较支持	既不支持 也不反对	比较反对	非常反对	不知道
农村居民	11.2	23.4	38.7	9.7	7.2	9.9
按就业状况分						
有固定工作	10.5	21.5	39.1	13.5	10.5	4.9
有兼职工作	11.2	25.0	36.3	11.2	10.2	6.1
工作不固定，打工	10.5	22.6	38.6	11.5	7.9	9.0
目前没有工作，待业	10.5	19.5	41.6	10.2	7.9	10.4
家庭主妇且没有工作	8.9	18.1	39.7	11.2	10.3	11.7
学生及待升学人员	8.4	40.2	41.9	5.5	2.8	1.3
离退休人员	11.8	22.4	28.1	16.0	14.7	7.0
无工作能力	11.1	19.8	31.0	6.0	12.5	19.5
按与科学技术的相关性分						
有相关性	13.3	23.9	36.0	12.5	9.4	4.8
无相关性	9.3	21.3	39.9	12.9	9.9	6.7
按科学技术的相关部门分						
生产或制造业	13.4	24.0	35.7	12.2	9.4	5.2
教育部门	14.2	23.0	37.5	14.0	8.6	2.7
科研部门	14.7	24.2	32.3	13.5	10.2	5.0
其他	12.3	23.8	37.2	12.4	9.5	4.7
按职业分						
国家机关、党群组织负责人	17.8	20.3	31.4	14.9	12.2	3.4
企业事业单位负责人	12.6	20.5	35.6	17.3	10.3	3.6
专业技术人员	9.7	23.6	38.9	13.8	9.8	4.3
办事人员与有关人员	9.2	21.7	38.5	16.2	10.3	4.1
农林牧渔水利业生产人员	13.6	24.7	35.5	7.9	8.2	10.1
商业及服务业人员	9.3	19.5	41.3	13.3	10.8	5.9
生产及运输设备操作工人	10.5	24.4	38.6	10.9	8.2	7.4
按重点人群分						
领导干部和公务员	10.7	22.5	35.1	18.1	11.0	2.6
城镇劳动者	9.5	20.4	40.2	13.3	10.7	6.0
农民	11.8	22.7	37.5	9.4	7.2	11.4
其他	11.1	28.6	34.9	10.3	9.1	6.0
按地区分						
东部地区	10.5	22.0	38.1	12.8	10.3	6.4
中部地区	10.6	21.1	39.5	11.7	9.4	7.7
西部地区	9.4	23.2	37.9	11.4	9.2	9.0

2015 年中国公民科学素质抽样调查地区分布表 ※

（一）各地区样本分布和具备科学素质的比例

地 区	附表 193 2015 年中国公民科学素质调查的样本分布和具备科学素质的比例			
	样本分布和具备科学素质的比例			
	样本量	样本分布 /%	加权分布 /%	具备科学素质的比例 /%
全 国	69832	100	100	6.20
北 京	2329	3.34	1.66	17.56
天 津	2405	3.44	1.32	12.00
河 北	2109	3.02	5.37	5.28
山 西	2168	3.10	2.62	5.27
内蒙古	2013	2.88	1.93	5.14
辽 宁	2370	3.39	3.48	5.71
吉 林	2077	2.97	2.19	5.97
黑龙江	2073	2.97	3.07	5.07
上 海	2493	3.57	2.35	18.71
江 苏	2370	3.39	6.07	8.25
浙 江	2478	3.55	4.24	8.21
安 徽	2410	3.45	4.27	5.94
福 建	2322	3.33	2.80	6.10
江 西	2258	3.23	3.12	5.10
山 东	2769	3.97	7.20	6.76
河 南	2569	3.68	6.62	5.59
湖 北	2402	3.44	4.49	5.47

※ 1. 数据表和表号采用问卷题目的顺序和编号排列；
   2. 交叉分布表均为加权后的百分比，如无特殊说明，均保留一位有效数字；
   3. 具体科技议题各部分题目均以有效应答样本进行频率分析，总和应为 100.0%；
   4. 多选题（多变量响应）的数据结果分布之和超过 100%。

续表

地 区	样本分布和具备科学素质的比例			
	样本量	样本分布 /%	加权分布 /%	具备科学素质的比例 /%
湖　南	2246	3.22	4.83	5.14
广　东	2845	4.07	7.72	6.91
广　西	2313	3.31	3.14	4.25
海　南	2147	3.07	0.61	3.27
重　庆	2096	3.00	2.07	4.74
四　川	2309	3.31	5.83	4.68
贵　州	2120	3.04	2.26	3.56
云　南	2239	3.21	3.25	3.29
西　藏	1197	1.71	0.28	1.93
陕　西	2046	2.93	2.82	5.51
甘　肃	1972	2.82	1.83	3.95
青　海	1827	2.62	0.40	3.24
宁　夏	1903	2.73	0.44	4.01
新　疆	1887	2.70	1.50	3.97

（二）公民对各类新闻话题感兴趣的程度

附表 194　公民对各类新闻话题感兴趣的程度 −1　　　　单位：%

地　区	科学新发现			
	非常感兴趣	一般感兴趣	不感兴趣	不知道
全　国	26.3	51.3	13.2	9.2
北　京	29.3	56.9	9.6	4.3
天　津	33.3	58.0	6.6	2.1
河　北	34.6	45.4	13.1	6.9
山　西	22.9	52.0	12.5	12.6
内蒙古	33.6	43.3	12.5	10.6

地　区	科学新发现			单位：%
	非常感兴趣	一般感兴趣	不感兴趣	不知道
辽　宁	27.4	48.7	11.6	12.3
吉　林	31.5	50.6	13.1	4.8
黑龙江	28.6	51.6	15.2	4.5
上　海	23.1	66.0	8.9	2.0
江　苏	22.7	57.4	16.1	3.8
浙　江	25.6	49.0	13.3	12.1
安　徽	28.4	53.1	13.8	4.8
福　建	24.3	52.8	11.0	11.8
江　西	16.1	51.3	20.8	11.8
山　东	32.6	53.3	8.7	5.3
河　南	22.3	55.7	13.0	9.1
湖　北	33.0	51.5	6.2	9.4
湖　南	28.1	45.6	13.6	12.7
广　东	23.7	54.0	17.3	5.0
广　西	22.8	53.2	17.1	6.9
海　南	21.1	47.3	11.1	20.4
重　庆	22.5	51.1	19.0	7.4
四　川	20.1	48.7	18.6	12.6
贵　州	23.8	40.2	14.0	22.1
云　南	15.8	43.8	12.6	27.7
西　藏	32.5	45.6	5.3	16.6
陕　西	31.1	55.2	10.1	3.7
甘　肃	31.7	42.7	8.7	16.9
青　海	21.4	40.7	9.4	28.5
宁　夏	36.9	44.2	6.2	12.7
新　疆	30.0	51.2	8.1	10.8

地 区	新发明和新技术			
	非常感兴趣	一般感兴趣	不感兴趣	不知道
全 国	31.1	43.7	14.3	11.0
北 京	33.5	51.2	9.8	5.5
天 津	35.9	53.8	7.8	2.5
河 北	39.2	42.3	11.3	7.2
山 西	26.9	45.1	12.0	16.0
内蒙古	38.6	37.3	11.1	13.0
辽 宁	30.9	42.3	14.7	12.1
吉 林	38.5	41.8	14.5	5.2
黑龙江	35.2	42.3	16.9	5.7
上 海	28.5	57.2	10.7	3.6
江 苏	26.3	50.9	16.5	6.3
浙 江	28.6	42.3	15.8	13.4
安 徽	35.4	45.3	14.1	5.2
福 建	27.8	44.3	14.0	14.0
江 西	20.6	41.6	19.6	18.2
山 东	39.6	44.5	10.0	5.9
河 南	30.6	46.2	12.3	10.9
湖 北	37.0	43.3	8.0	11.7
湖 南	30.3	42.5	14.0	13.1
广 东	28.7	45.2	19.7	6.4
广 西	27.4	42.1	18.7	11.9
海 南	21.0	37.0	15.0	27.0
重 庆	24.8	42.0	21.5	11.7
四 川	23.7	40.0	22.0	14.4
贵 州	27.8	33.1	14.8	24.4
云 南	19.8	36.7	14.4	29.1
西 藏	32.1	48.1	5.6	14.3
陕 西	37.6	46.6	10.1	5.7
甘 肃	37.0	35.5	9.7	17.8
青 海	25.4	35.4	10.4	28.8
宁 夏	37.4	38.3	9.0	15.3
新 疆	35.9	40.9	9.9	13.2

附表 195　公民对各类新闻话题感兴趣的程度 –2　　　　　单位：%

地　区	附表 196　公民对各类新闻话题感兴趣的程度 -3　　　　单位：%			
	医学新进展			
	非常感兴趣	一般感兴趣	不感兴趣	不知道
全　国	31.5	38.3	17.9	12.3
北　京	36.8	46.2	12.9	4.1
天　津	40.0	46.2	9.9	3.9
河　北	39.4	36.3	15.9	8.3
山　西	28.1	36.8	17.9	17.3
内蒙古	40.1	34.2	12.6	13.0
辽　宁	34.3	35.7	16.1	14.0
吉　林	40.7	34.4	18.6	6.2
黑龙江	38.0	36.4	19.1	6.5
上　海	32.9	47.6	15.5	4.0
江　苏	27.0	40.8	24.4	7.8
浙　江	30.6	37.6	17.1	14.6
安　徽	33.5	40.9	19.0	6.5
福　建	31.2	40.7	14.8	13.3
江　西	21.0	36.0	23.2	19.8
山　东	39.8	38.4	12.9	8.9
河　南	27.9	41.1	18.0	13.0
湖　北	35.2	39.5	12.1	13.1
湖　南	31.6	36.6	16.9	14.9
广　东	28.6	43.3	20.6	7.4
广　西	26.5	37.4	22.3	13.8
海　南	22.3	32.5	16.2	29.0
重　庆	26.4	37.5	24.0	12.1
四　川	21.7	36.5	26.9	14.8
贵　州	28.2	28.9	18.7	24.3
云　南	21.2	31.5	16.4	30.9
西　藏	33.7	41.0	7.7	17.6
陕　西	37.6	40.8	14.1	7.5
甘　肃	36.8	33.5	12.8	16.8
青　海	24.9	32.2	11.4	31.5
宁　夏	39.7	34.3	10.6	15.4
新　疆	32.8	34.0	14.5	18.7

地 区	国际与外交政策			
	非常感兴趣	一般感兴趣	不感兴趣	不知道
全 国	20.8	37.1	24.6	17.5
北 京	23.1	48.4	21.0	7.4
天 津	27.0	51.1	16.5	5.5
河 北	27.3	33.3	23.6	15.8
山 西	16.4	35.2	23.5	24.9
内蒙古	23.8	35.7	21.0	19.5
辽 宁	20.1	34.6	25.4	20.0
吉 林	26.0	37.3	26.5	10.2
黑龙江	23.9	35.4	28.2	12.4
上 海	21.2	50.8	22.6	5.4
江 苏	19.2	39.8	28.2	12.8
浙 江	19.7	38.9	24.3	17.2
安 徽	22.3	37.2	28.6	11.9
福 建	19.7	39.2	21.0	20.0
江 西	14.2	30.9	31.1	23.8
山 东	24.9	41.2	20.9	12.9
河 南	17.5	37.4	26.8	18.2
湖 北	25.3	41.0	16.3	17.4
湖 南	19.8	36.1	22.4	21.7
广 东	20.1	41.1	27.5	11.3
广 西	18.3	35.5	26.5	19.7
海 南	16.0	31.5	18.9	33.5
重 庆	17.7	30.9	34.3	17.0
四 川	16.4	30.8	33.3	19.5
贵 州	19.5	25.4	22.0	33.1
云 南	13.1	25.9	20.3	40.6
西 藏	25.1	35.7	8.7	30.4
陕 西	26.8	41.8	19.9	11.4
甘 肃	23.3	33.7	18.5	24.5
青 海	18.9	29.8	16.2	35.1
宁 夏	24.0	36.3	14.3	25.4
新 疆	23.0	37.5	17.8	21.8

附表 197　公民对各类新闻话题感兴趣的程度 –4　　　　单位：%

地　区	附表 198　公民对各类新闻话题感兴趣的程度 –5　　　　单位：%			
	国家经济发展			
	非常感兴趣	一般感兴趣	不感兴趣	不知道
全　国	38.2	40.4	11.8	9.6
北　京	41.1	45.1	10.8	3.0
天　津	44.4	47.2	6.0	2.3
河　北	46.9	36.1	10.8	6.2
山　西	31.3	41.7	11.1	15.9
内蒙古	44.9	33.8	10.3	10.9
辽　宁	37.9	36.4	13.7	12.0
吉　林	48.3	35.5	12.0	4.2
黑龙江	44.9	35.5	13.2	6.4
上　海	34.4	52.1	11.1	2.4
江　苏	33.1	48.3	13.5	5.1
浙　江	35.4	40.4	13.6	10.7
安　徽	45.4	39.0	11.7	3.9
福　建	35.7	42.7	9.6	12.0
江　西	25.6	41.1	17.5	15.8
山　东	47.7	39.2	8.2	4.9
河　南	33.9	42.8	12.3	11.0
湖　北	42.2	41.6	6.9	9.4
湖　南	36.6	39.2	11.5	12.7
广　东	35.7	43.0	14.9	6.4
广　西	32.9	42.9	13.6	10.6
海　南	33.4	34.6	10.2	21.9
重　庆	34.2	40.8	16.5	8.5
四　川	31.2	40.4	17.2	11.2
贵　州	34.7	32.9	12.3	20.2
云　南	26.5	36.7	10.6	26.2
西　藏	40.8	42.7	4.2	12.4
陕　西	46.2	39.2	8.0	6.6
甘　肃	46.4	34.3	6.8	12.6
青　海	35.1	35.8	6.1	23.0
宁　夏	47.7	34.9	6.1	11.2
新　疆	45.0	36.9	6.5	11.6

附表 199 公民对各类新闻话题感兴趣的程度 –6			单位：%
地 区	**农业发展**		
	非常感兴趣	一般感兴趣	不感兴趣	不知道

地 区	非常感兴趣	一般感兴趣	不感兴趣	不知道
全 国	36.6	41.4	15.1	6.9
北 京	28.2	49.5	19.3	3.1
天 津	28.0	53.1	15.8	3.1
河 北	43.8	40.7	10.7	4.8
山 西	30.4	42.1	17.2	10.4
内蒙古	48.7	31.9	11.3	8.1
辽 宁	36.5	40.0	15.7	7.8
吉 林	51.3	33.3	13.4	2.0
黑龙江	45.3	33.6	17.0	4.0
上 海	20.3	54.7	21.4	3.6
江 苏	31.0	46.3	19.3	3.4
浙 江	28.6	42.0	19.3	10.0
安 徽	47.0	37.5	12.5	3.0
福 建	26.6	45.8	17.3	10.3
江 西	23.8	44.5	19.9	11.9
山 东	46.3	41.0	10.1	2.6
河 南	36.6	43.7	13.2	6.5
湖 北	38.2	40.7	12.5	8.6
湖 南	36.3	39.7	14.7	9.3
广 东	29.6	44.0	20.2	6.2
广 西	40.3	42.6	12.4	4.8
海 南	34.8	37.3	12.0	15.9
重 庆	33.4	41.4	19.9	5.3
四 川	30.7	39.8	20.7	8.7
贵 州	37.1	34.7	13.7	14.4
云 南	34.2	39.4	10.2	16.2
西 藏	45.6	41.8	4.5	8.1
陕 西	43.0	42.3	11.1	3.6
甘 肃	47.3	34.9	9.5	8.2
青 海	36.3	35.5	9.6	18.6
宁 夏	49.4	33.8	9.4	7.4
新 疆	49.9	35.8	7.8	6.5

地　区	军事与国防			
	非常感兴趣	一般感兴趣	不感兴趣	不知道
全　国	32.2	34.3	18.5	15.0
北　京	35.8	41.5	16.7	5.9
天　津	40.7	43.5	12.1	3.7
河　北	39.4	32.6	15.2	12.8
山　西	26.5	34.9	16.7	21.9
内蒙古	36.3	32.8	13.6	17.3
辽　宁	34.9	31.1	15.9	18.2
吉　林	38.7	34.9	18.4	8.0
黑龙江	39.1	31.3	20.6	9.0
上　海	34.1	43.3	17.7	4.9
江　苏	33.3	37.5	20.9	8.3
浙　江	31.7	34.4	18.6	15.3
安　徽	34.9	35.3	20.0	9.8
福　建	28.9	38.8	16.5	15.8
江　西	24.1	31.3	23.0	21.7
山　东	38.7	34.5	16.1	10.8
河　南	27.6	36.7	18.4	17.3
湖　北	36.2	34.5	12.5	16.8
湖　南	32.0	33.4	16.7	17.9
广　东	27.2	37.9	24.2	10.6
广　西	30.1	34.6	20.0	15.3
海　南	26.5	30.0	14.8	28.7
重　庆	29.1	31.3	26.3	13.3
四　川	25.5	30.3	28.1	16.1
贵　州	27.2	25.8	18.8	28.2
云　南	22.2	26.1	15.0	36.7
西　藏	31.2	34.3	8.1	26.4
陕　西	38.3	36.6	13.0	12.1
甘　肃	32.1	30.5	15.5	21.8
青　海	26.6	29.6	11.4	32.4
宁　夏	35.7	32.3	11.3	20.6
新　疆	34.5	34.3	15.0	16.2

附表 200　公民对各类新闻话题感兴趣的程度 –7　　　单位：%

地 区	学校与教育			
	非常感兴趣	一般感兴趣	不感兴趣	不知道
全 国	51.6	35.0	8.7	4.7
北 京	48.6	40.4	9.0	2.0
天 津	55.7	36.8	6.3	1.2
河 北	59.7	30.5	7.1	2.7
山 西	48.3	36.1	8.4	7.2
内蒙古	58.4	26.8	8.6	6.3
辽 宁	47.3	32.4	12.3	7.9
吉 林	59.3	29.7	10.0	0.9
黑龙江	52.5	32.5	12.4	2.6
上 海	43.3	46.6	8.8	1.3
江 苏	48.9	38.2	10.8	2.1
浙 江	49.4	36.5	9.2	4.9
安 徽	61.0	30.8	6.9	1.4
福 建	52.1	35.7	7.0	5.2
江 西	40.5	39.7	10.7	9.2
山 东	60.4	32.0	5.3	2.2
河 南	53.2	35.6	6.6	4.6
湖 北	53.7	36.5	5.6	4.2
湖 南	48.8	36.3	9.0	5.9
广 东	48.8	37.8	11.0	2.4
广 西	46.2	40.3	9.1	4.4
海 南	45.3	35.7	8.0	10.9
重 庆	46.2	36.2	12.2	5.4
四 川	42.8	36.6	13.0	7.6
贵 州	48.2	30.2	10.3	11.3
云 南	41.7	34.0	9.2	15.2
西 藏	53.3	40.1	1.4	5.2
陕 西	59.6	33.9	4.3	2.2
甘 肃	64.7	27.0	3.9	4.5
青 海	52.1	31.6	5.1	11.2
宁 夏	64.4	25.9	3.5	6.1
新 疆	58.2	33.0	4.9	3.9

附表 201　公民对各类新闻话题感兴趣的程度 –8　　　单位：%

地　区	生活与健康			
	非常感兴趣	一般感兴趣	不感兴趣	不知道
全　国	59.3	33.3	4.6	2.9
北　京	60.0	34.8	4.6	0.6
天　津	68.7	28.3	2.7	0.3
河　北	64.3	28.5	5.0	2.2
山　西	55.8	35.1	4.5	4.6
内蒙古	63.0	26.8	5.3	4.9
辽　宁	57.4	30.9	7.8	3.9
吉　林	64.8	28.5	5.6	1.1
黑龙江	62.2	30.2	6.5	1.1
上　海	60.6	35.7	3.2	0.5
江　苏	56.5	39.0	3.5	1.0
浙　江	61.0	31.2	4.6	3.2
安　徽	64.5	31.2	3.5	0.8
福　建	61.4	31.4	3.8	3.4
江　西	50.4	38.5	5.4	5.7
山　东	65.0	30.6	3.3	1.1
河　南	56.7	36.3	4.0	3.0
湖　北	61.6	33.1	2.7	2.5
湖　南	56.5	34.0	5.4	4.1
广　东	60.3	32.2	6.1	1.4
广　西	58.1	34.4	4.8	2.7
海　南	53.3	35.1	4.3	7.4
重　庆	52.5	38.6	6.2	2.7
四　川	53.9	35.9	5.7	4.5
贵　州	51.8	35.9	6.2	6.1
云　南	44.6	41.2	4.5	9.6
西　藏	52.7	42.9	1.2	3.1
陕　西	64.4	32.3	2.8	0.5
甘　肃	64.7	28.4	3.0	3.9
青　海	57.7	28.3	4.2	9.8
宁　夏	63.7	27.8	3.4	5.1
新　疆	67.4	27.8	2.0	2.8

附表 202　公民对各类新闻话题感兴趣的程度 –9　　　单位：%

地 区	文化与艺术			
	非常感兴趣	一般感兴趣	不感兴趣	不知道
全 国	28.0	46.9	17.9	7.2
北 京	28.7	54.0	14.9	2.4
天 津	37.4	51.2	9.5	1.9
河 北	33.6	43.8	17.3	5.3
山 西	23.6	50.2	16.4	9.8
内蒙古	36.8	41.0	13.1	9.0
辽 宁	31.1	41.6	19.3	8.0
吉 林	34.0	46.3	16.6	3.0
黑龙江	31.2	44.9	20.2	3.7
上 海	29.6	57.1	12.0	1.2
江 苏	23.9	54.1	17.8	4.3
浙 江	29.3	44.5	18.8	7.4
安 徽	24.8	51.4	20.3	3.5
福 建	27.8	44.6	19.4	8.2
江 西	18.4	44.2	24.8	12.7
山 东	33.8	46.3	15.7	4.2
河 南	23.4	51.0	17.8	7.8
湖 北	29.9	48.8	13.3	8.0
湖 南	27.0	45.1	18.4	9.5
广 东	30.0	47.6	18.4	3.9
广 西	25.5	47.7	18.3	8.5
海 南	22.8	46.0	14.3	16.8
重 庆	21.2	44.5	26.6	7.7
四 川	21.4	43.6	24.7	10.2
贵 州	27.4	37.0	19.0	16.6
云 南	18.9	42.6	17.4	21.1
西 藏	43.9	41.8	5.6	8.8
陕 西	33.0	50.0	14.5	2.6
甘 肃	31.1	44.3	14.4	10.2
青 海	32.4	36.7	13.9	16.9
宁 夏	30.3	46.5	12.7	10.5
新 疆	36.0	45.3	13.4	5.3

附表 203　公民对各类新闻话题感兴趣的程度 –10　　　　单位：%

地　区	体育和娱乐			
	非常感兴趣	一般感兴趣	不感兴趣	不知道
全　国	33.4	45.0	15.9	5.7
北　京	36.0	49.4	12.4	2.2
天　津	44.6	46.7	7.5	1.2
河　北	40.2	39.7	16.2	4.0
山　西	27.9	48.6	15.6	7.8
内蒙古	39.2	38.4	14.2	8.2
辽　宁	35.1	40.4	18.0	6.6
吉　林	36.2	43.9	17.0	2.9
黑龙江	36.7	42.7	17.7	2.9
上　海	39.7	50.1	9.2	1.0
江　苏	31.3	47.6	17.6	3.6
浙　江	37.6	41.9	14.7	5.8
安　徽	31.0	48.0	18.4	2.6
福　建	34.5	45.5	12.0	7.9
江　西	23.1	46.5	20.3	10.1
山　东	37.8	42.7	15.7	3.8
河　南	26.7	51.3	16.2	5.9
湖　北	34.6	49.2	11.3	4.9
湖　南	32.6	44.7	14.0	8.8
广　东	36.7	46.6	14.0	2.6
广　西	34.0	44.3	16.2	5.5
海　南	33.3	44.2	11.8	10.7
重　庆	27.6	45.1	22.5	4.9
四　川	26.8	44.9	21.7	6.6
贵　州	29.7	34.5	20.9	14.9
云　南	23.5	40.3	18.1	18.1
西　藏	37.8	39.8	9.8	12.6
陕　西	36.6	48.6	12.9	1.9
甘　肃	32.7	42.5	16.1	8.7
青　海	34.4	37.5	13.0	15.1
宁　夏	36.5	41.9	11.2	10.4
新　疆	39.1	43.7	12.4	4.7

附表 204　公民对各类新闻话题感兴趣的程度 –11　　　单位：%

（三）公民对科技发展信息感兴趣的程度

地　区	附表 205　公民对科技发展信息感兴趣的程度 –1　　　　单位：%			
	宇宙与空间探索			
	非常感兴趣	一般感兴趣	不感兴趣	不知道
全　国	17.3	33.1	29.6	20.1
北　京	22.7	46.9	22.8	7.5
天　津	24.6	49.3	21.1	5.0
河　北	20.5	35.0	26.5	18.0
山　西	14.5	32.0	29.0	24.5
内蒙古	19.9	31.3	25.3	23.5
辽　宁	19.7	30.4	25.4	24.4
吉　林	20.5	31.9	35.2	12.4
黑龙江	20.5	31.8	35.3	12.4
上　海	21.9	45.4	27.0	5.7
江　苏	17.1	36.2	36.4	10.3
浙　江	16.9	33.7	26.1	23.3
安　徽	20.1	33.1	35.4	11.4
福　建	17.3	34.5	25.0	23.1
江　西	12.1	26.6	34.6	26.7
山　东	21.3	35.1	27.2	16.4
河　南	13.7	32.6	32.2	21.5
湖　北	18.8	35.3	23.7	22.1
湖　南	15.4	31.2	25.0	28.4
广　东	18.0	36.3	33.9	11.8
广　西	15.6	32.9	31.3	20.3
海　南	12.4	29.7	23.7	34.3
重　庆	14.2	29.8	37.7	18.4
四　川	12.5	24.6	38.4	24.5
贵　州	16.0	24.7	26.4	33.0
云　南	11.1	23.8	24.3	40.9
西　藏	16.7	28.3	12.2	42.9
陕　西	17.6	38.6	27.5	16.3
甘　肃	15.8	29.8	20.7	33.7
青　海	12.2	23.8	20.0	44.0
宁　夏	18.4	30.4	21.2	30.0
新　疆	14.8	31.6	23.5	30.1

地 区	环境污染及治理			
	非常感兴趣	一般感兴趣	不感兴趣	不知道
全 国	44.9	38.4	10.4	6.3
北 京	56.2	36.6	6.3	0.8
天 津	61.3	33.9	3.8	1.1
河 北	56.2	30.6	9.1	4.1
山 西	36.4	42.0	12.1	9.5
内蒙古	48.3	31.3	10.5	9.9
辽 宁	43.2	36.9	12.6	7.4
吉 林	52.1	34.9	10.3	2.7
黑龙江	46.3	37.3	13.3	3.0
上 海	42.2	47.5	8.9	1.4
江 苏	41.1	44.2	12.2	2.5
浙 江	47.7	38.1	8.8	5.4
安 徽	48.6	38.8	10.5	2.1
福 建	45.4	40.9	6.5	7.2
江 西	30.7	45.9	12.3	11.1
山 东	55.1	33.2	7.2	4.5
河 南	40.3	39.8	11.7	8.2
湖 北	47.6	39.1	7.7	5.6
湖 南	42.7	39.6	9.6	8.0
广 东	43.4	38.5	14.2	4.0
广 西	44.1	41.2	10.2	4.5
海 南	36.6	37.5	9.7	16.1
重 庆	38.0	40.7	14.9	6.4
四 川	39.6	40.7	12.8	6.9
贵 州	36.6	33.2	15.3	14.9
云 南	32.8	36.0	11.9	19.4
西 藏	39.3	44.1	3.5	13.2
陕 西	50.7	40.2	5.8	3.3
甘 肃	45.5	34.3	7.7	12.5
青 海	36.4	38.3	7.6	17.6
宁 夏	48.7	35.5	6.1	9.6
新 疆	48.0	37.8	5.7	8.5

附表 206 公民对科技发展信息感兴趣的程度 -2　单位：%

地 区	计算机与网络技术			
	非常感兴趣	一般感兴趣	不感兴趣	不知道
全 国	24.9	38.6	20.1	16.3
北 京	30.7	47.7	16.4	5.2
天 津	32.3	50.6	12.7	4.3
河 北	34.1	35.4	18.6	11.9
山 西	22.5	40.2	17.2	20.1
内蒙古	28.7	37.4	16.5	17.5
辽 宁	25.8	37.6	19.6	16.9
吉 林	31.9	34.5	22.5	11.1
黑龙江	28.8	36.3	25.4	9.5
上 海	27.5	51.4	16.9	4.1
江 苏	22.8	42.9	24.5	9.8
浙 江	24.7	39.1	20.6	15.7
安 徽	23.6	39.4	27.2	9.7
福 建	26.6	40.7	16.7	16.1
江 西	15.2	36.6	24.2	24.0
山 东	30.4	38.0	17.9	13.7
河 南	22.7	39.8	19.9	17.6
湖 北	27.9	41.1	13.6	17.5
湖 南	23.5	38.1	17.5	21.0
广 东	27.5	41.7	21.9	8.8
广 西	22.5	37.8	21.0	18.7
海 南	19.2	31.9	19.9	29.0
重 庆	18.1	35.3	29.3	17.3
四 川	16.5	34.6	26.7	22.2
贵 州	19.1	28.5	20.4	32.0
云 南	13.9	29.6	17.1	39.4
西 藏	25.6	36.1	8.7	29.5
陕 西	28.8	44.4	14.4	12.4
甘 肃	25.0	33.7	15.7	25.6
青 海	20.5	33.5	14.1	31.9
宁 夏	30.2	34.5	14.3	21.0
新 疆	25.3	36.6	16.2	21.9

附表 207　公民对科技发展信息感兴趣的程度 –3　　　单位：%

地　区	遗传学与转基因技术			
	非常感兴趣	一般感兴趣	不感兴趣	不知道
全　国	15.3	34.7	25.3	24.7
北　京	20.7	47.0	25.6	6.7
天　津	24.0	49.7	19.0	7.3
河　北	17.0	35.4	23.4	24.3
山　西	14.4	33.1	23.2	29.2
内蒙古	20.6	33.4	21.0	25.0
辽　宁	19.0	32.8	23.3	24.9
吉　林	21.0	34.7	29.9	14.4
黑龙江	19.2	34.9	30.0	15.9
上　海	18.6	47.7	25.6	8.1
江　苏	12.4	40.3	30.4	17.0
浙　江	14.2	36.2	25.3	24.3
安　徽	16.2	34.8	32.2	16.8
福　建	16.6	37.2	20.5	25.7
江　西	9.9	28.7	28.5	32.9
山　东	20.7	36.5	22.4	20.4
河　南	12.5	35.3	26.0	26.2
湖　北	18.4	35.9	19.5	26.3
湖　南	16.2	31.7	21.8	30.4
广　东	13.8	40.5	29.4	16.4
广　西	14.3	33.3	25.3	27.0
海　南	12.5	27.3	20.3	39.8
重　庆	10.1	30.4	34.6	24.8
四　川	10.0	25.5	31.8	32.7
贵　州	13.6	23.2	21.6	41.6
云　南	8.1	21.6	20.0	50.3
西　藏	11.7	28.0	9.9	50.3
陕　西	18.7	38.8	22.7	19.7
甘　肃	13.6	30.7	18.5	37.2
青　海	10.0	28.5	15.9	45.7
宁　夏	20.4	33.1	18.4	28.0
新　疆	12.3	30.6	20.8	36.2

附表 208　公民对科技发展信息感兴趣的程度 –4　　单位：%

地 区	纳米技术与新材料			
	非常感兴趣	一般感兴趣	不感兴趣	不知道
全 国	11.4	29.9	26.2	32.5
北 京	16.1	43.9	27.8	12.3
天 津	18.5	49.1	21.7	10.7
河 北	14.1	30.4	23.8	31.6
山 西	9.4	26.9	23.4	40.3
内蒙古	15.0	29.2	21.5	34.3
辽 宁	14.9	30.4	25.3	29.4
吉 林	18.5	32.6	30.7	18.3
黑龙江	15.2	33.3	31.0	20.5
上 海	14.4	43.5	28.6	13.5
江 苏	10.1	32.9	34.2	22.8
浙 江	11.5	30.4	25.7	32.4
安 徽	11.9	31.4	33.1	23.5
福 建	10.5	34.3	22.4	32.8
江 西	6.5	21.7	28.1	43.7
山 东	16.2	33.9	23.6	26.4
河 南	8.1	31.1	25.7	35.1
湖 北	12.1	31.1	20.4	36.3
湖 南	11.1	26.1	23.8	39.0
广 东	10.7	32.3	31.7	25.3
广 西	10.7	26.2	25.2	37.9
海 南	6.9	23.2	19.3	50.6
重 庆	7.0	24.7	35.8	32.5
四 川	6.9	20.7	32.0	40.4
贵 州	9.6	19.2	21.1	50.0
云 南	6.0	18.5	17.5	58.1
西 藏	10.5	26.1	8.7	54.7
陕 西	12.8	35.0	22.5	29.6
甘 肃	8.7	23.9	17.3	50.2
青 海	7.6	21.8	15.8	54.7
宁 夏	13.9	27.9	16.6	41.6
新 疆	9.5	25.9	19.2	45.4

附表 209 公民对科技发展信息感兴趣的程度 –5 单位：%

（四）公民获取科技信息的渠道

地 区	渠道							
	报纸	图书	期刊杂志	电视	广播	互联网及移动互联网	亲友同事	其他
全 国	38.5	11.4	13.3	93.4	25.0	53.4	34.9	30.2
北 京	38.8	15.2	17.5	89.9	24.1	71.7	28.1	14.7
天 津	53.9	13.8	14.2	91.0	38.1	60.6	16.8	11.6
河 北	44.0	12.8	11.5	94.7	37.3	52.7	28.6	18.4
山 西	22.8	10.1	11.7	91.1	22.0	57.4	37.5	47.4
内蒙古	30.8	14.2	12.2	94.1	30.7	53.2	28.4	36.5
辽 宁	38.6	13.6	13.2	92.4	38.6	50.7	29.9	23.0
吉 林	29.9	12.4	10.7	94.2	23.0	52.8	40.2	36.8
黑龙江	30.7	10.6	9.4	95.2	33.1	49.5	33.8	37.6
上 海	47.7	14.5	22.2	87.8	24.2	71.4	21.3	10.8
江 苏	47.8	13.2	15.3	93.2	25.2	55.1	27.0	23.2
浙 江	47.8	9.9	12.8	91.9	20.1	59.6	32.4	25.6
安 徽	35.3	11.9	13.4	94.3	31.0	53.2	34.6	26.4
福 建	44.4	9.9	12.6	90.8	16.1	64.7	34.6	26.8
江 西	33.5	9.7	11.8	95.9	14.6	48.7	44.8	41.1
山 东	38.2	10.9	12.0	94.1	25.3	49.0	37.5	33.0
河 南	28.9	8.3	11.5	94.5	21.1	53.1	43.2	39.5
湖 北	47.0	12.9	16.6	93.6	20.3	56.4	32.5	20.8
湖 南	33.7	10.5	19.0	92.8	16.8	58.3	38.1	30.9
广 东	45.5	11.3	14.7	91.1	22.1	63.0	33.1	19.3
广 西	48.7	9.0	14.7	91.7	22.9	51.5	33.1	28.3
海 南	59.8	9.6	13.1	92.3	28.6	38.2	26.6	31.8
重 庆	32.9	6.1	11.0	96.3	19.7	42.2	41.9	49.9
四 川	30.9	6.3	10.3	95.7	22.1	42.6	45.3	46.7
贵 州	27.9	13.6	11.0	92.2	26.6	38.4	44.3	46.0
云 南	24.6	15.5	11.8	94.5	26.9	38.9	38.9	48.9
西 藏	49.4	23.5	8.6	96.6	46.9	19.1	24.3	31.6
陕 西	43.7	14.0	13.7	94.4	20.4	60.7	29.9	23.3
甘 肃	34.2	12.1	10.4	96.2	27.3	48.0	44.7	27.2
青 海	36.4	9.7	9.2	95.6	24.8	45.1	37.9	41.3
宁 夏	38.2	14.8	16.4	93.0	27.4	51.7	30.4	28.1
新 疆	42.0	17.4	12.8	94.1	40.5	48.4	28.7	16.1

附表 210　公民获取科技信息的渠道　　单位：%

（五）公民通过互联网了解科技发展信息的频度和信任情况

地　区	电子报纸				
	经常使用，很信任	经常使用，不太信任	不常使用，很信任	没用过	不知道
全　国	18.7	8.9	20.5	14.2	37.7
北　京	24.0	14.8	22.9	12.9	25.4
天　津	36.8	15.0	24.3	9.8	14.1
河　北	27.2	8.0	19.2	13.9	31.8
山　西	15.6	7.4	17.4	11.2	48.4
内蒙古	19.3	8.9	19.4	13.6	38.8
辽　宁	20.5	9.6	20.2	12.9	36.8
吉　林	16.9	8.0	16.8	12.7	45.6
黑龙江	18.4	8.7	17.2	18.1	37.7
上　海	26.8	13.7	23.9	15.6	19.9
江　苏	19.8	8.8	25.3	19.7	26.4
浙　江	24.9	13.1	25.3	9.4	27.3
安　徽	16.8	7.3	22.4	19.3	34.2
福　建	21.4	11.5	21.4	12.6	33.2
江　西	11.7	5.6	17.8	16.1	48.8
山　东	19.0	9.0	18.5	10.1	43.4
河　南	11.2	5.1	15.6	14.8	53.3
湖　北	24.2	8.4	24.9	10.4	32.1
湖　南	15.7	10.8	18.6	15.5	39.4
广　东	18.3	10.1	23.8	18.1	29.6
广　西	15.0	8.5	19.4	15.3	41.7
海　南	24.4	8.7	17.3	11.3	38.2
重　庆	13.7	4.9	19.1	15.8	46.4
四　川	10.3	6.9	15.0	11.0	56.7
贵　州	12.7	9.7	21.2	17.3	39.2
云　南	10.8	6.2	16.0	12.2	54.8
西　藏	18.6	6.3	22.2	12.6	40.2
陕　西	21.3	7.1	22.4	13.3	35.9
甘　肃	19.0	7.4	21.4	11.4	40.8
青　海	16.3	9.0	16.9	13.3	44.4
宁　夏	24.4	8.2	22.4	12.8	32.2
新　疆	14.8	6.9	21.1	11.8	45.4

附表 211　公民通过互联网了解科技发展信息的频度和信任情况 –1　单位：%

附表 212　公民通过互联网了解科技发展信息的频度和信任情况 –2　单位：%

地　区	电子期刊杂志				
	经常使用，很信任	经常使用，不太信任	不常使用，很信任	没用过	不知道
全　国	13.3	9.2	20.3	15.9	41.3
北　京	19.1	14.6	25.9	16.8	23.7
天　津	27.5	15.0	27.2	12.9	17.4
河　北	20.8	8.6	19.3	16.6	34.6
山　西	10.1	7.4	16.3	13.9	52.2
内蒙古	15.8	9.3	18.0	15.0	42.0
辽　宁	13.6	13.7	21.3	13.6	37.9
吉　林	12.2	10.3	15.8	14.5	47.2
黑龙江	16.0	8.7	19.3	19.8	36.2
上　海	21.5	11.9	26.3	18.7	21.5
江　苏	13.3	8.4	26.0	19.7	32.6
浙　江	19.2	14.6	22.5	13.1	30.7
安　徽	9.3	8.3	18.4	24.6	39.4
福　建	15.6	12.5	19.9	16.5	35.5
江　西	8.3	3.7	16.3	16.7	55.0
山　东	14.5	9.4	19.1	12.2	44.9
河　南	8.5	4.3	13.8	12.8	60.6
湖　北	15.8	10.1	24.6	14.2	35.3
湖　南	9.9	12.0	18.2	17.4	42.5
广　东	12.0	9.9	24.2	19.7	34.3
广　西	11.4	8.9	18.8	17.0	44.0
海　南	13.9	10.9	17.5	15.0	42.7
重　庆	9.2	4.8	16.6	15.4	53.9
四　川	7.0	6.1	15.4	9.9	61.6
贵　州	9.4	7.1	20.6	18.0	45.0
云　南	7.1	5.9	15.3	13.2	58.5
西　藏	16.0	5.5	24.4	15.4	38.7
陕　西	12.0	6.6	26.1	13.7	41.6
甘　肃	12.4	9.1	19.9	13.9	44.8
青　海	10.8	10.4	15.4	16.4	47.0
宁　夏	19.5	10.5	23.8	14.2	32.1
新　疆	11.3	6.5	19.1	13.8	49.4

地 区	电子书				
	经常使用，很信任	经常使用，不太信任	不常使用，很信任	没用过	不知道
全 国	17.8	12.1	18.6	17.6	34.0
北 京	21.4	14.8	24.2	16.3	23.4
天 津	26.2	15.9	25.3	14.5	18.2
河 北	21.0	14.5	20.1	14.6	29.7
山 西	13.8	11.9	17.1	17.6	39.5
内蒙古	21.1	12.1	17.8	17.4	31.6
辽 宁	20.4	14.9	19.3	15.9	29.5
吉 林	18.6	16.5	16.0	16.5	32.5
黑龙江	25.3	13.1	16.9	20.9	23.8
上 海	23.2	14.0	23.0	20.3	19.5
江 苏	19.8	10.6	19.1	23.2	27.3
浙 江	18.4	15.3	19.1	12.4	34.7
安 徽	17.6	11.9	15.4	24.9	30.2
福 建	14.8	11.5	21.3	16.4	35.9
江 西	13.6	7.1	16.1	16.3	46.9
山 东	19.4	13.6	17.9	14.0	35.1
河 南	15.8	7.4	17.4	16.8	42.6
湖 北	21.1	9.8	22.4	16.1	30.6
湖 南	14.8	15.9	17.2	18.4	33.6
广 东	14.9	12.5	19.2	19.2	34.3
广 西	13.9	10.8	18.8	17.1	39.4
海 南	16.3	10.5	14.6	18.1	40.4
重 庆	13.6	9.2	17.5	15.3	44.4
四 川	11.2	9.6	15.7	14.7	48.7
贵 州	15.6	13.4	13.5	20.4	37.1
云 南	15.1	10.0	14.1	17.7	43.2
西 藏	16.1	11.1	17.9	15.2	39.7
陕 西	18.3	10.5	21.3	19.9	30.0
甘 肃	21.3	11.1	17.2	18.6	31.8
青 海	17.5	12.6	19.2	16.6	34.1
宁 夏	25.0	15.4	20.1	15.7	23.9
新 疆	18.8	9.2	17.9	19.3	34.7

附表 213　公民通过互联网了解科技发展信息的频度和信任情况 –3　单位：%

地　区	腾讯网、新浪网、新华网等门户网站				
	经常使用，很信任	经常使用，不太信任	不常使用，很信任	没用过	不知道
全　国	53.7	15.1	13.3	7.3	10.7
北　京	58.9	20.1	11.6	5.7	3.6
天　津	62.4	16.8	10.9	5.9	4.0
河　北	60.9	13.2	12.3	6.2	7.3
山　西	49.2	15.3	13.8	6.1	15.7
内蒙古	54.3	11.2	14.9	5.2	14.4
辽　宁	49.4	15.3	15.4	8.8	11.0
吉　林	52.3	16.5	16.6	5.8	8.9
黑龙江	59.7	9.9	13.1	8.4	8.9
上　海	56.9	22.2	10.2	6.3	4.4
江　苏	57.8	15.1	12.4	7.0	7.7
浙　江	53.4	21.4	10.6	5.0	9.5
安　徽	50.9	13.1	14.1	11.0	10.9
福　建	55.8	16.1	14.1	5.2	8.7
江　西	54.7	12.7	12.5	9.2	11.0
山　东	56.1	14.3	12.4	6.4	10.7
河　南	52.4	10.7	11.9	10.4	14.6
湖　北	58.1	13.0	15.4	5.0	8.6
湖　南	45.4	18.9	15.5	8.5	11.7
广　东	53.5	17.5	14.1	6.9	8.0
广　西	53.7	17.0	11.9	7.4	9.9
海　南	55.7	14.6	12.0	6.2	11.5
重　庆	57.2	12.5	13.9	8.2	8.2
四　川	49.8	16.0	13.8	8.1	12.3
贵　州	39.9	12.5	15.5	10.3	21.9
云　南	35.6	10.1	13.0	7.3	34.0
西　藏	43.1	12.5	14.7	5.2	24.5
陕　西	58.8	11.9	13.4	7.7	8.3
甘　肃	52.2	14.0	12.4	6.8	14.5
青　海	45.3	15.9	15.7	6.7	16.3
宁　夏	54.6	14.7	13.7	6.1	10.9
新　疆	52.2	13.7	13.1	5.8	15.2

附表214　公民通过互联网了解科技发展信息的频度和信任情况 –4　单位：%

附表 215　公民通过互联网了解科技发展信息的频度和信任情况 –5　单位：%

地　区	果壳网、科学网、百度百科等专门网站				
	经常使用， 很信任	经常使用， 不太信任	不常使用， 很信任	没用过	不知道
全　国	33.5	11.1	18.0	10.2	27.2
北　京	39.4	15.1	17.8	10.0	17.7
天　津	37.7	16.3	20.6	9.0	16.4
河　北	33.5	13.9	16.6	8.2	27.7
山　西	29.2	9.2	15.5	10.7	35.4
内蒙古	33.6	8.9	16.9	9.5	31.1
辽　宁	28.9	12.6	19.8	11.8	27.0
吉　林	31.5	12.3	17.6	8.9	29.7
黑龙江	37.0	7.0	16.7	11.6	27.7
上　海	38.5	15.1	19.4	10.2	16.8
江　苏	38.6	9.7	17.3	11.4	23.0
浙　江	39.4	14.3	17.0	7.6	21.8
安　徽	31.9	11.3	20.0	12.6	24.1
福　建	32.9	14.4	18.9	8.8	25.1
江　西	35.6	6.9	17.0	9.7	30.8
山　东	33.1	11.8	18.1	7.9	29.1
河　南	32.2	6.9	16.2	10.6	34.1
湖　北	37.2	9.8	19.4	9.7	23.9
湖　南	28.9	14.1	17.1	13.9	26.0
广　东	34.1	13.2	21.7	10.0	21.0
广　西	32.2	11.3	17.1	11.5	27.8
海　南	36.4	11.6	14.5	11.9	25.6
重　庆	34.0	5.5	19.0	10.0	31.5
四　川	28.0	9.0	16.5	9.7	36.9
贵　州	29.0	10.4	17.5	10.5	32.6
云　南	23.4	8.5	12.9	10.0	45.2
西　藏	26.2	11.5	19.3	9.7	33.3
陕　西	35.0	8.7	18.7	11.4	26.1
甘　肃	32.0	9.0	18.5	9.9	30.7
青　海	28.1	10.2	17.6	10.9	33.2
宁　夏	31.0	10.6	19.1	9.9	29.4
新　疆	33.7	7.4	20.1	7.9	30.9

附表 216　公民通过互联网了解科技发展信息的频度和信任情况 –6　单位：%

地　区	百度、谷歌等搜索引擎				
	经常使用，很信任	经常使用，不太信任	不常使用，很信任	没用过	不知道
全　国	57.3	11.7	12.0	5.7	13.3
北　京	62.5	16.3	12.9	3.2	5.2
天　津	65.5	14.9	10.4	3.7	5.4
河　北	61.8	12.7	11.3	4.6	9.7
山　西	52.1	10.4	12.0	6.0	19.4
内蒙古	49.9	10.4	12.6	6.0	21.0
辽　宁	55.1	11.6	13.1	6.0	14.2
吉　林	57.9	10.6	13.9	7.0	10.7
黑龙江	59.7	8.1	11.6	7.1	13.4
上　海	63.1	18.5	8.8	4.4	5.2
江　苏	61.5	10.6	10.5	4.7	12.7
浙　江	59.2	14.1	10.4	3.9	12.4
安　徽	54.3	9.8	11.7	7.4	16.8
福　建	60.5	14.2	12.5	4.2	8.6
江　西	60.2	9.5	12.0	6.8	11.5
山　东	59.5	12.1	13.9	3.7	10.9
河　南	58.2	7.9	11.3	6.5	16.1
湖　北	58.8	10.2	14.4	3.9	12.7
湖　南	48.8	13.9	12.5	8.2	16.6
广　东	58.4	14.5	12.6	5.8	8.7
广　西	53.6	12.4	12.9	6.8	14.2
海　南	59.8	10.6	9.9	6.2	13.6
重　庆	62.8	7.5	12.1	6.6	10.9
四　川	59.8	11.3	9.4	8.0	11.5
贵　州	42.7	11.5	13.4	9.3	23.0
云　南	39.4	7.9	10.5	6.4	35.9
西　藏	39.7	11.6	13.8	6.3	28.6
陕　西	56.9	9.0	13.0	7.2	14.0
甘　肃	55.1	10.9	12.4	4.9	16.8
青　海	52.7	10.1	11.8	6.7	18.7
宁　夏	51.6	10.7	13.8	7.6	16.3
新　疆	53.4	9.7	12.0	4.6	20.2

地 区	数字科技馆				
	经常使用，很信任	经常使用，不太信任	不常使用，很信任	没用过	不知道
全 国	10.9	6.2	17.0	10.3	55.7
北 京	16.5	14.1	23.3	9.9	36.1
天 津	24.1	11.6	26.0	9.1	29.1
河 北	16.7	6.1	18.1	9.8	49.3
山 西	8.2	5.7	11.8	7.9	66.4
内蒙古	12.9	7.0	14.8	9.2	56.0
辽 宁	13.5	11.3	19.5	11.9	43.7
吉 林	13.2	8.6	15.2	10.2	52.8
黑龙江	17.2	6.6	15.6	13.4	47.2
上 海	15.9	7.1	26.6	10.4	39.9
江 苏	8.8	4.9	16.5	13.8	56.0
浙 江	16.7	9.4	20.2	9.2	44.6
安 徽	6.2	2.2	14.8	13.3	63.4
福 建	14.6	8.7	19.3	9.4	48.0
江 西	4.7	2.2	13.2	8.5	71.4
山 东	14.4	6.8	19.3	9.8	49.7
河 南	4.7	2.3	11.1	6.6	75.3
湖 北	11.5	4.8	22.1	8.7	52.9
湖 南	9.6	9.7	16.5	12.5	51.7
广 东	10.1	7.8	18.8	13.6	49.7
广 西	9.8	4.5	16.9	11.0	57.8
海 南	8.5	6.2	16.1	11.5	57.7
重 庆	5.3	1.1	11.2	7.2	75.1
四 川	6.9	3.5	11.0	6.1	72.5
贵 州	8.6	6.1	13.4	13.3	58.7
云 南	5.1	4.3	9.1	7.2	74.3
西 藏	8.1	5.7	18.9	13.4	53.9
陕 西	8.6	5.5	18.6	10.1	57.3
甘 肃	8.6	4.4	14.8	8.8	63.3
青 海	8.9	6.6	16.8	9.9	57.9
宁 夏	18.9	4.8	20.3	8.4	47.6
新 疆	5.3	2.6	14.6	8.9	68.6

附表 217　公民通过互联网了解科技发展信息的频度和信任情况 –7　单位：%

附表 218　公民通过互联网了解科技发展信息的频度和信任情况 -8　单位：%

地　区	微信				
	经常使用，很信任	经常使用，不太信任	不常使用，很信任	没用过	不知道
全　国	51.0	23.1	8.8	7.2	10.0
北　京	50.6	33.1	7.0	5.9	3.4
天　津	53.0	30.4	6.2	5.5	4.9
河　北	53.6	21.5	9.8	7.8	7.3
山　西	52.3	21.0	8.0	7.7	10.9
内蒙古	53.2	24.0	7.1	4.9	10.7
辽　宁	50.1	22.9	8.7	8.8	9.4
吉　林	50.1	23.8	9.3	7.5	9.3
黑龙江	60.9	17.7	9.6	6.0	5.8
上　海	47.4	35.3	7.8	6.2	3.3
江　苏	51.9	22.4	7.0	7.5	11.3
浙　江	51.8	29.6	9.0	4.6	5.0
安　徽	45.5	24.1	7.6	9.2	13.6
福　建	58.4	22.0	8.2	6.4	5.0
江　西	55.9	17.9	9.1	7.4	9.6
山　东	49.2	20.9	9.9	5.9	14.1
河　南	48.0	19.4	8.6	8.5	15.4
湖　北	52.0	19.5	9.5	8.8	10.2
湖　南	47.3	25.7	8.4	8.9	9.7
广　东	53.2	23.4	10.5	6.9	6.0
广　西	45.0	21.1	11.0	8.6	14.3
海　南	58.4	24.5	4.9	4.8	7.4
重　庆	51.3	18.9	11.7	5.7	12.4
四　川	50.9	21.0	8.5	8.9	10.7
贵　州	39.5	18.5	12.0	9.4	20.6
云　南	39.4	24.6	9.4	6.8	19.7
西　藏	45.6	30.7	6.9	8.7	8.1
陕　西	56.8	22.1	6.4	4.2	10.5
甘　肃	53.1	22.1	6.2	7.8	10.7
青　海	53.2	23.9	7.6	7.2	8.1
宁　夏	57.4	25.1	7.9	3.8	5.7
新　疆	50.6	29.1	5.5	5.1	9.6

附表 219　公民通过互联网了解科技发展信息的频度和信任情况 –9　单位：%

地　区	微博				
	经常使用， 很信任	经常使用， 不太信任	不常使用， 很信任	没用过	不知道
全　国	28.0	15.5	15.8	12.8	27.9
北　京	28.4	27.5	13.6	13.1	17.4
天　津	34.7	24.3	15.2	11.8	14.1
河　北	37.0	15.3	16.9	11.0	19.8
山　西	25.6	11.2	13.0	13.1	37.0
内蒙古	30.7	13.8	13.9	11.0	30.6
辽　宁	30.6	17.1	17.6	11.4	23.3
吉　林	26.8	17.8	16.3	12.1	27.0
黑龙江	37.5	13.0	13.1	12.2	24.2
上　海	27.6	26.0	14.8	16.2	15.3
江　苏	28.3	14.4	17.1	14.0	26.2
浙　江	28.2	20.8	17.7	12.7	20.6
安　徽	23.5	13.1	19.0	15.3	29.1
福　建	35.5	16.8	15.6	10.7	21.5
江　西	27.7	10.2	15.9	13.4	32.9
山　东	29.3	17.5	13.5	9.9	29.7
河　南	21.7	10.9	14.5	13.8	39.0
湖　北	27.2	13.9	16.7	14.4	27.9
湖　南	28.6	17.4	14.9	14.2	24.9
广　东	29.7	16.9	19.2	12.9	21.4
广　西	24.6	15.0	14.0	15.7	30.8
海　南	34.5	14.7	14.3	12.8	23.7
重　庆	25.3	10.0	16.3	10.6	37.8
四　川	23.9	12.5	14.0	10.5	39.1
贵　州	22.3	11.0	14.1	15.5	37.1
云　南	16.8	14.5	13.4	11.9	43.5
西　藏	23.6	13.2	22.6	11.3	29.4
陕　西	28.1	12.5	16.3	12.6	30.4
甘　肃	26.9	11.6	14.8	11.7	35.0
青　海	24.4	14.0	15.5	12.8	33.3
宁　夏	31.2	17.6	16.5	11.8	22.9
新　疆	21.8	11.5	14.1	13.0	39.6

地　区	科学博客				
	经常使用， 很信任	经常使用， 不太信任	不常使用， 很信任	没用过	不知道
全　国	9.5	6.9	15.7	11.0	57.0
北　京	14.8	14.1	22.1	13.5	35.6
天　津	19.3	14.7	22.0	10.3	33.7
河　北	15.2	7.4	17.3	9.0	51.2
山　西	7.4	5.8	12.4	9.9	64.6
内蒙古	12.9	8.9	14.7	10.1	53.4
辽　宁	15.8	9.9	18.0	11.2	45.1
吉　林	11.5	9.6	15.7	9.7	53.6
黑龙江	15.5	8.1	10.8	17.2	48.3
上　海	11.6	9.1	24.9	12.4	42.0
江　苏	6.0	4.5	17.2	12.7	59.7
浙　江	13.1	9.8	19.0	11.4	46.7
安　徽	6.8	4.3	13.8	13.9	61.3
福　建	10.5	8.6	19.8	10.2	50.9
江　西	4.3	3.4	13.2	10.3	68.8
山　东	12.7	7.9	16.1	9.1	54.2
河　南	4.0	3.0	9.3	7.2	76.5
湖　北	10.2	6.0	19.5	12.6	51.7
湖　南	9.3	8.9	14.8	13.4	53.6
广　东	9.1	8.7	17.3	13.7	51.1
广　西	7.1	6.3	15.3	12.3	59.0
海　南	9.8	7.4	15.2	10.7	56.9
重　庆	3.6	2.4	8.0	8.3	77.7
四　川	5.2	5.0	10.4	6.2	73.3
贵　州	7.1	4.9	12.9	11.8	63.4
云　南	3.2	2.3	9.8	8.0	76.7
西　藏	7.1	7.6	18.1	15.4	51.8
陕　西	9.5	5.7	16.7	9.6	58.5
甘　肃	8.7	5.0	14.7	11.7	59.8
青　海	5.4	6.1	18.0	13.6	56.8
宁　夏	15.2	7.3	16.4	10.3	50.7
新　疆	5.2	2.9	12.5	8.5	71.0

附表 220　公民通过互联网了解科技发展信息的频度和信任情况 –10　单位：%

地　区	科普类 APP				
	经常使用， 很信任	经常使用， 不太信任	不常使用， 很信任	没用过	不知道
全　国	9.7	5.5	14.3	9.4	61.0
北　京	15.2	11.3	22.4	10.9	40.2
天　津	19.6	11.0	22.0	9.4	38.0
河　北	13.6	4.6	16.8	10.0	55.0
山　西	7.7	4.0	10.9	7.4	70.0
内蒙古	11.5	7.2	15.9	8.5	56.9
辽　宁	13.8	9.8	15.0	10.4	51.0
吉　林	11.5	7.9	11.4	10.0	59.2
黑龙江	13.6	6.3	11.9	15.2	53.0
上　海	13.4	7.0	23.1	11.4	45.0
江　苏	7.8	3.7	15.9	10.7	61.9
浙　江	14.5	9.1	16.5	10.3	49.5
安　徽	6.5	2.4	13.1	10.2	67.8
福　建	12.1	7.2	17.2	9.7	53.8
江　西	4.6	2.7	10.4	6.9	75.5
山　东	13.4	8.0	13.3	7.2	58.1
河　南	4.6	1.0	9.4	5.3	79.8
湖　北	11.3	5.5	18.4	9.6	55.3
湖　南	8.8	7.8	14.5	12.0	56.9
广　东	8.6	6.5	15.4	12.4	57.0
广　西	8.0	5.0	12.0	10.2	64.8
海　南	8.3	5.6	13.4	7.8	64.9
重　庆	3.4	1.4	10.0	5.6	79.6
四　川	5.4	4.1	9.7	5.7	75.1
贵　州	5.5	4.7	9.8	10.3	69.6
云　南	4.4	1.4	7.7	6.3	80.2
西　藏	6.4	0.6	17.1	9.2	66.7
陕　西	10.2	4.0	16.5	8.9	60.4
甘　肃	8.3	4.3	13.8	9.4	64.2
青　海	6.7	5.3	12.1	10.2	65.7
宁　夏	14.0	6.7	14.4	9.7	55.2
新　疆	5.9	2.2	12.0	5.9	73.9

附表 221　公民通过互联网了解科技发展信息的频度和信任情况 –11　单位：%

附表 222　公民通过互联网了解科技发展信息的频度和信任情况 –12　单位：%

地　区	其他				
	经常使用， 很信任	经常使用， 不太信任	不常使用， 很信任	没用过	不知道
全　国	5.4	4.1	6.7	7.7	76.1
北　京	5.2	6.0	8.1	8.3	72.5
天　津	6.2	6.4	8.7	6.3	72.3
河　北	7.7	5.1	7.2	7.0	72.9
山　西	3.4	2.5	3.7	5.9	84.5
内蒙古	5.1	5.1	8.7	7.5	73.6
辽　宁	7.1	6.8	8.6	9.0	68.5
吉　林	6.6	6.6	6.6	7.8	72.4
黑龙江	8.5	4.2	7.6	10.8	68.9
上　海	6.4	4.7	7.9	8.1	72.8
江　苏	4.7	2.3	4.4	5.1	83.5
浙　江	7.6	5.8	7.7	8.5	70.4
安　徽	8.3	4.1	9.1	12.7	65.7
福　建	9.1	5.0	8.4	7.8	69.7
江　西	2.3	2.2	3.0	4.1	88.3
山　东	5.7	4.7	5.8	7.6	76.2
河　南	1.2	1.0	2.2	4.0	91.6
湖　北	7.4	4.5	9.8	10.0	68.2
湖　南	5.3	7.2	9.0	10.8	67.6
广　东	4.9	4.9	10.0	10.2	70.0
广　西	6.3	4.1	8.9	10.0	70.6
海　南	5.9	4.9	5.9	6.1	77.1
重　庆	1.0	0.7	1.7	2.1	94.4
四　川	2.3	2.4	2.8	3.8	88.7
贵　州	7.9	3.7	5.9	8.7	73.9
云　南	2.4	1.4	3.2	3.0	90.1
西　藏	3.8	3.2	5.4	5.5	81.9
陕　西	4.3	2.8	5.4	5.4	82.1
甘　肃	4.5	3.0	7.9	9.3	75.3
青　海	3.3	4.2	7.6	9.1	75.9
宁　夏	7.6	4.9	8.9	9.4	69.2
新　疆	3.4	1.9	5.0	7.3	82.4

（六）公民在过去一年中参加科普活动的情况

地　区	科技周、科技节、科普日			
	参加过	没参加过， 但听说过	没听说过	不知道
全　国	7.8	43.4	35.8	12.9
北　京	13.7	58.9	17.7	9.8
天　津	23.9	53.9	18.7	3.6
河　北	11.0	56.8	17.0	15.2
山　西	3.2	40.3	42.0	14.5
内蒙古	8.0	47.7	26.9	17.3
辽　宁	8.8	42.4	31.4	17.4
吉　林	4.7	54.2	33.8	7.3
黑龙江	6.7	45.3	41.3	6.8
上　海	15.0	55.8	21.0	8.3
江　苏	7.9	42.6	41.7	7.9
浙　江	13.1	41.7	26.3	18.9
安　徽	4.6	43.8	38.1	13.5
福　建	9.8	45.8	26.0	18.3
江　西	3.1	34.0	54.1	8.8
山　东	6.9	48.5	35.7	8.8
河　南	3.9	38.0	49.5	8.7
湖　北	12.2	45.8	25.8	16.2
湖　南	8.3	36.7	30.4	24.6
广　东	5.2	37.8	48.2	8.8
广　西	5.7	38.1	46.5	9.7
海　南	8.2	37.9	32.7	21.2
重　庆	5.0	43.3	47.9	3.9
四　川	4.2	39.0	49.4	7.4
贵　州	3.9	32.9	39.4	23.8
云　南	6.0	35.6	31.6	26.8
西　藏	9.5	47.2	24.5	18.8
陕　西	11.8	53.6	27.3	7.3
甘　肃	8.5	39.8	30.3	21.4
青　海	7.0	41.4	27.9	23.7
宁　夏	16.7	46.0	15.5	21.8
新　疆	17.1	44.8	16.2	22.0

附表 223　公民在过去一年中参加科普活动的情况 –1　　单位：%

地　区	科技咨询			
	参加过	没参加过，但听说过	没听说过	不知道
全　国	8.1	41.3	34.9	15.6
北　京	9.7	52.1	25.2	13.0
天　津	15.4	53.4	24.8	6.3
河　北	11.1	53.7	17.5	17.7
山　西	4.0	35.6	40.9	19.5
内蒙古	9.0	44.4	26.5	20.1
辽　宁	8.3	39.1	32.7	19.9
吉　林	7.3	53.9	29.3	9.5
黑龙江	8.4	43.5	38.5	9.5
上　海	9.5	50.9	26.8	12.8
江　苏	8.6	39.1	41.6	10.7
浙　江	9.8	42.7	26.8	20.6
安　徽	6.6	43.8	35.9	13.8
福　建	7.6	42.7	27.7	21.9
江　西	3.8	33.0	52.8	10.4
山　东	7.3	46.3	34.7	11.7
河　南	5.1	41.0	45.4	8.5
湖　北	15.0	42.3	23.9	18.8
湖　南	8.4	32.5	28.7	30.3
广　东	4.5	35.1	48.5	12.0
广　西	7.6	34.5	44.3	13.6
海　南	7.4	34.6	33.9	24.1
重　庆	5.2	41.6	46.9	6.2
四　川	5.2	41.0	45.4	8.4
贵　州	4.4	29.2	36.3	30.2
云　南	7.3	29.3	31.2	32.2
西　藏	10.4	42.2	25.6	21.8
陕　西	14.0	49.8	25.5	10.8
甘　肃	11.3	40.9	24.3	23.5
青　海	8.6	37.3	25.2	28.8
宁　夏	15.0	42.4	17.1	25.5
新　疆	17.1	43.3	18.0	21.6

附表 224　公民在过去一年中参加科普活动的情况 –2　　单位：%

地 区	科技培训			
	参加过	没参加过，但听说过	没听说过	不知道
全 国	11.0	43.2	31.2	14.7
北 京	11.7	52.0	24.1	12.2
天 津	15.4	55.1	22.9	6.6
河 北	15.2	53.2	15.9	15.7
山 西	7.7	40.2	34.9	17.2
内蒙古	13.3	45.1	23.4	18.2
辽 宁	8.6	42.4	29.2	19.8
吉 林	11.5	54.3	25.7	8.5
黑龙江	10.3	47.7	34.0	8.0
上 海	11.1	51.5	24.6	12.9
江 苏	11.4	42.7	35.5	10.5
浙 江	11.8	43.7	24.5	20.0
安 徽	11.6	47.4	27.9	13.1
福 建	9.9	41.7	27.0	21.4
江 西	5.9	35.4	47.9	10.8
山 东	9.8	47.9	30.3	12.0
河 南	7.3	41.3	42.8	8.6
湖 北	16.9	43.9	21.1	18.1
湖 南	10.7	35.3	25.4	28.6
广 东	5.9	36.5	47.0	10.6
广 西	11.3	37.6	38.2	12.8
海 南	17.1	31.8	29.4	21.7
重 庆	9.3	43.0	42.1	5.6
四 川	7.2	43.6	41.0	8.1
贵 州	8.4	31.8	30.2	29.6
云 南	12.2	33.0	26.8	28.1
西 藏	18.0	44.5	18.0	19.5
陕 西	16.4	50.9	23.7	9.0
甘 肃	16.0	43.3	19.9	20.7
青 海	16.1	40.6	19.1	24.2
宁 夏	25.8	39.6	12.2	22.4
新 疆	27.2	43.9	11.7	17.3

附表 225　公民在过去一年中参加科普活动的情况 –3　　　　单位：%

地　区	科普讲座			
	参加过	没参加过，但听说过	没听说过	不知道
全　国	12.4	39.6	32.6	15.4
北　京	16.1	51.8	21.4	10.6
天　津	27.2	47.0	20.0	5.8
河　北	16.3	50.8	16.7	16.1
山　西	9.0	36.7	36.4	17.9
内蒙古	13.7	44.0	24.6	17.7
辽　宁	9.5	39.8	30.3	20.5
吉　林	11.2	52.1	27.5	9.2
黑龙江	11.6	44.9	35.4	8.1
上　海	22.7	45.7	20.7	11.0
江　苏	14.3	39.2	36.0	10.6
浙　江	16.8	40.2	23.1	19.9
安　徽	10.7	39.9	34.2	15.2
福　建	14.4	39.0	25.9	20.7
江　西	7.2	30.7	51.1	11.1
山　东	10.4	46.7	30.0	12.9
河　南	7.9	39.2	44.2	8.7
湖　北	18.3	41.3	21.8	18.6
湖　南	11.2	33.4	25.4	30.0
广　东	8.0	32.3	48.3	11.4
广　西	9.5	31.7	44.2	14.6
海　南	12.6	31.6	30.1	25.8
重　庆	8.6	40.6	44.2	6.5
四　川	7.0	40.1	44.7	8.2
贵　州	7.7	26.1	33.9	32.4
云　南	10.6	27.8	30.5	31.1
西　藏	16.0	41.0	21.5	21.5
陕　西	17.8	46.1	26.1	10.0
甘　肃	15.1	36.6	23.2	25.1
青　海	12.1	37.7	21.3	28.9
宁　夏	22.5	36.0	13.9	27.6
新　疆	33.0	33.8	14.5	18.7

附表 226　公民在过去一年中参加科普活动的情况 –4　单位：%

地 区	科技展览			
	参加过	没参加过，但听说过	没听说过	不知道
全 国	14.6	41.3	28.7	15.5
北 京	25.2	47.8	16.8	10.2
天 津	34.8	44.8	15.3	5.1
河 北	16.2	50.3	14.4	19.0
山 西	10.5	38.4	33.0	18.1
内蒙古	15.7	41.9	24.1	18.3
辽 宁	13.9	39.4	27.5	19.2
吉 林	10.4	55.4	24.7	9.4
黑龙江	11.8	45.6	34.0	8.6
上 海	34.7	42.6	14.2	8.5
江 苏	19.4	39.8	30.5	10.4
浙 江	21.5	38.8	20.1	19.6
安 徽	10.9	47.5	27.7	14.0
福 建	15.1	40.2	22.4	22.4
江 西	8.6	32.6	47.4	11.5
山 东	12.7	48.0	27.4	11.8
河 南	9.2	42.6	39.6	8.6
湖 北	17.5	43.5	18.8	20.2
湖 南	12.0	33.4	23.4	31.3
广 东	13.1	35.1	40.7	11.1
广 西	13.4	36.4	37.2	13.0
海 南	10.3	34.8	29.3	25.6
重 庆	11.2	40.9	41.5	6.5
四 川	8.6	43.2	40.5	7.8
贵 州	7.6	29.0	29.6	33.8
云 南	10.4	31.6	26.1	31.8
西 藏	16.9	43.8	17.1	22.2
陕 西	21.2	47.3	22.1	9.4
甘 肃	13.6	37.9	22.7	25.8
青 海	15.4	37.1	20.3	27.2
宁 夏	26.7	36.7	10.7	25.8
新 疆	22.9	42.6	13.6	20.9

附表 227 公民在过去一年中参加科普活动的情况 –5 单位：%

（七）公民在过去一年中参观科普场所的情况及原因

地　区	附表 228　公民在过去一年中参观科普场所的情况及原因 –1　　单位：%										
	动物园、水族馆、植物园										
	去过及原因				没去过及原因						
	自己感兴趣	陪亲友去	偶然的机会	其他	本地没有	门票太贵	缺乏展品	不知在哪里	不感兴趣	没有时间	其他
全　国	18.5	26.6	7.0	1.7	13.2	3.0	0.2	2.2	4.6	18.6	4.5
北　京	27.5	36.1	7.7	1.4	1.3	2.1	0.3	0.4	4.7	14.4	4.1
天　津	25.5	42.5	5.7	1.7	1.1	2.1	0.1	0.8	2.3	16.2	2.0
河　北	25.3	27.2	5.2	3.0	14.5	2.2	0.0	1.3	3.0	12.1	6.2
山　西	16.5	27.1	6.6	1.6	14.7	2.5	0.4	2.2	5.0	18.2	5.2
内蒙古	19.9	24.0	5.6	2.0	15.4	2.3	0.2	3.1	3.6	15.3	8.4
辽　宁	26.1	21.1	6.8	2.3	12.9	4.1	0.5	1.4	3.2	15.0	6.6
吉　林	20.4	21.7	6.5	1.1	22.7	3.3	0.2	1.4	4.4	16.3	1.9
黑龙江	17.4	24.8	5.2	2.0	19.4	4.3	0.1	2.0	3.7	17.4	3.5
上　海	25.8	37.3	7.3	1.7	1.1	3.0	0.2	1.4	4.7	15.4	2.2
江　苏	16.1	34.6	6.9	1.7	8.6	3.9	0.0	1.3	5.2	18.4	3.1
浙　江	27.4	31.0	9.9	2.3	5.1	1.5	0.2	1.4	3.8	12.0	5.3
安　徽	14.5	25.5	5.5	2.2	19.0	3.1	0.3	1.9	5.2	20.8	2.0
福　建	18.7	31.9	8.3	2.4	10.9	2.0	0.3	1.7	4.1	13.6	6.1
江　西	11.5	26.0	6.0	1.1	14.6	2.8	0.1	2.9	8.5	23.8	2.7
山　东	20.8	25.8	7.2	1.0	11.2	2.9	0.2	2.7	3.5	22.0	2.8
河　南	10.9	29.3	8.0	0.8	15.2	4.4	0.0	2.2	4.7	22.3	2.1
湖　北	19.8	23.1	6.7	2.2	13.6	2.2	0.1	2.1	3.4	22.4	4.3
湖　南	23.5	17.4	8.8	2.3	19.5	2.1	0.3	2.0	3.5	12.1	8.5
广　东	17.0	28.9	8.9	1.8	9.9	2.5	0.6	2.9	6.5	17.0	4.0
广　西	15.1	25.1	5.9	1.6	15.4	3.8	0.1	2.4	4.5	21.5	4.6
海　南	14.8	18.6	5.2	1.7	17.1	5.1	0.4	4.7	8.0	20.5	3.7
重　庆	14.2	28.2	5.3	0.8	9.8	3.7	0.1	3.2	7.0	23.7	4.1
四　川	10.5	26.6	6.7	0.6	12.9	2.6	0.3	2.4	5.9	25.0	6.5
贵　州	16.6	17.1	5.8	2.4	17.9	3.1	0.6	4.0	5.2	19.2	8.2
云　南	16.7	20.8	4.5	2.0	20.4	3.0	0.2	2.2	5.4	19.6	5.2
西　藏	32.3	16.0	7.2	0.8	8.4	1.0	0.1	6.9	2.6	19.9	4.9
陕　西	18.6	28.8	7.3	1.4	12.3	4.1	0.0	1.5	3.0	21.2	1.8
甘　肃	17.6	17.5	7.8	2.0	19.4	2.9	0.0	3.1	3.5	18.0	8.3
青　海	16.0	25.3	6.1	1.5	10.4	2.8	0.3	2.9	3.4	18.0	13.4
宁　夏	24.4	20.7	9.0	2.7	10.9	3.6	0.3	3.7	1.8	14.2	8.7
新　疆	16.9	22.1	6.0	1.6	15.8	1.5	0.1	4.9	4.1	24.7	2.5

地 区	科技馆等科技类场馆										
	去过及原因				没去过及原因						
	自己感兴趣	陪亲友去	偶然的机会	其他	本地没有	门票太贵	缺乏展品	不知在哪里	不感兴趣	没有时间	其他
全 国	6.9	8.7	5.5	1.5	22.6	2.9	0.6	8.3	10.1	25.0	7.8
北 京	13.6	17.5	9.6	3.2	4.5	2.5	1.1	2.6	10.9	26.1	8.3
天 津	14.5	26.8	8.3	2.1	3.5	2.0	0.4	3.8	7.7	27.7	3.2
河 北	7.9	9.1	8.2	2.1	27.4	2.6	1.1	4.8	6.3	19.2	11.4
山 西	5.2	7.5	4.1	1.2	25.9	2.6	0.5	9.2	10.5	23.2	10.0
内蒙古	7.1	8.3	5.7	2.2	25.7	2.3	0.4	7.6	6.2	22.3	12.2
辽 宁	9.3	8.8	6.6	2.7	21.6	4.4	1.2	6.2	8.9	20.8	9.5
吉 林	5.1	6.8	4.1	1.0	37.4	3.7	0.6	6.2	9.3	21.8	4.0
黑龙江	6.8	8.5	3.6	1.4	30.3	4.5	0.7	5.6	10.9	22.2	5.7
上 海	15.3	22.7	9.0	2.5	2.0	3.0	0.2	5.2	11.7	25.0	3.5
江 苏	7.1	10.0	6.3	1.4	16.4	2.8	0.4	8.4	14.6	27.3	5.3
浙 江	11.2	15.3	8.6	2.4	13.7	1.6	0.3	6.5	10.3	16.8	13.2
安 徽	5.2	6.8	3.0	1.5	31.6	2.8	0.4	10.4	10.8	24.0	3.3
福 建	8.1	11.7	6.8	2.9	19.6	2.0	0.7	7.6	8.7	20.5	11.3
江 西	3.6	6.2	3.7	0.6	23.1	2.8	0.9	11.1	13.9	29.2	5.0
山 东	7.5	8.2	5.0	1.1	22.6	3.3	0.6	9.1	6.9	31.1	4.5
河 南	3.6	6.7	3.0	0.6	28.3	3.1	0.8	9.3	10.9	30.4	3.3
湖 北	8.8	8.8	7.0	1.2	22.6	2.0	0.5	7.0	7.4	27.0	7.8
湖 南	7.6	6.7	6.7	2.1	29.3	2.5	0.7	6.1	7.0	15.4	15.9
广 东	5.4	8.0	8.0	1.8	18.4	3.1	0.8	11.2	13.0	23.1	7.2
广 西	5.0	6.7	3.3	1.4	27.0	2.7	0.8	9.4	10.1	25.1	8.6
海 南	4.4	3.8	4.4	1.2	25.8	4.2	0.5	15.4	13.0	22.0	5.3
重 庆	4.2	6.6	3.1	0.7	15.2	3.3	0.1	11.5	14.7	33.8	6.8
四 川	4.8	6.4	3.4	0.5	19.4	3.3	0.4	7.8	12.4	32.9	8.6
贵 州	4.2	4.1	2.8	1.5	30.1	2.9	0.6	10.3	8.8	21.8	12.9
云 南	3.8	3.1	3.4	1.2	29.9	4.3	0.2	9.0	12.2	24.3	8.6
西 藏	8.5	4.1	7.7	1.1	14.2	1.8	0.4	16.6	5.0	28.2	12.3
陕 西	9.4	10.8	5.0	1.1	20.3	3.0	0.6	8.0	9.0	27.9	5.0
甘 肃	5.3	4.0	4.7	1.7	29.1	2.2	0.3	9.8	8.1	22.8	12.0
青 海	8.6	13.4	5.6	0.9	13.5	2.2	0.2	8.8	6.4	22.0	18.3
宁 夏	12.0	12.1	8.7	3.0	15.4	3.0	0.7	11.0	4.8	16.7	12.5
新 疆	7.0	6.2	5.5	1.3	21.0	1.7	0.3	14.4	9.7	28.6	4.3

附表 229　公民在过去一年中参观科普场所的情况及原因 –2　　　单位：%

地　区	自然博物馆										
	去过及原因				没去过及原因						
	自己感兴趣	陪亲友去	偶然的机会	其他	本地没有	门票太贵	缺乏展品	不知在哪里	不感兴趣	没有时间	其他
全　国	7.7	7.8	4.8	1.8	24.2	2.4	0.5	9.4	9.2	24.1	8.2
北　京	13.9	18.1	7.5	2.8	3.8	2.5	0.7	3.6	10.2	27.9	8.9
天　津	16.3	25.8	7.8	2.1	3.5	1.5	0.4	4.6	6.2	28.1	3.6
河　北	7.5	6.9	5.4	3.1	29.8	2.4	0.7	5.7	6.2	18.9	13.4
山　西	4.7	6.1	3.5	1.2	31.7	1.7	0.7	9.3	9.3	21.5	10.4
内蒙古	9.2	9.8	4.9	2.9	25.1	1.4	0.4	7.2	5.7	21.2	12.3
辽　宁	10.6	8.0	6.5	3.0	21.7	3.8	1.2	6.8	8.1	20.7	9.5
吉　林	5.8	5.4	3.8	1.1	40.6	3.4	1.0	7.8	7.7	19.9	3.5
黑龙江	7.9	6.7	2.8	1.6	31.3	3.9	0.6	7.4	10.2	21.7	6.0
上　海	15.0	16.3	6.5	1.8	2.6	2.1	0.4	7.7	12.6	30.1	5.0
江　苏	7.5	9.4	4.0	1.6	17.3	2.4	0.2	11.3	13.5	26.4	6.4
浙　江	12.0	11.9	8.9	2.5	16.4	1.7	0.3	7.5	7.4	19.4	12.1
安　徽	6.8	5.9	2.8	0.8	34.6	2.4	0.2	11.6	9.8	21.3	3.9
福　建	10.2	10.0	6.4	3.2	21.3	1.4	1.2	8.8	8.3	17.8	11.3
江　西	4.8	5.8	3.9	1.0	25.3	2.1	0.5	12.1	12.8	26.7	4.9
山　东	7.6	7.8	4.3	1.7	22.9	2.2	0.7	10.1	7.0	30.2	5.4
河　南	4.0	5.4	3.2	0.7	31.4	2.5	0.1	12.1	9.6	27.6	3.5
湖　北	7.8	7.5	5.6	2.3	25.1	1.9	0.7	8.9	6.4	25.8	8.5
湖　南	8.6	6.7	6.0	2.7	29.6	2.9	0.9	6.5	4.4	15.8	15.9
广　东	6.6	7.3	6.3	2.8	20.2	2.2	0.8	11.7	12.3	23.1	6.6
广　西	5.4	5.1	3.7	0.5	31.7	2.6	0.2	10.6	8.8	22.8	8.6
海　南	6.8	4.9	2.7	1.6	28.7	3.4	0.6	15.2	12.7	18.6	4.9
重　庆	5.2	5.9	3.3	0.5	16.2	2.2	0.0	12.2	12.7	34.1	7.6
四　川	5.5	6.0	4.1	0.6	20.7	3.7	0.3	7.5	12.4	30.4	8.6
贵　州	5.5	3.6	3.1	1.8	29.1	2.6	0.6	10.9	9.1	20.0	13.6
云　南	6.8	4.9	2.0	1.2	31.3	3.0	0.3	8.0	9.5	22.4	10.5
西　藏	18.2	7.6	9.6	2.0	11.0	1.2	0.3	13.8	3.7	22.1	10.5
陕　西	9.9	10.9	4.9	0.9	19.8	2.4	0.2	9.6	8.3	27.8	5.3
甘　肃	7.1	5.4	5.3	2.6	27.2	1.4	0.5	8.6	6.8	22.6	12.6
青　海	6.6	6.6	2.8	1.2	17.2	2.4	0.4	10.4	7.7	23.5	21.3
宁　夏	11.3	9.5	6.7	3.7	17.6	2.9	0.8	10.5	5.6	16.6	15.0
新　疆	7.8	7.5	4.1	1.0	22.9	1.1	0.4	16.4	7.4	26.2	5.3

附表 230　公民在过去一年中参观科普场所的情况及原因 –3　　　单位：%

地 区	公共图书馆										
	去过及原因				没去过及原因						
	自己感兴趣	陪亲友去	偶然的机会	其他	本地没有	门票太贵	缺乏展品	不知在哪里	不感兴趣	没有时间	其他
全 国	19.1	10.2	8.6	2.5	13.4	1.0	0.5	5.4	10.6	21.4	7.2
北 京	22.9	13.7	10.0	3.5	3.4	0.5	0.7	1.9	9.4	26.0	8.0
天 津	22.7	18.8	8.8	2.5	3.1	0.5	0.5	3.5	6.7	29.2	3.6
河 北	18.0	8.6	9.6	5.0	16.2	1.9	0.7	4.5	7.3	17.2	10.9
山 西	17.3	11.5	8.0	2.6	12.9	0.6	0.7	4.8	12.5	20.4	8.7
内蒙古	17.2	12.1	7.1	2.3	16.5	1.1	0.2	4.6	7.3	21.1	10.4
辽 宁	16.3	7.0	7.4	3.6	16.9	1.7	1.2	5.4	10.5	20.9	9.1
吉 林	15.1	7.9	5.9	2.1	27.9	1.1	0.3	4.7	10.1	20.7	4.2
黑龙江	14.0	8.8	5.1	2.3	23.4	2.0	0.6	4.9	12.6	21.0	5.2
上 海	34.3	12.4	9.5	2.2	2.1	0.7	0.5	4.0	10.8	19.9	3.5
江 苏	23.5	13.2	9.5	1.7	7.9	1.6	0.3	4.4	12.1	20.3	5.4
浙 江	27.9	14.7	11.2	3.1	4.5	1.2	0.4	2.6	8.7	14.7	11.0
安 徽	17.0	9.6	8.1	2.2	17.7	1.0	0.3	7.6	12.5	20.4	3.6
福 建	21.7	11.9	11.7	3.4	10.1	0.7	0.9	3.7	7.6	18.9	9.2
江 西	16.1	8.5	9.0	1.3	14.2	0.5	0.4	5.6	15.8	24.3	4.2
山 东	16.4	11.1	6.6	2.1	13.0	1.0	0.4	7.7	9.2	28.0	4.6
河 南	13.4	8.9	7.1	0.6	20.5	0.5	0.3	7.1	12.8	25.5	3.3
湖 北	21.0	10.4	9.7	3.0	11.9	0.7	0.5	4.4	8.3	22.4	7.7
湖 南	18.6	6.3	11.2	5.2	18.3	1.6	1.1	5.2	5.4	14.4	12.8
广 东	20.3	13.2	12.5	3.1	9.9	1.2	0.8	5.4	10.1	18.6	4.8
广 西	18.2	8.2	7.7	2.0	14.6	0.8	0.5	6.1	11.8	22.0	8.2
海 南	19.8	11.1	8.4	1.6	12.3	1.3	0.4	8.0	13.0	19.5	4.7
重 庆	18.7	9.1	7.2	0.8	7.1	0.6	0.1	7.0	16.0	26.4	6.9
四 川	13.6	8.9	6.4	1.1	11.9	0.4	0.2	4.8	16.2	26.0	10.6
贵 州	15.0	5.7	5.8	2.8	19.3	1.5	0.6	8.2	9.7	18.1	13.2
云 南	18.0	6.4	6.8	1.4	20.4	0.9	0.4	4.8	11.6	21.3	7.9
西 藏	29.6	8.0	7.6	2.3	6.5	0.4	0.2	9.5	5.2	19.9	10.7
陕 西	23.1	10.4	8.9	2.3	11.6	0.5	0.1	5.3	10.4	22.6	4.7
甘 肃	20.2	7.6	9.7	3.7	10.3	0.9	0.4	6.2	8.7	21.0	12.0
青 海	13.3	8.2	6.0	3.2	11.1	1.4	0.3	7.3	9.3	21.3	18.6
宁 夏	22.2	10.0	9.7	6.1	6.1	1.1	0.6	4.8	8.4	17.3	13.8
新 疆	31.1	12.2	8.0	2.3	5.7	0.1	0.1	6.4	9.3	21.3	3.6

附表 231　公民在过去一年中参观科普场所的情况及原因 –4　　　单位：%

地　区	美术馆或展览馆										
	去过及原因				没去过及原因						
	自己感兴趣	陪亲友去	偶然的机会	其他	本地没有	门票太贵	缺乏展品	不知在哪里	不感兴趣	没有时间	其他
全　国	7.3	6.0	5.4	1.8	21.7	1.5	0.6	8.8	14.8	23.3	8.8
北　京	13.3	11.8	9.2	3.4	4.4	2.0	0.8	2.9	13.3	28.4	10.4
天　津	13.6	14.3	8.7	2.2	4.5	1.1	0.5	5.4	14.1	31.5	4.1
河　北	8.0	5.5	5.4	2.9	27.1	2.1	0.7	7.2	9.4	17.0	14.7
山　西	6.0	6.0	4.2	1.3	23.6	1.2	0.4	8.8	16.8	21.1	10.7
内蒙古	8.2	8.1	5.0	2.5	23.3	1.2	0.4	7.6	9.5	21.2	13.0
辽　宁	8.9	5.4	5.9	3.9	21.0	2.3	1.6	6.7	12.7	20.8	10.7
吉　林	5.6	4.1	4.2	2.3	35.7	2.5	0.8	6.9	14.0	19.4	4.4
黑龙江	5.6	5.0	3.1	1.5	30.9	2.7	0.5	6.1	16.4	21.6	6.6
上　海	15.3	11.5	9.1	2.2	2.8	1.9	0.6	7.3	19.6	26.1	3.8
江　苏	8.4	7.0	5.9	1.3	16.0	2.2	0.3	9.7	19.4	23.6	6.2
浙　江	10.7	10.5	10.2	3.1	11.8	1.5	0.7	6.1	11.8	17.1	16.5
安　徽	4.6	4.7	3.7	0.7	30.2	1.2	0.3	10.9	17.8	21.7	4.2
福　建	9.8	9.5	8.5	2.8	17.3	1.1	0.9	8.2	10.6	19.9	11.4
江　西	3.9	3.0	4.1	1.2	24.0	0.8	0.4	9.6	21.3	26.9	4.8
山　东	7.3	6.2	5.1	1.8	20.5	1.2	0.6	9.6	12.5	29.4	5.6
河　南	4.3	3.5	3.0	0.3	31.0	0.8	0.1	11.4	16.1	25.7	3.8
湖　北	6.5	5.6	5.5	1.8	23.3	1.5	0.5	8.0	11.2	26.1	10.1
湖　南	7.9	4.3	6.8	3.0	28.3	1.8	0.8	8.7	6.8	15.4	16.1
广　东	7.7	7.7	7.1	2.1	16.8	1.8	1.2	10.0	15.8	22.8	6.9
广　西	6.2	4.5	4.0	1.4	26.2	1.4	0.4	10.3	14.0	22.5	9.3
海　南	5.4	3.6	3.4	1.2	24.4	2.3	0.9	14.6	18.8	19.2	6.1
重　庆	4.8	5.5	3.4	0.6	12.9	0.5	0.3	12.2	20.9	30.8	8.1
四　川	4.4	4.1	3.4	0.5	18.1	1.1	0.4	6.4	21.6	30.0	9.8
贵　州	5.5	3.0	3.5	1.6	27.4	1.7	0.9	9.7	13.4	19.9	13.4
云　南	5.4	2.8	2.7	0.9	29.7	1.2	0.6	9.4	15.0	21.5	10.8
西　藏	16.9	5.6	7.4	1.8	10.1	1.1	0.8	12.4	6.2	24.3	13.4
陕　西	8.9	6.7	6.5	1.7	19.9	1.0	0.4	7.8	17.4	24.5	5.0
甘　肃	8.1	4.5	6.3	1.8	20.2	0.8	1.0	9.1	10.9	23.4	14.0
青　海	5.3	6.0	4.7	1.6	15.2	1.3	0.4	9.7	10.3	23.7	22.0
宁　夏	11.5	9.6	8.0	4.2	13.6	1.6	2.1	8.1	8.3	15.6	17.4
新　疆	9.3	5.9	4.5	1.1	16.3	0.7	0.6	13.5	16.2	26.9	4.9

附表 232　公民在过去一年中参观科普场所的情况及原因 −5　　单位：%

地 区	科普画廊或宣传栏										
	去过及原因				没去过及原因						
	自己感兴趣	陪亲友去	偶然的机会	其他	本地没有	门票太贵	缺乏展品	不知在哪里	不感兴趣	没有时间	其他
全 国	7.1	3.6	7.7	2.3	20.3	1.2	0.9	11.0	14.4	21.7	9.9
北 京	8.5	7.3	10.8	4.7	5.8	1.0	0.7	7.6	14.4	26.5	12.9
天 津	10.7	9.8	9.8	3.6	5.5	0.8	0.7	8.4	14.5	30.5	5.7
河 北	6.4	5.0	6.1	3.8	26.0	1.4	1.4	7.3	9.2	18.2	15.3
山 西	3.9	3.1	6.6	0.9	23.5	0.9	1.0	13.4	15.4	18.9	12.2
内蒙古	5.4	4.3	6.1	3.1	25.0	1.0	0.6	9.0	9.0	21.7	14.9
辽 宁	6.4	3.6	6.8	3.5	21.4	2.3	1.7	8.2	12.9	20.7	12.5
吉 林	4.8	3.1	6.0	2.1	35.7	1.5	0.9	8.4	12.8	20.0	4.8
黑龙江	4.4	3.0	5.1	1.7	32.1	2.5	0.9	8.4	15.1	19.3	7.3
上 海	10.3	7.0	12.3	3.5	3.5	1.1	0.8	11.5	20.2	24.2	5.7
江 苏	8.4	4.0	8.8	1.9	14.2	1.9	0.6	11.6	19.4	22.3	7.0
浙 江	12.1	7.1	12.7	3.8	10.8	0.5	1.8	8.5	10.8	15.4	16.5
安 徽	5.9	2.0	6.4	1.8	27.6	1.2	0.6	13.9	15.6	20.7	4.4
福 建	9.3	5.0	9.9	3.7	17.1	0.9	1.1	9.5	10.6	19.2	13.5
江 西	5.0	1.2	6.5	1.0	21.2	0.9	0.6	12.2	21.5	23.9	6.0
山 东	7.6	3.8	6.7	2.6	20.5	1.1	0.8	11.8	12.0	27.3	5.7
河 南	4.1	2.0	6.4	0.5	28.0	1.0	0.4	15.4	14.9	22.5	4.8
湖 北	10.8	3.4	9.1	2.8	19.2	1.0	1.0	9.6	10.8	22.0	10.3
湖 南	6.1	4.2	6.7	3.4	27.5	1.7	1.3	8.6	7.5	14.8	18.2
广 东	5.7	3.1	8.7	2.1	16.5	1.6	1.1	13.2	17.6	22.0	8.5
广 西	6.3	2.5	7.4	1.8	22.5	1.2	0.4	12.3	14.0	21.1	10.6
海 南	7.5	1.3	7.2	2.2	19.3	1.3	0.9	17.4	18.8	17.1	7.2
重 庆	5.9	2.8	8.0	0.7	11.0	0.6	0.3	14.3	21.1	27.2	8.0
四 川	6.5	2.2	7.7	0.8	14.9	0.4	0.6	7.8	21.2	26.5	11.3
贵 州	4.9	1.7	4.1	2.2	25.6	1.6	1.4	11.7	12.2	18.2	16.4
云 南	7.1	1.8	7.0	1.4	26.0	1.0	0.4	10.6	14.2	19.5	11.1
西 藏	9.6	2.9	5.0	1.8	11.5	0.8	0.8	17.2	6.7	26.6	17.2
陕 西	10.5	4.8	9.2	2.1	18.4	0.7	0.7	11.2	14.2	22.3	5.9
甘 肃	8.1	3.2	8.7	2.8	18.6	0.4	0.6	9.8	10.4	21.9	15.4
青 海	5.3	2.5	6.3	2.3	14.9	1.3	0.8	10.0	12.3	20.9	23.5
宁 夏	10.2	5.6	10.0	5.4	12.4	1.6	1.3	10.9	8.9	16.3	17.5
新 疆	9.7	2.7	8.7	2.3	13.5	0.6	0.4	18.7	13.4	24.5	5.5

附表 233　公民在过去一年中参观科普场所的情况及原因 –6　　单位：%

附表 234　公民在过去一年中参观科普场所的情况及原因 –7　　　　单位：%

地　区	科普宣传车										
	去过及原因				没去过及原因						
	自己感兴趣	陪亲友去	偶然的机会	其他	本地没有	门票太贵	缺乏展品	不知在哪里	不感兴趣	没有时间	其他
全　国	4.2	2.0	8.6	2.9	21.2	1.0	0.9	13.5	13.6	19.9	12.2
北　京	3.9	5.0	6.9	4.2	8.4	1.1	1.1	14.7	14.6	23.2	16.9
天　津	5.0	5.7	10.1	2.5	9.6	0.4	0.6	15.7	13.7	29.1	7.7
河　北	6.1	2.4	6.8	4.7	23.6	1.0	1.5	10.1	10.2	17.1	16.6
山　西	3.3	1.5	7.5	2.1	24.2	0.7	0.6	15.0	12.4	18.4	14.4
内蒙古	4.5	1.7	7.8	5.5	23.8	1.7	0.8	10.3	8.4	19.2	16.2
辽　宁	4.6	2.6	6.1	4.3	22.9	1.6	1.8	10.1	12.0	19.8	14.2
吉　林	3.8	2.4	7.3	2.1	35.1	1.2	0.6	11.2	11.9	17.7	6.5
黑龙江	3.2	2.1	6.4	1.3	33.5	2.0	1.1	11.6	13.6	17.5	7.8
上　海	3.2	3.7	6.1	2.3	7.3	0.5	0.5	24.1	21.4	22.1	8.7
江　苏	3.4	1.9	7.1	1.5	18.6	1.6	0.9	16.8	18.6	21.2	8.5
浙　江	6.7	2.6	9.7	6.3	12.5	1.8	1.8	12.3	11.1	15.1	21.2
安　徽	3.1	1.0	3.6	0.9	29.5	0.5	0.7	18.8	15.5	19.5	6.8
福　建	6.0	2.9	9.0	4.3	19.2	0.8	0.7	11.6	11.0	18.0	16.4
江　西	1.8	0.5	7.6	2.2	21.1	1.0	0.3	15.0	18.9	23.8	7.7
山　东	5.9	2.5	11.4	2.7	21.2	0.8	1.4	11.2	11.3	24.8	7.0
河　南	2.0	0.7	8.2	1.1	28.6	0.4	0.6	17.0	13.7	21.1	6.4
湖　北	7.3	2.3	12.0	3.8	18.8	0.5	0.7	11.3	9.1	20.8	13.3
湖　南	4.4	3.2	7.4	4.5	27.4	1.4	1.0	10.1	6.5	14.1	20.1
广　东	2.0	2.3	6.8	1.9	19.2	1.4	1.4	17.1	17.7	18.8	11.3
广　西	3.8	1.24	7.1	3.0	23.8	0.6	0.5	13.6	14.0	20.4	11.9
海　南	4.2	1.4	11.8	1.9	17.6	1.1	0.7	20.0	16.7	15.2	9.4
重　庆	3.1	0.9	12.9	4.7	10.4	0.2	0.3	13.1	18.9	22.8	12.7
四　川	3.8	0.4	15.7	2.0	14.1	0.3	0.3	7.9	18.4	22.1	14.9
贵　州	2.8	1.2	4.5	2.7	26.0	1.5	0.8	13.0	11.6	18.1	17.7
云　南	2.7	0.5	7.3	1.7	27.8	1.2	0.3	12.9	14.1	18.3	13.2
西　藏	7.0	2.7	3.2	1.7	14.1	0.6	0.6	18.3	7.4	24.7	19.6
陕　西	7.5	3.0	11.0	2.3	19.6	1.0	0.3	14.2	12.1	19.6	9.3
甘　肃	5.1	2.0	11.9	6.0	16.1	0.5	1.0	9.7	10.6	18.6	18.5
青　海	3.7	1.2	6.9	2.2	15.4	1.6	0.5	12.1	11.7	20.2	24.6
宁　夏	9.2	3.2	11.4	8.0	12.0	1.1	0.7	9.5	9.6	15.1	20.4
新　疆	7.3	1.0	13.3	3.6	12.5	0.8	1.3	18.3	13.3	20.5	8.1

附表 235 公民在过去一年中参观科普场所的情况及原因 –8   单位：%

地 区	图书阅览室										
	去过及原因				没去过及原因						
	自己感兴趣	陪亲友去	偶然的机会	其他	本地没有	门票太贵	缺乏展品	不知在哪里	不感兴趣	没有时间	其他
全 国	16.9	6.8	7.8	2.8	15.2	0.8	0.6	7.7	11.1	21.7	8.5
北 京	18.6	8.0	9.3	3.8	4.6	1.1	0.7	6.1	11.5	25.2	11.1
天 津	23.8	12.8	8.7	2.8	3.9	0.4	0.4	5.4	8.5	29.2	4.1
河 北	18.0	7.8	10.7	4.5	15.7	0.2	0.7	5.0	7.0	17.6	12.8
山 西	15.0	7.6	6.1	2.8	16.2	0.2	0.4	9.4	11.1	20.2	11.2
内蒙古	14.5	8.8	6.0	4.0	16.8	0.8	0.6	7.7	6.0	22.8	12.1
辽 宁	13.5	4.9	6.9	3.7	18.2	1.6	2.0	7.1	10.2	21.4	10.4
吉 林	11.5	6.6	6.0	2.5	27.8	1.0	0.5	6.9	11.2	22.2	3.9
黑龙江	11.5	6.1	4.3	1.9	28.2	1.8	0.5	7.4	11.8	19.4	7.0
上 海	30.9	9.6	10.9	3.0	2.3	0.3	0.5	6.7	12.0	20.3	3.6
江 苏	21.3	9.9	9.7	1.6	9.8	1.3	0.3	7.1	11.9	20.5	6.6
浙 江	24.3	10.0	12.0	4.2	6.4	0.5	0.9	4.2	8.7	15.1	13.7
安 徽	15.7	5.0	5.9	1.8	20.5	0.6	0.5	11.6	13.0	21.1	4.4
福 建	18.6	9.6	10.2	5.2	10.7	0.5	0.8	7.5	9.3	15.8	11.8
江 西	13.1	5.7	6.7	1.4	17.6	0.3	0.5	8.9	16.2	24.4	5.2
山 东	14.3	7.0	6.2	3.2	16.8	0.8	0.6	7.5	10.4	27.5	5.5
河 南	12.0	5.0	6.2	0.7	23.0	0.4	0.3	11.3	12.2	24.9	4.2
湖 北	19.7	8.0	8.6	2.9	12.7	0.7	0.4	5.5	7.0	25.1	9.5
湖 南	15.8	5.3	9.5	5.5	19.9	1.8	1.1	7.1	5.3	14.1	14.6
广 东	17.0	7.9	11.2	3.1	10.5	1.3	0.7	8.1	12.0	21.4	6.9
广 西	16.5	5.0	7.4	2.6	17.5	0.6	0.3	9.1	10.4	22.2	8.4
海 南	13.5	5.4	6.7	1.9	14.7	1.0	0.8	12.7	17.5	19.8	6.0
重 庆	18.0	5.2	6.4	0.9	8.8	0.1	0.1	9.1	17.0	25.7	8.5
四 川	12.3	5.2	5.3	1.3	12.5	0.2	0.3	5.1	20.1	28.0	9.7
贵 州	11.6	2.8	4.2	2.9	22.5	1.4	0.8	10.7	10.2	17.9	15.2
云 南	14.9	3.9	4.5	1.9	24.0	1.4	0.1	9.6	11.7	18.2	9.7
西 藏	26.1	3.6	7.0	2.8	7.1	0.2	0.4	8.9	5.3	22.4	16.2
陕 西	21.0	6.7	6.8	3.6	15.6	0.4	0.3	9.3	10.1	22.2	4.0
甘 肃	18.5	4.6	8.9	3.5	10.8	0.2	0.5	7.1	10.8	21.8	13.4
青 海	12.6	4.4	6.2	2.4	11.6	1.1	0.3	8.2	9.6	22.4	21.2
宁 夏	21.2	7.0	11.3	6.0	6.5	0.7	0.7	6.0	7.8	17.4	15.3
新 疆	30.3	6.9	7.2	2.0	7.1	0.4	0.2	9.1	11.3	20.8	4.8

地　区	科技示范点或科普活动站										
	去过及原因				没去过及原因						
	自己感兴趣	陪亲友去	偶然的机会	其他	本地没有	门票太贵	缺乏展品	不知在哪里	不感兴趣	没有时间	其他
全　国	4.7	2.5	4.3	1.9	22.2	1.1	0.7	16.2	12.3	22.3	11.6
北　京	4.4	6.2	7.7	3.0	6.8	1.2	1.0	14.2	12.5	26.6	16.3
天　津	7.7	7.8	7.8	2.7	6.9	0.5	0.5	16.0	11.5	31.3	7.1
河　北	6.0	3.1	5.7	4.7	24.6	0.9	0.9	10.7	8.2	18.7	16.5
山　西	2.5	1.8	2.8	1.2	25.4	0.5	0.3	18.7	11.3	20.0	15.4
内蒙古	5.2	2.0	5.3	2.5	24.2	1.3	0.7	13.9	6.9	22.8	15.2
辽　宁	4.8	3.3	4.8	4.1	21.8	2.0	1.6	11.6	11.8	20.4	13.8
吉　林	3.2	2.6	3.1	1.8	35.9	1.6	0.5	13.2	12.2	19.8	6.0
黑龙江	4.3	2.7	1.8	1.8	33.0	1.8	0.5	13.1	12.6	19.6	8.9
上　海	4.6	3.8	7.9	3.0	6.2	0.6	0.4	23.9	18.4	23.8	7.3
江　苏	3.6	3.0	4.5	0.8	17.4	1.3	0.2	21.2	15.3	24.4	8.3
浙　江	6.3	3.8	6.7	2.4	14.9	0.8	1.5	14.3	10.9	16.4	21.9
安　徽	2.8	1.8	2.6	0.9	30.1	1.0	0.6	20.4	13.7	20.1	6.2
福　建	5.7	3.9	6.3	2.8	19.5	0.9	0.5	12.8	10.2	19.1	18.2
江　西	1.9	1.4	1.9	0.7	24.5	0.5	0.6	20.3	17.2	23.3	7.6
山　东	5.5	2.7	4.3	2.1	22.6	0.7	0.9	15.5	10.2	28.8	6.8
河　南	2.0	1.4	2.1	0.5	30.7	0.5	0.4	22.4	12.5	21.6	5.9
湖　北	8.3	2.5	5.9	1.8	21.1	1.0	0.7	12.9	9.1	23.1	13.7
湖　南	5.0	2.5	5.8	3.1	27.9	2.0	1.1	11.1	6.5	13.8	21.3
广　东	3.0	2.1	4.3	1.8	18.6	2.0	1.3	18.7	15.3	23.1	10.0
广　西	3.8	2.36	3.3	1.5	26.5	0.9	0.4	17.7	10.5	21.1	12.0
海　南	3.8	1.9	3.2	1.1	21.7	1.5	0.4	22.9	17.1	18.8	7.7
重　庆	3.4	1.2	2.6	0.8	13.8	0.4	0.2	20.4	19.0	28.7	9.6
四　川	3.5	1.1	3.5	1.0	19.9	0.5	0.5	10.0	19.2	30.2	10.5
贵　州	4.0	1.1	2.4	1.4	27.0	1.4	0.8	15.2	11.1	18.7	17.0
云　南	4.7	1.4	2.5	0.8	28.1	1.2	0.5	17.3	12.5	20.3	10.7
西　藏	8.0	2.2	4.5	2.4	12.1	0.8	0.9	18.1	6.3	25.8	19.0
陕　西	10.0	3.4	5.7	2.1	20.5	0.7	0.4	17.2	10.2	22.4	7.5
甘　肃	7.5	1.9	5.1	2.1	17.4	0.2	0.1	13.9	9.5	23.9	18.1
青　海	4.4	2.2	3.0	2.5	15.6	1.4	0.6	13.7	8.8	23.7	24.1
宁　夏	8.9	4.4	9.0	5.9	11.3	1.5	0.9	12.5	8.7	15.9	21.0
新　疆	11.2	2.6	4.8	2.0	13.6	0.2	0.4	22.4	11.6	23.5	7.7

附表 236　公民在过去一年中参观科普场所的情况及原因 –9　　单位：%

地 区	工农业生产园区										
	去过及原因				没去过及原因						
	自己感兴趣	陪亲友去	偶然的机会	其他	本地没有	门票太贵	缺乏展品	不知在哪里	不感兴趣	没有时间	其他
全 国	10.9	5.2	7.8	3.7	17.2	0.8	0.6	13.1	10.8	19.7	10.2
北 京	6.6	6.5	10.2	4.2	6.3	1.2	1.0	11.6	13.4	23.3	15.9
天 津	9.3	10.9	10.0	3.6	5.4	0.6	0.2	13.1	12.1	28.4	6.3
河 北	12.7	3.3	7.0	5.6	19.0	0.5	1.3	8.5	9.1	16.3	16.5
山 西	8.6	4.5	6.0	3.3	18.8	0.5	0.1	16.2	10.7	18.8	12.5
内蒙古	12.8	5.1	7.0	3.6	19.7	0.7	0.4	10.1	5.7	20.6	14.4
辽 宁	9.6	4.3	5.3	4.5	19.4	1.5	1.4	12.1	10.1	19.8	12.1
吉 林	8.2	4.7	5.3	2.8	32.0	1.5	0.8	10.8	9.3	18.5	6.2
黑龙江	7.6	5.4	4.8	2.3	29.6	1.6	0.4	11.6	11.3	16.9	8.4
上 海	8.6	7.0	10.1	4.7	3.9	0.6	0.2	18.3	18.7	22.1	5.8
江 苏	12.6	8.4	9.6	3.7	9.2	1.2	0.1	15.1	14.0	18.1	7.9
浙 江	10.5	6.3	11.0	5.2	9.7	0.8	0.9	12.0	10.9	14.4	18.3
安 徽	11.7	5.6	8.9	4.0	19.4	0.8	0.3	16.9	10.4	18.0	4.0
福 建	14.1	6.5	7.0	4.9	16.3	1.2	0.4	9.6	8.8	15.0	16.2
江 西	11.1	3.1	8.3	3.3	16.8	0.2	0.2	14.1	14.0	21.5	7.2
山 东	11.1	6.0	6.7	2.7	18.3	0.6	0.6	14.2	8.2	24.8	6.7
河 南	8.4	4.8	7.4	1.8	23.8	0.4	0.3	17.5	10.8	19.7	5.2
湖 北	14.3	4.8	8.9	5.1	13.7	0.3	0.4	10.0	8.2	22.4	11.8
湖 南	11.5	3.8	9.0	6.1	22.5	1.1	1.4	9.3	5.0	13.3	17.0
广 东	8.2	5.2	8.0	3.0	15.5	1.4	1.1	16.3	13.6	19.4	8.2
广 西	10.0	4.6	7.4	2.6	20.9	0.6	0.4	14.7	8.9	20.1	9.8
海 南	9.0	4.3	4.9	2.7	19.5	1.0	0.3	21.0	13.5	16.5	7.1
重 庆	13.4	4.6	8.7	3.2	9.0	0.1	0.0	15.4	14.2	22.8	8.6
四 川	10.7	3.0	7.0	2.8	15.2	0.5	0.1	7.2	17.6	26.2	9.6
贵 州	11.7	2.9	4.7	3.5	23.2	1.0	0.8	12.5	8.2	16.8	14.7
云 南	8.2	2.7	4.6	3.0	28.0	1.0	0.3	12.3	10.2	19.4	10.3
西 藏	19.5	4.3	7.1	3.0	9.0	0.3	0.7	14.1	5.6	20.6	15.9
陕 西	15.4	9.7	9.4	3.8	14.3	0.5	0.5	12.5	8.5	20.1	5.5
甘 肃	11.3	3.7	9.1	3.8	13.3	0.2	0.4	10.6	9.3	21.7	16.6
青 海	11.0	4.4	7.9	2.9	10.9	1.0	0.7	11.4	7.0	20.6	22.3
宁 夏	16.5	8.0	11.6	7.3	8.0	0.9	0.8	10.0	5.4	14.1	17.4
新 疆	16.8	6.2	9.2	4.5	9.3	0.2	0.0	18.3	8.7	20.6	6.2

附表 237　公民在过去一年中参观科普场所的情况及原因 –10　　单位：%

地　区	高校、科研院所的实验室										
	去过及原因				没去过及原因						
	自己感兴趣	陪亲友去	偶然的机会	其他	本地没有	门票太贵	缺乏展品	不知在哪里	不感兴趣	没有时间	其他
全　国	3.4	1.6	3.0	1.6	24.9	0.9	0.6	16.7	11.8	19.2	16.2
北　京	7.8	3.6	6.2	3.3	7.9	1.5	1.2	11.0	12.9	23.3	21.3
天　津	6.4	4.4	6.1	2.0	7.9	0.6	0.2	17.7	11.8	29.9	13.0
河　北	3.8	1.8	4.3	2.0	29.1	0.6	0.8	10.0	8.5	15.6	23.4
山　西	2.4	1.0	1.7	1.4	26.2	1.0	0.2	20.1	11.0	15.5	19.5
内蒙古	3.8	1.6	1.9	1.8	28.0	1.2	0.5	13.1	6.4	21.7	19.8
辽　宁	4.5	2.5	3.0	3.4	24.1	1.7	1.8	12.7	10.8	18.7	16.8
吉　林	3.0	1.2	2.2	1.4	38.5	1.6	0.5	13.4	12.2	17.3	8.7
黑龙江	3.9	2.5	1.8	1.6	31.4	1.7	0.7	15.1	12.4	18.3	10.6
上　海	6.6	2.2	5.7	3.1	5.4	0.6	0.4	24.5	19.0	20.7	11.7
江　苏	4.3	2.4	3.5	1.5	17.5	1.3	0.2	19.8	16.7	18.5	14.3
浙　江	3.8	2.1	4.4	2.1	16.4	0.9	0.3	12.5	11.3	16.5	29.7
安　徽	2.3	1.1	2.0	1.1	31.2	0.6	0.5	21.6	13.1	17.8	8.6
福　建	4.5	2.4	3.1	3.0	22.7	1.1	0.8	11.9	10.5	14.3	25.5
江　西	2.6	0.9	1.8	1.0	24.2	0.4	0.5	19.6	16.5	21.2	11.4
山　东	3.3	1.3	2.8	1.6	26.1	0.8	0.4	17.1	9.1	26.6	10.7
河　南	1.9	0.8	1.5	0.6	35.6	0.3	0.4	22.2	11.5	17.5	7.8
湖　北	2.9	1.2	3.8	1.3	28.4	0.6	0.2	13.2	9.4	21.9	17.1
湖　南	3.9	2.0	3.9	2.4	29.9	1.3	1.1	10.8	5.7	12.6	26.2
广　东	3.9	2.2	4.2	2.0	18.5	1.2	0.9	20.1	13.9	20.4	12.8
广　西	2.5	1.4	1.9	1.5	28.9	0.6	0.5	16.4	10.5	18.6	17.2
海　南	2.2	1.6	1.9	1.5	26.3	0.6	0.5	21.3	13.5	15.6	14.8
重　庆	2.1	0.5	1.2	0.7	16.1	0.3	0.0	23.9	18.0	24.1	12.9
四　川	2.5	0.8	1.9	1.1	24.3	0.5	0.3	12.6	17.0	23.5	15.5
贵　州	2.6	0.9	1.9	1.3	28.1	0.9	0.9	14.9	9.4	17.8	21.4
云　南	1.9	0.4	1.7	0.9	32.2	1.2	0.5	17.8	11.1	14.8	17.4
西　藏	6.6	1.8	3.9	2.6	10.5	0.4	0.9	18.5	5.8	24.5	24.6
陕　西	3.6	2.6	3.3	1.3	24.4	0.6	0.4	21.0	9.2	19.8	13.8
甘　肃	2.6	1.1	2.3	1.4	31.4	0.2	0.2	12.9	6.9	14.5	26.5
青　海	2.9	1.1	1.8	0.9	16.7	1.1	0.5	15.0	8.4	19.7	32.1
宁　夏	4.5	2.5	5.3	2.6	15.3	1.2	0.9	16.2	7.4	13.8	30.4
新　疆	3.4	0.9	2.0	0.9	20.7	0.6	0.4	26.5	10.9	20.1	13.7

附表 238　公民在过去一年中参观科普场所的情况及原因 –11　单位：%

（八）公民关注和参加与科技有关的公共事务的情况

地　区	附表 239　公民关注和参加与科技有关的公共事务的情况 –1　　单位：% 阅读报刊、图书或互联网上的关于科学的文章				
	经常参与	有时参与	很少参与	没有参与过	不知道
全　国	12.3	21.4	20.3	41.0	4.9
北　京	20.7	29.1	21.0	25.6	3.5
天　津	25.1	31.1	19.2	23.7	0.8
河　北	15.6	27.1	21.0	29.4	6.9
山　西	10.6	19.6	18.1	47.5	4.2
内蒙古	13.0	20.1	19.0	41.1	6.8
辽　宁	13.7	19.5	19.6	41.8	5.4
吉　林	12.0	18.9	20.3	47.5	1.3
黑龙江	12.8	18.3	18.1	49.2	1.6
上　海	20.3	29.1	24.9	23.3	2.3
江　苏	13.3	22.3	22.5	39.7	2.3
浙　江	15.2	23.1	20.1	32.7	8.9
安　徽	9.2	15.9	20.2	52.6	2.2
福　建	13.1	27.4	19.5	35.6	4.4
江　西	8.7	16.9	17.7	53.5	3.2
山　东	13.7	21.1	21.9	41.5	1.8
河　南	8.0	16.3	17.9	54.5	3.4
湖　北	14.9	27.9	17.8	34.0	5.4
湖　南	12.4	23.9	19.5	34.2	10.0
广　东	12.3	23.7	24.7	36.7	2.6
广　西	10.6	21.2	22.7	43.4	2.2
海　南	10.1	20.0	18.8	39.9	11.2
重　庆	8.9	16.4	16.3	56.6	1.8
四　川	8.5	16.9	22.2	49.8	2.5
贵　州	8.3	13.8	13.9	53.1	10.9
云　南	6.1	14.3	18.4	41.6	19.7
西　藏	7.1	26.4	13.9	42.4	10.2
陕　西	16.5	26.1	23.0	32.1	2.3
甘　肃	11.3	21.8	18.8	39.0	9.1
青　海	8.9	18.4	18.3	39.0	15.5
宁　夏	14.7	23.6	21.7	28.3	11.7
新　疆	13.6	25.2	20.0	31.8	9.4

地　区	附表 240　公民关注和参加与科技有关的公共事务的情况 –2　　单位：%				
	和亲戚、朋友、同事谈论有关科学技术的话题				
	经常参与	有时参与	很少参与	没有参与过	不知道
全　国	9.2	26.8	26.8	33.7	3.5
北　京	13.7	32.5	27.8	24.2	1.9
天　津	14.6	39.1	25.6	20.0	0.7
河　北	12.5	32.5	26.3	25.5	3.1
山　西	7.2	23.3	24.8	41.2	3.6
内蒙古	10.9	27.1	23.9	32.6	5.5
辽　宁	10.0	25.4	23.2	37.7	3.8
吉　林	9.8	26.1	29.7	33.2	1.1
黑龙江	10.4	26.7	22.9	38.6	1.3
上　海	11.1	32.4	32.8	22.2	1.5
江　苏	9.0	25.2	32.4	31.9	1.5
浙　江	10.5	28.5	26.6	28.0	6.4
安　徽	7.0	28.3	27.6	35.9	1.2
福　建	9.4	26.3	29.7	31.3	3.3
江　西	4.8	19.4	28.1	45.6	2.1
山　东	11.0	27.6	27.9	31.7	1.7
河　南	7.0	22.9	26.5	41.3	2.3
湖　北	11.9	35.0	24.9	24.1	4.1
湖　南	9.4	28.6	24.7	28.6	8.6
广　东	7.3	25.7	31.1	34.0	1.9
广　西	8.8	27.1	24.2	37.7	2.2
海　南	9.9	26.3	22.1	33.2	8.5
重　庆	6.0	20.8	22.6	49.1	1.4
四　川	4.3	20.1	28.5	45.4	1.7
贵　州	7.8	19.6	20.9	41.9	9.7
云　南	7.0	21.6	21.9	37.2	12.4
西　藏	6.5	31.0	17.4	36.8	8.3
陕　西	17.4	30.3	27.5	23.2	1.6
甘　肃	8.4	33.1	23.8	29.3	5.4
青　海	9.2	21.9	25.0	34.8	9.2
宁　夏	12.4	31.3	25.4	23.3	7.6
新　疆	12.6	30.8	24.3	25.9	6.3

地 区	参加与科学技术有关的公共问题的讨论或听证会				
	经常参与	有时参与	很少参与	没有参与过	不知道
全 国	2.5	7.5	13.7	68.7	7.6
北 京	4.6	12.6	19.6	57.0	6.2
天 津	3.8	13.9	23.3	56.5	2.5
河 北	3.1	10.1	16.4	59.2	11.2
山 西	1.4	4.7	10.4	75.7	7.9
内蒙古	2.8	6.5	13.2	66.0	11.5
辽 宁	3.6	8.4	16.4	63.1	8.4
吉 林	1.9	5.9	12.7	75.2	4.3
黑龙江	3.5	6.7	11.0	74.6	4.3
上 海	3.4	9.6	20.7	61.3	4.9
江 苏	1.4	5.6	12.9	76.1	3.9
浙 江	3.8	7.7	17.1	59.2	12.2
安 徽	1.9	5.9	11.4	75.4	5.4
福 建	2.5	9.1	18.6	61.0	8.9
江 西	0.8	4.2	9.4	81.4	4.2
山 东	2.9	8.6	16.4	67.5	4.6
河 南	0.9	4.9	7.3	82.5	4.5
湖 北	3.4	9.2	14.8	64.1	8.5
湖 南	4.4	9.2	16.3	53.8	16.4
广 东	2.2	8.4	17.8	66.1	5.4
广 西	2.9	7.3	13.0	70.6	6.2
海 南	1.8	8.4	12.5	63.5	13.8
重 庆	1.1	3.9	8.3	83.7	3.0
四 川	1.5	5.9	7.6	80.6	4.4
贵 州	2.5	5.6	8.6	68.5	14.8
云 南	1.4	6.2	8.9	65.3	18.2
西 藏	3.4	16.8	12.0	55.3	12.4
陕 西	4.1	10.3	17.7	64.6	3.2
甘 肃	2.7	6.6	11.7	65.5	13.6
青 海	2.1	5.7	9.8	60.2	22.4
宁 夏	3.1	10.5	16.7	51.5	18.2
新 疆	3.8	6.8	12.1	67.1	10.1

附表 241　公民关注和参加与科技有关的公共事务的情况 –3　　单位：%

地　区	附表 242　公民关注和参加与科技有关的公共事务的情况 –4　　单位：%				
	参与关于原子能、生物技术或环境等方面的建议和宣传活动				
	经常参与	有时参与	很少参与	没有参与过	不知道
全　国	1.7	4.8	9.1	71.6	12.8
北　京	3.5	10.0	13.9	60.9	11.8
天　津	2.2	9.0	15.8	66.4	6.7
河　北	1.6	5.5	10.7	63.0	19.2
山　西	0.6	2.2	7.3	77.7	12.2
内蒙古	1.7	4.3	10.1	67.7	16.4
辽　宁	2.7	5.3	12.0	65.9	14.1
吉　林	1.0	2.7	8.1	79.1	9.1
黑龙江	1.5	4.3	7.1	78.9	8.1
上　海	2.2	5.4	13.0	69.9	9.5
江　苏	1.2	3.2	8.5	78.9	8.2
浙　江	1.9	6.6	11.2	61.3	19.0
安　徽	1.8	3.4	7.7	76.6	10.5
福　建	2.0	6.1	12.8	63.8	15.3
江　西	0.7	2.8	6.4	81.7	8.3
山　东	1.7	4.9	11.5	72.5	9.5
河　南	0.4	2.5	4.9	85.9	6.3
湖　北	2.0	6.5	9.7	67.2	14.6
湖　南	2.5	6.6	10.3	55.7	25.0
广　东	1.5	6.6	12.0	68.5	11.4
广　西	2.0	5.4	7.9	74.3	10.5
海　南	1.2	6.1	8.6	66.5	17.7
重　庆	0.8	2.2	4.6	87.3	5.1
四　川	2.1	3.1	6.1	81.0	7.8
贵　州	2.1	3.0	6.0	69.9	19.0
云　南	1.3	4.9	5.4	65.6	22.7
西　藏	2.8	9.4	6.8	58.8	22.2
陕　西	2.5	6.6	11.2	71.1	8.6
甘　肃	1.1	4.9	5.9	66.3	21.7
青　海	1.5	4.4	8.3	58.8	27.0
宁　夏	3.2	5.9	10.5	54.0	26.4
新　疆	1.8	4.8	7.2	67.3	19.0

（九）公民对科学观点的了解程度

地 区	地心的温度非常高（对）		
	回答正确	回答错误	不知道
全　国	46.8	12.6	40.6
北　京	64.1	10.4	25.5
天　津	66.1	10.1	23.8
河　北	48.7	7.6	43.8
山　西	41.6	11.9	46.5
内蒙古	40.3	10.7	49.0
辽　宁	42.8	10.5	46.7
吉　林	45.2	12.8	42.1
黑龙江	47.7	17.3	35.0
上　海	64.6	14.7	20.7
江　苏	53.6	15.9	30.5
浙　江	47.2	11.9	40.9
安　徽	48.4	18.1	33.5
福　建	40.0	11.1	48.8
江　西	44.1	13.8	42.0
山　东	48.3	10.5	41.1
河　南	46.2	11.4	42.4
湖　北	43.3	10.2	46.5
湖　南	40.1	14.7	45.1
广　东	56.3	14.6	29.1
广　西	45.5	17.5	37.1
海　南	39.3	9.8	50.9
重　庆	46.9	14.6	38.6
四　川	45.8	12.8	41.4
贵　州	31.9	12.7	55.3
云　南	37.0	7.5	55.5
西　藏	32.4	10.0	57.6
陕　西	50.0	14.7	35.2
甘　肃	33.2	10.8	55.9
青　海	35.9	9.2	54.9
宁　夏	35.9	13.2	50.9
新　疆	41.2	9.4	49.4

附表 243　公民对科学观点的了解程度 –1　　　　单位：%

地　区	附表 244　公民对科学观点的了解程度 –2		单位：%
	我们呼吸的氧气来源于植物（对）		
	回答正确	回答错误	不知道
全　国	67.8	12.9	19.3
北　京	71.1	20.0	8.9
天　津	70.9	22.1	7.1
河　北	66.9	13.8	19.3
山　西	63.8	14.0	22.2
内蒙古	58.4	14.8	26.8
辽　宁	63.4	13.7	23.0
吉　林	68.0	17.8	14.2
黑龙江	68.2	20.3	11.5
上　海	74.4	18.5	7.1
江　苏	75.2	15.3	9.5
浙　江	66.2	13.5	20.3
安　徽	75.3	13.3	11.4
福　建	62.5	11.1	26.4
江　西	64.9	9.4	25.7
山　东	68.8	12.8	18.4
河　南	71.3	10.7	17.9
湖　北	68.2	9.4	22.4
湖　南	66.7	11.9	21.4
广　东	70.0	15.6	14.4
广　西	68.6	12.1	19.3
海　南	53.2	9.1	37.7
重　庆	67.4	10.5	22.1
四　川	65.9	8.6	25.4
贵　州	56.1	7.3	36.5
云　南	59.5	7.6	32.9
西　藏	57.8	7.1	35.1
陕　西	79.0	12.0	9.0
甘　肃	59.2	11.7	29.1
青　海	60.1	10.7	29.2
宁　夏	64.5	13.4	22.2
新　疆	64.6	13.1	22.3

地 区	父亲的基因决定孩子的性别（对）		
	回答正确	回答错误	不知道
全 国	48.5	28.3	23.2
北 京	57.6	31.0	11.4
天 津	59.2	28.4	12.4
河 北	47.7	25.4	26.9
山 西	43.4	30.2	26.4
内蒙古	45.7	24.0	30.3
辽 宁	48.1	25.2	26.7
吉 林	50.9	31.5	17.6
黑龙江	56.2	29.6	14.2
上 海	57.0	33.2	9.9
江 苏	51.4	35.0	13.6
浙 江	48.6	29.3	22.0
安 徽	53.1	31.3	15.6
福 建	49.0	27.5	23.5
江 西	43.2	28.2	28.6
山 东	49.8	27.9	22.3
河 南	47.6	28.4	24.0
湖 北	46.3	29.6	24.1
湖 南	46.5	27.7	25.9
广 东	51.1	31.8	17.1
广 西	44.5	32.8	22.7
海 南	45.3	22.9	31.8
重 庆	45.0	27.8	27.3
四 川	43.5	24.6	31.9
贵 州	39.8	22.0	38.2
云 南	39.8	20.0	40.3
西 藏	33.2	19.7	47.1
陕 西	56.7	28.2	15.1
甘 肃	47.8	23.8	28.5
青 海	46.7	21.7	31.6
宁 夏	53.0	23.0	24.0
新 疆	48.2	23.8	28.0

附表 245　公民对科学观点的了解程度 –3　　　　　单位：%

地 区	抗生素能够杀死病毒（错）		
	回答正确	回答错误	不知道
全 国	24.3	45.5	30.2
北 京	35.3	48.5	16.2
天 津	30.9	55.0	14.0
河 北	21.3	48.9	29.8
山 西	24.8	39.2	35.9
内蒙古	24.7	39.6	35.7
辽 宁	24.4	41.3	34.2
吉 林	25.6	49.0	25.4
黑龙江	21.7	56.1	22.2
上 海	35.4	51.7	12.9
江 苏	30.2	52.6	17.2
浙 江	25.0	46.0	29.0
安 徽	21.7	58.1	20.2
福 建	24.9	39.4	35.7
江 西	24.0	38.7	37.3
山 东	27.0	45.4	27.6
河 南	21.4	46.7	31.9
湖 北	21.3	45.4	33.3
湖 南	22.4	41.2	36.4
广 东	29.0	43.4	27.6
广 西	25.5	41.8	32.7
海 南	19.4	34.4	46.2
重 庆	21.6	46.3	32.1
四 川	22.1	43.5	34.4
贵 州	16.6	37.0	46.4
云 南	16.5	35.9	47.6
西 藏	10.4	50.6	39.1
陕 西	26.2	48.3	25.5
甘 肃	18.7	45.5	35.8
青 海	17.9	41.3	40.9
宁 夏	23.3	46.5	30.2
新 疆	19.0	43.2	37.8

附表 246　公民对科学观点的了解程度 –4　　　　单位：%

地 区	乙肝病毒不会通过空气传播（对）		
	回答正确	回答错误	不知道
全 国	51.3	26.1	22.6
北 京	61.3	26.7	12.1
天 津	59.9	29.3	10.7
河 北	51.5	22.7	25.8
山 西	41.5	25.2	33.3
内蒙古	45.2	22.2	32.6
辽 宁	46.2	26.4	27.4
吉 林	54.5	29.4	16.2
黑龙江	57.6	30.3	12.1
上 海	58.4	31.2	10.4
江 苏	50.9	36.4	12.7
浙 江	52.3	24.8	22.8
安 徽	55.9	31.9	12.2
福 建	51.8	21.9	26.3
江 西	49.1	23.5	27.4
山 东	52.3	26.9	20.7
河 南	53.5	24.2	22.3
湖 北	57.9	21.5	20.6
湖 南	53.0	24.0	23.0
广 东	51.8	28.0	20.2
广 西	54.8	23.4	21.8
海 南	39.9	22.4	37.7
重 庆	49.1	26.0	24.9
四 川	48.1	24.9	27.0
贵 州	33.5	23.4	43.1
云 南	39.6	18.7	41.7
西 藏	35.1	27.9	37.0
陕 西	55.6	31.7	12.7
甘 肃	44.8	25.0	30.2
青 海	44.8	22.6	32.6
宁 夏	49.5	24.3	26.2
新 疆	55.6	19.4	25.0

附表 247　公民对科学观点的了解程度 –5　　　　单位：%

附表 248　公民对科学观点的了解程度 –6　　　　单位：%

地　区	接种疫苗可以治疗多种传染病（错）		
	回答正确	回答错误	不知道
全　国	26.9	54.6	18.5
北　京	38.4	53.2	8.3
天　津	32.8	59.7	7.5
河　北	27.3	55.6	17.1
山　西	25.4	52.2	22.4
内蒙古	22.8	51.0	26.2
辽　宁	26.4	50.0	23.6
吉　林	31.0	55.1	14.0
黑龙江	28.9	60.8	10.3
上　海	35.5	56.1	8.4
江　苏	30.5	60.1	9.4
浙　江	26.2	57.5	16.3
安　徽	26.2	64.2	9.6
福　建	25.2	54.5	20.2
江　西	26.9	48.9	24.2
山　东	27.1	57.4	15.6
河　南	28.9	54.2	16.9
湖　北	27.4	52.6	20.0
湖　南	27.0	50.5	22.6
广　东	30.7	50.6	18.6
广　西	30.0	48.7	21.3
海　南	18.0	44.2	37.7
重　庆	24.6	54.8	20.6
四　川	21.2	54.3	24.5
贵　州	16.9	47.9	35.3
云　南	16.9	47.6	35.5
西　藏	6.3	73.5	20.2
陕　西	30.9	59.6	9.5
甘　肃	22.8	54.9	22.2
青　海	20.1	56.4	23.5
宁　夏	23.1	57.5	19.4
新　疆	21.3	61.1	17.5

地 区	地球的板块运动会造成地震（对）		
	回答正确	回答错误	不知道
全 国	60.0	8.7	31.3
北 京	80.2	8.3	11.5
天 津	81.5	6.9	11.6
河 北	65.7	6.1	28.2
山 西	53.4	7.9	38.7
内蒙古	59.6	4.3	36.1
辽 宁	60.5	8.1	31.4
吉 林	68.7	7.7	23.6
黑龙江	69.2	9.5	21.3
上 海	79.1	7.6	13.3
江 苏	67.7	9.2	23.0
浙 江	57.9	7.8	34.3
安 徽	59.1	14.3	26.6
福 建	57.1	8.8	34.2
江 西	52.4	8.0	39.5
山 东	63.0	7.6	29.4
河 南	57.2	8.9	34.0
湖 北	52.5	8.7	38.8
湖 南	52.3	10.0	37.6
广 东	63.7	11.7	24.6
广 西	50.6	12.5	36.8
海 南	39.0	9.5	51.5
重 庆	53.2	10.9	35.8
四 川	57.2	9.0	33.9
贵 州	44.4	7.7	47.9
云 南	53.2	4.9	41.9
西 藏	46.5	6.9	46.6
陕 西	66.8	8.3	24.9
甘 肃	56.8	5.9	37.2
青 海	50.9	6.0	43.1
宁 夏	58.7	8.2	33.0
新 疆	57.4	5.1	37.5

附表 249　公民对科学观点的了解程度 –7　　　　　　单位：%

地　区	最早期的人类与恐龙生活在同一个年代（错）		
	回答正确	回答错误	不知道
全　国	41.0	21.4	37.6
北　京	58.3	23.7	18.0
天　津	53.3	26.1	20.6
河　北	42.0	18.4	39.7
山　西	37.8	19.1	43.2
内蒙古	36.7	17.3	46.1
辽　宁	40.3	20.7	38.9
吉　林	44.7	21.9	33.4
黑龙江	44.8	27.1	28.1
上　海	60.3	22.3	17.4
江　苏	49.3	25.5	25.2
浙　江	45.0	18.9	36.1
安　徽	46.3	23.7	30.0
福　建	39.7	20.0	40.4
江　西	36.2	20.4	43.3
山　东	42.4	20.1	37.5
河　南	36.9	23.2	39.9
湖　北	37.3	19.7	42.9
湖　南	37.2	19.5	43.4
广　东	48.7	22.6	28.8
广　西	37.3	22.0	40.7
海　南	32.4	16.2	51.4
重　庆	37.7	22.1	40.2
四　川	33.0	20.5	46.4
贵　州	27.7	18.4	53.8
云　南	29.0	18.5	52.5
西　藏	20.8	24.4	54.8
陕　西	42.1	25.6	32.3
甘　肃	33.9	18.1	48.0
青　海	30.6	18.1	51.3
宁　夏	35.2	21.2	43.6
新　疆	34.0	22.1	43.8

附表 250　公民对科学观点的了解程度 –8　　　　　单位：%

附表 251 公民对科学观点的了解程度 -9	单位：%		
地 区	植物开什么颜色的花是由基因决定的（对）		
	回答正确	回答错误	不知道
全 国	46.3	13.2	40.4
北 京	60.3	16.9	22.8
天 津	64.2	16.2	19.7
河 北	46.4	13.8	39.8
山 西	39.3	13.8	46.9
内蒙古	41.3	10.5	48.3
辽 宁	46.1	12.0	41.9
吉 林	50.5	13.9	35.6
黑龙江	55.6	15.0	29.3
上 海	62.8	15.8	21.4
江 苏	58.2	16.0	25.9
浙 江	43.8	14.0	42.2
安 徽	53.5	16.0	30.5
福 建	38.2	15.3	46.5
江 西	38.0	12.0	50.0
山 东	50.2	12.2	37.6
河 南	48.2	11.5	40.3
湖 北	44.9	11.9	43.2
湖 南	41.8	11.5	46.7
广 东	46.4	16.8	36.7
广 西	40.0	14.3	45.7
海 南	30.2	10.1	59.7
重 庆	41.6	12.5	45.9
四 川	38.4	11.7	49.9
贵 州	33.3	10.8	55.8
云 南	32.5	9.7	57.8
西 藏	36.7	9.8	53.6
陕 西	56.4	11.4	32.2
甘 肃	39.9	10.3	49.8
青 海	39.6	10.2	50.2
宁 夏	42.9	12.4	44.7
新 疆	47.1	8.7	44.3

地 区	附表 252 公民对科学观点的了解程度 –10 单位：%		
	声音只能在空气中传播（错）		
	回答正确	回答错误	不知道
全 国	36.3	42.4	21.2
北 京	49.8	39.9	10.3
天 津	47.0	45.9	7.1
河 北	40.8	39.3	19.9
山 西	38.5	36.8	24.7
内蒙古	36.0	34.9	29.1
辽 宁	34.0	41.1	24.9
吉 林	41.3	41.8	16.8
黑龙江	40.0	45.5	14.6
上 海	48.1	42.8	9.2
江 苏	44.4	44.9	10.7
浙 江	33.5	44.8	21.8
安 徽	38.9	46.8	14.3
福 建	33.2	43.7	23.1
江 西	31.3	40.3	28.4
山 东	38.5	41.6	19.9
河 南	34.0	44.2	21.8
湖 北	34.4	42.7	22.8
湖 南	35.4	40.8	23.8
广 东	38.6	44.5	16.9
广 西	34.2	42.5	23.4
海 南	23.3	41.3	35.4
重 庆	31.3	43.1	25.5
四 川	29.7	42.0	28.3
贵 州	25.5	36.7	37.8
云 南	26.6	37.7	35.7
西 藏	14.7	42.3	42.9
陕 西	39.5	48.2	12.3
甘 肃	32.7	39.2	28.1
青 海	24.3	42.5	33.2
宁 夏	36.7	39.0	24.3
新 疆	31.6	46.9	21.5

地 区	激光是由汇聚声波而产生的（错）		
	回答正确	回答错误	不知道
全 国	19.0	20.5	60.5
北 京	30.6	27.0	42.4
天 津	25.7	33.2	41.1
河 北	19.5	16.1	64.4
山 西	15.5	17.5	66.9
内蒙古	16.6	16.3	67.1
辽 宁	19.9	19.3	60.8
吉 林	21.0	21.4	57.6
黑龙江	23.2	24.1	52.7
上 海	29.5	27.8	42.6
江 苏	23.8	25.4	50.7
浙 江	18.2	21.3	60.5
安 徽	20.6	21.1	58.3
福 建	17.2	19.0	63.9
江 西	15.1	19.4	65.5
山 东	19.1	21.0	59.8
河 南	17.2	18.6	64.2
湖 北	17.6	18.0	64.4
湖 南	17.5	18.6	63.9
广 东	23.0	24.9	52.1
广 西	19.1	18.7	62.2
海 南	11.6	16.8	71.6
重 庆	15.8	21.8	62.4
四 川	15.4	19.1	65.5
贵 州	13.0	15.5	71.5
云 南	11.7	14.4	73.9
西 藏	10.2	21.1	68.7
陕 西	21.4	24.8	53.8
甘 肃	13.7	15.9	70.4
青 海	13.4	16.0	70.6
宁 夏	18.7	18.5	62.8
新 疆	14.7	18.5	66.9

附表 253　公民对科学观点的了解程度 –11　　　　单位：%

| 地 区 | 附表 254　公民对科学观点的了解程度 -12　　　　　　单位：% |||
| | 所有的放射性现象都是人为造成的（错） |||
	回答正确	回答错误	不知道
全　国	40.8	27.5	31.7
北　京	60.0	24.9	15.1
天　津	51.2	32.8	16.0
河　北	43.2	21.3	35.6
山　西	40.7	25.0	34.4
内蒙古	33.5	27.2	39.3
辽　宁	35.0	28.1	36.9
吉　林	41.9	30.0	28.0
黑龙江	41.4	36.4	22.2
上　海	62.3	24.9	12.8
江　苏	48.5	32.0	19.4
浙　江	43.2	23.4	33.4
安　徽	43.7	31.9	24.4
福　建	39.2	25.1	35.7
江　西	37.5	25.2	37.3
山　东	40.1	28.2	31.8
河　南	39.2	27.9	33.0
湖　北	41.8	26.0	32.3
湖　南	37.7	24.4	38.0
广　东	45.1	30.7	24.2
广　西	41.9	24.3	33.8
海　南	30.3	22.3	47.4
重　庆	37.2	26.9	35.9
四　川	33.6	26.9	39.5
贵　州	28.7	23.7	47.6
云　南	30.9	22.3	46.8
西　藏	14.5	36.4	49.1
陕　西	42.2	36.6	21.3
甘　肃	34.7	25.6	39.7
青　海	29.9	27.5	42.6
宁　夏	37.5	26.9	35.6
新　疆	36.7	27.5	35.8

地 区	光速比声速快（对）		
	回答正确	回答错误	不知道
全 国	70.6	7.2	22.2
北 京	84.2	8.8	7.0
天 津	85.1	6.6	8.3
河 北	76.6	6.4	17.0
山 西	68.2	6.1	25.7
内蒙古	65.9	4.9	29.2
辽 宁	69.7	7.0	23.3
吉 林	79.2	6.3	14.5
黑龙江	77.2	8.0	14.7
上 海	85.1	6.6	8.4
江 苏	79.1	6.8	14.1
浙 江	71.7	6.1	22.1
安 徽	72.7	9.6	17.8
福 建	64.7	8.1	27.2
江 西	64.2	6.6	29.2
山 东	73.7	5.9	20.4
河 南	72.6	5.7	21.7
湖 北	69.2	5.9	24.9
湖 南	68.1	8.0	23.8
广 东	71.9	11.3	16.7
广 西	67.4	8.9	23.7
海 南	55.7	7.3	37.0
重 庆	64.0	6.4	29.6
四 川	60.1	7.8	32.1
贵 州	52.7	6.5	40.8
云 南	56.0	5.0	39.1
西 藏	60.1	8.2	31.8
陕 西	78.7	6.8	14.5
甘 肃	65.8	5.1	29.0
青 海	61.2	4.8	34.0
宁 夏	67.0	6.1	26.8
新 疆	68.7	6.7	24.6

附表 255　公民对科学观点的了解程度 –13　　　单位：%

地　区	附表 256　公民对科学观点的了解程度 –14　　单位：% 电子比原子小（对）		
	回答正确	回答错误	不知道
全　国	22.4	22.9	54.7
北　京	36.2	30.6	33.1
天　津	40.2	28.0	31.8
河　北	18.1	24.5	57.4
山　西	18.1	19.1	62.8
内蒙古	20.9	17.4	61.7
辽　宁	21.4	21.6	56.9
吉　林	20.9	25.4	53.6
黑龙江	29.2	26.2	44.6
上　海	34.5	32.8	32.8
江　苏	28.7	29.8	41.6
浙　江	22.8	21.8	55.4
安　徽	24.6	28.8	46.5
福　建	18.4	23.7	58.0
江　西	19.1	21.7	59.2
山　东	20.0	22.4	57.6
河　南	21.8	20.3	57.9
湖　北	19.9	21.3	58.8
湖　南	18.0	20.5	61.6
广　东	26.1	30.2	43.7
广　西	20.5	26.2	53.3
海　南	15.6	19.1	65.2
重　庆	21.4	15.9	62.6
四　川	21.6	14.4	64.0
贵　州	18.2	15.0	66.8
云　南	13.4	17.2	69.4
西　藏	18.7	11.5	69.7
陕　西	27.8	24.0	48.2
甘　肃	16.4	18.6	65.0
青　海	17.4	14.0	68.6
宁　夏	19.6	21.8	58.7
新　疆	21.6	15.9	62.5

地　区	数百万年来，我们生活的大陆一直在缓慢地漂移，并将继续漂移（对）		
	回答正确	回答错误	不知道
全　国	50.8	9.9	39.3
北　京	70.4	12.8	16.8
天　津	74.1	9.0	16.9
河　北	48.6	10.8	40.6
山　西	45.7	9.8	44.5
内蒙古	44.8	8.2	47.0
辽　宁	48.6	10.0	41.5
吉　林	54.9	10.7	34.4
黑龙江	55.6	13.4	31.0
上　海	74.3	9.0	16.7
江　苏	59.7	10.7	29.6
浙　江	51.1	10.6	38.3
安　徽	52.5	13.1	34.4
福　建	48.2	8.7	43.1
江　西	47.5	7.4	45.1
山　东	51.8	8.1	40.1
河　南	48.5	9.2	42.3
湖　北	47.5	8.2	44.3
湖　南	47.8	11.4	40.8
广　东	56.5	13.4	30.1
广　西	47.2	12.4	40.4
海　南	35.4	7.9	56.6
重　庆	45.8	9.9	44.3
四　川	44.9	6.7	48.4
贵　州	37.8	8.1	54.1
云　南	35.5	7.3	57.2
西　藏	42.4	5.2	52.4
陕　西	60.6	9.0	30.3
甘　肃	40.3	9.5	50.2
青　海	36.3	7.9	55.8
宁　夏	41.9	11.8	46.3
新　疆	50.0	6.3	43.7

附表 257　公民对科学观点的了解程度 –15　　　　　　单位：%

地　区	附表 258　公民对科学观点的了解程度 -16　　　　单位：%		
	就目前所知，人类是从较早期的动物进化而来的（对）		
	回答正确	回答错误	不知道
全　国	68.2	8.1	23.8
北　京	77.0	11.8	11.1
天　津	80.2	9.6	10.2
河　北	70.1	6.7	23.2
山　西	65.9	5.2	28.9
内蒙古	62.7	6.8	30.5
辽　宁	58.9	12.9	28.2
吉　林	69.2	11.5	19.3
黑龙江	75.0	10.8	14.3
上　海	84.7	7.9	7.4
江　苏	77.6	7.2	15.2
浙　江	66.6	9.0	24.4
安　徽	74.9	10.1	15.1
福　建	64.5	7.6	27.9
江　西	62.7	6.3	31.0
山　东	67.2	9.5	23.3
河　南	70.4	7.5	22.1
湖　北	66.7	6.4	27.0
湖　南	62.4	9.9	27.7
广　东	71.5	9.5	19.0
广　西	63.1	8.8	28.1
海　南	54.3	5.2	40.6
重　庆	65.0	6.5	28.5
四　川	63.7	6.2	30.2
贵　州	53.1	6.3	40.6
云　南	58.3	3.9	37.7
西　藏	65.9	3.8	30.4
陕　西	80.7	6.8	12.6
甘　肃	66.6	5.4	28.1
青　海	54.9	7.8	37.2
宁　夏	61.5	8.9	29.6
新　疆	64.2	8.5	27.3

附表 259　公民对科学观点的了解程度 -17　　　　单位：%

地　区	含有放射性物质的牛奶经过煮沸后可以安全饮用（错）		
	回答正确	回答错误	不知道
全　国	45.6	21.1	33.3
北　京	65.4	15.5	19.1
天　津	62.7	20.6	16.6
河　北	45.3	19.5	35.2
山　西	41.6	21.2	37.1
内蒙古	38.1	22.2	39.6
辽　宁	39.9	21.5	38.6
吉　林	47.0	23.9	29.1
黑龙江	43.9	31.2	24.9
上　海	68.4	12.4	19.1
江　苏	56.9	19.2	23.8
浙　江	51.2	14.9	33.9
安　徽	52.5	21.5	26.0
福　建	46.3	19.6	34.0
江　西	45.6	16.5	37.9
山　东	44.2	23.1	32.7
河　南	44.8	20.0	35.2
湖　北	47.2	16.7	36.0
湖　南	43.7	14.7	41.7
广　东	49.5	23.6	27.0
广　西	44.8	22.4	32.8
海　南	32.9	20.3	46.8
重　庆	40.6	23.1	36.3
四　川	36.3	23.8	40.0
贵　州	28.4	21.5	50.1
云　南	29.7	20.7	49.6
西　藏	19.2	41.0	39.8
陕　西	48.4	28.1	23.6
甘　肃	36.9	23.5	39.7
青　海	32.7	22.9	44.4
宁　夏	42.7	22.9	34.5
新　疆	38.6	33.3	28.1

地　区	附表 260　公民对科学观点的了解程度 –18		单位：%
	地球围绕太阳转一圈的时间为一天（错）		
	回答正确	回答错误	不知道
全　国	27.4	50.0	22.6
北　京	41.5	46.6	11.9
天　津	33.0	57.2	9.8
河　北	31.1	47.7	21.2
山　西	25.4	48.5	26.2
内蒙古	24.7	44.1	31.2
辽　宁	27.3	46.1	26.6
吉　林	32.7	50.2	17.0
黑龙江	29.2	56.5	14.3
上　海	39.8	49.7	10.5
江　苏	29.2	56.7	14.1
浙　江	28.7	46.8	24.5
安　徽	27.6	55.5	16.8
福　建	27.5	47.7	24.8
江　西	27.1	44.4	28.6
山　东	25.6	53.4	21.0
河　南	24.0	52.5	23.5
湖　北	25.2	49.8	25.0
湖　南	27.9	46.8	25.2
广　东	34.0	48.5	17.5
广　西	26.1	50.9	23.0
海　南	22.3	43.0	34.7
重　庆	21.3	52.2	26.5
四　川	19.7	49.7	30.6
贵　州	21.2	41.8	37.0
云　南	23.2	43.1	33.7
西　藏	21.5	40.3	38.2
陕　西	27.1	59.3	13.7
甘　肃	25.0	43.5	31.5
青　海	24.3	40.8	34.9
宁　夏	27.2	47.2	25.7
新　疆	21.6	53.2	25.2

（十）公民对科学术语的了解程度

地　区	附表 261　公民对"分子"的了解程度　　　　　　　　　　单位：%			
	关于物质的"分子"，您认为下列哪个说法最正确？			
	正确	基本正确	错误	不知道
全　国	11.0	11.3	14.8	62.9
北　京	17.1	16.9	26.0	40.0
天　津	18.8	17.3	25.4	38.5
河　北	12.1	11.7	12.0	64.1
山　西	8.2	10.4	15.1	66.3
内蒙古	8.8	10.1	11.9	69.1
辽　宁	12.0	10.5	16.2	61.3
吉　林	9.4	13.4	17.8	59.5
黑龙江	13.0	16.4	20.6	49.9
上　海	16.0	18.4	22.1	43.5
江　苏	14.8	12.9	20.3	52.0
浙　江	13.1	11.1	12.2	63.6
安　徽	8.7	12.0	16.5	62.9
福　建	10.8	9.8	11.7	67.7
江　西	8.8	8.1	12.4	70.7
山　东	12.6	10.3	13.9	63.2
河　南	7.9	9.9	11.7	70.4
湖　北	8.9	12.1	13.2	65.8
湖　南	13.2	9.6	11.7	65.5
广　东	14.4	12.8	18.3	54.4
广　西	10.5	11.6	14.8	63.1
海　南	5.9	9.0	13.0	72.1
重　庆	7.4	10.1	12.1	70.5
四　川	8.2	8.5	11.4	71.9
贵　州	6.1	8.8	12.3	72.8
云　南	6.2	6.1	9.6	78.1
西　藏	3.9	6.9	8.6	80.6
陕　西	13.0	16.3	17.3	53.5
甘　肃	7.8	8.9	14.7	68.6
青　海	6.1	6.1	10.9	76.9
宁　夏	12.1	10.6	16.6	60.7
新　疆	8.5	9.1	11.8	70.6

地 区	附表 262　公民对"DNA"的了解程度			单位：%
	关于"DNA"，您认为下列哪个说法最正确？			
	正确	基本正确	错误	不知道
全　国	22.3	25.8	13.3	38.7
北　京	40.2	27.9	13.3	18.6
天　津	38.9	31.3	12.5	17.3
河　北	19.9	31.5	12.2	36.5
山　西	19.7	25.3	11.0	44.0
内蒙古	20.8	23.7	10.9	44.6
辽　宁	22.3	25.4	13.2	39.1
吉　林	26.8	28.9	15.5	28.7
黑龙江	22.0	32.3	18.9	26.7
上　海	40.6	25.7	12.5	21.2
江　苏	26.5	29.7	14.3	29.4
浙　江	24.6	24.5	12.1	38.7
安　徽	22.0	27.0	16.2	34.8
福　建	24.6	25.3	14.2	35.9
江　西	16.9	24.6	12.1	46.4
山　东	24.4	25.9	11.7	37.9
河　南	19.8	26.5	11.6	42.1
湖　北	21.9	23.6	14.2	40.4
湖　南	20.2	25.6	11.3	43.0
广　东	25.9	29.2	15.2	29.8
广　西	19.7	23.1	16.9	40.3
海　南	18.3	18.0	15.0	48.7
重　庆	17.7	21.6	12.6	48.2
四　川	15.0	22.1	11.4	51.5
贵　州	14.9	17.8	11.7	55.6
云　南	13.7	15.5	11.2	59.7
西　藏	9.2	10.3	10.9	69.6
陕　西	24.3	31.8	18.0	25.9
甘　肃	19.1	19.7	11.9	49.3
青　海	15.6	17.7	10.8	56.0
宁　夏	21.4	25.6	13.2	39.7
新　疆	18.0	24.4	10.9	46.8

地 区	关于"Internet(因特网)",您认为下列哪个说法最正确?			
	正确	基本正确	错误	不知道
全 国	20.1	26.8	7.9	45.2
北 京	29.1	37.5	11.8	21.6
天 津	29.1	37.6	12.2	21.1
河 北	19.8	26.6	7.3	46.4
山 西	19.6	22.9	8.0	49.4
内蒙古	17.7	22.7	7.8	51.8
辽 宁	17.8	27.6	7.0	47.6
吉 林	22.5	27.6	9.7	40.2
黑龙江	24.3	27.8	12.2	35.7
上 海	32.5	34.5	10.5	22.5
江 苏	24.8	29.2	9.0	37.0
浙 江	23.5	30.9	6.9	38.7
安 徽	20.4	25.8	9.7	44.2
福 建	22.4	30.4	6.0	41.2
江 西	15.7	21.9	7.0	55.4
山 东	20.9	26.8	7.5	44.8
河 南	16.7	25.0	6.6	51.7
湖 北	20.3	27.3	6.5	45.9
湖 南	18.4	25.4	8.1	48.1
广 东	25.8	30.7	9.0	34.4
广 西	17.9	27.6	6.9	47.6
海 南	14.0	20.2	7.0	58.8
重 庆	15.1	24.9	8.3	51.7
四 川	13.7	21.6	6.7	58.0
贵 州	13.7	18.3	5.6	62.4
云 南	9.8	20.9	5.4	63.8
西 藏	8.1	14.0	5.2	72.7
陕 西	24.5	31.8	9.2	34.5
甘 肃	16.7	22.9	4.7	55.7
青 海	12.4	18.5	4.8	64.2
宁 夏	18.9	26.3	8.4	46.4
新 疆	18.0	24.5	7.5	50.0

附表 263 公民对"Internet(因特网)"的了解程度　　单位：%

地　区	附表 264　公民对"纳米"的了解程度			单位：%
	您认为"纳米"是什么？			
	正确	基本正确	错误	不知道
全　国	16.1	45.9	6.8	31.3
北　京	34.4	49.8	2.8	12.9
天　津	25.4	59.2	4.4	11.1
河　北	17.2	51.7	4.1	26.9
山　西	16.0	46.7	4.4	32.9
内蒙古	14.9	43.6	4.1	37.4
辽　宁	16.0	48.8	6.3	28.9
吉　林	17.4	57.1	7.7	17.8
黑龙江	14.1	59.7	8.4	17.7
上　海	29.5	52.0	5.7	12.8
江　苏	18.7	50.5	7.8	23.1
浙　江	16.2	47.2	5.2	31.5
安　徽	15.0	51.7	14.1	19.1
福　建	14.5	49.0	6.0	30.5
江　西	15.7	39.5	7.2	37.6
山　东	15.1	53.9	4.9	26.1
河　南	12.3	47.4	4.8	35.5
湖　北	13.3	45.2	6.4	35.1
湖　南	17.4	42.9	5.9	33.9
广　东	19.5	43.8	8.7	27.9
广　西	13.9	39.6	11.3	35.3
海　南	11.4	32.2	12.0	44.4
重　庆	14.2	36.4	9.7	39.8
四　川	13.3	35.8	8.5	42.4
贵　州	11.2	28.0	8.7	52.1
云　南	10.2	30.3	6.5	53.0
西　藏	9.5	15.9	3.3	71.4
陕　西	16.8	53.9	6.0	23.3
甘　肃	13.6	32.8	3.1	50.5
青　海	12.2	30.2	2.9	54.7
宁　夏	16.1	40.8	5.6	37.5
新　疆	13.1	39.6	3.6	43.8

（十一）公民对科学方法的理解程度

地　区	附表265　公民对"科学研究"的理解程度　　　　　　单位：% 关于"科学研究"这个短语，下列哪一项最接近您的理解？			
	引进新技术，推广新技术，使用新技术	遇到问题，咨询专家，得出解释	提出假设，进行观察、推理、实验，得出结论	不知道
全　国	28.4	11.1	35.0	25.5
北　京	29.8	9.6	50.1	10.5
天　津	32.2	10.4	47.9	9.5
河　北	32.3	11.7	36.9	19.1
山　西	28.7	10.3	34.9	26.1
内蒙古	28.3	9.5	30.6	31.6
辽　宁	27.0	10.8	32.4	29.8
吉　林	31.7	15.4	38.4	14.5
黑龙江	33.8	14.6	34.4	17.2
上　海	25.3	9.8	50.4	14.5
江　苏	27.4	15.5	38.5	18.5
浙　江	26.6	10.0	37.9	25.5
安　徽	25.2	16.1	37.6	21.1
福　建	27.9	9.8	36.4	25.9
江　西	22.6	8.9	32.1	36.4
山　东	31.6	10.4	36.5	21.6
河　南	27.8	10.3	31.0	30.8
湖　北	30.1	10.9	34.6	24.4
湖　南	29.1	10.5	34.4	26.0
广　东	31.3	11.8	38.2	18.7
广　西	30.3	11.8	33.7	24.2
海　南	25.7	10.6	26.4	37.3
重　庆	24.7	8.3	30.4	36.6
四　川	24.8	8.6	28.7	37.9
贵　州	21.8	9.6	26.1	42.6
云　南	20.8	7.4	24.7	47.0
西　藏	21.9	9.9	21.4	46.9
陕　西	34.5	14.4	39.5	11.6
甘　肃	28.6	9.5	29.6	32.3
青　海	23.8	7.9	25.9	42.5
宁　夏	31.6	11.0	32.8	24.6
新　疆	27.7	9.6	31.0	31.8

地　区	附表 266　公民对"对比法"的理解程度　　　　　　单位：% 科学家想知道一种治疗高血压病的新药是否有效，您认为以下哪一种方法最好？			
	回答错误	理解对比法	理解双盲实验	不知道
全　国	12.0	22.9	20.4	44.8
北　京	14.6	29.0	31.6	24.8
天　津	18.8	32.0	30.1	19.1
河　北	11.3	22.8	19.7	46.1
山　西	8.7	21.4	19.5	50.3
内蒙古	10.9	21.1	16.1	52.0
辽　宁	13.7	21.5	17.0	47.7
吉　林	17.8	28.2	23.8	30.2
黑龙江	18.9	25.5	25.1	30.5
上　海	12.4	31.0	31.4	25.3
江　苏	15.4	28.8	23.2	32.6
浙　江	11.2	25.5	20.4	42.9
安　徽	13.8	25.7	23.3	37.2
福　建	11.6	22.7	20.6	45.1
江　西	7.7	17.2	16.2	58.9
山　东	12.5	21.2	22.5	43.9
河　南	10.8	22.2	17.8	49.1
湖　北	10.8	22.3	19.1	47.8
湖　南	9.7	21.0	19.7	49.6
广　东	12.1	26.8	23.2	37.9
广　西	11.2	22.7	19.8	46.3
海　南	9.0	16.5	14.3	60.2
重　庆	10.4	19.4	16.6	53.6
四　川	9.9	18.5	16.3	55.3
贵　州	9.0	12.9	14.5	63.6
云　南	8.6	12.2	11.2	68.0
西　藏	8.6	15.3	13.0	63.1
陕　西	16.5	28.0	26.5	28.9
甘　肃	11.3	21.3	16.8	50.6
青　海	8.4	16.6	14.1	60.9
宁　夏	11.0	22.9	16.2	49.9
新　疆	9.7	22.1	15.7	52.5

地　区	对"概率"的理解				
	1	2	3（正确）	4	不知道
全　国	6.5	7.1	42.9	6.8	36.7
北　京	5.3	7.1	61.0	7.3	19.3
天　津	7.8	10.3	61.7	5.3	14.9
河　北	4.1	5.5	48.0	4.7	37.7
山　西	5.1	6.7	44.0	5.6	38.6
内蒙古	4.3	6.4	39.8	6.2	43.2
辽　宁	6.8	8.4	36.4	7.2	41.3
吉　林	8.3	9.6	46.0	9.5	26.6
黑龙江	9.7	10.6	44.9	9.0	25.8
上　海	6.8	6.8	60.6	6.8	19.0
江　苏	8.3	8.4	50.0	6.1	27.3
浙　江	5.5	5.6	46.4	5.7	36.9
安　徽	8.0	7.6	45.1	10.5	28.8
福　建	6.9	6.2	47.4	7.7	31.8
江　西	5.0	5.8	39.3	4.0	45.8
山　东	7.1	6.1	43.9	6.6	36.2
河　南	5.3	6.1	39.4	6.4	42.7
湖　北	6.8	7.4	39.2	7.7	38.9
湖　南	6.0	6.3	37.4	7.5	42.7
广　东	6.4	8.4	49.6	7.4	28.2
广　西	6.7	6.6	43.1	7.8	35.8
海　南	6.2	6.7	32.4	8.9	45.8
重　庆	6.1	6.7	36.8	7.7	42.6
四　川	6.2	6.8	36.2	5.3	45.5
贵　州	4.9	6.3	30.2	6.8	51.8
云　南	5.0	4.8	29.4	4.3	56.5
西　藏	5.8	9.1	22.5	5.2	57.4
陕　西	10.5	9.8	45.3	7.3	27.2
甘　肃	6.3	6.4	34.4	8.2	44.6
青　海	6.0	5.1	31.3	5.5	52.0
宁　夏	8.0	8.9	33.5	7.0	42.5
新　疆	5.6	6.2	34.7	5.9	47.6

问题：医生为一对夫妇进行身体检查后，告诉他们，如果他们生育孩子的话，他们的孩子患遗传病的可能性为 1/4。下列哪一种说法最符合医生的意思？回答：1. 如果他们生育的前三个孩子都很健康，那么第四个孩子肯定得遗传病。2. 如果他们的第一个孩子有遗传病，那么后面的三个孩子将不会得遗传病。3. 他们生育的孩子都有可能得遗传病。4. 如果他们只生育三个孩子，那么这三个孩子都不会得遗传病。

（十二）公民对科学对个人和社会影响的理解程度

地　区	附表 268　公民对迷信活动的相信程度 –1				单位：%
	求签				
	参与过很相信	参与过有些相信	尝试过不相信	没参与过不理睬	不知道
全　国	3.0	11.0	15.8	62.8	7.5
北　京	2.9	9.5	18.2	63.6	5.8
天　津	2.4	7.5	14.6	71.9	3.7
河　北	1.8	10.3	18.7	62.9	6.4
山　西	1.5	7.6	14.6	65.7	10.5
内蒙古	3.1	5.6	13.5	65.2	12.5
辽　宁	6.0	9.7	13.2	59.5	11.6
吉　林	2.8	6.9	14.1	72.0	4.2
黑龙江	2.5	8.2	11.3	73.5	4.5
上　海	3.2	12.8	18.0	59.7	6.3
江　苏	1.4	8.4	14.0	71.6	4.7
浙　江	6.7	16.9	20.9	48.8	6.7
安　徽	1.9	9.1	16.3	63.1	9.6
福　建	5.8	22.1	17.9	46.3	7.8
江　西	1.8	15.5	16.9	61.5	4.3
山　东	2.4	7.7	14.1	70.6	5.2
河　南	0.6	7.1	12.9	76.1	3.3
湖　北	3.2	13.5	20.6	55.7	7.0
湖　南	6.8	14.4	23.1	45.3	10.5
广　东	6.8	21.0	20.6	46.7	4.9
广　西	1.7	10.9	15.7	66.1	5.6
海　南	5.3	16.6	13.2	48.0	17.0
重　庆	1.1	7.7	14.4	73.6	3.2
四　川	1.0	7.8	11.2	77.3	2.6
贵　州	1.9	8.5	12.4	57.6	19.5
云　南	1.5	8.7	13.7	50.0	26.0
西　藏	2.9	6.8	6.2	60.3	23.8
陕　西	1.5	9.9	13.7	71.5	3.4
甘　肃	3.7	12.0	11.6	67.6	5.0
青　海	1.6	6.2	7.4	70.7	14.2
宁　夏	3.2	6.1	10.8	60.3	19.6
新　疆	0.9	3.7	10.1	62.1	23.2

地　区	相面				
	参与过很相信	参与过有些相信	尝试过不相信	没参与过不理睬	不知道
全　国	2.6	10.4	14.1	65.6	7.3
北　京	2.8	11.0	17.8	63.8	4.7
天　津	2.4	8.4	12.9	73.1	3.3
河　北	2.0	10.4	20.1	61.5	5.9
山　西	1.7	9.7	13.9	66.9	7.8
内蒙古	2.8	6.3	13.2	66.2	11.5
辽　宁	4.2	11.5	14.0	60.0	10.2
吉　林	3.3	8.6	15.1	70.5	2.5
黑龙江	2.8	8.7	11.8	74.4	2.3
上　海	3.2	11.2	15.1	64.2	6.3
江　苏	2.1	11.7	15.0	67.9	3.3
浙　江	4.0	14.0	19.3	54.9	7.8
安　徽	2.4	8.8	13.7	66.6	8.4
福　建	4.7	14.7	13.4	59.1	8.2
江　西	1.8	12.0	11.6	69.2	5.4
山　东	2.5	10.2	14.3	69.4	3.6
河　南	0.9	8.4	11.3	77.0	2.4
湖　北	2.8	10.3	16.2	63.2	7.3
湖　南	4.8	14.8	17.9	50.6	11.9
广　东	4.5	16.0	16.4	57.1	6.0
广　西	2.0	9.2	13.1	68.0	7.6
海　南	3.8	11.9	12.5	54.2	17.6
重　庆	1.2	8.1	12.2	75.5	3.0
四　川	1.6	8.4	11.1	76.7	2.2
贵　州	2.0	7.1	10.4	60.3	20.1
云　南	1.1	4.9	11.7	53.7	28.7
西　藏	1.9	2.3	5.2	65.3	25.3
陕　西	1.1	8.7	11.5	76.7	2.0
甘　肃	2.1	6.3	9.6	75.6	6.3
青　海	1.1	4.5	6.0	73.1	15.3
宁　夏	3.0	6.3	12.2	60.8	17.6
新　疆	1.2	5.1	7.8	62.2	23.6

附表 269　公民对迷信活动的相信程度 –2　　　单位：%

地 区	星座预测				
	参与过很相信	参与过有些相信	尝试过不相信	没参与过不理睬	不知道
全 国	2.2	9.3	15.7	59.3	13.5
北 京	2.9	12.8	21.1	56.7	6.6
天 津	3.0	12.0	20.8	58.4	5.9
河 北	1.7	8.2	18.6	56.0	15.6
山 西	2.3	10.0	15.7	59.2	12.8
内蒙古	2.8	8.1	14.0	61.3	13.9
辽 宁	4.4	10.6	15.6	55.0	14.3
吉 林	3.9	8.9	15.8	64.3	7.1
黑龙江	3.7	8.3	14.1	65.1	8.8
上 海	3.2	17.4	23.6	46.6	9.2
江 苏	2.0	11.0	16.5	61.6	8.9
浙 江	2.6	10.2	19.5	50.2	17.4
安 徽	1.5	8.5	16.7	58.4	14.9
福 建	2.7	10.7	18.0	51.4	17.3
江 西	1.0	8.2	11.8	68.2	10.8
山 东	1.8	6.2	14.4	68.3	9.3
河 南	0.6	6.4	13.1	73.4	6.5
湖 北	2.8	8.7	17.2	55.2	16.1
湖 南	4.4	10.4	19.1	44.2	21.9
广 东	3.6	13.7	19.2	54.0	9.6
广 西	1.5	8.1	13.6	65.2	11.6
海 南	2.4	10.9	11.6	48.9	26.2
重 庆	1.6	7.6	11.9	72.2	6.7
四 川	0.9	8.9	10.0	71.4	8.8
贵 州	1.8	8.4	10.2	48.4	31.1
云 南	1.3	6.5	11.2	43.6	37.4
西 藏	1.8	10.1	6.5	46.7	34.9
陕 西	1.5	8.8	18.2	67.6	3.9
甘 肃	1.4	7.1	11.9	61.7	17.9
青 海	0.7	5.5	8.8	63.1	21.9
宁 夏	2.9	7.7	17.2	47.4	24.8
新 疆	0.6	7.0	14.0	48.6	29.7

附表 270　公民对迷信活动的相信程度 –3　　　　单位：%

地 区	周公解梦				
	参与过很相信	参与过有些相信	尝试过不相信	没参与过不理睬	不知道
全 国	2.5	10.8	17.4	58.6	10.8
北 京	2.8	11.7	21.2	57.8	6.4
天 津	2.4	12.2	19.2	61.8	4.5
河 北	1.9	11.4	22.2	52.7	11.9
山 西	3.1	15.1	17.5	53.9	10.4
内蒙古	3.7	10.2	14.8	59.8	11.4
辽 宁	5.4	12.1	16.2	54.6	11.7
吉 林	4.0	10.9	18.4	62.4	4.3
黑龙江	4.5	11.4	15.0	63.9	5.2
上 海	2.3	13.4	19.3	55.2	9.7
江 苏	2.1	11.0	16.3	63.1	7.5
浙 江	2.2	8.8	21.5	52.4	15.1
安 徽	2.3	12.3	20.0	54.0	11.5
福 建	2.2	10.2	17.0	55.3	15.3
江 西	1.0	11.3	14.0	65.7	8.1
山 东	2.7	9.1	17.0	65.1	6.2
河 南	0.8	9.4	16.3	69.1	4.4
湖 北	2.6	9.8	20.5	54.8	12.3
湖 南	4.8	15.4	21.1	42.2	16.6
广 东	3.6	9.3	17.6	59.8	9.6
广 西	1.9	7.8	15.1	65.7	9.5
海 南	2.4	9.5	13.1	52.3	22.7
重 庆	0.9	11.6	13.7	68.0	5.7
四 川	1.6	11.3	12.7	68.8	5.6
贵 州	2.0	9.4	12.4	49.6	26.6
云 南	1.8	8.6	16.4	42.2	30.9
西 藏	0.7	4.2	5.7	50.9	38.5
陕 西	1.8	12.7	18.8	64.2	2.4
甘 肃	2.3	10.0	16.5	60.7	10.6
青 海	1.8	7.8	10.7	61.0	18.6
宁 夏	3.2	11.7	17.3	45.7	22.1
新 疆	1.1	9.3	17.3	46.2	26.1

附表 271　公民对迷信活动的相信程度 –4　　　单位：%

地 区	电脑算命				
	参与过很相信	参与过有些相信	尝试过不相信	没参与过不理睬	不知道
全　国	1.4	4.7	16.1	65.7	12.1
北　京	1.4	5.4	20.5	65.1	7.6
天　津	1.6	5.9	19.0	68.3	5.2
河　北	1.3	6.0	21.6	59.5	11.7
山　西	1.0	4.9	18.3	65.0	10.8
内蒙古	1.7	3.5	13.4	67.1	14.3
辽　宁	2.8	6.5	16.2	58.8	15.6
吉　林	2.4	4.9	16.8	69.0	6.9
黑龙江	2.0	5.2	13.2	71.5	8.1
上　海	1.2	5.4	20.9	61.8	10.6
江　苏	0.7	4.5	16.2	70.2	8.4
浙　江	1.9	6.0	19.2	58.5	14.5
安　徽	0.9	3.7	16.6	67.4	11.3
福　建	2.6	5.9	15.7	60.9	14.9
江　西	0.3	3.8	12.5	72.9	10.5
山　东	1.9	4.0	15.8	70.3	8.0
河　南	0.5	4.0	14.4	77.0	4.0
湖　北	1.5	4.1	18.4	63.3	12.8
湖　南	3.2	7.1	18.8	48.5	22.5
广　东	2.1	5.7	18.2	63.6	10.4
广　西	1.3	5.3	14.7	69.4	9.3
海　南	1.2	4.2	12.8	58.8	22.9
重　庆	0.7	5.4	14.8	73.5	5.6
四　川	0.8	4.0	11.3	77.4	6.5
贵　州	0.8	2.3	11.1	54.0	31.7
云　南	0.7	2.8	13.6	51.2	31.7
西　藏	0.5	2.0	5.5	58.7	33.3
陕　西	0.8	3.7	17.2	74.7	3.6
甘　肃	0.5	2.9	11.7	69.0	16.0
青　海	0.3	1.6	7.6	67.1	23.4
宁　夏	1.5	2.3	12.7	56.5	27.2
新　疆	0.2	2.6	12.6	54.5	29.9

附表 272　公民对迷信活动的相信程度 –5　　　　　单位：%

附表 273　公民治疗和处理健康问题的方法 –6　　　　　　单位：%

地　区	在过去的一年中，您用过下列方法治疗和处理健康方面的问题吗？								
	没出健康问题	自己找药吃	自己治疗处理	祈求神灵保佑	心理咨询与心理治疗	看医生（西医为主）	看医生（中医为主）	什么方法都没用过	其他
全　国	19.8	36.7	13.9	1.6	3.3	55.8	32.0	2.5	3.3
北　京	22.7	38.8	16.3	0.5	3.7	54.5	38.1	1.0	2.3
天　津	20.3	47.3	18.0	0.9	5.9	54.2	43.3	1.4	2.4
河　北	14.1	38.7	16.4	0.9	3.9	63.8	36.6	2.2	6.4
山　西	21.0	33.0	12.4	1.5	2.2	48.9	35.0	4.2	2.4
内蒙古	16.1	43.9	13.3	1.3	2.1	56.8	39.6	2.5	3.4
辽　宁	26.4	42.9	15.5	1.7	3.3	41.8	25.3	2.6	2.9
吉　林	17.0	53.5	13.9	0.7	3.0	49.9	34.2	1.6	1.7
黑龙江	16.0	47.9	14.5	2.3	3.2	49.1	37.2	1.8	1.7
上　海	19.6	37.4	17.2	0.9	4.3	59.0	28.4	3.4	2.6
江　苏	18.4	38.6	16.0	2.4	5.9	55.7	26.6	2.1	5.5
浙　江	15.6	38.6	14.2	2.5	3.9	65.9	34.7	1.0	5.1
安　徽	13.9	34.8	16.9	4.2	4.1	63.1	27.2	4.4	5.5
福　建	20.5	30.5	15.5	1.6	3.4	57.2	34.5	1.4	3.7
江　西	29.4	27.5	8.1	0.7	1.4	44.4	22.9	4.4	1.5
山　东	26.0	28.1	12.7	0.7	2.4	53.7	25.7	1.8	1.8
河　南	18.4	24.0	8.3	1.1	1.7	62.1	27.1	3.5	0.7
湖　北	21.3	34.0	15.6	1.3	4.4	58.1	32.0	2.3	3.6
湖　南	23.9	30.3	15.9	2.4	4.4	52.0	27.4	2.7	3.9
广　东	18.1	44.1	16.2	3.0	2.9	49.5	39.2	2.5	3.2
广　西	12.5	48.0	19.1	1.8	4.3	62.6	38.1	2.4	6.5
海　南	18.8	36.1	15.3	2.3	4.7	59.0	37.2	2.6	6.3
重　庆	18.1	36.6	8.8	0.8	1.4	54.5	26.0	3.2	0.6
四　川	25.2	30.9	7.1	0.6	1.4	53.8	31.9	2.1	1.2
贵　州	26.3	32.6	10.4	1.4	4.1	48.1	29.9	4.5	3.8
云　南	20.8	39.5	13.3	1.0	2.9	54.8	29.6	3.0	3.3
西　藏	20.3	26.9	7.3	2.8	2.8	59.9	24.5	0.9	9.3
陕　西	14.7	41.8	16.5	1.7	4.0	65.1	36.6	1.9	2.2
甘　肃	11.1	48.5	13.2	1.2	2.5	70.4	46.5	0.9	3.8
青　海	23.3	45.3	11.4	1.4	1.3	52.2	33.0	1.7	3.9
宁　夏	12.8	48.8	15.1	1.6	6.8	60.1	43.8	1.8	7.4
新　疆	21.3	35.9	15.2	1.8	3.3	53.9	33.1	2.3	4.1

（十三）公民对科学技术的态度

地 区	附表 274 公民对科学技术的态度 -1 单位：% 科学技术使我们的生活更健康、更便捷、更舒适					
	非常赞成	基本赞成	既不赞成也不反对	基本反对	非常反对	不知道
全　国	49.3	31.4	8.1	1.1	0.6	9.5
北　京	51.6	35.0	8.3	1.4	0.3	3.4
天　津	54.0	36.5	6.3	0.9	0.3	1.9
河　北	59.9	28.3	6.0	0.3	0.1	5.5
山　西	41.6	32.2	10.5	0.8	0.5	14.4
内蒙古	56.6	25.3	5.5	1.2	0.4	11.1
辽　宁	47.0	27.8	9.4	2.5	0.8	12.4
吉　林	53.7	31.4	7.0	2.1	0.6	5.2
黑龙江	54.5	30.9	8.4	1.6	0.6	4.0
上　海	45.5	39.4	8.1	1.4	0.9	4.7
江　苏	47.4	38.8	6.4	1.2	0.7	5.6
浙　江	58.8	27.0	5.1	0.6	0.3	8.2
安　徽	48.1	29.9	12.6	1.2	0.9	7.3
福　建	46.8	31.7	10.8	0.8	0.7	9.2
江　西	39.6	34.7	7.2	1.1	0.9	16.5
山　东	56.3	28.1	7.1	0.8	0.6	7.2
河　南	45.3	35.1	8.6	1.2	0.2	9.6
湖　北	58.2	28.8	5.4	0.3	0.2	7.1
湖　南	51.1	28.2	8.3	1.2	0.9	10.4
广　东	39.0	36.2	13.8	2.3	1.2	7.6
广　西	49.0	32.5	8.9	1.2	0.6	7.9
海　南	46.8	22.8	7.1	0.5	0.5	22.3
重　庆	42.6	29.5	10.5	1.0	1.0	15.5
四　川	44.9	31.9	8.1	0.9	0.7	13.6
贵　州	40.9	26.0	6.7	1.7	0.8	23.9
云　南	38.9	28.4	6.1	0.8	0.7	25.0
西　藏	55.6	27.2	3.7	0.6	0.7	12.1
陕　西	56.8	31.8	6.8	1.0	0.5	3.2
甘　肃	55.3	29.9	4.7	0.5	0.2	9.3
青　海	48.3	29.0	6.0	0.8	0.3	15.6
宁　夏	54.4	28.5	5.0	0.9	0.1	11.1
新　疆	54.6	28.4	5.4	0.2	0.3	11.1

地　区	现代科学技术将给我们的后代提供更多的发展机会					
	非常赞成	基本赞成	既不赞成也不反对	基本反对	非常反对	不知道
全　国	52.2	31.5	6.1	1.2	0.6	8.5
北　京	51.0	34.0	10.1	2.2	0.4	2.4
天　津	51.6	39.6	5.4	1.1	0.2	2.1
河　北	57.7	29.6	5.6	0.3	0.6	6.3
山　西	46.7	32.2	7.1	0.9	0.4	12.7
内蒙古	58.2	26.0	4.3	1.5	0.6	9.4
辽　宁	45.9	29.5	9.3	2.8	1.3	11.3
吉　林	55.9	31.2	5.6	1.6	0.7	5.0
黑龙江	58.2	29.2	6.5	1.4	1.0	3.7
上　海	44.2	40.8	7.9	2.0	0.8	4.3
江　苏	53.3	36.5	4.7	0.8	0.2	4.5
浙　江	56.4	29.8	5.2	0.8	0.2	7.6
安　徽	53.9	30.3	9.3	1.0	0.8	4.8
福　建	46.1	32.6	7.5	1.0	0.4	12.5
江　西	42.7	35.5	4.3	1.1	0.6	15.8
山　东	59.4	27.0	5.6	1.2	0.2	6.6
河　南	52.7	33.6	4.8	0.8	0.5	7.6
湖　北	59.8	27.0	5.7	0.3	0.3	6.9
湖　南	50.8	30.1	7.1	1.4	0.7	9.8
广　东	41.0	39.8	9.2	2.1	1.1	6.7
广　西	53.1	31.8	6.0	1.2	0.6	7.3
海　南	51.6	25.1	4.9	0.5	0.4	17.6
重　庆	48.3	31.3	5.3	0.6	0.3	14.1
四　川	48.4	32.6	5.5	1.3	0.3	11.9
贵　州	43.5	27.8	4.7	0.8	1.4	21.8
云　南	47.5	26.7	3.7	0.8	0.9	20.4
西　藏	52.4	30.6	2.2	0.7	0.4	13.7
陕　西	65.3	26.7	4.6	1.3	0.4	1.8
甘　肃	62.4	26.4	3.3	0.5	0.2	7.2
青　海	52.6	25.2	7.0	0.8	0.5	13.9
宁　夏	57.9	26.8	5.7	0.8	0.5	8.3
新　疆	59.2	26.9	4.4	0.8	0.1	8.7

附表 275　公民对科学技术的态度 –2　　　　单位：%

地　区	附表 276　公民对科学技术的态度 –3					单位：%
	我们过于依赖科学，而忽视了信仰					
	非常赞成	基本赞成	既不赞成也不反对	基本反对	非常反对	不知道
全　国	14.0	24.5	24.8	12.3	6.8	17.7
北　京	17.5	32.4	26.3	12.1	4.9	6.9
天　津	15.5	33.2	26.2	12.3	6.0	6.8
河　北	9.6	23.8	26.3	14.6	8.5	17.2
山　西	11.8	22.3	27.2	10.2	5.4	23.2
内蒙古	18.2	23.0	18.6	12.5	7.3	20.4
辽　宁	14.9	23.0	26.5	11.2	6.5	18.0
吉　林	16.5	22.2	24.7	16.2	8.2	12.1
黑龙江	15.1	22.7	25.9	15.5	10.9	9.8
上　海	15.3	31.4	29.3	11.9	4.8	7.3
江　苏	16.0	27.2	26.5	14.9	5.9	9.4
浙　江	17.4	23.1	26.4	10.4	5.3	17.5
安　徽	14.8	24.1	34.8	8.7	5.7	11.8
福　建	13.6	24.9	28.6	10.4	5.9	16.6
江　西	10.5	22.0	21.2	11.8	4.8	29.7
山　东	15.3	23.4	25.4	11.5	7.9	16.5
河　南	11.1	26.3	23.8	12.6	8.3	18.0
湖　北	11.7	27.8	23.8	13.2	7.6	15.7
湖　南	14.5	23.3	26.4	11.3	7.7	16.8
广　东	14.5	27.8	26.6	13.2	5.1	12.7
广　西	13.5	21.0	25.4	14.3	7.3	18.5
海　南	13.7	20.1	20.8	7.1	3.8	34.4
重　庆	12.9	23.3	20.2	13.7	6.1	23.7
四　川	13.6	23.7	22.1	10.5	6.1	24.0
贵　州	13.1	18.7	16.3	10.4	7.3	34.2
云　南	12.8	19.1	16.0	9.1	6.5	36.5
西　藏	11.5	20.0	10.7	15.2	4.7	37.9
陕　西	16.2	30.2	23.0	14.0	6.5	10.1
甘　肃	14.5	22.2	20.5	14.0	7.0	21.8
青　海	15.7	20.9	17.7	10.4	7.6	27.6
宁　夏	13.3	22.1	27.5	10.4	8.9	17.8
新　疆	11.9	20.2	18.3	12.0	8.5	29.1

地　区	由于科学技术的进步，地球的自然资源将会用之不竭					
	非常赞成	基本赞成	既不赞成也不反对	基本反对	非常反对	不知道
全　国	13.1	16.9	11.8	15.8	17.5	24.9
北　京	14.2	18.5	16.8	19.5	22.7	8.4
天　津	12.7	21.7	14.2	23.5	19.0	8.8
河　北	11.1	16.3	10.0	17.0	20.8	24.9
山　西	10.3	14.3	12.7	14.5	18.0	30.2
内蒙古	17.6	14.0	9.2	14.5	17.6	27.2
辽　宁	14.6	17.4	14.4	14.6	15.0	23.9
吉　林	13.9	18.5	12.2	16.9	20.9	17.6
黑龙江	15.7	18.3	13.4	17.2	19.9	15.4
上　海	12.0	18.3	15.8	20.6	22.6	10.6
江　苏	15.0	18.0	10.2	20.5	19.7	16.6
浙　江	14.8	16.4	11.4	14.6	16.8	25.9
安　徽	12.1	17.2	20.2	15.4	14.6	20.5
福　建	14.6	17.2	15.7	13.2	14.3	25.0
江　西	9.2	11.9	8.4	17.2	18.7	34.7
山　东	15.0	15.4	10.6	14.5	20.5	24.0
河　南	10.5	16.1	10.8	16.9	17.9	27.9
湖　北	13.2	18.1	11.6	16.5	16.3	24.3
湖　南	13.2	19.4	12.3	14.3	17.0	23.6
广　东	12.5	20.7	13.7	18.0	17.5	17.7
广　西	12.9	15.1	13.0	15.1	14.9	29.0
海　南	12.2	13.2	10.2	10.0	10.7	43.6
重　庆	12.9	16.6	10.9	15.4	14.7	29.4
四　川	14.2	17.8	10.6	13.3	14.3	29.9
贵　州	13.1	14.7	7.6	10.0	13.5	41.1
云　南	8.9	10.6	5.4	11.8	17.0	46.2
西　藏	16.4	19.4	4.1	11.3	6.7	42.0
陕　西	15.6	21.3	10.8	16.8	16.7	18.8
甘　肃	13.2	16.5	9.2	13.2	16.4	31.4
青　海	14.2	13.4	9.0	9.9	13.4	40.1
宁　夏	15.1	16.2	10.8	12.0	16.5	29.4
新　疆	12.0	13.0	8.4	11.9	18.4	36.5

附表 277　公民对科学技术的态度 –4　　　　　单位：%

地　区	附表 278　公民对科学技术的态度 –5　　　　　单位：%					
	如果能帮助人类解决健康问题，应该允许科学家用动物（如：狗、猴子）做试验					
	非常赞成	基本赞成	既不赞成也不反对	基本反对	非常反对	不知道
全　国	19.3	25.7	14.6	11.2	13.5	15.7
北　京	20.1	32.8	18.2	10.2	13.2	5.5
天　津	20.6	33.2	17.0	12.5	12.4	4.4
河　北	19.0	24.8	15.4	11.5	14.9	14.2
山　西	13.2	24.3	14.1	11.8	15.9	20.8
内蒙古	21.9	24.0	10.2	10.8	12.9	20.2
辽　宁	19.3	22.1	16.7	10.3	13.5	18.1
吉　林	19.6	24.8	15.4	12.5	17.9	9.8
黑龙江	22.1	26.2	13.3	13.6	17.4	7.3
上　海	16.8	29.7	19.4	13.4	14.7	6.0
江　苏	21.0	28.5	13.2	12.9	16.1	8.3
浙　江	23.7	25.4	16.2	10.0	9.7	14.9
安　徽	16.8	24.8	22.2	11.5	13.1	11.6
福　建	18.0	22.9	18.6	10.1	13.3	17.0
江　西	16.4	28.8	9.4	11.5	11.4	22.6
山　东	21.8	23.4	14.0	10.8	14.1	16.0
河　南	17.0	27.3	14.0	11.8	13.4	16.4
湖　北	20.3	27.6	14.7	10.1	12.2	15.2
湖　南	20.9	24.9	16.5	9.0	10.7	17.9
广　东	15.7	26.8	17.0	13.4	16.0	11.0
广　西	20.9	25.1	16.8	10.1	11.9	15.2
海　南	19.2	20.4	11.8	7.9	10.5	30.1
重　庆	20.5	26.9	12.0	9.7	11.9	18.9
四　川	19.8	26.9	12.0	11.1	10.8	19.3
贵　州	17.3	19.0	9.7	8.8	12.1	33.1
云　南	13.5	23.1	8.5	8.2	13.3	33.4
西　藏	20.2	17.2	5.6	14.1	12.5	30.4
陕　西	27.2	28.4	14.6	11.9	12.0	5.9
甘　肃	22.6	24.6	11.1	11.0	13.8	16.8
青　海	18.9	20.0	10.7	11.6	15.0	23.9
宁　夏	18.1	21.8	12.5	10.7	16.4	20.4
新　疆	19.4	23.4	9.2	10.6	13.7	23.6

地　区	即使没有科学技术，人们也可以生活得很好					
	非常赞成	基本赞成	既不赞成也不反对	基本反对	非常反对	不知道
全　国	8.1	16.4	15.7	25.9	23.2	10.6
北　京	8.6	21.5	19.5	26.8	20.1	3.4
天　津	7.1	20.5	17.3	32.5	18.9	3.6
河　北	6.3	12.2	16.7	27.8	29.3	7.8
山　西	6.5	14.2	16.7	26.6	21.4	14.6
内蒙古	7.8	14.3	12.7	29.0	22.9	13.2
辽　宁	12.1	15.5	16.5	22.1	21.9	12.0
吉　林	7.7	13.8	13.5	28.1	31.7	5.3
黑龙江	9.8	16.3	14.1	27.1	27.7	5.1
上　海	7.2	21.6	20.4	28.1	18.0	4.7
江　苏	7.9	22.1	15.9	27.3	20.7	6.2
浙　江	9.8	17.0	16.8	25.7	21.4	9.3
安　徽	9.7	18.1	21.5	24.0	18.3	8.5
福　建	8.0	16.4	21.8	25.6	15.8	12.5
江　西	6.9	14.7	14.1	25.8	19.8	18.7
山　东	7.8	15.8	15.1	25.4	25.8	10.1
河　南	5.6	16.2	13.2	29.0	25.4	10.6
湖　北	5.8	14.2	14.5	27.8	27.6	10.2
湖　南	8.5	13.7	17.1	26.5	25.1	9.2
广　东	10.9	23.0	20.2	23.1	15.7	7.2
广　西	10.9	14.0	17.2	28.6	20.8	8.6
海　南	10.6	14.3	13.6	21.1	17.7	22.7
重　庆	7.9	14.5	13.7	24.1	25.3	14.5
四　川	6.6	16.0	12.0	24.3	26.3	14.8
贵　州	11.4	12.0	10.7	21.4	20.5	24.0
云　南	7.1	13.6	11.6	18.2	24.9	24.6
西　藏	11.9	14.7	8.1	29.8	10.8	24.7
陕　西	7.2	17.3	14.3	30.8	26.6	3.8
甘　肃	7.5	13.0	9.2	27.3	30.2	12.9
青　海	8.0	13.3	13.9	24.0	22.5	18.3
宁　夏	8.0	11.2	14.2	23.5	29.4	13.7
新　疆	7.1	15.3	12.8	23.0	26.6	15.2

附表 279　公民对科学技术的态度 –6　　　　单位：%

地　区	附表 280　公民对科学技术的态度 –7 单位：%					
	科学和技术的进步将有助于治疗艾滋病和癌症等疾病					
	非常赞成	基本赞成	既不赞成也不反对	基本反对	非常反对	不知道
全　国	43.3	32.0	6.4	2.4	1.8	14.1
北　京	44.5	38.3	9.9	2.4	1.0	3.9
天　津	46.9	40.0	6.5	2.3	0.9	3.3
河　北	49.6	30.6	6.1	1.7	1.2	10.8
山　西	36.0	31.6	7.0	2.2	2.3	21.0
内蒙古	46.6	28.0	5.3	3.0	0.6	16.4
辽　宁	37.8	28.5	10.6	3.2	2.8	17.2
吉　林	48.1	33.8	4.9	2.8	1.8	8.7
黑龙江	46.7	33.9	7.2	3.3	2.0	6.8
上　海	46.9	38.5	6.5	1.8	1.2	5.1
江　苏	48.9	34.8	3.6	2.4	1.2	9.0
浙　江	50.3	28.4	7.0	1.8	0.9	11.6
安　徽	47.0	30.8	9.3	1.2	2.2	9.6
福　建	43.8	31.2	8.0	2.0	0.7	14.3
江　西	33.8	34.9	3.0	2.1	1.9	24.3
山　东	47.1	27.0	7.6	2.7	1.8	13.9
河　南	40.4	34.9	5.4	2.7	1.7	14.9
湖　北	46.8	32.0	3.9	1.7	1.6	14.0
湖　南	39.3	30.7	9.0	3.8	3.3	13.9
广　东	36.4	38.1	10.1	2.9	1.9	10.5
广　西	41.6	31.0	6.4	3.1	2.7	15.2
海　南	39.4	25.9	3.8	1.3	2.6	27.0
重　庆	40.5	27.9	5.7	3.0	3.4	19.5
四　川	39.5	33.2	4.6	2.2	2.2	18.3
贵　州	30.6	27.5	5.4	3.2	3.4	29.9
云　南	35.6	27.0	3.3	1.6	1.8	30.7
西　藏	46.1	28.2	2.9	3.3	1.0	18.6
陕　西	51.0	33.1	4.1	3.2	1.3	7.3
甘　肃	49.5	30.1	2.6	1.1	1.0	15.7
青　海	42.8	27.0	5.2	2.3	0.6	22.0
宁　夏	44.1	28.7	6.6	1.6	1.8	17.1
新　疆	50.1	28.3	3.3	0.9	1.2	16.2

地 区	科学技术不能解决我们面临的任何问题					
	非常赞成	基本赞成	既不赞成 也不反对	基本反对	非常反对	不知道
全 国	10.6	20.2	14.3	19.4	18.9	16.6
北 京	14.0	24.6	16.7	22.8	16.4	5.4
天 津	11.7	23.6	15.3	28.0	16.8	4.6
河 北	9.9	17.2	14.7	21.3	23.3	13.6
山 西	8.9	20.0	14.9	16.9	15.6	23.7
内蒙古	14.2	20.4	9.8	17.8	19.2	18.6
辽 宁	13.2	20.4	17.3	15.6	14.5	19.0
吉 林	10.9	20.7	13.1	23.8	21.7	9.8
黑龙江	12.1	19.2	15.6	23.2	21.0	8.9
上 海	13.8	25.3	14.2	22.8	17.6	6.3
江 苏	11.3	22.8	13.4	21.9	18.8	11.8
浙 江	12.8	20.9	14.7	18.8	18.4	14.4
安 徽	9.0	20.1	21.1	17.3	18.9	13.6
福 建	13.5	18.1	20.7	18.3	13.1	16.3
江 西	7.9	18.3	12.2	20.6	16.5	24.4
山 东	10.9	19.8	14.0	18.6	20.7	15.9
河 南	9.1	23.7	13.3	17.9	19.0	17.0
湖 北	8.0	19.1	12.2	21.9	22.2	16.7
湖 南	10.5	18.3	13.8	20.0	22.7	14.7
广 东	12.4	23.4	19.1	19.6	14.9	10.6
广 西	9.6	18.5	17.7	18.3	16.3	19.7
海 南	8.9	16.8	13.3	14.5	13.0	33.5
重 庆	10.5	21.2	10.8	18.0	18.0	21.5
四 川	9.6	19.8	13.8	16.9	18.3	21.5
贵 州	10.0	13.2	9.8	15.9	17.0	34.1
云 南	6.9	15.5	5.6	16.2	19.5	36.3
西 藏	6.7	12.0	5.2	27.3	15.7	33.1
陕 西	11.6	23.3	12.5	22.4	21.1	9.2
甘 肃	8.7	18.0	10.1	17.6	24.6	21.0
青 海	8.8	16.2	9.8	17.6	18.2	29.5
宁 夏	9.4	16.2	14.8	15.0	25.3	19.4
新 疆	10.5	19.0	8.3	16.1	23.2	22.9

附表 281　公民对科学技术的态度 –8　　　单位：%

地　区	附表 282　公民对科学技术的态度 -9					单位：%
	科学技术既给我们带来好处也带来坏处，但是好处多于坏处					
	非常赞成	基本赞成	既不赞成也不反对	基本反对	非常反对	不知道
全　国	30.9	41.6	11.1	3.5	1.7	11.2
北　京	26.0	45.7	17.5	4.7	2.4	3.7
天　津	31.0	51.2	10.5	3.6	1.1	2.6
河　北	29.5	41.3	12.9	4.0	2.5	9.6
山　西	25.0	41.6	13.6	3.1	1.4	15.4
内蒙古	35.1	37.8	7.3	4.0	1.9	13.8
辽　宁	28.4	37.0	14.3	4.3	2.6	13.3
吉　林	33.7	42.8	11.4	3.7	2.2	6.3
黑龙江	40.4	39.6	10.2	3.3	2.0	4.6
上　海	29.7	50.4	11.7	2.7	1.6	3.9
江　苏	29.9	48.0	10.0	3.5	1.2	7.5
浙　江	33.4	41.1	9.8	3.2	1.6	10.9
安　徽	26.2	43.3	15.8	3.2	1.7	9.6
福　建	28.6	39.2	14.9	3.7	1.5	12.1
江　西	27.5	42.8	8.4	2.4	1.2	17.6
山　东	34.4	39.3	11.0	3.9	1.8	9.5
河　南	30.8	45.6	9.2	2.7	1.4	10.3
湖　北	30.4	42.6	10.9	3.9	1.8	10.4
湖　南	30.6	39.0	12.4	4.4	3.0	10.6
广　东	27.6	42.4	15.2	4.7	1.9	8.2
广　西	28.8	41.3	12.2	4.3	1.3	12.1
海　南	29.5	33.9	9.9	2.0	1.2	23.4
重　庆	33.8	39.7	7.9	1.6	1.2	15.7
四　川	34.2	39.4	8.8	2.1	1.0	14.5
贵　州	26.4	35.9	7.3	3.6	2.4	24.4
云　南	27.8	36.8	6.4	2.8	1.4	24.8
西　藏	27.7	32.3	4.3	4.5	1.4	29.7
陕　西	38.7	43.0	8.0	3.7	1.7	4.9
甘　肃	35.2	40.6	8.4	2.3	1.1	12.3
青　海	31.8	34.5	8.0	2.8	1.5	21.4
宁　夏	29.5	38.8	10.1	4.0	3.1	14.5
新　疆	34.7	39.1	7.7	2.1	1.4	14.9

地　区	持续不断的技术应用，最终会毁掉我们赖以生存的地球					
	非常赞成	基本赞成	既不赞成也不反对	基本反对	非常反对	不知道
全　国	12.7	18.8	17.4	14.7	10.9	25.5
北　京	12.0	23.3	27.3	18.3	9.5	9.7
天　津	14.7	27.7	21.6	18.1	9.2	8.7
河　北	8.3	13.8	21.1	15.9	15.5	25.3
山　西	9.6	16.7	18.4	15.0	8.8	31.4
内蒙古	15.7	17.8	12.6	16.1	9.8	27.9
辽　宁	15.2	19.7	18.0	13.1	9.5	24.5
吉　林	15.6	19.7	19.6	15.6	12.6	16.9
黑龙江	20.5	20.0	18.2	14.9	11.7	14.7
上　海	14.6	26.0	22.7	18.0	8.2	10.5
江　苏	14.2	24.0	16.8	16.7	10.5	17.7
浙　江	13.5	17.5	19.1	15.7	9.1	25.1
安　徽	13.3	17.6	20.0	15.5	11.6	21.9
福　建	11.7	17.5	20.5	14.0	8.3	28.0
江　西	11.1	19.5	12.8	14.3	9.3	32.8
山　东	13.9	16.9	18.8	14.1	12.8	23.6
河　南	12.4	20.1	15.4	14.7	9.2	28.2
湖　北	10.4	15.7	16.2	17.4	12.5	27.8
湖　南	10.8	18.4	19.4	12.9	14.1	24.5
广　东	15.2	22.8	20.5	13.9	10.2	17.4
广　西	10.3	15.6	17.5	16.5	10.7	29.5
海　南	10.4	12.3	14.5	11.1	8.3	43.4
重　庆	11.5	19.3	13.7	14.3	10.1	31.1
四　川	11.9	21.3	14.6	11.2	10.9	30.1
贵　州	10.8	13.4	11.2	10.2	10.4	44.1
云　南	12.1	14.8	7.7	9.7	9.0	46.7
西　藏	11.2	13.6	7.0	14.5	5.6	48.1
陕　西	13.4	20.8	19.5	17.5	9.9	19.0
甘　肃	9.0	14.7	12.5	17.2	13.2	33.4
青　海	12.9	15.0	11.5	10.6	10.6	39.4
宁　夏	12.2	14.4	15.4	12.8	13.5	31.8
新　疆	9.8	16.2	11.8	13.1	11.3	37.8

附表 283　公民对科学技术的态度 –10　　单位：%

地 区	科学家要参与科学传播，让公众了解科学研究的新进展					
	非常赞成	基本赞成	既不赞成也不反对	基本反对	非常反对	不知道
全 国	35.7	35.1	8.5	1.4	0.7	18.6
北 京	41.1	40.9	10.4	1.2	0.8	5.6
天 津	45.0	42.9	6.7	0.9	0.4	4.2
河 北	47.2	30.4	7.0	0.7	0.3	14.3
山 西	26.4	36.3	10.1	1.2	0.5	25.4
内蒙古	40.3	30.7	7.4	1.3	0.4	19.9
辽 宁	33.4	31.9	10.7	1.8	1.5	20.7
吉 林	39.7	37.6	8.8	2.3	0.4	11.2
黑龙江	42.4	35.0	9.0	1.8	0.6	10.9
上 海	35.8	44.1	9.3	1.5	0.6	8.8
江 苏	33.3	42.4	10.0	2.1	0.5	11.7
浙 江	41.3	32.9	6.9	0.9	0.7	17.3
安 徽	33.1	34.1	14.1	1.3	0.9	16.5
福 建	35.3	35.6	9.6	1.3	0.4	17.9
江 西	24.7	34.8	6.3	1.8	0.9	31.5
山 东	42.9	31.7	7.8	1.6	0.6	15.5
河 南	30.1	38.0	8.4	1.5	0.3	21.7
湖 北	39.5	33.4	6.0	0.9	0.4	19.8
湖 南	36.9	33.4	9.0	2.1	1.1	17.5
广 东	30.8	41.0	10.5	2.0	1.2	14.4
广 西	36.4	33.7	9.6	1.2	0.7	18.3
海 南	32.0	28.3	6.5	0.7	1.0	31.4
重 庆	30.1	32.3	8.7	1.7	0.6	26.6
四 川	30.8	34.4	7.6	1.6	0.5	25.2
贵 州	28.3	29.5	7.2	0.9	1.1	33.0
云 南	27.8	29.1	6.5	1.2	0.5	34.8
西 藏	43.9	26.4	2.1	1.2	0.3	26.2
陕 西	42.4	38.0	6.9	0.8	0.2	11.6
甘 肃	37.5	33.0	4.9	1.2	0.4	22.8
青 海	31.2	30.8	6.6	0.8	0.5	30.1
宁 夏	41.0	29.9	6.9	0.8	1.0	20.4
新 疆	36.1	32.6	5.8	0.8	0.2	24.5

附表 284 公民对科学技术的态度 –11 单位：%

地 区	科学技术的发展会使一些职业消失，但同时也会提供更多的就业机会					
	非常赞成	基本赞成	既不赞成也不反对	基本反对	非常反对	不知道
全 国	28.8	39.9	11.1	2.9	1.2	16.0
北 京	32.7	43.2	14.7	3.5	0.7	5.3
天 津	33.7	49.6	10.5	2.8	0.4	3.0
河 北	34.6	37.6	12.1	2.1	1.2	12.4
山 西	20.6	40.7	13.9	3.4	1.7	19.7
内蒙古	34.2	35.8	7.9	2.3	1.5	18.3
辽 宁	25.3	35.9	15.2	3.9	1.8	17.8
吉 林	32.9	41.3	11.7	3.2	1.7	9.1
黑龙江	34.8	41.1	11.2	3.2	2.0	7.7
上 海	28.5	48.9	13.3	2.5	1.1	5.7
江 苏	28.4	48.4	9.0	3.8	0.8	9.5
浙 江	32.7	35.4	11.4	2.2	0.8	17.5
安 徽	26.6	41.4	17.0	2.1	1.4	11.4
福 建	23.9	39.8	13.5	2.9	0.5	19.4
江 西	22.1	39.8	8.3	3.5	1.1	25.2
山 东	33.7	36.2	11.6	3.2	1.1	14.2
河 南	26.6	44.1	9.5	2.1	0.8	16.9
湖 北	30.4	41.0	9.8	2.5	1.0	15.4
湖 南	28.3	37.4	13.0	3.6	2.2	15.4
广 东	24.4	42.6	15.9	3.9	1.5	11.6
广 西	24.3	39.9	12.7	4.6	1.1	17.4
海 南	25.9	30.7	8.9	2.2	1.3	31.1
重 庆	27.6	38.9	7.6	2.8	1.1	22.0
四 川	31.5	35.2	6.8	2.3	1.1	23.1
贵 州	21.9	32.2	7.8	3.2	1.7	33.3
云 南	21.3	34.8	6.1	1.7	1.3	34.8
西 藏	29.5	32.2	4.1	2.3	0.8	31.2
陕 西	36.4	43.8	8.9	3.0	0.7	7.3
甘 肃	32.2	39.1	7.4	2.2	0.7	18.4
青 海	25.8	33.9	10.2	2.1	0.9	27.2
宁 夏	31.0	36.6	11.7	3.1	1.5	16.1
新 疆	32.0	38.1	7.5	1.7	0.8	19.8

附表 285　公民对科学技术的态度 –12　　　　单位：%

地　区	公众对科技创新的理解和支持，是促进我国创新型国家建设的基础					
	非常赞成	基本赞成	既不赞成也不反对	基本反对	非常反对	不知道
全　国	32.3	36.5	9.7	1.4	0.7	19.4
北　京	34.6	43.6	11.9	2.1	0.5	7.2
天　津	39.5	43.9	9.8	1.6	0.5	4.7
河　北	40.5	30.4	10.1	1.1	0.8	17.1
山　西	24.5	36.3	11.1	0.9	0.3	27.0
内蒙古	35.2	32.8	8.0	1.2	0.6	22.3
辽　宁	27.6	33.2	14.4	2.3	1.7	20.8
吉　林	35.9	39.5	10.8	1.5	0.4	11.8
黑龙江	37.1	36.2	11.4	2.0	0.7	12.6
上　海	33.1	46.6	10.6	1.2	0.6	8.0
江　苏	32.0	46.7	6.9	1.2	0.3	13.0
浙　江	38.6	33.1	8.7	1.7	0.2	17.7
安　徽	29.0	37.2	15.2	0.8	1.1	16.7
福　建	31.8	36.0	11.5	1.8	0.4	18.4
江　西	23.1	37.6	6.0	0.9	0.5	31.9
山　东	36.4	33.9	10.5	1.5	0.8	17.0
河　南	29.0	37.2	7.9	1.3	0.2	24.3
湖　北	38.0	35.4	7.6	0.8	0.2	18.0
湖　南	32.5	34.7	12.1	1.7	1.6	17.3
广　东	26.3	40.7	13.6	3.1	1.4	15.0
广　西	30.3	36.5	10.8	1.7	0.7	20.0
海　南	29.1	26.8	7.3	0.9	0.6	35.4
重　庆	30.5	36.0	6.7	1.1	0.4	25.3
四　川	29.9	36.5	7.6	1.0	0.5	24.5
贵　州	24.9	29.1	7.4	2.0	1.2	35.4
云　南	26.4	28.6	5.6	1.1	0.5	37.8
西　藏	37.0	28.6	2.4	0.8	0.5	30.8
陕　西	42.6	39.0	7.3	0.9	0.2	9.9
甘　肃	34.7	34.9	6.4	0.5	0.2	23.3
青　海	27.0	30.4	8.0	1.4	0.9	32.4
宁　夏	36.0	31.2	9.9	2.2	0.5	20.3
新　疆	37.1	33.8	5.0	0.7	0.1	23.3

附表 286　公民对科学技术的态度 –13　　　单位：%

地 区	附表 287 公民对科学技术的态度 –14　　　　　单位：% 尽管不能马上产生效益，但是基础科学的研究是必要的，政府应该支持					
	非常赞成	基本赞成	既不赞成 也不反对	基本反对	非常反对	不知道
全　国	42.8	34.4	8.2	1.2	0.6	12.7
北　京	43.4	37.4	13.0	1.4	0.6	4.2
天　津	46.6	40.5	8.1	1.6	0.3	3.0
河　北	46.3	33.1	8.1	1.4	1.0	10.1
山　西	37.3	37.3	8.7	0.8	0.3	15.5
内蒙古	44.4	30.7	6.6	1.5	0.8	16.1
辽　宁	34.1	34.2	12.0	2.0	1.7	16.0
吉　林	48.8	32.9	9.7	1.3	0.3	7.0
黑龙江	49.7	30.9	9.8	1.8	1.2	6.6
上　海	46.7	38.5	8.2	1.2	0.4	5.0
江　苏	43.9	41.3	6.4	0.7	0.5	7.3
浙　江	46.2	32.5	8.0	0.8	0.5	12.1
安　徽	42.8	35.5	10.5	1.0	0.6	9.7
福　建	38.1	34.0	10.9	1.7	0.8	14.4
江　西	35.8	36.2	4.8	0.7	0.4	22.1
山　东	46.3	31.4	9.7	1.4	0.6	10.6
河　南	44.8	34.7	5.7	0.6	0.5	13.6
湖　北	47.6	33.7	7.3	0.5	0.1	10.7
湖　南	38.6	33.2	11.6	2.2	0.9	13.5
广　东	35.4	39.3	11.3	2.2	0.9	10.9
广　西	41.8	33.6	10.3	1.4	0.5	12.3
海　南	40.5	28.7	6.2	0.8	0.5	23.4
重　庆	43.9	32.0	5.3	0.3	0.5	17.9
四　川	41.2	32.4	5.7	1.2	0.6	18.9
贵　州	33.7	30.5	6.9	1.8	1.3	25.9
云　南	38.2	32.6	4.3	0.4	0.6	23.9
西　藏	39.7	31.1	3.4	1.0	0.5	24.3
陕　西	56.8	33.3	5.7	0.6	0.1	3.5
甘　肃	46.9	33.9	3.9	0.8	0.1	14.4
青　海	41.3	28.5	7.3	0.6	0.7	21.6
宁　夏	44.4	30.9	9.6	1.5	0.8	12.7
新　疆	47.9	32.2	4.1	0.3	0.4	15.1

地　区	政府应该通过举办听证会等多种途径，让公众更有效地参与科技决策					单位：%
	非常赞成	基本赞成	既不赞成也不反对	基本反对	非常反对	不知道
全　国	41.2	31.7	9.0	1.5	0.8	15.8
北　京	38.4	39.3	13.2	2.7	0.5	5.9
天　津	45.8	40.6	7.8	1.5	0.6	3.7
河　北	45.6	29.5	10.3	1.0	1.5	12.0
山　西	34.8	32.9	8.9	0.7	1.0	21.6
内蒙古	43.9	29.6	6.6	1.3	1.0	17.7
辽　宁	34.0	31.2	12.6	2.8	1.5	18.0
吉　林	44.1	33.6	10.1	2.3	0.8	9.2
黑龙江	49.1	29.6	10.0	2.4	0.9	7.9
上　海	42.9	39.0	10.1	1.3	0.5	6.2
江　苏	43.6	38.0	6.7	1.4	0.4	9.8
浙　江	40.7	31.9	9.7	1.7	0.5	15.6
安　徽	40.8	31.9	12.1	1.6	1.0	12.5
福　建	35.4	32.1	12.0	1.6	0.3	18.6
江　西	36.3	30.6	6.0	1.3	0.6	25.2
山　东	45.8	28.9	9.9	1.3	0.8	13.4
河　南	41.6	32.4	6.8	1.1	0.4	17.7
湖　北	45.5	31.3	7.6	0.9	0.3	14.4
湖　南	38.9	29.5	11.9	2.3	1.1	16.2
广　东	38.0	32.3	12.8	2.7	1.2	13.1
广　西	40.1	30.6	10.3	2.2	0.8	16.0
海　南	36.4	28.3	5.6	0.9	0.3	28.5
重　庆	39.5	30.7	7.2	0.9	0.9	20.8
四　川	36.3	31.9	7.9	1.1	0.3	22.5
贵　州	30.8	27.8	6.6	1.2	1.1	32.5
云　南	37.5	26.5	2.9	0.9	1.0	31.2
西　藏	35.2	29.7	2.6	1.5	1.2	29.8
陕　西	53.8	31.4	6.7	1.1	0.5	6.5
甘　肃	42.5	31.2	6.6	0.9	0.5	18.4
青　海	38.5	26.2	6.6	1.0	0.7	26.9
宁　夏	46.0	26.8	8.8	1.0	0.8	16.6
新　疆	48.1	29.5	4.4	0.5	0.3	17.4

附表 288　公民对科学技术的态度 –15

（十四）公民对科学技术职业声望的看法

附表 289 公民对科学技术职业声望的看法　　　　　单位：%

地　区	声望最好的职业											
	法官	教师	企业家	政府官员	运动员	科学家	医生	记者	工程师	艺术家	律师	其他
全　国	18.7	55.7	21.9	18.4	12.8	40.6	53.0	9.7	23.4	11.8	19.4	14.4
北　京	18.8	54.2	18.7	13.4	16.1	45.9	51.0	11.1	28.7	13.0	18.6	10.5
天　津	21.3	57.8	17.9	18.9	14.9	39.7	50.5	10.8	25.0	13.9	20.5	8.7
河　北	19.3	58.9	20.8	19.8	13.4	38.3	55.8	10.1	23.5	9.5	19.9	10.8
山　西	12.3	51.0	16.0	13.0	14.1	35.8	51.4	11.8	20.5	17.7	25.1	31.3
内蒙古	15.6	59.5	22.1	16.7	14.1	37.6	53.9	10.6	20.5	10.3	21.7	17.5
辽　宁	22.2	47.6	24.0	17.8	16.8	39.0	45.8	12.8	27.4	13.6	22.3	10.7
吉　林	22.9	54.2	21.8	15.3	15.0	39.8	47.4	11.9	24.5	12.8	23.9	10.6
黑龙江	17.5	52.3	19.6	13.8	15.1	39.0	52.1	12.1	22.1	12.4	25.0	18.8
上　海	23.1	49.7	21.2	15.4	13.7	43.2	49.1	8.7	28.6	16.1	22.0	9.1
江　苏	22.4	56.6	20.8	16.6	12.9	42.0	52.2	8.4	25.1	10.3	21.2	11.2
浙　江	19.6	56.8	26.0	24.2	11.0	40.9	54.3	6.8	22.3	10.5	16.1	11.7
安　徽	20.3	59.8	20.2	15.7	12.7	40.4	55.1	8.8	24.3	9.9	22.0	10.9
福　建	15.9	53.8	28.7	22.1	15.8	40.5	48.6	9.2	21.9	11.5	17.4	14.6
江　西	17.0	54.5	24.8	19.9	11.1	38.1	54.9	9.9	21.4	11.5	18.9	18.0
山　东	22.5	61.1	19.4	17.6	11.0	42.6	52.2	9.8	21.9	10.3	20.5	11.0
河　南	16.1	58.4	18.0	12.7	10.1	40.0	57.6	10.1	23.4	13.7	22.3	17.7
湖　北	18.0	54.6	25.0	19.2	11.6	47.8	51.2	9.4	26.3	11.6	15.1	10.4
湖　南	14.3	50.2	26.4	20.9	14.3	44.8	46.5	13.3	23.3	13.8	15.7	16.5
广　东	17.6	50.8	27.9	21.9	16.0	39.5	47.6	10.0	23.5	14.4	20.9	9.9
广　西	14.6	55.4	25.2	21.8	13.8	40.7	52.8	8.5	26.0	10.3	16.6	14.3
海　南	15.9	55.6	20.6	21.8	13.5	35.9	52.3	8.3	21.1	11.7	19.6	23.8
重　庆	21.0	55.6	21.9	20.4	9.1	38.5	57.9	7.1	23.7	9.2	15.6	20.0
四　川	22.6	55.5	21.2	19.6	9.7	39.3	57.5	7.4	20.3	9.1	17.4	20.4
贵　州	14.9	55.0	20.8	22.2	9.7	34.9	56.1	9.5	20.5	13.6	17.3	25.6
云　南	16.5	52.8	18.1	22.2	9.0	38.2	55.8	9.3	26.1	11.6	17.0	23.5
西　藏	25.5	75.2	11.3	22.3	8.2	32.5	69.5	5.4	8.2	10.0	14.8	17.0
陕　西	16.5	60.5	19.7	17.6	15.3	44.7	57.7	11.3	21.3	12.4	14.0	9.1
甘　肃	16.0	63.9	17.0	16.5	12.8	42.6	59.1	9.2	23.9	11.2	14.4	13.4
青　海	17.4	64.9	15.3	15.6	15.1	36.5	61.2	10.4	20.4	8.7	16.5	17.9
宁　夏	19.1	59.8	21.4	16.5	13.2	39.7	52.8	8.2	20.6	9.5	18.2	20.9
新　疆	21.6	62.6	16.9	14.9	10.8	39.2	62.2	7.9	21.2	10.0	22.6	10.1

（十五）公民对科学技术职业期望的看法

地　区	附表 290　公民对科学技术职业期望的看法　　单位：%

地　区	最期望后代从事的职业											
	法官	教师	企业家	政府官员	运动员	科学家	医生	记者	工程师	艺术家	律师	其他
全　国	15.0	49.3	29.9	18.7	10.5	30.6	53.9	7.5	27.3	14.8	24.5	18.1
北　京	17.5	46.7	25.3	16.9	11.4	33.7	56.0	8.3	29.2	16.6	25.6	12.8
天　津	18.3	55.7	22.5	18.4	11.6	28.3	57.6	8.1	26.6	15.5	26.3	11.1
河　北	16.7	50.0	29.1	18.7	10.2	31.9	58.3	8.3	27.1	12.2	24.1	13.3
山　西	11.1	44.6	20.9	14.6	9.8	26.5	49.4	9.3	26.0	21.7	31.8	34.5
内蒙古	15.1	50.2	26.8	19.8	11.2	29.2	51.2	9.2	26.0	14.8	25.9	20.5
辽　宁	19.7	43.4	31.5	20.8	12.1	29.5	50.7	9.1	27.2	15.9	27.1	12.9
吉　林	19.8	47.7	29.1	18.4	8.3	30.2	51.3	9.9	27.3	14.9	30.0	13.0
黑龙江	18.1	46.7	25.9	17.6	9.7	28.3	56.8	9.2	25.2	13.3	28.7	20.5
上　海	17.2	48.8	28.7	17.1	10.3	26.9	50.3	8.0	29.6	19.6	29.5	14.0
江　苏	17.9	51.4	28.7	18.0	10.4	30.9	53.3	5.9	29.2	13.0	25.5	15.8
浙　江	13.1	55.8	34.2	23.5	9.7	30.1	53.7	5.1	23.4	13.8	21.4	16.2
安　徽	16.4	49.0	30.6	15.5	11.7	32.8	53.8	7.7	29.0	14.1	26.2	13.2
福　建	13.4	47.4	34.9	20.7	9.8	26.3	49.3	5.0	30.0	18.2	24.1	20.8
江　西	13.4	49.1	33.5	19.1	8.6	31.6	54.6	7.1	25.2	11.9	23.9	21.8
山　东	19.0	53.7	27.6	17.1	8.3	31.6	54.9	7.0	25.8	13.3	27.5	14.3
河　南	13.1	48.3	30.2	14.4	7.8	32.3	55.0	6.8	28.3	16.0	28.3	19.5
湖　北	12.8	49.8	33.7	15.5	9.4	38.3	51.7	7.6	31.8	13.5	21.2	14.6
湖　南	9.7	42.3	37.7	21.5	11.5	34.9	48.2	9.4	30.4	14.7	21.1	18.5
广　东	12.5	41.5	37.5	22.6	15.7	26.7	50.3	7.6	27.6	17.1	26.7	14.2
广　西	12.9	47.9	34.7	20.2	10.6	32.4	52.0	6.0	30.8	13.4	21.1	18.0
海　南	14.1	51.9	26.9	20.0	12.6	29.4	53.5	6.6	25.6	11.8	24.4	23.2
重　庆	14.9	48.8	28.6	20.2	10.1	29.4	56.3	5.6	27.2	14.0	19.3	25.7
四　川	15.5	51.0	27.8	19.4	8.8	27.6	56.6	6.1	25.6	12.9	21.0	27.7
贵　州	13.3	51.2	22.1	22.0	11.4	30.9	50.6	9.0	23.6	17.4	21.5	27.1
云　南	14.0	50.3	24.3	20.0	9.4	31.0	60.4	6.8	26.2	14.4	17.5	25.8
西　藏	21.2	71.0	11.5	22.3	9.0	25.5	73.5	8.1	9.1	10.2	15.9	22.8
陕　西	12.0	52.9	26.9	16.8	13.8	31.6	55.1	9.2	26.8	16.8	20.9	17.1
甘　肃	12.8	57.9	22.9	19.8	11.0	33.5	58.1	7.3	27.9	14.7	17.2	16.9
青　海	14.0	61.3	19.2	16.7	15.0	26.3	62.1	9.1	25.7	11.6	18.4	20.7
宁　夏	16.2	53.2	26.0	16.3	10.8	31.1	52.9	7.5	24.8	14.4	24.7	22.1
新　疆	17.5	58.7	24.6	16.6	9.6	22.2	62.4	7.8	24.1	14.7	26.4	15.4

（十六）公民对"全球气候变化"的了解与态度

地　区	附表 291　公民是否听说过"全球气候变化"信息　　　单位：%		
	是否听说过"全球气候变化"		
	听说过	没听说过	不知道
全　国	63.0	23.6	13.5
北　京	81.7	12.5	5.8
天　津	80.8	15.2	4.0
河　北	66.2	15.6	18.2
山　西	58.3	26.2	15.4
内蒙古	64.3	20.3	15.3
辽　宁	69.1	20.5	10.4
吉　林	77.4	18.4	4.3
黑龙江	67.3	26.0	6.7
上　海	81.6	12.1	6.4
江　苏	64.1	26.2	9.7
浙　江	73.1	14.9	12.0
安　徽	69.2	26.0	4.8
福　建	67.7	17.0	15.3
江　西	52.4	32.3	15.3
山　东	66.9	23.3	9.8
河　南	56.4	27.0	16.6
湖　北	68.0	15.7	16.3
湖　南	63.2	19.2	17.6
广　东	58.3	29.9	11.9
广　西	58.0	33.1	8.9
海　南	46.9	23.3	29.7
重　庆	55.5	35.6	8.9
四　川	52.5	34.3	13.2
贵　州	43.3	32.5	24.2
云　南	42.4	27.7	29.9
西　藏	31.9	24.3	43.8
陕　西	73.8	19.4	6.8
甘　肃	60.0	18.2	21.8
青　海	54.3	22.5	23.2
宁　夏	68.9	12.7	18.4
新　疆	60.0	11.3	28.7

地　区	公民获取"全球气候变化"信息的渠道							
	电视	报纸	广播	互联网及移动互联网	期刊杂志	图书	其他	不知道
全　国	64.6	2.4	1.6	27.2	0.4	1.2	2.1	0.4
北　京	55.3	3.2	1.5	36.5	0.4	1.5	1.6	0.0
天　津	61.9	4.4	2.1	30.5	0.1	0.7	0.2	0.0
河　北	67.6	1.6	1.5	26.7	0.7	0.8	0.5	0.4
山　西	68.8	1.2	1.1	24.6	0.7	2.0	1.3	0.4
内蒙古	73.7	1.7	2.5	19.5	0.4	1.2	0.9	0.2
辽　宁	69.8	3.4	2.2	21.5	0.3	1.0	1.5	0.2
吉　林	73.8	1.4	1.2	20.8	0.1	0.7	1.9	0.1
黑龙江	75.4	2.1	1.8	18.0	0.1	1.0	1.4	0.2
上　海	50.8	3.9	3.0	37.8	0.6	2.1	1.6	0.3
江　苏	59.6	3.6	1.5	32.2	0.4	0.9	1.6	0.2
浙　江	54.3	4.0	1.6	36.0	0.1	1.2	2.7	0.3
安　徽	67.1	1.5	2.2	25.4	0.3	0.9	2.2	0.4
福　建	54.8	3.4	0.3	37.8	0.5	1.3	1.8	0.1
江　西	67.0	2.2	1.2	24.6	0.3	1.2	2.2	1.3
山　东	67.7	1.4	1.7	25.7	0.4	0.8	2.0	0.4
河　南	67.6	1.1	0.5	25.6	0.1	1.6	3.1	0.2
湖　北	61.5	3.2	1.9	29.3	0.5	0.8	2.5	0.4
湖　南	65.0	2.2	1.9	25.7	0.6	1.2	2.6	0.8
广　东	56.2	3.7	2.7	31.3	1.0	1.8	3.2	0.1
广　西	61.0	3.4	1.2	30.3	0.5	1.5	1.4	0.7
海　南	66.4	5.2	1.3	22.9	0.4	1.3	2.1	0.5
重　庆	64.4	2.1	1.1	25.4	0.5	1.0	4.1	1.3
四　川	66.7	1.8	1.1	25.0	0.2	0.8	3.8	0.6
贵　州	67.2	1.7	3.3	19.2	1.1	2.4	3.2	2.0
云　南	74.1	1.2	1.3	17.7	0.4	2.2	1.6	1.5
西　藏	71.0	3.2	2.8	12.9	0.1	2.4	5.3	2.3
陕　西	67.5	1.7	1.2	26.3	0.2	1.3	1.3	0.5
甘　肃	68.5	1.7	1.2	25.2	0.2	1.3	1.6	0.3
青　海	71.1	3.5	1.6	18.2	0.1	0.7	3.4	1.5
宁　夏	73.1	1.1	1.3	20.3	0.7	1.2	1.6	0.6
新　疆	73.2	0.6	1.2	22.9	0.1	0.7	0.7	0.6

附表 292　公民获取"全球气候变化"信息的渠道　　单位：%

地 区	关于"全球气候变化",您最相信谁的言论?							
	政府官员	科学家	企业家	公众人物	亲友同事	其他	以上谁的都不信	不知道
全 国	6.9	80.2	0.3	2.2	0.8	1.9	4.2	3.6
北 京	8.0	78.6	0.3	1.7	0.5	1.7	6.3	3.1
天 津	11.9	78.9	0.0	1.5	0.3	0.8	4.8	1.9
河 北	7.6	82.1	0.8	0.6	0.9	0.8	2.8	4.6
山 西	6.4	79.6	0.0	2.7	0.6	2.3	4.5	3.9
内蒙古	6.0	83.1	0.2	1.5	0.4	1.0	3.1	4.6
辽 宁	8.3	74.5	0.4	2.3	1.0	2.7	4.5	6.4
吉 林	7.8	81.4	0.2	2.2	0.8	1.2	4.2	2.2
黑龙江	8.7	80.2	0.2	2.0	1.1	1.2	3.7	3.0
上 海	8.3	76.7	0.1	2.4	0.5	1.7	7.6	2.6
江 苏	7.1	80.6	0.2	3.2	0.9	1.3	4.3	2.4
浙 江	6.6	80.4	0.2	3.3	1.3	3.3	3.0	2.0
安 徽	5.5	82.4	0.4	1.3	0.8	1.5	4.4	3.7
福 建	5.6	81.3	0.5	3.0	0.7	2.1	3.8	3.0
江 西	6.7	77.4	0.2	2.5	0.4	2.3	5.4	5.0
山 东	7.7	80.6	0.4	2.5	0.7	2.1	3.4	2.6
河 南	6.7	79.8	0.0	2.0	0.4	2.2	5.5	3.4
湖 北	6.7	81.6	0.2	2.6	1.1	1.3	3.2	3.3
湖 南	3.9	82.2	0.1	1.9	0.9	2.4	5.3	3.3
广 东	5.8	78.3	0.6	2.7	0.8	2.8	4.7	4.2
广 西	4.7	85.0	0.5	2.2	0.6	2.1	2.7	2.2
海 南	7.6	81.7	0.5	1.7	0.6	1.7	2.5	3.8
重 庆	6.7	78.4	0.6	2.4	0.8	1.5	4.9	4.7
四 川	7.5	79.1	0.3	1.9	0.8	2.2	4.6	3.6
贵 州	5.7	78.0	1.3	1.5	0.9	1.6	4.3	6.7
云 南	5.7	82.8	0.1	1.7	0.3	1.1	2.5	5.7
西 藏	7.2	82.3	0.0	2.3	0.1	2.5	1.5	4.2
陕 西	9.9	77.1	0.5	2.1	0.7	2.2	4.4	3.1
甘 肃	5.3	84.7	0.5	1.1	0.7	1.2	2.6	3.9
青 海	6.3	81.1	0.1	2.7	0.0	0.6	4.2	5.0
宁 夏	5.7	81.6	0.6	2.1	1.1	3.2	2.2	3.5
新 疆	6.1	78.3	0.1	1.6	0.8	1.6	4.4	7.0

附表 293　公民最相信谁关于"全球气候变化"的言论　　　单位：%

地 区	附表 294　公民对"全球气候变化"的了解程度 –1　　　单位：%		
	全球气候变化导致了臭氧层空洞的产生（错）		
	回答正确	回答错误	不知道
全　国	10.2	61.2	28.6
北　京	12.8	74.6	12.6
天　津	11.6	76.8	11.6
河　北	6.2	60.5	33.4
山　西	11.6	56.2	32.1
内蒙古	6.8	60.0	33.2
辽　宁	9.9	63.5	26.6
吉　林	10.8	64.7	24.5
黑龙江	9.9	70.8	19.3
上　海	14.5	69.0	16.5
江　苏	10.2	69.8	20.0
浙　江	9.9	58.1	32.0
安　徽	11.5	60.9	27.6
福　建	9.9	59.6	30.5
江　西	8.9	57.5	33.6
山　东	10.4	62.1	27.5
河　南	7.9	59.7	32.3
湖　北	7.7	57.7	34.7
湖　南	10.5	54.1	35.5
广　东	13.7	63.8	22.5
广　西	14.5	54.9	30.6
海　南	8.7	51.4	39.9
重　庆	11.7	56.7	31.7
四　川	9.8	59.4	30.8
贵　州	13.5	52.6	33.8
云　南	7.0	48.9	44.2
西　藏	6.3	46.0	47.7
陕　西	8.8	66.4	24.9
甘　肃	9.1	52.9	38.0
青　海	9.6	49.5	40.9
宁　夏	12.4	56.6	30.9
新　疆	8.1	53.5	38.4

地 区	煤炭和石油的大量使用造成了全球气候变化（对）		
	回答正确	回答错误	不知道
全 国	76.7	9.5	13.8
北 京	82.7	10.1	7.2
天 津	84.5	7.9	7.6
河 北	71.6	9.2	19.3
山 西	74.5	10.0	15.4
内蒙古	73.4	7.9	18.7
辽 宁	70.8	10.9	18.3
吉 林	78.1	10.5	11.4
黑龙江	82.5	9.2	8.3
上 海	84.3	8.4	7.3
江 苏	84.1	8.8	7.0
浙 江	74.9	11.8	13.3
安 徽	75.2	13.5	11.3
福 建	73.7	8.5	17.8
江 西	81.3	6.5	12.3
山 东	76.6	10.2	13.3
河 南	78.7	7.4	13.9
湖 北	72.5	7.8	19.6
湖 南	73.0	8.9	18.1
广 东	79.1	10.1	10.9
广 西	78.4	9.4	12.2
海 南	72.1	8.3	19.7
重 庆	75.7	9.8	14.5
四 川	73.7	10.7	15.6
贵 州	73.4	8.6	18.0
云 南	73.3	6.6	20.1
西 藏	77.4	5.9	16.6
陕 西	83.0	9.0	7.9
甘 肃	69.2	10.5	20.2
青 海	69.0	9.9	21.1
宁 夏	69.3	11.3	19.5
新 疆	75.9	7.9	16.2

附表 295　公民对"全球气候变化"的了解程度 −2　　　单位：%

附表 296　公民对"全球气候变化"的了解程度 -3　　　　单位：%		
地　区	全球气候变化会导致冰川消融，海平面上升（对）		
	回答正确	回答错误	不知道
全　国	82.0	4.8	13.1
北　京	88.6	5.7	5.7
天　津	89.5	4.2	6.3
河　北	80.1	5.5	14.3
山　西	82.9	3.6	13.5
内蒙古	75.9	3.6	20.5
辽　宁	76.1	6.3	17.6
吉　林	84.8	5.0	10.2
黑龙江	87.2	5.4	7.3
上　海	90.6	3.7	5.7
江　苏	87.0	4.4	8.6
浙　江	81.1	5.7	13.1
安　徽	80.0	7.7	12.3
福　建	78.5	5.2	16.3
江　西	80.5	3.2	16.3
山　东	84.8	3.7	11.5
河　南	87.2	2.4	10.5
湖　北	78.9	4.0	17.1
湖　南	75.3	6.2	18.5
广　东	82.1	7.0	10.9
广　西	78.2	5.9	15.9
海　南	72.7	5.4	21.9
重　庆	80.9	4.5	14.6
四　川	82.4	3.4	14.2
贵　州	74.2	6.5	19.2
云　南	79.5	3.8	16.8
西　藏	72.6	3.3	24.0
陕　西	85.0	4.2	10.8
甘　肃	75.2	5.1	19.7
青　海	77.4	2.4	20.3
宁　夏	76.0	5.6	18.4
新　疆	81.4	2.7	15.9

地 区	全球气候变化使得极端天气频发（对）		
	回答正确	回答错误	不知道
全 国	76.8	7.0	16.2
北 京	85.8	7.4	6.8
天 津	84.4	7.4	8.3
河 北	72.9	7.9	19.2
山 西	76.8	6.0	17.2
内 蒙 古	72.9	5.2	21.9
辽 宁	71.3	7.9	20.8
吉 林	80.7	7.4	11.8
黑 龙 江	81.6	7.6	10.8
上 海	85.3	6.8	7.8
江 苏	82.3	6.6	11.0
浙 江	75.4	8.8	15.8
安 徽	75.5	7.3	17.2
福 建	73.8	7.1	19.2
江 西	79.0	5.0	16.0
山 东	78.2	6.4	15.4
河 南	80.8	5.7	13.4
湖 北	72.8	6.0	21.1
湖 南	68.5	8.5	23.0
广 东	77.2	8.7	14.1
广 西	76.0	7.6	16.4
海 南	67.9	5.7	26.5
重 庆	78.4	3.9	17.7
四 川	78.3	6.1	15.7
贵 州	65.8	10.5	23.8
云 南	74.6	6.2	19.1
西 藏	67.6	4.1	28.3
陕 西	82.2	5.8	12.0
甘 肃	69.9	6.5	23.6
青 海	65.2	6.5	28.4
宁 夏	68.9	6.1	25.0
新 疆	74.2	5.6	20.2

附表 297　公民对"全球气候变化"的了解程度 –4　　单位：%

地　区	附表 298　公民对"全球气候变化"的了解程度 –5　　　单位：%		
	全球气候变化会产生致命病毒（错）		
	回答正确	回答错误	不知道
全　国	22.0	49.6	28.4
北　京	27.4	52.4	20.2
天　津	21.8	58.8	19.5
河　北	21.0	40.2	38.8
山　西	20.5	44.3	35.2
内蒙古	18.6	47.0	34.4
辽　宁	18.7	49.3	32.0
吉　林	19.8	56.7	23.5
黑龙江	21.3	58.9	19.9
上　海	30.4	49.9	19.6
江　苏	26.5	55.2	18.4
浙　江	22.6	48.4	29.0
安　徽	20.7	52.7	26.6
福　建	22.7	42.0	35.3
江　西	22.2	49.6	28.2
山　东	19.6	53.3	27.1
河　南	18.1	52.8	29.1
湖　北	22.4	43.2	34.4
湖　南	24.8	38.8	36.4
广　东	24.4	50.5	25.1
广　西	27.1	39.8	33.1
海　南	22.6	42.1	35.3
重　庆	21.1	52.0	26.9
四　川	21.3	55.0	23.7
贵　州	18.5	49.1	32.4
云　南	15.6	51.9	32.5
西　藏	11.4	56.0	32.6
陕　西	22.2	56.5	21.3
甘　肃	21.8	44.6	33.6
青　海	20.3	39.0	40.7
宁　夏	19.6	46.5	33.9
新　疆	18.4	45.4	36.2

地 区	全球气候变化会产生雾霾天气（错）		
	回答正确	回答错误	不知道
全 国	11.8	76.1	12.1
北 京	22.9	66.7	10.4
天 津	15.2	77.8	7.0
河 北	13.3	73.2	13.5
山 西	12.5	76.1	11.4
内蒙古	9.6	71.7	18.7
辽 宁	11.4	72.5	16.1
吉 林	10.2	81.7	8.1
黑龙江	10.8	83.5	5.8
上 海	19.1	74.2	6.7
江 苏	12.4	81.6	6.0
浙 江	14.7	72.8	12.5
安 徽	12.3	78.0	9.7
福 建	12.6	69.6	17.8
江 西	9.1	78.9	12.0
山 东	10.2	78.3	11.5
河 南	10.2	81.0	8.8
湖 北	9.9	75.7	14.5
湖 南	12.6	69.4	18.1
广 东	12.3	75.1	12.5
广 西	11.4	74.2	14.4
海 南	11.0	69.6	19.4
重 庆	8.8	79.6	11.6
四 川	9.3	80.2	10.5
贵 州	10.4	71.1	18.5
云 南	9.6	69.2	21.1
西 藏	5.6	66.9	27.5
陕 西	10.9	82.6	6.5
甘 肃	10.7	74.3	15.0
青 海	10.8	68.8	20.4
宁 夏	13.3	68.8	17.9
新 疆	9.1	74.1	16.8

附表 299　公民对"全球气候变化"的了解程度 –6　　　　单位：%

地 区	全球气候变化是不可阻止的过程,人类为减缓气候变化所做的努力都没有用 附表300 公民对有关"全球气候变化"观点的态度 -1 单位:%					
	非常赞成	基本赞成	既不赞成也不反对	基本反对	非常反对	不知道
全 国	8.1	16.9	11.6	26.1	26.6	10.7
北 京	9.8	22.2	12.7	27.3	23.4	4.6
天 津	9.3	22.9	11.6	31.5	20.7	3.9
河 北	7.5	11.8	9.6	26.7	33.0	11.4
山 西	4.3	14.6	10.9	29.4	28.0	12.8
内蒙古	8.9	16.4	9.3	26.6	27.5	11.3
辽 宁	13.2	19.9	12.8	19.1	18.8	16.2
吉 林	10.8	16.4	12.7	29.2	24.9	6.0
黑龙江	12.6	19.1	12.0	22.7	25.7	7.9
上 海	6.3	18.9	12.4	30.3	25.7	6.5
江 苏	7.3	17.0	9.6	30.3	29.7	6.1
浙 江	10.8	14.5	10.8	26.3	24.4	13.1
安 徽	8.7	16.9	16.9	20.6	25.2	11.7
福 建	7.0	16.4	13.6	27.3	23.6	12.1
江 西	5.9	16.2	10.4	30.0	24.7	12.8
山 东	9.8	16.5	10.8	25.7	27.9	9.4
河 南	3.5	14.2	10.5	28.2	33.5	10.0
湖 北	4.8	16.6	9.7	28.9	28.2	11.9
湖 南	8.9	13.4	14.0	24.2	26.3	13.3
广 东	9.6	19.8	14.6	24.8	23.6	7.7
广 西	6.8	16.4	15.0	27.3	22.7	11.9
海 南	5.3	14.8	13.9	24.9	22.4	18.7
重 庆	8.6	19.0	10.4	25.6	24.6	11.9
四 川	7.6	20.7	10.1	24.5	25.5	11.7
贵 州	8.1	15.4	10.5	24.9	24.6	16.4
云 南	5.7	22.2	8.2	19.7	26.3	17.9
西 藏	9.1	17.4	4.7	27.4	18.4	23.0
陕 西	8.7	17.6	11.0	28.2	26.8	7.7
甘 肃	6.8	14.8	8.5	25.8	28.4	15.7
青 海	6.8	13.9	12.0	23.1	24.0	20.2
宁 夏	8.4	15.7	10.9	19.8	28.2	17.1
新 疆	6.5	13.1	8.1	24.3	33.5	14.5

地　区	科学技术的进步有助于解决全球气候变化问题					
	非常赞成	基本赞成	既不赞成 也不反对	基本反对	非常反对	不知道
全　国	30.6	42.3	12.1	4.1	1.4	9.5
北　京	31.2	46.5	14.6	3.2	0.8	3.7
天　津	34.4	48.7	10.2	2.4	0.9	3.5
河　北	39.6	38.7	9.9	2.2	0.3	9.3
山　西	24.5	46.7	11.7	3.4	2.3	11.4
内蒙古	33.8	38.0	10.6	3.9	1.5	12.3
辽　宁	28.2	37.2	14.8	3.2	1.7	14.8
吉　林	32.6	42.5	12.2	4.1	1.8	6.8
黑龙江	36.4	41.6	10.3	3.3	2.4	6.0
上　海	25.4	51.4	13.8	3.9	1.3	4.2
江　苏	30.8	48.4	9.3	4.0	0.8	6.8
浙　江	34.4	39.9	12.0	3.4	0.7	9.6
安　徽	26.4	44.1	14.3	4.5	1.7	9.0
福　建	29.3	39.3	16.2	4.4	0.6	10.3
江　西	22.9	46.8	9.5	5.7	2.1	13.0
山　东	35.0	39.0	13.4	3.5	1.0	8.0
河　南	28.6	44.8	11.0	5.2	0.7	9.6
湖　北	32.9	39.9	12.9	3.4	1.1	9.9
湖　南	29.2	36.7	14.5	5.4	2.0	12.2
广　东	25.9	44.3	15.5	4.8	1.8	7.7
广　西	28.6	41.1	15.1	5.5	0.9	8.8
海　南	31.4	39.6	9.4	3.4	1.8	14.4
重　庆	26.7	44.8	10.4	4.1	1.8	12.1
四　川	28.8	43.0	10.1	4.8	2.6	10.8
贵　州	27.2	36.6	13.2	4.9	3.1	14.9
云　南	20.2	44.6	7.6	5.5	2.2	19.9
西　藏	27.7	38.7	6.6	12.1	2.1	12.8
陕　西	38.3	44.3	7.6	4.0	0.6	5.2
甘　肃	33.0	39.6	8.5	3.0	1.3	14.5
青　海	24.1	38.0	12.9	4.4	1.4	19.4
宁　夏	32.5	37.5	12.2	3.3	1.7	12.8
新　疆	33.7	40.7	9.2	2.4	1.1	12.9

附表 301　公民对有关"全球气候变化"观点的态度 –2　　　　单位：%

地　区	全球气候变化的严重性被夸大了					
	非常赞成	基本赞成	既不赞成也不反对	基本反对	非常反对	不知道
全　国	7.1	20.6	19.3	23.4	14.6	14.9
北　京	7.8	22.8	24.1	24.8	15.0	5.5
天　津	7.1	26.0	21.0	25.7	14.4	5.9
河　北	6.5	17.4	17.8	23.6	18.4	16.4
山　西	5.6	17.7	22.9	21.5	14.7	17.5
内蒙古	6.5	18.5	16.4	22.7	16.1	19.8
辽　宁	8.8	20.2	20.5	19.4	12.6	18.6
吉　林	7.3	16.4	18.5	27.0	19.9	10.9
黑龙江	7.5	22.8	17.8	22.2	18.4	11.3
上　海	6.2	23.6	24.3	25.4	12.6	7.8
江　苏	6.8	25.0	17.3	28.5	13.1	9.2
浙　江	9.7	17.5	20.2	25.0	11.7	15.8
安　徽	7.2	17.5	23.8	22.7	13.5	15.3
福　建	7.0	17.9	23.3	23.4	12.5	15.9
江　西	5.2	23.4	17.5	23.5	10.8	19.6
山　东	7.9	19.5	19.4	24.1	15.8	13.2
河　南	6.6	22.1	17.8	22.1	15.5	15.9
湖　北	4.8	20.4	17.3	25.7	16.2	15.7
湖　南	8.1	19.5	21.4	18.3	15.4	17.3
广　东	8.9	21.9	21.5	23.6	13.0	11.0
广　西	6.5	18.0	22.8	24.7	11.1	16.9
海　南	7.9	19.4	19.1	19.9	11.7	22.0
重　庆	6.1	23.2	17.6	26.5	10.5	16.1
四　川	6.2	24.5	19.2	18.5	14.3	17.2
贵　州	6.4	20.6	14.5	21.3	16.5	20.7
云　南	3.5	20.9	11.5	22.4	16.5	25.1
西　藏	5.6	19.0	7.1	19.0	13.3	35.9
陕　西	10.1	22.3	17.1	24.7	15.6	10.3
甘　肃	5.6	18.8	14.5	24.2	15.6	21.2
青　海	6.8	14.6	16.7	20.9	14.0	26.9
宁　夏	6.8	17.1	18.2	20.5	16.5	20.9
新　疆	5.7	18.6	13.8	23.4	15.3	23.2

附表 302　公民对有关"全球气候变化"观点的态度 –3　　　单位：%

地 区	附表 303 公民对有关"全球气候变化"观点的态度 –4　　　　单位：% 在我国促进经济发展比减缓全球气候变化更重要					
	非常赞成	基本赞成	既不赞成 也不反对	基本反对	非常反对	不知道
全　国	12.5	18.4	14.6	22.3	19.5	12.6
北　京	12.2	21.0	17.9	23.0	21.4	4.5
天　津	14.1	24.8	14.8	23.3	17.4	5.6
河　北	12.6	12.0	13.4	24.1	26.0	11.9
山　西	8.7	17.9	13.8	25.2	20.4	13.9
内蒙古	12.5	17.1	12.4	22.2	18.8	16.9
辽　宁	14.5	20.4	15.7	16.6	15.1	17.8
吉　林	14.3	19.8	14.1	21.9	19.5	10.4
黑龙江	17.7	24.0	13.9	17.4	17.0	9.9
上　海	11.1	20.9	14.0	26.6	21.5	6.0
江　苏	11.3	20.8	11.3	29.4	18.7	8.4
浙　江	15.4	18.0	14.5	20.3	18.6	13.1
安　徽	11.3	16.9	19.9	21.8	17.5	12.5
福　建	11.3	17.1	17.5	22.9	18.5	12.7
江　西	8.5	18.6	12.5	25.2	19.1	16.1
山　东	15.3	17.7	15.6	19.1	21.0	11.3
河　南	10.5	17.6	12.9	23.5	22.7	12.8
湖　北	11.3	16.1	13.3	25.4	20.1	13.7
湖　南	14.3	16.1	19.6	17.3	17.5	15.1
广　东	10.4	22.2	17.7	22.5	18.0	9.2
广　西	11.5	15.5	17.8	23.3	18.3	13.6
海　南	12.1	18.0	12.9	20.3	15.3	21.5
重　庆	10.8	19.8	13.5	23.8	16.9	15.2
四　川	13.1	21.0	12.1	20.5	16.7	16.5
贵　州	11.4	16.8	15.8	21.6	17.7	16.7
云　南	12.1	16.5	8.7	21.4	20.6	20.8
西　藏	12.6	18.5	6.1	21.0	17.2	24.7
陕　西	15.5	19.8	13.5	23.3	22.0	5.9
甘　肃	9.6	15.1	13.4	22.3	21.7	17.9
青　海	11.2	17.5	12.8	15.8	18.7	24.0
宁　夏	12.5	13.5	13.7	18.5	23.0	18.7
新　疆	10.6	15.0	9.3	22.6	23.3	19.1

地　区	附表 304　公民对有关"全球气候变化"观点的态度 –5　　　　单位：%					
	我们每个人都能为减缓全球气候变化做出贡献					
	非常赞成	基本赞成	既不赞成也不反对	基本反对	非常反对	不知道
全　国	59.0	27.3	5.4	1.6	0.8	5.9
北　京	55.6	31.1	9.0	0.9	0.8	2.7
天　津	60.2	31.6	4.5	1.7	0.3	1.7
河　北	66.4	19.9	5.4	1.7	0.4	6.1
山　西	53.5	31.7	6.0	1.0	0.9	6.9
内蒙古	57.3	23.7	5.4	2.2	0.9	10.5
辽　宁	50.1	26.6	7.5	2.8	1.3	11.6
吉　林	60.5	27.6	5.5	1.1	1.6	3.6
黑龙江	62.8	24.6	5.7	1.9	1.2	3.9
上　海	58.4	32.6	4.8	1.0	0.6	2.6
江　苏	61.0	31.2	2.9	1.2	0.8	2.9
浙　江	60.4	25.1	5.9	1.5	1.0	6.1
安　徽	63.8	26.5	4.6	0.9	0.5	3.7
福　建	52.9	28.8	7.4	2.1	0.5	8.2
江　西	54.2	34.1	3.6	1.1	0.6	6.5
山　东	65.3	21.8	6.1	1.7	0.6	4.4
河　南	65.2	26.2	2.6	0.9	0.5	4.7
湖　北	60.0	26.6	5.4	1.2	0.5	6.2
湖　南	53.4	25.6	7.1	1.7	2.4	9.8
广　东	51.3	30.2	9.5	2.2	1.0	5.8
广　西	52.9	30.2	5.8	3.0	0.6	7.3
海　南	55.6	28.0	4.3	1.3	0.6	10.2
重　庆	62.2	27.4	3.3	1.2	0.3	5.5
四　川	53.9	31.3	4.6	2.1	0.9	7.3
贵　州	54.0	26.8	5.5	1.6	1.0	11.1
云　南	56.3	30.6	2.1	0.8	1.1	9.0
西　藏	48.0	27.6	2.4	3.4	1.4	17.1
陕　西	69.7	24.5	2.6	1.2	0.3	1.8
甘　肃	57.5	25.8	5.7	1.7	0.6	8.8
青　海	56.4	24.0	5.2	1.7	1.2	11.6
宁　夏	58.2	24.7	5.3	1.2	1.4	9.1
新　疆	62.2	27.7	2.1	0.7	0.4	6.9

地 区	选择环保的出行方式（步行、自行车、公交）					
	总是	经常	有时	很少	没有	不知道
全 国	29.6	42.2	17.5	8.0	1.7	0.9
北 京	49.9	35.4	9.6	4.4	0.4	0.3
天 津	44.9	37.7	12.1	4.3	0.8	0.2
河 北	36.6	39.8	18.1	3.4	0.9	1.2
山 西	27.8	44.0	18.3	6.5	1.9	1.4
内蒙古	37.1	36.5	15.8	8.2	1.3	1.0
辽 宁	36.3	37.0	15.0	7.7	1.8	2.2
吉 林	43.8	35.0	12.3	7.5	1.1	0.2
黑龙江	35.4	40.4	14.6	8.1	1.3	0.3
上 海	36.9	43.3	13.2	4.6	1.5	0.5
江 苏	25.3	48.3	16.2	8.2	1.8	0.3
浙 江	34.7	36.0	20.9	6.4	1.3	0.8
安 徽	19.4	44.3	18.0	11.8	5.5	1.1
福 建	27.3	43.0	19.3	7.6	1.4	1.3
江 西	25.0	43.6	18.3	9.8	2.4	0.8
山 东	27.9	45.1	18.0	7.1	1.4	0.5
河 南	23.3	49.1	16.0	9.7	1.6	0.3
湖 北	26.8	43.0	20.6	7.3	1.3	1.0
湖 南	28.8	37.3	21.5	9.1	1.6	1.7
广 东	29.7	43.2	18.0	6.6	2.1	0.3
广 西	22.8	40.1	23.0	11.6	2.0	0.5
海 南	16.9	46.0	22.0	11.2	1.0	2.9
重 庆	25.3	47.4	15.6	8.4	2.7	0.7
四 川	27.1	41.4	18.7	10.5	1.2	1.0
贵 州	25.3	40.2	17.2	12.5	1.4	3.4
云 南	20.2	43.6	17.4	13.0	1.5	4.3
西 藏	30.5	31.2	25.9	8.0	2.1	2.3
陕 西	28.6	45.5	15.2	9.2	1.4	0.0
甘 肃	30.5	43.5	17.0	6.8	1.0	1.2
青 海	26.0	43.6	16.4	10.7	2.3	1.1
宁 夏	29.2	41.9	17.5	7.7	0.8	2.8
新 疆	23.1	42.4	21.3	10.5	0.9	1.8

附表 305　公民应对"全球气候变化"采取的做法 –1　　　单位：%

地　区	减少身边的资源消耗（节水、节电）					
	总是	经常	有时	很少	没有	不知道
全　国	28.3	49.2	15.9	4.5	1.2	1.0
北　京	41.1	45.5	10.8	1.9	0.4	0.4
天　津	41.8	46.4	9.5	1.9	0.3	0.1
河　北	36.0	49.1	10.4	2.4	0.2	1.8
山　西	27.4	50.9	15.9	4.4	0.5	1.1
内蒙古	36.3	43.7	13.2	4.6	0.7	1.6
辽　宁	31.7	43.3	17.3	4.2	1.0	2.5
吉　林	38.3	41.4	15.7	3.4	0.9	0.2
黑龙江	33.2	45.1	15.7	4.9	0.9	0.3
上　海	28.0	50.5	16.0	3.2	1.3	0.9
江　苏	22.2	54.1	17.0	4.5	1.6	0.6
浙　江	31.3	44.9	17.8	3.6	0.7	1.7
安　徽	21.3	49.3	19.2	6.4	3.1	0.6
福　建	25.5	46.0	20.6	6.2	0.9	0.8
江　西	18.0	53.5	19.9	5.5	2.4	0.8
山　东	36.4	46.9	12.2	2.8	1.3	0.4
河　南	25.1	55.3	14.2	4.3	0.6	0.5
湖　北	29.1	50.6	14.7	4.4	0.4	0.9
湖　南	26.9	41.0	21.9	6.3	1.5	2.4
广　东	24.1	48.7	19.6	6.3	1.0	0.3
广　西	22.7	52.5	15.4	6.2	2.4	0.8
海　南	20.9	53.7	16.1	5.2	1.5	2.6
重　庆	19.6	56.6	17.1	4.8	1.2	0.7
四　川	22.7	51.5	17.7	5.0	2.4	0.7
贵　州	26.0	47.5	16.3	6.7	1.7	1.8
云　南	22.3	56.6	12.3	4.7	1.3	2.8
西　藏	36.0	46.1	12.2	3.6	0.5	1.5
陕　西	28.7	54.1	12.5	3.5	1.1	0.1
甘　肃	28.8	53.0	13.6	3.3	0.4	0.8
青　海	29.0	48.9	14.1	5.9	0.9	1.2
宁　夏	28.1	50.0	14.6	3.7	0.5	3.1
新　疆	24.8	52.8	14.7	4.1	1.0	2.5

附表 306　公民应对"全球气候变化"采取的做法 -2　　　　单位：%

附表 307 公民应对"全球气候变化"采取的做法 –3　　　单位：%

地　区	即使增加花费，也愿意使用再生能源来代替传统能源					
	总是	经常	有时	很少	没有	不知道
全　国	14.3	24.0	25.2	15.8	8.1	12.5
北　京	25.6	31.2	22.9	9.7	6.1	4.5
天　津	25.6	29.1	26.0	11.6	3.0	4.7
河　北	16.8	22.0	26.8	15.2	6.6	12.6
山　西	12.9	21.8	23.7	17.5	8.2	16.0
内蒙古	21.3	22.1	25.2	13.3	6.0	12.1
辽　宁	19.2	22.0	23.5	13.4	8.4	13.6
吉　林	17.5	20.9	27.2	15.6	7.1	11.7
黑龙江	17.9	25.0	22.9	16.5	7.5	10.2
上　海	14.0	28.0	28.6	15.3	6.8	7.3
江　苏	12.7	25.3	25.7	18.0	8.6	9.7
浙　江	17.8	20.7	27.5	13.3	7.5	13.2
安　徽	9.2	20.1	25.1	19.6	13.2	12.9
福　建	15.7	24.5	24.4	16.3	6.7	12.5
江　西	7.2	22.6	23.5	19.8	11.7	15.3
山　东	17.7	27.0	23.4	12.7	8.1	11.1
河　南	10.7	23.9	25.7	18.2	6.7	14.8
湖　北	12.5	24.1	25.8	16.4	6.5	14.7
湖　南	15.8	21.6	24.1	14.1	10.1	14.3
广　东	13.7	26.1	25.9	15.9	8.5	10.0
广　西	12.4	22.8	26.3	16.3	9.6	12.7
海　南	10.0	20.3	26.5	17.7	8.4	17.1
重　庆	10.1	24.4	23.8	16.5	11.5	13.7
四　川	11.1	25.8	29.0	14.9	7.8	11.4
贵　州	13.9	21.5	23.0	16.6	8.8	16.2
云　南	5.8	26.2	17.0	15.2	10.8	24.9
西　藏	10.9	23.0	22.8	10.8	5.3	27.2
陕　西	12.8	26.6	25.4	18.7	6.7	9.8
甘　肃	10.0	21.8	26.4	18.1	8.3	15.4
青　海	10.4	22.7	20.9	16.7	7.5	21.7
宁　夏	11.4	20.1	26.8	17.3	6.8	17.5
新　疆	9.7	22.6	23.0	17.5	8.8	18.3

附表 308　公民应对"全球气候变化"采取的做法 –4　　单位：%

地　区	减少一次性用品（塑料袋、包装盒）的消费					
	总是	经常	有时	很少	没有	不知道
全　国	23.1	37.9	21.2	12.6	3.5	1.8
北　京	35.5	39.5	16.7	5.7	2.0	0.7
天　津	35.5	37.8	17.9	6.9	1.7	0.2
河　北	34.2	37.3	17.2	7.0	1.7	2.6
山　西	20.3	38.0	23.4	12.9	3.8	1.7
内蒙古	30.0	35.1	20.4	10.2	1.6	2.8
辽　宁	28.2	32.2	20.3	11.9	3.7	3.7
吉　林	27.8	32.5	21.7	14.4	2.8	0.8
黑龙江	26.7	34.9	18.8	14.6	4.1	0.8
上　海	24.9	38.8	24.0	9.1	2.3	0.9
江　苏	19.9	41.1	21.6	13.5	3.2	0.6
浙　江	27.8	34.1	21.3	13.5	1.2	2.1
安　徽	14.5	39.6	21.8	17.0	5.4	1.7
福　建	23.2	35.7	23.0	12.7	3.7	1.6
江　西	14.3	40.7	21.7	15.5	5.1	2.7
山　东	28.1	38.3	19.0	10.2	3.3	1.0
河　南	18.1	41.1	21.6	14.6	3.3	1.3
湖　北	20.5	42.1	20.3	12.2	3.4	1.4
湖　南	23.0	34.1	23.6	11.5	4.3	3.6
广　东	22.7	36.0	24.2	12.6	3.7	0.7
广　西	19.3	37.3	21.2	15.9	4.2	2.2
海　南	18.3	38.2	19.2	17.2	3.7	3.3
重　庆	14.1	42.4	22.6	14.5	4.9	1.5
四　川	16.0	40.7	22.6	13.0	5.0	2.8
贵　州	20.4	35.9	19.2	15.4	6.0	3.2
云　南	14.5	44.4	19.9	13.0	3.7	4.5
西　藏	24.2	34.5	20.8	16.1	1.5	2.8
陕　西	22.3	38.9	20.0	14.4	4.2	0.2
甘　肃	20.2	37.2	23.2	14.8	3.0	1.5
青　海	19.1	37.0	22.3	16.3	2.5	2.8
宁　夏	21.1	38.2	20.1	12.6	3.9	4.0
新　疆	18.4	37.5	22.1	15.8	3.4	2.8

地 区	对低碳技术应用的支持和反对程度					
	非常支持	比较支持	既不支持 也不反对	比较反对	非常反对	不知道
全　国	54.5	24.3	8.9	0.9	0.4	11.0
北　京	68.8	24.0	4.1	0.1	0.3	2.6
天　津	68.8	22.6	4.8	0.5	0.2	3.1
河　北	63.0	20.6	6.4	0.3	0.2	9.5
山　西	50.7	26.0	9.6	0.8	0.2	12.8
内蒙古	59.3	20.2	7.6	0.3	0.2	12.5
辽　宁	55.0	23.2	9.0	0.5	0.3	12.0
吉　林	57.6	20.5	8.8	0.8	0.3	11.9
黑龙江	53.5	22.7	9.7	1.7	0.4	11.9
上　海	58.7	28.1	8.2	0.7	0.3	4.1
江　苏	54.7	25.4	9.1	2.2	0.4	8.2
浙　江	59.0	24.2	8.0	0.4	0.1	8.3
安　徽	46.4	22.4	16.3	1.3	0.7	13.0
福　建	56.5	24.8	8.7	0.2	0.1	9.6
江　西	47.6	28.3	9.4	0.8	0.6	13.2
山　东	62.8	18.6	8.3	0.4	0.1	9.8
河　南	51.3	25.2	9.8	0.6	0.5	12.5
湖　北	52.1	26.2	8.6	0.9	0.4	11.8
湖　南	54.8	25.9	7.5	0.8	0.0	11.0
广　东	51.8	27.9	10.9	1.5	0.2	7.7
广　西	48.5	26.1	11.2	1.0	0.5	12.7
海　南	50.0	18.9	10.0	1.7	0.8	18.7
重　庆	50.9	26.0	10.9	0.9	0.2	11.2
四　川	47.9	31.4	7.5	0.7	0.8	11.8
贵　州	50.6	18.9	11.1	1.4	0.7	17.3
云　南	44.6	20.0	8.7	0.6	1.0	25.0
西　藏	37.5	25.0	10.2	1.3	1.3	24.7
陕　西	55.8	24.7	7.4	1.3	0.4	10.5
甘　肃	46.9	26.3	6.5	0.7	0.1	19.6
青　海	46.9	24.3	7.9	0.4	0.1	20.5
宁　夏	54.1	22.4	7.5	0.7	0.1	15.3
新　疆	46.8	24.4	9.4	0.9	0.5	17.9

附表 309　公民对低碳技术应用的态度　　　　单位：%

（十七）公民对"核能利用"的了解与态度

地 区	附表 310　公民是否听说过"核能利用"信息 单位：%		
	是否听说过"核能利用"		
	听说过	没听说过	不知道
全　国	40.9	35.8	23.4
北　京	60.6	25.2	14.2
天　津	51.6	34.4	14.1
河　北	44.3	25.7	29.9
山　西	39.8	36.5	23.7
内蒙古	40.9	29.8	29.3
辽　宁	44.4	32.1	23.6
吉　林	49.2	37.6	13.1
黑龙江	42.4	42.8	14.8
上　海	60.7	23.5	15.8
江　苏	42.8	38.0	19.1
浙　江	49.1	27.9	23.1
安　徽	45.6	41.1	13.3
福　建	42.5	27.6	29.8
江　西	29.4	45.1	25.5
山　东	47.2	34.8	18.0
河　南	37.4	37.6	25.0
湖　北	46.3	25.8	27.9
湖　南	39.9	28.4	31.7
广　东	35.9	44.7	19.4
广　西	38.6	44.3	17.1
海　南	29.2	32.7	38.1
重　庆	34.0	52.1	14.0
四　川	28.3	50.1	21.5
贵　州	25.9	38.7	35.3
云　南	23.5	33.8	42.6
西　藏	11.9	34.6	53.5
陕　西	49.9	35.2	14.9
甘　肃	37.3	28.2	34.5
青　海	31.6	30.8	37.6
宁　夏	44.1	24.1	31.8
新　疆	41.3	21.6	37.1

地 区	公民获取"核能利用"信息的渠道							
	电视	报纸	广播	互联网及移动互联网	期刊杂志	图书	其他	不知道
全　国	58.3	3.2	1.4	31.6	0.8	2.2	1.8	0.6
北　京	53.7	4.3	1.4	35.4	1.1	2.4	1.5	0.2
天　津	55.1	5.6	1.9	34.9	0.6	1.5	0.3	0.1
河　北	61.8	1.8	2.4	28.6	0.5	2.2	1.0	1.6
山　西	61.3	1.7	1.2	28.3	0.7	3.8	2.2	1.0
内蒙古	69.0	1.5	2.2	22.5	0.7	2.4	0.7	0.9
辽　宁	63.4	3.9	1.9	26.8	0.4	2.1	1.1	0.5
吉　林	67.2	2.5	1.6	25.2	0.3	1.6	1.4	0.2
黑龙江	67.2	2.4	1.1	25.6	0.4	1.4	1.1	0.8
上　海	45.7	5.3	2.9	39.0	1.7	2.8	2.2	0.5
江　苏	53.9	4.5	1.0	35.6	0.9	2.6	1.2	0.4
浙　江	53.3	5.1	1.1	35.0	0.4	1.8	3.1	0.3
安　徽	63.6	1.0	1.0	29.3	0.8	2.2	1.5	0.6
福　建	49.1	4.6	0.8	40.5	0.7	1.8	2.0	0.4
江　西	61.7	3.2	0.2	29.5	1.1	2.2	2.0	0.1
山　东	60.0	2.2	2.1	31.8	0.4	1.5	1.5	0.5
河　南	61.4	1.9	0.8	31.3	1.2	2.2	0.9	0.2
湖　北	56.4	4.4	0.8	33.8	0.9	1.7	1.6	0.4
湖　南	58.9	2.8	1.2	30.0	0.7	2.6	2.7	1.1
广　东	47.8	4.9	2.2	37.1	1.4	1.8	4.1	0.6
广　西	52.8	4.5	0.5	35.8	1.6	1.9	2.4	0.5
海　南	56.5	8.4	1.2	27.7	1.3	1.6	2.9	0.4
重　庆	62.2	2.4	0.5	29.2	0.6	2.5	2.5	0.1
四　川	56.3	2.9	0.7	34.0	0.6	2.3	1.9	1.1
贵　州	56.3	3.0	1.6	26.7	0.4	6.3	3.7	2.0
云　南	67.0	1.4	1.4	23.7	1.2	3.7	1.0	0.6
西　藏	62.4	2.2	1.8	23.2	0.3	5.8	2.6	1.7
陕　西	61.9	3.1	0.5	29.5	1.0	1.7	1.0	1.3
甘　肃	62.7	2.0	0.8	29.9	0.7	2.8	0.4	0.7
青　海	60.3	5.2	0.8	29.3	0.4	1.9	1.4	0.6
宁　夏	66.4	4.4	0.6	24.2	0.7	1.8	1.4	0.5
新　疆	66.2	1.8	1.6	23.9	1.1	3.1	2.0	0.3

附表 311　公民获取"核能利用"信息的渠道　　　　单位：%

地 区	关于"核能利用",最相信谁的言论?							
	政府官员	科学家	企业家	公众人物	亲友同事	其他	以上谁的都不信	不知道
全 国	8.1	82.0	0.6	1.8	0.5	1.4	2.6	3.0
北 京	10.6	79.1	0.3	1.3	0.4	1.4	4.1	2.8
天 津	12.0	80.6	0.4	1.0	0.2	0.8	3.7	1.4
河 北	9.3	81.7	1.6	0.9	0.4	0.8	1.5	3.9
山 西	7.5	80.3	0.4	3.0	0.1	1.9	3.4	3.4
内蒙古	8.6	84.1	0.3	1.8	0.0	0.7	1.6	2.9
辽 宁	10.2	76.4	0.7	3.2	0.6	2.6	2.6	3.7
吉 林	8.0	81.5	0.4	2.6	0.3	1.1	4.2	2.0
黑龙江	11.1	80.7	0.6	2.1	0.8	0.9	1.6	2.1
上 海	8.8	79.4	0.5	1.9	0.6	1.5	4.9	2.6
江 苏	6.1	85.2	0.4	1.6	0.5	1.6	3.1	1.5
浙 江	7.5	84.6	0.3	1.2	0.8	1.3	1.8	2.5
安 徽	7.0	83.6	1.3	1.2	0.1	1.2	2.6	3.1
福 建	5.8	81.8	1.0	1.9	0.7	1.6	3.3	3.9
江 西	8.7	77.5	0.2	1.8	1.0	2.1	3.4	5.3
山 东	10.0	82.2	0.3	1.8	0.4	1.0	2.5	1.9
河 南	8.3	82.5	0.1	1.7	0.6	1.5	2.1	3.2
湖 北	7.6	82.9	0.5	2.5	0.6	1.4	1.7	3.0
湖 南	5.9	81.8	1.0	1.1	1.2	1.9	2.5	4.7
广 东	6.0	82.2	1.1	2.6	0.7	1.4	2.8	3.2
广 西	6.8	85.9	0.4	1.9	0.3	0.7	1.3	2.7
海 南	8.2	84.1	0.6	1.7	0.6	1.3	1.5	2.0
重 庆	5.1	83.3	0.3	2.3	0.7	1.6	3.0	3.6
四 川	9.6	79.4	0.2	1.6	0.5	1.7	3.1	3.8
贵 州	4.6	84.2	0.6	1.4	0.1	2.8	2.5	3.8
云 南	4.4	85.9	2.6	0.7	0.6	0.6	2.2	2.9
西 藏	5.1	85.7	0.2	0.5	1.2	2.4	0.2	4.7
陕 西	12.9	77.8	0.4	1.5	0.2	1.1	4.1	2.1
甘 肃	6.7	85.7	0.1	1.4	0.1	1.2	1.4	3.3
青 海	5.6	80.1	0.1	2.4	0.0	1.2	5.3	5.4
宁 夏	5.2	86.8	0.3	1.1	0.8	2.0	1.2	2.6
新 疆	9.3	80.8	0.0	0.9	0.4	1.4	2.2	4.9

附表 312　公民最相信谁关于"核能利用"的言论　　单位：%

地 区	X 光透视检查利用了核物质的放射性（错）		
	回答正确	回答错误	不知道
全 国	12.0	58.7	29.3
北 京	16.3	66.8	16.9
天 津	16.0	67.8	16.1
河 北	11.6	55.5	32.9
山 西	9.6	54.2	36.2
内 蒙 古	9.9	54.8	35.3
辽 宁	13.3	55.7	31.0
吉 林	13.4	61.3	25.3
黑 龙 江	15.2	62.6	22.2
上 海	17.1	65.1	17.8
江 苏	13.2	66.3	20.4
浙 江	13.1	57.6	29.3
安 徽	11.4	58.9	29.6
福 建	12.1	53.7	34.2
江 西	11.2	57.1	31.8
山 东	11.6	58.9	29.6
河 南	9.1	58.3	32.6
湖 北	8.5	60.2	31.2
湖 南	9.3	53.4	37.4
广 东	15.7	56.9	27.4
广 西	16.1	51.4	32.5
海 南	11.1	47.3	41.6
重 庆	12.7	61.0	26.3
四 川	8.3	57.7	34.0
贵 州	9.4	55.4	35.2
云 南	8.7	55.0	36.3
西 藏	7.9	50.1	42.0
陕 西	11.6	65.7	22.8
甘 肃	8.6	60.9	30.5
青 海	9.5	55.4	35.1
宁 夏	11.6	54.9	33.5
新 疆	8.1	54.8	37.1

附表 313　公民对"核能利用"的了解程度 –1　　　　单位：%

地　区	附表 314　公民对"核能利用"的了解程度 –2　　　　单位：%		
	B 超检查利用了核物质的放射性（错）		
	回答正确	回答错误	不知道
全　国	27.1	39.2	33.7
北　京	36.4	43.2	20.4
天　津	31.8	47.6	20.6
河　北	26.5	33.0	40.5
山　西	26.4	33.1	40.5
内蒙古	26.8	37.0	36.2
辽　宁	24.2	39.4	36.4
吉　林	24.0	43.0	32.9
黑龙江	28.3	43.2	28.6
上　海	37.5	40.2	22.3
江　苏	32.2	43.1	24.7
浙　江	27.2	42.0	30.8
安　徽	27.1	38.2	34.7
福　建	25.2	41.6	33.2
江　西	25.8	38.1	36.1
山　东	25.5	38.8	35.7
河　南	24.4	39.4	36.1
湖　北	28.1	35.9	36.1
湖　南	25.2	33.5	41.3
广　东	30.2	39.6	30.2
广　西	29.2	31.9	38.9
海　南	21.1	34.9	44.0
重　庆	23.4	47.0	29.6
四　川	22.4	40.3	37.4
贵　州	21.1	43.0	35.8
云　南	21.6	38.7	39.6
西　藏	24.4	33.0	42.5
陕　西	27.7	42.5	29.9
甘　肃	23.5	41.0	35.5
青　海	22.3	39.1	38.6
宁　夏	24.8	39.2	36.0
新　疆	21.5	38.0	40.5

地 区	碘盐可以预防核辐射（错）		
	回答正确	回答错误	不知道
全 国	34.8	30.1	35.2
北 京	49.0	27.6	23.4
天 津	40.0	34.2	25.7
河 北	31.6	27.4	41.0
山 西	27.4	30.7	41.9
内蒙古	31.7	31.8	36.5
辽 宁	31.0	31.1	37.8
吉 林	36.5	29.8	33.7
黑龙江	34.8	33.6	31.6
上 海	47.7	28.2	24.1
江 苏	37.7	34.2	28.1
浙 江	33.6	28.7	37.7
安 徽	38.0	26.3	35.7
福 建	29.9	31.7	38.3
江 西	36.8	29.9	33.3
山 东	36.9	28.2	34.9
河 南	37.2	26.3	36.5
湖 北	32.9	25.3	41.8
湖 南	27.5	30.2	42.2
广 东	36.0	33.1	30.9
广 西	39.0	28.3	32.7
海 南	28.9	30.6	40.5
重 庆	31.3	36.1	32.7
四 川	28.1	29.7	42.2
贵 州	26.9	30.6	42.4
云 南	31.4	34.2	34.4
西 藏	21.5	39.3	39.2
陕 西	37.3	31.8	31.0
甘 肃	29.7	36.4	33.9
青 海	27.1	36.0	36.9
宁 夏	33.6	31.5	34.9
新 疆	31.3	32.7	36.0

附表 315 公民对"核能利用"的了解程度 –3　　　　单位：%

地　区	附表 316　公民对"核能利用"的了解程度 –4　　　　单位：%		
	核辐射都是人为产生的（错）		
	回答正确	回答错误	不知道
全　国	46.5	33.9	19.6
北　京	60.1	27.7	12.2
天　津	52.0	34.9	13.0
河　北	42.4	31.9	25.7
山　西	45.5	27.5	26.9
内蒙古	42.6	32.9	24.6
辽　宁	39.2	35.8	25.0
吉　林	44.3	37.0	18.7
黑龙江	43.5	42.6	13.9
上　海	58.5	31.0	10.5
江　苏	51.3	37.1	11.6
浙　江	49.5	31.0	19.5
安　徽	46.5	35.9	17.6
福　建	47.9	30.7	21.4
江　西	51.9	32.5	15.6
山　东	42.5	36.6	20.9
河　南	48.7	34.6	16.7
湖　北	45.4	32.7	21.9
湖　南	42.1	31.9	26.0
广　东	44.8	34.1	21.1
广　西	47.0	33.3	19.8
海　南	42.9	36.5	20.6
重　庆	46.1	38.0	15.8
四　川	43.0	31.3	25.7
贵　州	45.7	28.1	26.3
云　南	47.6	31.6	20.8
西　藏	38.4	32.1	29.5
陕　西	46.4	39.1	14.5
甘　肃	48.8	31.9	19.3
青　海	42.6	34.0	23.4
宁　夏	43.4	30.1	26.5
新　疆	46.7	32.6	20.7

地 区	微量的核辐射照射不会危害人体的健康（对）		
	回答正确	回答错误	不知道
全 国	47.3	36.8	15.9
北 京	55.5	35.0	9.5
天 津	54.8	35.2	10.1
河 北	44.8	38.4	16.7
山 西	45.5	35.6	18.8
内蒙古	44.4	34.1	21.5
辽 宁	40.8	36.5	22.7
吉 林	47.9	37.7	14.4
黑龙江	50.6	38.7	10.7
上 海	55.3	35.8	8.9
江 苏	56.1	35.7	8.3
浙 江	46.9	33.8	19.3
安 徽	46.5	40.0	13.5
福 建	47.2	34.0	18.8
江 西	50.2	36.5	13.3
山 东	46.4	38.5	15.0
河 南	46.5	39.5	13.9
湖 北	45.4	35.0	19.6
湖 南	42.1	31.2	26.7
广 东	50.2	35.2	14.6
广 西	48.3	34.7	17.0
海 南	46.8	37.1	16.1
重 庆	53.0	33.5	13.6
四 川	40.3	39.4	20.3
贵 州	43.3	38.7	18.0
云 南	39.8	39.0	21.2
西 藏	35.5	37.7	26.8
陕 西	46.6	42.3	11.2
甘 肃	41.8	40.6	17.7
青 海	42.7	36.1	21.2
宁 夏	40.3	39.1	20.6
新 疆	47.8	36.1	16.1

附表 317　公民对"核能利用"的了解程度 –5　　　　单位：%

附表 318　公民对有关"核能利用"观点的态度 –1					单位：%
地　区	核电站的建设有助于缓解火力发电造成的空气污染				
	非常赞成	基本赞成	既不赞成也不反对	基本反对	非常反对	不知道
全　国	30.1	37.9	11.7	5.1	3.3	11.9
北　京	35.8	39.6	11.2	2.3	2.0	9.2
天　津	35.3	39.2	8.7	6.3	1.7	8.7
河　北	38.0	34.8	7.9	3.2	1.9	14.3
山　西	27.6	37.0	11.1	4.6	2.3	17.4
内蒙古	36.0	30.3	10.3	5.3	2.5	15.6
辽　宁	31.4	30.2	12.9	5.3	3.9	16.3
吉　林	34.6	32.4	11.5	6.3	3.2	12.0
黑龙江	32.9	34.5	11.8	6.3	3.9	10.6
上　海	30.2	40.9	13.0	6.3	2.6	7.0
江　苏	27.8	45.1	10.3	5.7	2.2	9.0
浙　江	37.1	34.1	10.7	5.0	2.2	10.9
安　徽	24.3	38.0	16.2	5.0	2.9	13.6
福　建	26.6	41.0	14.4	4.0	3.3	10.8
江　西	23.5	43.3	12.7	5.9	3.7	10.9
山　东	35.2	35.2	10.8	2.7	3.0	13.0
河　南	28.7	37.7	10.6	5.8	4.1	13.0
湖　北	27.7	41.6	10.6	5.1	3.1	11.8
湖　南	28.1	38.3	12.5	4.5	3.6	12.9
广　东	23.4	41.3	17.6	7.8	3.0	6.9
广　西	28.1	39.2	14.6	4.1	4.8	9.3
海　南	31.3	31.4	13.9	6.6	4.8	12.1
重　庆	28.8	39.4	8.3	7.2	5.5	10.7
四　川	28.6	35.7	7.6	5.6	5.8	16.6
贵　州	32.1	34.8	10.5	4.5	4.7	13.4
云　南	21.1	43.0	9.3	6.6	4.8	15.2
西　藏	22.8	41.1	11.1	2.9	4.0	18.0
陕　西	30.3	41.7	12.4	5.3	4.0	6.3
甘　肃	30.1	36.7	9.9	4.6	3.7	15.0
青　海	28.2	34.4	14.1	3.5	2.3	17.5
宁　夏	31.0	34.3	10.1	6.0	1.4	17.2
新　疆	26.2	38.0	11.5	4.2	2.8	17.2

地 区	科学技术的进步能够使人类更加安全地利用核能					
	非常赞成	基本赞成	既不赞成也不反对	基本反对	非常反对	不知道
全 国	43.3	41.5	7.5	1.4	0.7	5.6
北 京	46.9	39.1	9.4	1.4	0.5	2.6
天 津	45.9	41.9	6.7	2.0	0.3	3.2
河 北	50.5	34.8	6.2	1.4	0.9	6.2
山 西	37.0	47.3	6.6	1.9	0.3	6.9
内蒙古	45.7	36.0	8.5	1.9	0.5	7.5
辽 宁	38.9	35.7	10.9	1.6	1.7	11.2
吉 林	46.7	37.5	8.7	1.5	0.3	5.3
黑龙江	45.2	41.0	6.5	1.4	0.7	5.1
上 海	40.7	46.5	8.0	1.5	0.4	2.9
江 苏	44.5	48.4	4.0	1.2	0.3	1.7
浙 江	47.5	35.5	8.5	1.1	0.6	6.8
安 徽	38.2	45.7	9.9	0.9	1.0	4.3
福 建	39.2	41.1	11.1	2.1	0.4	6.1
江 西	36.5	47.0	7.0	1.0	1.3	7.3
山 东	48.4	37.1	7.1	0.9	0.8	5.7
河 南	43.1	45.9	3.5	1.5	0.5	5.6
湖 北	46.2	39.6	8.1	0.8	0.1	5.2
湖 南	39.2	39.9	9.6	2.1	0.7	8.4
广 东	33.7	48.1	11.4	2.5	0.7	3.6
广 西	43.4	42.4	7.0	1.2	0.7	5.2
海 南	46.7	35.3	8.2	1.8	1.0	7.0
重 庆	42.8	42.6	5.0	1.8	0.3	7.5
四 川	43.3	37.7	6.5	1.2	1.2	10.0
贵 州	42.3	37.1	8.5	1.3	1.2	9.4
云 南	40.3	48.2	4.0	1.4	0.4	5.7
西 藏	31.9	41.8	10.0	0.3	0.2	15.9
陕 西	49.8	40.9	5.3	1.3	0.3	2.3
甘 肃	44.4	42.4	6.6	1.2	0.5	4.8
青 海	38.0	38.7	8.6	3.0	0.9	10.8
宁 夏	41.9	40.1	9.6	2.0	0.3	6.1
新 疆	45.6	42.7	4.6	1.2	0.4	5.6

附表 319　公民对有关"核能利用"观点的态度 –2　　　　单位：%

附表 320 公民对有关"核能利用"观点的态度 –3 单位：%

地 区	我国需要发展核电和可再生能源，保证电力供应充足，促进能源结构调整					
	非常赞成	基本赞成	既不赞成也不反对	基本反对	非常反对	不知道
全 国	43.6	39.0	9.4	1.3	0.5	6.3
北 京	42.7	40.7	11.5	0.6	0.4	4.0
天 津	46.1	39.4	9.6	1.5	0.3	2.9
河 北	49.1	32.6	9.0	1.7	0.1	7.4
山 西	41.0	41.3	7.5	0.7	0.2	9.2
内蒙古	44.6	34.7	8.8	2.6	0.3	9.0
辽 宁	41.5	33.0	12.2	1.5	1.1	10.7
吉 林	44.7	39.2	9.5	1.0	0.1	5.4
黑龙江	45.6	38.1	7.7	1.4	0.8	6.3
上 海	39.6	44.2	11.0	1.6	0.6	2.9
江 苏	42.4	47.3	6.0	1.4	0.2	2.7
浙 江	48.4	33.5	10.2	1.2	1.0	5.7
安 徽	42.0	39.9	11.5	1.3	0.3	5.0
福 建	38.3	42.2	10.8	0.9	0.6	7.1
江 西	34.4	47.4	8.8	1.2	1.0	7.2
山 东	50.7	34.8	7.9	0.8	0.2	5.6
河 南	43.6	43.1	6.2	0.3	0.2	6.6
湖 北	43.0	40.2	9.3	1.2	0.5	5.7
湖 南	39.9	37.7	11.6	2.1	1.1	7.7
广 东	37.6	41.1	14.1	2.6	0.5	4.2
广 西	41.7	39.8	11.1	1.5	0.5	5.4
海 南	46.4	36.0	8.1	0.9	0.3	8.3
重 庆	41.4	40.4	7.2	1.6	0.6	8.7
四 川	42.0	36.6	7.8	1.4	0.6	11.6
贵 州	40.4	34.9	11.5	2.1	1.0	10.2
云 南	43.6	39.5	7.1	0.7	0.6	8.5
西 藏	34.4	42.0	9.1	0.2	0.2	14.2
陕 西	51.0	37.2	8.1	0.7	0.4	2.7
甘 肃	44.1	38.1	9.0	1.1	0.7	7.0
青 海	39.5	37.5	9.2	1.9	1.3	10.7
宁 夏	45.3	34.8	9.9	1.8	0.5	7.8
新 疆	45.6	38.8	6.2	1.5	0.3	7.6

地 区	政府应该采取多种形式让公众了解核能利用的相关信息					
	非常赞成	基本赞成	既不赞成也不反对	基本反对	非常反对	不知道
全　国	54.8	32.5	6.3	0.8	0.4	5.1
北　京	56.8	31.2	7.3	0.8	0.2	3.6
天　津	57.6	33.6	5.8	0.9	0.0	2.0
河　北	56.4	28.5	8.0	0.4	0.3	6.5
山　西	49.3	37.6	5.3	1.4	0.3	6.1
内蒙古	55.5	31.3	5.4	1.3	0.1	6.4
辽　宁	45.9	31.1	10.5	2.1	1.6	8.8
吉　林	55.2	31.5	7.8	1.1	0.1	4.4
黑龙江	59.2	28.3	6.0	0.7	0.3	5.5
上　海	56.5	33.8	6.6	0.8	0.2	2.2
江　苏	54.2	39.2	4.2	0.3	0.0	2.1
浙　江	56.4	30.3	6.3	1.0	0.2	5.9
安　徽	53.0	32.6	9.2	0.7	0.4	4.0
福　建	46.3	37.6	8.6	0.9	1.0	5.6
江　西	49.6	40.0	3.7	0.3	0.7	5.7
山　东	59.8	28.2	6.3	0.5	0.5	4.6
河　南	60.5	31.4	3.6	0.6	0.0	3.9
湖　北	58.6	31.7	4.7	0.3	0.0	4.7
湖　南	47.7	33.9	8.0	1.1	1.7	7.6
广　东	49.2	36.5	9.1	1.3	0.3	3.6
广　西	52.8	31.7	7.6	0.8	1.5	5.6
海　南	58.6	29.0	4.5	0.6	0.5	6.9
重　庆	54.8	33.7	3.4	1.0	0.7	6.3
四　川	51.5	31.1	5.8	0.3	0.3	10.9
贵　州	50.5	29.2	10.4	1.2	0.6	8.1
云　南	55.5	35.9	2.5	0.1	0.5	5.5
西　藏	47.2	34.5	2.8	1.2	0.0	14.3
陕　西	65.5	29.2	2.8	0.6	0.3	1.7
甘　肃	56.5	31.1	4.6	0.7	0.2	6.8
青　海	55.8	28.8	6.0	0.6	0.1	8.7
宁　夏	56.7	30.4	6.8	0.9	0.7	4.7
新　疆	60.0	31.6	2.7	0.0	0.0	5.6

附表 321　公民对有关"核能利用"观点的态度 –4　　　　单位：%

地　区	附表 322　公民对我国发展核电利弊的看法　　单位：%					
	您认为我国发展核电的利弊如何？					
	利远大于弊	利大于弊	利弊相当	弊大于利	弊远大于利	不知道
全　国	30.7	37.1	13.0	2.4	0.8	16.0
北　京	31.0	42.1	13.2	1.6	0.6	11.4
天　津	34.0	42.7	13.4	1.8	0.8	7.2
河　北	41.9	31.8	8.6	2.5	0.2	15.0
山　西	27.0	39.2	12.4	2.3	0.4	18.7
内蒙古	34.9	35.4	10.4	2.0	0.4	16.9
辽　宁	39.3	27.8	12.4	3.2	1.7	15.5
吉　林	38.5	31.0	13.3	2.2	0.8	14.2
黑龙江	37.1	35.2	12.5	1.1	1.1	12.9
上　海	28.0	42.8	15.7	2.8	0.7	10.1
江　苏	22.2	49.6	13.3	1.9	0.7	12.3
浙　江	37.9	29.3	14.3	1.8	0.8	15.9
安　徽	26.6	39.0	10.5	2.3	0.7	20.9
福　建	33.0	28.1	18.1	3.6	0.4	16.7
江　西	19.5	44.0	12.9	3.9	0.6	19.2
山　东	37.2	33.1	11.6	2.2	0.7	15.2
河　南	20.5	49.0	11.5	1.7	0.3	17.1
湖　北	33.6	35.6	12.0	1.4	0.7	16.6
湖　南	33.8	30.1	13.4	2.8	1.4	18.4
广　东	27.5	35.5	18.7	3.6	1.2	13.5
广　西	29.0	36.8	11.0	2.8	1.0	19.4
海　南	30.9	33.7	12.9	2.1	1.8	18.6
重　庆	18.3	44.7	13.7	2.5	0.3	20.5
四　川	22.8	41.7	13.9	3.2	0.7	17.6
贵　州	31.3	28.2	12.6	2.5	1.2	24.1
云　南	24.2	35.2	13.0	1.9	1.1	24.6
西　藏	20.3	32.8	12.1	5.4	0.2	29.3
陕　西	27.9	42.5	12.9	3.1	1.2	12.5
甘　肃	35.3	33.3	11.5	1.4	1.2	17.3
青　海	24.9	32.8	12.6	5.5	1.3	22.8
宁　夏	38.6	26.5	12.2	1.5	1.0	20.2
新　疆	25.1	38.7	12.9	1.6	0.6	21.0

地 区	对核能技术的应用支持和反对的程度					
	非常支持	比较支持	既不支持 也不反对	比较反对	非常反对	不知道
全　国	30.4	39.9	21.2	1.7	0.8	6.0
北　京	33.1	42.0	19.7	1.1	0.3	3.8
天　津	37.5	38.8	17.0	1.9	0.7	4.1
河　北	36.5	38.6	16.4	0.9	0.8	6.8
山　西	29.6	43.5	18.0	1.2	0.6	7.1
内蒙古	30.7	40.0	19.9	1.4	0.5	7.5
辽　宁	33.9	34.7	20.8	1.8	1.2	7.7
吉　林	36.1	36.5	18.5	2.6	0.5	5.7
黑龙江	35.3	37.9	19.3	2.3	0.6	4.6
上　海	28.6	42.3	23.2	2.1	0.7	3.1
江　苏	31.5	43.8	19.2	1.1	0.4	3.9
浙　江	32.2	40.3	19.5	1.6	2.0	4.4
安　徽	25.7	38.3	26.0	2.1	0.8	7.2
福　建	24.3	38.1	29.0	2.6	0.4	5.5
江　西	24.1	46.1	19.6	1.3	1.5	7.4
山　东	38.3	31.8	21.4	1.5	0.5	6.6
河　南	29.2	40.0	23.0	0.9	0.5	6.4
湖　北	30.1	40.5	20.8	1.6	0.3	6.7
湖　南	28.4	38.9	22.4	2.3	2.7	5.3
广　东	23.5	43.8	23.9	2.7	0.7	5.4
广　西	26.5	41.6	22.4	2.4	0.7	6.4
海　南	32.7	33.8	25.0	1.2	1.1	6.3
重　庆	27.4	42.4	20.7	1.4	0.7	7.4
四　川	28.1	41.8	20.0	2.0	0.9	7.2
贵　州	26.9	35.6	25.0	2.4	0.3	9.8
云　南	22.8	38.7	26.1	1.7	0.8	9.9
西　藏	24.5	42.9	15.7	5.1	0.2	11.7
陕　西	31.4	44.7	18.6	0.8	0.7	3.9
甘　肃	30.6	42.9	18.9	0.5	1.0	6.2
青　海	21.4	44.3	21.3	2.0	1.2	9.9
宁　夏	31.4	41.6	17.6	1.9	0.6	6.9
新　疆	28.1	41.6	20.5	1.1	0.6	8.1

附表 323　公民对核能技术应用的态度　　　　　　单位：%

（十八）公民对"转基因"的了解与态度

地　区	附表 324　公民是否听说过"转基因"信息 单位：%		
	是否听说过"转基因"		
	听说过	没听说过	不知道
全　国	60.7	22.4	16.9
北　京	85.9	9.1	5.0
天　津	85.5	10.8	3.8
河　北	65.9	13.5	20.6
山　西	57.3	24.2	18.5
内蒙古	61.7	16.4	22.0
辽　宁	71.6	15.7	12.8
吉　林	79.1	15.2	5.7
黑龙江	73.4	18.3	8.2
上　海	81.7	10.0	8.3
江　苏	59.3	25.9	14.9
浙　江	71.2	14.3	14.5
安　徽	65.0	27.0	8.0
福　建	68.7	14.9	16.4
江　西	47.2	32.5	20.3
山　东	66.5	21.0	12.5
河　南	53.5	26.1	20.4
湖　北	66.0	16.1	17.9
湖　南	58.2	17.8	24.1
广　东	57.3	28.7	14.0
广　西	54.5	32.8	12.6
海　南	51.4	19.1	29.5
重　庆	48.5	39.6	11.9
四　川	47.0	36.3	16.7
贵　州	34.8	34.8	30.4
云　南	34.1	26.2	39.7
西　藏	17.6	29.9	52.4
陕　西	76.6	15.2	8.2
甘　肃	50.9	20.7	28.4
青　海	40.2	23.6	36.2
宁　夏	60.2	17.8	22.0
新　疆	57.3	11.9	30.8

附表 325 公民获取"转基因"信息的渠道							单位：%
	公民获取"转基因"信息的渠道						
地　区	电视	报纸	广播	互联网及移动互联网	期刊杂志	图书	其他	不知道
全　国	57.4	4.1	1.5	29.3	1.1	2.6	3.6	0.6
北　京	53.9	3.3	2.0	36.4	0.5	1.8	2.1	0.0
天　津	58.1	6.4	2.5	30.4	0.3	1.1	1.2	0.0
河　北	62.5	3.3	1.8	27.3	1.2	0.8	1.7	1.4
山　西	58.5	2.5	1.4	27.8	1.0	3.5	4.1	1.2
内蒙古	66.6	2.4	1.5	24.3	0.9	2.2	2.0	0.0
辽　宁	64.4	4.2	3.0	20.6	0.8	2.5	4.1	0.5
吉　林	67.9	2.3	1.0	22.5	0.4	2.1	3.5	0.3
黑龙江	71.8	3.3	1.4	17.6	0.3	1.8	3.3	0.5
上　海	45.8	6.1	2.9	38.0	1.3	3.3	2.2	0.4
江　苏	53.5	7.3	1.5	31.5	1.1	2.2	2.7	0.2
浙　江	50.5	5.4	1.8	36.5	1.1	0.7	3.3	0.7
安　徽	60.5	3.8	1.7	25.5	1.5	2.3	3.7	0.9
福　建	49.3	5.4	1.3	37.1	0.5	2.0	3.4	1.0
江　西	57.6	3.6	1.6	27.1	1.3	2.6	4.9	1.3
山　东	60.4	3.2	1.3	28.7	0.8	2.2	3.2	0.1
河　南	60.6	2.6	0.5	28.4	0.5	2.8	4.2	0.5
湖　北	53.2	4.4	0.7	34.3	2.2	1.7	2.6	0.9
湖　南	57.2	3.0	0.7	30.5	1.1	2.3	4.4	0.7
广　东	48.6	5.2	1.8	34.8	1.4	4.1	3.7	0.4
广　西	49.8	5.8	1.5	33.6	1.7	3.0	4.4	0.2
海　南	54.9	10.2	1.3	24.2	1.0	2.6	5.2	0.7
重　庆	58.8	4.7	0.6	25.5	0.6	3.2	5.6	1.0
四　川	61.3	2.5	0.3	27.0	0.7	2.1	5.8	0.4
贵　州	49.4	4.4	1.4	27.1	1.1	9.2	5.6	1.9
云　南	58.4	1.8	2.4	25.5	1.9	4.9	4.0	1.1
西　藏	53.1	3.4	2.8	23.6	1.1	7.5	8.3	0.1
陕　西	55.4	4.6	1.4	28.4	0.8	3.8	5.5	0.2
甘　肃	58.7	3.3	1.3	26.2	1.6	4.6	4.2	0.0
青　海	57.8	5.3	0.8	26.6	3.0	2.8	2.3	1.4
宁　夏	60.5	4.3	1.2	26.5	1.8	3.4	1.4	0.9
新　疆	64.3	1.6	1.0	23.1	1.6	5.2	2.8	0.3

附表 326 公民最相信谁关于"转基因"的言论 单位：%

地 区	关于"转基因"，公民最相信谁的言论？							
	政府官员	科学家	企业家	公众人物	亲友同事	其他	以上谁的都不信	不知道
全 国	6.0	78.3	0.6	2.9	1.3	2.0	4.6	4.3
北 京	8.7	73.4	0.6	2.7	1.2	1.9	8.2	3.4
天 津	10.0	77.7	0.3	2.2	1.0	1.2	5.4	2.3
河 北	7.2	79.1	0.9	2.3	1.0	1.2	2.9	5.4
山 西	4.9	74.2	0.5	3.3	1.9	1.9	6.0	7.2
内蒙古	4.9	81.5	0.3	3.8	0.5	1.8	3.4	3.8
辽 宁	7.9	72.7	0.6	3.1	1.9	2.8	4.7	6.3
吉 林	6.9	80.9	0.6	3.1	1.2	1.4	3.7	2.2
黑龙江	7.7	79.9	0.8	2.6	0.4	1.5	4.2	2.9
上 海	7.8	73.8	0.9	2.9	1.2	1.9	8.5	2.9
江 苏	4.9	80.2	0.4	3.8	1.1	1.8	4.9	2.8
浙 江	5.8	79.7	0.6	3.0	1.6	3.1	3.6	2.6
安 徽	5.9	78.2	0.9	1.9	1.3	1.8	5.7	4.3
福 建	4.7	75.4	0.7	3.6	1.3	2.9	5.5	6.0
江 西	6.1	74.6	0.7	3.7	1.6	2.2	3.3	7.8
山 东	6.7	79.6	0.7	2.7	1.1	1.8	4.1	3.1
河 南	5.6	78.5	0.1	3.2	1.1	1.6	5.8	4.1
湖 北	5.0	78.5	0.6	3.8	1.8	2.2	3.4	4.7
湖 南	4.4	81.1	0.2	2.5	1.5	2.5	4.2	3.5
广 东	4.4	78.3	1.1	3.4	1.5	2.1	5.2	3.9
广 西	4.6	81.8	0.9	2.1	1.1	1.9	3.2	4.3
海 南	5.5	77.0	0.8	3.2	1.9	2.5	3.2	5.8
重 庆	5.1	77.2	0.5	3.4	1.7	1.7	3.5	6.9
四 川	6.4	77.9	0.8	2.6	1.2	2.0	4.4	4.8
贵 州	2.7	81.4	0.5	2.1	1.0	2.3	3.2	6.8
云 南	5.3	79.6	0.4	1.3	1.6	0.7	3.6	7.5
西 藏	5.3	79.1	0.0	3.3	0.4	4.6	4.4	3.0
陕 西	8.3	74.3	0.4	3.2	2.6	1.9	5.6	3.7
甘 肃	4.4	82.2	0.0	3.7	0.6	1.4	4.1	3.5
青 海	3.2	74.7	0.3	2.6	1.1	2.7	6.9	8.5
宁 夏	3.7	83.5	0.5	1.5	1.2	2.6	3.2	3.8
新 疆	5.5	79.8	0.4	1.5	0.8	2.8	2.9	6.3

地 区	普通西红柿里没有基因，而转基因西红柿里有基因（错）		
	回答正确	回答错误	不知道
全 国	43.4	27.1	29.5
北 京	54.4	27.1	18.5
天 津	48.9	31.0	20.1
河 北	37.8	28.9	33.2
山 西	47.1	22.5	30.4
内蒙古	38.3	29.3	32.4
辽 宁	34.3	29.5	36.2
吉 林	39.9	29.8	30.3
黑龙江	42.2	31.7	26.1
上 海	54.6	26.1	19.3
江 苏	49.9	28.0	22.1
浙 江	41.1	28.6	30.3
安 徽	47.7	23.5	28.8
福 建	40.4	25.9	33.7
江 西	41.7	24.4	33.9
山 东	43.8	27.0	29.2
河 南	45.1	23.9	31.0
湖 北	42.9	25.6	31.6
湖 南	39.7	25.7	34.6
广 东	48.5	27.4	24.1
广 西	42.1	27.5	30.4
海 南	35.3	22.5	42.3
重 庆	41.4	23.2	35.5
四 川	38.0	26.8	35.2
贵 州	45.5	26.8	27.7
云 南	39.6	20.9	39.5
西 藏	42.6	23.0	34.3
陕 西	40.9	34.9	24.2
甘 肃	44.1	28.4	27.5
青 海	40.7	26.3	33.0
宁 夏	41.7	27.2	31.1
新 疆	44.3	24.5	31.1

附表 327　公民对"转基因"的了解程度 –1　　　　　单位：%

地　区	附表 328　公民对"转基因"的了解程度 –2 单位：%		
	如果吃了转基因的水果，人就会被"转基因"（错）		
	回答正确	回答错误	不知道
全　国	62.8	13.7	23.5
北　京	67.7	14.9	17.4
天　津	61.0	19.1	19.8
河　北	57.7	11.4	30.9
山　西	56.8	16.5	26.7
内蒙古	59.6	14.3	26.1
辽　宁	51.6	16.1	32.3
吉　林	62.6	15.2	22.2
黑龙江	61.9	17.4	20.7
上　海	71.5	12.9	15.6
江　苏	72.0	11.4	16.6
浙　江	62.6	13.8	23.5
安　徽	66.7	11.5	21.8
福　建	59.5	14.9	25.6
江　西	62.5	12.2	25.3
山　东	60.9	14.3	24.7
河　南	64.1	13.8	22.0
湖　北	59.8	13.4	26.8
湖　南	58.3	14.8	26.9
广　东	69.2	12.3	18.5
广　西	66.8	12.0	21.1
海　南	60.0	13.5	26.6
重　庆	65.0	12.2	22.8
四　川	61.2	12.6	26.2
贵　州	64.6	11.5	23.9
云　南	64.1	10.6	25.3
西　藏	61.1	11.6	27.4
陕　西	60.2	19.0	20.8
甘　肃	60.5	14.1	25.4
青　海	56.4	13.5	30.1
宁　夏	59.6	14.7	25.7
新　疆	65.0	10.1	24.9

地 区	转基因动物总是比普通动物长得大（错）		
	回答正确	回答错误	不知道
全 国	26.8	45.3	27.9
北 京	39.1	41.7	19.2
天 津	36.5	44.9	18.6
河 北	25.7	37.4	36.9
山 西	26.0	41.7	32.3
内蒙古	26.3	40.0	33.7
辽 宁	24.6	41.8	33.6
吉 林	25.6	48.3	26.1
黑龙江	21.7	53.3	24.9
上 海	39.3	44.3	16.5
江 苏	31.4	48.0	20.6
浙 江	24.7	44.7	30.7
安 徽	25.1	48.2	26.8
福 建	25.2	45.2	29.6
江 西	26.4	44.0	29.6
山 东	28.4	41.7	29.8
河 南	25.8	45.7	28.5
湖 北	25.5	44.8	29.7
湖 南	22.1	49.1	28.8
广 东	29.5	47.0	23.5
广 西	25.8	47.2	27.0
海 南	22.9	44.1	33.1
重 庆	22.7	49.0	28.3
四 川	24.5	48.9	26.6
贵 州	23.7	44.8	31.5
云 南	20.8	45.1	34.1
西 藏	14.7	56.4	29.0
陕 西	26.6	48.1	25.3
甘 肃	24.3	43.8	31.9
青 海	28.0	39.8	32.2
宁 夏	25.3	43.7	31.1
新 疆	24.9	44.5	30.6

附表 329　公民对"转基因"的了解程度 –3　　　　单位：%

地　区	转基因技术不能把动物的基因转移到植物上（错）		
	回答正确	回答错误	不知道
全　国	28.5	33.7	37.8
北　京	36.6	35.4	28.0
天　津	32.8	37.8	29.4
河　北	21.8	28.3	49.9
山　西	28.5	27.1	44.4
内蒙古	24.6	31.0	44.4
辽　宁	24.4	30.9	44.7
吉　林	26.8	38.1	35.1
黑龙江	28.8	40.2	31.0
上　海	36.7	36.7	26.6
江　苏	34.7	37.2	28.1
浙　江	28.2	32.5	39.4
安　徽	30.0	34.5	35.5
福　建	26.4	29.4	44.2
江　西	26.6	33.1	40.3
山　东	28.0	32.7	39.3
河　南	28.6	33.5	37.9
湖　北	26.4	30.2	43.4
湖　南	28.9	29.4	41.8
广　东	34.0	34.2	31.8
广　西	29.9	35.9	34.2
海　南	28.1	29.8	42.1
重　庆	28.3	33.9	37.8
四　川	22.7	35.3	42.0
贵　州	24.1	36.2	39.7
云　南	25.0	36.2	38.7
西　藏	24.0	42.1	33.9
陕　西	29.2	38.5	32.3
甘　肃	26.9	33.4	39.7
青　海	25.0	33.9	41.1
宁　夏	23.8	34.0	42.2
新　疆	23.8	37.8	38.4

附表 330　公民对"转基因"的了解程度 –4　　　　单位：%

地 区	杂交水稻是转基因作物的一种（错）		
	回答正确	回答错误	不知道
全 国	18.3	60.9	20.8
北 京	26.1	58.0	15.9
天 津	24.1	60.6	15.3
河 北	13.2	61.7	25.1
山 西	15.7	55.6	28.7
内 蒙 古	19.0	54.2	26.8
辽 宁	16.4	54.8	28.8
吉 林	16.6	64.9	18.4
黑 龙 江	13.6	68.7	17.7
上 海	23.4	64.8	11.8
江 苏	21.2	64.0	14.8
浙 江	23.9	52.4	23.7
安 徽	15.9	64.2	19.9
福 建	19.3	58.2	22.5
江 西	19.6	59.8	20.6
山 东	16.8	62.4	20.8
河 南	17.2	62.6	20.1
湖 北	18.5	60.4	21.1
湖 南	21.1	55.0	23.9
广 东	21.2	59.9	18.9
广 西	18.3	62.5	19.2
海 南	16.9	57.6	25.5
重 庆	18.1	62.2	19.7
四 川	18.2	60.2	21.6
贵 州	13.2	66.4	20.4
云 南	14.0	60.8	25.2
西 藏	13.5	53.3	33.2
陕 西	16.2	67.0	16.8
甘 肃	15.7	61.2	23.1
青 海	15.8	62.1	22.2
宁 夏	20.6	56.5	23.0
新 疆	13.1	64.2	22.6

附表 331　公民对"转基因"的了解程度 -5　　　　　　　　单位：%

地　区	转基因作物的种植能帮助我们解决粮食短缺问题					
	非常赞成	基本赞成	既不赞成也不反对	基本反对	非常反对	不知道
全　国	17.9	34.8	17.0	9.9	7.9	12.6
北　京	18.8	37.0	17.9	11.7	7.7	7.0
天　津	16.9	36.2	17.7	14.8	8.3	6.1
河　北	18.8	29.9	18.1	9.0	7.7	16.5
山　西	15.4	34.5	13.2	9.2	10.3	17.5
内蒙古	20.8	29.4	13.3	10.1	8.0	18.4
辽　宁	19.5	30.7	16.9	8.6	8.8	15.5
吉　林	20.4	36.6	15.4	9.1	7.6	11.0
黑龙江	21.9	32.9	15.6	11.4	8.7	9.6
上　海	15.2	37.0	19.4	11.2	10.5	6.6
江　苏	15.9	41.7	15.3	11.3	7.5	8.2
浙　江	18.1	29.0	20.2	11.5	7.1	14.2
安　徽	16.1	35.2	22.5	8.0	6.3	11.9
福　建	16.6	32.9	20.9	11.1	7.2	11.3
江　西	16.4	36.7	14.9	9.0	5.8	17.3
山　东	20.7	33.8	16.1	9.2	8.3	11.8
河　南	16.0	36.0	16.4	10.3	8.7	12.5
湖　北	17.2	32.4	16.3	12.0	8.6	13.4
湖　南	18.8	29.8	17.0	9.7	7.4	17.3
广　东	16.6	40.0	19.2	9.2	7.4	7.6
广　西	18.7	32.1	21.5	10.1	6.0	11.5
海　南	20.6	32.4	15.7	7.9	7.0	16.3
重　庆	19.1	37.7	13.3	8.7	6.5	14.7
四　川	14.3	40.1	14.5	7.7	7.3	16.0
贵　州	23.1	37.0	12.6	7.2	4.7	15.4
云　南	17.4	37.1	13.8	6.5	7.3	17.9
西　藏	21.1	37.4	12.5	9.4	1.7	18.0
陕　西	19.1	34.5	14.9	10.0	10.5	11.0
甘　肃	14.8	36.6	13.5	10.2	9.3	15.6
青　海	19.2	32.1	14.5	8.5	7.5	18.1
宁　夏	17.5	32.2	18.0	8.5	9.7	14.1
新　疆	18.0	35.5	14.5	9.1	7.3	15.7

附表 332　公民对有关"转基因"观点的态度 -1　　单位：%

地 区	转基因食品存在不可预知的安全风险					
	非常赞成	基本赞成	既不赞成也不反对	基本反对	非常反对	不知道
全 国	23.7	34.8	14.3	6.6	3.3	17.2
北 京	28.7	38.5	16.3	6.9	1.8	7.7
天 津	26.4	42.3	13.1	6.7	2.6	9.0
河 北	25.5	32.4	11.0	4.9	2.0	24.2
山 西	21.2	31.7	13.8	7.7	4.1	21.4
内蒙古	26.5	30.0	10.3	5.8	3.4	24.0
辽 宁	23.4	28.5	16.6	6.5	4.0	21.0
吉 林	24.6	33.3	15.1	8.5	3.0	15.4
黑龙江	24.9	33.6	13.6	7.1	5.9	15.0
上 海	25.9	41.9	14.7	6.7	3.3	7.5
江 苏	21.1	41.2	13.1	8.0	3.7	12.8
浙 江	28.0	35.1	12.8	4.3	3.4	16.4
安 徽	20.3	30.7	20.0	7.8	4.1	17.1
福 建	21.9	34.7	20.4	4.9	2.7	15.5
江 西	20.0	36.5	13.5	6.3	3.2	20.4
山 东	24.8	31.3	16.6	6.8	3.1	17.4
河 南	25.2	35.1	10.3	7.3	3.0	19.1
湖 北	25.2	34.8	13.2	6.1	3.8	17.0
湖 南	24.4	33.1	16.5	4.4	3.4	18.2
广 东	21.6	37.6	18.5	7.5	2.7	12.0
广 西	19.3	34.8	17.2	8.0	2.9	17.8
海 南	21.8	26.1	14.9	8.5	3.0	25.6
重 庆	22.6	37.0	10.2	6.7	3.4	20.2
四 川	24.0	38.3	11.0	5.4	1.8	19.5
贵 州	19.8	33.2	14.1	7.5	4.5	20.8
云 南	22.3	37.1	8.6	5.2	3.6	23.1
西 藏	18.2	35.2	9.4	13.0	2.2	22.0
陕 西	25.4	35.5	11.8	7.1	4.9	15.3
甘 肃	21.0	32.0	12.2	8.3	3.4	23.2
青 海	25.2	27.8	14.1	6.4	2.4	24.1
宁 夏	22.4	28.1	16.3	6.5	4.9	21.7
新 疆	21.4	34.4	11.1	6.2	3.1	23.7

附表 333　公民对有关"转基因"观点的态度 –2　　　　单位：%

地　区	种植转基因作物对自然环境是无害的					
	非常赞成	基本赞成	既不赞成 也不反对	基本反对	非常反对	不知道
全　国	11.0	23.8	19.1	12.6	8.3	25.2
北　京	10.5	22.3	23.4	16.7	8.3	18.9
天　津	8.4	24.7	21.0	17.1	10.5	18.2
河　北	11.8	21.4	18.8	11.4	6.0	30.6
山　西	7.7	21.3	19.5	10.9	10.2	30.4
内蒙古	14.0	19.8	14.9	12.6	8.6	30.1
辽　宁	11.9	20.2	16.6	11.1	10.0	30.3
吉　林	13.9	25.6	18.6	11.4	8.7	21.8
黑龙江	14.7	28.6	15.1	12.4	9.3	19.8
上　海	7.8	25.7	23.2	15.1	9.9	18.3
江　苏	8.9	31.2	17.1	13.4	6.2	23.3
浙　江	12.5	18.5	21.9	13.4	8.8	24.9
安　徽	10.7	25.3	22.9	9.6	8.0	23.5
福　建	9.7	21.8	25.0	14.2	8.4	20.9
江　西	8.8	25.2	17.0	14.3	6.6	28.1
山　东	15.4	24.3	19.1	9.7	8.3	23.2
河　南	8.9	24.2	15.8	12.2	7.1	31.8
湖　北	11.7	21.7	17.0	15.7	7.9	26.1
湖　南	11.7	20.8	21.5	12.9	9.1	23.9
广　东	9.8	25.6	24.1	13.9	9.2	17.5
广　西	8.3	25.0	22.5	12.0	8.2	24.1
海　南	13.2	20.7	18.1	10.8	8.8	28.4
重　庆	10.2	25.4	12.2	14.4	7.2	30.6
四　川	9.5	22.7	18.0	11.7	7.5	30.6
贵　州	11.7	20.8	18.1	13.5	6.6	29.4
云　南	7.2	24.8	12.7	16.0	8.7	30.6
西　藏	13.5	15.9	16.6	21.4	5.3	27.4
陕　西	11.6	25.9	16.7	12.2	9.7	23.8
甘　肃	11.7	21.5	18.6	9.7	7.9	30.5
青　海	11.4	19.1	17.4	11.6	7.2	33.3
宁　夏	10.7	20.9	18.9	9.8	9.9	29.7
新　疆	10.8	26.0	12.0	11.0	6.6	33.5

附表 334　公民对有关"转基因"观点的态度 -3　　　　单位：%

附表335　公民对有关"转基因"观点的态度 –4　　　单位：%

地　区	转基因食品应该有明显标识					
	非常赞成	基本赞成	既不赞成也不反对	基本反对	非常反对	不知道
全　国	56.2	25.1	5.1	1.7	1.1	10.8
北　京	63.5	23.0	6.1	1.1	0.8	5.5
天　津	66.9	24.6	3.3	1.5	0.7	2.9
河　北	59.6	18.6	5.5	2.0	0.8	13.7
山　西	55.0	24.5	3.5	1.5	1.8	13.7
内蒙古	53.8	23.8	4.1	2.1	0.9	15.3
辽　宁	51.6	23.2	6.7	2.5	2.5	13.3
吉　林	62.0	23.3	5.0	1.6	0.6	7.5
黑龙江	62.3	22.0	5.1	1.9	1.7	7.1
上　海	63.8	25.4	4.0	1.3	0.6	4.9
江　苏	62.0	27.0	2.1	1.8	1.3	5.9
浙　江	55.7	24.5	5.7	0.8	1.1	12.1
安　徽	55.5	24.8	5.6	1.4	1.6	11.0
福　建	49.3	26.8	8.1	2.1	1.2	12.5
江　西	49.9	32.0	2.0	1.8	1.4	12.9
山　东	59.1	22.0	5.0	1.8	1.1	11.0
河　南	60.0	26.0	2.0	1.2	0.9	10.0
湖　北	55.9	25.7	5.1	1.2	1.3	10.8
湖　南	49.4	23.7	8.8	2.2	1.4	14.5
广　东	49.8	30.2	9.2	2.2	0.7	8.0
广　西	49.4	29.8	6.4	2.2	1.4	10.8
海　南	50.1	22.8	4.2	1.8	1.0	20.1
重　庆	56.7	28.6	2.3	0.8	0.9	10.7
四　川	53.0	26.7	4.8	2.0	1.0	12.5
贵　州	44.8	31.5	5.0	1.4	1.5	15.8
云　南	49.8	24.6	2.4	2.2	1.1	19.9
西　藏	45.3	29.7	4.2	2.9	0.9	17.0
陕　西	61.8	23.4	3.6	0.9	0.6	9.7
甘　肃	51.2	28.2	3.9	1.2	1.0	14.5
青　海	52.0	23.5	5.5	1.6	2.1	15.3
宁　夏	51.1	25.1	5.8	1.6	1.9	14.4
新　疆	59.0	23.9	1.5	0.8	0.3	14.5

地 区	附表 336　公民应对"转基因"采取的做法 –1　　　　单位：%					
	在购买食品时关注其原料是否含有转基因的成分					
	总是	经常	有时	很少	没有	不知道
全　国	20.8	24.0	21.3	17.2	9.8	6.8
北　京	29.5	28.8	18.9	14.2	5.6	3.0
天　津	36.8	30.4	17.1	8.9	4.6	2.1
河　北	23.7	23.7	22.6	15.6	5.4	9.0
山　西	18.2	24.6	21.6	19.8	7.4	8.4
内蒙古	24.4	19.4	19.9	15.1	9.2	12.1
辽　宁	28.8	26.1	18.5	11.8	6.0	8.8
吉　林	26.1	23.9	19.0	16.9	9.9	4.1
黑龙江	24.9	23.2	19.7	17.3	10.5	4.4
上　海	31.4	28.4	17.3	13.3	6.9	2.8
江　苏	22.7	25.2	20.6	19.0	9.3	3.2
浙　江	24.1	21.6	21.7	16.8	9.4	6.4
安　徽	16.6	22.6	18.7	20.5	15.3	6.4
福　建	19.1	27.5	24.1	13.7	8.6	7.0
江　西	14.3	23.0	21.8	21.4	11.6	8.0
山　东	22.0	21.9	22.0	17.2	10.2	6.8
河　南	16.8	21.6	19.5	20.4	13.8	7.9
湖　北	20.5	27.1	22.6	13.8	7.8	8.2
湖　南	21.0	23.7	20.4	15.9	7.7	11.3
广　东	16.6	24.0	25.9	17.5	12.6	3.5
广　西	15.5	23.1	23.6	21.3	10.3	6.2
海　南	19.7	23.9	19.7	16.9	8.6	11.2
重　庆	16.0	27.4	20.7	16.4	13.7	5.9
四　川	13.8	22.6	23.9	18.8	13.7	7.2
贵　州	14.4	19.4	20.0	22.1	13.3	10.9
云　南	11.7	22.9	20.5	17.7	13.3	14.0
西　藏	13.5	23.9	23.0	22.6	4.9	12.1
陕　西	18.9	26.9	22.7	19.5	8.6	3.4
甘　肃	16.8	19.9	23.3	22.4	8.4	9.2
青　海	11.3	19.4	28.7	19.6	12.1	9.0
宁　夏	18.6	19.9	24.0	18.1	6.9	12.5
新　疆	16.3	23.6	19.3	20.0	9.9	10.9

地 区	拒绝食用任何转基因食品					
	总是	经常	有时	很少	没有	不知道
全 国	18.8	17.2	20.2	18.2	16.3	9.4
北 京	25.6	22.4	20.1	15.1	12.9	3.9
天 津	28.6	25.9	22.7	12.2	7.3	3.2
河 北	18.8	19.6	21.1	15.7	12.0	12.8
山 西	19.2	16.0	19.0	19.1	14.6	12.1
内蒙古	21.5	15.9	18.3	16.2	13.5	14.7
辽 宁	23.3	18.4	23.4	14.0	11.5	9.4
吉 林	21.3	18.3	19.9	17.1	17.6	5.8
黑龙江	24.3	14.7	19.8	17.9	16.9	6.4
上 海	26.2	21.2	21.6	15.1	12.1	3.8
江 苏	18.6	18.9	18.0	20.5	17.9	6.1
浙 江	20.3	19.1	22.4	14.6	13.2	10.4
安 徽	12.9	13.1	20.1	20.9	24.6	8.4
福 建	20.9	16.8	20.0	18.4	14.7	9.1
江 西	13.3	16.7	19.1	19.8	21.4	9.8
山 东	20.3	16.5	19.0	17.5	16.2	10.4
河 南	16.5	13.7	17.8	21.2	20.0	10.8
湖 北	18.9	19.3	21.9	16.2	13.6	10.2
湖 南	19.6	17.6	21.5	16.1	13.4	11.8
广 东	16.3	16.5	20.2	22.1	18.5	6.4
广 西	14.4	15.0	19.8	21.0	20.1	9.6
海 南	17.8	17.5	18.0	18.8	14.9	12.9
重 庆	15.7	19.9	18.8	17.0	18.9	9.8
四 川	15.1	14.6	19.3	19.5	20.8	10.8
贵 州	11.6	12.8	17.8	22.4	22.2	13.3
云 南	12.9	14.4	18.9	21.4	16.1	16.3
西 藏	10.8	16.9	21.9	18.4	13.2	18.7
陕 西	19.8	18.4	23.0	20.1	13.0	5.6
甘 肃	14.0	12.1	23.4	18.2	19.0	13.4
青 海	13.0	12.7	21.8	18.4	18.3	15.8
宁 夏	15.8	16.2	18.8	19.6	13.8	15.7
新 疆	16.0	15.8	18.3	16.9	18.1	14.9

附表 337 公民应对"转基因"采取的做法 –2   单位：%

附表 338 公民应对"转基因"采取的做法 -3 单位：%

地 区	只要价格合适，会选择转基因食品					
	总是	经常	有时	很少	没有	不知道
全 国	4.4	8.6	20.5	22.1	35.5	8.9
北 京	5.3	13.7	20.2	22.5	34.2	4.1
天 津	5.4	10.2	19.4	25.1	36.5	3.5
河 北	4.1	8.5	18.5	22.4	33.7	12.8
山 西	4.2	9.8	19.5	24.4	31.4	10.7
内蒙古	6.3	8.7	16.9	18.6	37.0	12.5
辽 宁	7.5	10.4	19.2	22.9	30.4	9.6
吉 林	5.5	9.6	22.0	23.3	32.7	6.9
黑龙江	6.1	9.3	21.7	20.4	35.4	7.1
上 海	4.5	9.5	22.5	23.6	35.6	4.3
江 苏	3.5	11.3	21.7	25.0	33.1	5.4
浙 江	6.4	6.8	18.6	21.4	37.3	9.4
安 徽	2.5	8.2	21.3	24.4	35.8	7.8
福 建	3.9	6.7	22.8	21.3	35.4	9.9
江 西	4.3	8.4	22.5	20.3	34.9	9.6
山 东	5.1	10.4	21.7	20.4	33.6	8.7
河 南	3.0	6.0	21.1	21.4	37.9	10.6
湖 北	4.8	7.9	19.8	22.7	35.8	9.0
湖 南	6.9	9.0	19.2	20.8	33.2	10.9
广 东	4.0	8.4	21.9	22.5	37.5	5.6
广 西	3.7	8.2	20.9	22.3	34.2	10.7
海 南	4.6	5.5	19.7	20.3	38.7	11.2
重 庆	2.9	7.7	18.9	20.0	40.3	10.1
四 川	2.6	7.8	20.6	20.1	38.9	10.1
贵 州	3.1	7.1	17.7	19.7	38.0	14.3
云 南	2.4	4.3	18.0	20.2	41.4	13.7
西 藏	3.8	11.0	22.7	20.2	25.7	16.6
陕 西	2.3	7.9	21.7	24.1	38.2	5.9
甘 肃	2.1	5.0	21.4	22.4	35.3	13.7
青 海	2.5	5.1	21.1	23.5	34.3	13.4
宁 夏	4.0	6.1	20.7	22.9	32.9	13.4
新 疆	2.7	5.0	17.7	21.8	39.5	13.2

地　区	关注有关转基因技术应用的报道					
	总是	经常	有时	很少	没有	不知道
全　国	13.9	20.2	25.5	18.2	11.4	10.8
北　京	25.7	25.7	22.8	12.6	7.9	5.3
天　津	28.9	28.5	22.9	10.2	5.7	3.8
河　北	19.2	20.0	24.2	15.4	6.9	14.3
山　西	13.2	20.1	23.4	18.0	10.5	14.8
内蒙古	18.9	18.8	21.7	13.5	10.4	16.6
辽　宁	18.2	20.4	21.1	14.8	10.8	14.8
吉　林	17.3	18.9	22.3	18.4	14.2	8.9
黑龙江	15.6	17.5	24.3	16.1	15.7	10.7
上　海	15.7	25.4	27.1	17.6	8.3	5.8
江　苏	10.0	22.9	25.6	21.2	12.8	7.5
浙　江	16.3	22.6	24.2	14.8	10.3	11.8
安　徽	6.0	17.0	23.3	26.7	16.9	10.1
福　建	13.3	19.4	29.9	15.2	9.2	13.1
江　西	8.3	16.0	26.0	20.5	17.3	11.8
山　东	18.1	20.1	24.4	18.2	9.2	10.0
河　南	9.4	18.9	26.9	21.5	13.4	9.9
湖　北	16.2	22.2	26.6	13.8	8.7	12.5
湖　南	15.9	17.2	26.4	17.4	9.4	13.7
广　东	10.1	21.0	29.2	18.8	14.5	6.3
广　西	9.9	19.3	28.8	21.3	10.3	10.4
海　南	11.5	19.7	26.2	15.4	9.1	18.1
重　庆	5.9	23.3	25.8	18.2	15.2	11.6
四　川	7.9	17.0	28.7	20.5	15.7	10.2
贵　州	10.8	18.9	23.1	19.0	12.8	15.5
云　南	8.4	17.3	25.0	21.2	9.5	18.7
西　藏	12.6	17.6	22.6	20.3	10.2	16.7
陕　西	14.0	20.6	25.2	21.7	11.9	6.6
甘　肃	11.6	18.0	28.6	18.2	8.4	15.3
青　海	11.8	18.1	26.8	17.4	11.3	14.6
宁　夏	14.1	18.9	25.3	20.7	7.0	14.0
新　疆	10.3	21.9	24.3	19.1	9.5	14.8

附表 339　公民应对"转基因"采取的做法 –4　　　　单位：%

地　区	附表 340　公民对转基因技术应用的态度　　　　单位：%					
	对转基因技术的应用支持或反对的程度					
	非常支持	比较支持	既不支持 也不反对	比较反对	非常反对	不知道
全　国	10.3	22.0	38.5	12.1	9.8	7.4
北　京	11.0	22.0	38.5	15.5	10.0	3.1
天　津	10.6	19.5	35.0	18.9	13.0	3.0
河　北	10.7	23.1	32.2	13.2	10.4	10.4
山　西	9.9	21.1	35.7	11.8	11.3	10.2
内蒙古	11.0	21.3	34.0	12.7	11.0	10.0
辽　宁	13.9	20.4	33.4	11.2	12.7	8.4
吉　林	12.7	20.9	37.1	10.5	12.2	6.6
黑龙江	12.1	22.7	32.9	15.0	11.5	5.7
上　海	9.4	23.6	38.3	13.5	12.1	3.2
江　苏	8.9	25.9	37.2	13.4	9.2	5.4
浙　江	10.9	19.0	37.5	12.6	12.1	7.8
安　徽	10.1	19.2	49.2	9.2	5.8	6.5
福　建	7.0	20.4	42.2	13.2	9.2	8.1
江　西	9.5	25.6	36.9	10.9	6.9	10.2
山　东	12.6	20.2	39.7	10.8	9.8	6.9
河　南	7.9	20.8	41.3	11.8	9.5	8.7
湖　北	11.0	23.1	36.9	12.2	9.2	7.5
湖　南	12.4	17.6	40.3	12.2	9.7	7.7
广　东	8.6	23.6	43.7	12.0	8.5	3.7
广　西	9.3	21.4	44.4	9.2	7.1	8.6
海　南	11.7	18.3	38.4	13.0	6.3	12.3
重　庆	8.7	26.8	37.0	11.6	8.1	7.8
四　川	7.5	23.7	39.5	11.0	11.1	7.3
贵　州	11.7	23.4	39.2	8.3	5.4	12.0
云　南	7.1	18.4	41.9	9.6	8.4	14.6
西　藏	15.1	28.3	32.8	11.8	4.9	7.1
陕　西	10.7	24.5	33.9	14.1	10.2	6.6
甘　肃	9.5	26.1	34.2	12.8	9.6	7.8
青　海	7.0	25.9	37.4	13.7	7.5	8.5
宁　夏	11.5	24.8	33.2	12.9	8.7	8.9
新　疆	10.4	22.6	35.7	11.3	7.9	12.0